W0233902

Kohlhammer

Kohlhammer Edition Marketing

Begründet von   Prof. Dr. Dr. h.c. Richard Köhler
Universität zu Köln

Prof. Dr. Dr. h.c. mult. Heribert Meffert
Universität Münster

Herausgegeben von   Prof. Dr. Hermann Diller
Universität Erlangen-Nürnberg

Prof. Dr. Dr. h.c. Richard Köhler
Universität zu Köln

Hermann Diller/Alexander Haas/Björn Ivens

Verkauf und Kundenmanagement

Eine prozessorientierte Konzeption

Verlag W. Kohlhammer

Alle Rechte vorbehalten
© 2005 W. Kohlhammer GmbH Stuttgart
Umschlag: Gestaltungskonzept Peter Horlacher
Gesamtherstellung:
W. Kohlhammer Druckerei GmbH + Co. KG, Stuttgart
Printed in Germany

ISBN 3-17-018403-2

Vorwort der Herausgeber

Die „Kohlhammer Edition Marketing" stellt eine Buchreihe dar, die in 25 Einzelbänden die wichtigsten Teilgebiete des Marketing behandelt. Jeder Band soll in kompakter Form (und in sich geschlossen) eine Übersicht zu den Problemstellungen seines Themenbereichs geben und wissenschaftliche sowie praktische Lösungsbeiträge aufzeigen. Als Ganzes bietet die Edition eine Gesamtdarstellung der zentralen Führungsaufgaben des Marketing-Managements. Ebenso wird auf die Bedeutung und Verantwortung des Marketing im sozialen Bezugsrahmen eingegangen.

Als Autoren dieser Reihe konnten namhafte Fachvertreter an den Hochschulen gewonnen werden. Sie gewährleisten eine problemorientierte und anwendungsbezogene Veranschaulichung des Stoffes. Angesprochen sind mit der Kohlhammer Edition Marketing zum einen die Studierenden an den Hochschulen. Ihnen werden die wesentlichen Stoffinhalte des Faches möglichst vollständig – aber pro Teilgebiet in übersichtlich komprimierter Weise – dargeboten. Zum anderen wendet sich die Reihe auch an die Institutionen, die sich der Aus- und Weiterbildung von Praktikern auf dem Spezialgebiet des Marketing widmen, und nicht zuletzt unmittelbar an Führungskräfte des Marketing. Der Aufbau und die inhaltliche Gestaltung der Edition ermöglichen es ihnen, einen raschen Überblick über die Anwendbarkeit neuer Ergebnisse aus der Forschung sowie über Praxisbeispiele aus anderen Branchen zu gewinnen.

Der vorliegende Band „Verkauf und Kundenmanagement" ersetzt den schon 1984 erschienenen und deshalb nicht mehr aktuellen Band zum „Verkaufsmanagement". Schon der geänderte Titel deutet an, dass der Verkauf heute weit über das hinaus geht, was früher von Verkäufern geleistet wurde, nämlich vorhandenen oder potenziellen Kunden die Produkte eines Anbieters zu präsentieren und zu verkaufen. Inzwischen beinhaltet die Bearbeitung von Kunden auch verkaufsstrategische Fragen, etwa die der Priorität von Kundenbindung vs. Neukundengewinnung, die Zusammenstellung eines zukunftsträchtigen Kundenportfolios oder die Strategie der Kundenkontaktierung. Dies rückte den Verkauf auch wieder näher an klassische Marketingaufgaben heran und integriert ihn besser in den Marketing-Mix eines Anbieters. Die dabei gültigen strategischen Prinzipien des Beziehungsmarketing veränderten ferner auch den Charakter und die Stoßrichtungen des Verkaufs: Es stehen nicht mehr allein die Umsatzsteigerung und die Senkung der Vertriebskosten im Zentrum aller Bemühungen, vielmehr werden diese Ziele von längerfristigen ertragswirtschaftlichen und risikopolitischen Ansprüchen ergänzt, etwa von der Kundenwertsteigerung oder der Kundenbindung. Schließlich wird der Verkauf in immer mehr Unternehmen von hoch leistungsfähigen elektronischen

CRM-Systemen (CRM = Customer Relationship Management) unterstützt, die eine professionelle individuelle Kundenbetreuung auch im Massengeschäft mit Millionen von Kunden zulassen.

Der vorliegende Band greift all diese Entwicklungen auf und stellt sie eingebunden in eine prozessorientierte Betrachtung dar, die seit einigen Jahren die herkömmliche instrumentelle Denkweise im Marketing zunehmend ablöst bzw. ergänzt. Dies ist nicht zuletzt Folge der immer intensiveren EDV-Unterstützung des Marketing, die im Verkauf bis hin zur Automatisierung reicht. Die Autoren liefern diesbezüglich auch Grundlagenwissen aus den für eine solche Betrachtung unabdingbaren Bereichen des Reengineering von Vertriebsorganisationen, des umfassenden Controlling aller kundenbezogenen Aktivitäten zur Sicherstellung von Effektivität und Effizienz, der elektronischen Unterstützung dieser Aktivitäten und schließlich auch der Mitarbeiterführung im Verkauf. Daraus entsteht eine gleichermaßen praxisnahe wie theoretisch überzeugende Darstellung des modernen Kundenmanagements. Es stellt einen eminent wichtigen Faktor betrieblicher Wertschöpfung dar, der im Übrigen nur bedingt im Off-shore-Betrieb geleistet werden kann. Kundenmanagement – Know how wird deshalb für die Marketingkarriere unserer Studierenden zunehmend zu einer Basisfähigkeit.

Der für die Kohlhammer Edition Marketing vergleichsweise große Umfang des Werkes wurde sowohl im Hinblick auf das zeitgemäß breite Themenverständnis, aber auch deshalb toleriert, weil die Autoren dem Leser den umfangreichen Stoff mit der gewählten Prozess-Gliederung, mit zahlreichen Fallbeispielen, Internet-Inserts, Kontrollfragen und weiterführenden Literaturverweisen didaktisch vorbildlich zugänglich machen. Daraus entsteht ein modernes Werk, das sich für Marketing-Studierende ebenso anbietet wie für interessierte Leser aus der Praxis.

Nürnberg und Köln, September 2005   Hermann Diller, Richard Köhler

Vorwort

Gemessen an den Kosten stellt der Verkauf in nahezu allen Branchen das mit Abstand bedeutsamste Marketinginstrument im Marketing-Mix von Wirtschaftsunternehmen dar. Hunderttausende von Menschen sind damit täglich betraut und versuchen, Ihre Arbeit möglichst effektiv und effizient zu gestalten. Sie treffen dabei auf einen immer intensiveren Widerstand der Wettbewerber, die um die gleichen Kunden ringen, auf immer anspruchsvollere Kunden, die Fehler immer seltener verzeihen, und auf technische Systeme, wie Kundendatenbanken oder Internet, mit denen die Verkaufsarbeit nach ganz neuen Regeln und mit vielfältigen neuen Gestaltungsoptionen vollzogen werden kann.

Dieser Wandel in den Rahmenbedingungen führte in den letzten Jahren zu einem neuen Verständnis des Verkaufs, den wir mit dem Begriff „Kundenmanagement" belegen. Es soll im vorliegenden Band der Kohlhammer Edition Marketing systematisch dargelegt und diskutiert werden. Das Verkaufen bleibt dabei nach wie vor Ziel und wichtigster Kern aller kundenbezogenen Arbeit, wird aber von einer Fülle von Prozessen begleitet, die oft auch einen sehr strategischen Charakter tragen. Das Management von Kundenbeziehungen im Sinne des Beziehungsmarketing (Customer Relationship Management) löst dabei den herkömmlichen Produktverkauf ab, bei dem der einzelne Verkaufsakt losgelöst vom Kundenlebenszyklus im Vordergrund stand.

Wir betreten mit diesem Ansatz Neuland in der Lehrbuchliteratur, die zwar einige Werke zum traditionellen Verkauf und auch solche zum Beziehungsmarketing aufweist, aber bisher keines kennt, das diese Themen systematisch integriert. Der Bedarf hierfür ist unbestreitbar, da moderne Verkäufer im Gegensatz zu früher immer häufiger einen akademischen Ausbildungshintergrund besitzen (müssen) und ihren Beruf sehr viel analytischer und strategischer anzugehen haben, als das lange Jahrzehnte üblich war. Diesen Bedarf artikulierte man auch für die universitäre Ausbildung auf der Summer Educators' Conference 2004 der American Marketing Association (AMA), bei welcher der Trend weg von traditionellen Lehrveranstaltungen zum Verkaufsmanagement und Persönlichen Verkauf hin zu hybriden Veranstaltungskonzeptionen gefordert wurde.

Diesem Gedankengang trägt die Konzeption des vorliegenden Buches Rechnung. Es bindet die Darstellung der verkäuferischen Funktionen und Hilfsmittel in die – bisher in dieser Form in der deutschen Lehrbuchliteratur noch nicht aufgearbeitete – Konzeption eines Kundenmanagement-Systems ein. Dabei verwenden wir eine konsequent prozessorientierte Betrachtungsweise, wie sie in der modernen Betriebswirtschaftslehre immer häufiger zu beobachten ist. Nicht die Funktionen als solche, sondern die Erfüllung dieser Funktionen, nicht die Instrumente, sondern deren Einsatz stehen dort im Mittelpunkt. Die Ausführungen gewinnen dadurch zum einen an Praxisnähe und Anschaulichkeit, erlauben aber auch den unmittelbaren Zugang zur betriebswirtschaftlichen Optimierung in Form eines systematischen Prozessmanagements durch Organisation, Controlling, IT-Unterstützung und Personalführung. Damit wird der Verkauf auch wieder aus einer einseitigen Effektivitätsbetrachtung herausgelöst und mit vielfältigen Effizienzkalkülen angereichert, die in der herkömmlichen Verkaufsliteratur zu kurz kamen.

Dass damit der Umfang der Betrachtung steigt, ist zwangsläufig und schlägt sich auch in der Seitenzahl des vorliegenden Werkes nieder. Wir sind freilich zuversichtlich, dass die Lektüre und die Lernarbeit dadurch nicht mühseliger, sondern praxisnäher, interessanter und anregender werden. Die Stoffaufbereitung in zwölf Kapiteln eignet sich auch gut für eine akademische Semesterveranstaltung oder für Weiterbildungskurse an entsprechenden Institutionen. Wir haben dabei sehr viel Wert auf begriffliche Präzision und Systematik gelegt, was Studierenden die Stofferfassung besonders erleichtern soll. Zahlreiche Praxisbeispiele und andere Inserts, etwa aus dem Internet oder aus Firmenpublikationen, sollen dem Leser die Materie besonders plastisch machen und zum anwendungsbezogenen Denken anregen. Dasselbe gilt für die jedem Kapitel angehängten Verständnisfragen.

Das Werk ist das Ergebnis gemeinsamer Arbeit dreier Autoren am Lehrstuhl für Betriebswirtschaftslehre, insbesondere Marketing, an der Universität Erlangen-Nürnberg und spiegelt deren langjährige Forschungs- und Lehrerfahrungen wider. Prof. Dr. Hermann Diller war mit seinen Konzepten und empirischen Analysen einer der frühen Wegbereiter des Beziehungsmarketing in der deutschen Marketingliteratur, das bezeichnenderweise beim Key-Account-Management – einem Spezialbereich des Verkaufs – seinen Ausgang nahm. Dr. Alexander Haas forscht, lehrt und publiziert seit 2000 auf dem Gebiet des Persönlichen Verkaufs. Dr. Björn Ivens behandelte in seiner Dissertation den differenzierten strategischen Umgang mit Kunden mit Hilfe spezifischer Beziehungsstile und erforscht im Rahmen seiner Habilitation die theoretischen und praktischen Grundlagen für eine Optimierung von Marketingprozessen. Die Synergien dieser drei Stoffzugänge befruchteten die umfangreichen Vorbereitungsarbeiten zu diesem Werk.

Zur Fertigstellung dieses Werkes trug aber auch ganz wesentlich die Arbeit zahlreicher Helfer bei. Besonderen Dank schulden wir Frau Nadine Seyfarth und Frau Freya Lemcke, die mit beeindruckender Intensität und Hartnäckigkeit die Rolle studentischer Lead User übernahmen und viele Anregungen zur Optimierung des Textes lieferten. Wichtige Inputs erbrachten zahlreiche Diplomanden und Doktoranden des Lehrstuhls, die auf einschlägigen Themenfeldern dieses Werkes arbeiteten (z. B. G. Brambach, J. Cornelsen, N. Storp, J. Saatkamp).

Für die mühseligen formalen Arbeiten an Text und Abbildungen danken wir besonders herzlich Frau Doris Häusner, ohne deren unermüdlichen Einsatz für das Werk weder die schöne äußere Form der Abbildungen und Inserts noch die Einhaltung des Erscheinungstermins möglich gewesen wären. Daneben unterstützte uns Frau Jana Dennhardt in dankenswerter Weise bei Recherchen und redaktionellen Arbeiten. Herrn Dr. Schweickert und Herrn Uwe Fliegauf vom Kohlhammer-Verlag danken wir für zahlreiche drucktechnische Hilfestellungen und für die Geduld bei der Fertigstellung dieses Buches.

Für Kritik und Anregungen stehen alle drei Autoren gerne zur Verfügung. Die Kontaktaufnahme erfolgt am besten via Internet an folgende Adressen:
Hermann.Diller@wiso.uni-erlangen.de,
Alexander.Haas@wiso.uni-erlangen.de,
Bjoern.Ivens@wiso.uni-erlangen.de.

Hermann Diller
Alexander Haas
Björn Ivens   im Juni 2005

Inhaltsverzeichnis

15

Teil I: Grundlagen

In diesem ersten Teil geben wir zunächst einen Überblick über den in diesem Buch behandelten Gegenstand, nämlich den Verkauf und das Kundenmanagement mit ihren diversen strategischen und operativen Teilprozessen. Wir erörtern dabei unsere prozessorientierte Sichtweise sowie die daraus resultierenden Aufgaben des Prozessmanagements. Daran anschließend werden die relevanten theoretischen Konzepte und Konstrukte vorgestellt, auf die wir bei der Behandlung der Prozesse zurückgreifen. Teil I fundiert damit die Ausführungen im nachfolgenden Teil II begrifflich, aber auch konzeptionell, und stellt gleichzeitig eine Einführung in das Themenfeld aus praktischer und theoretischer Sicht dar.

Kapitel 1: Vom Verkauf zum Kunden-
management

In diesem Kapitel wird der Gegenstand des Buches vorgestellt. Wir definieren und charakterisieren Verkauf und Kundenmanagement, grenzen sie von benachbarten Managementbereichen ab und ordnen sie in den Marketing-Mix ein. Anschließend werden die Auswirkungen des Kundenmanagements auf die Wertschöpfung, den Kundennutzen und auf betriebswirtschaftliche Effizienzgrößen erörtert. Abschließend wird der Verkaufsprozess mit seinen Teilphasen und Erscheinungsformen in Abhängigkeit von verschiedenen Rahmenbedingungen grob vorgestellt und charakterisiert. Darüber hinaus findet man einen Überblick über Inhalt und Ziele des Prozessmanagements im Verkauf. Das Kapitel soll damit Verständnis für den Inhalt, den betriebswirtschaftlichen Stellenwert und die Rahmenbedingungen des Kundenmanagements schaffen und in unsere prozessorientierte Sichtweise dieses Unternehmensbereiches einführen. Eine ausführliche Behandlung der Teilprozesse und des Managements dieser Prozesse findet sich in den nachfolgenden Hauptabschnitten.

1.1 Begriffliche und konzeptionelle Grundlagen

1.1.1 Verkauf

Wenn von betrieblicher Wertschöpfung als Ziel allen wirtschaftlichen Handelns die Rede ist, so assoziiert man damit als Laie eher Entwicklungs- und Produktionstätigkeiten als verkäuferische Bemühungen. Vor dem geistigen Auge tauchen dann vor allem Produktionshallen, fleißige Mitarbeiter, die Werkstücke bearbeiten und transportieren, und vielleicht auch Entwickler in Forschungslabors auf, die für Wertschöpfung sorgen. Die Realität ist damit freilich nicht vollständig beschrieben: Wertschöpfung entsteht nämlich letztendlich erst dann, wenn ein Kunde die Leistungen der Unternehmung tatsächlich gegen Entgelt erwirbt und damit jenen Geldbetrag zur Verfügung stellt, der für alle an der Wertschöpfung beteiligten Parteien zur Deckung der in Kauf genommenen Aufwendungen und darüber hinaus zur Gewinnerzielung dient. Alle Entwicklungs- und Produktionsbemühungen wären also vergebens, wenn dieser Akt nicht gelänge. Umgekehrt ist der Verkauf aber natürlich auch auf die Aktivitäten der anderen Leistungsbereiche angewiesen, ohne die es nichts zu verkaufen gäbe. Der Verkauf der von einer Unternehmung erzeugten Güter und Dienstleistungen ist damit sozusagen der *„Moment der Wahrheit"*, in dem sich zeigt, ob ein Kunde tatsächlich bereit ist, die Güter abzunehmen und den dafür geforderten Preis zu bezahlen.

> Unter *Verkauf* in diesem Sinne, nämlich als Verkaufsakt, versteht man den Eigentumsübergang eines Gutes vom Lieferanten an den Kunden. Dieser Verkaufsakt ist nicht ohne gewisse Vorarbeiten des Verkäufers zu bewerkstelligen, sondern erfordert zahlreiche verkäuferische Wertschöpfungsaktivitäten, deren Inhalt und Ausgestaltung Gegenstand dieses Buches sind.

Diese Aktivitäten beinhalten in jedem Fall einen, in welcher Form auch immer organisierten *Kundenkontakt* und einen juristisch verbindlichen *Eigentumsübergang*. Es sind also diverse *kundenbezogene Aktivitäten* erforderlich, etwa die Suche nach potenziellen Kunden, die Ansprache und Information dieser Kunden und die Überwindung der wegen verschiedener Kaufrisiken dort aufkommenden Kaufwiderstände. Es handelt sich hierbei um *Verkaufsprozesse i.e.S.* , die als primäre Wertschöpfungsaktivitäten i. S. Porters durch sekundäre (d. h. nicht unmittelbar wertschöpfende) Aktivitäten der *Verkaufsleitung und -verwaltung* ergänzt werden, etwa durch die Strukturierung der Verkaufsorganisation, die Auswahl der Verkaufsmitarbeiter oder die Planung und Kontrolle der Verkaufsaktivitäten. Die traditionelle Marketinglehre hat bei der begrifflichen Abgrenzung meist diese *funktionale Perspektive* eingenommen und definiert Verkauf deshalb als „...Umsatz- bzw. Absatztätigkeiten, die zum Ziel haben, den Vertragsabschluss über die angebotene Leistung mit dem Abnehmer und damit den rechtlichen und wirtschaftlichen Übergang herbeizuführen" (Schröder/Diller 2001, S. 1749). Der definitorische Bezug auf den Verkaufsabschluss soll die Verkaufsaktivitäten von anderen Marketingaktivitäten, wie der Verpackungsgestaltung, Sortimentspolitik, Preisstellung oder Werbung, abgrenzen, die allesamt zweifellos ebenfalls akquisitorische Wirkung entfalten (können), aber nicht im direkten, sondern nur im indirekten Bezug zum Verkaufsakt stehen.

1.1.2 Kundenmanagement

Auch wenn diese Verkaufstätigkeiten weiterhin im Mittelpunkt des Verkaufsgeschehens stehen, entspricht diese enge Definition allerdings nicht mehr dem modernen Verständnis eines konzeptionell umfassenderen *Kundenmanagements*, in das der Verkauf eingebettet ist. „Kundenmanagement wird als ein Management-Konzept verstanden, das organisatorische, funktionale und verkaufsstrategische Aspekte hinsichtlich der Marktbearbeitung umfasst" (Diller 1995a, S. 1363). Hintergrund dieser erweiterten Sichtweise bildet das strategische Leitbild des *Beziehungsmarketing*, bei dem der Marketingerfolg durch ein systematisches Management, d. h. Analyse, Planung, Kontrolle und Organisation, von *individuel-*

len Kundenbeziehungen im Hinblick auf die Etablierung und Pflege von kooperativen, d. h. auf langfristigen, gegenseitigen Nutzen ausgerichteten, *Geschäftsbeziehungen* gesucht wird (vgl. Diller 2001a, S. 163 f.). Abb. 1-1 gibt die unterschiedlichen Begriffsextensionen grafisch wieder. Vor diesem Hintergrund definieren wir Kundenmanagement wie folgt:

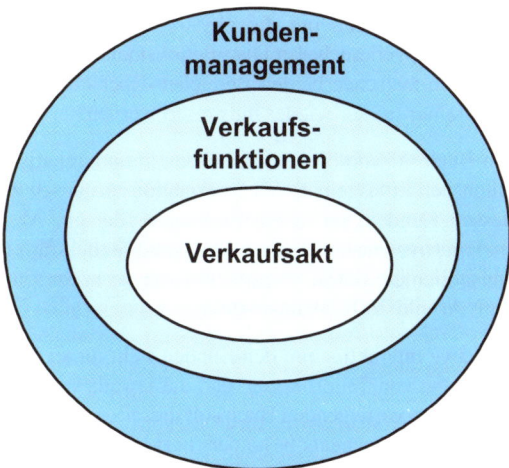

Abb. 1-1: Begriffsextensionen des Verkaufs

Kundenmanagement beinhaltet das Management der kommunikativen Interaktionsprozesse eines Anbieters mit potenziellen oder vorhandenen Kunden zur Generierung und Pflege von Kundenbeziehungen über den gesamten Kundenlebenszyklus hinweg.

Nachfolgend wollen wir die Merkmale dieser Definition sukzessive erläutern und damit gleichzeitig unser Grundverständnis für das in der Marketingliteratur bisher noch nicht durchgängig etablierte Konzept des Kundenmanagement aufzeigen.

(1) Beim Kundenmanagement handelt es sich laut Definition um ein spezifisches *Management-Subsystem* mit typischen, speziell auf bestimmte Kunden(gruppen) fokussierten Managementfunktionen, wie die strategische und taktische Planung, die Organisation, die Kontrolle und Führung aller für die Kundenbearbeitung zuständigen Mitarbeiter. Im Gegensatz zur herkömmlichen Verkaufspolitik stehen im Mittelpunkt des Managements aber nicht allein das Verkaufen, sondern auch die *Gestaltung der Geschäftsbeziehungen* zu Kunden. Insofern reicht Kundenmanagement über den Verkauf hinaus. Es zielt insbesondere auf eine am Kundenwert orientierte, individuelle *Selektion sowie Betreuung* bestimmter Kunden, auch in der

Nachkaufphase, mit dem Ziel, Kunden an das Unternehmen zu binden, um sie nicht jedes Mal neu gewinnen zu müssen, wenn Wiederkäufe anstehen.

(2) Im Rahmen dieses Buches werden dabei nur die *kommunikativen* Interaktionsprozesse, nicht aber die Austauschprozesse von Waren und Geld thematisiert, weil letztere zum „Distributionsmanagement" zählen, das in der Kohlhammer Edition Marketing gesondert behandelt wird (Specht 1998). Dort geht es insbesondere um die Wahl der *Absatzkanäle* und um die physische Distribution der Sachgüter („*Marketing-Logistik*"). Weil auch das Distributionsmanagement auf die Kunden zielt, existieren freilich zwischen beiden Bereichen Überschneidungen und Interdependenzen, auf die wir immer wieder hinweisen werden.

(3) Die in diesem Buch im Vordergrund stehenden kommunikativen Interaktionsprozesse beinhalten definitonsgemäß den Informationsaustausch zwischen einem *Anbieter* und dessen Kunden, sei es ein Endkunde oder ein Absatzmittler. Mit dieser *Anbieterperspektive* entscheiden wir uns grundsätzlich für eine absatz- und nicht beschaffungsgerichtete Betrachtungsweise, wie sie in der Lieferantenpolitik gepflegt wird (vgl. Arnold 2001; Weinke 1995).

(4) Die kommunikative Interaktion mit den Kunden stellt ferner keinen einmaligen Akt, sondern eine Folge von Teilprozessen dar, die jeweils spezifische Aufgabenstellungen beinhalten. Im vorliegenden Buch soll dieser *prozessuale Charakter* des Verkaufs- und Kundenmanagements besonders hervorgehoben werden. Das Werk ist deshalb in seiner Grundstruktur nach Teilprozessen des Kundenmanagements untergliedert, die in idealtypischer Weise aufeinander folgen. Das Management dieser Prozesse hat im Sinne des *Prozessmanagements* zu erfolgen (vgl. dazu Gaitanides et al. 1994; Gadatsch 2001). Damit wird die Aufmerksamkeit auf die *betriebswirtschaftliche Optimierung* dieser Teilprozesse im Hinblick auf die Effektivität und Effizienz gelenkt (vgl. Abschnitt 1.3).

(5) Kundenmanagement wird mit potenziellen oder mit bereits vorhandenen *Kunden* betrieben. Sie stellen die Marktpartei auf der Nachfrageseite eines Marktes dar und können aus Einzelpersonen, Institutionen oder Organisationen mit mehreren Entscheidungsträgern bestehen. Entscheidend für die Abgrenzung des Kunden ist letztlich die Entscheidungskompetenz für bzw. der Entscheidungseinfluss auf die Einkaufsentscheidung.

Als „*Buying-Center*" bezeichnet man dabei in der Theorie des organisationalen Beschaffungsverhaltens die gedankliche Zusammenfassung aller am Kaufprozess beteiligten Personen beim Kunden (vgl. Kap. 3). Im Buying-Center bilden bestimmte Personen formelle oder informelle Gruppen, welche den Kaufprozess vorantreiben bzw. gelegentlich auch bremsen. Die einzelnen Mitglieder übernehmen spezifische Rollen und Funktionen, deren Kenntnis für die zielgerechte Ansprache und Information besonders wichtig ist. Nicht selten gibt es dabei auch Meinungsverschiedenheiten und Präferenzunterschiede innerhalb des Buying-Center, die vom Anbieter strategisch ausgenutzt werden können.

Unabhängig von der internen Struktur der Kunden lassen sich daneben verschiedene *Kundentypen* und dazugehörige *Geschäftstypen* unterscheiden, bei denen das Kundenmanagement wegen der jeweiligen Eigenarten des Kundentyps unterschiedlich ausfällt:

> ➤ *Gewerbliche Kunden* (Geschäftskunden, B-to-B-Geschäft) betreiben den Einkauf aus erwerbswirtschaftlichen Zwecken und besitzen damit eine andere Bedürfnisstruktur als *Privatkunden* (Endverbraucher, B-to-C-Geschäft). Außerdem tendieren sie zu professionelleren Beschaffungsentscheidungen. Sie stellen deshalb im Wesentlichen auch die Zielgruppe des *persönlichen Verkaufs* dar, um den es in diesem Buche geht. Denn der Direktverkauf an Endverbraucher findet im Wesentlichen im Einzelhandel statt, dessen Verkaufspolitik nicht in den Fokus dieses Buches aufgenommen wird. Auch das sog. *Vertretergeschäft* im Direktvertrieb an Endverbraucher wird hier weitgehend ausgeblendet.
>
> ➤ Auch *Absatzmittler* (Händler, die Eigentum an der verkauften Ware erwerben und diese weiter veräußern) zählen zur Kundschaft eines Anbieters („*Handelsgeschäft*") und verfügen über spezifische und für den Markterfolg bedeutsame Ressourcen. Insofern kann das sog. *vertikale Marketing* („*Trade Marketing*") zumindest teilweise als Bestandteil des Kundenmanagements aufgefasst werden. Die Art der Informations-Austauschprozesse mit Absatzmittlern ist in praxi ganz unterschiedlicher Natur: Es handelt sich z. T. lediglich um Lieferanfragen der Händler oder um die Zusendung neuer Produktverzeichnisse, z. T. aber auch um hochkomplexe Verhandlungen, in welche eine Vielzahl von Aufgabenträgern auf beiden Seiten eingebunden ist. Je komplexer der Interaktionsprozess ausfällt, umso mehr bedarf er einer gedanklichen und administrativen Vor- und Nachbereitung.
>
> ➤ *Nachgelagerte Kunden* sind Abnehmer des Kunden, die auf mehrstufigen Märkten in den Verkaufsprozess zumindest gedanklich, z. T. aber auch physisch, einbezogen werden können. So kann ein Hersteller chemischer Grundstoffe, wie die BASF, zur Optimierung des Verkaufs sowohl mit nachgelagerten Veredlern (z. B. Klebstoffherstellern), aber auch mit deren Kunden (z. B. Kartonageherstellern) in Kontakt treten. Mehrstufige Kundenketten ergeben sich häufig auch im Konsumgütergeschäft mit Groß- und Einzelhandelsbetrieben. Einzelhändler kaufen dort im Gegensatz zu *Direktkunden* z. B. bei Einkaufszentralen oder -verbänden („Kontore") oder regionalen Großhandlungen ein.
>
> ➤ In manchen Gebrauchsgütermärkten unterscheidet man als Kunden einerseits *Original Equipment Manufacturers* (OEM's), also Hersteller von Originalmaschinen und -anlagen, für die der Lieferant Originalteile zuliefert, und andererseits *Distributoren* oder *Teilevermarkter*, welche die Produkte weiter distribuieren, etwa im Ersatzteilgeschäft des Großhandels.

➢ Nach der Größe des Kunden unterscheidet man *A-, B- und C-Kunden*. Diese Einteilung basiert auf der sog. ABC-Analyse, bei welcher die Kunden nach ihrem Umsatz geordnet und so eingeteilt werden, dass die A-Kunden als größte Kunden summiert etwa 50% des Gesamtumsatzes und die B-Kunden weitere 25% des Umsatzes auf sich vereinen (vgl. Kap. 10.4.2.2). *Schlüsselkunden (Key Accounts)* zeichnen sich ebenfalls durch eine hohe Bedeutung für den Lieferanten aus, wobei freilich nicht nur Umsatzaspekte eine Rolle spielen. Key Accounts werden in vielen Unternehmen durch eine gesonderte Verkaufsorganisation, das Key-Account-Management, betreut (vgl. Kap. 9).

➢ Nach ihrem Status im Kundenlebenszyklus (vgl. unten) lassen sich *potenzielle Kunden*, *Neukunden* (Erstkäufer), *Stammkunden* (gebundene Kunden), *gefährdete Kunden* (Kunden mit abnehmender Kaufhäufigkeit) und *verlorene Kunden* (Abnehmer, die seit längerer Zeit nicht mehr als Käufer in Erscheinung getreten sind) unterscheiden (vgl. Abb. 1-4). Im zweiten Teil dieses Buches wird von Fall zu Fall auch aufgezeigt, wie sich das Kundenmanagement für diese Kundengruppen unterscheiden muss.

Der Status eines *Neukunden* bleibt nach dessen Gewinnung so lange erhalten, bis klar ist, ob die Geschäftstätigkeit weitergeführt wird und der Kunde damit zu den *Bestandskunden* zählt. Dies kann je nach Produkt bzw. marktüblichen Geschäftsusancen (z. B. Vertraglaufzeiten) unterschiedlich lange dauern (vgl. Gouthier 2003, S. 398). Bestandskunden werden zu *Stammkunden*, wenn sie regelmäßig einen bestimmten Anteil ihres Bedarfs beim jeweiligen Anbieter decken. Die Grenzziehung ist allerdings problematisch, weil die Kaufhäufigkeit und das Beschaffungsvolumen von Kunden oft nicht bekannt sind.

Im Gegensatz zu *Stammkunden* kaufen *Gelegenheitskunden* nicht regelmäßig beim jeweiligen Anbieter. Im Einzelhandel spricht man von *Laufkunden*. Über Stammkunden liegen häufig umfangreichere und bessere Kundenkenntnisse vor als über Gelegenheits- bzw. Laufkunden, was intensivere Formen des Kundenmanagements erlaubt.

(6) Kundenmanagement dient nach unserer Definition der Generierung und Pflege von *Kundenbeziehungen*. Solche Beziehungen konstituieren sich durch nicht zufällige, mehrmalige Interaktionen zwischen einem Anbieter und einem Nachfrager. Sie sind formal nicht zwingend an bestimmte Kontaktstrukturen, z. B. Verträge oder Kommunikationsnetzwerke, gebunden, können freilich durch solche Strukturen stark gefördert und abgesichert werden. Die Intensität und Qualität einer Kundenbeziehung kann von gegenseitiger Kenntnis über wechselseitige Akzeptanz, „normalen" Geschäftsverkehr, starke Präferenz des Geschäftspartners („Geschäftsfreundschaft"), gegenseitige Unterstützungsbereitschaft („Geschäftspartnerschaft") oder sogar Identifikation („Fan-Kunde", strategische Allianz) bis (im Ausnahmefall) hin zur Aufopferungsbereitschaft für den Kunden („Clan") reichen.

Mit zunehmender Intensität der Kundenbeziehung kommen immer mehr *Beziehungsebenen* ins Spiel (vgl. 2.4.2.1). Gleichzeitig wächst im Laufe der Zeit die Erfahrung im Umgang mit den Geschäftspartnern, womit das Kaufrisiko des Käufers, aber auch das Verkaufsrisiko des Anbieters sinken. Somit kommt es nicht selten zu einem schleichenden, d. h. den Beteiligten nicht voll bewussten, gegenseitigen *Commitment*, weil ein Anbieterwechsel nur unter Inkaufnahme zusätzlicher Informationskosten möglich wäre. Eine derartige *Kundenbindung* kann aber auch durch spezifische Investitionen in die Kundenbeziehung, z. B. individualisierte Services, technische Vernetzung in Extranets oder gemeinsame Produktentwicklung, entstehen. Ein wichtiges Aufgabenfeld des Kundenmanagements besteht darin, permanent zu überprüfen, ob die Investitionen in eine solche Kundenbeziehung ökonomisch vertretbar sind. Kundenbeziehungen werden also als *Investitionsfelder* betrachtet, deren Attraktivität in einem Kundenportfolio abgebildet werden kann (vgl. 4.2.1). Hierbei erweist es sich in der Regel, dass nicht alle Kundenbeziehungen für ein intensives Beziehungsmarketing geeignet sind. Die Charakteristika eines solchen Marketing sind in der Abb. 1-2 durch Gegenüberstellung mit dem herkömmlichen „Transaktionsmarketing" charakterisiert.

Transaktionsmarketing	Beziehungsmarketing
(1) Orientierung am kurzfristigen Transaktionserfolg ➤ Priorität der kurzfristigen Kundenabschöpfung ➤ Wachstum durch neue Kunden ➤ Transaktionsorientierte Sicht der Kundenbeziehung	(1) Orientierung am langfristigen Beziehungserfolg ➤ Priorität der langfristigen Ausschöpfung aller Kundenpotenziale ➤ Wachstum durch Kundenbindung ➤ Evolutorisches Verständnis der Kundenbeziehung
(2) Priorität des Produkterfolges ➤ Umsatz und Marktanteil als Marketingoberziele ➤ Gesamtmarkt- oder Segmentbetrachtung im Marketing-Management ➤ Kontrolle der Vorteilhaftigkeit von Transaktionen	(2) Priorität des Kundenerfolges ➤ Kundennähe, -zufriedenheit und Kundenbindung als Marketingoberziele ➤ Individuelle Steuerung von Kundenbeziehungen ➤ Vertrauen in Fairness der Geschäftsprozesse
(3) Aktionistische Marketingprozesse ➤ „Broadcasting"-Kommunikation ➤ Standardisierte Marketingaktivitäten ➤ Anonymes Massenmarketing ➤ Klare Grenzen zum Kunden	(3) Interaktive Marketingprozesse ➤ Dialog-Kommunikation ➤ Individualisierte Marketingaktivitäten ➤ Aktive Förderung der Interaktion ➤ Integration des Kunden

Abb. 1-2: Gegenüberstellung des Transaktions- und des Beziehungsmarketing

Entscheidend für das richtige Verständnis des Kundenmanagements im Sinne des Beziehungsmarketing ist zum einen die Orientierung am *langfristigen Beziehungserfolg*, was im Gegensatz zum herkömmlichen Transaktionsmarketing steht, das ganz auf den kurzfristigen Umsatz ausgerichtet war. Darüber hinaus bedingt Beziehungsmarketing *interaktive*, am Dialogmodell der Kommunikation orientierte Verkaufs- und Marketingprozesse bis hin zur *Integration* des Kunden, was wiederum eine starke *Individualisierung* der gesamten Kundenansprache erforderlich macht. Diese ist ihrerseits nur dann möglich, wenn dem Anbieter umfassende *Informationen* über den jeweiligen Kunden vorliegen. Insgesamt ergeben sich daraus die „6 *I's des Beziehungsmarketing*" (Diller 1995b): *I*nformation, *I*nvestition, *I*ndividualisierung, *I*nteraktion und *I*ntegration als strategische Stoßrichtungen des beziehungsorientierten Kundenmanagements, die im Idealfall von einer übergreifenden *Idee* begleitet werden, mit der das Kundenmanagement eine möglichst einzigartige Profilierung erhält.

Beziehungsorientiertes Kundenmanagement darf dabei freilich keineswegs als generelle Normstrategie interpretiert werden. Deren Zweckmäßigkeit ergibt sich vielmehr aus den konkreten Rahmenbedingungen des Marktgeschehens, die Bruhn (2001, S. 14 f.) in kontakt-, leistungs- und kundenbezogene Merkmale aufgliedert (vgl. Abb. 1-3).

In vielen *B-to-B-Märkten* ist die Leistungscharakteristik der „Individualleistungen", für welche ein beziehungsorientiertes Kundenmanagement vordringlich in Frage kommt, gegeben. Allerdings zeigen empirische Untersuchungen, dass dort auch ein stärker transaktionsorientiertes Marketing von wirtschaftlichem Erfolg gekrönt sein kann (vgl. Reinartz/Kumar 2002; Krafft 2003). Eine der Aufgaben des Kundenmanagements besteht also darin, den „Beziehungsstil" (vgl. Ivens 2002) im Hinblick auf den jeweiligen Kunden(typ) auszutarieren.

(7) Beziehungsorientiertes Kundenmanagement erstreckt sich über den gesamten *Kundenlebenszyklus* hinweg. Wir werden dieses grundlegende theoretische Konzept im Abschnitt 2.4.2.3 ausführlich darstellen und diskutieren. An dieser Stelle genügt der Hinweis, dass die verschiedenen Phasen einer Kundenbeziehung für den Anbieter wie für den Nachfrager unterschiedliche Probleme beinhalten, auf die im Kundenmanagement eingegangen werden muss. Das Kundenlebenszykluskonzept legt also eine *Differenzierung des Kundenmanagements* je nach Lebenszyklusphase nahe. Da sich Lebenszyklen dadurch auszeichnen, „Geburts"- und „Sterbezeitpunkte" zu besitzen, verweisen sie ferner auf die Notwendigkeit, stets für „Nachschub" im Kundenportfolio zu sorgen sowie durch *Streckung des Lebenszyklus* (Verlängerung der Beziehungsdauer) sowie durch *Intensivierung des Geschäftsniveaus* (Steigerung der Geschäftstätigkeiten) eine wirtschaftlich optimale Ausschöpfung der Kundenbeziehung im Hinblick auf den sog. lebenslangen Kundenwert (Customer Lifetime Value) zu bewerkstelligen (vgl. 2.4.2.5).

Die Einteilung des Kundenmanagements nach Phasen des Kundenlebenszyklusses kann unterschiedlich differenziert erfolgen. Abb. 1-4 gibt einen ersten Überblick und zeigt die jeweils vordringlichen beziehungspolitischen Ziele in jedem der vier Hauptbereiche *Interessentenmanagement* (*Lead Management*), *Kundenbindungsmanagement*, *Beziehungsauflösungsmanagement* und *Rückgewinnungsmanagement* auf. Wir werden diese Teilbereiche im Teil II ausführlich behandeln.

28

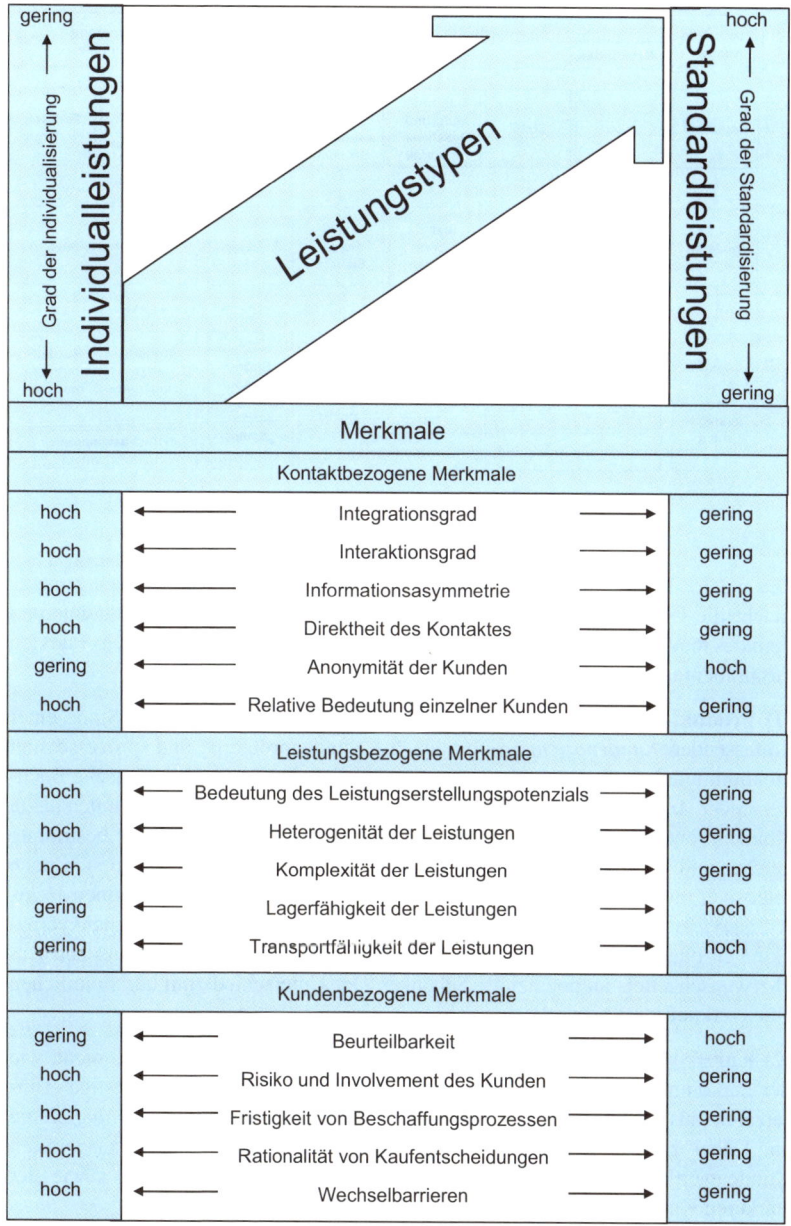

Abb. 1-3: Leistungstypologie im Hinblick auf die Anwendungsbereiche des
Beziehungsmarketing (Quelle: Bruhn 2001, S. 14)

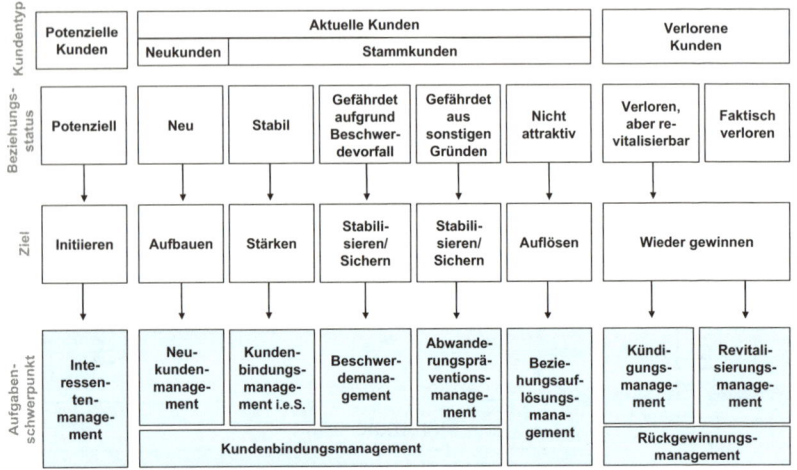

Abb. 1-4: Bereiche des Kundenmanagements
(Quelle: in Anlehnung an Stauss/Seidel 2002, S. 31)

Die nähere Betrachtung unserer Definitionsmerkmale des Kundenmanagements macht die Unterschiede zwischen dem herkömmlichen Verkaufsverständnis und dem des modernen Kundenmanagements deutlich. Sie lassen sich in sechs Punkten zusammenfassen:

(1) Produkt- vs. Kundenfokus: Kundenmanagement fokussiert im Sinne einer umfassenden *Kundenorientierung* zunächst Kundenprobleme und -prozesse statt zu kommunizierende Produktvorteile. So vermindert z. B. der elektronische Buchversender *Amazon* das Kaufrisiko seiner Kunden durch elektronisch unterstützte Kundenprozesse, wie Buchrezensionen seitens der Leser, Chats über bestimmte Bücher und Themen sowie Links zu Internetadressen, auf denen man sich noch intensiver mit bestimmten Themen auseinandersetzen kann. Hinzu kommen *Mehrwertservices* („added values"), wie Gebrauchtbücherbörsen, Geschenkverpackungen ohne Preisaufschlag oder Versandmöglichkeit eines elektronischen Bücherwunschzettels an potenzielle Schenker. Der Unterschied zum herkömmlichen Buchverkauf wird hier sehr deutlich.

(2) Kurzfrist- vs. Langfristdenken: Kundenmanagement ist zweitens nicht, wie der herkömmliche Verkauf, in erster Linie auf die Erreichung kurzfristiger Umsatzziele ausgerichtet, sondern strebt eine langfristig ergiebige *Kundenbeziehung* an. Dabei zielt man nicht zuletzt auf die durch Kundenbindung ausgelösten Kundenwertkomponenten des Cross-Buying, der Weiterempfehlung sowie der stärkeren Kundenpenetration ab.

(3) Umsatz vs. Kundenwert: Die zentrale Zielgröße im Kundenmanagement stellt nicht der Periodenumsatz (gleich mit welchen Kunden), sondern die Entwicklung des *Kundenwerts* dar. Darin eingeschlossen sind sowohl umsatzbezogene als auch andere Wertkomponenten, etwa die zukünftig zu erwartenden Umsätze oder Umsätze aus Weiterempfehlungen des Kunden. Wir werden den Kundenwert im Abschnitt 2.4.2.5 ausführlich behandeln.

(4) Operatives vs. strategisches Vorgehen: Die langfristige Perspektive führt auch zu einer stärkeren strategischen Ausrichtung des Kundenmanagements im Vergleich zum eher operativen Verkauf. Es gilt mit anderen Worten, *ganzheitliche Konzepte* für die Kundenbearbeitung zu entwerfen, in denen die spezifischen Wettbewerbsvorteile des eigenen Unternehmens zur Geltung gebracht werden können. Auf diese Weise sollen kundenspezifische Wettbewerbsvorteile erschlossen und genutzt werden. Produkt-, Marketing- und Verkaufsstrategie müssen kundenorientiert gebündelt und abgestimmt werden.

(5) Ergebnis- vs. Prozessorientierung: Eine differenzierende Kundenbearbeitung kommt ohne Bezugnahme auf die kundenbezogenen Prozesse nicht aus. Deren Analyse erbringt nämlich erst die konkreten Ansatzpunkte für das Beziehungsmarketing. Beispielsweise gilt es oft, in der Logistik schneller zu werden, um gebundenes Kapital zu minimieren, oder in der Kommunikationspolitik individueller aufzutreten, um die spezifischen Informationsbedarfe der Kunden zu decken, oder in der persönlichen Kundenansprache interaktiver zu agieren, um mögliche Kaufwiderstände des Kunden besser zu erkennen und zu überwinden. Prozessorientierung bedeutet die Berücksichtigung und Gestaltung der sequentiellen Abläufe im sog. *„Sales Cycle"*, die mit entsprechenden Daten über jede Sequenz aus elektronisch gestützten Informationssystemen („CRM-Systeme") gesteuert werden können (vgl. 1.3.2)

(6) Integriertes vs. isoliertes Verkaufsgeschehen: Vollständige Kundenzufriedenstellung erfordert schließlich auch die bestmögliche *Überwindung aller Schnittstellenprobleme* zwischen den Verkaufsorganen zu jenen internen Stellen, in denen die kundenbezogenen Anliegen abgewickelt werden, also z. B. zur Produktionsplanung, zum Engineering oder zum IT-Management. Solange die dort angesiedelten Mitarbeiter die Idee der totalen Kundenorientierung („Total Customer Care") nicht internalisiert haben, kann eine hundertprozentige Zufriedenstellung des Kunden nicht gelingen. Insofern ist Kundenmanagement fast immer Management im Team und nicht auf Verkaufsmannschaften i.e.S. begrenzt (vgl. Kap. 9.2).

1.1.3 Zur Einordnung des Kundenmanagements in das Marketing

Kundenmanagement kann sowohl mit persönlichen als auch mit unpersönlichen Medien betrieben werden. Es schließt also den Bereich des sog. *„Personal Selling"* (persönlicher Verkauf) mit ein, der als „alle Formen des Verkaufs, bei denen

Verkäufer und Kunden in direkten, dyadischen oder multipersonellen Kontakten zueinander stehen", definiert ist (Bänsch 2001, S. 1263). Insofern stellt der persönliche Verkauf nur eine Untermenge aller zum Kundenmanagement zählenden Aktivitäten dar.

Gleiches gilt für den *Kundendienst* (Servicepolitik), also „Zusatzleistungen, die mit dem Ziel der Kundengewinnung und/oder der Kundenbindung angeboten werden" (Hennig-Thurau 2001b, S. 1536). Allerdings umfasst der Kundendienst in manchen Branchen auch über den kaufmännischen Bereich hinausgehende, technische Aufgabenfelder, etwa die technische Reparaturdurchführung oder den An- und Verkauf von Gebrauchtmaschinen. Diese Aktivitäten werden aus unserer Definition des Kundenmanagements ausgeschlossen.

Im Gegensatz zum *Beziehungsmarketing* handelt es sich beim Kundenmanagement nicht nur um ein allgemeines strategisches Konzept, sondern um einen konkreten *Aufgabenbereich*, in dem die Prinzipien des Beziehungsmarketing angewandt werden.

Eine eindeutige Zuordnung des Kundenmanagements in die Submix-Bereiche des *Marketing-Mix* ist ebenso wenig möglich wie beim Verkauf (vgl. Meffert 1998, S. 818). Zum einen enthält dieser Aufgabenbereich des Marketing nicht nur Aktionsinstrumente, sondern auch Informationsinstrumente (Kundenforschung und Kundenanalyse) und betrifft zum anderen nicht nur einen, sondern alle vier klassischen Sub-Mix-Bereiche:

(1) Am stärksten sind die Überschneidungen zum *Kommunikations-Mix*, weil Kundenmanagement alle Aktivitäten der *individuellen Kundenkommunikation* umfasst. Nicht eingeschlossen sind alle nicht-individuellen Kommunikationsaktivitäten, insbesondere die Mediawerbung, die Verkaufsförderung (mit Ausnahme der Abstimmung kundenindividueller Aktionen), die Public Relations und das Sponsoring. Zwar wirken derartige Aktivitäten auch auf einzelne Kunden, werden aber nicht nach den Regeln der Individualkommunikation gestaltet.

(2) Größere Überschneidungen können sich auch mit dem *Distributions-Mix* ergeben, insbesondere, wenn das Verkaufspersonal auch die physische Distribution der Ware übernimmt (z. B. im Fahrverkauf oder bei persönlichen Dienstleistungen). Darüber hinaus bieten die physischen und monetären Ströme zum bzw. vom Kunden wichtige Anknüpfungspunkte für die Kommunikation mit dem Kunden.

(3) Auch in den *Preis-Mix* ragt das Kundenmanagement hinein, insbesondere dann, wenn Verkäufer in individuellen Preisverhandlungen mit den Kunden letztendlich für die am Markt realisierten Preise verantwortlich zeichnen. Darüber hinaus wirken Verkäufer auch bei der preisbezogenen Analyse des Marktes und der Einschätzung von Preischancen und -risiken mit.

(4) Selbst der *Produkt-Mix* kann vom Kundenmanagement tangiert werden, etwa dann, wenn spezifische Auslegungen von Produkteigenschaften oder begleitenden

Dienstleistungen im interaktiven Zusammenspiel von Außendienstmitarbeiter bzw. Vertriebsingenieur und dem Kunden festgelegt werden. Nicht selten entstehen hierbei neue Produktvarianten oder Produktanwendungen, die bisher nicht zum Angebotsspektrum des Anbieters gehörten.

Verkauf und Kundenmanagement wären also zu eng abgegrenzt, wenn man sie auf die reine *Akquisitions- und Verkaufsabschlussfunktion* beschränken würde. Vielmehr stehen sie auch im Dienste

(a) einer individuellen *Kommunikationsfunktion*,
(b) einer z. T. sehr umfassenden *Servicefunktion* des Verkäufers (z. B. Qualitätsüberprüfungen, Regal-Checks, Kundenschulungen etc.) und
(c) einer nach innen wie nach außen gerichteten *Koordinationsfunktion* bezüglich der kundenbezogenen Prozesse.
(d) Schließlich entstehen im Verkauf und Kundenmanagement Führungsaufgaben *(Dispositionsfunktion)* bezüglich Planung, Organisation, Kontrolle und Personalführung.

1.2 Die Bedeutung des Kundenmanagements für den Unternehmenserfolg

Die Bedeutung des Kundenmanagements für den Unternehmenserfolg kann über verschiedene Sichtweisen erschlossen werden:

Herkömmlich ist der Verweis auf bestimmte, mit dem Kundenmanagement verbundene *Aufgabenbereiche*, deren Erfüllung die unabdingbare Voraussetzung für *Absatzerfolge* und damit für die *Umsatz-* und *Gewinnerzielung* einer Unternehmung darstellt.

Eine zweite Argumentationskette lässt sich durch Aufbau eines *Zielsystems* entwickeln, in dem der Mittel-Zweck-Zusammenhang zwischen typischen Verkaufszielen und übergeordneten Unternehmenszielen explizit hergestellt wird.

Ein dritter Ansatz setzt schließlich am Gedanken der *Wertschöpfung* an und beschreibt die vom Kundenmanagement ausgehenden Beiträge zur Nutzenstiftung für den Kunden, welche die Voraussetzung für höhere Wertschöpfung im Unternehmen darstellen. Erst wenn die Kunden eine höhere Zufriedenheit mit dem jeweiligen Anbieter empfinden, werden sie nämlich bereit sein, weiterhin und vielleicht sogar mehr bei diesem Anbieter zu kaufen oder ggf. auch in anderer Weise intensiver mit ihm zu kooperieren.

Wir wählen nachfolgend diesen dritten gedanklichen Ansatz zur Verdeutlichung des Stellenwerts des Kundenmanagements, wobei wir uns zunächst der Nutzenstiftung zuwenden, um anschließend auf den dafür in Kauf zu nehmenden Ressourceneinsatz einzugehen. Erst beide Größen zusammen bedingen dann die betriebs-wirtschaftliche Wertschöpfung einer Unternehmung.

1.2.1 Wertschöpfung durch Kundenmanagement

Der Sinn des arbeitsteiligen Wirtschaftens in einer Volkswirtschaft liegt in der *besseren Befriedigung menschlicher Bedürfnisse* als sie in einer autarken Eigen-versorgung, wie in Zeiten der Einsiedler- oder Sippenwirtschaft, möglich wäre (vgl. Vershofen 1950, S. 14 ff). Gelänge es einem Unternehmen in unserer hoch arbeitsteiligen Wirtschaft nicht, durch seine Tätigkeit einen Mehrwert über das hinaus zu erwirtschaften, was es schon an Vorleistungen von seinen Lieferanten bezogen und in die eigenen Leistungen investiert hat, so wäre alles Bemühen um eine solche Wohlfahrtsteigerung umsonst gewesen. Der *(End-)Kunde*, der in der frühen Tauschwirtschaft immer auch ein unmittelbarer Wirtschaftspartner war, wäre nicht bereit, dafür einen Mehrpreis zu bezahlen. Wertschöpfung dient also nicht nur den Wertschöpfern selbst, sondern auch und vor allem dem individuellen Kunden. Sie entsteht letztlich auch erst beim Kunden, wenn dieser nämlich seinen Preis für die beim Anbieter erstandene Leistung begleicht und damit jenen Betrag zur Verfügung stellt, der für alle in der Branchenkette vorgelagerten Wirtschafts-einheiten die finanzielle Grundlage schafft.

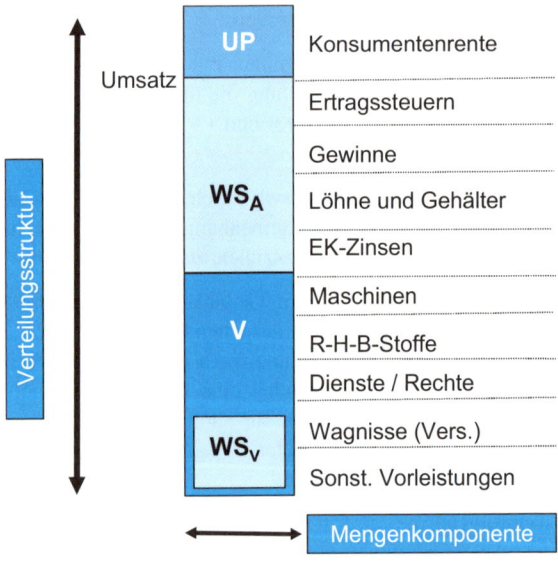

Abb. 1-5: Komponenten der Wertschöpfung

Wertschöpfung im *betriebswirtschaftlichen Sinne* stellt die Summe der in einem Unternehmen im Laufe einer Periode durch die Leistungserstellung neu geschaffenen Werte dar (vgl. Abb. 1-5). Rein rechnerisch ergibt sie sich damit als *Differenz* zwischen dem *Umsatz,* ggf. zzgl. den Bestandszuschreibungen, abzgl. der *Kosten,* die für die von *Vorlieferanten gelieferten Leistungen (V)* anfallen. Diese beinhalten z. B. die Beschaffungskosten für Maschinen, insbesondere aber für Materialien, Roh-, Hilfs- und Betriebsstoffe, Rechte, fremde Dienstleistungen und kalkulatorische Wagnisse (Versicherungen). Darin enthalten sind wiederum die Wertschöpfungsanteile (WS_V) der vorgelagerten Betriebe. Verwendungsseitig setzt sich die Wertschöpfung aus den an eigene Mitarbeiter gezahlten Löhnen und Gehältern, den erwirtschafteten Gewinnen und den gezahlten Eigenkapital-Zinsen sowie Unternehmenssteuern zusammen.

Das Verständnis für die Wertschöpfung wäre freilich unvollständig, würde man nicht auch die *Konsumenten* in die Betrachtung mit einbeziehen. Der am Markt realisierte Umsatz entspricht in aller Regel nicht dem theoretisch denkbaren Umsatz, der erzielbar wäre, wenn alle Kunden den von ihnen maximal tolerierten Preis bezahlen würden. Dieser Unterschied zum Ist-Umsatz bildet die vom Unternehmen nicht abgeschöpfte *Konsumentenrente* (KR), die damit ein *Umsatzpotenzial* (UP) verkörpert.

Wertschöpfung hat also eine vertikale *Verteilungsstruktur zwischen* den Wertschöpfungsteilnehmern und eine horizontale *Mengenkomponente*, die wie ein Multiplikator wirkt, wenn Märkte mengenbedingt wachsen, etwa weil mehr Nachfrager auftreten oder höheres Einkommen einen größeren Verbrauch ermöglicht. Das Kundenmanagement kann an beiden Komponenten ansetzen, um die betriebliche Wertschöpfung zu steigern: Zum einen kann man versuchen, durch geschickte Preisverhandlungen und *Up-Selling* Konsumentenrente abzuschöpfen. Zum anderen kann ein Wertschöpfungswachstum durch *Absatzsteigerung* (bei welchen Kunden auch immer) bewerkstelligt werden. Am einfachsten gelingt dies bei einem mengenmäßigen *Marktwachstum*, wo sich das zwischen den Wettbewerbern aufzuteilende Marktvolumen verbreitert. Jedes Unternehmen kann dann in jeweils spezifischem Umfang am Wachstum partizipieren und seine Wertschöpfung steigern, entweder gleichmäßig, wie in Abb. 1-6a dargestellt, oder ungleichmäßig, wenn es zu *Marktanteilsveränderungen* kommt (Abb. 1-6b). In beiden Fällen kommt dem Verkauf eine Schlüsselrolle zu, weil er die entsprechenden Verkaufsabschlüsse mit den Kunden tätigen muss und dabei möglichst wenig Kunden an die Wettbewerber verlieren darf bzw. möglichst viele Kunden von den Wettbewerbern abwerben muss.

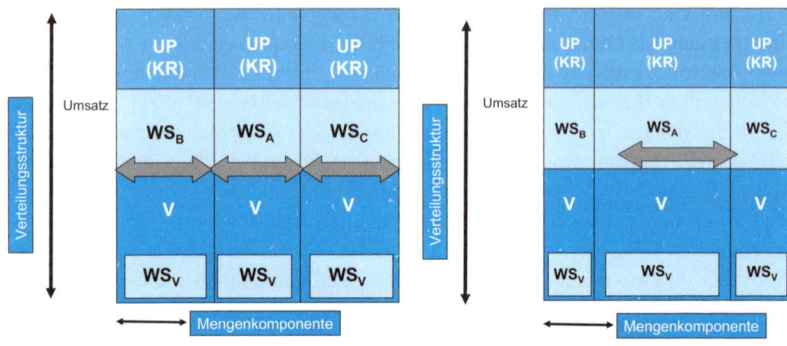

Abb. 1-6a: Wertschöpfungssteigerung
durch Mengenwachstum

Abb. 1-6b: Wertschöpfungssteigerung
zu Lasten der Wettbewerber

Ohne autonomes Marktwachstum oder Marktanteilsgewinne sind betriebliche Wertschöpfungssteigerungen nur durch eine *Umverteilung* möglich. Eine *rücklastige Wertsteigerung* liegt dabei dann vor, wenn niedrigere Preise an die Vorlieferanten gezahlt werden. Der Wertschöpfungszuwachs auf der Ebene des Unternehmens A geht dann zu Lasten der Vorlieferanten und deren Wertschöpfungsbeiträge. Bei einer *vorlastigen Wertsteigerung* gelingt es dem Unternehmen dagegen, die Konsumentenrenten besser abzuschöpfen, etwa durch Preisdifferenzierung.

Eine Strategie der *Steigerung der Wertschöpfung* durch Kundenmanagement kann also grundsätzlich an drei Punkten ansetzen, nämlich

(a) dem *Nutzen*, der dem Kunden geboten wird und der die Höhe der Zahlungsbereitschaft bestimmt. Zu denken ist z. B. an eine bessere Kundenberatung, an Kundenschulungen oder an die Übernahme bestimmter Risiken. Durch ein solches sog. *Trading up* (Vertikale Streckung der Wertschöpfung) kann u. U. ein entsprechender Preisanstieg durchgesetzt und ein Wertschöpfungszuwachs i. S. einer win-win-Situation erzielt werden: Der Kunde erhält ein besseres Preis-Leistungsverhältnis, die Unternehmung einen höheren Erlös.

(b) den *Kosten*, die zur Erstellung einer entsprechenden Verkaufsleistung bei gegebenem Preis aufgewendet werden. Hier ist das Prozessmanagement des Verkaufs herausgefordert, das auf höchste Effizienz der Verkaufsprozesse achten muss (vgl. Kap. 1.3.2). Die dadurch erzielten Ersparnisse stehen der Unternehmung für andere Zwecke zur Verfügung.

(c) die dritte Wertschöpfungsquelle liegt in den *Preisen*, die man dem Kunden bei gegebenem Kundennutzen abverlangt (Vertikalstruktur der Wertschöpfung). Auf deren Höhe hat das Kundenmanagement über die Preiskompetenz der Verkäufer einen direkten und über die Kundenbindungspolitik einen indirekten Einfluss.

Zum Leidwesen vieler Anbieter kommt es in unserer Zeit aber weniger oft zur Wertschöpfungssteigerung als zur *Wertschöpfungsvernichtung*. Auch hier müssen zwei Fälle unterschieden werden:

➢ *Preissenkungen* ohne Qualitätsverminderung führen ohne Mengensteigerung zu einem sinkenden Umsatz und damit zu sinkender Wertschöpfung, andererseits aber zu einem Zuwachs an Konsumentenrente. Der Verkauf trägt hier mit seiner Preisverantwortung entscheidend bei.

➢ *Trading down* liegt dagegen vor, wenn eine Preissenkung mit einer Leistungsverminderung verbunden ist. Letztere wird meist vom Preis- bzw. Kostendruck verursacht. Die betriebliche Wertschöpfung vermindert sich dabei u. U. ebenso wie jene der Vorlieferanten, denen dann ggf. ebenfalls niedrigere Preise zugemutet werden. Beim Trading down kommt es deshalb oft trotz sinkender Preise zu einer offenen oder schleichenden Nutzeneinbuße für den Konsumenten wegen sinkender Qualität oder verminderter Serviceleistungen. Auch hier kann das Kundenmanagement durch entsprechende Gegenmaßnahmen und Förderung des Qualitäts- und Leistungsbewusstseins der Kunden wichtige Wertschöpfungsbeiträge liefern.

1.2.2   Kundennutzen durch Kundenmanagement

Unsere grundlegenden Betrachtungen zum Stellenwert des Kundenmanagements im Hinblick auf die betriebliche Wertschöpfung machten bereits den engen Zusammenhang zwischen Wertschöpfung und Kundennutzen deutlich. Dieser Zusammenhang soll in diesem Abschnitt durch eine detaillierte Betrachtung der potenziellen Nutzenbeiträge des Kundenmanagements vertieft werden. Für ein entsprechendes Verständnis grundlegend ist die Unterscheidung zwischen *Güternutzen, Transaktionsnutzen* und *Beziehungsnutzen*, wie sie in der Theorie des Beziehungsmarketing entwickelt wurde (vgl. Zeithaml 1998; Gwinner/Gremler/ Bitner 1998; Werani 1998). Der Güternutzen erwächst dabei aus den spezifischen Leistungsmerkmalen des vermarkteten Wirtschaftsgutes. Bei Sachgütern ist dies eindeutig vom Transaktionsnutzen abzugrenzen, bei Dienstleistungen vermischen sich dagegen „Güter"- und Transaktionsnutzenmerkmale. Letztere entstehen durch die spezifischen Umstände beim jeweiligen Kaufakt, also dessen Bequemlichkeit für den Kunden, den mit der Transaktion verbundenen Kosten und Risiken sowie den psychischen Be- oder Entlastungen (Ärger, Kauferlebnisse, etc.), die der Kunde beim Kauf erfährt. Darüber hinaus existiert ein Beziehungsnutzen, der daraus entsteht, dass dem Kunden durch mehrmaligen Kauf bei ein und demselben Lieferanten – etwa durch geringere Suchkosten, geringeres Kaufrisiko oder schnellere Kaufabwicklung – spezifische Vorteile erwachsen.

Transaktions- und Beziehungsnutzen fallen nahezu gänzlich in den Verantwortungsbereich des Kundenmanagements. Sie besitzen in gesättigten Märkten, in denen der Wettbewerb und schwindende technische Spielräume dazu geführt haben, dass die Güternutzenmerkmale kaum mehr differieren, eine besondere Bedeutung. In vielen Unternehmen hat sich dies in einer „Problemlösungs-strategie" für den Kunden niedergeschlagen, deren inhaltliche Ausgestaltung sich im Wesentlichen auf eine Differenzierung der den Leistungskern umgebenden Zusatzleistungsmerkmale („Added Value") konzentriert (vgl. z. B. Belz et al. 1997).

Voraussetzung für eine Erschließung solcher Nutzenkomponenten ist die genaue Kenntnis der beim Kunden anfallenden *Kaufprobleme* (vgl. Belz/Bieger 2004, S. 80 ff.). Dabei gilt es nicht nur, die produktbezogenen Probleme zu fokussieren, sondern die Aufmerksamkeit auf den gesamten Kaufentscheidungsprozess und die diese umgebenden Subsysteme des Kunden zu richten (vgl. Mitchell 1998). Abb. 1-7 stellt ein entsprechendes Kaufentscheidungsmodell dar, in dem sechs Kaufphasen mit jeweils spezifischen Kaufproblemen und darauf abgestellten Prob-lemlösungsbeiträgen durch das Kundenmanagement aufgeführt sind.

(1) Kaufanregung

Private wie gewerbliche Käufer werden häufig nicht von offenkundigen Bedarfs-anlässen, wie dem Auslaufen eines Kaufvertrages, der Veralterung bestimmter Maschinen oder dem Erreichen eines Mindestvorrats, zum Kauf bewogen. Die Kaufanregung kommt vielmehr oft erst durch die Konfrontation der eigenen Bedürfnisse mit dem Angebot zustande, etwa wenn ein neues Reinigungsmittel für industrielle Anlagen, das besonders schonend oder Kosten sparend eingesetzt werden kann, vom Produzenten an den Kunden herangetragen wird. Dies kann sowohl durch Mediawerbung als auch durch persönliche Kommunikation oder eine Mischung aus beiden Kommunikationsarten erfolgen. Verkäufer können hier Kundenprobleme lösen, indem sie die Bedürfnisse potenzieller Kunden erkennen und darauf abgestimmte Leistungsofferten abgeben. Nicht selten verbindet sich damit auch eine Beeinflussung der Kundenbedürfnisse, was aber durchaus (auch) als Problemlösung angesehen werden kann, denn die Präferenzbildung bereitet den Kunden nicht selten Schwierigkeiten. Welchen Teilaspekten eines Leistungs-angebotes welche Bedeutung für die Nutzenstiftung zukommt, ist oft erst in einer ausführlichen Auseinandersetzung mit dem Angebot bestimmbar. Dabei können auch latente Bedürfnisse offen gelegt und mit entsprechenden Angeboten ange-sprochen werden. *Kundenaktivierung, Kundensteuerung* und *Kundeninformation* stellen in der Phase der Kaufanregung also potenzielle Beiträge des Kundenmana-gements zur besseren Problemlösung bei Kunden und damit zu höherer Wert-schöpfung dar. Nicht außer Acht gelassen werden darf dabei, dass sich der Kunde in der Phase der Kaufanregung auch aus anderen Umfeldern Informationen be-schafft bzw. aktiv von dort beeinflusst wird. Für solche Kaufanregungen sind z. B. User Groups, Unternehmensberater, Consulting Engineers und andere Meinungs-führer relevant, die u. U. in das Konzept, zumindest aber in den Fokus des Kundenmanagements mit einbezogen werden können.

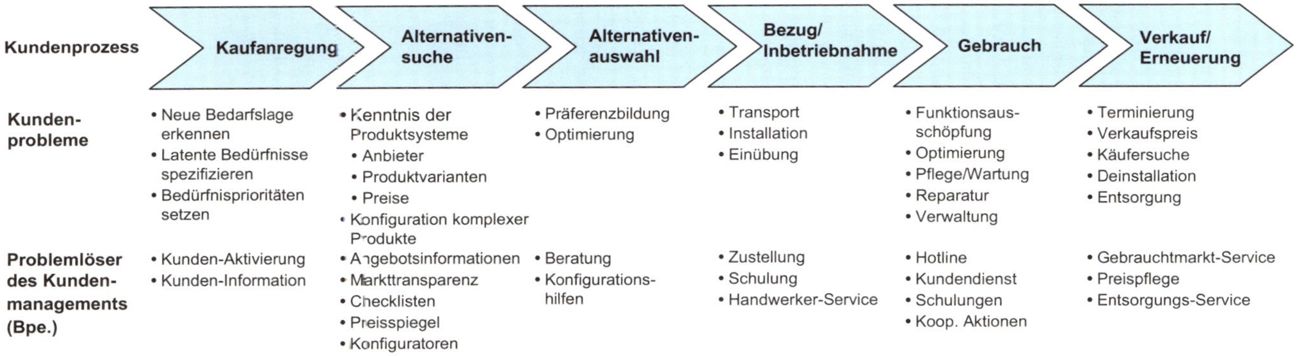

Kundenprozess	Kaufanregung	Alternativen-suche	Alternativen-auswahl	Bezug/Inbetriebnahme	Gebrauch	Verkauf/Erneuerung
Kunden-probleme	• Neue Bedarfslage erkennen • Latente Bedürfnisse spezifizieren • Bedürfnisprioritäten setzen	• Kenntnis der Produktsysteme • Anbieter • Produktvarianten • Preise • Konfiguration komplexer Produkte	• Präferenzbildung • Optimierung	• Transport • Installation • Einübung	• Funktionsaus-schöpfung • Optimierung • Pflege/Wartung • Reparatur • Verwaltung	• Terminierung • Verkaufspreis • Käufersuche • Deinstallation • Entsorgung
Problemlöser des Kunden-managements (Bpe.)	• Kunden-Aktivierung • Kunden-Information	• Angebotsinformationen • Markttransparenz • Checklisten • Preisspiegel • Konfiguratoren	• Beratung • Konfigurations-hilfen	• Zustellung • Schulung • Handwerker-Service	• Hotline • Kundendienst • Schulungen • Koop. Aktionen	• Gebrauchtmarkt-Service • Preispflege • Entsorgungs-Service

Abb. 1-7: Kundenprobleme als Ansatzpunkte für das Kundenmanagement

39

(2) Alternativensuche

Greift der Kunde die Kaufanregungen auf und gewinnt Interesse an einem Kauf, so wird er – bei extensiven Kaufentscheidungsprozessen – mehr oder minder ausführlich auf die Suche nach Kaufalternativen gehen. Hier entsteht für ihn das Problem, sich in vielfältiger Hinsicht *Markttransparenz* zu verschaffen. Es gilt, die relevanten Produktsysteme und Produktarten, die unterschiedlichen Anbieter, aber auch die Preislagen zu sichten und untereinander zu vergleichen. Damit einher geht ein erheblicher *Transaktionsaufwand*, der durch entsprechende Hilfestellungen eines Anbieters vermindert werden kann. Je neutraler dabei die gebotenen Informationen ausfallen, umso attraktiver wird dies für den Kunden. Erneut geht es hierbei also um Information und Beratung, die dem Kunden entsprechende Nutzenbeiträge stiften können. Im technischen Bereich beinhaltet die Alternativensuche darüber hinaus oft auch eine mehr oder minder aufwändige *Engineering-Aktivität* des Anbieters, in deren Rahmen individuelle Problemlösungen technischer Art konstruiert und kalkuliert werden müssen. Zusammengefasst werden diese Hilfestellungen zumindest bei umfassenderen Aufträgen in z. T. sehr umfangreichen schriftlichen *Angeboten* und/oder mündlichen Angebotspräsentationen, die teilweise auch im Wettbewerb mit anderen Anbietern („*Pitch*") abgegeben werden.

(3) Auswahlentscheidung

In der nächsten Phase des Beschaffungsprozesses gilt es für den Kunden dann, eine Auswahlentscheidung zu treffen, also seine Präferenz festzulegen und das Kaufobjekt als solches zu bestimmen. Da es insbesondere bei technischen Gütern hierbei oft um eine Kombination verschiedener Elemente (z. B. Komponenten einer EDV-Anlage) geht, können anbieterseitig entsprechende *Konfigurationshilfen* (z. B. EDV-gestützte Konfiguratoren, die technisch zulässige Kombinationen vorschlagen bzw. akzeptieren) aussagefähige *Angebote* und *Kostenvoranschläge* generieren oder wiederum eine individuelle *Präferenzberatung* Hilfestellungen leisten.

(4) Bezug/Inbetriebnahme

Der Kaufphase folgen der Warenbezug und ggf. die technische Inbetriebnahme des gekauften Gutes. Hierbei entstehen für den Kunden Transport- und Installationsprobleme, bei komplexen Gütern auch Kennenlern- und Einübungsaufgaben, an deren Bewältigung der Anbieter wiederum teilhaben kann, um Kundennutzen zu erzeugen. Beispielsweise bieten viele Firmen eine *Lieferung* der Güter zum Kunden statt ab Fabrik, volle Transparenz über die *Liefertermine* und den *Auftragsstatus*, elektronisches *Tracking des Auftragsversands, Schulung* des Bedienungspersonals von Maschinen oder *Anwenderkurse* zur vollen Ausschöpfung des Leistungspotenzials der jeweiligen Güter an.

(5) Gebrauch

Ähnliche *Serviceleistungen* sind auch für die oft Jahre andauernde Gebrauchsphase zur Nutzenstiftung geeignet. In dieser Phase kann dem Kunden z. B. dadurch geholfen werden, dass man den Einsatz des Gutes technisch optimiert (z. B. möglichst wirtschaftlicher Betrieb einer Anlage), die Wartungsarbeiten sach- und termingerecht erledigt, die Reparaturen und den Ersatzteilservice rasch und kostengünstig bewerkstelligt oder die bürotechnische Verwaltung des Güterbestandes übernimmt. Solche sog. *Application Services* können auch von darauf spezialisierten Service Providern geleistet (und vom Verkäufer finanziert) werden. Beispielsweise bieten Telefongesellschaften ihren gewerblichen Kunden elektronische Sprachdienste für automatisierte In- oder Outbound-Anrufe an, die von Spezialdienstleistern installiert und gepflegt werden. Kundenmanagement wird dann in *Netzwerken* mehrerer Leistungsträger abgewickelt. Für bestimmte Kundentypen bieten sich auch *kooperative Aktionen* an, etwa für Handelsunternehmen kooperative Verkaufsförderungsaktionen oder Aus- und Weiterbildungsmaßnahmen für das Verkaufspersonal beim Kunden.

(6) Wiederverkauf/Erneuerung

Am Ende des Gebrauchszyklus muss der Kunde darüber entscheiden, ob, wann und wie er das Gut ersetzt. Letztlich handelt es sich hier um Vermarktungsprobleme, bei denen der Lieferant wiederum Hilfestellungen leisten kann. So bieten manche Maschinenanbieter einen *Umtauschservice „Alt gegen Neu"*, eine *Informationsplattform* für den Weiterverkauf oder gezielte *Vermittlungsaktivitäten* zu anderen Kunden an. Über solche kaufmännische Dienstleistungen hinaus kann auch bei der *Deinstallation* und der *Entsorgung* des Gutes lieferantenseitig Nutzen gestiftet werden, wenn entsprechende Guteigenschaften für eine problemlose Entsorgung oder geeignete Serviceleistungen angeboten werden.

Der kurze Überblick über die im Kauf- und Gebrauchsprozess eines Gutes anfallenden Kundenprobleme macht deutlich, dass das Kundenmanagement fernab der eigentlichen Produktgestaltung über vielfältige Ansatzpunkte zur Nutzensteigerung beim Kunden verfügt. Damit bieten sich gleichzeitig bessere Chancen zu höherer Wertschöpfung im Wege höherer Preise, zusätzlicher Umsätze und/oder neuer Kunden, die durch derartige Nutzenangebote gewonnen bzw. gebunden werden können.

1.2.3 Ressourcenbelastung und Ressourcenpflege durch Kundenmanagement

Der Blick allein auf die kundenseitigen Effekte, die das Kundenmanagement erzeugt, würde dessen Stellenwert nur unzureichend beschreiben. Betriebswirtschaftlich gleichermaßen wichtig ist es, dass die dafür in Kauf genommenen *Kosten* geringer sind als die am Markt erzielten (Mehr-)Erlöse. Dies gilt für das Kundenmanagement sogar im besonderen Maße, da damit sehr oft eine erhebliche Belastung betrieblicher Ressourcen einhergeht. Es erfordert zuvorderst den Einsatz von *Personal*, das unter heutigen Bedingungen nur zu hohen Kosten erhältlich ist, und, wenn es vor Ort bei den Kunden eingesetzt werden muss, zusätzliche *Reisekosten* bedingt. Teilweise handelt es sich dabei um hoch qualifizierte Personen, wie Vertriebsingenieure, Verkaufsleiter oder Key Account-Manager, deren rechnerische Stundensätze im dreistelligen Eurobereich liegen, so dass z. B. für einen Kundenbesuch durchaus mehrere 100 € veranschlagt werden können. Bereits 1986 hat eine entsprechende Studie für unterschiedliche Branchen folgende durchschnittliche Kosten eines Außendienstbesuches ergeben: Investitionsgüter: 106 €/je Besuch, Verbrauchsgüter: 54 €, Gebrauchsgüter: 63 €, Dienstleistungssektor: 68 €, Handel: 63 € (vgl. Meffert 1998, S. 831, eigene Umrechnung DM zu €).

Zu berücksichtigen ist auch, dass für Besuche beim Kunden z. T. hohe *Fuhrparkkosten* anfallen und dass die *informationstechnische Ausstattung* des Außendienstes (Handy, Notebook, MDE-Geräte etc.) ebenfalls mit u. U. beträchtlichen Investitionen und entsprechenden Abschreibungen verbunden ist (vgl. Kap. 11).

Gleiches gilt für die interne Verwaltung des Kundenmanagements, insbesondere die entsprechenden *IT-Systeme*, etwa Kundendatenbanken mit dazugehörigen Abfragesystemen, für deren Aufbau und Pflege oft Millionenaufwendungen getätigt werden (vgl. Kap. 11).

Schließlich müssen die im Kundenmanagement tätigen *Mitarbeiter verwaltet* und besonders intensiv *geführt* werden (vgl. Kap. 12), was ebenfalls mit z. T. erheblichen Zeit- und Kostenbelastungen für die Leitungsebenen sowie dazu gehörigen Sachaufwendungen, etwa für Verkaufswettbewerbe, Weiterbildungsseminare etc., verbunden ist.

Kundemanagement stellt insofern also auch einen großen Belastungsfaktor für die humanen, technischen und finanziellen Ressourcen eines Unternehmens und einen Negativposten in der Wertschöpfungsrechnung dar. Dies erfordert die Verfolgung *kostenpolitischer Ziele* und ein gezieltes Kostenmanagement (vgl. Kap. 10). Andererseits erbringen die Mitarbeiter des Kundenmanagements neben den Umsatzerlösen aber auch *interne Wertschöpfung*, insbesondere wenn sie das am Markt erworbene *Wissen* über Kunden und Wettbewerber in die Unternehmung hineintragen und damit die Marktorientierung des Unternehmens maßgeblich stärken können. Kundenmanagement ermöglicht so die für den Markterfolg heute unabdingbare *Kundennähe* (vgl. Kap. 2.3).

Zusammenfassend ist festzuhalten, dass das Kundenmanagement eine zentrale Rolle für die Wertschöpfung von Unternehmen spielt und entscheidende Steuerungsgrößen für den Kundennutzen und die Kosten der Kundenbearbeitung als Treiber des Marketingerfolges verantwortet. Es reicht damit weit über eine reine Exekutivfunktion hinaus und umfasst auch strategische Aufgaben, die im nächsten Kapitel noch näher beleuchtet werden.

1.3   Prozesse des Kundenmanagements

1.3.1   Prozessmodelle des Kundenmanagements

1.3.1.1   Prozessgliederung

Das Verkaufsgeschehen wird traditionell in verschiedene Phasen untergliedert, welche eine Abfolge akquisitorischer Bemühungen um die Kunden beinhalten. Kuhlmann (2001, S. 233) unterscheidet z. B. sechs Phasen, nämlich „Kontaktaufnahme und Anfragenauslösung", „Anfragenbewertung und Angebotserstellung", „Verhandlung", „Kaufabschluss", „Auftragsverfolgung" sowie „Kundenbetreuung und Nachkaufphase". Eine Vergröberung oder Verfeinerung dieser Aufteilung ist naturgemäß möglich. Im vorliegenden Buch unterscheiden wir drei Grobphasen, nämlich Kundenannäherung, Kundengewinnung und Kundenpflege, die wir dann weiter in strategische und operative Unterprozesse aufgliedern.

Die *Kundenannäherung* enthält alle Aktivitäten bis zur Aufnahme des unmittelbaren Kontaktes zum Kunden, also die Vorbereitung dieses Kundenkontaktes von der Auffindung potenzieller Kunden bis hin zur gezielten Vorbereitung des Verlaufs eines Kundengespräches. Die *Kundengewinnung* nimmt das Ergebnis dieser Aktivitäten zum Input mit dem Ziel, Aufträge vom Kunden als Prozessoutput zu erlangen. Es geht also um die Planung und Durchführung des Verkaufsgespräches sowie – letztlich – um die Realisierung des im Gespräch erzielten Ergebnisses in Form eines verbindlichen Vertrags. Zeitlich nachgelagert sind dann Aktivitäten der *Kundenpflege*, als deren Output der Wiederkauf des Kunden angesehen werden kann. Wir werden in den nachfolgenden Kapiteln dieses Buches die einzelnen Teilphasen dieser drei Hauptprozesse jeweils näher charakterisieren und mit den spezifischen Gestaltungsmöglichkeiten und Problemen vorstellen. Abb. 1-8 gibt einen entsprechenden Überblick.

Bei den in Abb. 1-8 horizontal angeordneten Teilprozessen handelt es sich um zehn *operative Verkaufsprozesse*, die unmittelbar auf die jeweiligen Kunden zielen. In unserer weiten Sicht des Kundenmanagements existieren ferner acht, damit eng verwobene, aber analytisch trennbare *strategische Prozesse* des Kundenmanagements (Vertikalpfeile in Abb. 1-8). Sie fundieren die operativen Verkaufsprozesse mit Leitlinien und generellen Stoßrichtungen für das verkäuferische Handeln. Alle 18 Prozesse werden in den Kapiteln 3 bis 8 ausführlich behandelt.

Darüber hinaus gilt es auf einer Metaebene des Kundenmanagements, die *betriebswirtschaftliche Optimierung* dieser Prozesse selbst ins Auge zu fassen. Dies ist Gegenstand des *Prozessmanagements*, das ebenfalls prozessual gegliedert werden kann. Im Einzelnen geht es hier um die *organisatorische*, die *personelle*, die *informationstechnologische* und schließlich um die *überwachungstechnische* Ausgestaltung der Prozesse (vgl. Abschnitt 1.3.2).

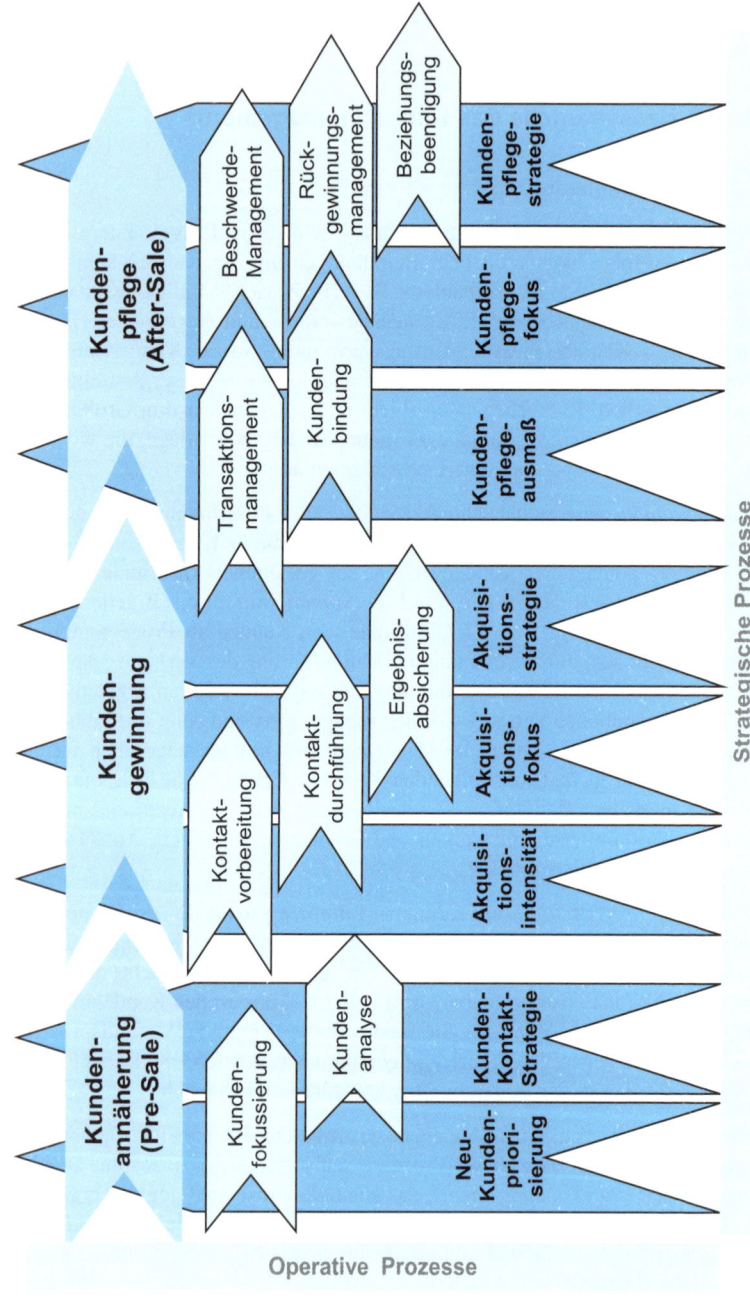

Kunden-
annäherung
(Pre-Sale)

Kunden-
gewinnung

Kunden-
pflege
(After-Sale)

Kunden-
fokussierung

Kunden-
analyse

Kontakt-
vorbereitung

Kontakt-
durchführung

Ergebnis-
absicherung

Transaktions-
management

Kunden-
bindung

Beschwerde-
Management

Rück-
gewinnungs-
management

Beziehungs-
beendigung

Neu-
Kunden-
priori-
sierung

Kunden-
Kontakt-
Strategie

Akquisi-
tions-
intensität

Akquisi-
tions-
fokus

Akquisi-
tions-
strategie

Kunden-
pflege-
ausmaß

Kunden-
pflege-
fokus

Kunden-
pflege-
strategie

Operative Prozesse

Strategische Prozesse

Abb. 1-8: Einteilung und Charakteristik des Verkaufsprozesses

1.3.1.2 Prozessumfelder

Struktur und Ablauf der Prozesse des Kundenmanagements werden sehr stark von den jeweiligen *Rahmenbedingungen* bestimmt, in denen eine Unternehmung agiert. Sie lassen sich – wie in Abb. 1-9 schematisch dargestellt – in vier Merkmalsbündel einteilen, die man auch als Checkliste für die Ausgestaltung der Verkaufsprozesse heranziehen kann:

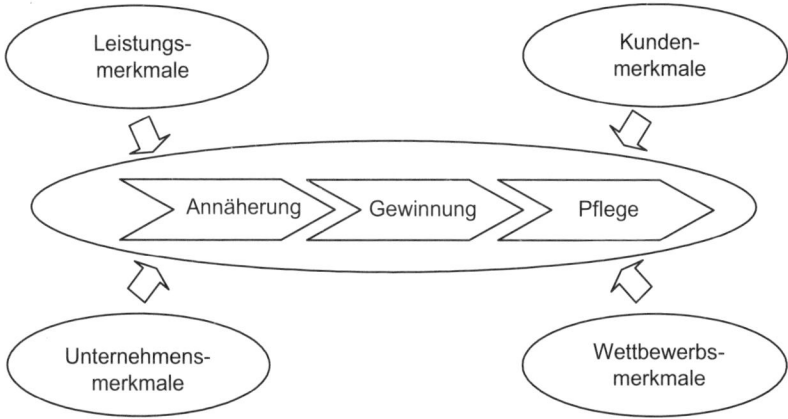

Abb. 1-9: Rahmenbedingungen des Verkaufsprozesses

Leistungsmerkmale

Die von der Unternehmung angebotenen Güter und Dienstleistungen besitzen bestimmte *Leistungsmerkmale*. Diese nehmen oft erheblichen Einfluss auf die Art, Intensität und Modalität der Interaktionen zwischen Verkäufer und Käufer, worauf in diesem einführenden Lehrbuch nicht im Detail eingegangen werden kann.

Nur beispielhaft sei auf folgende Einflussbeziehungen hingewiesen:

➤ Die *technische Komplexität* des Produktes macht im Verkaufsprozess u. U. den Einsatz hoch spezialisierter Vertriebsingenieure und ggf. umfangreiche Engineering-Tätigkeiten im Rahmen der Auftragsgewinnung erforderlich. Im Unterschied hierzu prägen bei standardisierten Massengütern weniger produkttechnische als liefertechnische und preisbezogene Merkmale (z. B. Leasing, Zahlungsziele etc.) die Verkaufsgespräche. Die Verkaufsprozesse sind dann oft wesentlich kürzer und einfacher und werden z. T. rein administrativ abgewickelt (Übermitteln von Bestellformularen, Nachfüllen von Lagerbeständen etc.).

➤ Der *Anteil der Serviceleistungen* am Gesamtleistungsumfang bestimmt maßgeblich darüber, wie intensiv der unmittelbare Kundenkontakt ausfallen muss. Dienstleistungen werden überwiegend vor Ort beim Kunden erbracht und bedingen deshalb eine stärkere

Integration des eigenen Unternehmens in die Geschäftsprozesse des Kunden und umgekehrt. Dies hat auch Auswirkungen auf die Beziehungspolitik, etwa in Hinblick auf das notwendige Ausmaß an Vertrauen in den Geschäftspartner (vgl. Kap. 8).

➢ Der *Individualisierungsgrad* der Leistungen nimmt Einfluss auf die notwendigen Abstimmungsprozesse zwischen Lieferanten und Kunden. Hoch standardisierte Güter können im Zweifel ohne persönlichen Kontakt via Internet vermarktet werden, während hoch individualisierte Güter i.d.R. nur im Wege des persönlichen Verkaufs vertrieben werden können. Die Qualitätsunsicherheit der Käufer ist entsprechend größer und führt deshalb zu spezifischen, Qualität sichernden Interaktionen, etwa im Wege von Garantieverträgen, Einflussnahme auf die Qualität der Produktion seitens des Kunden oder die Entwicklung sog. Lead-User, d. h. Referenzkunden, mit denen man gemeinsam neue Produkte entwickelt und betreibt, um deren Funktionstüchtigkeit anderen Kunden vorführen zu können.

➢ Für das *Involvement* des Kunden in den Kaufprozess sind auch der *Wert* bzw. die *Folgekosten* des zu kaufenden Gutes von ausschlaggebender Bedeutung. Üblicherweise klassifiziert man hier A-, B- und C-Artikel, je nachdem, ob die entsprechenden Produkte einen sehr hohen, hohen oder nur geringen Anteil an den Kosten des Kunden besitzen.

➢ Im sog. *Handelsgeschäft* der Konsumgüterindustrie mit Groß- und Einzelhandelsbetrieben auf der Kundenseite haben sich bestimmte Einkaufsroutinen eingebürgert, die vom Anbieter i.d.R. akzeptiert werden müssen. So finden dort im Allgemeinen in der Zentrale des Handelsbetriebes *Jahresgespräche* statt, in denen die Absatzmengen und die Verkaufspreise sowie begleitende Verkaufsförderungsaktionen in Rahmenverträgen vereinbart werden. Hierbei spielt auch die *Neuproduktvorstellung* eine wichtige Rolle. In den nachgelagerten regionalen Betriebseinheiten der Handelskonzerne wird dann in kürzeren Rhythmen über die benötigten Liefermengen, die Abwicklung der jeweils anstehenden Verkaufsförderungsaktion, die Regalflächengestaltung etc. gesprochen.

➢ Im sog. *Messegeschäft* werden Verkaufsprozesse durch Messekontakte dominiert, insbesondere, wenn es um *modische Produktkollektionen* (z. B. Bekleidung, Möbel, Schmuck) oder um *technische Innovationen* (z. B. Computer, Telekommunikation, Steuerungstechnik) geht (vgl. Bello 1992; Rosson/Seringhaus 1995).

Insgesamt prägen die jeweiligen Leistungsmerkmale das Verkaufsgeschehen in oft sehr typischer Weise, denkt man z. B. an das *Liefergeschäft* der Brauereien an die meist vertraglich gebundenen Gaststätten durch LKW-Fahrer („*Fahrverkauf*") mit nur geringer verkäuferischer Funktion und hohen distributiven Aufgabenanteilen einerseits und an das beratungsintensive *Objektgeschäft* (vgl. Potucek 1995), etwa das eines Möbelherstellers bei der Ausstattung eines neuen Großgebäudes, was hinsichtlich Qualität, Konfiguration und Belieferung meist auch ein typisches „*Beratungsgeschäft*" bedingt. Ähnlich verhält es sich im *Finanzvertrieb* von Banken, Versicherungen oder Investmentgesellschaften, wo allerdings sowohl Kundengruppen mit niedrigem als auch solche mit hohem Beratungsbedarf auftreten und deshalb ganz verschiedene Verkaufskonzepte nebeneinander existieren (vgl. Betsch 2001).

Kundenmerkmale

Dies führt hin zu relevanten *Kundenmerkmalen*, welche die Charakteristik der Verkaufsprozesse ebenfalls stark beeinflussen. Zu ihnen zählen insbesondere die

Größe und die *wirtschaftliche Bedeutung* der Kunden für den Anbieter, was dazu führt, dass man Großkunden bzw. sog. *Key Accounts* eigene Verkaufsorganisationen entgegenstellt („Key-Account-Management"). Dadurch soll die besonders intensive, fehlerfreie sowie individuelle und interaktive Bearbeitung dieser Kunden sichergestellt werden (vgl. Kap. 9).

Die *Dauer der Geschäftsbeziehung* zum jeweiligen Anbieter ist ein weiteres wichtiges Kundenmerkmal. Im sog. *Neukundengeschäft* achtet man z. B. sehr viel mehr auf die Reduzierung des Kaufrisikos für den Kunden als im *Stammkundengeschäft*, wobei bei Letzterem die Reduzierung der Transaktionskosten und die Ausweitung des Geschäftes auf andere als die bisher bezogenen Produktbereiche (*Cross Selling*) oder ein *Up-Selling* (Verkauf höherwertigerer Produkte als bisher) in den Vordergrund rücken. Für verlorene Kunden schließlich kann ein spezifisches *Kundenrückgewinnungsmanagement* aufgebaut werden, das u. U. Erfolg versprechender ist als die Ansprache völlig unbekannter, neuer Kunden (vgl. Kap. 7.4).

Aus Sicht des Kunden ergeben sich durch den *Wiederholungsgrad eines Kaufprozesses* weitere situative Differenzierungsmöglichkeiten. Seit der Studie von Robinson/Faris/Wind (1967) werden diesbezüglich *Neukauf, identischer* und *modifizierter Wiederkauf* unterschieden, je nachdem, ob der Kunde die Kaufprobleme gar nicht, einigermaßen oder bereits gut kennt. Daraus ergeben sich spezifische Risikograde und Informationsbedarfe, die naturgemäß auch auf das Verkaufs- bzw. Einkaufsgeschehen ausstrahlen. Die Neukaufsituation ist – auch wenn bereits mehrfach gekauft wurde – identisch mit einer Erstkaufsituation, weil erneut – etwa wegen sehr langer Kaufzyklen oder rapidem technischen Wandel – umfangreiche Fragen geklärt und Informationen eingeholt werden müssen. Beim modifizierten Neukauf kann der Käufer auf ähnliche Erfahrungen zurückgreifen, allerdings treten auch neue Aspekte hinzu. Der identische Wiederkauf (straight rebuy) kann dagegen routinemäßig abgewickelt werden. Die Suche nach Kaufalternativen erübrigt sich. Unbefriedigend an dieser Typologie sind neben der Unterdrückung moderierender Effekte, wie Preishöhe oder Produktklasse, insbesondere die Ausblendung des Vertrauens als Risikoreduktionsmechanismus und die alleinige Fokussierung auf Produkt- statt auch auf Anbieteraspekte (vgl. dazu Backhaus 2003, S. 106 ff.).

Das Geschäft mit *gewerblichen Kunden* unterscheidet sich schon dadurch von jenem mit *Privatkunden*, dass Erstere nur dann langfristig zufrieden gestellt werden können, wenn auch deren Geschäftserfolg positiv beeinflusst wird. Insofern verbinden sich bei gewerblichen Kunden Verkaufspolitik und ein mehrstufiges vertikales Marketing häufig zu integrativen Ansätzen, etwa dem sog. *Category Management* zwischen Konsumgüterindustrie und Handel, bei dem es weniger um den Verkauf des Lieferanten als um die kooperative Optimierung der warengruppenspezifischen Verkaufspolitik beim Handel geht, die dann wiederum ein vertrauensvolles und kenntnisreiches Beziehungsmarketing des Lieferanten ermöglicht (vgl. Kap. 7.2).

Inländische und *ausländische* Kunden werden häufig getrennt bearbeitet, gleichzeitig besteht jedoch im Rahmen der Globalisierung ein Trend dahin, international agierende Kunden einheitlich und nach dem Prinzip „*One face to the customer*" zu bearbeiten. Dies bedingt international abgestimmte Verkaufsorganisationen und eine globale Verkaufsstrategie, wie sie z. B. im internationalen Key-Account-Management angestrebt wird. Die spezifischen Probleme des Auslandsvertriebs bleiben in diesem Buch weitgehend ausgeblendet (vgl. dazu z. B. Belz/Reinhold 1999).

Wettbewerbsmerkmale

Wettbewerbsmerkmale als dritte Gruppe von Einflussfaktoren auf den Verkaufsprozess sind z. B. die Art der *Vermarktungsprozesse* (z. B. Bedeutung von Messen, Rolle des Internets, Ausschreibungen etc.), die besondere Fokussierung des Wettbewerbs auf bestimmte *Wettbewerbsleistungen* (z. B. Technik, Qualität, Preis, Lieferzuverlässigkeit, Finanzierung etc.) oder die Möglichkeiten des unmittelbaren *Angriffs auf Wettbewerber*, etwa bei Ausschreibungen oder Auktionen auf Internetplattformen. Solche Umstände prägen naturgemäß die Akzentuierung der verschiedenen Verkaufsphasen in unserem Prozessmodell. Auf die wettbewerbsstrategischen Hintergründe kann hier nur am Rande eingegangen werden (vgl. dazu z. B. Benkenstein 1997, S. 132 ff.; Porter 1999).

Unternehmensmerkmale

Schließlich prägen auch *Unternehmensmerkmale* das Verkaufsgeschehen nicht unerheblich, insbesondere die *Unternehmensgröße* und *Finanzkraft*, da diese auf die personellen und informationstechnischen Ressourcen ausstrahlen, welche im Verkauf eingesetzt werden können. Darüber hinaus beeinflussen *Unternehmenskultur* und *Führungsstil* die Steuerung der im Verkauf tätigen Mitarbeiter.

Stark prägend für das Verkaufsgeschehen sind ferner die vom Unternehmen ausgewählten *Medien der Kundenansprache*, die eng mit der *Vertriebskanalpolitik* verknüpft sind. Meffert (1998, S. 819 f.) unterscheidet diesbezüglich z. B. den persönlichen, den semipersönlichen und den unpersönlich-medialen Verkauf, der sich jeweils wieder wie in Abb. 1-10 dargestellt weiter untergliedern lässt. Jede dieser Verkaufsformen definiert im Grunde spezifische Verkaufsprozesse und entsprechende Gestaltungsparameter. So ist beim *Messeverkauf* die Annäherungsphase anders zu gestalten als beim *Besuchsverkauf*. Beim *Katalogverkauf* ist die Abschlussphase nur indirekt zu beeinflussen, während sie beim *Handelsverkauf* durch entsprechende Verkaufstechniken unmittelbar steuerbar ist. Wir werden auf diese Besonderheiten im Teil II von Fall zu Fall eingehen, legen aber der allgemeinen Betrachtung den *Außendienstverkauf* zu Grunde, bei dem Verkäufer (gewerbliche) Kunden besuchen, um Verkaufsabschlüsse zu tätigen.

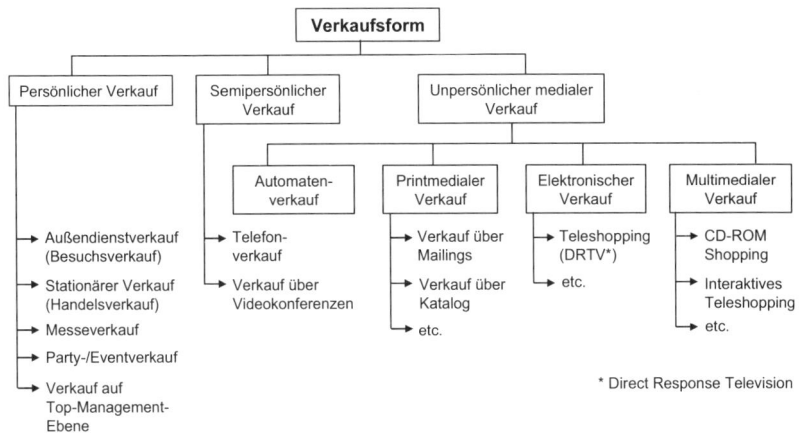

Abb. 1-10: Typologie der Verkaufsformen (Quelle: Meffert 1998, S. 820)

In der Literatur wurde immer wieder versucht, diese Vielfalt der Verkaufs- und Marketingsituationen in *Geschäftstypologien* einzufangen (vgl. z. B. Backhaus 2003, S. 299 ff.). Die zur Einteilung herangezogenen Merkmale sind dabei auf unterschiedlichem Abstraktionsniveau angesiedelt. Relativ abstrakte Typologien, wie die auf der Institutionenökonomie Gründenden (vgl. hierzu Kap. 2.2), liefern Erklärungs- und Gestaltungsansätze genereller Natur, lassen aber die Vielfalt der Verkaufssituationen und -modalitäten unberücksichtigt. Geht es um eine differenzierende Beschreibung der Verkaufsprozesse, bieten weniger abstrakte, etwa an Eigenschaften des Verkaufsortes, der eingesetzten Kommunikationsmedien oder der angesprochenen Kundenkreise ansetzende Typologien oft spezifischere Einsichten. Aus diesem Grunde legen wir diesem Buch keine uniforme Verkaufstypologie zu Grunde, sondern spezifizieren die Aussagen je nach Problemaspekt innerhalb der Prozessbetrachtung bezüglich unterschiedlich definierter Typen.

Manche Unternehmen agieren gleichzeitig unter sehr unterschiedlichen Rahmenbedingungen, so dass unterschiedliche *Varianten* des Kundenmanagements *nebeneinander* realisiert werden müssen. Häufig werden z. B. der Vertrieb an gewerbliche bzw. kommunale Abnehmer (*„Behördengeschäft"*) oder jener für verschiedene Abnehmerbranchen wegen der dort jeweils spezifischen Beschaffungspolitik der Kunden getrennt geführt.

Die nachfolgenden beiden Fallbeispiele mögen unterstreichen, wie vielfältig die Rahmenbedingungen des Kundenmanagements ausfallen und welche Spannbreite das daraufhin abgestellte Verkaufsgeschehen aufweist.

Fallbeispiel 1 – Dell

Im Jahr 2004 beschäftigte Dell 53.000 Mitarbeiter und war in über 80 Länder-
märkten tätig, auf denen ein Gesamtumsatz von über 41 Milliarden US-$ erzielt
wurde. In vielen Länder- bzw. Produktmärkten ist Dell Marktführer oder unter
den drei bedeutendsten Anbietern. Im Vergleich zu seinen relevanten Wettbewerbern weist das Unternehmen das bedeutendste Umsatzwachstum auf. Das
Leistungsspektrum umfasst u. a. Personal Computer (PCs), Server, Drucker und
Projektoren.

Auf dem IT-Markt stehen Anbieter miteinander im Wettbewerb, die sehr unterschiedliche Verkaufssysteme entwickelt haben. Während die meisten Anbieter
(z. B. HP, IBM, Apple oder Sun) mehrstufige Absatzsysteme nutzen, praktiziert
Dell ausschließlich den direkten und damit schlanken Vertrieb an Endkunden.
Keine Händler oder Wiederverkäufer stehen zwischen dem Unternehmen und
den Nutzern der Produkte. Dieses Prinzip wird unveränderlich sowohl auf
Privatabnehmer als auch auf global tätige Großunternehmen als Abnehmer
angewandt, wobei Großunternehmen, Behörden sowie Bildungseinrichtungen
zwei Drittel am Kundenstamm repräsentieren.

Der Kontakt zwischen Dell und seinen Kunden, im Pre-Sales- und Sales- ebenso
wie im After-Sales-Bereich, findet entweder *telefonisch* statt oder erfolgt via
Internet. Ein Instrument, das für Dell einen komparativen Konkurrenzvorteil
begründet, ist der Einsatz von individualisierten *E-Commerce-Lösungen* für das
Geschäft mit Key Accounts. Ihnen bietet Dell exklusive, auf ihre Bedürfnisse
zugeschnittene Internetseiten, die sog. Premier Pages. Dabei handelt es sich um
ein Extranet, das z. T. aus über 1.000 Webpages pro Key Account besteht. Zu
diesem erhalten die Kunden durch Eingabe eines Passwortes Zugriff. Der Inhalt
umfasst einerseits Informationen, die für den Kunden und seine Mitarbeiter
hilfreich sein können. Zum anderen können direkt Bestellungen, Retouren,
Beschwerden etc. über die Premier Pages abgewickelt werden. Die Ausgestaltung der Premier Pages erfolgt in einem persönlichen Interaktionsprozess
zwischen dem Kunden und dem bei Dell für ihn zuständigen Kundenbetreuer.
Beispielsweise wird bestimmt, welche Systeme und Komponenten der Kunde
und seine Mitarbeiter über die Premier Pages bestellen können, zu welchen
Preisen sie bezogen werden können und welche Konditionen (Rabatte, Boni,
Zahlungsfristen etc.) Anwendung finden.

Voraussetzung für einen effektiven und effizienten Einsatz des Direktvertriebs
per Internet, wie er im Beispiel Dell funktioniert, ist die Nutzung von Baukas-
tensystemen zur Anpassung von Systemen an Kundenwünsche. Die Erstellung
hoch individualisierter Systeme mit einmaligem Charakter ist einerseits zu
kostenintensiv und andererseits auch nicht sinnvoll, da jede Leistung einzigartig
ist und nicht repliziert wird. Sie kann also auch nicht als Spezifikationsgrund-
lage für die Premier Pages dienen. Die Fokussierung auf kostenoptimale
Baukastenlösungen zur Individualisierung ist darüber hinaus Teil der überge-

ordneten Geschäftsstrategie von Dell, die v.a. auf die Erzielung *operativer Exzellenz* ausgerichtet ist. So ist das F&E-Budget bei Dell im Verhältnis zu Wettbewerbern deutlich geringer. Hingegen wird dem Supply Chain Management hohe Bedeutung beigemessen, bspw. findet das Built-to-Order-Prinzip konsequent Anwendung, bei dem i.d.R. erst bei Vorliegen einer Kundenbestellung gefertigt und die Bevorratung von Teilen damit so weit wie möglich vermieden wird. Zugleich erzielt Dell in Kundenzufriedenheitsstudien weltweit regelmäßig Spitzenpositionen gegenüber den relevanten Wettbewerbern, so dass das Unternehmen es gleichzeitig schafft, sowohl effizient als auch effektiv am Markt zu agieren.

Quellen:
- Dell (1999); Stewart/O'Brien (2005); Storp (2001)

Fallbeispiel 2 – Heidelberger Druckmaschinen AG

Die Heidelberger Druckmaschinen AG ist ein weltweit tätiger Anbieter technischer Systeme und Problemlösungen für Druckereibetriebe in der Printmedien-Industrie, das im Geschäftsjahr 2003/04 einen Umsatz von 3,7 Milliarden Euro erzielte. Das *Leistungsspektrum* umfasst neben Druckmaschinen Geräte zur Druckplattenbebilderung, Druckweiterverarbeitung sowie Softwarekomponenten zur Integration aller Prozesse in einer Druckerei. Im Bereich der Bogenoffsetdruck-Maschinen ist die Heidelberger Druckmaschinen AG mit einem Marktanteil von 40% Weltmarktführer. Heidelberger erzielt 80% seines Umsatzes im Ausland.

Die *Kunden* bilden Druckereien unterschiedlicher Größe. Über 80% der Heidelberger-Kunden sind Kleinbetriebe mit weniger als 20 Mitarbeitern. Die übrigen 20% sind Großbetriebe, die vom der Heidelberger AG stetige Innovationen erwarten. Weltweit verfügt das Unternehmen über etwa 200.000 Kunden bei einem Potenzial von ca. 500.000 Druckereibetrieben. Die Anforderungsprofile der Kunden sind sehr heterogen. Sie umfassen den Bedarf von Generalisten ebenso wie jenen spezialisierter Verpackungsdruckereien oder für die Werbeindustrie arbeitender Betriebe.

88% des weltweiten Umsatzes wird durch *eigene Vertriebsgesellschaften* getätigt, in denen Vertriebsmitarbeiter und Serviceingenieure die Kunden direkt betreuen, also ohne die Einschaltung von Absatzmittlern. Hierzu verfügt das Unternehmen über ein Netz aus rund 250 Vertriebsniederlassungen in 170 Ländern, in den *7.500 Vertriebsmitarbeiter* beschäftigt sind. Diese *beraten* Kunden in ihren Betrieben, begleiten sie zu Maschinenvorführungen in den Showroom und schließen Kaufverträge mit den Kunden ab.

Die Druckmaschinen werden nach den Wünschen der Kunden *konfiguriert*. Durch den Einsatz modularer Techniken können im Baukastensystem aus sich wiederholenden Bauteilen individuell gefertigte Endprodukte erzeugt werden. Da viele Druckereien lediglich über eine einzige Druckmaschine verfügen und ihre Abhängigkeit von deren Einsatzfähigkeit enorm hoch ist, bietet Heidelberger den Kunden sieben Tage die Woche und 24 Stunden am Tag per Telefon sowie Internet die Möglichkeit, mit dem Servicepersonal in Kontakt zu treten. Für das *Ersatzteilgeschäft* werden 130.000 Teile ständig auf Lager gehalten, die innerhalb von 60 Minuten nach Eingang einer Bestellung in den Versand gehen. Heidelberger Druck garantiert den Kunden den Erhalt des Ersatzteiles innerhalb von 24 Stunden. Die Kunden können den Lieferstand per Internet jederzeit verfolgen.

Über die Print Media Academy bietet Heidelberger Kunden zudem vielfältige *Fortbildungsmöglichkeiten*, die über einfache Maschinenschulungen hinausgehen. An weltweit neun Standorten werden verschiedene Angebote aus den Bereichen Technik und Management geboten, z. B. zu neuen Technologien, Printtrends oder dem Management mittelständischer Betriebe.

Quellen:
– www.heidelberg.com; Heidelberger Druckmaschinen AG (2005)

1.3.2 Prozessmanagement

Verkaufsprozesse, die von dafür spezialisierten Mitarbeitern und Abteilungen vollzogen werden, weisen eine Fülle von *Schnittstellen* zu anderen Mitarbeitern und Abteilungen im Unternehmen auf. Beispielsweise wird der von einem Verkäufer akquirierte Auftrag an die in der Verwaltung angesiedelte Auftragsbearbeitung übergeben. Bevor der Kunde beliefert wird, müssen Produktions- und Auslieferungstermine abgestimmt werden, sind u. U. Marketinghilfen für den Kunden mit der eigenen Marketingabteilung zu entwickeln, müssen ggf. Sonderpreise mit der Geschäftsleitung oder dem Controlling besprochen oder spezifische Kommunikationsmittel für den Kunden mit der Werbeabteilung koordiniert werden. Der Verkauf besitzt insofern eine Vielzahl *interner Lieferanten*, aber auch „Konkurrenten", die ebenfalls mit dem Kunden in Kontakt treten, so z. B. die Buchhaltung, das Mahnwesen, die Messeabteilung oder die Geschäftsleitung. Beides zusammen führt dazu, dass der Kunde oft nicht schnell genug und mit der hinreichenden „Fürsorge" bedient wird, Missverständnisse auftreten oder unterschiedliche Zusagen bzw. Auskünfte gewährt werden.

Viele Unternehmen haben sich deshalb dazu entschlossen, den Verkauf nicht nur als eine Spezialaufgabe zu betrachten, sondern als *eigenständigen Prozess* zu institutionalisieren. Sie begeben sich damit auf den Weg zu einer „Prozessorganisation", die im Gegensatz zur herkömmlichen Funktionalorganisation darauf abzielt, durchgängige, kundenbezogene Prozesse zu institutionalisieren und professionell zu managen (vgl. z. B. Gaitanides 1983; Gaitanides et al. 1994; Osterloh/Frost 2003; Saatkamp 2002). Prozesse werden dabei als repetitive Tätigkeiten mit dem Zweck verstanden, einen materiellen und/oder informationellen Input in einen entsprechenden messbaren Output zu verwandeln (vgl. z. B. Davenport 1993, S. 5 f.).

1.3.2.1 CRM-Systeme

Verkaufsprozesse besitzen alle Merkmale von Unternehmensprozessen: Sie sind oft hochgradig repetitiv und lassen eine Quantifizierung des In- und Outputs zu. Bei der Einordnung der Verkaufsprozesse in den Gesamtkontext der Unternehmensprozesse können sie sogar als *Kernprozesse* charakterisiert werden, weil sie stets bei den Kunden des Unternehmens münden, somit entscheidend zu deren Zufriedenheit beitragen können und – wie oben gezeigt – für die *Wertschöpfung* der Unternehmung damit eine zentrale Bedeutung besitzen. Sie bieten ferner die Chance, durch entsprechende Auslegung des Verkaufssystems spezifische *Wettbewerbsvorteile* zu generieren, die von Wettbewerbern schwer imitierbar sind und beim Kunden zur wahrnehmbaren Verbesserung der Leistungsfähigkeit des Anbieters führen (vgl. Fallbeispiele oben).

Im Gegensatz zur herkömmlichen Funktionalorganisation werden für eine Prozessorganisation *Prozessverantwortliche* (Process Owner) definiert, die ein in der Regel sehr flach konfiguriertes *Team* leiten, das die verschiedenen Teilaufgaben des Prozesses gemeinsam bewältigt. Für hoch spezialisierte Teilaufgaben kann man *Supportprozesse* definieren, die von dafür spezifisch eingerichteten Zentralstellen als internen Lieferanten bedient werden. Dazu zählen im Fall des Kundenmanagements z. B. die Finanzbuchhaltung oder die technische Anwendungsentwicklung, die für möglichst individuelle technische Problemlösungen für den Kunden verantwortlich zeichnet. Beide Abteilungen erfordern hohe Spezialkenntnisse und spezifische Systemressourcen und beliefern damit auch andere Prozesse des Unternehmens.

Wichtigste *Ressource* im Kundenmanagementprozess selbst sind *Informationen über den Kunden*, z. B. dessen Status im Kundenlebenszyklus, Bestellverhalten, Beschwerden, Geschäftsentwicklung etc. Einschlägige Informationen stammen aus ganz unterschiedlichen Datenquellen, z. B. dem Verkauf selbst, der Beschwerdestelle, der Buchhaltung, der Marktforschung oder anderen Informationslieferanten, so dass die Potenziale einer gemeinsamen Datenspeicherung und -analyse erheblich sein können. Mit dem Einzug des Beziehungsmarketing, in dessen Rahmen die individuelle Kundenbetreuung einen zentralen Stellenwert bekam, entwickelte man deshalb entsprechend leistungsfähige elektronische *CRM-Systeme* (CRM = Customer Relationship Management), welche für die notwendige informationelle Unterstützung des Kundenmanagements sorgen sollen.

Unter einem *CRM-System* versteht man ein integriertes elektronisches Informations- und Entscheidungssystem, welches auf Basis einer einheitlichen Datenbasis kundenbezogene Prozesse in verschiedenen Kommunikationskanälen initiiert, unterstützt und kontrolliert (vgl. Strauß 2001a). Es fungiert damit als Hilfsmittel zur Umsetzung kundenbezogener Strategien im Beziehungsmarketing und ist nicht mit Letzterem gleichzusetzen (vgl. Dangelmaier/Uebel/Helmke 2004). Allerdings kann ein solches Systems so wirkungsvoll sein, dass es das Kundenmanagement dominiert, denn es bietet nicht selten erst die datentechnischen Grundlagen für einen professionellen und wirtschaftlichen Ablauf verschiedener kundenbezogener Prozesse.

Die *strukturellen Merkmale*, die *Funktionalitäten und die Bereiche* von CRM-Systemen sind aus Abb. 1-11 ersichtlich. Herzstück des Systems ist eine *Datenbank*, in der möglichst alle für das Kundenmanagement relevanten Informationen (Produkte, Bestände, Preise, Services, Aufträge, Kunden etc.) zentral abgespeichert und real time gepflegt werden (vgl. Kap. 11). Dadurch wird eine über verschiedene Kontaktkanäle (Internet, Telefon, Außendienst, Mailings) und Ansprechpartner hinweg harmonisierte Kundenkommunikation durch das sog „*Customer Interaction Center*" möglich, das als gedankliche Sammelstelle aller Kommunikationsströme vom und zum Kunden fungiert. In der Regel handelt es sich um Call Center und Direkt-Marketing-Abteilungen, aber auch den Außendienst, der auf die entsprechenden Daten zurückgreift. In diesem sog. *Front-Office-Bereich*, der unmittelbaren Kundenkontakt besitzt, können die Inbound- (einlaufenden) und Outbound- (ausgehenden) Kommunikationsströme mit den Kunden auf ganz unterschiedlichen Kommunikationskanälen inhaltlich, zeitlich und organisatorisch koordiniert und integriert werden („*kommunikatives CRM*"). Immer häufiger werden dabei auch das Internet („*eCRM*; vgl. Reichardt 2000; Engelbrecht/Hippner/Wilde 2004) sowie Mobilfunktechniken („*Mobile-Marketing*"; vgl. Silberer 2004) eingesetzt, weil sie enorme Kostenvorteile gegenüber herkömmlichen Medien aufweisen.

Insoweit einzelne Kundenprozesse vom System selbst initiiert werden, also automatisch ablaufen, spricht man vom „*operativen CRM*". Dies kann *automatische* Verkaufs- und Marketingaktivitäten, wie Versand von Katalogen, Direct Mails oder Mahnschreiben nach vorgegeben Regeln, aber auch vom System lediglich angestoßene Prozesse, wie Kundenanrufe oder Besuche, betreffen, die z. B. im Sinne einer systematischen Verfolgung von Interessenten („Lead Management", vgl. Kap. 3) aufgerufen und auch mit Hilfe entsprechender Workflow-Programme an mehreren betrieblichen Stellen abgearbeitet werden können. Im Servicebereich kann ein CRM-System Servicezeitpunkte verfolgen oder ggf. auch im Wege der elektronischen Ferndiagnose durchführen.

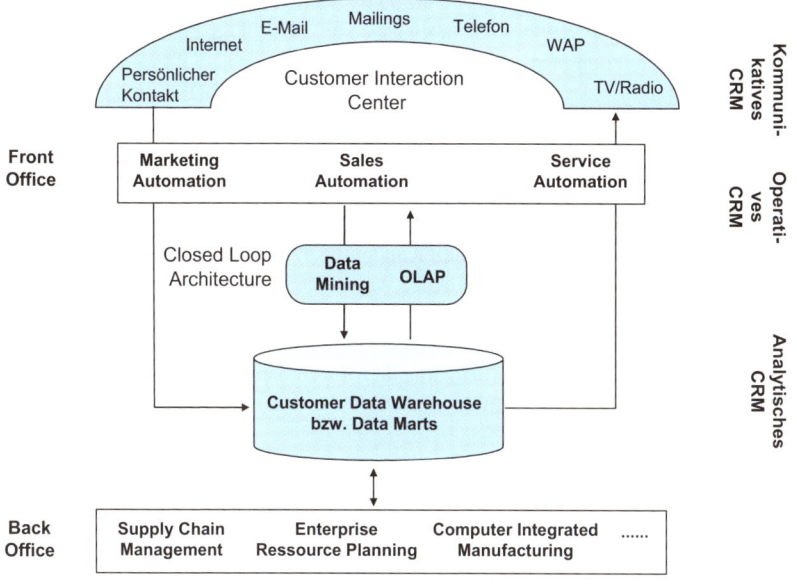

Abb. 1-11: Grundstruktur eines CRM-Systems
(Quelle: Hippner/Martin/Wilde 2002, S. 24)

Neben solchen kommunikativen und operativen Arbeitsbereichen umfasst CRM als dritten Sektor schließlich auch ein mehr oder minder ausgebautes *analytisches System*, das den Nutzern hilft, online, d. h. im direkten Systemkontakt, einschlägige Analysen mit den Kundendaten anzustellen, um Kundenprozesse, wie den inhaltlichen Zuschnitt eines Emails oder die Auswahl der anzuschreibenden Kunden, zu unterstützen (*OLAP = Online Analytical Processing*) bzw. ungerichtet (explorativ) in den Daten nach generellen Zusammenhängen und Gesetzmäßigkeiten (z. B. Kundensegmentierungen, Determinanten des Wiederkaufs, optimale Ansprachekanäle etc.) zu suchen (*„Data Mining"*, vgl. z. B. Decker/Wagner 2001a; Hippner/Merzenich/Wilde 2004). Hierbei handelt es sich im Wesentlichen um Softwaresysteme der Datenanalyse, aber auch die dafür notwendige elektronische Dateiverwaltung.

Die für all diese Funktionalitäten erforderlichen Informationen werden im Gegensatz zu herkömmlichen Informationssystemen *dynamisch* vorgehalten, also ständig mit den neuen Geschäftsvorfällen und -ergebnissen ergänzt, so dass der Kundenlebenszyklus in allen Aspekten jederzeit nachvollzogen werden kann. Dadurch entstehen (man denke z. B. an Telefongesellschaften mit allen kundenspezifischen Verbindungsdaten) riesige Datenmengen, die durch entsprechende Systeme eingegeben, gepflegt und nutzbar gemacht werden. Man spricht wegen dieser

Systematik der Datenorganisation von „*Data Warehouses*" (vgl. Decker/Wagner 2001b; Maur/Rieger 2001; Becker/Knackstedt 2004). Die Daten stammen aus vielerlei Datenquellen (vgl. Abb. 1-11 unten), insb. aus den elektronischen operativen Informationssystemen der Unternehmenssteuerung (ERP = Enterprise Ressource Planning).

Der Datenaufwand erscheint umso lohnender, je mehr Lernprozesse durch die rollierende Organisation im Sinne eines *Database-Management* möglich sind (vgl. Kap. 11). Beispielsweise kann durch Auswertung der Responsefälle auf Aussendungen hin ermittelt werden, welche Kundentypen die höchsten Response-Wahrscheinlichkeiten aufweisen. In ähnlicher Weise macht eine Gegenüberstellung der Merkmale von Vertragskündigern und Nicht-Kündigern von z. B. Versicherungsverträgen die kritischen Kundenmerkmale offenkundig, oder es kann durch ständige Ergänzung des Kundenprofils mit den jeweils zuletzt getätigten Einkäufen (Produktvarianten, Kaufzeitpunkte, Bestellmodus etc.) ein immer feineres Kundenprofil erstellt werden.

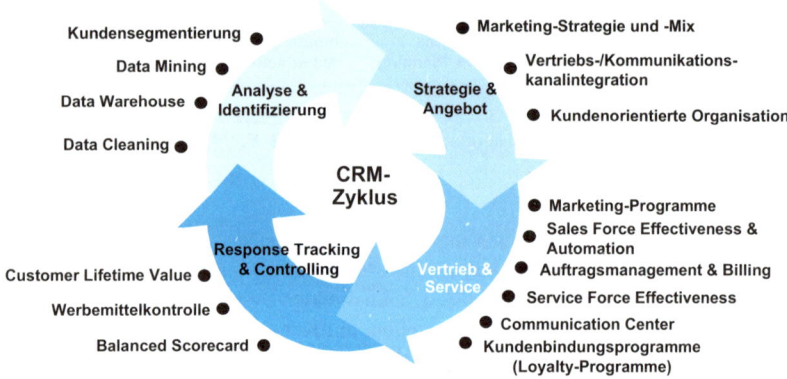

Abb. 1-12: CRM als Informationszyklus (Quelle: Strauß 2001a, S. 250)

(Kunden-)*Profiling* in diesem Sinne ist eine für das CRM grundlegende Funktionalität. Sie ermöglicht die individuellere und damit mehr Erfolg versprechende Kundenansprache und macht Verknüpfungen mit Kunden ähnlichen Profils möglich, sodass Gruppierungen gebildet oder Ähnlichkeitsrückschlüsse (z. B. über ebenfalls präferierte Produktarten) gezogen werden können. Sie macht gleichzeitig den *zyklischen Charakter* deutlich, der für das CRM-System als Ganzes, aber auch für viele Teilfunktionen typisch ist.

Wie in Abb. 1-12 dargestellt, beginnt dieser Zyklus mit einer „*Analyse und Identifikation* von Ansprechpartnern aus den gegebenen Daten heraus. Die Daten werden dabei formal geprüft („*Data Cleaning*", z. B. Doublettenabgleich, Aktualität, Einschlägigkeit etc.) und in der beschriebenen Art mittels Segmentationen und anderen analytischen und explorativen Methoden so aufbereitet, dass die anzusprechenden Kunden möglichst zielgenau, ohne Streuverluste und individuell angesprochen werden können (vgl. Abschnitt 3.1). Darauf aufbauend können dann in Zyklusphase 2 entsprechende *Strategien der Kundenansprache* (z. B. Gewinnspiel per SMS, Vorankündigung eines neuen Produktmodells, Messeeinladung per Brief, Trainingskonzept für Kundenmitarbeiter, Spezialangebot etc.) entwickelt und in Phase 3 umgesetzt werden. Dabei helfen ggf. die operativen CRM-Systeme wie oben beschrieben. Schon während, insb. aber nach Abschluss der Kampagne analysiert man dann in Phase 4 die Wirkungen der eingeleiteten Maßnahmen, prüft die Kundenresonanz, die Erfolgsquoten in verschiedenen Adressatengruppen, die Wirkungen auf den Kundenwert etc., um daraus wiederum für die nachfolgenden Aktivitäten im nächsten Zyklusdurchlauf zu lernen. Man erkennt, wie CRM-Systeme also gleichzeitig *Wissens-(Knowledge-)Managementsysteme* darstellen, in denen Wissen über und für den Kunden, u. U. auch Wissen des Kunden erhoben, dokumentiert, ausgewertet und an die potenziellen Nutzer verteilt werden kann (vgl. Stauss 2002; Oberweis/Paulzen/Sexauer 2004).

Man erkennt ferner, dass die *Zielsetzungen* der Unterstützung des Kundenmanagements mit CRM-Systemen vielfältiger Natur sind. Gleichwohl bleibt die EDV stets nur ein Werkzeug. Für den Erfolg entscheidend sind die im Kundenmanagement angedachten Verwendungspfade für die verfügbar gemachten Informationen und die dort entwickelten Organisationssysteme der Kundenbearbeitung. Eine ziellose Sammlung an Kundeninformationen nach dem Motto „je mehr, desto besser" führt zwangsläufig zu einer nicht mehr beherrschbaren und den Nutzer letztlich frustrierenden Informationsflut. Stattdessen sollten folgende Ziele in den Vordergrund der CRM-Gestaltung gerückt werden (vgl. Dangelmaier/Uebel/Helmke 2004, S. 5):

➢ Höhere *Qualität der Kundenbearbeitung* durch individualisierte Kundenansprache.

➢ Verbesserung der *Kundenbearbeitungsprozesse* durch koordinierten Workflow und kennzahlenorientiertes Prozesscontrolling (vgl. Kap. 10).

➢ Verbessertes *Kundenwissensmanagement* durch sinnvolle Datenintegration und anwendungsorientierte Auswertungen des Datenbestandes.

➢ Besseres *Schnittstellenmanagement* zum Kunden durch Rückgriff auf einheitliche Datenbestände.

➢ Multiple, aber koordinierte Kommunikationskanäle und segmentspezifische Marketingkampagnen.

➢ Hinzu kommt ein in praxi oft dominierendes *Kostenminimierungsziel*, das sich in entsprechend günstigen Kosten-Leistungsrelationen (z. B. costs per lead/ contact/order etc.) niederschlägt.

Die Einsatzbeispiele in den prozessbeschreibenden Kapiteln 3 bis 8 dieses Buches werden deutlich machen, auf welche spezifische Weise diese CRM-Ziele jeweils erreicht werden können.

Die Einführung von CRM-Systemen erfordert wegen der vielfältigen Eingriffe in gewohnte Abläufe des Kundenmanagements bzw. der erst notwendigen Entwicklung solcher Abläufe, wegen der sehr aufwändigen Datenselektion und -integration und wegen zahlreicher Interessenkonflikte im Umgang mit Kundenwissen oft ein *Change Management*, bei dem nicht nur zahlreiche datentechnische Probleme, sondern auch viele Widerstände von Seiten der Mitarbeiter aus dem Weg geräumt werden müssen (vgl. Dangelmaier/Uebel/ Helmke 2004, S. 12 ff.). Wegen der Komplexität der Materie empfiehlt sich eine besonders systematische Vorgehensweise, etwa durch Einsatz einer *„process map"*, in der alle relevanten Kundenmanagement-Prozesse mit ihren In- und Outputs, dem oder den Prozessverantwortlichen, den erforderlichen Informationen und den einschlägigen Qualitätskriterien dokumentiert werden. Bei dieser Gelegenheit kann dann auch systematisch darüber entschieden werden, welche der zahlreichen Prozesse der CRM-Unterstützung dringend („need to have") bzw. weniger („nice to have") bzw. gar nicht bedürfen. Auf diese Weise können das oft erhebliche, zweistellige Millionenbeträge erreichende Investitionsvolumen für Hard- und Software sowie der laufende Pflegeaufwand der CRM-Systeme sinnvoll begrenzt werden.

Weitere Erfolgsvoraussetzungen für CRM-Systeme werden aus diversen Erfolgsfaktorenstudien ersichtlich, die dazu in den letzten Jahren durchgeführt wurden (vgl. z. B. Krafft 2003). Alt/Puschmann/Österle (2005, S. 195 ff.), heben als häufig aufscheinende Erfolgsdeterminanten folgende Punkte hervor:

(1) Systematische Einführung, insb. zentrale Koordination und top down-Unterstützung
(2) Systematische Organisation des Kundenmanagements nach Kundensegmenten
(3) Systematische Definition der CRM-Leistungen entlang des Kundenlebenszyklus
(4) Integration der unterschiedlichen Kommunikations- und Vertriebskanäle
(5) Systemauswahl
(6) Systematisches Controlling mit Kennzahlen und/oder Scorecards

Diese induktiv gewonnenen Erkenntnisse decken sich mit deduktiv hergeleiteten und empirisch überprüften Forschungsergebnissen zur *„Exzellenz im Vertrieb"* von Hesse/Hukkemann (2002). In deren 72 Unternehmen einbeziehende Studie zeigte sich, dass für den (von Vertriebsleitern subjektiv eingestuften) Vertriebserfolg sowohl die strategische Exzellenz (b=0,474) als auch – etwas abgeschwächt – die operative Exzellenz (b=0,304) verantwortlich sind. Dies bestärkt uns darin, in den nachfolgenden Kapiteln sowohl strategische als auch operative Prozesse des Kundenmanagements zu behandeln.

1.3.2.2 Prozessziele

Prozessmanagement ist nur dann möglich, wenn es auf bestimmte Ziele hin ausgerichtet ist. Deren (Nicht-)Erreichung zeigt die Erfolge bzw. Misserfolge im Kundenmanagement an und ermöglicht damit erst dessen *betriebswirtschaftliche Steuerung*. Dabei lassen sich *Effektivitäts-* und *Effizienzziele* unterscheiden. Effektivität meint, dass die Aktivitäten im Kundenmanagement tatsächlich dazu beitragen, die Zielerreichung bei den formalen Oberzielen eines Unternehmens, also Gewinn, Wachstum, Sicherheit etc., zu verbessern. Je nach Strategie des Unternehmens, die sich an den eigenen Kompetenzen und den Wettbewerbsbedingungen am Markt ausrichten muss, geht es hierbei um unterschiedliche strategische „Stoßrichtungen", z. B. die Kundenzufriedenheit, die Kundenbindung oder das Umsatzwachstum. Bei detaillierterer Betrachtung lassen sich drei Gruppen von Effektivitätszielen unterscheiden, nämlich kundenpolitische, absatzpolitische und informationswirtschaftliche Ziele (vgl. Abb. 1-13).

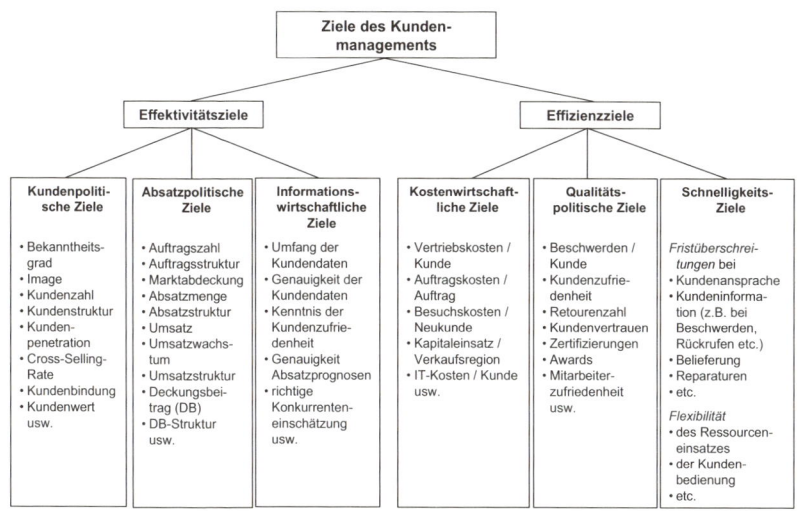

Abb. 1-13: Zielsystem des Kundenmanagements

Kundenpolitische Ziele betreffen das Verhalten und die Struktur der Kunden:

> Wie viele Kunden kennen das Unternehmen und deren Leistungen? *(Bekanntheitsgrad)*
> Welches Image besitzt die Unternehmung bei den Kunden und welches Vertrauen herrscht in den jeweiligen Geschäftsbeziehungen? *(Vertrauen)*
> Wie viele Kunden kaufen erstmalig bzw. regelmäßig? *((Neu-)Kundenzahl)*
> Wie verteilen sich die Kunden auf verschiedene Kundenklassen, z. B. nach Größe, Wachstumsraten, Abnehmerbranchen etc.? *(Kundenstruktur)*
> Wie stark ist die *Kundenpenetration*, also der Anteil an den Gesamteinkäufen bzw. -umsätzen eines Kunden, den der Lieferant deckt?
> Wie gut gelingt es, die Kunden in möglichst vielen Warenkategorien des eigenen Sortimentes zum Kauf zu bewegen? *(Cross-Selling-Rate)*
> Welchen *Kundenwert* weist das aktuelle Kundenportfolio des Unternehmens auf und wie entwickelt sich dieser Kundenwert?

Absatzpolitische Ziele machen an marktbezogenen Erfolgsgrößen fest und betreffen z. B.

> Anzahl und Verteilung der *Aufträge*,
> *Absatzmengen* und -strukturen,
> *Umsatzerlöse* und -strukturen sowie
> *Deckungsbeiträge, Umsatzrentabilitäten* oder *Nettogewinne* in verschiedenen Kundensegmenten.

Informationswirtschaftliche Ziele betreffen schließlich das Marktwissen der Unternehmung, das angesichts der Marktbeschleunigung mit ständig neuen Marktsituationen und Marktbedingungen für die Aktualität der Kundenmanagementkonzepte von herausragender Bedeutung ist. Das *Wissensmanagement* ist wegen dieser hohen Marktdynamik gerade im Kundenmanagement im Fokus. Es schlägt sich z. B. in Zielgrößen wie

> ➤ der Verfügbarkeit kundenspezifischer Daten in Kundendatenbanken,
> ➤ der Kenntnis der Kundenzufriedenheit und -loyalität,
> ➤ der Genauigkeit von Prognosen über Marktentwicklungen oder
> ➤ der Richtigkeit von Einschätzungen über das Konkurrentenverhalten nieder.

Das Prozessmanagement des Kundenmanagements bekommt mit solchen Zielgrößen Leitlinien an die Hand, mit deren Hilfe eine betriebswirtschaftliche Optimierung erfolgen kann. Kennzeichen einer hohen Effektivität im Kundenmanagement ist es dabei auch, aus der Fülle der möglichen Zielkombinationen jene zu verfolgen, die sich im Hinblick auf die eigenen Fähigkeiten einerseits und die Marktbedingungen andererseits als richtig erweisen (Ressourcen-Umfeld-„Fit" der Kunden-Strategie).

Im Gegensatz dazu beziehen sich *Effizienzziele* auf die Art und Weise, wie man diese Ziele zu erreichen sucht. Auch hierbei lassen sich drei Unterkategorien von Zielen unterscheiden (vgl. Abb. 1-13):

Kostenwirtschaftlichkeit liegt vor, wenn ein gegebenes Effektivitätsziel, z. B. die Anzahl neuer Kunden, mit relativ geringen Kosten erreicht werden kann. Gemessen wird dies anhand von Kennzahlen wie

> ➤ Kosten pro Neukunde,
> ➤ Interessenten/Werbekosten oder
> ➤ IT-Kosten/Kundenanzahl.

Auch der *Kapitalbedarf* kann dabei über *kalkulatorische Kapitalkosten* in das Zielsystem mit aufgenommen werden.

Qualitätspolitische Ziele des Kundenmanagements betreffen den *Fehlergrad* der kundenpolitischen Prozesse. Nirgendwo gelingt es, absolut fehlerfrei zu agieren. Dies gilt auch für das Kundenmanagement. Je weniger Fehler allerdings auftreten, desto weniger Zeitverluste, Kundenverärgerung, Doppelarbeit und andere Unwirtschaftlichkeiten entstehen in der Kundenpolitik. Theoretisch ließe sich dies auch in Kostengrößen abbilden. Ein unmittelbarer Zugriff auf diese Missstände wird allerdings erst möglich, wenn man die Fehlerfreiheit der Prozesse selbst zum Ziel erhebt. Typisch ist diese Betrachtungsweise für Qualitätsverbesserungsprogramme wie „Six Sigma", wo bekanntlich für alle repetitiven Prozesse eine extrem niedrige Fehlerrate (jenseits von sechs Varianz-Einheiten, d. h. 99,999666 % Zuverlässigkeit) gefordert wird. In einem Prozess dürften damit bei einer Million Durchläufe nur mehr 3,4 Defekte auftreten (vgl. Rehbein/Yurdakul 2002). Typische Messgrößen für solche Qualitätsziele sind z. B.

> ➤ Beschwerden pro Kunde,
> ➤ erfragte Kundenzufriedenheits-Ratings,
> ➤ Anzahl der Retouren,
> ➤ erfragtes Kundenvertrauen,
> ➤ Zertifizierungen durch Güteinstitute oder Lieferanten,
> ➤ Qualitäts-Awards im Rahmen von Qualitätswettbewerben.

Zunehmend wird auch die *Zufriedenheit* der im Kundenmanagement aktiven *Mitarbeiter* als ein wichtiger Maßstab für die Qualität angesehen. Dies trägt dem Umstand Rechnung, dass zufriedene Mitarbeiter einen wichtigen Einflussfaktor auf die Kundenzufriedenheit darstellen (vgl. Stock 2001). Auch folgt man damit der Absicht, die *Führungsqualitäten* im Kundenmanagement einer kritischen Qualitätsbetrachtung zu unterziehen (vgl. Kap. 12).

Schnelligkeitsziele im Kundenmanagement spielen insbesondere in High-Tech-Märkten eine wichtige Rolle, gewinnen aber auch generell an Bedeutung, weil die Marktdynamik zunimmt (vgl. Töpfer/Lücking 2001). Im Einzelnen geht es dabei um die

> ➤ Vermeidung von Fristüberschreitungen bei der Kontaktierung, Information und Belieferung von Kunden sowie den Aufbau entsprechender interner Systeme des Kundenmanagements.
> ➤ Darüber hinaus kann man hier auch Flexibilitätsziele im strukturellen wie im prozessualen Sinne einordnen, die sich z. B. an entsprechenden Reservekapazitäten festmachen lassen.

Es liegt auf der Hand, dass diese vielfältigen Ziele des Kundenmanagements zu zahlreichen *Zielkonflikten* führen, deren Bewältigung eine zentrale Aufgabe der im Kundenmanagement tätigen Mitarbeiter darstellt. Dabei gilt es, Prioritäten zwischen verschiedenen Zielen zu setzen bzw. Zielkompromisse zu finden, welche dem gesamten Zielsystem möglichst gut gerecht werden. Darüber hinaus erfordert die Marktdynamik häufig die Etablierung neuer Ziele, die Definition neuer Messstandards und den Einsatz neuer Zielbildungs- und Durchsetzungsinstrumente. Zu letzteren zählen z. B. Kennzahlensysteme, Benchmarking-Studien und insbesondere Vertriebsbudgets (vgl. Kap. 10). Sie lassen – insbesondere in Verbindung mit CRM-Systemen – einen Kreislauf der „*Kundenwirtschaft*" (Diller 2005a) zu, bei dem Prozessergebnisse (z. B. Anzahl der Käufe pro Quartal) permanent festgehalten und auf Verbesserungsmöglichkeiten hin untersucht werden (z. B. Quervergleich der Oft- und Seltenkäufer bezüglich verschiedener Kunden- oder Betreu-

ungsmerkmale). Kreiert man entsprechende Aktionsprogramme (z. B. eine personalisierte und auf Dialoge ausgerichtete Direct Mail-Kampagne für seltene Kunden), können die Ergebnisse (Rückantworten, Wünsche, Käufe etc.) erneut gemessen, in die Database eingepflegt und für künftige Aktivitäten genutzt werden.
Auf diese Weise schließen sich ständig neue Kundenwirtschafts- und Lernkreisläufe aneinander an. „Messen-Machen-Messen" lautet deshalb der Leitsatz wirtschaftlichen, d. h. effektiven und effizienten Kundenmanagements (vgl. Kap. 10).

1.3.2.3 Die Prozesssteuerung im Kundenmanagement

Um die voran stehend erläuterten Prozessziele des Kundenmanagements zu erreichen, bedarf es einer entsprechenden *Prozesssteuerung*. Diese lässt sich grundsätzlich in vier Bereiche aufteilen (vgl. Abb. 1-14):

(1) Im Rahmen der Gestaltung der *Prozessorganisation* muss man sicherstellen,
dass alle notwendigen Aktivitäten tatsächlich durchgeführt, unnötige Aktivitäten
unterlassen und alle Aktivitäten optimal koordiniert werden. Darüber hinaus müssen die bestgeeigneten Mitarbeiter diesen Aktivitäten zugewiesen und Schnittstellen möglichst vermieden werden, was insbesondere durch Kundenmanagement-
Teams mit entsprechender Kompetenz und Verantwortung gelingt („Empowerment"). Regelungsbedürftig ist auch die Konfiguration der Prozessorganisation,
d. h. die Über- und Unterordnung bestimmter Prozessverantwortlicher sowie der
Grad an Formalisierung der Prozesse (vgl. Meier 2004). Auf Einzelheiten dieser
Gestaltungsmöglichkeiten wird im Kapitel 9 detailliert eingegangen.

Generell gilt, dass die traditionelle funktionale Verkaufsorganisation, in der verschiedene
Mitarbeiter bzw. Stellen als Spezialisten für einzelne Aufgabenkomplexe homogener Art
zuständig sind, immer weniger in der Lage ist, die Kundenorientierung im Unternehmen
sicherzustellen. Deshalb setzt sich auch im Verkaufsbereich zunehmend eine – u. U.
mehrdimensionale – *kundenorientierte Organisationsstruktur* durch, in der z. B. Call
Center (im Mengengeschäft) oder Key Account- oder Kundengruppenmanager (im Indivi-
dualgeschäft) als zentrale Ansprechstellen für Kunden(-gruppen) definiert werden, um auf
diese Weise die Kundenverantwortung auch organisatorisch zu verankern. Die Vielfalt der
kundenbezogenen Aktivitäten erfordert dabei allerdings auch die interne *Koordination*
vielfältiger Spezialisten-Aktivitäten, etwa aus dem Bereich der Logistik, der EDV oder des
Category Managements, die dann zusammen mit dem für den Kunden verantwortlichen
Verkaufsmitarbeitern im Team gemeinsam an den kundenpolitischen Aufgaben arbeiten.
Eine weitere wichtige Frage der Verkaufsorganisation betrifft die *Entscheidungskompetenz*
der Mitarbeiter, etwa hinsichtlich Verkaufspreise oder spezieller Produktvarianten.

Die Problematik der kundenorientierten Organisation verstärkt sich vor allem in jenen
Branchen, in denen vielfältige Kundenkontakte durch unterschiedliche Personen gepflegt
werden. So werden z. B. Kunden im Finanzdienstleistungsbereich sowohl von regionalen
Außendienstmitarbeitern als auch von Mitarbeitern in zentralen Call-Centern betreut. Im
Konsumgütersektor besuchen sowohl Außendienstreisende die Handelsunternehmen, diese
kontaktieren aber auch selbst den sog. Innendienst, also Verkäufer in der Zentrale. Darüber
hinaus agieren dort häufig *Merchandiser*, d. h. für die Regalauffüllung und Regalpflege

verantwortliche Hilfskräfte der Markenartikelhersteller. Schließlich kümmert sich zumindest bei Großkunden häufig auch noch ein Key-Account-Manager um das Absatzgeschehen, so dass insgesamt vier Organisationsbereiche zu koordinieren sind.

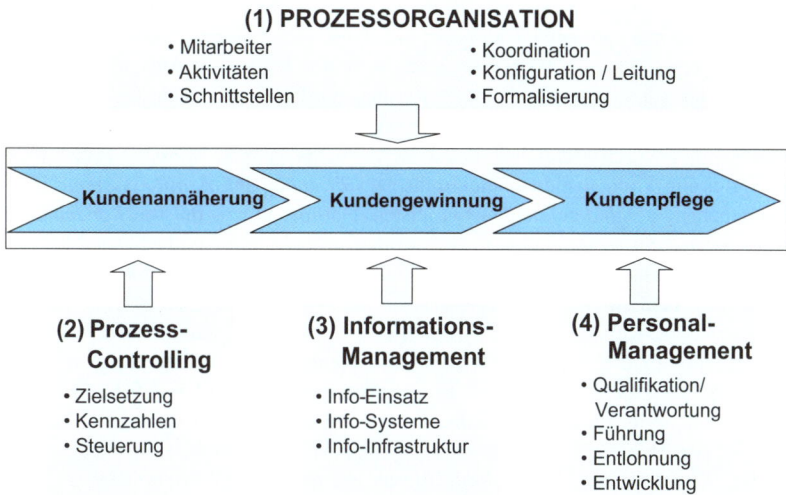

Abb. 1-14: Gestaltungsbereiche des Prozessmanagements im Kundenmanagement

(2) Das *Prozesscontrolling* muss für die Transparenz der kundenpolitischen Prozesse bezüglich Effektivität und Effizienz sorgen. Hierbei geht es insbesondere um die permanente Formulierung prozessorientierter Zielsysteme, Entwicklung entsprechender Kennzahlen und laufende Überwachung dieser Kennzahlen mit entsprechenden Feedbacks in die operativen Bereiche (vgl. oben). Auf dieser Basis kann dann eine mitlaufende Prozessüberwachung und -regelung erfolgen und der Versuch einer kontinuierlichen Prozessverbesserung unternommen werden. Darüber hinaus obliegt dem Controlling des Kundenmanagements auch eine prozessübergreifende Synchronisation der entsprechenden Prozesse sowie das zugehörige *Audit* des Kundenmanagements. Darunter ist die selbst reflektierende Überprüfung der dort ablaufenden Planungs-, Implementierungs- und Kontrollprozesse zu verstehen, die im Sinne einer lernenden Organisation erforderlich ist. Die Manager überprüfen dabei also etwa die Prämissen ihrer früheren Planungen und die Ursachen für Fehlannahmen oder falsche Folgerungen. Eine ausführliche Besprechung des Prozess-Controlling im Kundenmanagement findet sich in Kap. 10.

(3) Ein dritter Bereich der Prozesssteuerung im Kundenmanagement betrifft das *Informationsmanagement* (vgl. Kap. 11). Hierbei geht es um Konzepte für den optimalen Informationseinsatz bei den Verkaufsprozessen. Dieser bestimmt maßgeblich, wie die Qualität dieser Prozesse ausfällt. Beispielsweise kann im Rahmen

der Kundenpriorisierung in hoch entwickelten CRM-Systemen auf Daten über „gefährdete" Kunden zurückgegriffen werden, die sich aus entsprechenden Diskriminanzanalysen auf Basis vorliegender Erfahrungen ergeben. Welche Informationen dieser Art bereitzustellen sind, aus welchen Quellen man sie speist und wie sie an die Prozessverantwortlichen herangetragen werden, ist Gegenstand des Informationsmanagements. Häufig geht es dabei auch um die Offenlegung bereits vorhandenen *Wissens*, z. B. in Form einer Berichterstattung des Außendienstes, der im Rahmen seiner Kundenkontakte viel über die Kundenwünsche und den Wettbewerb erfährt. Derartige Informationen müssen nach innen zu den Entscheidungsträgern in anderen Bereichen des Unternehmens gelenkt werden. Eine große Hilfestellung können hierbei elektronische *Marketing-Informationssysteme* inkl. entsprechender *Kundendatenbanken* leisten. Darüber hinaus müssen *Kommunikationssysteme* entworfen und realisiert werden, wobei interne und externe Medienbrüche möglichst zu vermeiden sind. Dies ist Teil des sog. *Content Managements* (vgl. Kap. 11.2.2). Beispielsweise müssen in der Präsentation eines Verkaufsmitarbeiters beim Kunden aktuelle Daten über den Auftragsbestand bzw. die aktuelle Umsatzentwicklung verfügbar sein, um entsprechende Nachsteuerungen des Absatzprozesses zu ermöglichen. Im Konsumgütergeschäft werden dafür neuerdings Funktechnologien wie *RFID* (Radio-Frequenz-Identifikation) verwendet, bei denen auf den Paletten oder sogar den einzelnen Verpackungen der Produkte selbst aktive Funkchips aufgebracht sind, die an entsprechenden Kontrollstellen ihren jeweiligen Standort melden und damit eine totale Transparenz des Warenflusses zulassen (vgl. Kaapke/Bald 2005; Pretzel 2004). Eine ähnliche Funktion besitzen sog. *Trackingsysteme* im Versand, wo durch elektronische Erfassung der Übergabeakte genau feststellbar ist, an welcher Stelle sich ein Produkt auf dem Weg zum Kunden befindet (vgl. Engelbrecht/Hippner/Wilde 2004).

(4) Im Rahmen eines prozessorientierten *Personalmanagements* versucht man schließlich ein Konzept zu finden, das sicherstellt, dass die persönliche und fachliche Qualifikation der Mitarbeiter den Aufgaben angemessen sind und sich ständig an die sich wandelnden Anforderungen anpassen. Dies beginnt bei entsprechenden Systemen der *Personalauswahl* und reicht über die *Aus- und Weiterbildung* sowie *Anleitung* der Verkäufer, etwa mit Hilfe von Umsatzvorgaben und Incentive-Systemen, bis hin zur Systematik der *Außendienstvergütung*. Da letztlich die Motivation und Qualifikation von Menschen über den Vertriebserfolg entscheiden, spielen *Motivationskonzepte* in praxi eine besondere Rolle. Sie schlagen sich z. B. in entsprechenden Entlohnungssystemen, in partizipativen *Führungsstilen* oder einer möglichst offenen und kreativitätsfördernden *Vertriebskultur* nieder (vgl. Kap. 12).

Wir werden diesen vier Bereichen des Prozessmanagements im Teil III dieses Buches jeweils ein spezifisches Kapitel widmen. Die entsprechenden Managementansätze sind in der Regel nämlich so allgemein, dass sie nicht für jeden Detailprozess unterschiedlich ausgestaltet werden müssen. Insofern liegt eine

übergreifende Betrachtung dieses „Management des Kundenmanagements"
nahe.

Verständnisfragen zu Kapitel 1

1. Welche Unterschiede bestehen zwischen der traditionellen Interpretation des Verkaufs und jener im modernen Kundenmanagement? Ist die Bezeichnung „Management" angebracht?
2. Unterteilen Sie die Kunden eines Unternehmens nach fünf Kriterien und schildern Sie jeweils einige relevante Unterschiede im Kundenmanagement!
3. Welche Unterschiede zum Transaktionsmarketing prägen das Beziehungsmarketing? Welche Rolle spielen dabei die „6 I's"? Unter welchen Umständen empfiehlt sich eher ein Transaktions- als ein Beziehungsmarketing?
4. Welche Submix-Bereiche des Marketing-Mix sind vom Kundenmanagement in welcher Weise tangiert?
5. Auf welche Weise kann das Kundenmanagement eines Eiscreme-Herstellers die Wertschöpfung im Handelsgeschäft steigern? Welche Komponenten des Kundennutzens können dabei tangiert sein? Wie kommt es zu Trading up bzw. down?
6. Erläutern Sie in geordneter Form am Beispiel des Verkaufs von Ladeneinrichtungen an Bäckereien, welche Nutzenbeiträge und Ressourcenbelastungen das Kundenmanagement hierbei bewirken kann!
7. Welche Kundenprobleme könnte ein LKW-Hersteller im Kundenmanagement von Speditionskunden aufgreifen, um größere Effektivität und Effizienz mit höherer Kundenzufriedenheit zu vereinen?
8. Geben Sie einen Überblick über die Teilprozesse des Kundenmanagements! Erläutern Sie an Hand einer Gegenüberstellung von Lokomotiven- und Fliesenherstellern, welche Faktoren dafür verantwortlich sind, dass deren Bedeutung und Ausgestaltung sehr unterschiedlich ausfällt!
9. Welche Formen des Verkaufs lassen sich bei der herstellerseitigen Vermarktung von Seifen unterscheiden?
10. Beschreiben Sie die Nutzeffekte der verschiedenen Teilbereiche eines CRM-Systems am Beispiel eines Multiplex-Kinos! Welche Daten müssen dazu gesammelt und ausgewertet werden? Welche Möglichkeiten und Grenzen dazu sehen Sie?
11. Erläutern Sie die vier Aufgabenbereiche des Prozessmanagements am Beispiel der Zahlungsüberwachung eines Versandhauses! Welche Effektivitäts- und Effizienzziele stehen hierbei im Vordergrund und welche Zielkonflikte treten u. U. auf?
12. Erstellen Sie eine Übersicht der einschlägigen Kostenarten des Kundenmanagements für ein Start up-Unternehmen in der Software-Branche!

Kapitel 2: Theoretische Grundmodelle des Kundenmanagements

Ziel dieses Kapitels ist es, den Leser mit den grundlegenden Theorien und Konzepten vertraut zu machen, die einen Erklärungsbeitrag für die Gestaltung des Kundenmanagements leisten können. Dabei sollte deutlich werden, dass unterschiedliche Blickwinkel auf dasselbe Phänomen existieren, die jeweils andere Themenfacetten in den Fokus stellen.

2.1 Überblick

Traditionelle Lehrbücher zum Verkauf bewegten sich weitgehend auf der deskriptiven Ebene. Sie beschrieben das Verkaufsgeschehen und die damit verbundenen Zielsetzungen, ohne dass die diesbezüglich postulierten Wirkungen wirklich schlüssig theoretisch fundiert wurden. Die streng funktionale Sichtweise ließ dafür auch kaum Raum. Die mit dem Kundenmanagement aufkommenden Verkaufskonzepte weisen dem gegenüber vielfältige und fruchtbare theoretische Bezüge auf, ohne dass man schon von einem etablierten, in sich schlüssigen Theoriegebäude sprechen könnte.

Deutlich erkennbar ist dabei das „Eindringen" mehrerer Forschungstraditionen in die traditionelle Verkaufslehre, nämlich

(1) der *Institutionenökonomik* mit ihren vielfältigen Unterkonzepten,
(2) der Theorie des *strategischen Managements*,
(3) neuerer Konzepte der *Marketingtheorie*, und hier insbesondere des *Beziehungsmarketing* und der *Kundenwertorientierung*, sowie
(4) Konzepten der *Kommunikationswissenschaft*, die auf die Prozesse des Persönlichen Verkaufs, wie sie im Kundenmanagement im Mittelpunkt stehen, übertragen werden können.

Auf sie wird nachfolgend grundlegend eingegangen, ohne dass wir damit eine umfassende Darstellung verfolgen wollen, was schon aus Platzgründen unmöglich ist. Immerhin soll aber deutlich werden, wie mit Hilfe dieser verschiedenen Theorien und Konstrukte das Kundenmanagement in seinem Stellenwert für den Absatz- und Unternehmenserfolg begründet und in seinem spezifischen Zugriff auf Kundenbeziehungen charakterisiert und strategisch fundiert werden kann. Darüber hinaus liefern einige Konzepte auch ganz konkrete Vorschläge für die operative Ausgestaltung des Kundenmanagements.

2.2 Institutionenökonomik

2.2.1 Grundlagen

Aus dem Bereich der Volkswirtschaftslehre befasst sich insbesondere die Institutionenökonomik mit der Gestaltung von Austauschprozessen zwischen Anbietern und ihren Kunden. Dabei stehen Entstehung und Bedeutung von *Institutionen* (vgl. Richter/Bindseil 1995, S. 132) im Fokus. Darunter versteht man Instrumente, die zur Ordnung von Märkten dienen. Beispiele sind u. a. Geld oder Sprache, Sitten und Gebräuche sowie auf längere Frist gebildete Einheiten, z. B. Wirtschaftsverbände, Interessensgruppen oder auch Familien (vgl. Picot 1991, S. 144). Institutionen bilden sich aus der Gesamtheit an Tätigkeiten und Verhaltensweisen von Individuen. Zugleich bilden sie den Rahmen für die Tätigkeiten und Verhaltensweisen dieser Individuen (vgl. Commons 1990, S. 1). Für das Kundenmanagement haben Institutionen vor allem insofern Bedeutung als sie den Rahmen bilden, innerhalb dessen der Austausch zwischen Marktteilnehmern (Anbietern und Abnehmern) stattfindet. Sie fungieren als Regelungsmechanismen. Ein *Regelungsmechanismus* ist ein Prinzip, nach dem die betroffenen Akteure Austauschprozesse abwickeln. Wichtige Regelungsmechanismen sind u. a. formelle Verträge, soziale Normen oder spezifische Investitionen. Für die Analyse wirtschaftlicher Austauschprozesse definiert die Institutionenökonomik die Transaktion als relevante Einheit.

Die *Institutionenökonomik* umfasst verschiedene theoretische Schulen, die unterschiedliche Problemstellungen analysieren. Für das Kundenmanagement erscheinen folgende fünf *Denkschulen* besonders relevant, die sich im Kern alle mit der Frage befassen, welche Regelungsmechanismen unter bestimmten Rahmenbedingungen zur Abwicklung von Austauschprozessen zum Einsatz kommen sollten: (1) die Property-Rights-Analyse, (2) der Transaktionskosten-Ansatz, (3) der Prinzipal-Agent-Ansatz, (4) die Relational-Contracting-Theory und (5) die Informationsökonomie.

2.2.2 Die Property-Rights-Analyse

Die Property-Rights-Analyse (PRA) geht von der Grundannahme aus, dass zahlreiche Ressourcen in einer Gesellschaft (z. B. Spezialmaschinen, Fertigungs-

Know-how) *knappe Güter* darstellen. Um die Nutzung knapper Güter zu regeln, existieren *Verfügungsrechte*, die bestimmten Individuen oder Gruppen den Zugriff auf das betreffende Gut gewähren (vgl. Wenger 1993). Die Verteilung der Verfügungsrechte kann einerseits durch eine übergeordnete Institution, wie etwa durch den Staat in Form einer Verfassung, geregelt sein. Verfügungsrechte werden aber häufig auch zwischen Individuen bzw. Gruppen übertragen. Diese *Übertragung* kann einseitig oder zweiseitig, d. h. im Tausch, erfolgen. Im Kundenmanagement steht dabei in der Regel ein Tausch von Verfügungsrechten im Fokus, z. B. die Verfügungsrechte an Ware gegen die Verfügungsrechte an einer Gegenleistung (Geld, Ware, Dienstleistung oder einer Kombination dieser Elemente).

Die Herausbildung, Zuordnung, Übertragung und Durchsetzung stellen auf Verfügungsrechte gerichtete Transaktionen dar. Sie verursachen sowohl Anbietern als auch deren Kunden Kosten, sog. *Transaktionskosten*. Sie umfassen nicht nur die unmittelbaren monetären Größen, sondern alle spürbaren Nachteile mit ökonomischem Charakter, z. B. Zeitverluste, physische Anstrengungen oder psychischen Stress in Verbindung mit Tauschgeschäften. Dem gegenüber stehen die durch Verfügungsrechte erzielbaren *Nutzen*. Auch diese Nutzen beziehen sich nicht alleine auf monetäre Vorteile, sondern können auch abstrakte Komponenten, etwa Prestige oder Macht, umfassen. In Abhängigkeit von den zu erwartenden Transaktionskosten und -nutzen suchen die am Tausch beteiligten Akteure unterschiedliche Institutionen zur Regelung der Transaktion (vgl. Picot 1991, S. 145 f.).

Somit stellt sich ein Markt als dynamisches Netzwerk aus Verfügungsrechten zwischen Akteuren dar. Einzelne Akteure sind auf diesem Markt bemüht, ihren *Netto-Nutzen* (= Brutto-Nutzen ./. Transaktionskosten) zu maximieren. Jedoch postuliert die PRA, dass sie dies unter Unsicherheit und mit eingeschränkter Rationalität tun, d. h. dass sie nicht *ex ante* wissen, dass das von ihnen intendierte Ergebnis auch eintreten wird und dass sie keine objektive Nutzenfunktion maximieren. Stattdessen maximieren sie den subjektiven *Erwartungswert* der Konsequenzen alternativer Handlungen. Hierzu multiplizieren sie den erwarteten Netto-Nutzen mit der von ihnen beurteilten Wahrscheinlichkeit, dass dieser Netto-Nutzen auch tatsächlich entstehen wird (vgl. Kaulmann 1987, S. 18).

Problematisch ist dieses individuelle Vorgehen, wenn der Akteur nur die ihn direkt betreffenden Nutzen und Kosten berücksichtigt, denn die Ausübung seiner Verfügungsrechte kann auch Dritte in der Nutzung ihrer Verfügungsrechte berühren. Solche Wirkungen werden als *externe Effekte* bezeichnet. Sie können z. B. auftreten, wenn im Rahmen eines Geschäftes mit einem Kunden die Verfügungsrechte eines zweiten Kunden beeinträchtigt werden. Dies könnte u. U. auftreten, wenn bei einem Lieferengpass ein Kunde A mit Ware beliefert wird, die ein Kunde B bereits bezahlt hatte und die daher ihm geliefert werden müsste. Externe Effekte können auch entstehen, wenn ein Vertriebsmitarbeiter die Reputation seines Arbeitgebers durch bestimmte Verhaltensweisen schädigt.

2.2.3   Der Transaktionskosten-Ansatz

Der Transaktionskosten-Ansatz (TKA) wurde vor dem Hintergrund der Frage entwickelt, unter welchen Bedingungen Akteure zur Abwicklung einer Transaktion eine bestimmte Regelungsstruktur wählen (vgl. Wolf 2003, S. 267). Der TKA klassifiziert Regelungsstrukturen entlang eines Kontinuums mit den Extrempunkten *„Markt"* und *„Hierarchie"*. Als Zwischenform dieser beiden Regelungsstrukturen identifiziert der TKA die sog. *„Hybridform"* (vgl. Williamson 1991).

Markt	Hybridform	Hierarchie
Regelung von Transaktionen durch Beschaffung des jeweils günstigsten Angebotes auf dem anonymen Markt	wiederholte Transaktionen zwischen identischen Anbieter und identischem Kunden	vertikale Integration von Anbietern bestimmter Leistungen in die eigene Organisation
z.B. Spot-Markt-Geschäfte, Ausschreibungsverfahren	z.B. langfristige Liefervereinbarung, Just-In-Time-Kooperation	z.B. Aufkauf eines Zulieferers (Insourcing)

Abb. 2-1: Die drei grundlegenden Regelungsstrukturen des Transaktionskosten-Ansatzes

Als zentrales Kriterium für die Wahl der effizientesten Regelungsstruktur werden die durch die Transaktion verursachten Kosten (Transaktionskosten) betrachtet. Es lassen sich unterschiedliche *Transaktionskostenarten* unterscheiden (vgl. Albach 1988, S. 1160)·

➤ Suchkosten (für die Suche nach geeigneten Anbietern oder Kunden)
➤ Anbahnungskosten (Kosten der Verhandlungsvorbereitung)
➤ Verhandlungskosten (z. B. nach Mannstunden, Reisekosten)
➤ Entscheidungskosten (z. B. für interne Koordination, Informationssysteme)
➤ Vereinbarungskosten (z. B. Vertragsformulierung, Notar)
➤ Kontrollkosten (z. B. Qualitätsprüfung, Zahlungseingang)
➤ Anpassungskosten (z. B. für Vertragsänderungen)
➤ Beendigungskosten (z. B. für Entlassungen, Entsorgung, Abfindungen)

Diese Kosten können sowohl direkt aus der Transaktion entstehen als auch in Form von Opportunitätskosten auftreten, wenn eine nicht-effiziente Regelungsstruktur gewählt wird. Der TKA diskutiert dieses Problem vor dem Hintergrund von zwei

Grundannahmen bezüglich menschlichen Verhaltens (begrenzte Rationalität und Opportunismus) und zwei wesentlichen *Dimensionen einer Transaktion* (Unsicherheit und die Existenz spezifischer Investitionen).

Die Annahme der *begrenzten Rationalität* besagt, dass Individuen beim Treffen von Entscheidungen nur begrenzte kognitive Fähigkeiten haben, z. B. weil sie nicht in der Lage sind, große Informationsmengen rasch zu verarbeiten. Dies wird v.a. problematisch, wenn Unsicherheit bzgl. der Umweltentwicklung (exogene Unsicherheit) sowie hinsichtlich des Verhaltens anderer Akteure (endogene Unsicherheit) besteht. Ein Beispiel für *exogene Unsicherheit* wäre der Markteintritt eines neuen Konkurrenten, der es für einen Hersteller erforderlich macht, seine Produkte zu modifizieren. Hat dies Einfluss auf die Komponenten, die er bei seinem Zulieferer beschafft, kann es sein, dass dieser sich weigert, von einem langfristigen Lieferabkommen abzuweichen. Haben Hersteller und Zulieferer in ihrem ursprünglichen Abkommen nicht bereits eventuelle Anpassungen fixiert, können dem Hersteller hohe Transaktionskosten aus Neuverhandlungen mit dem Zulieferer oder alternativen Bezugsquellen entstehen. *Endogene Unsicherheit* führt im Gegensatz dazu zu einem Bewertungsproblem, ob vereinbarte Leistungen auch erbracht wurden: Ist es Aufgabe eines Großhändlers, beim Verkauf der Produkte eines Herstellers dem Kunden umfangreiche Serviceleistungen zu erbringen, würden dem Hersteller hohe Transaktionskosten entstehen, wenn er die Qualität dieser Serviceleistungen messen wollte (vgl. Rindfleisch/Heide 1997, S. 31; Brielmaier/Diller 1995).

Opportunismus begründet ein weiteres Problem, das im TKA Behandlung findet. Allgemein gehen alle ökonomischen Theorien davon aus, dass Individuen ihre eigenen Interessen verfolgen. Dieses Verhalten wird jedoch dann als opportunistisch bezeichnet, wenn es mit Arglist verfolgt wird und dabei die Schädigung eines anderen Akteurs bewusst in Kauf genommen wird (vgl. Wathne/Heide 2000, S. 36). Williamson (1985, S. 47) nennt als Beispiele für Opportunismus u. a. „Lügen, Diebstahl, Betrug, beabsichtigte Täuschung, Verzerrung, Verschleierung, Verwirrung".

Der TKA berücksichtigt die Gefahr, dass Menschen opportunistisch handeln können und sieht dies immer dann als problematisch an, wenn ein Akteur *spezifische Investitionen* getätigt hat. Dies sind solche Investitionen, die erfolgen, um Potenziale, Prozesse oder Programme an die spezifischen Bedürfnisse oder Fähigkeiten eines Austauschpartners anzupassen. Es besteht die Gefahr, dass die vorgenommenen Anpassungen infolge ihrer spezifischen Ausrichtung auf die Bedürfnisse des Abnehmers hin „versunkene Kosten" darstellen. In diesem Falle vermag der Anbieter nicht oder nur eingeschränkt, die betroffene(n) Ressource(n) in eine alternative Verwendung zu überführen. Je höher der Betrag der versunkenen Kosten ausfällt, desto höher ist folglich die Bindungswirkung von Anpassungsmaßnahmen für den Akteur, der diese vorgenommen hat.

Die Grundgedanken des TKA sind für das *Kundenmanagement* in mehrerlei Hinsicht relevant:

➤ Erstens verweisen sie auf die Möglichkeit, Kunden unter unterschiedlichen Regelungsstrukturen zu bedienen. Aus Anbietersicht beinhaltet dies die Aufgabe, für jeden Kunden zu entscheiden, ob eher das klassische Transaktionsmarketing (Markt) oder das Beziehungsmarketing (Hybridform) die adäquate strategische Option darstellt. Aus Kundensicht spiegelt sich hier die Frage nach Eigenfertigung (Insourcing in der Hierarchie) oder Fremdfertigung (Outsourcing im Markt) wider.

➤ Zweitens beschreibt der TKA einschlägige Entscheidungskriterien von Kunden bei der Lieferantenwahl. Er legt es z. B. nahe, bei geringen Transaktionskosten den Markt zu wählen, bei hohen Transaktionskosten hingegen eine hierarchische oder hybride Lösung anzustreben. Als Gründe hierfür nennt der TKA, dass die Kosten der Vermarktung im Markt aufgrund von Spezialisierungs- und Skalenvorteilen i.d.R. geringer sind. Hingegen stellen Hierarchien (und in abgeschwächter Form Hybridlösungen) bessere Kontrollinstrumente gegenüber Opportunismus zur Verfügung (vgl. Rindfleisch/Heide 1997, S. 32).

➤ Drittens können Anbieter auf Basis der im TKA formulierten Kostenarten zur Bewertung einzelner Kunden oder Kundensegmente heranziehen. Sie erlauben es, bei Gegenüberstellung mit Erlösdaten individuelle Kundenwerte zu berechnen und Kunden hinsichtlich ihrer Attraktivität in eine Rangfolge zu bringen, was immer dann von Interesse ist, wenn bestimmte Kunden priorisiert werden sollen (vgl. Helm 2003; vgl. Abschnitt 4.2).

2.2.4 Der Prinzipal-Agent-Ansatz

Der Prinzipal-Agent-Ansatz (PAA) analysiert die Gestaltung von Verträgen zwischen Auftraggebern (*Prinzipalen*) und Auftragnehmern (*Agenten*). Solche Verhältnisse ergeben sich im Kundenmanagement an zahlreichen Stellen:

➤ Erstens sind *Mitarbeiter* eines Unternehmens mit Kundenkontakt, z. B. im Innen- oder Außendienst, im Call Center oder im technischen Kundendienst, im Sinne des PKA Agenten des Unternehmens.

➤ Zweitens nutzt das Marketing bestimmte *Absatzhelfer*, z. B. Marktforschungsinstitute oder Spediteure, die als Agenten fungieren.

➤ Drittens dienen *Absatzmittler*, z. B. Groß- oder Einzelhändler, dem Unternehmen als Agenten.

➤ Andererseits kann das *Anbieterunternehmen* selber in der Agentenrolle sein, wenn es dem Prinzipal Kunde Informationen über Produkteigenschaften oder Lieferbedingungen gibt (vgl. Coughlan 1988).

Das Anliegen des PAA ist es, dem Prinzipalen (dem Anbieter gegenüber seinen Mitarbeitern, Absatzhelfern und -mittlern oder dem Kunden gegenüber seinem Anbieter) Empfehlungen für eine *optimale Vertragsgestaltung* zu geben. Ein Vertrag wird als optimal angesehen, wenn er unter Berücksichtigung der Merkmale aller Akteure (Risikoneigung und Ziele) *effizient* ist. Dabei wird von zwei Grund-annahmen ausgegangen (vgl. Fischer 1995, S. 320):

➢ Das Ergebnis der Handlungen des Agenten hängt nicht alleine von seinem Arbeitseinsatz ab, sondern auch von Umweltentwicklungen, die nicht mit Sicherheit vorhergesagt werden können.
➢ Der Prinzipal kann die Handlungen des Agenten weder kostenlos noch voll-ständig beobachten. Es herrscht eine asymmetrische Informationsverteilung zugunsten des Agenten.

Zudem werden verschiedene *vor- und nachvertragliche Agentur-Probleme* unter-schieden:

➢ Gibt der Agent im Vorfeld des Vertragsabschlusses an, bestimmte Merkmale zu erfüllen (bspw. bestimmte Fähigkeiten und Kenntnisse zu besitzen) und stellt sich im Nachhinein heraus, dass er diese nicht erfüllt, so spricht man von „*hidden characteristics*". Dies wäre bspw. der Fall, wenn ein Agent (Lieferant) seinem Kunden (Automobilhersteller) zusagt, beheizbare Sitze für ihn zu konzipieren und zu fertigen, obwohl ihm bewusst ist, dass seinen Ingenieuren das erforderliche Konstruktions-Know-How fehlt, um die technischen Quali-tätsnormen des Prinzipalen zu erfüllen.
➢ Gibt der Agent vor Vertragsschluss dem Prinzipalen gegenüber an, bestimmte Ziele zu verfolgen, stellt sich im Nachhinein aber heraus, dass seine wahren Ziele von den vorgetäuschten abweichen, spricht man von „*hidden intention*". Dies wäre bspw. der Fall, wenn ein Händler (Agent) einem Hersteller (Prinzipal) verspricht, dessen Produkte der Premium-Positionierung entsprechend nicht in Sonderpreisaktionen anzubieten, dies aber doch tut und somit die angestrebte Imagepositionierung des Anbieters gefährdet.
➢ Nachvertragliche Probleme beinhalten das Risiko, der Agent könne „*hidden actions*" vornehmen. Dabei handelt es sich um Verhaltensweisen oder Aktivi-täten, die der Prinzipal nicht beobachten kann und die seinen Interessen zugegen laufen. Bspw. wäre dies der Fall, wenn eine Wachgesellschaft, die als Agent für einen Kunden (Prinzipal) dessen Geschäftsräume die gesamte Nacht über über-wachen soll, ihre Mitarbeiter nur zu zwei Stichpunktkontrollen pro Nacht dorthin entsendet.

Um mit diesem Problem umzugehen, sind im PAA drei unterschiedliche Vorge-hensweisen zur *Risikoreduktion* für den Prinzipal herausgearbeitet worden (vgl. Spreemann 1988, S. 618 ff.; Kleinaltenkamp 1994, S. 23):

➢ *Reputation*: Die Schädigung des guten Rufes stellt für viele Agenten (z. B. Anbieter) eine empfindliche Strafe dar, weil er potenziellen Prinzipalen (also z. B. allen aktuellen und potenziellen Kunden) gegenüber dazu dient, das wahr-genommene Risiko zu reduzieren. Hier dient der gute Ruf des Agenten als Faustpfand für die Qualität seiner Leistung. Ein eventuelles Fehlverhalten des Agenten würde dadurch bestraft, dass der Prinzipal anderen aktuellen oder potenziellen Prinzipalen gegenüber das Fehlverhalten kommuniziert (vgl. Spreemann 1988, S. 619).

➢ *Garantie*: Während die Reputation in den Fällen als Pfand dienen kann, in denen das Leistungsergebnis in hohem Maße von der Sorgfalt des Agenten abhängt, gibt es andere Situationen, in denen der Agent einen Nachteil für den Prinzipal auch bei größter Sorgfalt nicht mit Sicherheit ausschließen kann. In Anbieter-Kunden-Beziehungen wäre dies u. a. der Fall, wenn der Anbieter (Agent) dem Kunden (Prinzipal) zusagt, den niedrigsten Preis für ein Produkt in einer Region zu bieten, er aber nicht alle Preise aller Konkurrenten überblicken kann und ein Wettbewerber das Produkt doch günstiger anbietet. Hingegen gibt er eine Verpflichtung zur Entschädigung des Prinzipals im Verlustfall ab, also eine Garantie, hier in Form einer Zusage, die Differenz des eigenen Preises zum Wettbewerbspreis an den Kunden zurück zu zahlen.

➢ *Information*: Verfügt ein Agent über Leistungsmerkmale, die ihn von weniger qualifizierten Wettbewerbern abheben, so kann er sich hierüber profilieren, um das durch den Prinzipal wahrgenommene Risiko zu verringern. Ein Beispiel aus dem Bereich von Anbieter-Kunden-Beziehungen wäre etwa eine Zertifizierung eines Anbieters (Agent) anhand von Normen wie ISO 9000 ff., die dem Kunden (Prinzipal) signalisiert, dass der Anbieter seine Prozesse so organisiert hat, dass er die Anforderungen des Kunden schnell, kompetent und flexibel erfüllen kann. Das vom Kunden wahrgenommene Risiko wird also dadurch reduziert, dass ihm Informationen Dritter zur Verfügung gestellt werden, die sich von der Leistungsfähigkeit des Agenten überzeugt haben.

Insgesamt betrachtet hat der PAA hohe Bedeutung für das Kundenmanagement. Er zeigt, welche Probleme sich durch Informationsasymmetrien auf Anbieter- und Nachfragerseite vor dem Eingehen einer Transaktion sowie nach Abschluss der Transaktion ergeben und nennt dem Marketing verschiedene Ansatzpunkte, wie diese Probleme eingedämmt werden können.

2.2.5 Die Relational-Contracting-Theory

Die Relational Contracting Theory (RCT) befasst sich mit der *Bedeutung von Verträgen* für die Gestaltung von Transaktionen. Sie wurde durch die Beobachtung ausgelöst, dass formelle, schriftliche Verträge *in praxi* zumeist lediglich Rahmentexte darstellen, welche die realen Arbeitsbeziehungen zwischen Akteuren nur selten exakt abbilden und auch *de facto* nur selten als Richtlinien angewendet werden, um Konflikte zu lösen (vgl. Llewellyn 1931, S. 737). Sie sind aufgrund des erforderlichen Arbeitsaufwands oftmals weder vollständig (d. h., dass sie nicht alle denkbaren künftigen Entwicklungen aller relevanten Parameter einer Transaktion zu allen Zeitpunkten regeln), noch haben sie wirklich bindenden Charakter (vgl. Macauley 1963). Macneil (1974, 1978) postuliert, dass Verträge in Geschäftsbeziehungen bewusst unvollständig belassene Übereinkünfte darstellen, um den Akteuren Handlungsspielraum zu verschaffen. In solchen „unvollständigen Verträgen" werden lediglich Ziele formuliert. Diese Ziele der Geschäftsbeziehung sind dabei aufgrund möglicher Veränderungen relevanter Rahmenbedingungen eher offen und allgemein gehalten (vgl. Milgrom/Roberts 1992, S. 131).

In der RCT schließt man daraus, dass je nach *Art der Regelungsstruktur* einer Transaktion unterschiedliche Vertragstypen geeignet sind. Es wird eine Trennung zwischen solchen Verträgen, welche zur Regelung *diskreter Transaktionen* („Markt" in der Sprache des TKA) herangezogen werden, und solchen, welche *relationale Transaktionen* („Hybridform" in der Sprache des TKA, also langfristige Geschäftsbeziehungen) regeln, getroffen. Die erste Kategorie umfasst den *klassischen* und den *neo-klassischen Vertrag*, die zweite beinhaltet *relationale Verträge*. Während die (neo)-klassische Schule davon ausgeht, dass alle heutigen und künftigen Tatbestände einer Transaktion durch die Formulierung vollständiger schriftlicher Verträge abgedeckt werden können, unterstreicht das relationale Vertragsrecht die Bedeutung des *Normenprinzips* (vgl. Ivens/Blois 2004). Dies besagt, dass Übereinkünfte zwischen zwei Marktparteien sowohl explizite als auch implizite Teile (Normen) umfassen, wodurch eine flexiblere Anpassung der Absprachen an sich wandelnde Umweltbedingungen ermöglicht wird (vgl. Hadfield 1990, S. 929).

Normen sind Erwartungen an das Verhalten anderer Personen in einem bestimmten Handlungsrahmen (vgl. Heide/John 1992, S. 34; Lipset 1975, S. 173) bzw. Richtlinien für eigenes Verhalten (vgl. Scanzoni 1979, S. 68). Sie sind „wichtige soziale und organisatorische Vektoren in Transaktionen, in denen Ziele nur vage formuliert wurden oder deren Ergebnisgröße variabel ist" (Cannon/Achrol/Gundlach 2000, S. 184). Ex post dienen sie als *Referenzpunkte* für die Evaluierung tatsächlicher Verhaltensweisen hinsichtlich deren Normkonformität. Allgemein erfüllen sie damit die Funktion von Referenz- oder Ankergrößen. Die Wirkung von Normen besteht darin, dass die Harmonie von Interessen die Gefahr opportunistischer Verhaltensweisen ausschaltet (vgl. Ouchi 1980, S. 138; Nohria/Ghoshal 1990, S. 493). In Geschäftsbeziehungen beginnen sich Normen in frühen Phasen herauszubilden (vgl. Dwyer/Schurr/Oh 1987, S. 17). Indem sie Normen entwickeln und damit Handlungsrichtlinien entwickeln, stecken die künftigen Geschäftspartner das „Spielfeld" ab, in dem sie sich bewegen wollen. Dabei werden gewisse Normen sozusagen „in die Beziehung mitgebracht", wobei es sich um Erwartungen handelt, welche sich auf allgemein übliches Verhalten beziehen. Andere Normen werden erst in der Beziehung durch die beteiligten Parteien entwickelt. Folgende *zehn marketingrelevanten Normen* lassen sich in der Literatur zur RCT identifizieren (vgl. Ivens 2002, S. 107 ff.):

Norm	Bedeutungsinhalt
Langfristige Orientierung	Verfolgt der Anbieter erkennbar eine langfristige Zusammenarbeit mit dem Abnehmer?
Rollenintegrität	Erfüllt der Anbieter konstant und harmonisch das von ihm erwartete Verhaltensmuster?
Planungsverhalten	Unternimmt der Anbieter Schritte, um die künftige Entwicklung der Geschäftsbeziehung zu planen?
Gegenseitigkeit	Achtet der Anbieter darauf, daß beide Seiten in angemessenem Umfang von der Beziehung profitieren?
Solidarität	Unterstützt der Anbieter den Kunden in problematischen Phasen und unter Inkaufnahme gewisser ökonomischer Nachteile?
Flexibilität	Ist der Anbieter bereit, existierende Absprachen auf Nachfrage des Abnehmers anzupassen?
Informationsverhalten	Gibt der Anbieter dem Abnehmer alle hilfreichen Informationen weiter?
Konfliktlösung	Ist der Anbieter bemüht, Konflikte beziehungsbewahrend, konstruktiv und informell zu lösen?
Einsatz von Macht	Beschränkt der Anbieter den Einsatz verfügbarer Machtpotenziale im Interesse der Beziehung?
Monitoringverhalten	Versucht der Anbieter, die Einhaltung von Absprachen durch den Abnehmer zu kontrollieren?

Tab. 2-1: Die zehn grundlegenden Normen der RCT (vgl. Ivens 2002)

2.2.6 Die Informationsökonomie

Sowohl bei der Gewinnung von Neukunden als auch bei der Pflege bestehender Kunden kommt der Interaktion mit Kunden hohe Bedeutung zu. Ein Grund hierfür ist, dass dem Kunden Informationen kommuniziert werden müssen, die es ihm erlauben, einen Anbieter und seine Leistungen im Verhältnis zum Wettbewerb zu bewerten. Als Ziel gilt dabei, den Kunden davon zu überzeugen, dass die Summe der Nutzen (Produktnutzen, Transaktionsnutzen, Beziehungsnutzen), die er aus der Beziehung mit dem eigenen Unternehmen zieht, jene möglicher Beziehungen mit Konkurrenten übersteigt. Die Informationsökonomie thematisiert, wie sich verschiedene Formen der *Unsicherheit* auf das Anbieter- und Abnehmerverhalten auswirken. Wie auch in der Transaktionskostenanalyse werden exogene und endogene Unsicherheit unterschieden. Dabei wird zudem die *asymmetrische Verteilung von Informationen* zwischen den Akteuren beachtet, bei der sich i.d.R. der Anbieter im Vorteil befindet.

Unsicherheit und unvollkommene Information ergeben sich aus der Dynamik, in der sich jeder Markt mehr oder minder stark befindet, und die durch ständige Veränderungen und Anpassungsprozesse bei allen Akteuren bedingt ist (vgl. Kaas 1990, S. 539 f.). Der Kunde reagiert auf sein Informationsdefizit mit dem Einholen von Informationen über die verfügbaren Anbieter und deren Leistungen. Die Informationsökonomie spricht hier vom „*Screening*". Sie zeigt dem Anbieter auf, dass er als Antwort auf das Screening im Rahmen des Kundenmanagements gezielt Informationen aussenden muss, die dazu geeignet sind, die Unsicherheit des Kunden bezüglich seines Leistungsangebotes zu reduzieren. Das Aussenden relevanter Informationen wird als „*Signaling*" bezeichnet (vgl. Adler 1998).

Aus Nachfragersicht wird die Höhe der Unsicherheit durch die *Eigenschaften der zu beziehenden Leistung* bestimmt. Güter, Dienstleistungen und Leistungsangebote, die sich aus beiden Komponenten zusammensetzen, werden als Nutzenbündel betrachtet. Aus der Perspektive des Kundenmanagements ließe sich hierzu ergänzen, dass auch Eigenschaften des Anbieters (z. B. seine Zuverlässigkeit, seine Flexibilität oder seine Innovativität) relevante Eigenschaften bzw. Nutzenkomponenten darstellen, die einer bestimmten Unsicherheit unterliegen. Die Qualitäten der einzelnen Nutzenkomponenten sind dem Nachfrager vor (und teils auch nach) dem Kauf unterschiedlich transparent. Die Informationsökonomie unterscheidet auf dieser Überlegung aufbauend drei Arten von Eigenschaften eines Nutzenbündels (vgl. Kaas 1995, S. 28; Woratschek 1999, S. 168 f.):

➢ *Sucheigenschaften* kann der Kunde noch vor Tätigung einer Transaktion beurteilen, bspw. die Farbe eines Produktes oder seine Abmessungen. Bezogen auf einen Anbieter gehören hierzu bspw. die Zahl seiner Kundenbetreuer, die Existenz eines Call Centers für das Beschwerdemanagement oder die Größe seines Fuhrparks als Indikator für seine Lieferfähigkeit.

➢ *Erfahrungseigenschaften* kann der Kunde erst nach Nutzung einer gekauften Leistung beurteilen, bspw. die Wirkung eines Pflanzenschutzmittels. Auf der Ebene des Transaktions- oder Beziehungsnutzens werden hier Aspekte relevant, wie etwa die tatsächliche Liefertreue des Anbieters, die Korrektheit seiner Fakturierung oder die Fähigkeit seiner Mitarbeiter, bspw. eine Maschine zu installieren.

➢ *Vertrauenseigenschaften* lassen sich auch nach der Nutzung einer Leistung nicht (oder nur unter Aufwendung unverhältnismäßig hoher Informationskosten) beurteilen, bspw. die Aufrechterhaltung der Kühlkette für Tiefkühlkost durch Hersteller und Absatzmittler bei der Auslieferung von Ware oder die schnellstmögliche Bearbeitung einer eingegangenen Kundenbeschwerde durch die Mitarbeiter.

Jede Leistung und im weiteren Sinne jede Geschäftsbeziehung stellt eine Kombination dieser drei Eigenschaftsarten dar. Sie lässt sich im sog. *informationsökonomischen Dreieck* (vgl. Abb. 2-2) einordnen. Wenn eine der drei Eigenschaften dominiert, kann von einem Such-, Erfahrungs- oder Vertrauenskauf gesprochen werden. In Abhängigkeit von der Eigenschaftsart ergeben sich unterschiedlich hohe Kosten für den Nachfrager, falls er seine Unsicherheit durch Suche nach geeigneten Informationen reduzieren will.

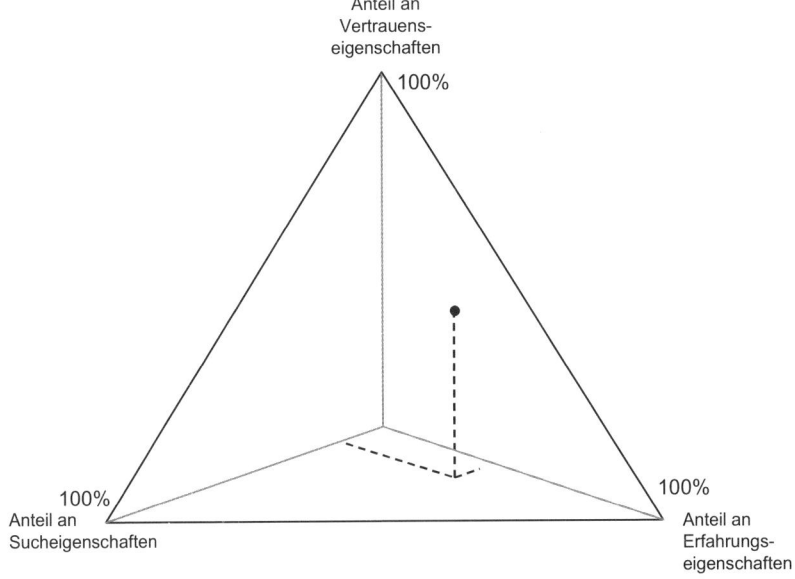

Abb. 2-2: Das informationsökonomische Dreieck (vgl. Weiber/Adler 1995)

Zur Reduktion der Unsicherheit werden in der Informationsökonomie zwei alternative Strategien diskutiert (vgl. Adler 1998, S. 343 ff. und Abb. 2-3): Bei der Unsicherheitsreduktion durch *direkte Informationssuche* entwickelt der Kunde selbst Aktivitäten, um möglichst zahlreiche Informationen über den Anbieter zu gewinnen. Dieser Ansatz ist jedoch lediglich bei Sucheigenschaften geeignet, die Unsicherheit zu reduzieren. Bei Erfahrungs- und Vertrauenseigenschaften versagt er. Aus der Perspektive des Kundenmanagements ist daher die zweite Alternative, die Unsicherheitsreduktion durch Heranziehen von *Informationssubstituten*, relevanter.

Unsicherheitsreduktion durch **direkte** Informationssuche	Unsicherheitsreduktion durch Heranziehen von **Informationssubstituten**	
Auf **konkrete Eigenschaften** des Austauschobjekts bezogen (leistungsbezogen)	Nicht auf konkrete Eigenschaften des Austauschobjekts bezogen (**leistungs- übergreifend**)	
⇩	⇩	⇩
Leistungsbezogene Informationssuche	**Leistungsbezogene Informationssubstitute**	**Leistungs- übergreifende Informations- substitute**
Unsicherheitsreduktions- strategien 1. Ordnung bei Dominanz von **Sucheigenschaften**	Unsicherheitsreduktions- strategien 2. Ordnung bei Dominanz von **Erfahrungseigenschaften**	Unsicherheitsreduktions- strategien 3. Ordnung bei Dominanz von **Vertrauenseigenschaften**

Abb. 2-3: Typisierung von Unsicherheitsreduktionsstrategien (Quelle: Adler 1998, S. 343)

Hier zieht der Kunde seine Wahrnehmung des Anbieters und dessen marktge-richteter Aktivitäten zur Urteilsbildung heran. Dabei lassen sich zwei Formen der Information unterscheiden:

➤ *Leistungsbezogene Substitute* beziehen sich auf konkrete Eigenschaften des Leistungsangebotes, z. B. dessen Preis oder Garantieumfang. Aber auch zahl-reiche Instrumente des Kundenmanagements, wie etwa die Existenz eines Call Centers zur ständigen Erreichbarkeit des Anbieters bei Fragen und Beschwer-den oder die Einrichtung einer kundenorientierten Organisationsstruktur, sind leistungsbezogene Informationssubstitute. Sie werden als Indikatoren für die Qualität der eigentlich interessierenden Nutzenaspekte (z. B. Produktnutzen, Transaktionsnutzen oder Beziehungsnutzen) herangezogen. Wird der Kunde von dem Anbieter enttäuscht, so kann er bspw. die Garantieleistungen in An-spruch nehmen oder sich über das Call Center beschweren. Allerdings ist es hierzu erforderlich, dass es sich um Erfahrungseigenschaften der Leistung oder des Anbieters handelt, da der Kunde sonst die Nichterfüllung nicht ohne weiteres feststellen kann.

➤ *Leistungsübergreifende Informationssubstitute* umfassen qualitative, nicht di-rekt beobachtbare Eigenschaften des Anbieters, wie sein Image und seine Reputation. Diese werden vom Kunden dann als Indikatoren verwendet, wenn Vertrauenseigenschaften dominieren. Bei Vertrauenseigenschaften hat der Kunde nur unter Inkaufnahme ungewöhnlich hoher Kosten die Möglichkeit, die Erfüllung zu prüfen. Allerdings geht die Informationsökonomie davon aus, dass Anbieter mit sehr guter Reputation einen so großen Schaden fürchten müssten, falls sich herausstellen würde, dass sie von ihnen zugesagte Vertrauenseigenschaften in Realität nicht erfüllen, dass sie i.d.R. auf deren Erfüllung achten werden. So könnte bspw. ein Beratungsunternehmen, dessen Kunden erwarten, von Beratern mit langjähriger Erfahrung betreut zu werden, auch Mitarbeiter einsetzen, die erst geringe Erfahrung in der Unternehmensberatung aufweisen. Durch entsprechende falsche Aussagen des Beraters über zahlreiche bereits abgewickelte Projekte ließe sich dies oftmals wohl weitgehend verdecken. Der Kunde müsste ungemein hohe Aktivitäten entwickeln, um sich über die Historie aller Mitarbeiter in einem Beratungsprojekt und deren Lebenslauf ausführlich zu informieren. Doch ist der zu befürchtende Imageschaden bei Aufdeckung dieser Praktiken für viele Beratungsfirmen vermutlich sehr hoch, so dass aus Sicht der Informationsökonomie ein Anreiz besteht, auf Täuschung des Kundenvertrauens zu verzichten.

Die Informationsökonomie bietet Kundenmanagern mit ihrer Typologie der kundenseitigen Unsicherheitsreduktionsstrategien Ansatzpunkte für die differenzierte Gestaltung von Maßnahmen. Je nach Informationsproblem sind im Rahmen des Signaling unterschiedliche Informationen auszusenden, um den Kunden von der Vertrauenswürdigkeit des eigenen Unternehmens zu überzeugen.

2.3 Modelle der strategischen Unternehmensführung

Während die institutionenökonomischen Ansätze sich mit Tauschakten und ihren Rahmenbedingungen befassen, steht im Fokus der strategischen Unternehmensführung die Frage, an welchem Objekt das Kundenmanagement sich orientieren muss, um im Wettbewerb strategische Erfolgspositionen besetzen zu können. Unterschiedliche Schulen geben darauf unterschiedliche Antworten. Einige der wesentlichen Perspektiven werden in der Folge vorgestellt.

2.3.1 Marktorientierung

In der betriebswirtschaftlichen Theorie und Praxis existieren unterschiedliche Auffassungen darüber, ob sich Unternehmen in ihrer *strategischen Ausrichtung* durch eine bestimmte interne Funktion (F&E, Personal, Vertrieb etc.) oder durch ein externes Kriterium leiten lassen sollten. Dabei existieren zahlreiche unterschiedliche Ansätze, so etwa die Produktionsorientierung, die Produktorientierung, die Verkaufsorientierung, die Serviceorientierung, die Shareholder Value-Orientierung oder die ökologische Orientierung. Das *Marketing*, in welches das Kundenmanagement eingebettet ist, vertritt die Philosophie der Marktorientierung, d. h. der Ausrichtung aller Entscheidung an den Erfordernissen des Marktes. Zahlreiche empirische Studien haben mittlerweile (in unterschiedlichen Ländern und Branchen) die Hypothese untersucht, dass eine Marktorientierung den Unternehmenserfolg positiv beeinflusst, und die meisten Ergebnisse stützen diese Annahme (vgl. Grether 2003, S. 11).

Marktorientierung wird als „organisationsweite Generierung von Marktwissen über gegenwärtige und künftige Kundenbedürfnisse, die abteilungsübergreifende Verbreitung dieses Wissens sowie die organisationsweite Fähigkeit, hierauf zu reagieren" definiert (Kohli/Jaworski 1990). Sie umfasst drei wesentliche Komponenten (vgl. Narver/Slater 1990):

➢ *Kundenorientierung* beinhaltet das Verständnis der Bedürfnisse des Zielkunden sowie dessen Kunden, um in der Lage zu sein, ihm überlegene Wertschöpfungsleistungen anzubieten. Wertschöpfung erfolgt entweder durch Erhöhung des Nutzens des eigenen Leistungsangebotes bei konstanten Kosten oder durch Reduzierung der Kosten bei konstantem Nutzen (vgl. Kap. 1.2).

➢ *Wettbewerberorientierung* bedeutet, dass ein Anbieter die kurzfristigen Stärken und Schwächen sowie die langfristigen Fähigkeiten und Strategien seiner derzeitigen und wesentlichen potenziellen Konkurrenten versteht.

➢ *Abteilungsübergreifende Koordination* betrifft die abgestimmte Nutzung der Ressourcen einer Firma zur Erstellung überlegener Wertschöpfungsleistungen für Kunden. Dies umfasst die Ausrichtung aller materiellen und immateriellen Ressourcen auf den Endkunden.

Zur *Umsetzung* einer marktorientierten Strategie benötigen Unternehmen bestimmte Fähigkeiten. *Fähigkeiten* sind „komplexe Bündel aus Fertigkeiten und kumuliertem Wissen, die durch organisatorische Prozesse eingesetzt werden und Firmen dazu befähigen, Aktivitäten zu koordinieren und ihre Ressourcen zu nutzen" (Day 1994, S. 38). Sie zeigen sich in typischen Prozessen, wie der raschen Auslieferung oder der individuellen Anpassung von Produkten an Kundenbedürfnisse. Ohne die notwendigen Fähigkeiten lassen sich kritische Prozesse nicht oder nur ungenügend gut ausführen. Fähigkeiten und die zugehörigen Prozesse überspannen i.d.R. mehrere Funktionalbereiche und mehrere Hierarchieebenen. Sie erfordern umfassende Kommunikation zwischen den Akteuren (vgl. Day 1994, S. 39). Es lassen sich *drei wesentliche Gruppen* von Fähigkeiten unterscheiden, die drei unterschiedliche Prozesse unterstützen, und deren Zusammenspiel in Abb. 2-4 dargestellt ist:

➢ *Inside-Out-Fähigkeiten*: Sie werden von innen nach außen eingesetzt und durch Markterfordernisse oder Wettbewerbsaktivitäten aktiviert und umfassen bspw. Kostencontrolling, Produktions- und Logistikprozesse oder Personalmanagement.

➢ *Outside-In-Fähigkeiten*: Sie werden von außen nach innen eingesetzt und dienen dazu, interne Prozesse mit der Umwelt zu verbinden. Sie erhöhen die Wettbewerbsfähigkeit, indem sie künftige Markterfordernisse früher als der Wettbewerb identifizieren und den Aufbau langfristiger Beziehungen zu Endkunden und Absatzmittlern unterstützen.

➢ *„Spanning"-Fähigkeiten*: Sie stellen das Verbindungsglied zwischen Inside-Out- und Outside-In-Fähigkeiten dar und benötigen von beiden Seiten Input. Beispiele hierfür wären u. a. die Neuproduktentwicklung, Kundenservice oder auch Preisentscheidungen (vgl. Day 1994, S. 41).

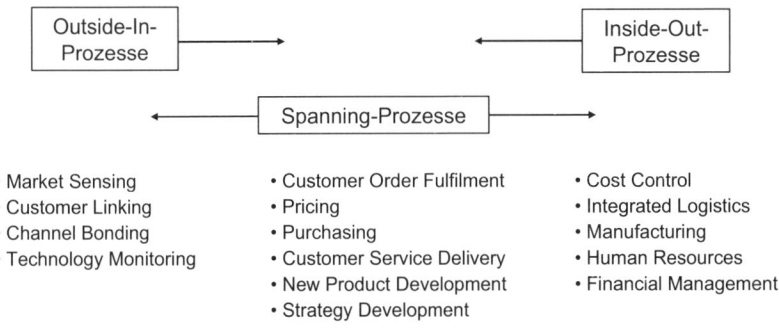

Abb. 2-4: Fähigkeiten und Prozesse (vgl. Day 1994)

2.3.2 Kundenorientierung

Kundenorientierung ist eine der drei erwähnten Komponenten der Marktorientierung. Zahlreiche empirische Studien belegen inzwischen, dass kundenorientierte Unternehmen erfolgreicher sind als Konkurrenten, die andere strategische Schwerpunkte setzen. Solche Unternehmen sind u. a. rentabler und erzielen höhere Kundenbindung.

Kundenorientierung beinhaltet das umfassende *Verständnis von Zielkunden* und die darauf aufbauende *Gestaltung der Kundenpolitik* (vgl. Narver/Slater 1990, S. 21). Die vorgestellte Definition der Kundenorientierung hat Konsequenzen für das Kundenmanagement: Sie verweist erstens auf die Bedeutung einer umfassenden, *mehrstufigen Analyse* des Kunden, die weit über eine reine Betrachtung der getätigten Umsätze hinausgeht. Durch expliziten Verweis auf die Wertkette wird zweitens die Bedeutung der Wertschöpfungsperspektive für das Kundenmanagement unterstrichen. Es ist die Frage zu beantworten, welche Nutzenkomponenten unmittelbar für einen Kunden und mittelbar für dessen Kunden Wert haben. Die zu betrachtenden Nutzenkomponenten beschränken sich dabei keineswegs nur auf die direkte Produktgestaltung, sondern umfassen prozessuale oder immaterielle Aspekte, wie etwa die Abwicklung einer Transaktion oder die Eigenschaften eines Anbieters (Vertrauenswürdigkeit, Reputation etc.). Drittens verweist die Definition auf die *Dynamik*, die dem Kundenstamm inhärent ist. Der aktuelle Zustand einer Kundenbeziehung ist dabei nur eine Momentaufnahme, und die Historie der Kundenbeziehung ist hinsichtlich der künftigen Attraktivität des Kunden nur eingeschränkt aussagefähig. So können heute attraktive Kunden in der Zukunft unattraktiv und aktuell uninteressante oder noch unbekannte Kunden in der Zukunft hoch-attraktiv werden.

Orientiert sich ein Unternehmen primär an seinen Kunden, so wird sich eine Politik der Kundenorientierung intern auf verschiedenen Ebenen auswirken:

(1) In kundenorientierten Unternehmen folgt nicht nur die Marketingabteilung i.e.S. dem Oberziel, Kunden zu verstehen. Kundenorientierung manifestiert sich in der *Ausrichtung aller Abteilungen am Kundennutzen*, z.B. in der Neuproduktentwicklung (vgl. Hauser/Clausing 2001, S. 315 ff.) oder im Rechnungswesen (vgl. Köhler 1999, S. 329 ff.).

(2) Kundenorientierung bedarf der Unterstützung durch die geeignete Ausgestaltung bestimmter *Instrumente* oder *Systeme*, z.B. des Vergütungssystems für Vertriebsmitarbeiter (vgl. Jensen 2001, S. 281 ff.) oder der Einrichtung eines kundenorientierten Informationssystems, wie es etwa im CRM (Customer Relationship Management) zum Einsatz kommt.

(3) Kundenorientierung kann einerseits auf der *organisationalen Ebene* des Unternehmens betrachtet werden (vgl. z.B. Rindfleisch/Moorman 2003, S. 422), andererseits auf der *individuellen Ebene* des Mitarbeiters (vgl. z.B. Williams 1998; Stock 2002).

(4) Kundenorientierung kann einerseits als *beobachtbares Verhalten* (vgl. z.B. Kohli/Jaworski 1990) interpretiert werden, andererseits kann sie als Phänomen der *Unternehmenskultur* (vgl. z.B. Homburg/Pflesser 2000) betrachtet werden. Diese Unterscheidung verweist auf die Implementierungsproblematik der Kundenorientierung, die oft einen tief greifenden Wandel in den Werten und Ansichten der Mitarbeiter eines Unternehmens erfordert (vgl. Peccei/Rosenthal 2000).

Unabhängig von dem Blickwinkel, unter dem man die Kundenorientierung eines Unternehmens oder seiner Mitarbeiter betrachtet, handelt es sich dabei nicht selbst um ein Oberziel, sondern um ein für das Kundenmanagement äußerst bedeutsames (strategisches) *Mittel* für größere Erfolge bei den Oberzielen. In einer idealtypischen Wirkungskette führt Kundenorientierung dabei zu mehr Kundenzufriedenheit. Dieses Ziel des Kundenmanagements beleuchten wir im nächsten Abschnitt.

2.3.3 Kundenzufriedenheit

Die Kundenzufriedenheit ist unter Effektivitätsaspekten die zentrale Zielgröße des kundenorientierten Managements. In vielen Fällen kann davon ausgegangen werden, dass ein zufriedener Kunde auch weiterhin Transaktionen mit dem von ihm so positiv wahrgenommenen Anbieter tätigen wird und er somit zur Profitabilität der Unternehmenstätigkeit beiträgt (vgl. auch 2.4.2.4). Aus Kundensicht gibt es mehrere Gründe, warum Zufriedenheit eine solche wichtige Rolle spielt (vgl. Oliver 1997, S. 10 ff.):

> ➤ Zufriedenheit ist ein wünschenswerter Endzustand, ein angenehmes Erlebnis.
> ➤ Zufriedenheit schützt vor dem unangenehmen Erlebnis, in einer nicht zufrieden stellenden Situation weitere Schritte ergreifen zu müssen, um zufrieden gestellt zu werden.
> ➤ Zufriedenheit bestätigt dem Kunden seine Fähigkeit, in einer oftmals komplexen Entscheidungssituation die richtige Leistung aus einem unübersichtlichen Angebot gewählt zu haben.

Wenn Zufriedenheit also eine kritische Zielgröße des Kundenmanagements ist, so stellt sich die Frage, wie sie konzeptualisiert werden kann. Hierfür existieren in der Literatur verschiedene Ansätze, die jedoch im Kern auf das sog. Confirmation-Disconfirmation-Paradigma (C/D-Paradigma) zurückgeführt werden können (vgl. Stauss 1999a, S. 6; Homburg/Stock 2001, S. 19). Diesen konzeptionellen Rahmen stellen wir in der Folge vor, bevor mit dem KANO-Modell ein zur Leistungsgestaltung nützlicher Ansatz besprochen wird. Dabei wird an dieser Stelle noch nicht auf messtechnische Fragen eingegangen, die in Kap. 10 (Controlling) behandelt werden.

2.3.3.1 Das Confirmation-Disconfirmation-Paradigma

Das Confirmation-Disconfirmation-Paradigma (C/D-Paradigma) geht von der Annahme aus, dass ein Kundenzufriedenheitsurteil das Resultat eines *Soll-Ist-Vergleichs* bezüglich Transaktionen und deren Ergebnisse darstellt. Dies bedingt, dass Kunden zunächst Erwartungen an eine Leistung bilden und diese nach Erhalt bzw. Erbringung der Leistung mit ihren Wahrnehmungen abgleichen. Werden die Erwartungen zumindest bestätigt (konfirmiert) oder im positiven Sinne nicht bestätigt (positiv diskonfirmiert), so ist der Kunde zufrieden. Werden die Erwartungen im negativen Sinne nicht bestätigt (negativ diskonfirmiert), tritt Unzufriedenheit auf (vgl. Churchill/Surprenant 1982, S. 492). Dabei stellt der kritische Wert zwischen positiver und negativer Diskonfirmation keinen Punkt dar, sondern es handelt sich um eine Toleranzzone. Nur bei stärkeren Abweichungen von dieser Zone kommt es zur Diskonfirmation.

Die Erwartungen der Soll-Komponente können auf unterschiedlichen Vergleichsankern basieren. Denkbar sind z. B.

➢ *Normative Standards*: Hier fragt sich der Kunde, wie die *Ideallösung* aussehen würde.

➢ *Gerechtigkeit/Fairness*: Hier entwickelt der Kunde Vorstellungen darüber, was er (angesichts seiner Gegenleistung und des sonstigen Aufwands im Rahmen einer Transaktion) „verdient" hätte.

➢ *Fähigkeit*: Hier trifft der Kunde Vorhersagen darüber, welches Leistungsniveau ein Anbieter wohl erfüllen kann („antizipative" Erwartungen).

➢ *Tolerierbarkeit:* Hier entscheidet der Kunde für sich, welches Leistungsniveau des Anbieters er gerade noch akzeptieren kann.

Die Mehrdeutigkeit dieser Erwartungsbezüge macht das CD-Paradigma problematisch. Einfache Erwartungsmessungen lassen offen, ob der Kunde aus Überzeugung, aus Abwägung oder wegen reduzierter Ansprüche zufrieden ist. Die Erhebung mehrerer Erwartungsformen ist meist zu aufwändig. Insofern begnügt man sich *in praxi* nicht selten mit der Erhebung der *Ist-Komponente*, deren Operationalisierung weit weniger problematisch ist. Sie bezieht sich auf die vom Kunden wahrgenommene Leistung. Diese wird vom Kunden in Einzelmerkmale „zerlegt", die jeweils für sich eines Zufriedenheitsurteils unterzogen werden können (*multiattributiver Zufriedenheitsansatz*). Die Einzelurteile werden dann zu einem Gesamturteil aggregiert, wobei sich zwei alternative Ansätze unterscheiden lassen: Bei einem kompensatorischen Urteil können negative Teilkomponenten durch entsprechend positive Wahrnehmungen hinsichtlich anderer Komponenten ausgeglichen werden. Bei nicht-kompensatorischem Vorgehen hat der Kunde gewisse Mindestanforderungen formuliert. Sind diese nicht erfüllt, ist er mit der gesamten Leistung unzufrieden, egal wie positiv sein Urteil hinsichtlich anderer Leistungskomponenten ausfallen mag. Bspw. kann die Verpackung eines Gerätes noch so praktisch und ästhetisch gestaltet sein. Funktioniert das Gerät selber nicht, so wird dies nicht auszugleichen sein (vgl. Stauss 1999a, S. 6 ff.).

Zufriedenheitsurteile unterscheiden sich zudem hinsichtlich ihres *Bewusstseinsgrades*. Nehmen Kunden den Soll-Ist-Abgleich bewusst vor (und sind sich daher auch des Zufriedenheitsempfindens bewusst), spricht man von *manifester* Zufriedenheit. In zahlreichen Fällen wäre der kognitive Aufwand eines manifesten Urteils jedoch zu hoch, so dass Kunden *latente* Zufriedenheitsurteile mehr oder minder explizit in ihrem Unterbewusstsein speichern. Über die Zeit hinweg kumulieren sich die (Transaktion für Transaktion geformten) Zufriedenheitsurteile und bilden ein immer stabileres Urteil über den Anbieter. In diesem Zusammenhang tritt die Einzeltransaktion immer stärker in den Hintergrund und die gesamte Geschäftsbeziehung, wie sie sich im Laufe der Transaktionen entwickelt hat und mit all ihren positiven und negativen Nutzenkomponenten, wird zunehmend zum Objekt des Zufriedenheitsurteils (vgl. 2.4.2.2).

2.3.3.2 Das *KANO*-Modell der Kundenzufriedenheit

Für das Marketing ist die Tatsache, dass sich globale Zufriedenheitsurteile aus Teilbewertungen einzelner Leistungskomponenten zusammensetzen, von besonderer Bedeutung. Hierin liegt ein wichtiger Ansatzpunkt für die Leistungsgestaltung. Neben der Frage, ob eine Leistungskomponente vom Kunden positiv oder negativ wahrgenommen wird, ist dabei insbesondere relevant, welchen Einfluss die Bewertung einzelner Komponenten auf das Gesamturteil hat. Dieser Aspekt wird in dem von dem Japaner Kano (1984) entwickelten Zufriedenheitsmodell dargestellt (vgl. Bailom et al. 1996). Ausgangspunkt der Betrachtung ist das marktübliche Leistungsniveau bezüglich bestimmter Leistungsaspekte, z. B. Lieferpünktlichkeit, Preisniveau, Servicefreundlichkeit etc. (0-Punkt in Abb. 2-5).

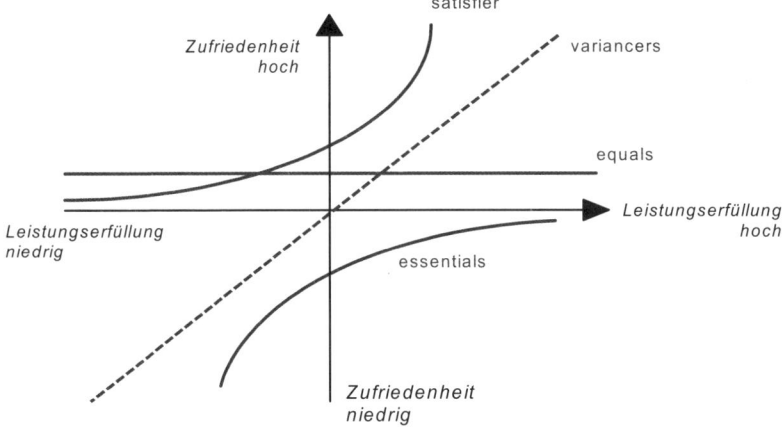

Abb. 2-5: KANO-Modell

Das Modell postuliert nun vier Anforderungstypen:

➢ *Basisanforderungen ("essentials")* sind Musskriterien für ein Produkt bzw. einen Anbieter. Werden sie nicht erfüllt, so stellt sich beim Kunden starke Unzufriedenheit ein. Ihre intensivere Erfüllung führt jedoch nicht zu einer wachsenden Zufriedenheit. Basisanforderungen äußert der Kunde daher in der Regel im Kaufprozess nicht explizit. Dennoch kommt diesem Anforderungstypus eine hohe Bedeutung im Wettbewerb zu. Typische Essentials sind z. B. Sicherheitsmerkmale, wie ZVEI-Standards, o. Ä.

➢ Bei *Leistungsanforderungen ("variancers")* variiert die Zufriedenheit proportional mit dem Erfüllungsgrad. Ein höherer Erfüllungsgrad führt zu proportional höherer Zufriedenheit und vice versa. Im Gegensatz zu den Basisanforderungen als „Musskriterien" werden sie hingegen vom Kunden explizit verlangt („Sollkriterien"). Zudem kann nun der gesamte Wertebereich der Zufriedenheitsskala, von sehr unzufrieden bis sehr zufrieden, erreicht werden.

➢ *Begeisterungsanforderungen ("satisfiers")* schließlich werden vom Kunden gar nicht erwartet und auch nicht formuliert. Folglich führt deren Nichterfüllung nicht zu Unzufriedenheit. Sind sie hingegen erfüllt, so wird der Kunde besonders intensiv zufrieden gestellt. Der Wertebereich der Zufriedenheitsskala wird hier wie bei den Mussanforderungen nur zur Hälfte ausgeschöpft, und zwar im positiven Bereich.

➢ *Indifferenzanforderungen* (*„equals"*) sind Leistungsmerkmale, denen der Kunde gleichgültig gegenüber steht. Auch sie werden apriori nicht erwartet. Im Gegensatz zu den Satisfiern leistet ihr Vorhandensein aber auch keinerlei Beitrag zu einer Erhöhung der Zufriedenheit. Es handelt sich aus Anbietersicht also letztlich um Fehlinvestitionen, welche bei der Produktgestaltung berücksichtigt wurden, ohne Rückflüsse zu erbringen.

Vorteile des KANO-Modells zur Kundenzufriedenheitsmessung liegen in seiner leichten Verständlichkeit und der Plausibilität der Leistungskategorien. Zudem erlauben es Ergebnisse aus KANO-Studien, zuverlässigere Rückschlüsse auf geeignete Marketingmaßnahmen zu treffen (vgl. Bailom et al. 1996, S. 117 ff.). Beispielsweise lassen sie es wenig angeraten erscheinen, weitere Ressourcen für „essentials" einzusetzen, wenn diese bereits hinreichend entwickelt sind. Umgekehrt lohnt es sich besonders, nach „satisfiers" zu suchen, um das Kundenmanagement effizient zu betreiben.

Betrachtet man die in diesem Kapitel dargestellten Sachverhalte zusammenfassend, so lässt sich festhalten, dass Marktorientierung eine mögliche, aus Marketingsicht aber die „richtige" strategische Grundorientierung eines Unternehmens darstellt. Die Kundenorientierung ist (neben Wettbewerbsorientierung und funktionsübergreifender Koordination) eine der drei Komponenten der Marktorientierung. Wesentliche Zielgröße der Kundenorientierung ist die Kundenzufriedenheit.

2.3.4 Ressourcenansatz

Eine kritische Betrachtung des outside-in orientierten Ansatzes im Konzept der Kundenorientierung macht deutlich, dass diese nicht ohne spezifische *Wettbewerbsstärken* betrieben werden kann. Vielmehr bedarf jede Unternehmung kritischer Ressourcen und „Kernkompetenzen" (Prahald/Hamel 1991), um Kunden tatsächlich zufrieden zustellen oder sogar begeistern zu können. Die Outside-in- ist deshalb prinzipiell durch eine Inside-out-Perspektive zu ergänzen. Kunden spielen in beiden Perspektiven eine wichtige Rolle, nämlich Outside-in als Leistungsadressaten und Inside-out als kritische Resssource.

Letzteres verweist auf die verschiedenen *Rollen*, die ein Kunde – über seine Funktion als Abnehmer unternehmerischer Leistungen hinaus – übernimmt, welche für einen Anbieter direkt oder indirekt von ökonomischem Wert sind (vgl. Meyer/ Schaffer 2001) und die deshalb Kundenwertpotenziale darstellen. Freiling (2001a) unterscheidet vier Wertquellen mit jeweils spezifischen Wertkomponenten:

(1) Der Kunde als *Ressourcenlieferant* (Personal, Objekte, Informationen)
(2) Das *absatzbezogene Potenzial* des Kunden (Preisbereitschaft und Referenzpotenzial)
(3) Kundenbezogenes *Kostensenkungspotenzial* (Kostenübernahme, Rationalisierung, Synergien)

(4) Der Kunde als *Impulsgeber* der Ressourcen- und Kompetenzentwicklung (Know-how)

Diese Wertkomponenten können auch der Konzeptionalisierung des *Kundenwerts* als einer zentralen Steuerungsgröße im Kundenmanagement dienen (vgl. Abschnitt 2.4.2.5). Sie machen darüber hinaus deutlich, dass der Kunde für jede Unternehmung unterschiedliche Ressourcenkraft besitzt, die durch ein gezieltes, individuelles Kundenmanagement erst erschlossen werden muss, etwa durch entsprechende Win-Win-Kooperationen, stärkere Integration oder intensiveren Informationsaustausch (etwa in Form von Kundenumfragen, Kundenbeiräten oder Beschwerdemanagement-Systemen).

Korrespondierend zu dieser Betrachtungsweise des Ressourcenansatzes ist jene der Ressourcenabhängigkeit im Sinne der *Resource-Dependence-Theorie* (Pfeffer/Salancik 1978), die – wie insb. Plinke (1997b) dargelegt hat – auch auf Kunden übertragbar ist (vgl. auch Freiling 2001a). Die Ressourcenbeiträge eines Kunden können mehr oder minder bedeutsam für das Überleben eines Anbieters sein. Im Extremfall stellen sie die Existenzgrundlage dar, wie das für nicht wenige mittelständige Zulieferer von nachfragemächtigen OEM's (z. B. EDV-, Bahn-, Auto-, oder Flugzeugindustrie) der Fall ist. Das Kundenmanagement muss in solchen Fällen danach trachten, die Abhängigkeitsverhältnisse auszutarieren, indem Gegenmacht-Positionen, etwa durch besondere *Kompetenzen* oder *Innovationen*, entwickelt, durch *Integration* in die Prozesse des Kunden *Wechselbarrieren* für diesen aufgebaut oder langfristige *vertragliche Abmachungen* zur Absicherung des Lieferanten getroffen werden.

2.4 Modelle der Marketingtheorie

2.4.1 Klassische Modelle des Verkaufsmanagements

2.4.1.1 Marktreaktions-Modelle

Klassischerweise war der Verkauf in der Marketingtheorie als *Marketinginstrument* eingeordnet. Zusammen mit anderen Marketinginstrumenten, die im Marketing-Mix gebündelt werden, hatte er eine stark umsetzungsorientierte Rolle, die ihm vorwiegend die Aufgabe zuschrieb, die in der Produkt- und Preispolitik entwickelten Konzepte am Markt in Umsätze zu transferieren. Am stärksten ausgeprägt war diese Sichtweise des Verkaufs im „verkaufsorientierten Konzept des Marketing" als historisch betrachtet früher und oftmals auch aggressiver Verständnisvariante des Marketing (vgl. Kotler/Bliemel 2001, S. 32–34).

Als Marketinginstrument muss der Verkauf der traditionellen Marketingtheorie folgend *systematisch* statt intuitiv und *planvoll* statt improvisatorisch eingesetzt werden. Dies entspricht der mit den drei M's (Marketing als *M*axime, *M*ittel und *M*ethode; vgl. Nieschlag/Dichtl/Hörschgen 2002, S. 8) charakterisierbaren Managementperspektive des Marketing, nach der auch die Ausgestaltung des Verkaufs an den jeweiligen Zielen des Marketing auszurichten ist. Typischer Ausdruck dieses „Beeinflussungsmodells des Verkaufs" ist das Denken in Marktreaktionsfunktionen, die im Falle des Verkaufs z. B. die Anzahl der Kundenkontakte als Einflussgröße auf die Absatzmenge oder den Umsatz modelliert (vgl. Albers 1989). Abb. 2-6 verdeutlicht den Denkansatz am Beispiel der Außendienstgröße, der hier eine degressiv steigende Wirkung auf den Umsatz unterstellt wird. Bei bekannten (Grenz-)Kosten pro Außendienst-Mitarbeiter (ADM) ist so eine marginalanalytische Optimierung des ADM-Einsatzes nach der Bedingung U'= K' möglich.

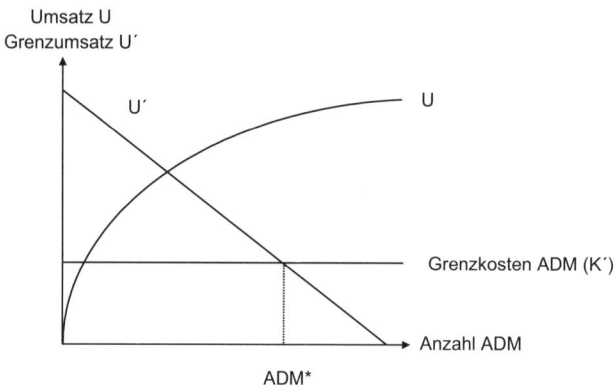

Abb. 2-6: Marktreaktionsfunktion zur Optimierung des ADM-Einsatzes

Die wichtigsten Probleme eines solchen Ansatzes liegen

➤ in der validen *Ermittlung der Reaktionsfunktionen*, die Quer- oder Längsschnittsdaten mit entsprechender Varianz voraussetzt und nicht reduktionistisch angelegt sein darf, indem weitere Einflussfaktoren einfach ausgeblendet werden,

➤ in zahlreichen *qualitativen Wirkungseffekten* der Verkaufsarbeit (z. B. bezüglich des Unternehmensimage), die in solchen Modellen kaum eingefangen werden können,

➤ in oft massiven *Carry-over-Effekten*, wenn sich die Verkaufseffekte ähnlich wie in der Werbung erst langfristig nach gewissen Wirkungsstufen entwickeln.

Trotzdem lassen sich marginalanalytische Kalküle zumindest als Partialmodelle für eine Reihe kundenpolitischer Fragestellungen einsetzen (vgl. Kap. 9.3).

2.4.1.2 Funktionskataloge des Verkaufs

Vorbereitend zu solchen Kalkülen wird in der traditionellen Verkaufstheorie das Aufgabenfeld des Verkaufs oft in homogenere *Funktionsbündel* untergliedert. Goehrmann (1984, S. 20 ff.) unterscheidet z. B. vier Funktionen, die deutlich machen, dass Verkauf nicht nur im eigentlichen Verkaufsakt besteht, sondern auch kommunikative und logistische Funktionen umfasst:

(1) *Informationsbeschaffung* bezüglich Abnehmer und Wettbewerber,
(2) *Erlangung von Kundenaufträgen* via Kontaktaufnahme, Vorbereitung und Durchführung von Verkaufsverhandlungen,
(3) *Einstellungsbildung* i. S. e. gezielten Beeinflussung des Unternehmensimage beim Kunden,
(4) Erfüllung *logistischer Funktionen*, etwa der Zwischenlagerung von Waren am Wohnort des Außendienstmitarbeiters, der Warenauslieferung oder der Regalpflege im Handel.

Fokussiert man bei der Funktionsbeschreibung des Verkäufers die Managementfunktionen, was dem Begriffsverständnis des Kundenmanagements entspricht, so lassen sich angelehnt an das Modell von Mintzberg (1980) zehn Management-Rollen definieren (vgl. Abb. 2-7):

Management-bereich	Interpersonelle Beziehungen	Informationen	Entscheidungen
Rollen	Galionsfigur Vorgesetzter Vernetzer	Radarschirm Sender Sprecher	Innovator Problemlöser Ressourcenzuteiler Verhandlungsführer

Abb. 2-7: Management-Rollen nach Mintzberg (1980)

(1) Der Kundenmanager fungiert als „*Galionsfigur*", indem er die Unternehmung nach außen hin darstellt und vertritt. Dies erfordert eine starke Persönlichkeit und ein profundes Verständnis der Unternehmensphilosophie auf Seiten des Verkäufers.

(2) Als „*Vorgesetzte*" fungieren Kundenmanager dann, wenn sie in mehrstufigen Verkaufsorganisationen Verantwortung für den Einsatz untergeordneter Mitarbeiter (z. B. als Verkaufsleiter für Außendienstreisende, regionale Key Account Manager etc.) tragen.

(3) Im Mittelpunkt der Rolle als „*Vernetzer*" stehen Aufbau und Pflege eines Netzwerkes an Geschäftsbeziehungen zu Personen innerhalb und außerhalb der Kundenorganisationen.

(4) Zu den Informationsfunktionen zählt insbesondere die Rolle als „*Radarschirm*", der kontinuierlich relevante Informationen über einschlägige Marktentwicklungen bewusst wahrnimmt, selektiert und interpretiert.

(5) Als „*Sender*" fungieren Verkäufer insofern, als sie relevante Informationen über das Geschäft mit dem Kunden und dessen Rahmenbedingungen an die interne Organisation weiterleiten und damit wesentlich zur *Kundenorientierung* der Unternehmung beitragen (s.o.).

(6) Zur Rolle des „*Sprechers*" gehören zum einen die Vertretung der Kundeninteressen gegenüber internen Abteilungen des Unternehmens (insofern fungiert der Verkäufer auf einer Nahtstelle zwischen Unternehmens- und Kundenorganisation), in Großorganisationen aber auch als Führungsvertreter der untergeordneten Mitarbeiter.

(7) Kundenmanager müssen ständig auf der Suche nach neuen Chancen für eine erfolgreichere Kundenbearbeitung sein. Insofern fungieren sie auch als „*Innovatoren*", sei es für neue Produkte oder Verpackungen, neue Ansracheformen oder Kommunikationsmittel oder neue Prozessabläufe in der Unternehmensorganisation.

(8) Insb. in Verhandlungen mit Kunden, aber auch bei der Organisation der Geschäftsabwicklung müssen Kundenmanager häufig auch als „*Problemlöser*" und „*Trouble-Shooter*" agieren, um kurzfristig auftretende Konflikte und Ablaufprobleme bewältigen zu helfen.

(9) Als „*Ressourcenzuteiler*" fungieren Kundenmanager dann, wenn sie über knappe Ressourcen, wie Zeit (z. B. Besuchszeiten bei Kunden), Geld (z. B. Preisnachlässe für bestimmte Kunden) oder Manpower (z. B. Unterstützung des Kunden durch eigene Merchandiser) entscheiden.

(10) Schließlich gehört es zu den vornehmsten Aufgaben des Kundenmanagers, mit den jeweiligen Kunden *Verhandlungen zu führen* und dabei die Unternehmensinteressen hinreichend zu vertreten.

Naturgemäß weisen die verschiedenen Rollen in unterschiedlichen Unternehmen, hierarchischen Positionen des Verkaufs und Marktsituationen sowie in den verschiedenen Geschäftsfeldern jeweils unterschiedliche Schwerpunkte auf. Insgesamt zeigt sich jedoch, dass Verkauf nicht nur eine exekutive Abwicklungsfunktion, sondern eine umfassende *Managementaufgabe* i. S. unserer Definition des Kundenmanagements darstellt. Insofern ist auch die Anwendung moderner Managementmethoden angemessen, auf die im Teil III des Buches eingegangen wird.

2.4.2 Modelle des Beziehungsmarketing

2.4.2.1 Strategische Modelle des Beziehungsmarketing

Wie in Kap. 1 bereits dargelegt wurde, steht der Verkauf heute zunehmend unter den strategischen Vorgaben des *Beziehungsmarketing*, wenngleich sich dieses nicht als generelle, sondern optionale Marketingstrategie für konzentrierte Märkte mit hoher Kundenmobilität und intensivem Bedarf an Abstimmung zwischen den Unternehmen einer Wertkette versteht. Die *Prinzipien des Beziehungsmarketing* prägen dann den Verkauf ganz wesentlich.

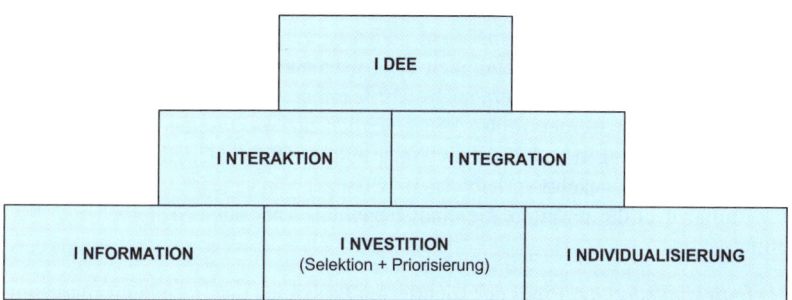

Abb. 2-8: Die strategischen Prinzipien des Beziehungsmarketing nach Diller (1995b)

Als strategische Bausteine dafür lassen sich die in Abb. 2-8 dargestellten „*6 I's*" von Diller (1995b) heranziehen. Sie lassen sich auch als gedankliche Abfolge eines Managementprozesses interpretieren:

(1) Information: Zunächst gilt es im Beziehungsmarketing, möglichst große Transparenz über den jeweiligen Kunden und dessen Geschäftsbeziehungen zum eigenen Unternehmen zu erlangen. Nur die Kenntnis individueller Umstände erbringt Ansatzpunkte für eine kundenindividuelle Ansprache, wie sie das Beziehungsmarketing fordert. In modernen CRM-Systemen fließt dieses Wissen in entsprechende Kundendatenbanken ein und generiert dort u. U. automatisch kundenindividuelle Marketingaktivitäten. Darauf wird im Kap. 11 ausführlich eingegangen.

(2) Investition (Selektion und Priorisierung von Kunden): Weil sich Geschäftsbeziehungen per definitionem nicht in einmaligen Transaktionen erschöpfen, sondern auf lange Sicht angelegt sind, wird ein kurzfristiges Kosten-Nutzen-Kalkül obsolet. Stattdessen ist eine auf mehrperiodige Ein- und Auszahlungsströme ausgerichtete Betrachtungsweise angemessen (vgl. Plinke 1989; Cornelsen 2000). Auf dem Spiel stehen dabei zahlreiche Ressourcen in Form einmaliger und laufender Geldausgaben (z. B. EDV-Systeme, Logistik-Systeme, Spezialmaschinen, Kontaktkosten, Preisnachlässe, Geschenke usw.), aber auch die mit dem Beziehungsmanagement verbundene Arbeitszeit und nicht zuletzt auch psychische Energie, z. B. in Form von Empathie, Commitment, Vertrauen und Kreativität. Ressourcenknappheit zwingt dabei gerade in der mit teuren Personalressourcen verbundenen Verkaufsarbeit dazu, bestimmten Beziehungspartnern Priorität vor anderen einzuräumen. *Selektion* und *Priorisierung* von Beziehungspartnern im Sinne eines investitionspolitischen Kalküls können deshalb als Sachziele des Beziehungsmarketing definiert werden.

91

Als analytische Hilfsmittel hierfür bieten sich z. B. A-B-C- bzw. Kundenportfolio-Analysen oder andere Formen von *Kundenbewertungssystemen* an, mit deren Hilfe der Ressourceneinsatz auf wirklich aussichtsreiche Geschäftsbeziehungen im Sinne von Geschäftsfeldern ausgerichtet werden kann (vgl. Kap. 4). Hier liegt der Ansatzpunkt für die Modelle des *Kundenwerts*, auf die weiter unten näher eingegangen wird. Priorisierung zieht andererseits wegen des Unabhängigkeitsstrebens aber auch die Notwendigkeit der Ausbalancierung der *Abhängigkeit* von bestimmten Beziehungspartnern nach sich. Je enger die Bindungen zwischen zwei Geschäftspartnern werden, umso höher werden die *spezifischen Investitionen* in Geschäftsbeziehungen und damit die Wechselkosten für die Geschäftspartner (vgl. Söllner 1993). Umgekehrt verleiht das Bewusstsein von gegenseitigen spezifischen Investitionen in die jeweilige Geschäftsbeziehung aber auch Sicherheit und Stabilität.

(3) Individualisierung: Eines der wichtigsten Prinzipien des Beziehungsmarketing liegt in der konsequenten Individualisierung aller Marketingbemühungen im Hinblick auf spezifische Bedürfnisse einzelner Kunden (*„Customizing"*). Dies betrifft sowohl die Informations- als auch die Aktionsseite des Marketing und bei letzterer alle Submix-Bereiche und keineswegs nur die Produktpolitik. Ein großer Spielraum eröffnet sich dabei auch im Verkauf, insb. bei Vor- und Nachkauf-Dienstleistungen, persönlicher Betreuung der Kunden und dessen kontinuierlicher Information nach Maßgabe der individuellen Interessen und Präferenzen. Die Verkaufsfunktion endet insofern auch bei langfristigen Kaufzyklen nicht mit dem Verkaufsabschluss, sondern wird kontinuierlich fortgesetzt (*„Nachkauf-Marketing"*; vgl. Jeschke 1995).

(4) Interaktion: Das Marketing war lange Zeit von einem aktionistischen Denken mit dem Ziel der Beeinflussung von Kunden gekennzeichnet. Die Charakteristika des Marketing wurden folgerichtig in dessen Instrumenten gesehen, mit denen der Kunde zu „bearbeiten" war. Im Beziehungsmarketing wird dieses „Beeinflussungsmanagement" (Diller/Kusterer 1988) von einer sehr viel stärker interaktionsbezogenen und prozessual orientierten Grundhaltung abgelöst. Zu den vordringlichen Sachzielen des Beziehungsmarketing gehört es, möglichst *direkte* und *intensive Kontakte* zum Beziehungspartner herzustellen und diesen zu veranlassen, in einen *Dialog* zu treten, welcher die Geschäftsbeziehungen vertieft und festigt (vgl. auch Diller 1995a). Dies geschieht u. a. mit Hilfe eines *Beschwerdemanagements*, bei dem der Kunde geradezu aufgefordert wird, Unzufriedenheit zu äußern (vgl. z. B. Stauss/Seidel 2002), und mit gezielt geplanten Kontaktketten, deren Glieder nach dem typischen Muster des *Database-Marketing* jeweils auf die individuellen Reaktionen des Kunden auf vorherige Kontaktversuche bzw. Interaktionen abgestimmt werden (vgl. Kap. 11).

(5) Integration: Mit der Einbringung des Kunden in Leistungsprozesse des Anbieters (*„Customer Integration"*) vollzieht sich der Übergang von der Interaktion zur Integration. In gewissem Umfang erfordert jede Gütertransaktion eine solche

Integration, muss der Kunde doch zumindest sein Einverständnis mit der Transaktion bekunden (Bestellung) und die Ware in Empfang nehmen. Grundprinzip des Beziehungsmarketing ist es jedoch, die Integration sehr viel weiter zu treiben und den Nachfrager in mehrfacher Hinsicht und an vielerlei Stellen an der Leistungserbringung mitwirken zu lassen (*Rückwärtsintegration* des Kunden) bzw. selbst in Prozesse des Kunden einzugreifen (*Vorwärtsintegration* des Lieferanten). Kleinaltenkamp (1996) sieht darin geradezu ein Synonym für das Beziehungsmarketing speziell im B-to-B-Geschäft, weil die Integration von Kunden auf sorgfältiger Kundenanalyse, Prozessevidenz und Individualisierung der Leistungsprogramme fundiert und zu einer gewissen Verschmelzung von Anbieter- und Abnehmerorganisation beiträgt (vgl. Kap. 8).

(6) Idee (Markierung) Ein sechstes Grundprinzip des Beziehungsmarketing ist schließlich das Bemühen um eine ganzheitliche Markierung aller diesbezüglichen Aktivitäten mit einer profilierenden *Idee*. Damit soll ein im Wettbewerb möglichst spezifischer Anspruch an den Auftritt beim Kunden und den dort geschaffenen Kundennutzen signalisiert und somit dem *Beziehungswettbewerb* mit anderen Firmen um die gleichen Kunden Rechnung getragen werden. Dem Verkäufer als „Galionsfigur" (s.o.) kommt hier mit seinem verbalen und non-verbalen persönlichen Auftritt beim Kunden eine herausragende Rolle zu.

Unter dem Blickwinkel der theoretischen Fundierung des Kundenmanagements schälen sich vor dem Hintergrund dieser sechs Leitlinien des Beziehungsmarketing folgende Gruppen von *Partialmodellen* des Beziehungsgeschehens als besonders relevant heraus:
➢ Modelle der Geschäftsbeziehung und der Beziehungsqualität (inkl. Kundenlebenszyklus).
➢ Modelle der Kundenbindung.
➢ Modelle des Kundenwerts.
➢ Modelle der Kundeninteraktion und -integration.

Sie werden nachfolgend jeweils grundlegend dargelegt und dann in späteren Abschnitten wieder aufgegriffen und ggf. fallweise vertieft.

2.4.2.2 Modelle der Geschäftsbeziehung und der Beziehungsqualität

2.4.2.2.1 Geschäftsbeziehungen

Kundenmanagement dient nach unserer Definition in Kap. 1 der Generierung und Pflege von Geschäftsbeziehungen, die sich durch mehrmalige Interaktionen zwischen einem Anbieter und einem Nachfrager entwickeln. Dies setzt ein profundes Verständnis dafür voraus, was Geschäftsbeziehungen ausmacht, wodurch sie gestärkt bzw. abgeschwächt werden und welcher Dynamik sie unterliegen.

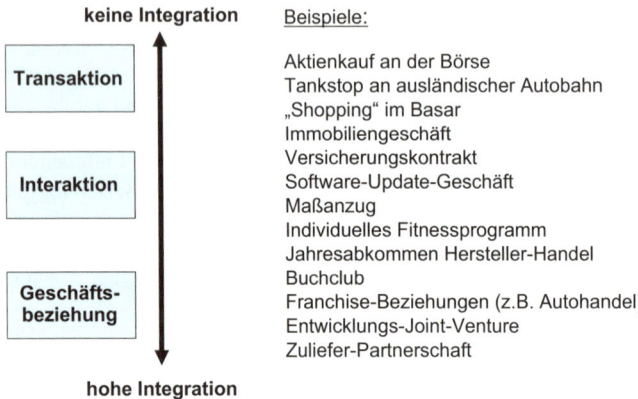

Abb. 2-9: Transaktionstypen unterschiedlicher Beziehungsintensität

Maßgebend dafür ist die Unterscheidung zwischen *Einzeltransaktionen* und *Geschäftsbeziehungen (GB)*. Letztere sind im Gegensatz zu ersteren von einer längerfristigen Perspektive gekennzeichnet, die über eine einzelne Transaktionsepisode, z. B. einen Kommunikationskontakt oder einen Kaufakt, hinausreicht und von dem grundsätzlichen Willen beider Partner geprägt ist, den einmal gefundenen Kontakt aufrechtzuerhalten und gegebenenfalls weiterzuentwickeln. Einzeltransaktionen und GB stellen dabei keine Dichotomie, sondern Endpunkte eines *Kontinuums* dar, auf dem Transaktionstypen unterschiedlicher *Beziehungsintensität* abgetragen werden können (vgl. Abb. 2-9). Der entscheidende Unterschied liegt dabei im Ausmaß der *gegenseitigen Integration* der Geschäftsprozesse, die mit spezifischer Kenntnis der Geschäftspartner und einem entsprechenden Vertrauensaufbau verknüpft ist.

Bei Transaktionen handelt es sich um isolierte Austauschvorgänge, bei denen zwei Austauschpartner einen Güteraustausch realisieren. Beide Seiten benötigen hierzu einerseits gewisse Fähigkeiten und Ressourcen und verfolgen damit andererseits gewisse Bedürfnisse oder Geschäftsziele. In dem von Steffenhagen (2004, S. 17 ff.) entwickelten *Austauschmodell* (vgl. Abb. 2-10) wird ersichtlich, dass es hierbei zu einem Abgleich zwischen den erwarteten Leistungen und Gegenleistungen der beiden Marktseiten kommt, um aus den erwarteten Kosten und Nutzen eines Kaufs bzw. Verkaufs die Transaktionsentscheidung treffen zu können. Dafür wiederum bedarf es *kommunikativer Beziehungen*, in denen Anbieter wie Nachfrager ihre Leistungsversprechen sichtbar und möglichst glaubwürdig zu machen versuchen.

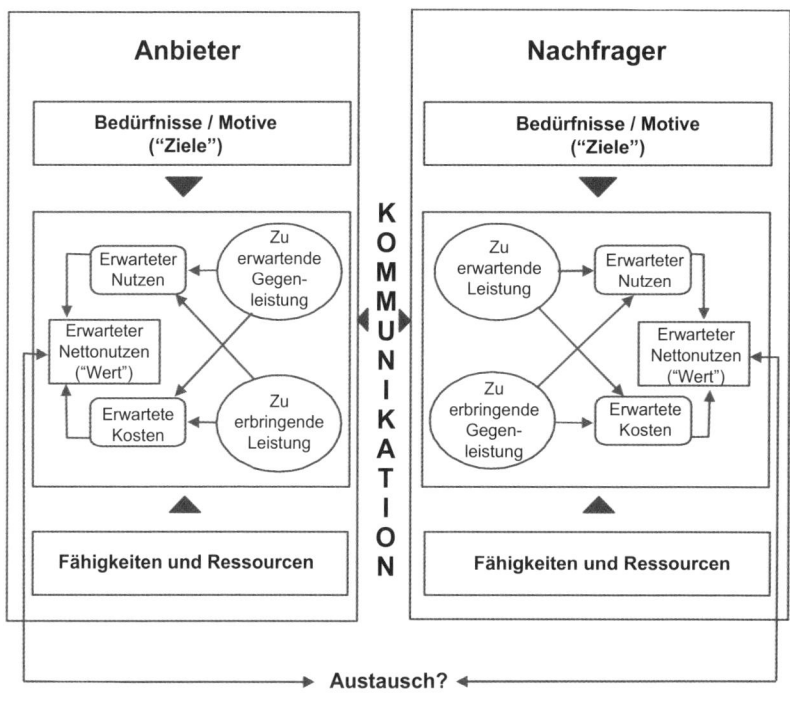

Abb. 2-10 : Austauschmodell des Marktes von Steffenhagen (2004, S. 25)

Vor allem in späteren Phasen der Geschäftsbeziehung werden diese kommunikativen Beziehungen nach Steffenhagen (2004, S. 31 ff.) von *Kooperations-, Wettbewerbs-, Macht-* und *Rollenbeziehungen* flankiert. Kooperationsbeziehungen entstehen durch ein aufeinander abgestimmtes Verhalten, von welchem beide Seiten profitieren können („*Win-Win-Situation*"). Bspw. kann der Abnehmer eines Autolacks seine Erfahrungen im Umgang mit diesem Produkt mit den neuesten technischen Erkenntnissen des Lieferanten kooperativ bündeln und daraus eine technologisch verbesserte Produktkonzeption herleiten. Trotz solcher Zielkomplementaritäten existieren in Geschäftsbeziehungen aber stets auch *Wettbewerbskonstellationen*, weil die Verteilung der gemeinsamen Wertschöpfung je nach Preisbildungsverfahren ausgehandelt bzw. anderweitig geregelt werden muss. Jede Seite versucht dabei grundsätzlich, ihren eigenen Nutzen zumindest langfristig zu maximieren (vgl. Kap. 1.2.1). *Machtbeziehungen* kennzeichnen die Fähigkeit einer Partei von Geschäftsbeziehungen, die andere in ihrem Sinne zu beeinflussen. Damit wird gleichzeitig die Unabhängigkeit der Marktparteien tangiert, die als eigenständiges unternehmerisches Ziel interpretiert werden kann. In *Rollenbeziehungen* schlagen sich schließlich gegenseitige Verhaltenserwartungen nieder, etwa bzgl. Bring- bzw. Hol-Schulden an Informationen oder die Abfolge der Aktivitäten in Geschäftsprozessen.

Eine ähnliche Modellierung von Geschäftsbeziehungen wie bei Steffenhagen findet sich im *Beziehungsebenenmodell* von Diller/Kusterer (1988, S. 214). Es fußt auf beziehungssoziologischen Konzepten, in denen das Zusammenwirken von Menschen analytisch auf mehreren Beziehungsebenen angesiedelt wird. Diller/ Kusterer unterschieden im Hinblick auf Geschäftsbeziehungen vier Austausche-benen:

(1) Auf der *sachlichen Beziehungsebene* geht es um den Austausch von Sach- und Nominalgütern, also um ein an die Bedürfnisse des Kunden möglichst angepasstes Preis-Leistungs-Verhältnis,

(2) auf der *Organisationsebene* um eine effiziente Abwicklung der Informations-, Güter- und Geldströme zwischen den Beziehungspartnern, womit den Um- und Durchsetzungsaspekten von geschäftlichen Transaktionen (Transparenz, Termin-treue, Zuverlässigkeit etc.) Rechnung getragen wird,

(3) auf der *Machtebene* um eine Austarierung der wechselseitigen Abhängigkeit und

(4) auf der *emotionalen Ebene* um eine emotional ansprechende Geschäftsatmo-sphäre. Damit werden auch die persönlichen Beziehungen (Sympathie, Aufge-schlossenheit, Vertrauen etc.) in das Gestaltungsfeld des Beziehungsmarketing integriert.

Insgesamt liefert das Beziehungsebenenmodell eine *Strukturierunghilfe* für die beziehungspolitischen Aktivitäten und die Konzeption von Messmodellen für die *Beziehungszufriedenheit* bzw. *-qualität* (s. u.).

2.4.2.2.2 Wechselkosten in Geschäftsbeziehungen

Die bisher vorgestellten Modelle von Geschäftsbeziehungen erklären nicht explizit, warum Geschäftspartner über eine Einzeltransaktion hinaus aneinander gebunden bleiben. Plinke (1997b, S. 23 ff.) unterscheidet diesbezüglich zunächst einseitige und wechselseitige sowie symmetrische und asymmetrische Bindungen, die sich ferner auf Sachen (z. B. Marken, Angebotssysteme, Technologien, Prob-lemstellungen), Personen oder Unternehmen beziehen können. Hinsichtlich der Begründung von Bindungen ist ferner die „De facto-Geschäftsbeziehung" von der „geplanten Geschäftsbeziehung" zu unterscheiden. Erstere entsteht auch dann, wenn eine erste Markttransaktion mit einem Lieferanten ohne die Absicht zu Folgetransaktionen durchgeführt wurde. Auch in diesem Falle liegen nämlich ex post-Erfahrungen im Umgang mit dem Geschäftspartner vor, welche das *Risiko* der Nutzen- und Kostenbestimmung für zukünftige Transaktionen senken. Weiterhin können die *Transaktionskosten* des Kunden durch Routinisierung von Beschaf-fungsprozessen sinken. Ferner steigt das *Vertrauen* zwischen den Geschäftspart-nern, wenn und insoweit die Leistungen zur gegenseitigen Zufriedenheit erbracht werden. De facto kommt es damit zu einer Lieferantenbindung. Selbst dann, wenn die Zufriedenheit nicht vollkommen ist, werden Wechselkosten in gewissem Ausmaß daran hindern, den Lieferanten zu wechseln. Auch in diesem Falle wären nämlich zunächst erneut höhere Risiken und Transaktionskosten für die Auswahl und das Kennen lernen des neuen Lieferanten in Kauf zu nehmen und ggf. auf zukünftige (kumulierte) Kosteneinsparungspotenziale mit dem bisherigen Lieferanten zu verzichten (vgl. Abb. 2-11).

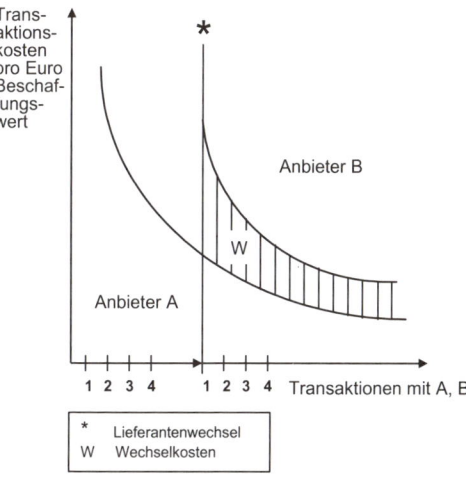

Abb. 2-11: Erfahrungsbedingte Wechselkosten

Die Existenz von Wechselkosten, die in De facto-Geschäftsbeziehungen quasi schleichend entstehen, stellt damit ein ökonomisches Kalkül zur Erklärung von Geschäftsbeziehungen dar. Solche Wechselkosten treten dabei bei kostentheoretischer Betrachtung in verschiedenen *Erscheinungsformen* auf (vgl. Plinke 1997b, S. 35 f.):

(1) Als *direkte Kosten* der Suche, Anbahnung und Vereinbarung neuer Geschäftsbeziehungen einschließlich eventueller neuer Investitionen in die Beziehung, etwa durch technische oder personelle Umstellungen. So erfordert der Wechsel des Stromlieferanten u. U. den Einbau neuer Zähler, die Umstellung des Zahlungsauftrages oder die Suche und Auseinandersetzung mit neuen Lieferanten.

(2) Als *sunk costs*, d. h. früher irreversibel disponierte Kosten oder Investitionen, welche der früheren Geschäftsbeziehung galten und deren Erfolg absichern sollten (z. B. Kundeneinladung). Es handelt sich damit um sog. *spezifische Investitionen*. Eine anderweitige Verwendung kommt für sie nach dem Abbruch der Geschäftsbeziehung nicht in Frage. Solange also die Geschäftsbeziehung aufrecht erhalten wird, haben diese Investitionen wertschöpfenden Charakter, ansonsten verlieren sie ihren Wert.

(3) *Opportunitätswechselkosten* entstehen durch entgangenen Nutzen einer anderen Verwendung bestimmter Ressourcen statt in der jeweiligen Geschäftsbeziehung. Es handelt sich also um entgangenen Nutzen aus der verlassenen Geschäftsbeziehung. Hohe Opportunitätskosten, etwa durch Wegfall komplementärer Elemente in Informations- oder Logistiksystemen, stabilisieren die Geschäftsbeziehung.

Die drei erwähnten Kostenkategorien sind nicht nur für de facto-, sondern auch für *geplante Geschäftsbeziehungen* relevant. Hier entscheiden die Partner jeweils im Vorhinein ganz bewusst, ob sie die jeweils spezifischen Investitionen in eine Geschäftsbeziehung auf sich nehmen wollen oder nicht. Sie unterliegen dabei einem beziehungspolitischen *Risiko*, weil ex ante noch nicht bekannt ist, ob sich diese Investitionen tatsächlich auch auszahlen (vgl. Freiling 2001b). Im Nachhinein treten freilich die gleichen wechselkostenbedingten Bindungen („*Lock-in-Effekte*") auf. Man erkennt hier besonders deutlich, dass Geschäftsbeziehungen als Investitionsfelder mit spezifischen Ein- und Auszahlungsreihen interpretiert werden können. Daraus ergibt sich rechnerisch ein *Kapitalwert* der Kundenbeziehung, der zur Bestimmung eines dynamischen Kundenwertes herangezogen werden kann (vgl. 2.4.2.5).

2.4.2.2.3 Beziehungsqualität, Vertrauen und Commitment

Sehr viel stärker verhaltenswissenschaftlich orientiert sind Modelle der *Beziehungsqualität*. Hierbei handelt es sich um ein noch relativ junges und deshalb recht unterschiedlich konzeptionalisiertes Konstrukt (vgl. den Überblick bei Georgi 2000 und Bruhn 2001, S. 66 ff.). Da ein wesentliches Ziel des Kundenmanagements darin besteht, die Beziehungsqualität zu verbessern, kommt ihr als Controlling-Größe ein besonders hoher Stellenwert zu (vgl. Kap. 10). Gleichzeitig trägt das Konstrukt dazu bei, die Entstehung der Kundenbindung tiefer zu ergründen, als dies allein auf Basis der Wechselkosten von Geschäftsbeziehungen möglich ist.

Die prinzipielle Outside-In-Perspektive des Kundenmanagements verlangt dabei für die Konzeptionalisierung der Beziehungsqualität eine *kundenorientierte Sichtweise*, wie sie auch bei der Erfassung von Produkt- und Dienstleistungsqualitäten gepflegt wird (vgl. Herrmann 1998, S. 208 ff.; Hennig-Thurau 2000). Hennig-Thurau (2001a, S. 172) definiert Beziehungsqualität in diesem Sinne als „Ausmaß, in dem eine Geschäftsbeziehung in der Lage ist, die Wünsche und Bedürfnisse des Kunden im Hinblick auf die Geschäftsbeziehung zu erfüllen". Das Konstrukt bezieht sich also nicht wie die Kundenzufriedenheit auf einzelne Kaufepisoden, sondern auf die dauerhafte Beziehung des Kunden zum jeweiligen Lieferanten.

Zur Operationalisierung der Beziehungsqualität kann man entweder auf verschiedene Determinanten (formative Indikatoren) und/oder auf bestimmte Folgewirkungen (reflexive Indikatoren) Bezug nehmen (vgl. Abb. 2-12). Eine theoretische Basis für eine formative Konzeptionalisierung bietet das oben dargestellte Beziehungsebenenmodell von Diller/Kusterer (1988) mit seinen vier Beziehungsebenen. Diese können als Teildimensionen der Beziehungsqualität interpretiert und weiter differenziert werden, indem man *Potenzial-*, *Prozess-* und *Ergebnisgrößen* der Interaktionen unterscheidet. Dies entspricht der Vorgehensweise bei der Konzeptionalisierung von Dienstleistungen im sog. PPE-Ansatz (vgl. Meyer, A. 2001). Daraus lassen sich konkrete Indikatoren der Beziehungsqualität ableiten, wie sie in Abb. 2-13 dargestellt sind. Damit werden nicht nur das Geschäftsergebnis (Absatz, Umsatz etc.), sondern auch der gesamte Interaktionsprozess einschließlich der dafür verantwortlichen Anbieterpotenziale in die Qualitätsbetrachtung von Geschäftsbeziehungen einbezogen.

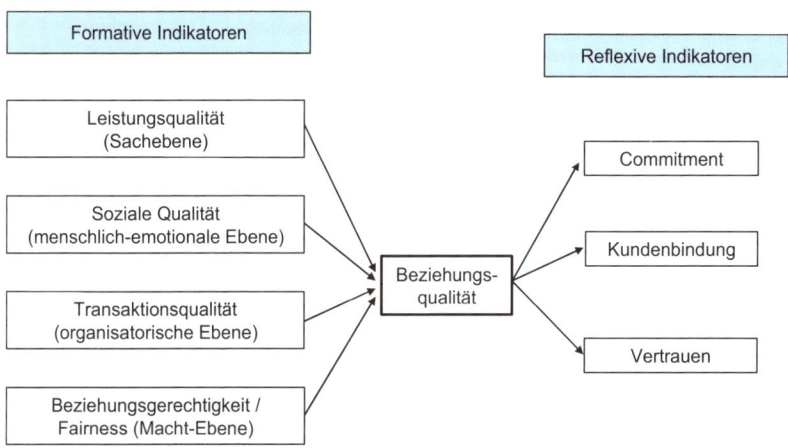

Abb. 2-12: Modellierung der Beziehungsqualität

Besondere Aufmerksamkeit bei der Modellierung von Beziehungsqualitäten fand das gegenseitige *Vertrauen* in Geschäftsbeziehungen. Es wurde in zahlreichen wissenschaftlichen Studien in unterschiedlicher Form konzeptionalisiert und überprüft (vgl. Morgan/Hunt 1994; O'Malley/Tynan 1997; Lorbeer 2003). Wie insbesondere Lorbeer betont, ist Vertrauen im Unterschied zu Einstellungen nur in risikobehafteten Situationen relevant. Das Vertrauen kann sich dabei auf den Anbieter als Ganzes oder auf Teilaspekte im Leistungsspektrum eines Geschäftspartners (z. B. Preis-, Service-, Qualitätsvertrauen etc.) richten. Bezugsobjekt des Vertrauens kann eine Person oder Personengruppe (z. B. der Verkäufer), eine Firma, eine Sache (z. B. eine Herstellertechnologie oder eine Marke) oder ein System (z. B. ein Franchise-Konzept) sein. Entscheidend für das Vorliegen von Vertrauen ist der Umstand, dass sich ein Geschäftspartner „freiwillig darauf verlässt, dass ein Bezugsobjekt die Fähigkeit und die Bereitschaft dazu aufweist, eine bestimmte Leistung zu erfüllen, um so ein gewünschtes Ergebnis zu erzielen" (Lorbeer 2003, S. 11). Vertrauen grenzt sich insofern deutlich von *Vertrautheit* ab,

welche den Grad der Bekanntheit mit einem Objekt oder Subjekt der Geschäftsbeziehung zum Ausdruck bringt (vgl. Georgi 2000).

	Potenziale	Prozesse	Ergebnisse
Aufgaben-orientierte Ebene	➢ Kompetenz ➢ Ausstattung ➢ Verkaufsunterstüt-zung ➢ Leistungsfähige Markt-forschung	➢ Preisverhandlungen ➢ Customizing ➢ Verkaufsförderung ➢ Produktentwicklung ➢ Prospektgestaltung ➢ Vor- und Nachkaufs-ervice ➢ Beschwerdeabwick-lung	➢ Bedürfnisgerechte Produkte ➢ Einhalten von Ver-einbarungen ➢ Gutes Preis-Leis-tungs-Verhältnis ➢ Brauchbare Marktdaten
Mensch-lich-emo-tionale Ebene	➢ Soziale Kompetenz ➢ Ähnlichkeit ➢ Vertrauenswürdig-keit ➢ Kenntnis von per-sönlichen Daten	➢ Anteil privater The-men im Gespräch ➢ Anpassung an Kun-denstil ➢ Intensität privater Kontakte	➢ Angenehme At-mosphäre ➢ Personen- statt firmenorientiertes Denken
Organisa-torische Ebene	➢ Prozessorganisation ➢ Spezielle Ansprech-partner ➢ Entscheidungskom-petenz	➢ Auftragsabwicklung ➢ Kontaktintervalle ➢ Zahlungsabwicklung	➢ Logistik-Effizienz ➢ Zeit ➢ Lieferumfang ➢ Lieferqualität
Macht-ebene	➢ Vertrauen ➢ Kompromissbereit-schaft ➢ Geteilte Erfahrungen ➢ Geschäftsvolumen ➢ Spezifische Res-sourcen, z. B. Infor-mationen	➢ Vertrauensbildung ➢ Machtgebrauch	➢ Furcht ➢ Vertrauen ➢ Unabhängigkeit

Abb. 2-13: Indikatoren der Beziehungsqualität (Quelle: in Anl. an Diller 1996b)

In der sehr differenzierten Einflussgrößenanalyse des Vertrauens in B-to-B-Ge-
schäftsbeziehungen von Lorbeer, wo Subjekt-, Objekt- und situationsbezogene
Determinanten unterschieden werden, hat sich gezeigt, dass konsistentes Verhalten
des Geschäftspartners (Wort und Tat stimmen überein) und wohlwollendes Ge-
schäftsgebaren (Bemühen um Zufriedenstellung des Kunden, Entgegenkommen
gegenüber Kundenanliegen) den mit Abstand stärksten Einfluss auf das Vertrauen
ausüben (vgl. Pfadkoeffizienten in Abb. 2-14). Dies zeigt, wie wichtig die Ausweitung der Perspektive der Beziehungsqualität über die reine Leistungs-
zufriedenheit hinaus ist, wie sie in herkömmlichen Kundenzufriedenheitsanalysen
abgebildet wird. Das Modell von Lorbeer macht im Übrigen auch die Folgewirkungen des Vertrauens deutlich. Es handelt sich zum einen um die persönliche

Identifikation mit der Geschäftsbeziehung (dem Gegenteil von Opportunismus) sowie der auch für die Messung der Kundenbindung oft herangezogenen Wiederkaufabsicht, Weiterempfehlungsabsicht und „Zusatzkaufabsicht".

In der Theorie des Beziehungsmarketing werden die *Folgewirkungen* der Beziehungsqualität unterschiedlich modelliert. Wichtigste Wirkungsgröße ist aber ohne Zweifel die *Kundenbindung*. Diese wird wiederum meist über die Wiederkauf-, die Weiterempfehlungs- und die Cross-Buying-Absicht gemessen (vgl. Homburg/Fassnacht 1998). Teilweise wird auch das Vertrauen bzw. das Commitment (vgl. z. B. Söllner 1993; Hennig-Thurau 2000).

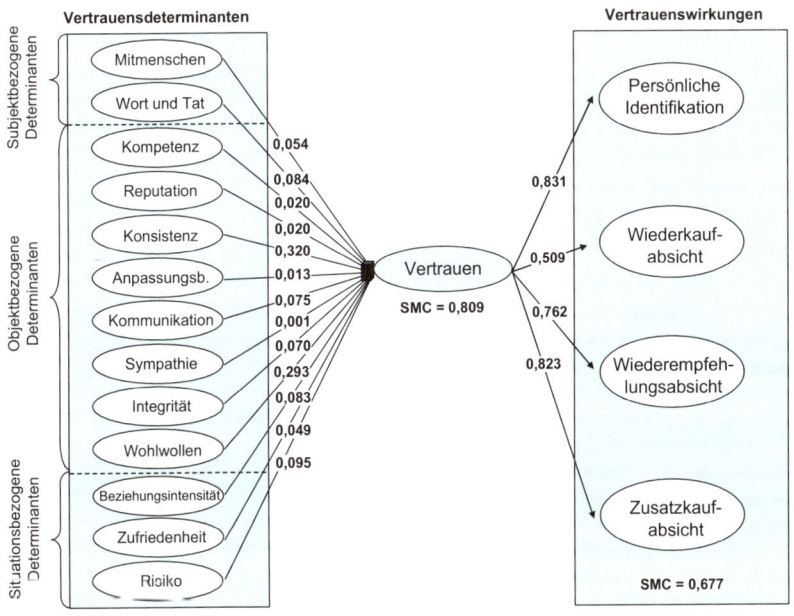

Abb. 2-14: Vertrauensmodell von Lorbeer (2003, S. 137)

Insgesamt erbringt das Konstrukt der Beziehungsqualität für das Kundenmanagement wichtige Ansatzpunkte und Einsichten in das Wirkungssystem. Darüber hinaus prägt es das notwendige Denken in Nutzendimensionen („*Customer Value*"). Kundennutzen stellt dabei nichts anderes als das Maß der Befriedigung bestimmter Bedürfnisse der Kunden dar. Nur diese sind auch für die Beziehungsqualität relevant und hinsichtlich der Kundenbindung wirksam. Maßgeblich für die Nutzenhöhe sind dabei zum einen die subjektive Bedürfnislage (Nützlichkeit) und zum anderen die Knappheit eines Gutes (Seltenheit), was auf die relative Situation im Wettbewerb Bezug nimmt.

Wichtig erscheint die auch *spieltheoretisch* belegte Erkenntnis, dass ein kompetitives Verhalten zwischen zwei Geschäftspartnern in Situationen mit Synergiepotenzialen langfristig den kooperativen Beziehungsleitbildern unterlegen ist. So hat ein von Axelrod (1984/1987) initiiertes Computer-Turnier unter 64 Spieltheoretikern zum sog. iterierten Gefangenendilemma eindeutig „freundliche" Spielstrategien, d. h. solche, die auf kooperative Interaktionen abstellten, als Sieger hervorgebracht. Dagegen unterlagen durchweg jene Regeln, die es in irgendeiner Form auf die „Ausbeutung" des Spielgegners anlegten. Sie erzielten z. T. zwar kurzfristige Erfolge, konnten aber über 200 Spielrunden hinweg im Vergleich zu den „freundlichen" Spielteilnehmern deutlich weniger Punkte erringen, weil ihr Verhalten keine Synergieeffekte hervorruft. Mit der Regel *„tit for tat"*, d. h. „wie du mir, so ich dir", bei der im ersten Zug für Kooperation optiert und nachfolgend genau jenes Verhalten imitiert wird, das der Partner im vorherigen Zug an den Tag gelegt hat, erwies sich eine freundliche Regel als besonders erfolgreich. Sie profitiert dabei erstens von ihrer leichten Verständlichkeit, die dazu führt, dass der „Gegner" häufiger als sonst mit ihr kooperiert. Zweitens ist „tit for tat" schwer auszubeuten, weil sie auf unkooperatives Verhalten sofort negativ reagiert. Ein dritter Erfolgsgrund liegt darin, dass die Kooperation sofort wieder aufgenommen wird, wenn sich auch der Gegner kooperativ verhält, also „Nachsicht" geübt wird und dadurch neues Vertrauen aufgebaut werden kann.

Die Regel „wie du mir, so ich dir" steht in enger Beziehung zum Konstrukt der *inneren Verpflichtung (Commitment)*. Gemeint ist dabei die innere Bereitschaft eines Geschäftspartners, zur Geschäftsbeziehung zu stehen, und zwar weitgehend unabhängig vom Zeithorizont und von der ökonomischen Bedeutung einer Geschäftsbeziehung (vgl. Diller/Kusterer 1988). Ursächlich dafür ist zumeist der Umstand, dass ein Geschäftspartner in der Vergangenheit häufiger Entgegenkommen gezeigt hat und insofern ein Obligo entstanden ist. Commitment-fördernd sind aber auch

➤ gemeinsame Erfolge gegenüber Dritten,
➤ Austausch vertraulicher Informationen und Offenheit in der Kommunikation,
➤ persönliche Sympathien und Gemeinsamkeiten.

Die innere Verpflichtung kann als Ansatzpunkt zur Stabilisierung von Geschäftsbeziehungen betrachtet werden. Sie fördert die Toleranz gegenüber und die Treue zum Geschäftspartner (vgl. hierzu auch Wind 1970), zumal mit hohem Commitment auch die Suche nach alternativen Geschäftsbeziehungen eingeschränkt wird. Wer umgekehrt in fest gebundene Beziehungen einbrechen will, sollte dies in einer Art versuchen, die das Commitment des Umworbenen zu seinem bisherigen Geschäftspartner nicht überfordert. Die Kosten des Partnerwechsels müssen für ihn möglichst niedrig gehalten und die Möglichkeit zur parallelen Geschäftstätigkeit zunächst offen gehalten werden.

2.4.2.3 Kundenlebenszyklus

Der Kundenlebenszyklus ist ein am Produktlebenszyklus angelehntes idealtypisches *Beschreibungsmodell* der Dynamik einer Geschäftsbeziehung über die Zeit, das der Unterstützung des Beziehungsmarketing dient (vgl. Dwyer/Schurr/Oh

1987; Preß 1996, S. 70 ff.; Werp 1998; Bruhn et al. 2000; Stauss 2004). Die Beziehungsdynamik kann an verschiedenen Beziehungsmerkmalen gemessen werden, wobei sich Umsatz und Absatz wegen der Überlagerung beziehungsexogener Faktoren (Konjunktur, Produkttechnik etc.) genau genommen weniger eignen als Maßstäbe der Beziehungsqualität und der Kundenbindung, z. B. die erfragte Beziehungszufriedenheit, die Kundendurchdringungsrate oder die Wiederkaufabsicht. Freilich liegen darüber in praxi häufig keine hinreichenden Zeitreihendaten vor.

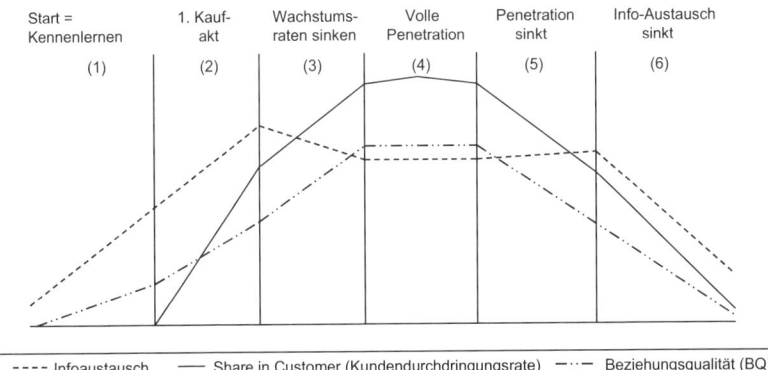

Abb. 2-15: Idealtypischer Verlauf des Kundenlebenszyklus

Der dem Produktlebenszyklus angelehnte *S-förmige Verlauf* (vgl. Abb. 2-15) lässt sich aus der Theorie der Geschäftsbeziehungen heraus begründen: Die anfängliche Unkenntnis des Anbieters seitens des Kunden lässt je nach Kaufrisiko zunächst eine mehr oder minder lange *Vor-Beziehungsphase* (ohne Geschäftsabschlüsse) und ein vorsichtiges Kaufverhalten in der darauf folgenden *Startphase* angebracht erscheinen. Letztere beginnt mit dem ersten Verkaufsakt. Bewährt sich der Anbieter und entsteht Kundenzufriedenheit, kann die Geschäftsbeziehung intensiviert werden. Dabei entstehen – wie oben dargelegt – im Laufe der Zeit Lock-in-Effekte, was die stetige Aufwärtsentwicklung der Geschäftsbeziehung bis in die *Penetrationsphase* fördert. Diese beginnt formal mit dem Rückgang der Zuwachsraten. Dort werden erste Sättigungseffekte wirksam, die sich aus dem beschränkten Bedarf des Kunden und dessen Neigung, sich nicht gänzlich von einem einzigen Anbieter abhängig zu machen, ergeben. In der *Reifephase* sind die Wachstumspotenziale ausgeschöpft, das Geschäft bewegt sich mehr oder minder lang auf einem bestimmten Niveau. Eine Erosion der Beziehung und damit die *Krisenphase* des Kundenlebenszyklus können schließlich z. B. durch das Aufkommen von Substitutionsanbietern mit überlegener Technik oder anderen Wettbewerbsvorteilen, durch Erschöpfung bestimmter kreativer Potenziale des Anbieters (z. B. in Beratungsmärkten) oder durch steigende Lust des Kunden nach Abwechslung (*„variety seeking"*) bedingt sein. Gelingt keine Revitalisierung der Beziehung, etwa durch neue personelle Zuständigkeiten oder Geschäftskonzepte, kommt es zur *Trennungsphase* und zum Ende der Geschäftsbeziehung.

Eine *empirische Überprüfung* des Kundenlebenszyklus-Modells ist mangels einschlägiger Daten schwierig und deshalb bisher meist nur am Umsatz- oder Absatzverlauf getestet worden. Nach einer Umfrage der Zeitschrift „absatzwirtschaft" (vgl. Hanser/Gieringer/Thomaszik 2003, S. 42) beträgt das Durchschnittsalter industrieller Kundenbeziehungen 12 Jahre, in Einzelfällen aber auch 3 bzw. 38 Jahre. In einer Studie von Diller/Lücking/Prechtel (1992) kamen z. B. 26% der 316 untersuchten Kundenbeziehungen eines Industriegüterherstellers dem idealtypischen Zyklusverlauf nahe und weitere 35% bestanden den formalen Test auf logistischen Funktionsverlauf. Nur 17% der Beziehungen wiesen völlig atypische Verläufe auf.

Der *Nutzen* des Kundenlebenszyklus-Modells liegt erstens in seiner *diagnostischen Kraft* bei der dynamischen Analyse der Beziehungsqualität, insb. bei Aggregation über wichtige Kunden(gruppen) hinweg. Eine entsprechende Lebenszyklusanalyse erbringt *Frühwarnsignale* für das Kundenportfolio bzw. *Kontrollgrößen* für die Erfolge des Kundenmanagements. Naturgemäß kann dabei nicht in allen Branchen mit dem idealtypischen Verlauf gerechnet werden. Dieser gilt am ehesten für risikobehaftete Produkte und Dienste im Zuliefer- und Teile- sowie im Systemgeschäft, weil dort die Erfahrung mit dem Anbieter für die Wiederkaufentscheidung besonders wichtig ist.

Ein zweiter Nutzeffekt ergibt sich aus dem heuristischen Potenzial für die *Ausgestaltung des Beziehungsmarketing*, das an die spezifischen Merkmale der einzelnen Beziehungsphasen gezielt angepasst werden kann. So kommt es in den frühen Phasen besonders auf die umfassende Information des Kunden und den Abbau bzw. die Vermeidung von Misstrauen an. In der Startphase sind überzeugende und auf den Kunden zugeschnittene Leistungen die entscheidenden Zufriedenheits- und damit Beziehungstreiber. Attraktive Angebote zur engeren Zusammenarbeit und Integration entfalten zusätzliche Bindungskräfte. In der Penetrationsphase kann Cross-Selling zusätzliche Potenziale erschließen. Langfristige Verträge mögen die Geschäftsbeziehungen auch rechtlich absichern. In der Reifephase gilt es, die Geschäftsbeziehungen vital und für beide Seiten interessant zu halten, z. B. durch gemeinsame strategische Aktivitäten, Weiterbildungsmaßnahmen o. Ä. In der Krisenphase schließlich kann die Notwendigkeit zum Wechsel des Kundenbetreuers oder zur Erarbeitung neuer Geschäftsmodelle mit dem Kunden notwendig sein.

Drittens schließlich drängt der Kundenlebenszyklus das Beziehungsmarketing insgesamt zu einer *langfristigen Perspektive*, in der Kundenbeziehungen als Investitionsfelder anzusehen und zu kontrollieren sind. Dies führt direkt hin zur *Kundenbindung* und zum *Kundenwert*, zwei theoretischen Konzepten, auf die in den nächsten beiden Abschnitten eingegangen wird.

2.4.2.4 Kundenbindung

Kundenbindung kann als das zentrale Ziel eines an den Prinzipien des Beziehungsmarketing orientierten Kundenmanagements angesehen werden. Dies gilt jedenfalls für jene Kunden, die es wert sind, als aussichtsreiche Investitionsfelder der Unternehmung zu gelten. Insofern besteht zwischen dem Konzept der Kundenbindung und jenem des Kundenwerts eine enge Beziehung. Grundlegend für ein profundes Verständnis der Kundenbindung sind folgende fünf Aspekte, die nachfolgend sukzessive behandelt werden:

➢ Konzeptionalisierung, Definition und Messung der Kundenbindung,
➢ Differenzierung der Kundenbindung nach qualitativen Aspekten,
➢ Erklärung der Kundenbindung,
➢ Beeinflussungsmöglichkeiten der Kundenbindung durch einen Anbieter,
➢ Ökonomische Wirkungen der Kundenbindung.

2.4.2.4.1 Konzeptionalisierung, Definition und Messung der Kundenbindung

Der Zugang zur Kundenbindung kann aus einer Anbieter-, einer Nachfrage- und/ oder einer Geschäftsbeziehungsperspektive heraus erfolgen (vgl. Diller 1996a). *Anbieterbezogen* wird Kundenbindung als Bündel von Aktivitäten angesehen, die geeignet erscheinen, Geschäftsbeziehungen zu Kunden enger zu gestalten. Im Ergebnis muss damit also doch auf Kunden oder die Geschäftsbeziehung Bezug genommen werden, weil die „Enge" einer Geschäftsbeziehung nur von dort her angemessen konzeptionalisiert werden kann.

Bei Bezugnahme auf den *Kunden* bietet sich eine Konzeptionalisierung als Einstellung und/oder als Verhaltensabsicht an. Einstellungen sind bewährte Konstrukte der verhaltenswissenschaftlichen Marketingtheorie und erlauben eine multidimensionale Konzeptionalisierung in geordneter Form. Üblicherweise unterscheidet man dabei kognitive (mit Wissen und gedanklichen Prozessen verbundene), affektive (mit Werthaltungen und Emotionen verbundene) und intentionale (mit Handlungsabsichten verbundene) Aspekte. Alle diese Kategorien spielen auch in Kundenbeziehungen eine Rolle. Dies wurde bereits bei der Behandlung der Beziehungsqualität deutlich. Der Vorteil einer solchen Begriffsfassung liegt also in der Weite der Begriffsextension, die auch emotionale Aspekte mit einschließt. Kundenbindung und Beziehungsqualität werden damit praktisch synonyme Begriffe.

Da die Messung der Beziehungsqualitäten aufwändig ist, rekurriert man bei der kundenbezogenen Definition der Kundenbindung häufig nur auf die intentionale Komponente von Einstellungen, d. h. auf *Verhaltensabsichten*, und definiert Kundenbindung als Bereitschaft von Kunden zu Folgekäufen bei einem bestimmten Anbieter. Häufig nimmt man zusätzlich auch auf die *Weiterempfehlungsabsicht* sowie die *Cross-Buying-Absicht* Bezug (vgl. Homburg/Fassnacht 1998). Allerdings sind diese Indikatoren eher willkürlich ausgewählt und deshalb im Einzelfall kritisch zu überprüfen. Beispielsweise kann es in engen Zulieferbeziehungen weniger um das Cross-Buying des Kunden als um seine Kooperationsbereitschaft oder seine Toleranz gegenüber gewissen Fehlleistungen des Zulieferers gehen.

Bei Bezugnahme auf den *Geschäftsverlauf* knüpft man die Kundenbindung am tatsächlichen (beobachtbaren) Kontakt- und Kaufverhalten der Kunden an, etwa an der Anzahl der *Kontakte*, der *Kaufhäufigkeit* oder der *Kundenpenetration*, d. h. jenem Anteil am Gesamtbedarf eines Kunden, den dieser beim jeweiligen Anbieter deckt. Eine solche Begriffskonzeption schafft deutlich weniger Operationalisierungs- und Erhebungsprobleme. Allerdings fallen dabei die emotionalen Aspekte unter den Tisch. Deshalb fehlt es dieser Definition an Erklärungstiefe, andererseits handelt es sich um klare, quantitative Aspekte, die auch im Controlling des Kundenmanagements einfach einsetzbar sind.

> Kundenbindung liegt nach dieser Sichtweise dann vor, wenn innerhalb eines zweckmäßig definierten Zeitraums wiederholte Informations-, Güter- oder Finanztransaktionen zwischen zwei Geschäftspartnern stattgefunden haben (ex post-Betrachtung) bzw. geplant sind (ex ante-Betrachtung). Abb. 2-16 gibt einen abschließenden Überblick über die Operationalisierungsansätze der Kundenbindung.

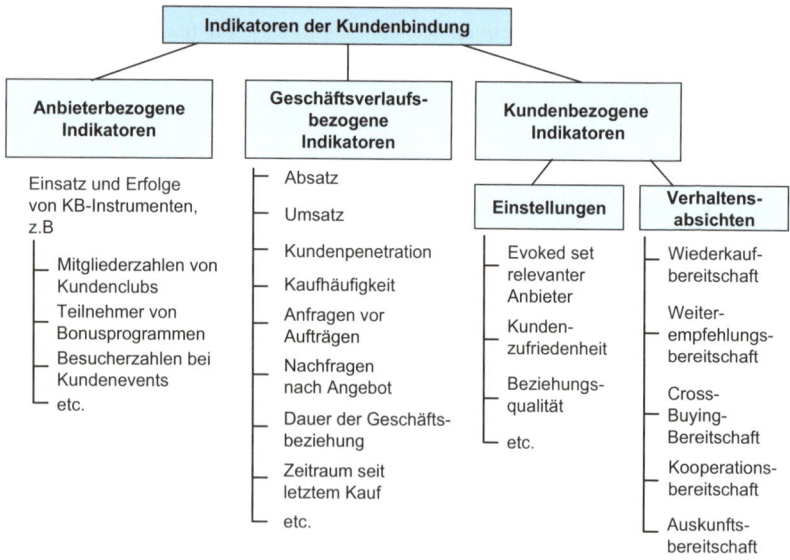

Abb. 2-16: Ansätze der Operationalisierung von Kundenbindungen

2.4.2.4.2 Differenzierung der Kundenbindung nach qualitativen Aspekten

Eine feinere Konzeptionalisierung der Kundenbindung ergibt sich dann, wenn man verschiedene *Bindungsobjekte* spezifiziert. Plinke (1989, S. 307 ff.) unterscheidet diesbezüglich einen Sach-, Personen- und Unternehmensbezug. Kundenbindung kann sich demnach unter anderem auf die von einer Unternehmung angebotenen Technologien, auf deren Marken, Personal oder auf die Organisation als Institution erstrecken. Selbst die Markentreue wäre hier also eine Variante der Kundenbindung, was einer vertretbaren, aber sehr weiten Fassung von Geschäftsbeziehungen entspricht, der wir in diesem Buch nicht folgen. Wie oben dargelegt, geht es bei Geschäftsbeziehungen vielmehr um interaktive Beziehungen zu Personen oder Institutionen, nicht zu Sachen.

Entscheidender für das richtige Erkennen der Kundenbindung ist allerdings deren *qualitative Färbung*, die sich aus den Hintergründen und Motiven der Kundenbindung ableiten lässt. Diller (1996a) wählt hierfür verschiedene Antezedenzvariablen, die jeweils mit der Kundenbindung, verstanden als Wiederkaufabsicht, kombiniert werden, was zu bestimmten *Typen der Kundenbindung* führt.

Mit dem *Involvement* als „Aktivierungsgrad bzw. Motivstärke zur objektgerichteten Informationssuche, -aufnahme, -verarbeitung und -speicherung" (Trommsdorff 2004, S. 48) kann man das Interesse von Kunden an der Beziehung mit einem Anbieter charakterisieren. Bei hohem Involvement handelt es sich um eine kognitiv und u. U. auch emotional intensive Hinwendung („heiße Kundenbindung", etwa bei PKW), während Bindungen ohne Involvement u. U. nur zufällig und aus kurzfristigen Zweckmäßigkeitsüberlegungen heraus eingegangen werden („kalte Kundenbindung", etwa bei der Tankstellenwahl).

Commitment als verhaltenswissenschaftliches Konstrukt kennzeichnet in unserem Zusammenhang eine innere Verpflichtung, dem Anbieter treu zu bleiben und „... stabile Geschäftsbeziehungen zu entwickeln, die Bereitschaft zu kurzfristigen Opfern zugunsten der langfristigen Aufrechterhaltung der Geschäftsbeziehungen und Vertrauen in die Stabilität der Beziehung" (Anderson/Weitz 1992, S. 19). Kundenbindung mit Commitment steht damit offenkundig im Gegensatz zu einer unfreiwilligen Kundenbindung, die man als „*Fesselung*" bezeichnen könnte. Eine solche Fesselung ist entweder situativ bedingt oder vom Anbieter initiiert bzw. auf Basis bestimmter Alleinstellungsmerkmale sogar erzwungen. Typische Beispiele sind Monopolsituationen oder langfristige Verträge, die sich aus Sicht des Kunden nicht bewährt haben. Eine *freiwillige Bindung* ist denkbar, wenn der damit verbundene Autonomieverlust beim Kunden als unerheblich empfunden wird. Hier spielen insbesondere die oben bereits behandelten Wechselkosten eine wichtige Rolle. Loyalität im Sinne der Commitment-Theorie dürfte damit allerdings nicht verbunden sein. Es handelt sich vielmehr eher um eine „*Zweckbindung*", weil der Kundenbindung ein bewusstes Abwägen von Vor- und Nachteilen zugrunde liegt und Entscheidungsfreiheit besteht. Möglicherweise sind aber für den Kunden

damit auch sunk costs verbunden, die sein künftiges Commitment aus rein ökonomischen Überlegungen heraus begründen (s. o.).

Commit-ment Kunden-bindung	niedrig	"erkauft"	hoch
hoch	Unfrei-willige Kunden-bindung („Fesse-lung")	erkaufte Bindung („Zweck-bin-dung")	Frei-willige Kunden-bindung („Loyali-tät")
niedrig	keine Kunden-bindung	keine Kunden-bindung	geteilte Loyalität

Involvement Kundenbindung		niedrig	hoch
hoch		"kalte" Kunden-bindung (Gleich-gültig-keit)	"heiße" Kunden-bindung (Begeis-terung)
niedrig		keine Kunden-bindung	keine Kunden-bindung

Abb. 2-17: Qualitative Färbungen der Kundenbindung (Diller 1996a)

Abb. 2-17 macht die getroffenen Typologisierungen der Kundenbindungen nochmals deutlich. Involvement und Commitment stellen dabei lediglich zwei von
vielen möglichen qualitativen Hintergrundfaktoren der Kundenbindung dar, was
erneut zeigt, dass das Denken in Beziehungsqualitäten für die tiefgründige Erfassung der Kundenbindung besonders wichtig ist. Allerdings hängen die Dimensionen der Beziehungsqualität vom jeweiligen Geschäftstyp und anderen individuellen Umständen der Kundenbeziehungen ab. Die Bedeutung dieser
Differenzierungen ergibt sich insb. daraus, dass viele erwünschte Effekte der
Kundenbindung nur dann auftreten, wenn gewisse qualitative Färbungen vorliegen.
Bspw. ist eine Weiterempfehlung nicht zu erwarten, wenn sich ein Kunde „ge-
fesselt" sieht und nur deshalb dem jetzigen Anbieter treu bleibt. Bliemel/Eggert
(1998) haben dafür die Unterscheidung zwischen *Ge-* und *Verbundenheit* der
Kunden eingeführt, wobei sie insbesondere auf die Kundenzufriedenheit als Ur-
sache für Verbundenheit Bezug nehmen.

2.4.2.4.3 Erklärung der Kundenbindung

Während das Involvement und das Commitment die *Art* der Kundenbindung
charakterisieren, geht es bei der Erklärung um die *Intensität* der Kundenbindung.
Neben dem oben bereits dargelegten Konzept der *Wechselkosten* kann hierfür
insbesondere die *Kundenzufriedenheit* herangezogen werden. Dies gilt insbesondere dann, wenn bei der Messung der Kundenzufriedenheit auf die *relative* Leistung des jeweiligen Anbieters im Wettbewerb Bezug genommen wird. Hohe
Kundenzufriedenheit gibt keinen Anlass zum Wechsel des Anbieters. Ganz besonders gilt dies bei Vorliegen von *„Begeisterung"* des Kunden im Sinne der
höchsten Zufriedenheitsstufe. Nicht immer sind also die Zusammenhänge zwi-

schen Kundenzufriedenheit und Kundenbindung linear, sondern parabolisch, exponentiell oder auch s-förmig. Darüber hinaus wird der Einfluss der Kundenzufriedenheit durch zahlreiche kunden-, anbieter- und wettbewerbsspezifische Merkmale moderiert. So schwächt diesen Zusammenhang hohes Preisinteresse des Kunden ab und fördern ihn hohe Kaufunsicherheit bzw. hohe Wechselkosten.

Abb. 2-18 zeigt ein Modellierungsbeispiel für einen bestimmten PKW-Hersteller (vgl. Peter 1996), bei dem die psychischen Wechselbarrieren (insb. die Markenbindung und die Beziehungsqualität zum Händler) den größten Einfluss auf die Kundenbindung ausüben, gefolgt von der Zufriedenheit des Kunden mit der bisherigen Marke und dem Wunsch nach Abwechslung. Die Attraktivität der Konkurrenzangebote (inkl. Preis-Leistungs-Verhältnis) spielt hier wegen der starken Markenorientierung der Käufer nur eine nachgeordnete Rolle. In anderen Märkten können diese Einflusspfade ganz anders ausgeprägt sein. Bspw. ergab das gleiche Modell für einen Pharmahändler keinen signifikanten Einfluss der psychischen, dafür einen hoch signifikanten für die ökonomischen Wechselbarrieren (Konditionen, Rabatte, Kosten des Lieferantenwechsels) und nur schwache Wirkungen des Variety Seeking (ebd., S. 232).

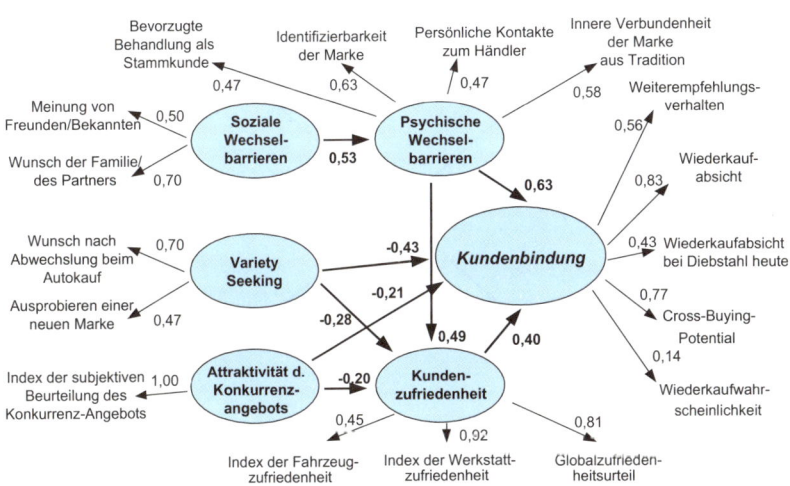

Abb. 2-18: Kausalmodell der Kundenbindung im PKW-Markt
(Quelle: Peter 1996, S. 221)

Eine weitere Erklärung für die Intensität der Kundenbindung kann über die *Motivtheorie* gesucht werden. Diller (2000b) unterscheidet diesbezüglich z. B. drei Motivambivalenzen (vgl. Abb. 2-19), welche – je nach individueller Motivkonstellation – eher für oder gegen eine Kundenbindung sprechen. Im gewerblichen Bereich am bedeutsamsten ist dabei ohne Zweifel das Motiv des *Eigennutz*, das sich eng mit dem des preisgünstigen bzw. preiswürdigen Einkaufs verbindet (vgl. Diller 2000a, S. 113 ff.). Es dominiert dort in aller Regel das *Loyalitätsstreben*, das hier als konkurrierendes Motiv postuliert wird, das z. B. bei der Einkaufsstättenwahl älterer Konsumenten dominant wird, für die der Einkauf ein wichtiges soziales Erlebnis darstellt.

Die zweite Motivambivalenz besteht zwischen *Abwechslung* und *Kontinuität*, wobei im gewerblichen Bereich v.a. bei B- und C-Artikeln eher das Kontinuitätsstreben dominieren wird, weil Kontinuität Routineentscheidungen erlaubt, die schnell und arbeitssparend getroffen werden können. Wie im Modell von Peter gezeigt, gewinnt im Privatbereich dagegen in manchen Produktbereichen auch das Variety seeking die Oberhand.

Im dritten Spannungsfeld zwischen *Autonomie* und *sozialer Integration* wird in gewerblichen Geschäftsbeziehungen in aller Regel das Autonomiestreben die Oberhand behalten, weil Unabhängigkeit für viele Unternehmen zu den existentiellen Unternehmenszielen zählt. Andererseits existieren oft auch Synergiepotenziale, die nur durch enge Kooperation erschlossen werden können und als Kundenbindungstreiber fungieren können.

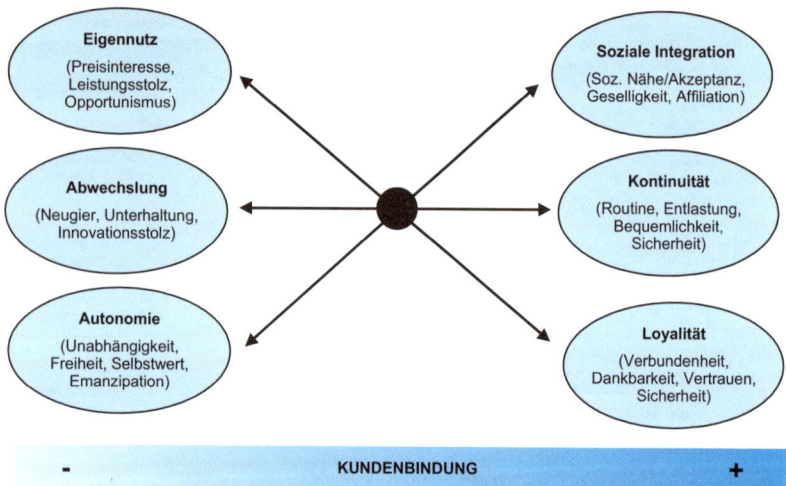

Abb. 2-19: Motivambivalenzen als Determinanten der Kundenbindung (Diller 2000b)

2.4.2.4.4 Bindungsinstrumente

Die Erklärungsversuche für Kundenbindung machen bereits einige der Möglichkeiten deutlich, die Unternehmen offen stehen, um Kundenbindung zu verstärken bzw. in bestimmter Weise qualitativ zu färben. Z. B. verweist das voran stehend skizzierte Modell der Kundenbindungsmotive auf einige Ansatzpunkte zur Verstärkung bzw. zur Erzeugung der Kundenbindung:

➢ Es gilt bei allen Offerten eines Anbieters den *Kundennutzen* im umfassenden Sinne (Produkt-, Transaktions- und Beziehungsnutzen) deutlich zu machen, um dem Opportunitätsstreben des Kunden Rechnung zu tragen.

➢ Gleichzeitig müssen die *Vorteile einer dauerhaften Geschäftsbeziehung* greifbar gemacht werden, z. B. durch Bonusprogramme, Geschenke oder Entgegenkommen in Geschäftsverhandlungen.

➢ Das Transaktionsgeschehen sollte möglichst *effizient* gestaltet werden, um dem Kontinuitätsbedürfnis Rechnung zu tragen.

➢ Gleichzeitig muss man versuchen, einem eventuell vorhandenen Bedürfnis nach Abwechslung durch entsprechende *Variationen im Angebotsprogramm* entgegen zu kommen.

➢ Dem Autonomiestreben der Kunden kann durch *Mitspracherechte*, etwa bei der Produktentwicklung oder der Verpackungsgestaltung, sowie durch Sichtbarmachen der Vorteile einer engen Kooperation und Integration Rechnung getragen werden.

Plinke (1997b, S. 52) unterscheidet die in Tabelle 2-2 dargestellten Instrumente zur Kundenbindung, ohne dabei freilich erschöpfend sein zu können, weil die zugrunde liegenden Merkmale institutioneller, vertraglicher, technologischer bzw. menschlicher Bindungen so allgemein gehalten sind, dass der entsprechende Aktivitätsspielraum nahezu unbegrenzt ist.

Bindungsinstrument	Beispiele
Institutionelle Beziehungen	➢ Kapitalbeteiligung ➢ Mandate in Aufsichtsgremien
Vertragliche Bindungen	➢ Just-in-Time-Systeme ➢ Exklusivverträge ➢ Rahmenverträge ➢ Wertschöpfungs-Partnerschaften ➢ Gemeinsame F&E-Projekte ➢ Lizenzen ➢ Rabattsysteme
Technologische Bindungen	➢ C-Technologien ➢ Just-in-Time-Systeme ➢ Computerized Buying ➢ Systembindungen
Menschliche Bindungen	➢ Persönliche Beziehungen ➢ Gewohnheiten ➢ Schulung von Kundenpersonal

Tab. 2-2: Einteilung der Kundenbindungsinstrumente nach Plinke (1997b, S. 52)

Letztlich entscheidend für das Ausmaß und die Art der Kundenbindung ist die Realisation der oben dargestellten sechs *Prinzipien des Beziehungsmarketing* (6 I's). Individualisierung, Interaktion und Integration basieren dabei auf entsprechend individuellen Informationen über einzelne Kunden und der Gewissheit einer ertragreichen Geschäftsbeziehung zu ihnen.

2.4.2.4.5 Wirkungen der Kundenbindung

Aus der Perspektive des Marketingmanagements lässt sich Kundenbindung als ein im vorökonomischen Bereich angesiedeltes Marketingziel charakterisieren. Sie stellt damit keinen Selbstzweck, sondern ein Mittel zur Erreichung ökonomischer Ziele dar. Entscheidend für die ökonomische Zweckrationalität sind dabei die von der Kundenbindung ausgelösten Wirkungseffekte. Wie in Abb. 2-20 im Überblick dargestellt, lassen sich dabei drei Zielsektoren, nämlich Sicherheit, Wachstum und Gewinn bzw. Rentabilität, unterscheiden (vgl. Diller 1996a). Hier existieren sowohl positive (komplementäre) als auch negative (konfliktäre) Zielbeziehungen, die nachfolgend näher erörtert werden sollen.

	mehr Sicherheit	mehr Wachstum	mehr Gewinn / Rentabilität
Plus	➤ Mehr Stabilität der GB • Habitualisierung • Immunisierung • Toleranz ➤ Mehr Feedback • Beschwerdebereitschaft • Auskunftsbereitschaft • Bereitschaft zur Mitarbeit ➤ Mehr Aktionsspielraum ➤ Mehr Vertraue	➤ Bessere Kundenpenetration • Beschaffungs-konzentration • Kaufhäufigkeit • Kaufintensität • Cross Buying ➤ Mehr Kundenempfehlungen • Adressenvermittlung • Referenzbereitschaft • Mund-zu-Mund-Werbung • Kundenvermittlung	➤ Kosteneinsparungen • Bessere Amortisation von Akquisitionskosten • Opportunitätskosten der Kundengewinnung • Geringere Kunden-bearbeitungskosten • Effizientere Orderverfahren • Geringere Streuverluste ➤ Erlössteigerungen • Geringe Preiselastizität • Cross-Selling-Erlöse
Minus	➤ Commitment • Inflexibilität ➤ Trägheit ➤ Reaktanzgefahr	➤ Einseitige Kundenstruktur ➤ Negative Mund-Zu-Mund-Werbung	➤ Bindungskosten • Zurechenbare Kosten • Zurechenbare Erlösminderungen

Abb. 2-20: Wirkeffekte der Kundenbindung (Quelle: Diller 1996a)

2.4.2.4.5.1 Sicherheitsziele

Das Streben nach Existenzsicherung kann als prinzipiell dauerhaft angelegte und übergeordnete Zielsetzung der Unternehmensführung angesehen werden (vgl. Becker 1998, S. 18 f.). Unstrittig zählt dazu auch der *Kundenstamm*, d. h. die Zugänglichkeit einer bestimmten Anzahl von Kunden, die regelmäßig bei einem Anbieter kauft. Diese Umsätze müssen nicht mehr jedes Mal neu erkämpft werden und stellen insofern ein erhebliches Sicherungspotenzial der Unterneh-

mung dar. Die Regelmäßigkeit des Kaufs kann dabei durch einen Habitualisie-
rungs-, einen Immunisierungs- und einen Toleranzeffekt bedingt sein. *Habitua-
lisierung* tritt auf, wenn Kunden ihr Einkaufsverhalten routinisieren und die
Lieferantenauswahl deshalb nicht mehr (ausführlich) überdenken. Eine weitere
Stabilisierung erhält die Geschäftsbeziehung dadurch, dass Stammkunden weniger Gelegenheit zu Kontakten und Geschäften mit Wettbewerbern geboten
wird und insofern eine *Immunisierung* gegen Angriffsversuche von Out-Suppliern entsteht. Die größere *Toleranz* gegenüber Fehlern eines Anbieters, die
wegen hoher Wechselkosten oder hohen Vertrauens die langfristige Perspektive
mehr betont als die kurzfristige, erzeugt ebenfalls erhebliche Sicherungspoten-
ziale.

Hohe Kundenbindung erzeugt darüber hinaus beim Kunden in aller Regel größere
Beschwerdebereitschaft, so dass mögliche Defekte in den Geschäftsbeziehungen
schneller erkannt und beseitigt werden können. Ab einem gewissen Grad an
Vertrauen wird der Kunde eventuell sogar nicht nur passiver Informationsüber-
bringer, sondern aktiver *Mitdenker* und kreativer *Partner* für den Anbieter und
erzeugt auf diese Weise wichtiges Marktwissen, welches die Sicherheit des Anbieters bei der Marktbearbeitung steigert. Gleichzeitig erhöht sich der *Aktions-
spielraum* des Anbieters beim jeweiligen Kunden, weil dessen individuelle Ge-
schäftsumstände besser bekannt werden.

Zielkonflikte zwischen Kundenbindung und Sicherheit können auftreten, weil das
Vertrauensverhältnis guter Geschäftsbeziehungen in der Regel auch ein stärkeres
Commitment des Anbieters erfordert, der dadurch u. U. *Flexibilitätseinbußen* hin-
nehmen muss. Bspw. ist es häufig schwierig, neue Kundenbeziehungen zu Wettbewerbern bisheriger Kunden aufzubauen, wenn diese sich dadurch in ihrem
Geschäftserfolg beeinträchtigt fühlen. Auch die Aufnahme von Geschäften zu
Kunden der Kunden erweist sich aus dieser Sicht oft als problematisch. Ein
weiterer negativer Effekt kann u. U. darin gesehen werden, dass der Anbieter
zusammen mit seinen Stammkunden „altert" und zu träge wird, um neue Kundenpotenziale zu erschließen. Nicht auszuschließen sind auch *Reaktanzeffekte* beim
Kunden selbst, wenn dieser erkennt, dass die Kundenbindungspolitik darauf zielt,
ihn nicht nur zufrieden zu stellen, sondern auch abhängig zu machen.

2.4.2.4.5.2 Unternehmenswachstum

Für viele Unternehmen ist Wachstum – gemessen am Absatz oder Umsatz –
notwendige Voraussetzung zum Überleben und zur Bewältigung veränderter Umweltbedingungen. In Perioden expandierender Märkte kann dieses Wachstum
relativ leicht aus dem Absatzzuwachs durch neue Kunden oder durch Verbrauchs-
intensivierung der Kunden geschöpft werden. In stagnierenden Märkten entfällt
dieses Potenzial, so dass viele Unternehmen der Pflege der Stammkunden größere
Bedeutung im Vergleich zur Neukundenakquisition beimessen. Die Wachstum-
squellen liegen dann zum einen in einer stärkeren *Kundenpenetration*, d. h. Aus-

schöpfung des kundenspezifischen Absatz- bzw. Umsatzpotenzials durch den jeweiligen Anbieter. Ein weiterer, oft unterschätzter Wachstumseffekt der Kundenbindung erwächst aus *Kundenreferenzen*. Dem Anbieter verbundene Kunden besitzen als Referenzgeber hohe Glaubwürdigkeit und damit eine Meinungsführerfunktion für potenzielle andere Kunden. Dies gilt umso mehr, wenn es sich beim jeweiligen Produkt um Erfahrungs- oder Vertrauensgüter handelt, also eine Ex-ante-Beurteilung der Qualität eines Anbieters schwierig ist.

Als negativer Kundenbindungseffekt muss u. U. in Kauf genommen werden, dass durch derartige Empfehlungen eine etwas *einseitige Kundenstruktur* entsteht, weil die vorhandenen Kunden Ähnlichkeiten zu den Empfehlungsnehmern besitzen, so dass völlig neue Kundenpotenziale nicht erschlossen werden. Außerdem kann *negative* Mund-zu-Mund-Werbung Imageschäden produzieren, zumal gerade langjährige Kunden bei Enttäuschungen mit dem Anbieter diesen Ärger gerne im Bekanntenkreis „abladen".

2.4.2.4.5.3 Gewinnsteigerung

Neben stabilitäts- und wachstumssteigernden Wirkungen kann die Kundenbindung schließlich auch direkte *Gewinn- bzw. Rentabilitätssteigerungen* zur Folge haben, indem sie dazu beiträgt, komparative Kosten der Kundenbearbeitung zu senken und/oder kundenspezifische Erlöse zu steigern. Andererseits gilt es, die spezifischen Kosten, die für spezielle Maßnahmen der Kundenbindung entstehen, dagegen aufzurechnen.

Komparative Kostenersparnisse sind zunächst dadurch möglich, dass spezielle *Kosten der Kundenakquisition* vermieden werden, wenn an die Stelle der ständigen Neukundenumsätze solche mit bereits vorhandenen Kunden treten, die nicht mehr neu akquiriert werden müssen. In diesem Falle entstehen *Opportunitätsgewinne*, deren Höhe leicht unterschätzt werden kann, weil die Kosten der Kundenakquisition selten detailliert ausgewiesen werden. Es handelt sich hier insbesondere um Außendienst- und Werbekosten, also den üblicherweise beiden größten Kostenblöcken innerhalb der Marketing- und Vertriebskosten.
Gebundene Kunden erlauben es auch, die eigenen Aktivitäten zur Aufrechterhaltung des Geschäftsbetriebes ggf. zu reduzieren, weil der Kunde selbst aktiv wird, wenn er Bedarf verspürt. Insofern sind auch *laufende Kosten* der Kundenbearbeitung einsparbar, wenn die Kundenbindung ein gewisses Ausmaß erreicht. Ähnliche Wirkungen gehen von *effizienteren Orderverfahren* aus, die bei gebundenen Kunden möglich sind. Ein Beispiel dafür ist die elektronische Anbindung von Kunden, etwa im Bankgeschäft oder via EDI im B-to-B-Geschäft. Ein größerer Anteil von Stammkunden kann darüber hinaus auch zur Einsparung von *Werbekosten* beitragen, weil gebundene Kunden in aller Regel im Wege der Direktwerbung ansprechbar sind, bei der weit *weniger Streuverluste* auftreten als bei ungebundener Kundschaft. Naturgemäß hängen alle diese Einsparpotenziale sehr stark von

der Art der Kundenbindung, der in der jeweiligen Branche üblichen Art der Kontaktaufnahme und anderen situativen Faktoren ab.

Unmittelbar gewinnwirksam wird die Kundenbindung auch dann, wenn die *Preiselastizität* der Stammkunden geringer ausfällt als diejenige der Neukunden. Bisherige Studien konnten diesen Effekt freilich nur teilweise bestätigen (vgl. Homburg/Koschate 2003). In einigen Fällen scheint es auch so zu sein, dass gebundene Kunden besonders „verwöhnt" werden und dabei auch Preisnachlässe eingesetzt werden, so dass hier ein gewinnmindernder Effekt wirksam wird. Wichtiger erscheinen deshalb als erlössteigernde Effekte die möglichen *Cross-Selling-Umsätze*. Sie sind insbesondere in solchen Branchen bedeutsam, in denen die Anbieter über breite Produktionsprogramme verfügen, die nicht selten von mehreren Außendienststäben vertrieben werden. Die gute Beziehung zu einem Kunden in einem Geschäftsbereich kann dann dazu genutzt werden, diesen auch an einen anderen Geschäftsbereich heranzuführen.

All diesen Effekten sind die *Bindungskosten* gegen zu rechnen, die durch entsprechende kommunikative und sonstige Aktivitäten, etwa Kosten der Produktindividualisierung, speziellen Investitionen in den Geschäftsverkehr oder Preisnachlässe, begründet sind. In allen diesen Fällen handelt es sich in der Regel freilich meist nur um einmalige Kosten, die sich über den Kundenlebenszyklus hinweg unter Umständen schnell amortisieren.

Eine wichtige Rolle spielt in diesem Zusammenhang auch die *Konzentration auf ertragreiche Kunden* und die Reduzierung der Vertriebskosten für solche Kunden, die nur geringe Kundenwerte aufweisen. Dies führt hin zu den im nächsten Abschnitt erläuterten Konzepten des Kundenwerts.

2.4.2.5 Kundenwert

Kunden werden im Kundenmanagement unter wirtschaftlichen Gesichtspunkten betrachtet und geführt. Sie stellen – wie schon in den erläuterten 6 I's des Beziehungsmarketing postuliert – Investitionsfelder dar, die über einen Lebenszyklus hinweg für Einnahme- und Ausgabeströme sorgen (sollen). Im sog. *Customer Equity-Ansatz* wird diese Konzeption auf aggregiertem Niveau, d. h. für den gesamten Kundenstamm einer Unternehmung, mit der Idee des Shareholder Value verknüpft (vgl. Matzler/Stahl 2000). Im Kundenmanagement selbst benötigt man freilich *disaggregierte Kundenwerte* für jeden einzelnen Kunden oder zumindest für gewisse Kundengruppen, falls kundenindividuelle Wertkomponenten nicht ermittelbar sind.

> Allgemein kann der *Kundenwert* als Summe der Zielbeiträge eines Kunden für die Unternehmung definiert werden (vgl. Cornelsen 2000, S. 37 ff.). Diese allgemeine Definition lässt allerdings zahlreiche *konzeptionelle Optionen* offen:

(1) *Disaggregierte* Kundenwerte betreffen einzelne Kunden, *aggregierte* lediglich Kundengruppen. Naturgemäß bieten erstere feinere Analysen, erfordern aber auch eine differenzierte Kundenerfolgsrechnung, wie sie im Kap. 10 beschrieben wird. Erscheint dies zu aufwändig oder unmöglich, erbringen auch aggregierte Analysen, etwa ein Vergleich der Umsätze oder Deckungsbeiträge soziodemographisch definierter Kundengruppen, wertvolle Aufschlüsse.

(2) Man kann eine *vergangenheits-* oder *zukunftsorientierte* Konzeption des Kundenwerts wählen. Erstere beruhen auf Ist-, letztere auf Prognosedaten. Plinke (1989, S. 316) definiert Kundenwert z. B. „als den Schaden, der eintritt, wenn der Kunde abwandert, also als den drohenden Verlust von Erfolgspotenzialen. Theoretisch ist dieser zu bestimmen durch den Barwert aller Ein- und Auszahlungen, die von diesem Kunden in Zukunft verursacht werden und damit diesem zurechenbar sind. Der Diskontierungszeitpunkt ist jeweils der Beurteilungszeitpunkt". Plinke konzipiert den Kundenwert also konsequent entscheidungsbezogen, da er die *zukünftigen* Erfolgsbeiträge eines Kunden zum Maßstab des Kundenwertes macht, und darüber hinaus als Kapitalwert i. S. e. dynamischen Investitionsrechnungskalküls. Der sich daraus ergebende *dynamische Kundenwert* wird deshalb auch als *Kundenlebenszykluswert* (Customer Lifetime Value – CLV) bezeichnet. Dies entspricht sowohl dem Shareholder Value-Ansatz als auch der Perspektive des Kundenmanagements besser als ein vergangenheitsorientierter Ansatz. Kunden – gleichgültig, ob neu zu gewinnen oder bereits vorhanden – können demzufolge stets nur an ihren Erfolgsbeiträgen in der Zukunft gemessen werden. Maßstab dafür ist die Kundenbindung: Völlig ungebundene Kunden besitzen für die Unternehmung keinerlei zukünftige Erfolgspotenziale. Ihr Kundenwert ist Null. Stärker gebundene Kunden sind ceteris paribus wertvoller als weniger gebundene, weil sie mehr und intensivere ökonomische Effekte auslösen.

Man erkennt an dieser Betrachtung, dass der zukunftsorientierte Kundenwert formal *zwei Unterkomponenten* enthält, nämlich eine inhaltliche Komponente, die aus den Kundenbindungseffekten der Höhe nach zu spezifizieren ist (z. B. abdiskontiertes Umsatzpotenzial im Betrachtungszeitraum), und eine Wahrscheinlichkeitskomponente, die nach Maßgabe der individuellen Kundenbindungsintensität angibt, wie wahrscheinlich der zukünftige Eintritt dieser Wertkomponente beim betrachteten Kunden ist. Eine solche zukunftsorientierte Konzeption des Kundenwerts ist einerseits theoretisch schlüssiger als eine auf Ist-Zahlen beruhende, andererseits aber praktisch schwierig umzusetzen, da sie enorme *Prognoseprobleme* in sich birgt (vgl. Diller 2002b). In praxi führt dies dazu, dass dort meist nur mit Vergangenheitswerten bzw. mit pauschalen Kundendurchschnittswerten für zukünftige Planperioden gerechnet wird.

(3) Der Kundenwert kann in *monetären* und/oder *nicht-monetären Größen* gemessen werden, je nachdem, ob nur Umsatz- und Kostenkomponenten bzw. Ein- und Auszahlungen Verwendung finden, die gemeinsam dann auch die Berechnung eines *Kundendeckungsbeitrags* bzw. eines *Kundenkapitalwertes* ermöglichen, oder

ob (daneben) auch andere Zielbeiträge, z. B. die Häufigkeit einer Bestellung oder die (für die Auslastung wichtige) Bestellmenge in die Betrachtung mit einbezogen werden. Im letzteren Falle muss man dann zu *Scoring-Verfahren* greifen, die Punktwerte für Kunden ergeben (vgl. Krafft/Albers 2000). Ein Beispiel ist das im Versandhandel weit verbreitete *RFM-Schema*. Die Abkürzung RFM bedeutet „*R*ecency" (Wie lange liegt die letzte Transaktion zurück?), „*F*requency" (Wie oft hat der Kunde bisher gekauft?) und „*M*onetary Value" (Welche durchschnittlichen Umsätze wurden getätigt?). Indikatoren dieser drei Kriterien werden mit Punktwerten für unterschiedliche Ausprägungen versehen (siehe Tab. 2-3). Der Gesamtwert des Kunden ergibt sich dann durch Aufsummierung der einschlägigen Zuschläge zum Startwert.

Startwert	25 Punkte					
Letztes Kaufdatum	Bis 6 Monate + 40 Punkte	Über 6 bis 9 Monate + 25 Punkte	Über 9 bis 12 Monate + 15 Punkte	Über 12 bis 18 Monate + 5 Punkte	Über 18 bis 24 Monate - 5 Punkte	Über 24 Monate - 15 Punkte
Häufigkeit des Einkaufs in 1 ½ Jahren	Zahl der Aufträge multipliziert mit dem Faktor 6					
Ø Umsatz bei den letzten drei Einkäufen	Bis 50 € + 5 Punkte	50 bis 100 € + 15 Punkte	100 bis 200 € + 25 Punkte	200 bis 300 € + 35 Punkte	300 bis 400 € + 40 Punkte	Über 400 € + 45 Punkte
Anzahl Retouren (kumuliert)	0 – 1 0 Punkte	2 – 3 - 5 Punkte	4 – 6 - 10 Punkte	7 – 10 - 20 Punkte	11 – 15 - 30 Punkte	Über 15 - 40 Punkte
Anzahl Anstöße seit letztem Einkauf	Je Hauptkatalog 12 Punkte		Je Sonderkatalog 6 Punkte		Je Mailing 2 Punkte	

Tab. 2-3: Beispiel zur RFM-Methode (Quelle: Köhler 1999; Krafft/Albers 2000)

(4) Die *inhaltlichen Komponenten* des Kundenwertes sind genau zu spezifizieren, wobei unterschiedlich differenziert vorgegangen werden kann. Eine theoretische Fundierung dafür erhält man aus der im letzten Abschnitt dargelegten Theorie der Kundenbindungseffekte. Sie erbringt acht Kundenwertkomponenten bzw. -teilwerte (vgl. Abb. 2-21):

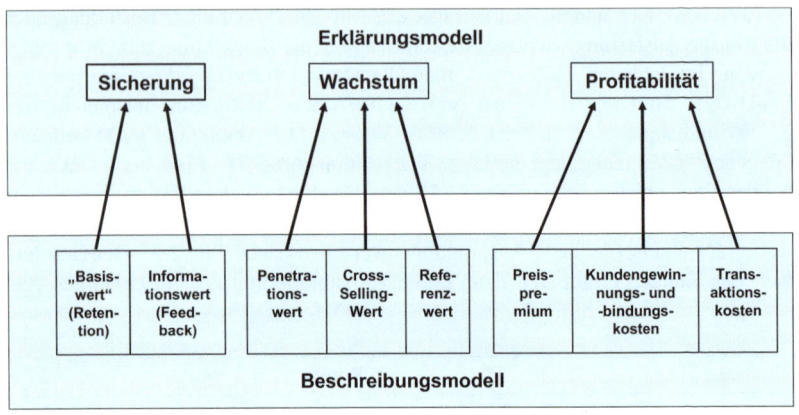

Abb. 2-21: Theoretische Herleitung von Kundenwertkomponenten (Quelle: Diller 2002b)

Diese acht, nachfolgend noch näher beschriebenen, teils positiven, teils negativen Kundenteilwerte (KTW) sind umso wirksamer, je stärker die Kundenbindung (KB) ausgeprägt ist. Demnach gilt es

➢ Wertansätze zu finden, welche die Wertkomponenten eigenständig erfassen,
➢ diese mit dem Grad der Kundenbindung zu gewichten
➢ und schließlich aufzusummieren, um einen Gesamtkundenwert KW (auf individueller oder aggregierter Ebene) zu ermitteln.

Allgemein gilt:

(Gl. 2-1) $KW = \Sigma\ KTW \cdot KB$

Nachfolgend werden die verschiedenen Kundenteilwerte kurz erläutert. Eine nähere Herleitung und Diskussion findet man bei Diller (2002b).

(1) Basiswert
Kunden sind – positive Deckungsbeiträge vorausgesetzt – für eine Unternehmung um so wertvoller, je mehr Umsätze sie beim jeweiligen Lieferanten tätigen. Lieferantenseitig kann man deshalb einen *Kundenbasiswert* (BW) definieren. Er kennzeichnet auf individueller Ebene das letztperiodige Umsatzvolumen eines Kunden bzw. das durchschnittliche Umsatzvolumen pro Kunde und Periode. Beim Fehlen jeglicher Kundenbindung müssen diese Umsatzvolumina in jeder Periode immer wieder neu „erkämpft" werden. Kundenbindung bewirkt dagegen einen (mit Wahrscheinlichkeiten abstufbaren) Wiederkauf. Dadurch wird (Umsatz-)Sicherheit erzeugt. Statt Umsatzwerte könnte man für den Basiswert auch Gewinnwerte, z. B. Bruttogewinne oder spezifische Kundendeckungsbeiträge, verwenden. Allerdings würde man dann die Sicherheitseffekte mit Kosteneffekten (s. u.) ver-

118

mischen, was aus Gründen der analytischen Klarheit ungünstig ist. Wir konzipieren den Basiswert BW deshalb als Umsatzwert:

(Gl. 2-2) $\quad BW_j \quad = \quad \Sigma x_i \cdot \bar{p}_i$

$\quad\quad\quad\quad$ BW$_j$ $\quad$ = $\quad$ Basiswert des Kunden j (j = 1...J)

$\quad\quad\quad\quad$ x_i $\quad\quad$ = $\quad$ Artikel im bisher vom Kunden j gewählten „Basissortiment" (i = 1...B)

$\quad\quad\quad\quad$ $\bar{p}_i$ $\quad\quad$ = $\quad$ Durchschnittspreis für Artikel i über alle Kunden („Standardpreis")

Der Ansatz von Standardpreisen erfolgt, um den weiter unten zu diskutierenden Preiseffekt aus dem Umsatzwert herauszurechnen und damit eine größere diagnostische Tiefe des Kundenwertmodells zu erreichen. Der Basiswert ist eine relativ leicht monetarisierbare Kundenwertkomponente, kann er doch aus der firmeninternen Erlösrechnung bzw. Kundenstatistik meist direkt entnommen werden.

(2) Informationswert

Kunden besitzen eine unterschiedlich große Auskunfts- und Beschwerdebereitschaft und tragen damit in unterschiedlicher Weise dazu bei, dass sich eine Unternehmung auf die Bedürfnisse einzelner Abnehmer oder entsprechender Abnehmersegmente einstellen kann. Auch hier entsteht ein Sicherheitseffekt der Kundenbindung, weil gebundene Kunden i.d.R. eine größere Auskunfts- und Beschwerdebereitschaft zeigen, sind sie doch selbst wegen der Wechselkosten zu neuen Anbietern daran interessiert, dass sie „ihr" Lieferant gut bedient. Gelegentlich reicht dieser Informationswert von Kunden sogar bis zur Kooperationsbereitschaft im Rahmen von Kundenbeiräten, Qualitätszirkeln, Lead User-Partnerschaften oder ähnlichen kundenorientierten Organisationsformen. Die Unternehmung erhält dadurch wertvolles Feedback, aber auch Anregungen für künftiges Marktverhalten, die sie anderweitig nur durch höhere Informationskosten generieren könnte (vgl. auch Kleinaltenkamp/Dahlke 2001). Insofern böten sich als ein Ansatzpunkt zur Monetarisierung des Informationswertes die Opportunitätskosten der Informationsbeschaffung an, die freilich angesichts der Vielfalt möglicher Informationen und deren Umsetzung in konkrete Maßnahmen mit entsprechenden Folgewirkungen extrem schwer bezifferbar sind. Deshalb wird der Informationswert von Kunden in aller Regel eine *nicht-monetäre Kundenwertkomponente* bleiben.

(3) Penetrationswert

Drei weitere Kundenwertkomponenten betreffen zusätzlich zum Basiswert vorhandene *Umsatzpotenziale* der jeweiligen Kunden. Der *Penetrationswert* bezieht sich auf die Ausschöpfung des kundenspezifischen Umsatzpotenzials durch einen Anbieter im bisher bereits vom Kunden genutzten Sortimentsbereich. Je mehr ein Kunde seine Bestellungen auf einen Anbieter konzentriert, um so stärker fällt diese Kundenpenetration aus. Formal gilt für den *Penetrationswert* PW$_j$:

(Gl. 2-3) $\quad PW_j = \sum ((x_{jiB}^{pot} \cdot \overline{p_{iB}}) - (x_{jiB} \cdot \overline{p_{iB}}))$

x_{jiB}^{pot} = kundenspezifisches, realisierbares Absatzpotenzial bei Produkt i im bisher präferierten Sortimentsbereich B

Bei dynamischer Betrachtung erhöht der realisierte Penetrationswert den Basiswert aus t in t+1 entsprechend, wenn von wiederkehrenden Käufen (Verbrauchsgüter, Produktionsmittel etc.) ausgegangen wird. Umgekehrt erschöpft sich das Penetrationspotenzial im Zeitablauf, weil jede Abschöpfung dem aktuellen Basiswert zugeschlagen wird. Liegen langlebige Gebrauchsgüter oder Dienste ohne Wiederkaufrelevanz innerhalb des Planungshorizonts vor (z. B. Immobilien, Lebensversicherungen, industrielle Anlagen), so existiert kein Penetrationspotenzial. Der Umsatz für spezifische Leistungen kann dann jeweils nur einmalig gelingen, sodass auch der Basiswert Null ist.

Offenkundig handelt es sich beim Penetrationswert um einen *reinen Potenzialwert*, dessen Ermittlung deshalb erheblich schwieriger ausfällt als die des aus der Vergangenheit bekannten Basiswertes. Es gilt abzuschätzen, welche unausgeschöpften Absatzpotenziale ein Kunde im bisher präferierten Sortimentsbereich des Anbieters noch aufweist und inwieweit diese Potenziale realistischer Weise von der Unternehmung auch erschlossen werden können.

(4) Referenzwert

Eine weitere Kundenwertkomponente basiert auf *Empfehlungen* vorhandener Kunden an bisher nicht bediente, potenzielle Kunden. Zur Operationalisierung dieses sog. *Referenzwerts* müssen folgende Bewertungsschritte durchlaufen werden (vgl. Cornelsen 2000):

➤ Bestimmung des (bisher noch nicht ausgeschöpften) Referenzpotenzials jedes vorhandenen Kunden, das wiederum vom möglichen Referenzkreis (Netzwerk) und dem Grad der Meinungsführerschaft des Kunden abhängt.

➤ Bestimmung der relativen Referenzbedeutung für die Kaufentscheidung der potenziellen neuen Kunden verglichen mit anderen Kaufentscheidungsfaktoren.

➤ Schätzung und Prognose der Gewinne der auf diesem Wege neu zu gewinnenden Kunden.

Formal gilt für den *Referenzwert* RW ganz allgemein:

(Gl. 2-4) $\quad RW_j$ = $NK_j \cdot KW$
$\qquad\qquad NK_j$ = Anzahl der vom Kunden j künftig einwerbbaren Neukunden
$\qquad\qquad KW$ = durchschnittlicher Kundenwert eines Neukunden

Auf kundenindividueller Basis sind solche Bewertungen insb. angesichts der Unkenntnis der künftig geworbenen Kunden wohl in den seltensten Fällen möglich. Behelfsweise wird man sich deshalb mit Durchschnittswerten aus der Vergangenheit begnügen, was zwar unbefriedigend, aber wegen der Prognoseproblematik insb. für große Kundenstämme unvermeidlich ist.

(5) Cross-Selling-Wert

Haben Kunden ein gewisses Vertrauensverhältnis zu ihrem Anbieter entwickelt und dessen Kompetenz hinreichend kennen gelernt, steigt die Chance, dass sie bei diesem Anbieter auch andere Produkte oder Dienstleistungen als die bisher bezogenen kaufen. Handelt es sich dabei um nicht bedarfsverwandte Produkte, wird von *Cross-Selling* gesprochen. Man kann hierunter auch *Folgegeschäfte* (Umsätze) mit Komplementärprodukten, etwa Rasierklingen zum Rasierapparat oder Druckerpatronen zum Drucker, subsumieren. Formal gilt für den *Cross-Selling-Wert* CSW_j des Kunden j:

(Gl. 2-5) $CSW_j = \Sigma\ (x_{cj} \cdot p_{cj})$

x_{cj} = Absatzpotenzial des Kunden j im bisher nicht erschlossenen Artikelbereich C (c ≠ i = 1....C)

p_{cj} = beim Kunden j erzielbare Preise im Artikelbereich C

Eine Quantifizierung der Cross-Selling-Potenziale pro Kunde wird in aller Regel nur auf Basis durchschnittlicher Erfahrungswerte möglich sein. Ungenauigkeiten ergeben sich hierbei – abgesehen vom Mittelungseffekt – daraus, dass das Niveau der Cross-Selling-Umsätze sehr stark von entsprechenden Bündelungsaktivitäten des Anbieters abhängt und damit Ist-Werte aus der Vergangenheit die echten Potenziale kaum richtig widerspiegeln. Hinsichtlich des Wettbewerbs muss ferner mit Annahmen bzgl. des Erfolgs der Potenzialerschließung gearbeitet werden. Die Preisprognose für die künftig möglichen Absatzmengen wird weitere Probleme bereiten. Insgesamt erweist sich damit die Kalkulation eines einigermaßen verlässlichen Cross-Selling-Wertes als sehr schwierig. Meist wird man sich auf ziemlich genau abschätzbare Zusatzgeschäfte (z. B. Material- oder Serviceumsätze) und typische Komplementärumsätze beschränken.

(6) Preispremium

Sowohl private als auch gewerbliche Kunden sind in aller Regel unterschiedlich preisinteressiert. Verursachen Kunden mit höherer Preisbereitschaft nicht höhere Kosten (z. B. durch höhere Serviceansprüche) und lassen sich die Preisbereitschaften durch Maßnahmen der Preisdifferenzierung tatsächlich abschöpfen, so steigt der Kundenwert mit sinkendem Preisinteresse. Kundenbindung kann das Preisinteresse von Kunden absenken, etwa weil der Kunde gegen Wettbewerbsangebote abgeschottet wird oder hohe Wechselkosten einen preisbedingten Anbieterwechsel verhindern. Insofern lässt sich die Abweichung der kundenspezifischen Preisbereitschaft vom Durchschnitt der Kunden als eine weitere Kundenwertkomponente „*Preispremium*" definieren. Insb. dann, wenn die geldwerten Konditionen (Rabatte, Boni, Zahlungsziele, Lieferservice etc.) in die Durchschnittspreisbetrachtung einfließen, ergeben sich diesbezüglich vor allem im Business-to-Business-Geschäft z. T. erhebliche Preisspreizungen zwischen verschiedenen Kunden und entsprechende Kundenwertdifferenzen. Formal gilt:

(Gl. 2-6) $PP_j = \sum_j ((x_{ji} \cdot p_{ji}) - (x_{ji} \cdot \overline{p_{ji}}))$

x_{ji}	=	Einkaufsmenge von Artikel i des Kunden j
p_{ji}	=	von Kunde j gezahlter Stückpreis für Artikel i
$\overline{p_{ji}}$	=	durchschnittlich erzielter Stückpreis für Artikel i

Werden Preise mit dem Kunden direkt und individuell ausgehandelt, so lässt sich der Preispremiumwert eines Kunden aus der Kundenstatistik i.d.R. unmittelbar erkennen. Allerdings handelt es sich dann um einen vergangenheitsbezogenen und nicht um einen Potenzialwert. Die Preisnachgiebigkeit des Kunden in der Zukunft kann vermutlich nur schwer eingeschätzt werden. Sie hängt nicht zuletzt von der Wettbewerbsentwicklung ab.

(7) Transaktionskostenwert

Beim Transaktionskostenwert handelt es sich um eine *negative* Kundenwertkomponente, die umso höher ausfällt, je mehr Transaktionskosten ein Kunde verursacht. Zu den Transaktionskosten zählen wir der Vereinfachung halber auch die – prinzipiell auch getrennt davon verrechenbaren – variablen Herstellkosten der an den Kunden verkauften Produkte, deren Berücksichtigung die Gewinneffekte verschiedener Sortimentsschwerpunkte der Kunden deutlich macht (kundenspezifischer Produkt-Mix-Effekt). Ferner gehören dazu auch alle direkt einzelnen Kunden zurechenbaren Kosten der Auftragserlangung, -abwicklung und -verwaltung. Formal betrachtet muss der Kunden-Basiswert (s.o.) um die entsprechenden kundenspezifischen Einzelkosten vermindert werden. Bezogen auf den bisherigen Umsatz mit dem Kunden (BW_j) ergibt sich dann ein *kundenspezifischer Deckungsbeitrag* DB_j:

(Gl. 2-7) $DB_j = BW_j - TK_j$

TK_j = kundenspezifische Transaktionskosten (inkl. variable Herstellkosten der gekauften Artikel)

Die Transaktionskostenkomponente ist von Natur aus monetär erfassbar, allerdings ergeben sich sehr häufig Zurechnungsprobleme, wenn die eingesparten Kosten Kundengemeinkosten darstellen. Eine Kostenschlüsselung erbringt hier meist keine befriedigend genaue Lösung und widerspricht auch dem in der Einzelkostenrechnung gültigen Identitätsprinzip. Darüber hinaus darf der Fixkostencharakter vieler kundenspezifischer Kosten nicht übersehen werden.

(8) Kundengewinnungs- und -bindungskosten

Als letzte Kundenwertkomponente werden in der Kundenbindungsliteratur häufig wegfallende bzw. verminderte Kundengewinnungskosten aufgeführt (vgl. Reichheld/Sasser 1991). Hierbei handelt es sich um *Opportunitätserlöse*, deren Einbezug in ein Kundenwertkalkül vor allem vor dem Hintergrund einer optimalen Ressourcenallokation zwischen Kundenbindungs- und Kundengewinnungsaktivitäten grundsätzlich betriebswirtschaftlich sinnvoll ist. Stärker gebundene Kunden erfordern geringere Werbe- oder Außendienstkosten als weniger gebundene Kunden, sollen sie der Unternehmung erhalten bleiben. In periodenübergreifender Sicht könnte man auch von einem Degressionseffekt der (erstmaligen) Kundengewinnungskosten sprechen, die sich bei Erhalt der Kunden auf mehrere Perioden verteilen. Gibt es also einen bestimmten Kundengewinnungskostensatz pro Kunde, so kann dieser je nach Dauer der Kundenbeziehung kalkulatorisch – allerdings nur ex post – auf so viele Perioden verteilt werden, wie die Geschäftsbeziehung tatsächlich oder durchschnittlich besteht. Der Kundenwert erhöht sich damit entsprechend um die kalkulierte Summe der eingesparten (durchschnittlichen) Kundengewinnungskosten (KGK_{jt}).

(Gl. 2-8) $DB_{jt} = BW_{jt} - TK_{jt} + KGK_{jt}$

Allerdings gilt es dabei genau zu spezifizieren und zu unterscheiden, ob die entsprechenden Kostenkategorien überhaupt kundenspezifisch verteilt und damit verrechnet werden können (z. B. bei Besuchskosten des Außendienstes möglich, bei Imagewerbung nicht). Zu großen Teilen handelt es sich hier nämlich um Kundengemeinkosten, sodass ein Einsparungseffekt nur auf aggregierter, nicht aber auf kundenindividueller Ebene berechenbar ist. Es handelt sich dann um periodenspezifische Kundenwerteffekte. Darüber hinaus sind auch bei gebundenen Kunden – je nach Art der Kundenbindung – immer wieder Aufwendungen für die weitere Bindung erforderlich, etwa wenn es bei Vertragsverlängerung von Mobilfunktarifen üblich ist, erneute Subventionierungen (z. B. neues Handy) vorzunehmen oder andere Werbeaktivitäten durchzuführen. Kundengewinnungskosten sollten demnach mit den *Kundenbindungskosten* KB_j gegengerechnet werden, sodass gilt:

(Gl. 2-9) $DB_{jt} = BW_{jt} - TK_{jt} + KGK_{jt} - KB_{jt}$

Zwischenresümee:

Das vorgestellte Kundenwertmodell konzeptioniert den Kundenwert über acht Wertkomponenten, die bis auf eine (den Informationswert) formal in Formel (10) zusammengeführt werden, wobei der spezifische Kundenbindungsmultiplikator für jede Komponente (vgl. Gleichung 2-1) zunächst unterdrückt wird, d. h. bereits Endwerte ausgewiesen sind. Es handelt sich dann um einen kundenspezifischen Deckungsbeitrag:

(Gl. 2-10) $DB_{jt} = BW_{jt} + PW_j + RW_j + CSW_j + PP_j - TK_{jt} + KGK_{jt} - KB_{jt}$

Die Bezifferung dieser Komponenten ist freilich – wie dargelegt – mit jeweils spezifischen, gelegentlich nur schwer lösbaren Quantifizierungsproblemen verbunden. Insofern müssen vom Anspruch einer umfassenden und hinreichend genauen Kundenwerterfassung gewisse Abstriche gemacht werden. Häufig wird man praktisch dazu gezwungen sein, auf nicht-quantitative Skalierungen zurückzuweichen, die naturgemäß von minderer Präzision sind.

Dynamisierung des Modells

Wie die inhaltliche Betrachtung der Kundenwertkomponenten gezeigt hat, handelt es sich hierbei z. T. um Vergangenheitsgrößen, deren Wiedererlangung durch Kundenbindung erwartet wird, z. T. um reine Potenzialwerte, die bisher noch nicht erreicht wurden, aber erreicht werden könnten. Ein auf der Theorie der Kundenbindungseffekte aufgebautes Kundenwertmodell erzwingt geradezu eine solche Potenzialbetrachtung, weil in den Kundenwertkomponenten Wirkungen der Kundenbindung in der Zukunft abgebildet werden. Dies führt hin zu einer mehrperiodigen Betrachtung im Sinne der Investitionsrechnung und zur Konzeption eines *„Kundenlebenszykluswertes" (Customer Lifetime Value – CLV),* mit dem der Effekt der gegenwärtigen Kundenbindung auf zukünftige Erlösströme bis zum Ende der Kundenbeziehung bzw. eines realistischen Planungshorizontes eingefangen werden sollen (vgl. Cornelsen 2000, S. 132 ff.). Allerdings stellen sich der Berechnung von Kundenlebenszykluswerten vier gravierende Probleme entgegen:

(1) Zunächst muss prognostiziert werden, wie die weitere *Entwicklung des Kundenlebenszyklusses* verläuft. Gibt es – wie bei Privatpersonen – einen natürlichen Lebenszyklus, so schwindet *lebenszeitbedingt* mit dem Zeitablauf das Wertpotenzial des Kunden. Für gewerbliche Kunden wird man allerdings im Allgemeinen mit Durchschnittswerten für die Lebensdauer operieren müssen, was das dynamische Konzept im Grunde konterkariert, will man dadurch doch gerade Unterschiede im Zeitablauf einfangen. Kundenlebenszyklen enden aber nicht nur aus natürlichen Gründen der Veralterung, sondern auch wegen *Präferenzverschiebungen* der Kunden. Diese können wiederum durch vielfältige Einflussfaktoren, insbesondere den Wettbewerb, aber auch durch individuelle Präferenzveränderungen beim Kunden und dessen Kunden (mehrstufiges Kundenwertverständnis) bedingt sein. Dies gilt auch für gewerbliche Kunden ohne natürlich-biologischen Lebenszyklus. Man kann versuchen, aus dem jüngeren Kaufverhalten von Kunden, etwa dem Bestelleingang und -umfang, eine entsprechende Prognose aufzubauen, wozu bei guter Datenlage, wie im Versandhandel, auch wahrscheinlichkeitsstatistische Verfahren einsetzbar sind (*„Survival-Analyse"*; vgl. Krafft/Rutsatz 2001). Damit wird freilich implizit auf eine aggregierte Ebene der Kundenwertbestimmung gewechselt. Eine einigermaßen zuverlässige kundenindividuelle Prognose erscheint in vielen Fällen kaum möglich, weshalb man sich in der Regel bei dynamischen Kundenwertkonzepten mit der wenig realistischen Hypothese gleich bleibender Präferenzen abfinden muss.

(2) Wie viel der Kunde tatsächlich weiterhin bei dem betrachteten Unternehmen einkauft, hängt insbesondere von dem *Grad der jeweiligen Kundenbindung* ab. Kundenbindung ist allerdings selbst veränderlich und darüber hinaus nur eine von mehreren Einflussgrößen. Ein derzeit hoch zufriedener und damit potenzialreicher Kunde mag z. B. durch attraktivere Konkurrenzprodukte oder durch persönliche Umstände im Laufe der Zeit seine Präferenz ändern und eine geringere Treue zum jetzigen Anbieter entwickeln. Auch die Kundenbindung selbst unterliegt also u. U.

einem Lebenszyklus. Damit entsteht erneut ein Prognoseproblem, insb. bei kundenindividueller Betrachtung.

(3) Erschwerend für die CLV-Berechnung kommt hinzu, dass – wie oben beschrieben – die Kundenbindung unterschiedliche *qualitative Facetten* aufweist und die Kundenwerte z. T. davon abhängen, welche Qualität die Kundenbindung erreicht hat.

(4) Kompliziert wird die Berechnung dynamischer Kundenwerte schließlich durch den *gleichzeitigen Auf- und Abbau von Kundenwertpotenzialen*, Ersteres auf Grund zunehmender Kundenbindung, Letzteres wegen permanenter Abschöpfung entsprechender Potenziale. Man kann bei der dynamischen Kundenwertbetrachtung nicht übersehen, dass sich bestimmte Kundenwertpotenziale im Zeitablauf verbrauchen, sodass der Kundenwert damit auch einer permanenten Erosion unterliegt. Wird dies durch entsprechende Kundenwertberechnungen deutlich, wird das Kundenmanagement dazu gedrängt, für „Kundennachschub" zu sorgen. Das Kundenmanagement kann nicht nur permanent Kundenpotenziale aufbauen, sondern muss gleichzeitig versuchen, diese Potenziale auch (rechtzeitig) zu realisieren. Dies wird erst in späteren Phasen des Kundenlebenszyklus voll gelingen, weil dort die entsprechenden Qualitäten der Kundenbindung entwickelt sind.

Zusammenfassend lässt sich konstatieren, dass eine dynamische Konzeption des Kundenwertes zwar grundsätzlich möglich und nutzbringend ist, allerdings gravierenden Informationsproblemen gegenübersteht. Trotzdem können Kundenwertmodelle insgesamt wertvolle Hilfestellungen für das Kundenmanagement leisten, wenn alle Möglichkeiten der differenzierten Quantifizierung aller dargestellten Effekte ausgeschöpft und den verbleibenden Mängeln bei der Interpretation Rechnung getragen wird. Schon der Aufbruch auf den Weg einer Sichtbarmachung der unterschiedlichen Wertigkeit von Kunden erscheint im Lichte der Forderung nach konsequenter Kundenorientierung ein lohnenswertes Ziel. Er führt weg von einer einseitigen Produktorientierung und hin zu einer ökonomisch geprägten „*Kundenwirtschaft*", in der die These von der „Ressource Kunde" (vgl. 2.3.4) ernst genommen und durch rechnerische Kalküle in praktisches Handeln umgesetzt wird (vgl. Diller 2005a).

Auf der Grundlage der gemessenen Kundenwerte öffnet sich dem Marketing-Entscheider ein breites Maßnahmenspektrum, das sich unmittelbar an den drei zentralen Aufgabenbereichen eines Kundenmanagements festmachen lässt (Abb. 2-22):

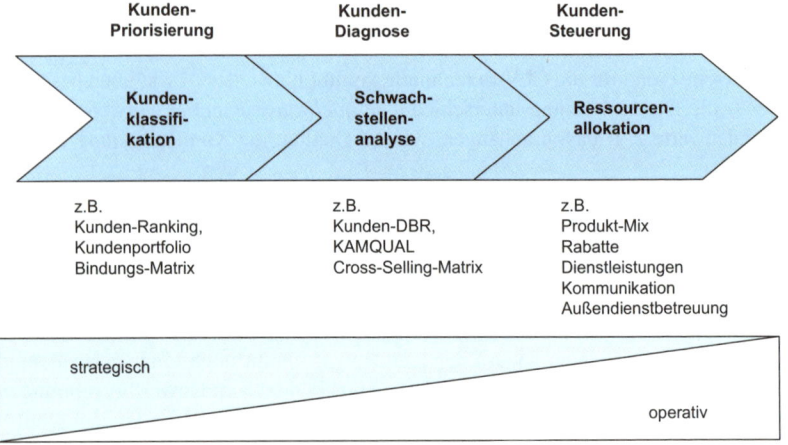

Abb. 2-22: Aufgabenbereiche des Kundenwert-Managements

Die *Priorisierung* von Kundenbeziehungen zielt im ersten Schritt auf eine Kunden-Klassifizierung. Unter strategischen Aspekten greift man dabei auch auf zwei-dimensionale Kundenportfolios zurück (vgl. Kap. 4). Es geht darum, die richtigen Kunden zu bearbeiten *(Verkaufseffektivität),* also die Verkaufsbemühungen auf jene Kundengruppen zu konzentrieren, welche die größte Attraktivität besitzen, aber auch die *Effizienz* der Vertriebsarbeit zu gewährleisten, indem auf realistische Chancen geachtet wird, diese Kundengruppe auch tatsächlich zu erobern bzw. zu durchdringen (vgl. Kap. 3). Damit einher geht ggf. eine *Differenzierung* des Ver-kaufskonzeptes nach Kundengruppen, etwa für Key Accounts- und Kleinkunden.

Unmittelbar daran anknüpfend geht es im zweiten Schritt um die *Diagnose*, d. h. Identifizierung möglicher Stärken und Schwächen innerhalb der Geschäftsbezie-hungen zu bestimmten Kunden(gruppen). Die dadurch erreichte Transparenz des Kundenwertes und seiner Teilwerte („Treiber") ermöglicht es, *Schwachstellen* von Geschäftsbeziehungen zu identifizieren und fundiert zu analysieren. Typisch ist z. B. die intensive Analyse der Merkmale verlorener Kunden bzw. Aufträge, deren Ergebnisse dann entsprechend in ein vorbeugendes Kundenbindungsprogramm umgesetzt werden (vgl. Kap. 7).

Die so gewonnenen Erkenntnisse können im dritten Schritt schließlich zur *Steue-rung* der Geschäftsbeziehungen auf Basis der vorab ermittelten Kundenwerte genutzt werden. Mögliche Defizite im direkten Kundenkontakt, im Kundenservice o.Ä. lassen sich so identifizieren und durch entsprechende Maßnahmengestaltung kundenwertoptimal verändern. Die Kenntnis der Kundenwertkomponenten macht die Chancen für Up-, Cross- und Side-Selling deutlich und hilft damit, Fehler in der Kundenwertgenerierung zu vermeiden bzw. „auszubügeln" (vgl. Jenkinson 1997). Das Marketing-Mix kann inhaltlich und zeitlich gezielter auf die Kundensegmente bzw. Individualkunden ausgerichtet werden (vgl. z. B. für die Dt. Telekom: Rieker/ Strippel 2001).

Das Interesse des Marketing am Kundenwert trifft sich im Übrigen mit zunehmender *Wertorientierung der Unternehmensführung* (vgl. Srivastava/Shervani/Fahey 1998; Homburg/Schnurr 1998; Matzler/Stahl 2000; Töpfer 2001), die wiederum auf das Shareholder Value-Konzept zurückgeht. Dieses Konzept fordert die Fokussierung aller Unternehmensaktivitäten auf die Mehrung der betrieblichen Assets, also jene Wertpotenziale, welche die Basis für einen langfristigen, möglichst hohen und sicheren Cash-flow und für den aktuellen (abdiskontierten) Firmenwert darstellen, an dem sich die Shareholder bei ihren Anlageentscheidungen orientieren können (vgl. Rappaport 1995). Der *Shareholder Value* ist demnach als Zukunftserfolgswert zu interpretieren, was im Gegensatz zum Substanzwert des physischen Vermögens bzw. Kapitals steht, der besonders im Dienstleistungsbereich für die Unternehmensbewertung kaum tauglich ist. Dort spielen die Fähigkeiten eines Unternehmens, in der Zukunft Cash-flow-Ströme zu generieren, weil entsprechende Wertpotenziale aufgebaut worden sind, eine sehr viel größere Rolle. Kundenwerte können in diesem Sinne als grundsätzlich einschlägige Potenziale interpretiert werden, wenn sie konsequent zukunftsbezogen konzipiert sind, was bisher freilich nicht immer der Fall ist. Weiterhin setzt der Shareholder Value-Ansatz voraus, dass diese Wertpotenziale monetarisierbar sind, weil sie letztlich an den Cash-flow-Strömen, genauer am Cash-flow-Niveau, der Zeitstruktur der Cash-flows, der Cash-flow-Volatilität und eines evtl. Residualwertes, gemessen werden.

2.5 Modelle der Kommunikationstheorie

2.5.1 Grundlagen

Im Rahmen des Kundenmanagements kommt es in vielfältiger Weise zu Interaktions- und Kommunikationsprozessen (vgl. Schoch 1969). So kann etwa ein Einkäufer bei Ankunft eines zu einem Termin erwarteten Außendienstmitarbeiters seine Arbeitsgeschwindigkeit steigern, um die angefangene Arbeit noch vor dem Termin zu beenden. Oder ein Kunde ruft im Call Center des Unternehmens an, um einen Produktmangel zu reklamieren. Im ersten Fall handelt es sich um eine soziale *Interaktion*, unter der wir die Einwirkung verschiedener Personen aufeinander verstehen, wobei der Einwirkung weder eine Absicht noch ein Plan noch das Wissen über die Einwirkung zugrunde liegen muss. Der zweite Fall stellt dagegen eine *Kommunikation* dar, die wir als zielgerichtete Übermittlung bzw. zielgerichteten Austausch von Informationen definieren. Da jede Kommunikation einen Einfluss auf den Empfänger der Nachricht ausübt, ist jede Kommunikation eine Interaktion. Gleichwohl handelt es sich nicht bei jeder Interaktion um eine Kommunikation (vgl. Nerdinger 2001, S. 158–160). Schließlich ist in diesem Zusammenhang auch auf die sog. *nonverbale Kommunikation* zu verweisen (vgl. Bekmeier-Feuerhahn 2001; Klammer 1989). Eine solche erfolgt bspw. dann, wenn ein Verkäufer beobachtet, wie der Kunde im Verkaufsgespräch plötzlich die Arme vor der Brust verschränkt und daraus eine gewisse Ablehnung des präsentierten Angebots folgert. War dies vom Kunden intendiert, handelt es sich um eine Form der Kommunikation, ansonsten um eine einseitige Interaktion. Wie man daran erkennen kann, lassen sich viele Aspekte der nonverbalen Kommunikation zwischen Interaktion und Kommunikation einordnen. Sie stellt damit gleichzeitig den Kontext jeder verbalen Kommunikation dar (vgl. Kroeber-Riel/Weinberg 1999, S. 526).

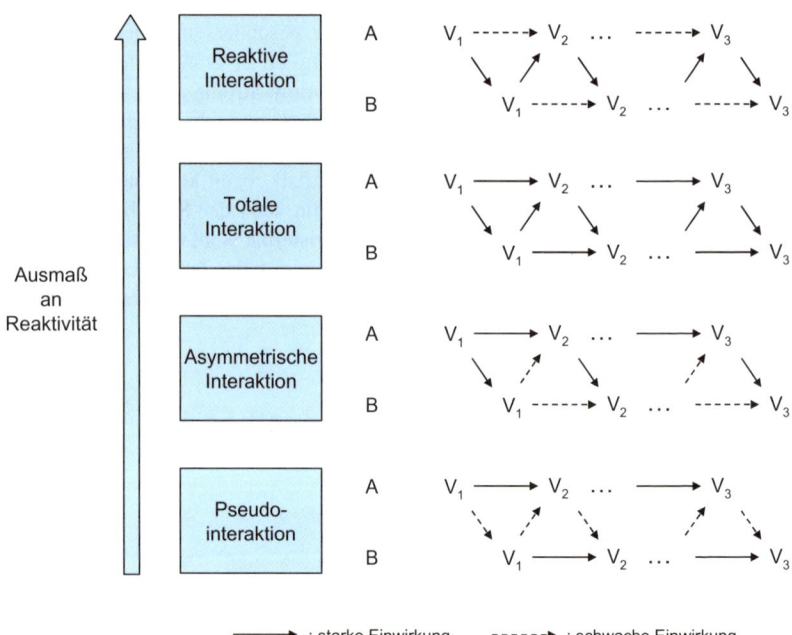

Abb. 2-23: Grundformen der Interaktion (Quelle: in Anlehnung an Müller 1983, S. 658)

Wie Abb. 2-23 zeigt, kann man im Falle von Handlungsabsichten der Akteure vier *Grundformen* von Interaktions- bzw. Kommunikationsprozessen unterscheiden, die im Ausmaß der Reaktivität der Verhaltensweisen der Interaktionspartner variieren (vgl. Jones/Gerard 1967): Bei Pseudointeraktionen sind die Verhaltensweisen von A und B individuell weitgehend vorbestimmt. Die jeweiligen Einzelaktivitäten werden in diesem Fall durch entsprechende „Stichworte" oder Verhaltenssignale angestoßen. Dies ist etwa der Fall, wenn ein Verkäufer bei einer Kundenfrage über eine spezifische Funktionalität einen Überblick über die Produkteigenschaften „abspult". Bei asymmetrischen Interaktionen beeinflusst das Vorgehen der einen Person im Wesentlichen das der anderen. So kann ein wichtiger Kunde dem Verkäufer den Verhandlungsablauf diktieren. Totale Interaktionen schließen planvolle und reaktive Verhaltensweisen ein, indem A und B zwar individuelle Ziele verfolgen, ihr Verhalten jedoch auf die Reaktionen des anderen abstimmen, wie es etwa bei Vertragsabschlussverhandlungen der Fall ist. Bei reaktiven Interaktionen sind die Einzelaktivitäten primär an der vorherigen Reaktion des Interaktionspartners orientiert. Nach diesem Muster kann sich eine Meinungsverschiedenheit bei einer Kundenreklamation bspw. in einer Spirale gegenseitiger Aggressionen zu einem handfesten Streit aufschaukeln.

Vor dem Hintergrund der möglichen Interaktionsformen stellt sich aus verkaufspraktischer Sicht die Frage nach „der richtigen" Anlage des Verkaufsvorgangs. Denn mit diesem Wissen können Verkäufer in konkreten Verkaufsinteraktionen das *erfolgsträchtigste Vorgehen* wählen. Diese Frage lässt sich allerdings nicht eindeutig beantworten. Denn es gibt keine grundsätzlich überlegene Verkaufsstrategie (vgl. Thompson 1973, S. 8). Vielmehr ist von der konkreten Situation abhängig, ob ein bestimmtes Verkäuferverhalten von Erfolg gekrönt ist. Wie Abb. 2-24 zeigt, beeinflussen dabei im Wesentlichen Aspekte des Unternehmens (z. B. Kundenorientierung als Verhaltensvorgabe für den Umgang mit Kunden), des Verkäufers (z. B. Vorliebe für eine sachliche Informationsvermittlung) und des jeweiligen Kunden (z. B. Abneigung gegen zu „langatmige" Verkaufsgespräche aufgrund profunder Produktkenntnisse) die Wahl und den Erfolg des Verkäuferverhaltens. Als Konsequenz sind die Verkaufsergebnisse umso besser, je besser es dem Verkäufer gelingt, ein zur jeweiligen Situation – und insbesondere zum fraglichen Kunden – passendes Vorgehen zu wählen (vgl. Blake/Mouton 1970; Sheth 1976; Weitz 1981). Dies beinhaltet auch die Notwendigkeit zu einer passenden Verhaltenskorrektur i. S. d. *adaptiven Verkaufens*, sofern dies in einer Verkaufsinteraktion (z. B. aufgrund einer Fehleinschätzung des Verkäufers oder eines Präferenzwandels des Kunden) oder über verschiedene Verkaufsinteraktionen hinweg (z. B. durch unterschiedliche Kundenpräferenzen) geboten erscheint (vgl. Weitz/Sujan/Sujan 1986). Dabei ist die Aufmerksamkeit gegenüber Kunden, insbesondere in Form des richtigen („aktiven") *Zuhörens*, als Element des Kommunikationsprozesses häufig ausschlaggebend für den Verkaufserfolg (vgl. Ramsey/Sohi 1997, S. 128): Zeigt der Verkäufer verbal und nonverbal Interesse am Gesagten, versteht er die wahrgenommenen Äußerungen des Kunden und erhält er die Kommunikation durch geeignete Antworten aufrecht, ergeben sich positive Wirkungen auf den Beratungs- und Verkaufserfolg.

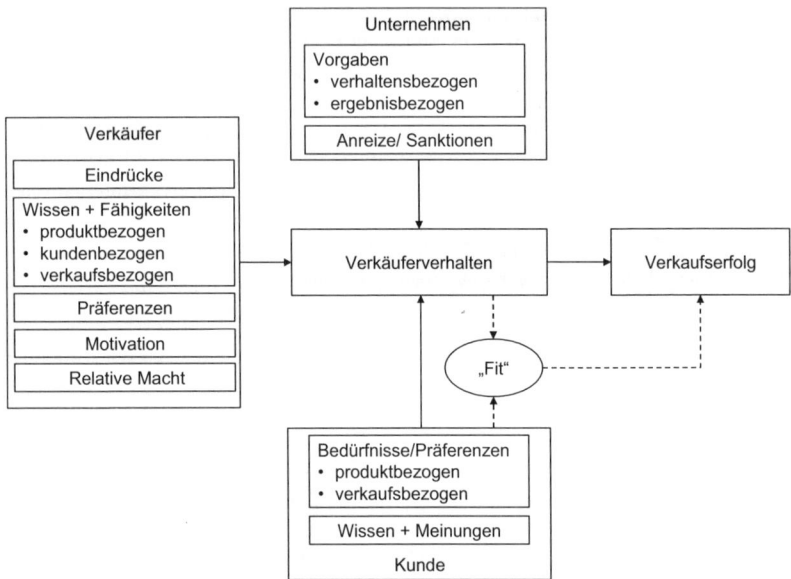

Abb. 2-24: Einflüsse auf Wahl und Erfolg des Verkäuferverhaltens

Der skizzierte situative Ansatz bietet zwar einen *Rahmen* zur Ordnung relevanter Einflusskräfte, aber *keinen Erklärungshintergrund* für den Verlauf und Erfolg von Verkaufsinteraktionen. Dies müssen Theorien leisten. Ausgewählte interaktionstheoretische und kommunikationswissenschaftliche Ansätze, die für die Erklärung des Verkaufsvorgangs bedeutsam sind, werden im Folgenden dargestellt.

2.5.2 Verkauf als soziale Interaktion

2.5.2.1 Handlungstheoretische Ansätze

Die Art und Weise, wie einzelne Personen ihr individuelles Verhalten planen, umsetzen und ggf. anpassen, ist Gegenstand der *Theorie der Handlungsregulation* (vgl. Oesterreich 1981). Entsprechend lässt sich diese auch heranziehen, um die Planung und Steuerung der an den kundenpolitischen Prozessen beteiligten Personen (z. B. Verkäufer, Call Center-Mitarbeiter) zu erklären.

Basis ist ein hierarchisches Verständnis von Tätigkeitsfolgen: Verhalten (z. B. ein Verkaufsgespräch) wird nicht als rein sequenzielle Abfolge von Tätigkeiten aufgefasst, sondern als Folge von größeren Aktivitätseinheiten („*Aktionsprogrammen*"), die wiederum aus Aktionsprogrammen bestehen können usw. Das Beispiel in Abb. 2-25 zeigt, wie sich ein Verkaufsgespräch aus immer differenzierteren Aktionsprogrammen und Aktivitäten zusammensetzt. Durch die Möglichkeit, beim Planen und (Re-)Agieren auf unterschiedlich differenzierte Ebenen abzustellen, kann man der begrenzten menschlichen *Planungs- und Informationsverarbeitungskapazität* Rechnung tragen. Statt vollständige Handlungspläne für alle Eventualitäten zu entwickeln, kann ein Verkäufer so zunächst in „Aktivitätsblöcken" planen und im Falle eines sich als wirkungslos erweisenden Vorgehens bei der Produktempfehlung für diesen Block ein alternatives Vorgehen wählen. Wie man an diesem Beispiel sieht, können dabei die einzelnen Aktionsprogramme (z. B. Produktpräsentation, Produktempfehlung) auch mehrfach ausgeführt werden.

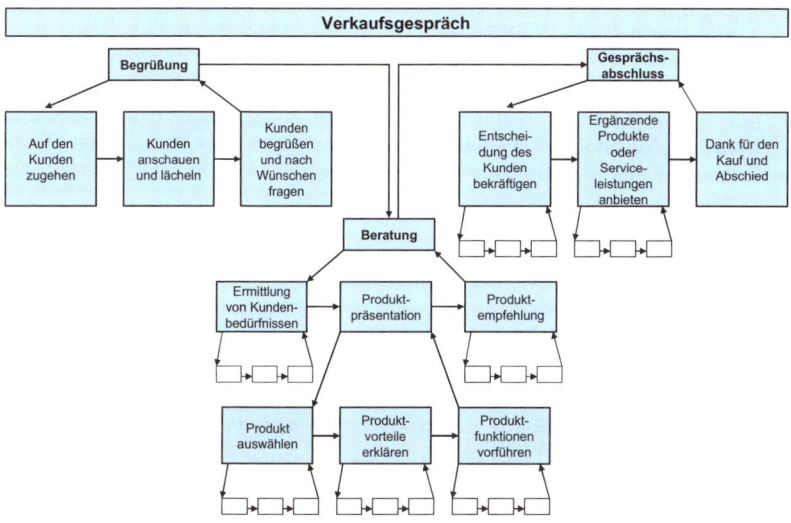

Abb. 2-25: Hierarchisch-sequentielle Struktur des Verkaufsgesprächs
(Quelle: in Anlehnung an Schuckel 1999, S. 87)

Zur Erklärung des Verhaltens wird unterstellt, dass eine Person verschiedene Möglichkeiten von Handlungsfolgen („*Handlungsfeld*") mit Blick auf das angestrebte Ziel abwägt und die dafür günstigste wählt und umsetzt. Dabei führt jede Handlungsalternative zu bestimmten Konsequenzen, die wiederum spezifische Handlungsalternativen ermöglichen. Vor diesem Hintergrund geht es darum, ein *Handlungsprogramm* zu entwerfen und durchzuführen, durch das man die angestrebte Zielkonsequenz möglichst sicher erreicht.

Der Entwurf des optimalen Handlungsprogramms hängt vom *Einfluss* ab, den die Person auf das Erreichen der Zielkonsequenzen hat. Dieser kann groß (z. B. beim Austauschen eines vom Kunden bemängelten fehlerhaften Produktes) oder klein (z. B. bei Auftragsvergabeverhandlungen als ein Anbieter unter vielen) sein. Darüber hinaus ermöglicht erst ein hinreichender *Informationsstand* die Wahl des geeigneten Handlungsprogramms. Dabei ist es nicht notwendig (und in der Realität auch kaum möglich), das objektive Handlungsfeld vollständig zu kennen. Denn für die Zielerreichung ist es „nur" nötig, die Handlungsfolge mit der höchsten – oder zumindest einer ausreichend hohen – Erfolgswahrscheinlichkeit zu antizipieren. Dafür sollte man bei der Verhaltensplanung und -steuerung insbesondere drei Arten von *Konsequenzen* berücksichtigen:

➢ *Negativ-kritische* Konsequenzen, die die Zielerreichung nicht oder kaum zulassen (z. B. Verärgerung eines potenziellen Kunden im Verkaufsgespräch) und die es daher zu vermeiden gilt,

➢ *Positiv-kritische* Konsequenzen, die man auf dem Weg zur Zielerreichung auf jeden Fall „passieren" muss (z. B. kundenseitiges Interesse am Produkt), so dass man alternative Konsequenzen und die dazu passenden Handlungsoptionen vernachlässigen kann,

➢ *Effizient-divergente* Konsequenzen, von denen aus zahlreiche unterschiedliche Handlungsfolgen möglich sind (z. B. Termin für Verkaufspräsentation), die als Folge die Zielerreichung grundsätzlich erlauben und über die hinaus man somit zu Planungsbeginn nicht planen muss.

Wie man sieht, erleichtert die Kenntnis dieser Konsequenzen die Verhaltensplanung und -steuerung. Dabei können ähnliche Handlungsfelder zu *Handlungsfeldtypen* zusammengefasst werden (z. B. zum „typischen" Ablauf erfolgreicher Verkaufsgespräche; vgl. Leigh/McGraw 1989). Allerdings gilt es zu beachten, dass objektive Handlungsfelder gerade in Interaktionen, wie sie im Rahmen der kundenpolitischen Prozesse üblich sind, von den Interaktionspartnern abhängen. Als Folge kann dieser theoretische Ansatz bei der Planung und Anpassung des Verhaltens an die Erwartungen des Interaktionspartners zwar helfen, gleichwohl unter der *Einschränkung*, dass er nicht explizit auf Interaktionen abstellt. Damit wird bereits auf den folgenden Abschnitt verwiesen.

2.5.2.2 Interaktionstheoretische Ansätze

Interaktionstheoretische Ansätze zielen ganz allgemein darauf ab, *Verläufe* und *Ergebnisse* von Interaktionen zu erklären. Dies ist als Grundlage für das Kundenmanagement insofern von Bedeutung, als sich die kundenpolitischen Prozesse an vielen Stellen in Interaktionsprozessen zwischen den beteiligten Parteien vollziehen (vgl. Kern 1990). So treten im Verlaufe von Geschäftsbeziehungen einzelne Personen (z. B. Verkäufer und Interessent in Verkaufsgesprächen) und Gruppen (z. B. bei der Zusammenarbeit von Buying und Selling-Center zur Entwicklung einer Problemlösung) als Repräsentanten der beteiligten Unternehmen in Kontakt und beeinflussen sich und damit Art und Ergebnis der weiteren Zusammenarbeit (z. B. Kauf oder Nicht-Kauf, Fortsetzung oder Abbruch der Geschäftsbeziehung). Daher ist eine Ausrichtung der Erklärung des Transaktions- und Beziehungsverhaltens an die bekannten SR- bzw. SOR-Modellen nicht zweckmäßig. Denn dies birgt die Gefahr, das Verhalten der beteiligten Interaktionspartner „halbiert", als

isolierte Phänomene zu betrachten und die *Aufeinanderbezogenheit* der Verhaltensweisen zu vernachlässigen (vgl. Müller 1983, S. 685).

Wie Abb. 2-26 zeigt, lässt sich die Vielzahl an interaktionstheoretischen Ansätzen
im Wesentlichen in drei Gruppen einteilen (vgl. Müller 1985, S. 13–43):

Interaktionstheorien								
Austauschtheorien			Machttheorien			Kognitive Interaktionstheorien		
Res-sourcen-theorien	Ver-stärkungs-theorien	Ver-gleichs-theorien	Ab-hängigkeits-theorien	Ein-fluss-theorien	Th. d. Macht-distanz-reduktion	Attribu-tions-theorien	Balance-theorien	Reakti-vitäts-theorien

Abb. 2-26: Überblick über Theorien zur sozialen Interaktion
(Quelle: auf Basis von Müller 1985, S. 13–43)

(1) *Austauschtheorien* verstehen die Interaktion als einen Prozess des gegenseitigen
Gebens und Nehmens. Aus der Perspektive des Kundenmanagements tauschen
Anbieter und Kunden Ressourcen (z. B. Informationen, Produkte, Geld) sowie
Belohnungen und Bestrafungen aus. Die Erklärung der Interaktion erfolgt auf
Basis des Vergleichs von Interaktionsin- und -output seitens der beteiligten Interak-
tionspartner.
Zu den Austauschtheorien gehören die Ressourcentheorien, die Verstärkungstheo-
rien und die Vergleichstheorien. Die *Ressourcentheorien* konzentrieren sich auf die
inhaltlichen Aspekte des Austausches (z. B. Zuneigung, Anerkennung, Information, Dienstleistungen, Güter und Geld; vgl. Foa/Foa 1975). Dagegen erklären
Verstärkungstheorien Interaktionen durch Lernmechanismen, nach denen eine
„Synchronisierung" der Interaktion auf die Bedürfnisse der Beteiligten durch die
bestrafenden und belohnenden Konsequenzen der an den Tag gelegten Verhaltensweisen erfolgt (vgl. z. B. Homans 1974, S. 32–33). In diesem Sinne lässt sich z. B.
die Anpassung des Verkäufers an einen Kunden i. S. d. *adaptiven Verkaufens*
dadurch erklären, dass der Verkäufer eine „Bestrafung" für sein Verhalten wahrnimmt (z. B. zunehmende Einsilbigkeit des Kunden beim Test der kundenseitigen
Abschlussbereitschaft) und daraufhin sein Verhalten so ändert, dass er vom Kunden
dafür „belohnt" wird (z. B. interessiertes Nachfragen des Kunden nach Rückkehr
zur Produktpräsentation). In den *Vergleichstheorien* bzw. Gerechtigkeitstheorien
wird der Unterschied von Tauschaufwand und -erlös bzw. die wahrgenommene
Fairness von Entscheidungs- und Verteilungsergebnissen herangezogen, um Interaktionen zu erklären (vgl. z. B. Thibeaut/Kelley 1959). Unterstellt wird, dass die
Interaktionspartner ein Ergebnis als *fair* wahrnehmen, wenn ihr Verhältnis von
Ergebnissen und Beiträgen eine relevante Referenzgröße (z. B. „üblicher" Rabatt
als Stammkunde) nicht unterschreitet. So würde etwa das Beenden einer Geschäftsbeziehung durch eine als unzureichend („unfair") wahrgenommene Reklamations-
behandlung durch den Anbieter erklärt werden können.

(2) *Machttheorien* erklären Interaktionsverläufe und -ergebnisse auf Basis der gegebenen Machtverhältnisse (z. B. Machtasymmetrien) zwischen den Interaktionspartnern und des Machteinsatzes durch diese. Für das Kundenmanagement können dabei sowohl asymmetrische Machtverhältnisse (z. B. in Form der Abhängigkeit von einem großen Kunden oder in Form von Informationsvorsprüngen) als auch eine vergleichbar starke Machtverteilung von Bedeutung sein. Letzteres ist insbesondere für „klassische" Verhandlungssituationen charakteristisch (z. B. für Preisverhandlungen in partnerschaftlich ausgerichteten Geschäftsbeziehungen).

Zu den Machttheorien gehören die Abhängigkeitstheorien, die Einflusstheorien und die Theorien der Machtdistanzreduktion. *Abhängigkeitstheorien* beschäftigen sich mit der Frage, wie man Interaktionspartner von sich abhängig machen kann, um Macht über ihr Verhalten zu erlangen (vgl. z. B. Blau 1964). Aus dieser Perspektive würde ein Verkäufer, der einem potenziellen Neukunden unaufgefordert für diesen wichtige Informationen zusendet, durch dieses Zusenden versuchen, dass sich der Ansprechpartner in einer späteren Auftragsvergabeverhandlung „verpflichtet" fühlt und einen (ansonsten unwahrscheinlichen) Kauf abschließt. *Einflusstheorien* beschäftigen sich damit, ob und – wenn ja – in welcher Weise sich Machtgrundlagen zur Einflussnahme in Interaktionen heranziehen lassen (vgl. z. B. Tedeschi/Lindskold 1967). Aus dieser Perspektive können etwa in Aussicht gestellte Konzessionen, die zur lieferantenseitigen Annahme einer an sich unattraktiven Einwilligungsbedingung in Kaufverhandlungen führen sollen, als Drohung interpretiert werden (vgl. Hamner/Yukl 1977). *Theorien der Machtdistanzreduktion* basieren auf der Annahme, dass Personen ein Machtgefälle zwischen den Interaktionspartnern wahrnehmen und versuchen, die psychologische Distanz zu mächtigeren Interaktionspartnern i. S. e. Annäherung zu verringern und zu weniger mächtigen i. S. e. Abgrenzung zu vergrößern (vgl. z. B. Mulder et al. 1973). Auf diese Weise ließe sich etwa erklären, warum Verkäufer die Kundenmeinung bzgl. noch als nötig erachteter Produktmodifikationen übernehmen und unternehmensintern vertreten, obwohl die fraglichen Kunden keine Machtmittel einsetzen.

(3) *Kognitive Interaktionstheorien* verstehen die soziale Interaktion als Ergebnis kognitiver Prozesse im Insystem der Interaktionspartner. Im Rahmen des Kundenmanagements sind diesbezüglich Aspekte, wie die Planung des Kundenkontaktes (vgl. Kap. 5.1.3), die Wahrnehmung der Kundenorientierung des Anbieters (vgl. Kap. 2.3.2) oder die Informationsverarbeitung während der Verkaufspräsentation (vgl. Kap. 5.2.3), von Bedeutung.

Zu den Kognitiven Interaktionstheorien gehören die Attributionstheorien, die Balancetheorien und die Reaktivitätstheorien. *Attributionstheorien* erklären die Interaktion dadurch, dass die Interaktionspartner die Ursachen der beobachtbaren Aktivitäten und Ergebnisse zu erklären versuchen und diese Ursachenzuschreibung wiederum die eigenen Verhaltensweisen – und somit den Fortgang der Interaktion – beeinflusst (vgl. z. B. Kelley 1973). Aus dieser Perspektive würde etwa die höhere Anstrengung eines Verkäufers nach einem erfolglosen Verkaufsbesuch dadurch erklärt werden, dass der Verkäufer den nicht erfolgten Abschluss auf seinen unzureichenden Einsatz (und nicht etwa auf ein für diesen Kunden ungeeignetes Produktangebot) zurückführt (vgl. Dixon/Spiro/Jamil 2001). *Balancetheorien* gehen davon aus, dass Personen einen Zustand der Widerspruchsfreiheit zwischen ihren Überzeugungen, Einstellungen, Werten und Aktivitäten herstellen und sichern möchten (vgl. z. B. Festinger 1957). Wird diese Widerspruchsfreiheit gestört, versuchen sie, den dadurch hervorgerufenen Spannungszustand zu reduzieren bzw. zu eliminieren. Auf dieser theoretischen Grundlage könnte man etwa das Aufrechterhalten der Geschäftsbeziehung nach einer nicht eingehaltenen Lieferzusage eines Anbieters dadurch erklären, dass der Kunde diese nachträglich als „nicht so schlimm" einstuft. *Reaktivitätstheorien* stellen auf prozessuale Aspekte und Regelhaftigkeiten von Verhaltensänderungen, insb. Anpassung, in Interaktionen ab (vgl. z. B. Argyle 1967). In diesem Zusammenhang würde etwa ein initiierter und dann abgebrochener Verkaufsabschlussversuch eines Verkäufers dadurch erklärt werden, dass der Verkäufer diesen Versuch unternimmt, um sein Ziel (= Verkaufsabschluss) zu erreichen, dadurch eine Veränderung beim Interaktionspartner hervorgerufen wird (z. B. Arme verschränken), die beim Abgleich mit dem angestrebten Ziel als nicht zielkonform eingestuft wird und somit einen Abbruch des Abschlussversuchs ratsam erscheinen lässt.

2.5.2.3 Rollentheoretische Ansätze

Aus Sicht der Rollentheorie wird der Mensch als *Rollenträger* charakterisiert. Unter einer Rolle ist dabei eine Menge von Verhaltensmustern zu verstehen, die dem einzelnen von den Bezugspersonen oder -gruppen i. S. normativer *Verhaltenserwartungen* zugeschrieben werden (vgl. Kroeber-Riel/Weinberg 1999, S. 446). Zu den Bezugspersonen bzw. -gruppen gehören im Rahmen des Kundenmanagements Kunden, Kollegen und Vorgesetzte. Diese Personen(gruppen) können voneinander unterschiedliche Verhaltenserwartungen an dieselbe Person besitzen, die es im Rahmen der Rolle zu vereinen gilt. So kann die Rolle des Verkäufers den Problemlöser (aus Kundensicht), den „Umsatzgenerierer" (aus Vorgesetztensicht) und den Freund (aus Kollegensicht) beinhalten. Die Menge der Rollen, in die eine Person involviert ist, wird als *Rollen-Set* bezeichnet und beschreibt die Vielzahl der Orientierungen gegenüber denjenigen Rollensendern, auf deren Zusammenarbeit der Positionsinhaber angewiesen ist (vgl. Wiswede 1977, S. 81).

Sind die verschiedenen Verhaltenserwartungen der Bezugspersonen nicht miteinander vereinbar, ergeben sich *Rollenkonflikte*. Werden die Forderungen an den Rollenempfänger von diesem als nicht klar bzw. konkret genug empfunden, entsteht *Rollenambiguität*. Als Folge von Rollenkonflikt und -ambiguität entstehen psychische Spannungen, die zusammengefasst als *Rollenstress* bezeichnet werden. Mit Blick auf dessen Wirkungen zeigen die Ergebnisse einer Meta-Analyse dabei für Verkäufer, dass Rollenambiguität negativ mit der Leistung, der Arbeitszufriedenheit und der affektiven Bindung an das Unternehmen sowie positiv mit der

Kündigungsabsicht zusammenhängt. Dagegen hängen Rollenkonflikte relativ eng mit der Bindung an das Unternehmen, nicht aber mit der Leistung zusammen (vgl. Brown/Peterson 1993, S. 70).

In Abhängigkeit davon, ob es sich bei den Rollenerwartungen um Muss-, Soll- oder Kann-Erwartungen handelt, sind die Erwartungen im Falle nicht erwartungsgemäßen Verhaltens mit unterschiedlich verbindlichen *Sanktionen* verknüpft. Neben der Verbindlichkeit kann auch die Reichweite der Rolle unterschiedlich sein. In diesem Zusammenhang sind Rollen, die das Verhalten einer Person grundsätzlich durchdringen (z. B. als Christ), von solchen zu unterscheiden, die nur begrenzt verhaltenswirksam sind (z. B. als Verkäufer). Aus der unterschiedlichen Reichweite und Verbindlichkeit der Rollen ergibt sich für den einzelnen ein *Realisationsspielraum* bzgl. der an ihn gerichteten Rollenerwartungen.

Mit Blick auf Interaktionen steht nicht ausschließlich das mit einer bestimmten Position verbundene *rollenkonforme* Verhalten im Zentrum des Interesses. Denn dabei wird eine Anpassung an den Interaktionspartner nicht ausreichend berücksichtigt. Aus interaktionsorientierter Perspektive geht es bei der Einnahme der Rolle insofern um die Fähigkeit, die Reaktionen des Partners zu antizipieren und diese bei der Auswahl des eigenen Verhaltens zu berücksichtigen. Entsprechend lässt sich eine Rolle dann als das Muster von Verhaltenserwartungen auffassen, das sich in der Interaktion im Zuge der *Interpretation* der Motive, Einstellungen, Ziele, Erwartungen und Standpunkte der Interaktionspartner nach und nach bildet und auf diese Weise Interaktionsverlauf und -ergebnis erklärt (vgl. Joas 1980, S. 38; Keller 1976, S. 17).

2.5.2.4 Behavioristische Ansätze

Behavioristische Ansätze erklären Interaktionen allein durch das *Verhalten* der Interaktionspartner. Insofern werden abstrakte, dem Wesen nach unkontrollierbare und nicht sichtbare Eigenschaften der Interaktionssituation, wie z. B. Stimmungen, Emotionen und kognitive Prozesse, nicht als Erklärungshintergrund herangezogen (vgl. Cadogan/Simintiras 1996).

Die *Grundidee* behavioristischer Ansätze besteht darin, dass ein *Stimulus* (z. B. eine Terminanfrage durch einen Verkäufer) zu einem *Response* führt (z. B. zu einer Zusage für ein Treffen durch den Kunden), der wiederum eine bestimmte *Konsequenz* i. S. e. zeitlichen Nachordnung nach sich zieht. Diese Konsequenz kann den Response positiv *verstärken* (z. B. wenn frühere Treffen zu innovativen Ansätzen für den Kunden geführt haben). Sie kann aber auch zu einer negativen Verstärkung führen, indem das hervorgerufene Verhalten, das verstärkt wird, darauf zielt, die Konsequenz zu vermeiden (z. B. wenn der Kunde bei früheren Treffen mit dem fraglichen Verkäufer zu ungewollten Kaufakten i. S. d. Hochdruckverkaufs überredet wurde). Als weitere Konsequenz kann das vorherige Verhalten auch *bestraft* werden, was dazu führt, dass das entsprechende Verhalten reduziert wird. So sinkt etwa im Falle eines gekauften Produktes, das die Erwartungen nicht erfüllt hat, die Wahrscheinlichkeit des Wiederkaufs. Darüber hinaus kommt es im Falle fehlender Verstärkung zu einem „*Aussterben*" der entsprechenden Verhaltensresponse. Bspw. wendet sich ein Interessent an einen alternativen Anbieter, wenn auf seine Anfrage nicht reagiert wird. Insgesamt lässt sich das Verhalten von Interaktionspartnern somit durch die jeweilige „*Verstärkungshistorie*" erklären (vgl. Abb. 2-27).

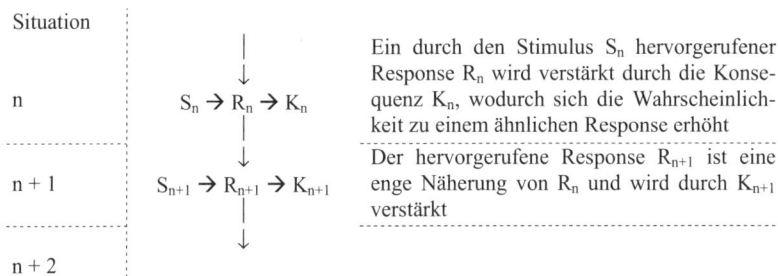

Situation		
	$\downarrow$	Ein durch den Stimulus S_n hervorgerufener Response R_n wird verstärkt durch die Konsequenz K_n, wodurch sich die Wahrscheinlichkeit zu einem ähnlichen Response erhöht
n	$S_n \rightarrow R_n \rightarrow K_n$	
n + 1	$S_{n+1} \rightarrow R_{n+1} \rightarrow K_{n+1}$	Der hervorgerufene Response R_{n+1} ist eine enge Näherung von R_n und wird durch K_{n+1} verstärkt
n + 2	$\downarrow$	

Abb. 2-27: Verhaltensherausbildung aus behavioristischer Perspektive
(Quelle: Cadogan/Simintiras 1996, S. 62)

Vor diesem Hintergrund lässt sich etwa ein Anbieterwechsel eines Unternehmens wie folgt erklären: Ein Verkäufer, der bei einem Interessenten weiß, dass dieser vom After-Sales-Service seines vorherigen Anbieters enttäuscht ist (=„Bestrafung"), muss bei einem im Lieferantenwechsel unerfahrenen Unternehmen eine geeignete Verstärkungshistorie aufbauen, indem er z. B. häufig dort vorspricht und auf diese Weise dafür sorgt, dass sich der Lieferantenwechsel als „neues" Verhalten herausbildet. Besitzt das entsprechende Unternehmen dagegen bereits Erfahrung mit einem Lieferantenwechsel und muss dieses Verhalten daher nicht erst noch herausgebildet werden, kann der Verkäufer durch sog. *diskriminierende Stimuli* signalisieren, dass eine Verstärkung im Falle des Lieferantenwechsels (= Response) erfolgen kann, indem er etwa auf den besonders guten eigenen After-Sales-Service hinweist.

2.5.3   Verkauf als Kommunikation

2.5.3.1   Signalübertragungsmodell

Das Signalübertragungsmodell sieht vor, dass ein *Sender* (z. B. der Call Center-Agent) eine Botschaft verschlüsselt („enkodiert") und über einen *Kommunikationskanal* (z. B. das Telefon) einem *Empfänger* (z. B. dem anrufenden Kunden) übermittelt. Dieser entschlüsselt („dekodiert") die Nachricht und sendet seinerseits an den Call Center-Agenten (nun als Empfänger) eine Nachricht. Die Nachrichtenübertragung kann durch Störquellen negativ beeinflusst werden, wodurch Verständnisprobleme entstehen können.

Das Signalübertragungsmodell betont die Bedeutung der En- und Dekodierung sowie der Kommunikationskanäle für eine effiziente und effektive Kommunikation und liefert damit Ansatzpunkte für eine Verbesserung der Kommunikation. Entsprechend kann man den Verkaufserfolg auf den Einsatz mehr oder minder gelungen gestalteter Hilfsmittel zur visuellen Unterstützung der Verkaufsbotschaft zurückführen oder deren bessere Nutzung im Rahmen von Verkaufstrainings vermitteln (vgl. Kap. 12).

Dem *Vorteil* seiner Anschaulichkeit steht der *Nachteil* eines sehr technischen Verständnisses der Kommunikation gegenüber, nach dem die jeweils gesendete Botschaft eine eindeutige Bedeutung besitzt. Dies ist in der menschlichen Kommunikation nicht zwingend der Fall. Vielmehr kann der Sender eine Nachricht als mehrdeutig oder unklar (z. B. wenn sich im Falle ironischer Antworten das Gesagte und Gemeinte widersprechen) wahrnehmen.

2.5.3.2 Filtermodell

Der Versuch einer realitätsnäheren Abbildung von Kommunikationsprozessen erfolgt im Filtermodell der Kommunikation: Der Informationsgehalt einer Nachricht ergibt sich auf Basis der gespeicherten Wissensstrukturen („*Schemata*") des Empfängers, die somit gleichsam als Filter wirken. Die Filterwirkung i. S. e. inhaltlich veränderten Dekodierung der Nachricht entsteht insbesondere daraus, dass schemairrelevante Informationen nicht berücksichtigt werden, schemarelevante Informationen besonders deutlich wahrgenommen werden und zum gespeicherten Schema gehörende Informationen erschlossen werden, obwohl diese u. U. gar nicht vermittelt wurden. Aus der Perspektive dieses subjektiven Informationsbegriffs steigt die Effizienz der Kommunikation mit der Ähnlichkeit der Schemata der Kommunikationspartner. Als Konsequenz lässt sich der *Kommunikationserfolg* nicht absolut, sondern schemaabhängig erklären. Entsprechend kann dasselbe Verkaufsgespräch bei einem Kunden zum Erfolg, bei einem anderen zu einem Misserfolg führen.

Die Bedeutungsunterschiede, die derselben Nachricht von verschiedenen Empfängern beigemessen werden können, können auf unterschiedliche *Ebenen der Kommunikation* zurückgehen, die – in Form eines Modells – in Abbildung 2-28 dargestellt sind (vgl. Nerdinger 2001, S. 197–198; Schulz von Thun 1981). Danach sind bei einer Nachricht die Ebenen des Sachinhaltes, des Appells, der Selbstoffenbarung und der Beziehung zu unterscheiden. Aus dieser Perspektive kann eine Nachricht in mehr oder minder großem Umfang Informationen über den Kommunikationsgegenstand, Informationen über den Sender und eine versuchte Einflussnahme beinhalten. Daneben können auch Informationen transportiert werden, die ein Urteil über den Empfänger und die Beziehung zu diesem zulassen. So kann ein Verkäufer in einer Preisverhandlung z. B. äußern: „Für Sie mache ich einen besonders günstigen Preis." Der Kunde kann diese Äußerung interpretieren als „Der Preis ist wirklich günstig." (Sachinhalt), „Ich bin großzügig." (Selbstoffenbarung), „Schließ' doch endlich zu meinen Konditionen ab." (Appell) sowie „Wegen unserer guten Beziehung komme ich Dir entgegen." („Beziehungsebene"). Insgesamt bietet das Modell der Ebenen der Kommunikation somit Ansatzpunkte, um mögliche *Verzerrungen* zwischen intendierter und wahrgenommener Botschaft – und damit letztlich auch den Kommunikationserfolg – zu erklären (vgl. Sigl et al. 1993).

Abb. 2-28: Modell der Ebenen der Kommunikation

2.5.3.3 Phasenmodelle

Mit Blick auf die *zeitliche Struktur* des Kommunikationsprozesses hat sich insbesondere für Verkaufsgespräche eine Reihe von Modellen herausgebildet, die dieses in verschiedene, aufeinander folgende Phasen einteilen. Bei einzelnen Modellen steht dabei im Vordergrund, wie sich die Kommunikation entlang der verschiedenen Phasen vollzieht (z. B. größere Redeanteile des Kunden in der Orientierungsphase, d. h. zu Beginn eines Verkaufsgesprächs; größere Redeanteile des Verkäufers in der Bewertungsphase, in der die Produktpräsentation erfolgt; vgl. Olshavsky 1973). Andere Modelle stellen auf spezifische kommunikative *Aufgaben* ab, die in den einzelnen Phasen aus Verkäufersicht zu erfüllen sind, um den Kommunikationserfolg zu erreichen. Bekannte Beispiele sind (vgl. Bänsch 1998, S. 44–45; Weitz 1978):

➢ die *AIDA-Formel* mit den Zielen „*A*ttention" (Aufmerksamkeit erreichen), „*I*nterest" (Interesse aufbauen), „*D*esire" (Kaufwunsch hervorrufen) und „*A*ction" (Aktivität/Kauf auslösen) als Phasenabfolge;

➢ die *DIBABA-Formel*, die für Verkaufsgespräche die Ziele „*D*efinition der Kundenwünsche", „*I*dentifizierung des Angebots mit den Kundenwünschen", „*B*eweisführung für den Kunden", „*A*nnahme der Beweisführung durch den Kunden", „*B*egehren des Kunden auslösen" und „*A*bschluss durchführen" als Phasenabfolge postuliert;

➢ das *ISTEA-Modell* (vgl. Abb. 2-29), das die Phasen „Eindrucksbildung" (*I*mpression Formation), „Strategieformulierung" (*S*trategy Formulation), „Implementierung" (*Transmission*), „Beurteilung" (*Evaluation*) und „Anpassung" (*Adjustment*) trennt.

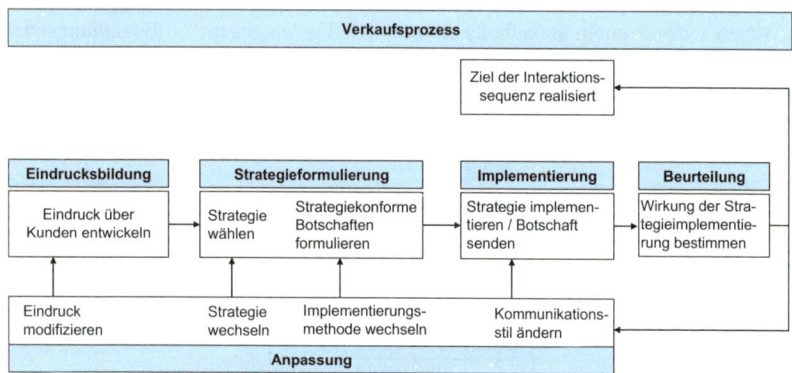

Abb. 2-29: ISTEA-Modell des Verkaufsprozesses (Weitz 1978, S. 502)

Bei den ersten beiden Modellen steht dem Vorteil der Einprägsamkeit als Nachteil insb. die postulierte *strenge Phasenabfolge* gegenüber. Diesem Nachteil begegnet das ISTEA-Modell, das einen zentralen Bezugsrahmen der Verkaufsstrategieforschung darstellt, indem es die Möglichkeit zum mehrfachen Durchlauf der einzelnen Phasen sowie zur Anpassung i. S. d. *adaptiven Verkaufens* explizit in das Modell aufnimmt.

2.5.4 Transaktionsanalyse und NLP

Die Transaktionsanalyse ist ein Ansatz zur Beschreibung und Analyse der verbalen und nonverbalen Kommunikation zwischen zwei Personen (vgl. Hansen/Schulze 1990). Dazu werden fünf Ebenen herangezogen:

➢ die *Strukturanalyse*, die sich mit dem Persönlichkeitsstruktur beschäftigt und die drei Ich-Zustände „Eltern-Ich", „Erwachsenen-Ich" und „Kind-Ich" unterscheidet;

➢ die *Transaktionsanalyse im engeren Sinn,* die auf die Wirkungen zwischen den Ich-Zuständen kommunizierender Personen abstellt;

➢ die *Haltungsanalyse*, die die menschlichen Grundhaltungen sich und anderen gegenüber betrachtet (z. B. Unter- und Überlegenheitshaltungen, Verliererhaltungen) und normativ eine optimistische Grundhaltung als Ziel vorgibt („Ich bin o.k., Du bist o.k.");

➢ die *Spielanalyse*, die regelmäßige Transaktionsmuster mit negativen Effekten (z. B. Verärgerung) auf die Kommunikationspartner untersucht („psychologi-

sche Spiele"), um diese durch offenere, weniger problematische Beziehungs-
formen zu ersetzen;
➢ die *Skriptanalyse*, die sich auf die in früher Kindheit erworbenen Verhaltens-,
Erlebnis- und Denkmuster als Ursache der Spiele bezieht, um destruktive
Elemente identifizieren und abbauen zu können.

Unter Berücksichtigung der verschiedenen Ich-Zustände werden drei *Grundformen*
der Transaktion unterschieden: In der *parallelen Transaktion* erfolgt die Kommunikation zwischen denselben Ich-Zuständen. Dies geschieht etwa auf der Ebene
des kritischen Eltern-Ichs, wenn der Kunde auf unnötige Funktionalitäten bei
einem Produkt hinweist und der Verkäufer sich diesem Urteil anschließt. Bei einer
Überkreuz-Transaktion erfolgen vergleichbare Reaktionen aus einem Ich-Zustand,
der nicht angesprochen wurde. Dies ist z. B. der Fall, wenn die verkäuferseitige
Frage „Könnten Sie mir endlich mitteilen, ob mein Angebot für Sie in Frage
kommt?" (kritisches Eltern-Ich → angepasstes Kind-Ich) auf Kundenseite zur
Antwort „Formulieren Sie erst einmal Ihr Angebot richtig!" führt. In *verdeckten
Transaktionen* werden neben der offenen Transaktion noch verdeckte Mitteilungen
(z. B. Ironie, versteckte Drohungen, vage Unterstellungen) gesendet.

Im Ansatz der Transaktionsanalyse wird insb. der Vorteil paralleler Transaktionen
aus dem Erwachsenen-Ich heraus betont. Entsprechend sollen die Kenntnis und das
Erkennen der Ich-Zustände und ungünstiger Transaktionsformen (z. B. sog. Power
Play-Transaktionen; vgl. Angerer 2004, S. 308) sowie ggf. das Herstellen paralleler Transaktionen auf der Ebene des Erwachsenen-Ichs effiziente Kommunikationsprozesse ermöglichen.

Im Vergleich zur Transaktionsanalyse thematisiert die *Neurolinguistische Programmierung* (NLP) das *Modellieren* menschlichen Verhaltens und basiert auf
Erkenntnissen der Neurologie, die Verhaltensmuster als Resultat nervlicher Prozesse interpretiert. Über die Sprache (lingua) werden diese neurologischen Vor-
gänge in Modellen dargestellt, welche entsprechend den Erkenntnissen der Com-
puterwissenschaft aufgebaut, d. h. programmiert, sind (vgl. Bandler/Grinder 1982).
Mit Bezug zu Kommunikationsprozessen geht es also darum, Menschen bei der
Anlage effizienter Kommunikation zu helfen, indem die Möglichkeiten zur „Programmierung" des Gehirns aufgezeigt werden.

Die *Bausteine* des NLP-Modells bilden die sinnlichen Wahrnehmungssysteme:
Seh-, Geruchs-, Gehörsinn und Kinästhesie. Sinnliche Information (Input) führt
über neurale Verbindungen (Prozess) zu Verhaltensweisen des Menschen (Output).
Die Grundidee besteht nun darin, die angestrebten Kommunikationsziele zu erreichen, indem eine zum jeweiligen Kommunikationspartner geeignete „*Sprachstra-
tegie*" gewählt wird. Dabei macht man sich die bewusste und unbewusste Wirkung
von Sprache, Stimme und Argumentation zunutze, um (unberechtigte) Widerstände aufzulösen und die erwünschten (auch für den Gesprächspartner positiven)
Ergebnisse zu erreichen. Strebt ein Verkäufer etwa als Ziel an, seinen Kunden von
einem Produkt zu überzeugen, kann er auf Schlüsselwörter zurückgreifen. So

suggerieren bspw. Konditionalsätze eine Verbindung von Ursache und Wirkung, auch wenn kein kausaler Zusammenhang besteht. Entsprechend verbindet das Unterbewusstsein des Kunden die Aussage „Wenn Sie Ihrem Unternehmen Gutes tun wollen, dann kaufen Sie diese Maschine", obwohl die beiden Satzteile (ohne eine weitere Beweisführung) inhaltlich nichts miteinander zu tun haben.

Während man mit NLP die *Qualität* der Kommunikationsprozesse verbessern kann, liegt die zentrale Kritik daran im Vorwurf der *Manipulation* des Kommunikationspartners (vgl. das Bild der „Hypnose" des Kunden bei Hillemeyer 2005).

Betrachtet man die im vorliegenden Kapitel vorgestellten Theorien und Modelle, so wird insgesamt deutlich, dass die eine, umfasssende Theorie zur Erklärung des Verkaufsgeschehens und der kundenpolitischen Prozesse nicht existiert. Dies liegt nicht zuletzt an der Vielzahl der dabei relevanten Facetten. Gleichwohl liefern die skizzierten theoretischen Ansätze und Modelle einen gehaltvollen Erklärungshintergrund, um die verschiedenen, nachfolgend nunmehr näher dargestellten Facetten aus verschiedenen Blickwinkeln zu beleuchten und somit Verkauf und Kundenmanagement letztlich besser zu verstehen.

Verständnisfragen zu Kapitel 2

1. Von welchem Menschenbild geht die Institutionenökonomie aus? Welche Konsequenzen ergeben sich daraus für die an einer Transaktion beteiligten Parteien?
2. Geben Sie Beispiele für „Hidden Actions", die ein Automobilzulieferer in einer Geschäftsbeziehung mit seinem Kunden (PKW-Hersteller) vornehmen könnte!
3. Erläutern Sie die Normen Flexibilität, Rollenintegrität sowie Gegenseitigkeit am Beispiel der Geschäftsbeziehung zwischen einem Marktforschungsinstitut und dessen industriellen Kunden (z. B. einem Konsumgüterhersteller)!
4. Geben Sie je ein Beispiel für ein Produkt mit hohen Such-, Erfahrungs- sowie Vertrauenseigenschaften! Welche Maßnahmen kann ein Anbieter von Vertrauensgütern ergreifen, um kundenseitige Unsicherheit zu reduzieren?
5. Erstellen Sie für ein Unternehmen Ihrer Wahl (z. B. für die Deutsche Bahn oder für einen Automobilzulieferer) eine Checkliste, anhand derer Sie beurteilen könnten, wie marktorientiert das betrachtete Unternehmen ist.
6. Inwiefern kann das KANO-Modell der Kundenzufriedenheit die Angebotsgestaltung eines Unternehmens unterstützen?
7. Erläutern Sie, in welchem sachlogischen Zusammenhang die Prinzipien des Beziehungsmarketing zueinander stehen!
8. Erklären Sie das Konstrukt der Kundenbindung. Wodurch kann man sie verstärken und worauf wirkt sie sich aus?
9. Welche Teilwerte fließen in den Kundenwert ein? Welche Probleme ergeben sich bei dessen Ermittlung?

10. Erklären Sie die Bedeutung von Macht in Kundenbeziehungen anhand der Modelle von Diller/Kusterer (Beziehungsebenen) sowie Steffenhagen (Güteraustausch)!

11. Erläutern Sie die Charakteristika des instrumentellen Ansatzes der Verkaufstheorie und nehmen Sie kritisch dazu Stellung!

12. Diskutieren Sie am Beispiel einer selbst postulierten Verkaufs-Reaktionsfunktion die Möglichkeiten der marginalanalytischen Optimierung des Verkaufs!

13. Begründen Sie, warum der Verkauf eine Managementaufgabe darstellt!

14. Skizzieren Sie die verschiedenen Kategorien von Theorien der sozialen Interaktion! Worin liegen die Hauptunterschiede?

Teil II: Verkaufsprozesse im Kundenmanagement

Im vorliegenden zweiten Hauptteil dieses Buches werden die drei Hauptprozesse des Kundenmanagements (Kundenannäherung, Kundengewinnung, Kundenpflege) in ihre jeweiligen Teilprozesse untergliedert und mit ihren In- und Outputs charakterisiert. Wir werden mögliche Ausgestaltungen dieser Prozesse diskutieren und dabei einsetzbare Methoden vorstellen. Strategische und operative Prozesse werden getrennt behandelt, um die analytische Stringenz der Darstellung zu erhöhen. In praxi fließen freilich strategische und taktische Aspekte oft ineinander. Darüber hinaus ist die vorgeschlagene Phasenabfolge als idealtypisch zu interpretieren. Sie kann in praxi je nach Ausgangssituation auch unterschiedlich ausfallen.

Kapitel 3: Operative Prozesse der Kundenannäherung: Kundenfokussierung und Kundenanalyse

In diesem Kapitel werden die beiden Teilprozesse der Kundenannäherung, nämlich die „Kundenfokussierung" und die „Kundenanalyse", mit ihren jeweiligen Unterprozessen und den zugehörigen In- und Outputs vorgestellt. Wir beschreiben die einzelnen Teilaktivitäten und deren Bedeutung für den Erfolg des Kundenmanagements und stellen geeignete Methoden für das Management dieser Prozesse vor.

3.1 Kundenfokussierung (Lead-Generierung)

3.1.1 Prozessüberblick

Bei der Kundenfokussierung geht es um das Aufspüren potenzieller Käufer. Solche potenziellen Käufer werden insb. in der CRM-Systematik als *Leads* bezeichnet, weil sie im Kundenmanagementsystem zum Status des Kunden hingeführt und später auch in Kundenbindungsprogramme eingebunden werden sollen.

Output des Prozesses ist eine Liste potenzieller Kunden, d. h. Personen oder Institutionen, die als Nachfrager der Unternehmensleistungen in Frage kommen, weil sie grundsätzlich einen entsprechenden Bedarf bzw. zumindest latente Bedürfnisse für unsere Angebotsleistungen besitzen. Um dieses festzustellen, benötigt man als *Input* einerseits ein typisches *Normprofil* des Verwenders der eigenen Produkte, aus welchem die relevanten Merkmale potenzieller Kunden hervorgehen. Bietet ein Unternehmen z. B. Gabelstapler an, so sind relevante Kundenmerkmale alle Eigenschaften und Prozesse des Kunden, welche den Einsatz eines Gabelstaplers sinnvoll machen.

Um die *Identifikation* der Interessenten zu ermöglichen, müssen Adressdaten generiert werden. Der Prozess der Kundenfokussierung enthält also eine *Adressengenerierung*, die auf das Normprofil abzustimmen ist. Es geht nicht darum, irgendwelche Kundenadressen zu generieren, sondern solche, bei denen eine möglichst gute Übereinstimmung mit dem durch das *Normprofil* definierten Abnehmer vorliegt. Das Normprofil muss schon im Rahmen der Erstellung der

Produktkonzeption erarbeitet werden, einem Prozess, der im Produktmanagement angesiedelt ist. Je nach Branche kann es sich dabei um sehr unterschiedliche Merkmale handeln. Im B-to-B-Geschäft geht es insb. um

➢ technische Bedarfe für bestimmte Produktionsprozesse beim Kunden,
➢ administrative Bedarfe für bestimmte Verwaltungsprozesse beim Kunden,
➢ Dienstleistungsbedarfe für spezifische Kundengruppen etc.

Bei detaillierterer Betrachtung besteht der Kundenfokussierungsprozess also aus drei Unterprozessen (vgl. Abb. 3-1):

(1) Die *Adressenrecherche* beinhaltet die Suche nach Adressquellen und Adressen für potenzielle Kunden.

(2) Die *Lead-Identifikation* sortiert die Adressen in mehr oder minder geeignete und erbringt eine Liste potenzieller, neuer Bedarfsträger. Dies erfordert einen Abgleich mit der Liste der bereits bedienten Kunden und mit den im Normprofil aufgelisteten Kundenmerkmalen. In die Identifikation potenzieller Kunden eingeschlossen ist zweckmäßigerweise bereits die Recherche nach den Kontaktmöglichkeiten zum jeweiligen Lead. Bestehen solche Kontaktmöglichkeiten nicht, wird die entsprechende Adresse aussortiert.

(3) Für die auf diesem Wege als Lead identifizierten Kunden erfolgt anschließend eine *Dokumentation* in einem elektronischen *Interessenten-File*. Dieser Datensatz enthält neben den bei der Identifikation gesammelten Stammdaten auch die Bedarfsdaten der potenziellen Kunden.

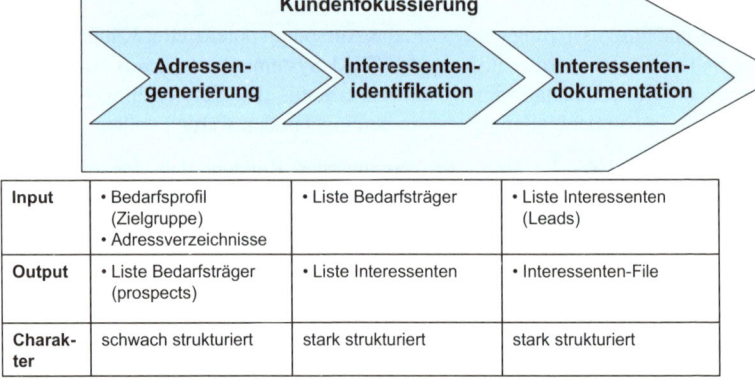

	Input	Output	Charakter

	Adressen-generierung	**Interessenten-identifikation**	**Interessenten-dokumentation**
Input	• Bedarfsprofil (Zielgruppe) • Adressverzeichnisse	• Liste Bedarfsträger	• Liste Interessenten (Leads)
Output	• Liste Bedarfsträger (prospects)	• Liste Interessenten	• Interessenten-File
Charakter	schwach strukturiert	stark strukturiert	stark strukturiert

Abb. 3-1: Teilprozesse der Kundenfokussierung

Während der Teilprozess „Adressengenerierung" wegen der Vielfalt seiner Ausgestaltungsmöglichkeiten eher schwach strukturiert ist, also viele Ausführungsoptionen besitzt, handelt es sich bei der „Interessentenidentifikation" und „Interessentendokumentation" um stark strukturierte Aktivitäten, für welche genaue Richtlinien festgelegt werden können. Im Gegensatz dazu lässt die Adressenrecherche Spielraum für kreative und neuartige Vorgehensweisen, um an neue Kundenadressen heranzukommen. Genau darin liegt die verkäuferische „Kunst" bei der Kundenfokussierung.

3.1.2 Bedeutung der Kundenfokussierung

Für neue Unternehmen (Start-Ups) stellt die Kundenfokussierung einen lebensnotwendigen Teilprozess dar, der schon im Rahmen der Entwicklung eines Geschäftsmodells zu durchlaufen ist, um dessen Erfolgsaussichten einschätzen zu können. Bedeutsam bleibt dieser Prozess trotz des höheren Stellenwertes der Kundenbindung im modernen Konzept des Beziehungsmarketing aber auch für existierende Unternehmen, weil

➢ bestehende Kunden wegen Geschäftsaufgabe, -übernahme oder -wechsel vom Markt verschwinden („*Kundenableben*") und durch *Kundennachwuchs* ersetzt werden müssen,

➢ die *Kundenabwanderung* nie ganz zu vermeiden ist (de facto liegen die Kundenbindungsraten häufig unter 60 %) und deshalb ständig „Nachschub" an neuen Kunden durch *Kundensubstitution* oder *Kundenrückgewinnung* notwendig wird,

➢ die Gewinnung erstmaliger Produktverwender (*Neukundengewinnung*) eine wichtige Wachstumsquelle darstellt, solange die Marktpenetration noch nicht abgeschlossen ist,

➢ die Dynamik des Wettbewerbs stets neue Chancen zur Eroberung von Kunden bietet, die bisher bei Konkurrenten kauften (*Kundenabwerbung*),

➢ neue Anbieter im Absatzmarkt aktiv werden, die neue Absatzpotenziale für den jeweiligen Lieferanten in sich bergen (*Kundenzuwachs*).

Besonders gravierend ist der Bedarf an Interessenten in Branchen, in denen die Kaufzyklen sehr lange andauern (z. B. Anlagenbau, Immobilien, Ladeneinrichtungen etc.), so dass dort die Auslastung nur dann gewährleistet ist, wenn entweder ein hinreichend großer Kundenstamm mit entsprechendem Wiederkaufvolumen vorhanden ist (z. B. LKW Vertrieb) oder wenn dem Anbieter ständig neue Kunden zugeführt werden.

3.1.3 Adressengenerierung

Aus der Zielgruppenbeschreibung für die von der Unternehmung vertriebene Leistung sollte bekannt sein, welche typischen Merkmale ein potenzieller Interessent aufweist. Im Hinblick auf das B-to-B-Geschäft handelt es sich hierbei insb. um Angaben über die intendierten Branchen und Unternehmensgrößen der Kunden, deren einschlägiges Geschäftsmodell, Angaben über regionale oder mikrogeografische Eigenheiten des Kundensitzes und/oder typische Verhaltensweisen der Gewerbetreibenden bei ihren Beschaffungs-, Produktions-, Verwaltungs- und Vermarktungsprozessen.

Wie in Abb. 3-2 dargestellt, kann die Adressgewinnung grundsätzlich auf vier verschiedene Weisen angegangen werden:

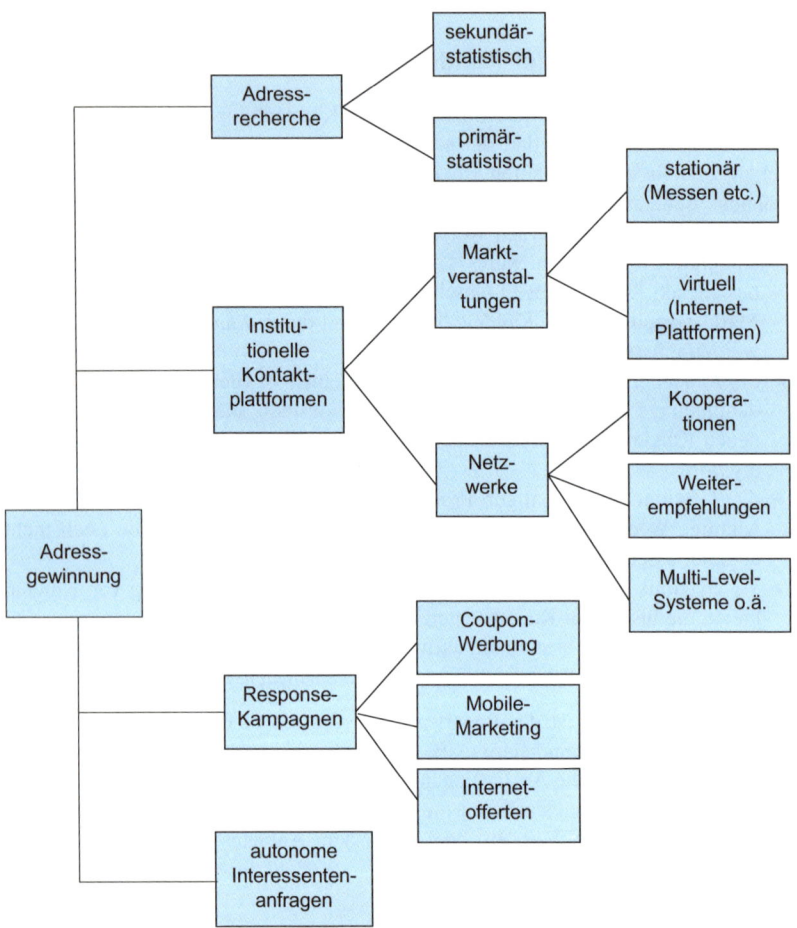

Abb. 3-2: Formen der Adressengenerierung

(1) Reine *Adressrecherchen* sind primär- oder sekundärstatistische Suchprozesse nach einschlägigem Adressmaterial bzw. Einzeladressen. In vielen Branchen existieren z. B. Unternehmensverbände, Interessengemeinschaften, Arbeitskreise o.Ä., deren Mitglieder aus entsprechenden Mitgliederverzeichnissen ermittelt werden können. Wenngleich oft unvollständig, erbringen auch Adressbücher, Branchenverzeichnisse (Gelbe Seiten etc.), amtliche Verzeichnisse (z. B. IHK-

Mitglieder) u. ä. Mitgliederdateien einschlägige Adressen. Nur selten bzw. dann, wenn die Sekundärquellen nicht ausreichen, wird man den primärstatistischen Weg wählen, bei dem das Unternehmen selbst auf die Suche nach neuen Kontaktadressen geht. Dies kann z. B. im Wege der Begehung bestimmter Absatzregionen und Suche nach einschlägigen Gewerbebetrieben, durch Befragung sachkundiger Personen oder durch Auswertung von Teilnehmerlisten auf Messen, Tagungen etc. erfolgen. Wegen des hohen damit verbundenen Aufwands empfiehlt es sich stattdessen aber meist eher, das Angebot entsprechender *Adressdienstleister* zu nutzen.

So besteht das Geschäft der so genannten *Adressverlage* in der Erfassung, Aktualisierung und Pflege von Adressdatenstämmen, welche nach verschiedensten Merkmalen charakterisiert und von den potenziellen Kunden entsprechend selektiert werden können (vgl. Geerth 2001). Damit einher geht häufig bereits eine Zielgruppenberatung zur Erstellung eines entsprechenden Kunden- bzw. Adressprofils. Umfang und Qualität der Adressen bestimmen die Attraktivität der Adressverlage. Entsprechend unterliegen deren Listen einer ständigen Adressenwartung und -verfeinerung, etwa im Wege der mikrogeografischen Segmentierung (siehe unten). Die Adressverlage selbst generieren ihre Adresslisten entweder durch Einkauf entsprechender Kundenadressen von gewerblichen Anbietern und/ oder durch Aufbereitung öffentlich zugänglicher Adressen, etwa solcher aus Branchenverzeichnissen, Messeteilnehmerverzeichnissen etc. In der Regel werden die von dem Unternehmen von Adressverlagen bezogenen Adressen nicht gekauft, sondern nur zur einmaligen Nutzung, etwa für eine Mailing-Kampagne, gemietet (*List-Broking*). Tabelle 3-1 verweist auf die Web-Seiten einiger bekannter Adressverlage, auf denen man sich über das einschlägige Angebot informieren kann.

Verlag	Homepage
AZ Direct (Unternehmen der Bertelsmann Gruppe)	http://www.az-direct.com
Cebus	http://www.cebus.net
Gelbe Seiten	http://www.gelbeseiten.de
gesta-direktwerbung Gebr. Stamm GmbH	http://www.gesta.de
Grotjohann	http://www.adressverlag-grotjohann.de
Hoppenstedt	http://www.hoppenstedt.de
Merkur (Unternehmen der Deutschen Post AG)	http://www.merkur-einbeck.de
Schober Information Group	http://www.schober.de

Tab. 3-1: Homepages bekannter Adressverlage

Darüber hinaus bieten sich naturgemäß auch viele *Internetplattformen* mit entsprechenden Dienstleistungen oder eine eigene Internetrecherche mithilfe einschlägiger *Suchmaschinen* für die Adressenrecherche an. Ein Beispiel mag die

Mühseligkeit eines solchen Vorgehens verdeutlichen: Für einen Anbieter von Gebäudereinigungsmaschinen böte es sich an, das Stichwort „Gebäudereinigung" in eine Suchmaschine wie Google einzugeben. Im Juli 2004 ergaben sich dabei 120.000 deutschsprachige Einträge, die dann im Detail um Dubletten bereinigt, auf Einschlägigkeit geprüft und in ein Verzeichnis eingestellt werden müssten. Der dafür in Kauf zu nehmende Arbeitsaufwand verursacht in der Regel höhere Kosten als die Anmietung entsprechender Adresslisten bei einem professionellen Adressverlag. Solche Verlage agieren inzwischen auch im Internet, wobei hier bei der Adresssuche die Aufnahme zusätzlicher Brancheninformationen (z. B. Adressverlag und Kindergärten) schnell einschlägige Spezialistenangebote sichtbar macht. Bspw. bietet der Adressverlag *Grotjohann* ein Adressverzeichnis für Kindergärten (http://www.adressverlag-grotjohann.de) mit insgesamt über 44.000 Adressen für alle Bundesländer, die bei Einmalnutzung zum Preis von 60,84 Euro pro Tausend (Stand Juli 2004) bezogen werden können, wobei gegen Zusatzgebühren auch Ausdrucke auf Selbstklebeetiketten, Disketten oder Auslieferung per Email oder CD-ROM möglich sind. Das Internetangebot der „Gelben Seiten" (*gelbeseiten.de*) bietet z. B. sogar einen geführten Zugang zu allen dort aufgelisteten Branchen („Branchenfinder").

(2) Eine zweite grundsätzliche Form der Adressengenerierung kann über *institutionelle Kontaktplattformen* erfolgen, bei denen sich die Unternehmen selbst beteiligen können, um an entsprechende Kontakte bzw. Kontaktadressen heranzukommen. Einschlägig sind hier alle realen (stationären) oder virtuellen Marktveranstaltungen, insb. Fachmessen, Ausstellungen, Internetplattformen, aber auch *Netzwerke*, z. B. Interessengemeinschaften, Arbeits- oder Freundeskreise. Besonders hilfreich, da zeitsparend und bequem, sind hierbei entsprechende Internet-Links, d. h. automatische Weiterleitungen auf die Homepages der jeweiligen Unternehmen, die Interessenten dazu verleiten können, mit dem Anbieter in Kontakt zu treten. Insb. für neue Unternehmen stellen solche Marktveranstaltungen und Netzwerke äußerst wichtige Instrumente zur Generierung von Interessentendateien dar, auch wenn die Kosten dafür unter Umständen beträchtlich sind. Sie rechtfertigen sich aber meist insofern, als z. B. an Messeständen in der Regel nur wirklich interessierte, prospektive Kunden kontaktiert werden, so dass die Selektionsarbeit mit dem entsprechenden Messekontakt bereits geleistet ist.

Eine speziell in den USA geläufige Form des Netzwerks zur Generierung von Neukundenkontakten stellen so genannte *Verkaufsclubs* dar, in denen sich Verkäufer aus verschiedenen Branchen zusammen finden, um gegenseitig Geschäftsadressen und Verkaufserfahrungen auszutauschen. Ähnliches gilt für Marketing- oder Verkaufsclubs in Deutschland, auch wenn deren Hauptfunktion auf anderen Gebieten liegt.

Eine besonders effektive Form der Netzwerkarbeit für neue Kontakte liegt dann vor, wenn vorhandene Kunden ihrem Lieferanten weitere Interessenten für das Produkt benennen und ggf. sogar entsprechende Weiterempfehlungen an diese

Interessenten geben (*Referenzgeschäft*). In den letzten Jahren etablieren sich auch zunehmend virtuelle oder persönliche *Beziehungsnetzwerke* von Personen unterschiedlichen Berufs, die sich gegenseitig durch Empfehlung neue Kunden zuführen. In manchen Branchen ist es auch üblich, „Member-Get-Member"-Aktionen zu starten, in denen vorhandene Kunden gezielt dazu animiert werden, Adressen eventueller neuer Kunden zu benennen, wofür dann entsprechende Incentives ausgelobt werden. Meist beschränkt sich diese Praxis aber auf das B-to-C-Geschäft (z. B. Zeitschriftenvertrieb oder Wein-Versandhandel).

Eine Sonderform der Netzwerk-Adressgewinnung stellen die *Multi-Level-Verkaufssysteme* dar, bei denen Außendienstmitarbeiter Untervertreter engagieren, die in ihren persönlichen Bekanntenkreisen und Wohnregionen entsprechende Kundenkontakte generieren. Setzt man diese Hierarchie stufenweise fort, entstehen so genannte Schneeballsysteme, die in Deutschland nach § 1 UWG i. V. m. § 16 II UWG allerdings untersagt sind (vgl. Holland 2001).

Eine weitere Form der Netzwerkarbeit bei der Adressengenerierung ist die Teilnahme an privaten *Vereinsgemeinschaften*, etwa Sportclubs, Förderervereinen, Marketingclubs o. Ä. Dort finden sich zahlreiche Gelegenheiten, neue Kontakte zu knüpfen und potenzielle Interessenten für die Produkte oder Dienstleistungen eines Unternehmens aufzuspüren. Dies gilt insb. dann, wenn der Verein eine sachliche Nähe zu diesen Leistungen hat, also z. B. ein Sportverein zu Sportartikeln. Zum Networking zählbar sind auch all jene Aktivitäten, die Verkäufer im Rahmen von *öffentlichen Veranstaltungen* als Fachreferenten, Diskutanten oder Seminarveranstalter unternehmen, um beim möglichen Interessenten „sichtbar" zu werden und persönliche Kontakte zu Interessenten zu knüpfen.

(3) Eine dritte grundsätzliche Form der Adressengenerierung nutzt die Möglichkeiten des so genannten *Response Marketing*, bei dem Massenmedien, wie Anzeigen, Hauswurfsendungen, Rundfunk- oder Fernsehspots und andere Werbemittel, dazu benutzt werden, eine personalisierte Reaktion (Response) der Adressaten zu erhalten und damit Interessentenadressen zu generieren. Dazu dienen Rücksendecoupons, oft mit zusätzlichen Incentives (z. B. Teilnahme an einem Preisausschreiben), eingeheftete Antwortkarten, eingeblendete Telefonnummern des unternehmenseigenen Call Centers oder die Adresse der eigenen Homepage. Grundsätzlich gilt es beim Einsatz solcher Responsemittel dem Interessenten die Reaktion so einfach wie möglich zu machen, um die Responsequote zu erhöhen (vgl. Gutsche 2002). Insb. für jüngere Zielgruppen eignen sich dafür auch Maßnahmen des so genannten *Mobile-Marketing*, etwa SMS-Aussendungen mit entsprechenden Rückrufmöglichkeiten, gelegentlich auch kombiniert mit Weiterempfehlungs- bzw. -sendungskonzepten im Rahmen eines „*Viral Marketing*". Dabei werden die ursprünglichen Adressaten aufgefordert, die Werbebotschaft immer wieder an weitere Kontaktpersonen im persönlichen Umfeld weiterzuleiten, um auf diese Weise einen Schneeballeffekt der Adressengenerierung zu erzeugen.

(4) Eine vierte Möglichkeit der Adressengenerierung erfolgt schließlich passiv durch unangestoßene *Anfragen von Interessenten*, die dann entsprechend weiter gepflegt werden können. Zunehmende Bedeutung besitzen in diesem Zusammenhang elektronische *B-to-B-Plattformen* und *Einkaufsportale*, die als proprietäre Systeme einzelner Betreiber (z. B. SID-Sainsbury's Information Direct) oder kooperativ von großen Beschaffern (z. B. COVISINT in der Automobilwirtschaft) betrieben werden (vgl. Zentes 2002; Ivens 2003). Sie entsprechen dem generellen Trend des „Marketing on Demand", bei dem die Initiative zu Transaktionen stärker vom Kunden ausgeht. Entsprechend haben die Lieferanten dort die bisher oft nur sehr mühselig zu schaffende Chance, an aktuelle Ausschreibungen und Beschaffungsprojekte potenzieller, auch internationaler Kunden leichter heranzukommen. Das Vorhalten der Kundenmerkmale gehört dabei zu den Standardfunktionen der Plattformen. Die hohe Transparenz des Marktmechanismus und die dabei oft eingesetzten inversen Auktionsverfahren fördern freilich den Preiswettbewerb und behindern den Qualitäts- und Servicewettbewerb (vgl. Smeltzer/Carr 2003).

Naturgemäß sind Vorgehensweisen bei der Adressengenerierung branchenspezifisch sehr unterschiedlich. Dort, wo es spezielle *Messeveranstaltungen* mit einem hohen Aufkommen potenzieller Interessenten gibt, spielen entsprechende Messekontakte oft die wichtigste Rolle, zumal hierbei bereits das Ausmaß des Produktinteresses und die Ansprachemöglichkeiten des Kunden eruiert werden können. In Branchen mit hohem Anteil an Vertrauensgütern stellen dagegen *Weiterempfehlungen* vorhandener Kunden eine zumindest ebenso wichtige Vorgehensweise dar. Je anonymer das Marktgeschehen und je näher sich das Geschäft dem B-to-C-Charakter annähert, umso häufiger werden *Adressengewinnungskampagnen*, bei denen Massenmedien mit Rückcoupons oder anderen Response-Elementen eingesetzt werden, um Interessenten zu gewinnen.

3.1.4   Interessentenidentifikation und -dokumentation

Bei der Adressengenerierung geht es prinzipiell zunächst nur um die Erhebung einschlägiger Interessentenanschriften, die dann als *Prozessinput* im nächsten Arbeitsschritt mit den aus der Zielgruppenbeschreibung verfügbaren Normprofilen abgeglichen werden. Diese *Interessentenidentifikation* dient der Selektion von Interessenten, die aus Effizienzgründen nicht oder nur mit bestimmten Medien (z. B. brieflich statt telefonisch oder persönlich) angesprochen werden sollen. Andererseits beinhaltet die Interessentenidentifikation noch keine aufwändige Kundenbewertung im ökonomischen Sinne, wie sie im Abschnitt 3.2 beschrieben wird. Bei der Interessentenidentifikation geht es vielmehr in erster Linie um eine Selektion unbrauchbarer oder wenig aussichtsreicher Adressen, wofür ganz unterschiedliche Gründe in Frage kommen können: Der Interessent
➢ hat seinen Sitz außerhalb des eigenen Vertriebsgebietes,
➢ hat keinen einschlägigen Bedarf,

➤ existiert nicht mehr (Adressveralterung),
➤ wurde bereits kontaktiert etc.

Insgesamt geht es also um die sog. *Adressqualifizierung.* Sie ist insb. bei älteren Datenbeständen notwendig, weil sich die Situation am Absatzmarkt oft rasch ändert und veraltete Dateien zu ineffizienten Vorgehensweisen führen.

Eine weitere Aktivität im Rahmen der Interessentenidentifikation ist die exakte *Charakterisierung des Kunden*, welche den Stammdatensatz der späteren Kunden-datei liefert. Dabei geht es z. B.

➤ um die exakte Benennung des Kunden (Name, Firma, etc.),
➤ die Zugehörigkeit zu umfassenderen Konzernen, Verbundgruppen o. Ä.,
➤ die Erfassung der Rechtsform des Kunden,
➤ die Charakterisierung der Geschäftstätigkeit,
➤ die Benennung des Bedarfskreises (Beschaffungsspektrum),
➤ vom Kunden bediente Absatzmärkte,
➤ Ansprachemöglichkeiten des Kunden,
➤ den Kaufrhythmus bzw. den voraussichtlichen Termin für einen Wiederkauf etc.

Naturgemäß unterscheiden sich die Kundenstammdaten je nach Branche und Unternehmenstyp und müssen, wie erwähnt, mit den in der Zielgruppenbeschrei-bung genannten Zielgruppenmerkmalen abgeglichen werden.

Output der Interessentenidentifikation ist eine bereinigte Interessentenliste, die dann als Input in die *Interessentendokumentation* übergeleitet wird. Dieser letzte Teilschritt der Kundenfokussierung beinhaltet die Eingabe der Interessentenliste in eine elektronische Kundendatenbank, in welcher die erwähnten Daten den sog. *Stammdatensatz* bilden. Insofern ist der *Output* der Interessentendokumentation ein elektronisches Interessenten-File, auf das einschlägige CRM-Prozesse zugreifen können. Die Stammdaten werden dabei im Laufe der Zeit weiter gepflegt und ergänzt und spiegeln dann insgesamt die gesamte Historie einer Beziehung zum Interessenten bzw. späteren Kunden wider. Sie dienen also als elektronisches „Kundengedächtnis", das wie bei einer persönlichen Bekanntschaft zwischen Verkäufer und Käufer eingesetzt werden kann.

3.1.5 Kampagnenmanagement

Zur Unterstützung und teilweisen Automatisierung der Interessentengewinnung wird zunehmend auf ein *elektronisches Kampagnenmanagement* im Rahmen um-fassenderer CRM-Systeme zurückgegriffen. Es zeichnet sich durch elektronische Überwachung und Steuerung der Kommunikationsschritte in Dialogketten mit (potenziellen) Kunden über verschiedene Kommunikationsschritte und Kommu-nikationskanäle hinweg aus, die um so notwendiger werden, je vielfältiger die Äste eines interaktiv angelegten Dialogs mit Kunden werden. Dies ist dann der Fall, wenn dem Kunden unterschiedliche Responsemöglichkeiten geboten und der jeweils nächste Kommunikationsschritt immer individueller auf den Kunden abgestimmt wird (vgl. Hippner/Rentzmann/Wilde 2004, S. 22 ff.).

Finsterwalder/Lutz/Packenius (2004) beschreiben dies am Beispiel der Einführung des neuen Audi A8 in Italien, die mit einer dreistufigen Direktmarketing-Kampagne vorbereitet wurde (vgl. Abb. 3-3): Nach einer umfassenden Sammlung und Konsolidierung geeigneter Adressen aus internen und externen Quellen kontaktierte man mittels eines ersten Mailings mit Teaser-Charakter 35.000 potenzielle Interessenten (prospects) mit einem Ankündigungs-Booklet über Audi und den A8, das sich je nach vorhandener Automarke unterschied, aber in allen Fällen eine Antwortkarte enthielt, u. a. mit Fragen zur Soziodemographie, zu Kaufgründen sowie Präferenzen für die weitere Kommunikation mit Audi. Darauf baute die zweite Welle der Kampagne auf, in der auf den jeweils präferierten Kommunikationskanälen weitere Informationen in speziell auf die erfragten Kaufgründe abgestimmten Prospekten mit variablen Einsteckkarten zugesandt und ein mehr oder minder umfassendes Dienstleistungsangebot (Finanzierung, Versicherung, Lifestyle-Aktionen etc.) angeboten wurde. Bei Nicht-Reaktion wurde telefonisch durch ein Call Center nachgefasst. Erneut bot ein Fragebogen die Möglichkeit zum Response, der dann als dritten Kampagnenschritt eine Einladung zur Testfahrt oder eine telefonische Kontaktaufnahme durch den Händler nach sich zog. Die Kampagne wurde zu Testzwecken von einer Kontrollgruppe begleitet, in der keine Dialogkommunikation betrieben wurde. Dadurch belegte man eine sehr hohe Effektivität und Effizienz dieser Kampagne, die nur elektronisch unterstützt in dieser Form überhaupt möglich war.

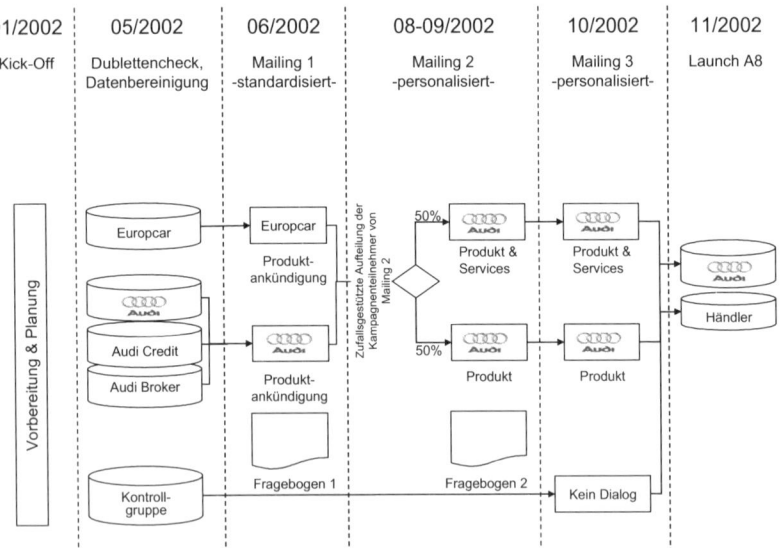

Abb. 3-3: Beispiel für Kampagnenmanagement
(Quelle: Finsterwalder/Lutz/Packenius 2004, S. 381)

In gewissem Ausmaß ist mit solchen Systemen eine *Automatisierung der Kunden-kommunikation* i. S. d. CRM-Konzeptes möglich. Dies erlaubt eine schnellere und effizientere Kampagnensteuerung (gezielte, dynamische Selektion responseträchtiger Adressaten). Ferner erreicht man höhere Effektivität der Kommunikation durch die Individualisierung des Dialogs und höhere Kundenzufriedenheit wegen schnellerer Anfragenbearbeitung und stimmigerer Kommunikation mit dem Kunden. Auch die zeitliche und inhaltliche Koordination verschiedener Kommunikationskanäle einer Kampagne i. S. d. integrierten Kommunikation kann zu höherer Durchschlagskraft der Kundengewinnungskampagnen führen. In Großunternehmen spielt beim Kampagnenmanagement ferner die zeitliche und inhaltliche Koordination mehrerer, sukzessiver oder zeitlich überlappender Kampagnen eine Rolle, die von verschiedenen Unternehmensabteilungen in Angriff genommen werden (Synergieeffekte, Verhinderung von Reaktanz und Übermüdung). Schließlich führt die Zentralisierung aller Informationen über den Kunden-Kommunikationsfluss zu größerer Kommunikationstransparenz und ermöglicht tiefgründigere Wirkungsanalysen im Sinne des Data Mining. Kampagnenmanagement ist dann ein in sich geschlossener Prozess, der alle Phasen einer Kommunikationskampagne von der Situationsanalyse und strategischen Ausrichtung über die Kampagnenkonzeption und Zielgruppenauswahl bis hin zur Durchführung der Dialogschritte und Auswertung des Response mit entsprechendem Controlling des Gesamtkonzeptes einschließt. Für jede Teilphase können auf Grund der systematischen Dokumentation im Data Warehouse und entsprechender Analysen Lernfortschritte für zukünftige Kampagnen erzielt werden.

3.2 Kundenanalyse

3.2.1 Überblick

Bei der Kundenanalyse handelt es sich im Rahmen der Kundenannäherung um einen analytischen Prozess der Durchleuchtung und Bewertung potenzieller Kunden (Leads) mit dem Ziel einer Priorisierung und Klassifikation. Den *Input* des Prozesses stellen einerseits die dem Kundenfokussierungsprozess entstammende Interessentendatei und andererseits zusätzliche Informationen dar, die unmittelbar oder mittelbar Aufschlüsse über das Absatzpotenzial beim jeweiligen Interessenten zulassen. Eine solche Potenzialanalyse fokussiert erstens das *Beschaffungsvolumen* des jeweiligen Leads, die dort gängigen *Beschaffungsstrukturen und -prozesse* sowie die individuellen *Beschaffungspräferenzen* der im Einkauf des Kunden tätigen Personen (vgl. Abb. 3-4). Zu Letzteren zählen auch die vorhandenen Bindungen an ganz bestimmte Lieferanten, so dass die Kundenbewertung zumindest implizit immer auch eine Analyse der eigenen (potenziellen) Wettbewerbsposition beim Kunden umfasst. *Output* der gesamten Kundenanalyse ist eine Rangliste prospektiver Kunden („*Prospects*"), für die es sich je nach Rangposition mehr oder minder lohnt, verkäuferische Ressourcen einzusetzen.

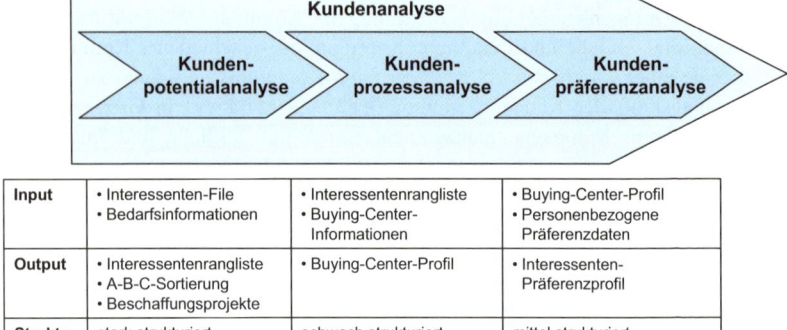

Input	• Interessenten-File • Bedarfsinformationen	• Interessentenrangliste • Buying-Center-Informationen	• Buying-Center-Profil • Personenbezogene Präferenzdaten
Output	• Interessentenrangliste • A-B-C-Sortierung • Beschaffungsprojekte	• Buying-Center-Profil	• Interessenten-Präferenzprofil
Struktu-rierung	stark strukturiert	schwach strukturiert	mittel strukturiert

Abb. 3-4: Teilprozesse der Kundenanalyse

Die *Bedeutung* der Kundenanalyse liegt damit in der *Effizienzsteigerung* der Verkaufsbemühungen. Aufwendungen zur Gewinnung neuer Kunden bzw. zur neuerlichen Ansprache früherer Kunden lohnen sich nur dann, wenn ihnen ein entsprechendes *Kundenwertpotenzial* gegenüber steht. In praxi wird dieser Grundsatz häufig missachtet, weil wertvolle Kunden oft genug schwierigere Kunden darstellen und deshalb von den Verkäufern gern hintangestellt werden. Durch umsatzbezogene Zielvorgaben werden Verkäufer oft auch dazu verleitet, möglichst viele statt wertvolle Kunden zu akquirieren. Oft genug ist der Kundenwert im umfassenden Sinne wegen fehlender Analysen gar nicht bekannt, obwohl immer wieder deutlich wird, dass sowohl beim Umsatz als auch beim Ertrag die *Pareto-Regel* gilt, also etwa 20 % der Kunden 80 % des Umsatzes bzw. Ertrages erwirtschaften. Darüber hinaus erbringt die Kundenanalyse aber auch wichtige Informationen für die spätere (Erst-)Kundenansprache, die umso gezielter, individueller und damit aussichtsreicher angelegt werden kann, je mehr Informationen über das Beschaffungsverhalten der Interessenten vorliegen.

Kundenanalyseprozesse treten im gesamten Kundenmanagement-System an verschiedenen Stellen und zu verschiedenen Zeitpunkten des Sales Cycle auf. Im vorliegenden Fall behandeln wir lediglich jene Aspekte, die für die Erstkundengewinnung von Bedeutung sind. Im späteren Verlauf des Kundenlebenszyklusses werden diese Analysen in ähnlicher Form wiederholt, so z. B. bei der jährlichen Kundenplanung, die ihrerseits auf entsprechenden Kundenanalysen aufbaut, bei denen man dann freilich schon auf die inzwischen vorliegenden periodischen Geschäftsdaten des Kunden und die gewonnenen Erfahrungen im Umgang mit ihm aufbauen kann.

Schließlich erbringt die Kundenanalyse auch die Informationsgrundlage für die Entwicklung entsprechender *Strategien der Kundenannäherung* (vgl. Kap. 4). Insb. dienen sie aber der im Sales Cycle zunehmenden *Individualisierung der Kunden-beziehungen* („Customizing") im Hinblick auf die spezifischen Präferenzen der Kunden, was für den Wettbewerbserfolg von ausschlaggebender Bedeutung sein kann.

Die Kundenanalyse führt also zur *Kundenqualifizierung* und *-priorisierung*. Sie stellt damit sozusagen einen Kompass für die Akquisitionsbemühungen eines Unternehmens dar, auf den ein effektives und effizientes Kundenmanagement nicht verzichten kann.

3.2.2 Kundenpotenzialanalyse

Die Kundenpotenzialanalyse beinhaltet die Ermittlung des *Beschaffungsvolumens* potenzieller Kunden in den einschlägigen Produkt- bzw. Servicebereichen eines Anbieters. Die Betrachtung kann dabei sowohl mengen- als auch wertmäßig (Umsatz) erfolgen, wird aber in der Regel in Mengengrößen vorgenommen, weil diese in der Regel leichter zugänglich sind. Den *Input* dieses Prozesses stellen einerseits die Daten aus dem Interessentenfile (vgl. Kundenfokussierungsprozess), andererseits alle Informationen dar, die unmittelbar oder mittelbar Aufschlüsse über das Beschaffungsvolumen des jeweiligen Leads zulassen.

Zu solchen unmittelbar einschlägigen Informationen gehören Einkaufsdaten der betrachteten Interessenten, die z. B. aus Geschäftsberichten, Verbandsstatistiken, Homepages o. ä. Quellen zugänglich sein können. Bspw. wird der Energiever-brauch vieler Unternehmen in den Geschäftsberichten ausgewiesen und kann von einschlägigen Energielieferanten entsprechend aufbereitet werden. In ähnlicher Weise kann im Anlagengeschäft, z. B. für Gleisanlagen und Signaltechnik von Bahnen, auf entsprechende Investitionsberichte bzw. -planungen der Bahnbetreiber zurückgegriffen werden. In vielen Fällen sind auch der Bestand und die durch-schnittliche Haltezeit bestimmter Gebrauchsgüter pro Kunde bekannt, so dass auch solche Daten unmittelbaren Aufschluss über den periodischen Bedarf eines po-tenziellen Kunden erbringen. Meist muss man freilich zur Ermittlung des Beschaf-fungspotenzials auf *Indikatoren* zurückgreifen, die mittelbar Auskunft über den Bedarf potenzieller Kunden erbringen.

Gute Indikatoren besitzen eine hohe Korrelation mit der Bedarfshöhe, weil technische, ökonomische oder sonstige Zusammenhänge damit bestehen. Je nach Branche kann man bspw. auf folgende Bedarfsindikatoren zugreifen, die in aller Regel bei entsprechender Recherche leichter ermittelbar sind als der Bedarf selbst:
➢ In der Reifenindustrie kann der Erstausrüstungsbedarf der Automobilhersteller an die durch die *Erstzulassungsstatistik* für PKW und entsprechende Absatzprognosen be-kannten Absatzzahlen pro Hersteller gebunden werden.

➤ Der Energiebedarf im Gaststättengewerbe oder Einzelhandel kann über die dort jeweils vorhandenen *Flächen* hochgerechnet werden, wenn entsprechende Regressionsanalysen zwischen dem Flächeneinsatz und dem Energieverbrauch vorliegen.

➤ Häufig knüpft man bei der Potenzialanalyse auch an der *Mitarbeiterzahl* der jeweiligen Betriebe an, weil diese für den Bedarf entscheidend ist, so z. B. für den Bedarf an EDV-Peripheriegeräten, Büromöbeln, Schreibgeräten etc.

➤ Zumindest einen groben Hinweis auf die Höhe des Bedarfs geben so genannte *Verbrauchskoeffizienten*, die auf aggregierter Ebene des Umsatzes für einen bestimmten Input in Betrieben aufgewendet werden. Z. B. kennt man häufig Werbekostenquoten (ca. zwei bis sechs Prozent), aus denen man den Bedarf an bestimmten Medien ableiten kann. Für Produktionsgüter existieren häufig technisch bedingte Verbrauchszusammenhänge, etwa der Bedarf an Stahl im Schiffsbau oder an chemischen Rohstoffen in der pharmazeutischen Industrie.

Die Beispiele machen deutlich, dass die Herleitung des Bedarfs an Hand solcher Indikatorgrößen eine intime Kenntnis der branchenspezifischen Produktions- und Vermarktungsverhältnisse erfordert, dann aber in der Regel nicht mehr all zu schwer fällt. Deutlich sichtbar wird an diesem Punkt auch das im B-to-B-Geschäft typische *Denken im abgeleiteten Bedarf*, d. h. mit Hilfe der vom Kunden abgesetzten Mengen bzw. umgesetzten Erlöse. Reichen die diesbezüglich sekundärstatistisch ermittelbaren Informationen nicht aus, ergänzt man sie ggf. durch Fachgespräche mit vorhandenen oder potenziellen Kunden, Fachleuten oder Beratern und/oder nutzt Marktveranstaltungen, wie Messen und Ausstellungen, zu entsprechenden Hintergrundrecherchen. Sonderanalysen sind insb. für Anbieter neuer Technologien und Dienste erforderlich, weil dort noch wenig Erfahrungen über Verbrauchsintensitäten und -relationen vorliegen. Dazu muss man dann mit einer möglichst repräsentativen Stichprobe potenzieller Kunden entsprechende Fachgespräche führen. Eine weitere Alternative besteht gelegentlich im Blick auf ein weiter entwickeltes Ausland, in dem die Diffusion des jeweiligen Produktes bereits weiter fortgeschritten ist, so dass Rückschlüsse über die künftigen Bedarfe und Bedarfsträger im Inland gezogen werden können.

Besonders im *Projektgeschäft* lässt sich der kundenindividuelle Bedarf auch aus den von den jeweiligen Unternehmen oft öffentlich gemeldeten Beschaffungsprojekten bzw. entsprechenden Berichten darüber in der Tages- und Fachpresse ableiten. So können Heizungsbaufirmen auf die geplanten Siedlungsprojekte von Immobilien-Firmen oder die entsprechenden Bauanträge Bezug nehmen, die in den Bauämtern gestellt werden. Gelegentlich können auch Kooperationspartner, z. B. eigene Lieferanten, Händler oder eingeschaltete Installationsbetriebe mit direktem Endkundenkontakt, entsprechende Informationen über Kundenbedarfe liefern.

Als *Output* der Analyse des Beschaffungsvolumens ergibt sich eine Interessentenliste, deren Rangreihung nach dem Beschaffungsvolumen aufzeigt, welcher Kunde diesbezüglich am attraktivsten erscheint. Dies unterstellt, dass jeweils gleich viele Anteile dieses (maximalen) Beschaffungsvolumens pro Kunde vom eigenen Unternehmen erschlossen werden können, was wegen entsprechender Lieferantenbindungen in aller Regel freilich nicht möglich ist. Auch deshalb muss die Volumenanalyse durch weitere, nachfolgend beschriebene Analysegänge über die Beschaffungsprozesse und -präferenzen der potenziellen Kunden ergänzt werden.

Ausschlaggebend für die *Qualität* der Kundenanalyse des Beschaffungsvolumens sind die Aktualität und die Genauigkeit der beschafften Informationen. Sie konkurrieren mit entsprechenden Kosten für Sekundär- bzw. sogar Primärrecherchen. Hohe Investitionen in solche Analyseverbesserungen erscheinen aber erst dann angebracht, wenn auch hinreichend Chancen bestehen, den Kunden tatsächlich für sich zu gewinnen. Insofern kann damit ggf. auch noch abgewartet werden, bis die ersten Kundengewinnungsversuche abgeschlossen sind und einschlägige diesbezügliche Erfahrungen vorliegen.

3.2.3   Kundenprozessanalyse

In der Kundenprozessanalyse ermittelt man die organisatorischen Strukturen und Abläufe von Beschaffungsprozessen beim (potenziellen) Kunden, um die richtigen Kontaktpersonen in der Kundenorganisation für verschiedene Kontaktanliegen und -zeitpunkte aufzufinden. Da hiermit u. U. ein erheblicher Aufwand einhergeht, wird man im Allgemeinen nur die attraktivsten Interessenten aus der Interessentenrangliste einer solchen Analyse unterziehen. Dies ist auch der Grund dafür, dass wir die Kundenpotenzialanalyse und die Kundenprozessanalyse analytisch trennen, obwohl sie in praxi häufig ineinander übergehen.

Es handelt sich in der Regel um einen nur schwach strukturierten Prozess, der langsam anwachsendes Wissen über die Kundenorganisation generiert. Entscheidende Fortschritte wird man dabei bei den Kundenkontakten selbst gewinnen können, so dass man auch von einem übergreifenden Prozess sprechen könnte. Trotzdem muss mit der Informationssammlung am besten in der Annäherungsphase begonnen werden, damit die nachfolgende Kundengewinnungsphase Ziel führender ausgestaltet werden kann, weil die möglichen Ansprechpartner und deren Rollen im Einkaufsprozess des Kunden bekannt sind. Darüber hinaus erscheint die Formalisierung der Kundenprozessanalyse als eigenständiger Verkaufsprozess auch deshalb sinnvoll, weil damit die Abhängigkeit der Unternehmung von den jeweiligen Kundenmanagern vermindert und die Geschäftsbeziehung auch im Falle eines Personalwechsels kontinuierlich fortgesetzt werden kann.

Input der Kundenprozessanalyse sind Informationen über das *Buying-Center* des Kunden, d. h. die direkt oder indirekt für den Beschaffungsprozess zuständigen Mitarbeiter und deren spezifisches Funktionsbild. In einer *Spiegel*-Untersuchung aus dem Jahre 1982 zeigte sich, dass es immerhin im Durchschnitt vier Personen sind, die über alle Stadien des Beschaffungsprozesses hinweg an der Einkaufsentscheidung gewerblicher Abnehmer mitwirken (vgl. Spiegel 1982). Die Spannweite reicht aber von nur zwei bis drei bis hin zu mehr als zehn Personen.

Ausgangspunkt für die Ermittlung der Buying-Center-Strukturen kann eine *Funktionsanalyse* der eigenen Produkte und Dienste sein, in der genauer spezifiziert wird, welche Funktionen die angebotene Leistung in der Abnehmerorganisation erfüllen soll (vgl. Backhaus 2003, S. 73 f.). Neben dem unmittelbaren Verwendungszweck für den Nutzer des Produktes (im Falle eines Fotokopierers also z. B. der Sekretärin) können z. B.

➢ die Optimierungsfunktion des Informationswesens einer Unternehmung (organisatorisch verankert in der Abteilung „Organisation" oder „EDV"),

➢ die Schutzfunktion des Gerätes vor Unfällen oder persönlichen Schäden (mit der zuständigen Qualitätssicherungsabteilung) oder

➢ die Bequemlichkeit der für den Einkauf solcher Geräte zuständigen Einkaufs- und Verwaltungsabteilungen

identifiziert und die jeweils dafür zuständigen Stellen für eine entsprechende Kundenansprache gefunden werden.

Über die reine Benennung dieser Personen oder Abteilungen hinaus zielt die Kundenprozessanalyse aber auch auf die Ermittlung der *formalen und informalen Rollen* dieser Personen, die sich aus dem Organigramm einer Organisation (Funktionsbild), aber auch den tatsächlichen Organisationsabläufen ergeben. Entsprechend dem Grundkonzept des Buying-Centers lassen sich mit Webster/Wind (1972) fünf verschiedene Rollen unterscheiden:

(1) *Einkäufer* besitzen formale Autorität bezüglich der Auswahl von Lieferanten und des Abschlusses von Kaufverträgen.

(2) *(Be-)Nutzer* sind Personen, welche das jeweilige Gut später anwenden bzw. nutzen. Sie verfügen über einschlägige Erfahrungen, kennen die Probleme bei der Produktnutzung und sind deshalb in der Regel qualitätssensitiv.

(3) *Beeinflusser* sind zwar formal meist nicht direkt am Kaufprozess beteiligt, üben aber über beratende Funktionen oder ihre Rolle als Experten Einfluss auf den Beschaffungsprozess aus.

(4) *Informationsselektierer* (Gatekeeper) können den Informationsfluss im Buying-Center steuern, weil sie als Zulaufstellen für entsprechende Informationen von innerhalb und außerhalb der Unternehmung agieren (z. B. Sekretariate).

(5) Als *Entscheider* fungieren schließlich mit entsprechenden Entscheidungskompetenzen ausgestattete Personen oder Stellen, wobei hierbei häufig auch hierarchisch gestaffelte Kompetenzen beobachtbar sind.

Je nach dem, ob es um den Anstoß von Kaufentscheidungsprozessen, die Beeinflussung von Kaufentscheidungskriterien, die Durchsetzung von Preisvorstellungen oder um andere Verkaufsthemen geht, sind verschiedene dieser Funktions- und Rollenträger für die Ansprache relevant. Besonders bedeutsam ist es auch, die normalen *zeitlichen Abläufe* des Einkaufsmanagements bei den jeweiligen Kunden zu kennen, weil nur dann die jeweils entscheidenden Zeitfenster für die Kundenansprache, Angebotsabgabe etc. gefunden werden können. Bspw. sind im Handel *Jahresgespräche* im Herbst jedes Jahres üblich, in denen in der Firmenzentrale

Rahmenvereinbarungen über die Listung bestimmter Artikel, die Durchführung von Verkaufsförderungsaktionen oder die Einleitung gemeinsamer Geschäftsprojekte getroffen werden.

Outputs der Kundenprozessanalyse sind demnach:

➤ ein Organigramm mit den fachlichen Gliederungen der Kundenorganisation,

➤ eine differenzierte Liste der Zuständigkeiten einzelner Abteilungen und/oder Personen und

➤ eine Beschreibung typischer Einkaufsprozesse und -regularien beim Kunden.

Die wichtigsten *Informationsquellen* über solche Umstände sind Mitarbeiter der Kundenorganisation selbst, aber auch Verkäufer anderer Unternehmen, die den jeweiligen Kunden beliefern, oder Berater bzw. ehemalige Mitarbeiter der Kundenorganisation.

3.2.4 Kundenpräferenzanalyse

In ähnlicher Weise wie bei der Kundenprozessanalyse befasst sich die Kundenpräferenzanalyse mit spezifischen Eigenheiten der Kundenorganisation. Hierbei geht es allerdings nicht um organisatorische, sondern um personelle Aspekte, insb. um die spezifischen Einkaufspräferenzen der Entscheidungsträger im Kundenunternehmen. Sie betreffen insbesondere

➤ die relative Bedeutung einzelner Angebotsleistungen, wie Qualität, Preis, Service, Zuverlässigkeit etc.,

➤ Präferenzen im Informationsverhalten bezüglich bestimmter Medien und Inhalte,

➤ Einstellungen der Entscheidungsträger zu ganz bestimmten Lieferantentypen oder Geschäftsformen und

➤ Risikopräferenzen und Verhandlungsstile.

Informationen darüber bilden den *Input* der Kundenpräferenzanalyse, die dann als *Output* ein „Chancen-Profil" für den Anbieter ergibt, aus dem ersichtlich wird, ob und auf welche Weise beim jeweiligen Interessenten Geschäftschancen bestehen.

Wichtiger Bestandteil der Kundenpräferenzanalyse ist dabei auch die Aufklärung der *Wettbewerberpositionen*, d. h. der Lieferanteile bisheriger Lieferanten und die Zufriedenheit mit diesen Lieferanten. Im Industriegütersektor existieren häufig so genannte *„In-Supplier"*, d. h. Lieferanten, die bereits über langjährige Geschäftsbeziehungen mit dem Kunden verfügen, so dass sie bei Zufriedenheit des Abnehmers nur unter besonderen Anstrengungen von einem *„Out-Supplier"* aus der Geschäftsbeziehung gedrängt werden können. Der Fokus der Kundenpräferenzanalyse reicht insoweit über den eigentlichen Kunden hinaus und erfasst auch die relevante Wettbewerbssituation im strategischen Dreieck. Nur wenn der Anbieter eine echte Chance hat, spezifische Wettbewerbsvorteile beim jeweiligen Kunden zur Geltung zu bringen, bestehen langfristig Chancen auf eine dauerhafte Geschäftsbeziehung.

Gerade für den „Einstieg" in eine Geschäftsbeziehung ist es dann sehr wichtig zu wissen, welches *Entscheidungsverhalten* die verschiedenen Mitarbeiter in der Kundenorganisation aufweisen.

Strothmann (1979, S. 90 ff.) hat dafür eine Informationsverhaltenstypologie für das Informationssuch-, das Informationsverarbeitungs- und das Entscheidungsverhalten entwickelt. Bezüglich des Suchverhaltens wird ein *„literarisch-wissenschaftlicher"*, ein *„objektiv-wertender"* und ein *„spontan-passiver"* Typ unterschieden. Ersterer möchte möglichst umfassend und detailliert über alle Aspekte informiert werden, bevorzugt schriftliche Informationen und bereitet sich gründlich auf entsprechende Fachgespräche mit Verkäufern vor. Der objektiv-wertende Typ ist pragmatisch und bereitet sich meist nur kurzfristig und je nach Phase des Einkaufsprozesses selektiv auf die anstehenden Gesprächsthemen vor. Detaillierte Informationen werden erst im späteren Verlauf des Einkaufsprozesses gesammelt und ausgewertet. Verkäufer haben hier sehr viel mehr Chancen, mit eigenen Informationen das Erscheinungsbild des eigenen Unternehmens zu prägen. Der spontan-passive Typ handelt im Informationsverhalten wenig systematisch, sondern verwendet jene Informationen, die ihm jeweils gerade zugänglich sind. Bequemlichkeit und Zeitersparnis sind ihm wichtig, so dass auch hier leichte Einflussnahme durch entsprechende Aktivitäten der Verkäufer eines Anbieters möglich ist.

Hinsichtlich der Informationsverarbeitungstypen werden *Fakten-* und *Imagereagierer* unterschieden. Erstere lassen sich von detaillierten Informationen leiten, sind risikobewusst und versuchen, durch sorgfältige Vorbereitung der Einkaufsentscheidungen den Einkaufsprozess zu optimieren. Imagereagierer versuchen dagegen, eher intuitiv die optimale Entscheidung zu treffen, wobei emotionale Komponenten im Bewertungsprozess eine größere Rolle spielen.

Bezüglich des Entscheidungsverhaltens interessieren vor allem die von den Entscheidungsträgern bevorzugten Methoden der Risikoreduktion, also z. B.:
➢ Externe Ungewissheitsreduktion (z. B. Besichtigung einer Referenzanlage),
➢ Interne Ungewissheitsreduktion (z. B. Gespräche mit anderen Käufern),
➢ Externe Konsequenzenbegrenzung (z. B. durch Verteilung der Aufträge auf mehrere Lieferanten),
➢ Interne Konsequenzenbegrenzung (z. B. durch Absicherung der Entscheidung beim Vorgesetzten; vgl. hierzu Sweeney/Matthews/Wilson 1973; Backhaus 2003, S. 89).

Naturgemäß lassen sich derartige Informationen in der Regel erst nach der Kontaktaufnahme zuverlässig einholen. Trotzdem empfiehlt es sich, damit so früh wie möglich zu beginnen, um die Effizienz der Verkaufsarbeit zu gewährleisten. Im Verlaufe des Kundenlebenszyklusses lassen sich dann detailliertere Informationen, etwa über das Entscheidungsnetzwerk (vgl. hierzu Backhaus 2003, S. 90 ff.) und die Kommunikationsstrukturen in der Kundenorganisation, einholen.

Zu den geschäftlichen Kundenpräferenzen und Verhaltensweisen der Entscheidungsträger sollten im Chancen-Profil auch *private Präferenzen* aufgenommen werden, etwa spezielle Interessen und Hobbys, familiäre Verhältnisse, Geburtstage etc., weil hieran bei einer personalisierten Kundenansprache angeknüpft werden kann.

Kundenpotenzialanalyse, Kundenprozessanalyse und Kundenpräferenzanalyse sorgen insgesamt also für eine umfassende *Qualifizierung* der Interessenten, auf deren Basis die weiteren Verkaufsbemühungen aufbauen können. Darüber hinaus bilden sie die Grundlage für eine *Selektion* aussichtsreicher Interessentenkontakte und die Erstellung eines *Kundenportfolios* (vgl. Kap. 4). Der damit verbundene Aufwand kann beträchtlich sein und muss im Lichte der Vorzüge einer Kundenwertorientierung im Kundenmanagement abgewogen werden. Kundenwertorientierte Verkaufsarbeit ist also nicht erst in den späten Lebensphasen einer Geschäftsbeziehung, sondern schon in den Frühphasen möglich und sinnvoll.

Verständnisfragen zu Kapitel 3

1. Erläutern Sie Gegenstand und Ablauf des Kundenfokussierungsprozesses am Beispiel eines Gebäudereinigers! Definieren Sie dabei ein geeignetes Normprofil und listen Sie einschlägige Adressquellen zur Identifikation von Leads! Recherchieren Sie auf einschlägigen Internetseiten nach geeigneten Adresslisten für das Einzugsgebiet Ihres Wohnortes! Überlegen Sie, ob sich der Kauf entsprechender Adresslisten lohnt oder ob Sie die Adresssuche lieber selbst übernehmen sollten!
2. Welche Fragen stellen sich bei der Adressqualifizierung der von Ihnen gesammelten bzw. gekauften Adressen? Erörtern Sie die „Buying-Center" möglicher Großkunden!
3. Zum 10-jährigen Betriebsjubiläum Ihrer Gebäudereinigung planen Sie eine Direct Mail-Kampagne an alle bisherigen, aber im Verlauf wieder verlorenen Kunden Ihres Unternehmens mit dem Ziel, diese Kunden zu reaktivieren. Skizzieren Sie ein dafür geeignetes, möglichst interaktives Vorgehen und die dabei auftretenden Einsatzchancen für elektronische CRM-Systeme!
4. Erläutern Sie die unterschiedliche kundenpolitische Situation für einen In- bzw. Out-Supplier!
5. Wie kann ein Anbieter den Risiken eines Käufers entgegenkommen?
6. Ihre Gebäudereinigung hat derzeit 80 aktive Kunden mit einem Durchschnittsumsatz von € 60.000 p.a. Die Kundenbindungsrate beträgt 60%, die Deckungsbeitragsrate 50%. Erfahrungsgemäß gelingt es, 20% der Leads zu Kunden zu machen. Welchen Etat sollten Sie maximal für die Generierung von Leads ansetzen?

Kapitel 4: Strategische Prozesse der Kundenannäherung

In diesem Kapitel erörtern wir die Vorgehensweisen zur Herleitung einer Kundenannäherungsstrategie. Wir stellen den Inhalt einer solchen Strategie und die Teilprozesse zu deren Erarbeitung dar. Behandelt werden der Einsatz und die Aussagekraft von Kundenportfolioanalysen, mikrogeografischer Kundensegmentierungen und anderer Kundengruppierungen zur Bewertung verschiedener Stossrichtungen bei der Kundengewinnung sowie die dabei grundsätzlich einsetzbaren Kommunikationspfade.

4.1 Kundenannäherung als strategische Aufgabe

Wie die Ausführungen im vorangegangenen Kapitel deutlich gemacht haben, existieren für die Kundenannäherung in den meisten Fällen mehr oder minder große Spielräume für die Vorgehensweise. Ein Hersteller vielfältig einsetzbarer Aluminiumprofilteile mit besonders hoher Fertigungspräzision kann z. B. auswählen, ob er seinen Markt eher in der Kfz-Zulieferbranche (z. B. für Schiebedächer), in der Baubranche (z. B. für die Fassadengestaltung), im Möbelsektor (z. B. für Verblendungen) und/oder in sonstigen Anwendungssektoren seiner Produkt- oder Verfahrenstechnologie suchen soll. Letztlich handelt es sich hier um eine strategische Entscheidung darüber, welche Märkte vom jeweiligen Anbieter bearbeitet werden sollen. Märkte werden im Marketing nicht zuletzt an Hand der jeweils bedienten Kundenkreise definiert (vgl. Bauer 2001a).

Jede der in Betracht kommenden Kundenkreis-Alternativen weist dabei im Allgemeinen spezifische Merkmale hinsichtlich Anzahl, Struktur und Verhaltensweisen der Kunden sowie Stärke der jeweiligen Wettbewerber auf. Insofern muss im Sinne des strategischen Dreiecks abgewogen werden, welche Märkte die besten Ausgangssituationen für den Anbieter aufweisen: Wo besitzt er die größten Chancen bei dem prospektiven Kunden? Wo gibt es das größte unausgeschöpfte Kundenpotenzial? Wo ist der Wettbewerbswiderstand voraussichtlich am geringsten? Welche der Teilmärkte entwickeln sich in Zukunft am dynamischsten? Solche Fragen besitzen unzweifelhaft strategischen Charakter, da sie langfristige, grundsätzliche und wegweisende Schritte einer Unternehmung fundieren.

Als *Kundenannäherungsstrategie* bezeichnen wir deshalb in diesem Zusammenhang alle grundsätzlichen und generellen Prinzipien für die Annäherung, Auswahl und Priorisierung potenzieller Kunden.

Sie beantwortet Fragen wie:
➢ Welche speziellen Ansatzpunkte wählen wir zur Erschließung neuer Kundenkreise?
➢ Welche Prioritäten wählen wir bei der Neukundengewinnung bezüglich
  ➢ Art der Kunden?
  ➢ Größe der Kunden?
  ➢ Sitz/Wohnort der Kunden?
  ➢ Art und Weise der Beziehungsaufnahme?

Prinzipiell geht es also um zwei strategische Stoßrichtungen, nämlich den zu fokussierenden *Kundentyp* (wer?) und die einzuschlagende *Annäherungsstrategie* (wie?). Angesichts der Unterschiedlichkeit vieler Kundengruppen lassen sich hier auch Kombinationen unterschiedlicher Kunden- und Anspracheptypen vorstellen.

Der *Optionsspielraum* ist naturgemäß nicht in allen Märkten gleich groß. In manchen Branchen (z. B. Hersteller von Kraftwerken) gibt es nur eine sehr begrenzte Gruppe von Abnehmern, in anderen Märkten (z. B. Laborgeräte) existieren dagegen ganz unterschiedliche, mehr oder minder attraktive und in unterschiedlicher Weise zugängliche Kundengruppen. Je größer diese Vielfalt ausfällt, umso wichtiger wird eine strategische Fundierung, welche die einschlägigen Stoßrichtungen vorzeichnet. Dann nämlich
➢ wird unter *Effektivitäts*gesichtspunkten ausgewählt, welche Kundengruppen und Ansprachemöglichkeiten für das Unternehmen am besten geeignet sind;
➢ darüber hinaus steigt die *Effizienz* der Vertriebstätigkeit, weil die Kundenansprache in koordinierter und systematischer Weise erfolgt;
➢ die Vorgabe einer Strategie *motiviert* die in die Aufgabe involvierten Mitarbeiter und lenkt sie in die richtige Richtung;
➢ schließlich findet eine *Profilierung* des Unternehmens im Wettbewerb statt, welche auch das Bild beim Kunden selbst mit prägt.

Am ausgeprägtesten stellt sich die Aufgabe des Entwurfs einer Neukundenstrategie für gänzlich neu am Markt agierende Unternehmen, deren ganzer Erfolg davon abhängig ist, wie viele neue Kunden gewonnen werden können. Aber auch für existierende Unternehmen bleibt die Neukundengewinnung stets eine strategische Herausforderung, weil nie zu vermeiden ist, dass vorhandene Kunden ausscheiden. Allerdings stellt sich in diesem Fall auch die Frage, ob man die Bemühungen stärker in Richtung *Bindung vorhandener Kunden* oder in Richtung *Gewinnung neuer Kunden* richten sollte. Diese Entscheidung wird in Kap. 6 wieder aufgegriffen.

Der Entwurf einer Neukundenstrategie kann in *zwei Unterprozesse* aufgegliedert werden: Zum einen gilt es, Prioritäten für bestimmte Kundengruppen zu definieren („*Neukundenpriorisierung*"), was letztlich ein Problem der Kundensegmentierung darstellt. Davon analytisch trennbar ist die Frage, auf welche Weise man diese Kunden anspricht, d. h. welche Medien dabei eingesetzt werden („*Kunden-Kontakt-Strategie*"). Darin eingeschlossen ist auch die Frage der zeitlichen Struktur der Neukundengewinnung, die entweder pulsierend (Neukundengewinnungskampagnen) oder permanent organisiert werden kann.

4.2 Neukundenpriorisierung

4.2.1 Grundlagen

Die Priorisierung bestimmter Kundensegmente im Sinne strategischer Stoßrichtungen folgt dem Denken in *Kundenportfolios*. Ähnlich wie beim Geschäftsfeldportfolio werden hierbei Kundengruppen oder -typen als Investitionsfelder interpretiert. Aussichtsreiche Felder besitzen eine hohe *Kundenattraktivität* (externer Faktor), müssen für die Unternehmung aber auch *zugänglich* sein (interner Faktor). Das Portfolio wird also durch eine externe und interne Dimension aufgespannt (vgl. Abb. 4-1).

Zum Zeitpunkt des Entwurfs einer Neukundengewinnungsstrategie liegen meist nur wenige Informationen über die Attraktivität und die Gewinnbarkeit neuer Kunden vor. Meist beschränken sich die vorhandenen oder kurzfristig zu beschaffenden Daten auf die Absatz- oder Umsatzentwicklung der verschiedenen Kundengruppen auf deren Absatzmärkten, gegebenenfalls ergänzt durch Profitabilitäts- und Wachstumsmerkmale. Im Hinblick auf die vertikale Vernetzung des Anbieters kann auch die Position der Kunden in einem vertikalen Absatznetzwerk (z. B. als Systemlieferant von OEMs) eine Rolle spielen. Reiht man die unterschiedlichen Kundengruppen nach Maßgabe solcher Kriterien – gegebenenfalls sind dafür Scoring-Verfahren einzusetzen -- so verteilen sich die Kunden auf der Vertikalachse des Portfolios. Der mittlere Scoringwert kann als Trennlinie attraktiver und unattraktiver Kunden dienen. Möglich sind natürlich auch feinere Untergliederungen.

Die *Horizontalachse* eines Kundenportfolios spiegelt die Zugänglichkeit der jeweiligen Kundengruppen für den betrachteten Anbieter wider. Einschlägige Unterkriterien hierfür sind die in Kauf zu nehmenden Vertriebskosten zur Bearbeitung dieser Kunden, die Bindung der Kunden an Wettbewerber, die Aufgeschlossenheit der Kunden gegenüber der eigenen Produkttechnologie, vorhandene Sympathiepotenziale bei den Kunden etc. Je geringer die diesbezüglichen Widerstände bei den Kundengruppen ausfallen, umso stärker ist die eigene Wettbewerbsposition und umso besser werden sich – ceteris paribus – Investitionen in die Kundengruppen amortisieren.

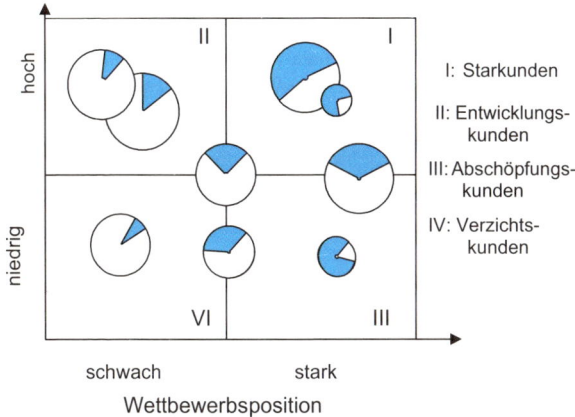

Abb. 4-1: Kundenportfolio (Krafft 2001b, S. 871)

In der auch in Abb. 4-1 gewählten Darstellungsweise wird dabei durch die Größe des die Kundengruppe charakterisierenden Kreises deren Umsatzvolumen symbolisiert. Im Falle bereits bedienter Kunden kann man darüber hinaus durch Sektorendarstellung (farbunterlegt) visualisieren, wie hoch die Deckungsbeitragsrate der Kunden ausfällt.

Gemeinsam mit der Kundenattraktivität ergeben sich damit im rechten oberen Feld des Portfolios die investitionspolitisch interessantesten *Kundentypen*, auf die man seine Bemühungen zuvorderst richten sollte. Dagegen repräsentieren die Kunden im linken unteren Viertel des Portfolios wenig aussichtsreiche Kundentypen, die bestenfalls nachrangig oder auf besonders Kosten sparende Weise bearbeitet werden sollten. Im linken oberen und im rechten unteren Quadranten gilt es abzuwägen und gezielt einzelne Kundentypen zu selektieren (Selektionsstrategie), um die Finanzkraft des Unternehmens nicht über Gebühr zu strapazieren. In der Realität kann dies bedeuten, dass z. B. der attraktivste Kundentyp nicht in die Neugewinnungsstrategie aufgenommen wird, weil z. B. dessen Eroberung einen zu hohen Aufwand oder auch Wettbewerbskriege provozieren würde.

Will man eine eindeutige Rangreihe aller Kundentypen aufstellen, könnte man auf die Diagonale des Portfolios jeweils Lote von den Kundenpositionen fällen und damit – beginnend rechts oben – eine Rangfolge auf der Diagonalen produzieren.

Typisch für eine portfoliotheoretische Betrachtung der Neukundengewinnung ist es auch, die u. U. sehr spezifische Dynamik der einzelnen Kundengruppen mit zu erfassen. Z. B. kann sich die Attraktivität der Kunden im Laufe der Zeit stark erhöhen oder abschwächen. Entweder wird dies durch eine entsprechende Durchschnittsbetrachtung über einen gewissen Planungszeitraum oder durch eine explizite, *dynamische Analyse* berücksichtigt, in der – grafisch dargestellt – die Wanderungen der Kundengruppen abgebildet werden. Durch eigene Maßnahmen des Anbieters lässt sich dabei im Grunde nur die Lage auf der Horizontalachse unmittelbar beeinflussen. Entsprechende Investitionen in die jeweilige Kundengruppe werden dazu führen, dass diese dann eine höhere Bereitschaft zur Zusammenarbeit aufweist und damit weiter rechts platziert ist.

Eine solche Betrachtung ist vor dem Hintergrund des in Abschnitt 2.4.2.3 geschilderten *Kundenlebenszyklus* durchaus angemessen. Wenn dieser eine gewisse Eigendynamik in sich trägt, so steht auch zu erwarten, dass sich Kunden von links nach rechts entwickeln, andererseits sich aber auch Bestandskunden von oben nach unten verändern, weil deren Lebenszyklus zu Ende geht. Insofern ist es Aufgabe der Neukundenstrategie, stets für einen „Nachschub" im Kundenportfolio eines Unternehmens zu sorgen. Gleichzeitig wird damit nicht nur das Wachstum verstetigt, sondern auch das kundenpolitische Risiko effizient verteilt.

Die Definition der im Kundenportfolio abgebildeten Kundengruppen stellt letztlich ein Problem der *Kundensegmentierung* dar. Diese kann nach einem oder mehreren Kriterien erfolgen, je nach dem, wie differenziert die Analyse angelegt werden soll. Sind viele Kundensektoren bereits belegt, wird man zu feineren Aufgliederungen neigen, während in neuen, noch unerschlossenen Märkten grobe Klassifizierungen ausreichen. Eine gewisse Hilfestellung zur Vorgehensweise bildet der „*Schalenansatz*" der Kundensegmentierung von Bonoma/Shapiro (1983): Im Innersten dieser Segmentierungsstufung stehen *kundenindividuelle Charakteristika*, z. B. die Rechtsform, der mittelständische bzw. großindustrielle Charakter der Kunden, die dortige Verwendung bestimmter Produktionstechnologien etc. Diese werden umgeben von *situativen Merkmalen*, wie der Finanzausstattung des Unternehmens, dem Internationalisierungsgrad oder der Gewinnsituation, sowie im weiteren den einschlägigen *Beschaffungsmerkmalen*, z. B. Zugehörigkeit zu Einkaufsgemeinschaften oder Vertretung auf Messen. Noch allgemeiner und auch nach außen hin sichtbar sind dann *leistungsbezogene* (Angebotsprogramm, Services, Absatzmärkte des Kunden, Forschungs- und Entwicklungsintensität, Innovationsstärke) und *unternehmensdemografische Merkmale*, etwa das Alter des Unternehmens, seine Größe, Bekanntheit etc.

Häufig reichen die vorliegenden Informationen freilich nicht aus, um eine derart ins Einzelne gehende Neukundenklassifikation durchzuführen. In solchen Fällen muss man dann zu Merkmalen höherer Aggregationsstufen greifen, wobei insb. die *Absatzregion* sowie der *Absatzmarkt*, in den der Kunde fällt, in Frage kommen.

Eine Betrachtung nach Absatzregionen empfiehlt sich insb. dann, wenn diesbezüglich große Unterschiede existieren, weil sich das Kundenaufkommen regional unterschiedlich verteilt. Im Hinblick auf private Endkunden nutzt man diesbezüglich auch sog. *mikrogeografische Segmentierungssysteme*, mit denen das Auftragsaufkommen regional sehr fein differenziert (bis auf den Straßenzug herab) prognostiziert und entsprechende Neukundenkampagnen gestartet werden können (vgl. Kasten: Mikrogeografische Segmentierung).

Mikrogeografische Segmentierung

Die mikrogeografische Segmentierung verknüpft vorliegende, konsumrelevante Daten von Käufern mit Informationen zu deren geografischem Wohnort und bildet darauf aufbauend regional zuordenbare Kundensegmente. Sie nutzt dabei den soziologisch gut bekannten Umstand, dass sich die Menschen bei der Wahl ihres Wohnsitzes bevorzugt zu „Ihresgleichen", d. h. zu Personen mit ähnlichem Alter, Familienlebenszyklus, sozialem Status, Lebensstil etc. gesellen („Affiliation"). Dies lässt sich bei bekanntem Profil prospektiver oder tatsächlicher Kunden dazu nutzen, deren geographische Lokalisierung zu ermitteln bzw. vorgegebene Adressen auf ihre Einschlägigkeit mit bestimmten Profilmerkmalen hin zu überprüfen.

Die mangelnde Auffindbarkeit der in herkömmlichen Segmentierungsansätzen gebildeten Kundentypen macht dieses Vorgehen so attraktiv, dass viele Adressdienstleister, Marktforschungsgesellschaften und andere Institute dafür spezifische Systeme entwickelt haben und Interessenten mit jeweils spezifischen Kundenwunschprofilen bzw. eigenen Adressbeständen entsprechende Analysen anbieten können (vgl. z. B. www.gfk.de, www.schober.de, www.az-direct.com, www.acnielsen.de).

Das Verfahren beginnt entweder im Wege einer *Primäranalyse*, bei der fein gegliederte regionale Wohneinheiten (bei der Firma *Schober* bis hinab zum einzelnen Gebäude, bei anderen zumindest bis auf Straßenzüge oder Wohnquartiere) durch Begehung nach diversen Merkmalen (Haustyp, Grundstücksgröße, Bauzustand, Umfeld etc.) eingestuft und anschließend clusteranalytisch zu *Regiotypen* verdichtet werden. Diese können dann mit vorliegenden Daten über das Kauf- und Mediaverhalten verknüpft werden, um entsprechende *Konsummuster* zu entdecken, die dann gleichzeitig regional zuordenbar sind. Ein Zeitschriftenverlag kann bspw. prüfen, wo die Kernzielgruppe für Unterhaltungsmagazine, nämlich z. B. „Haushalte mit Doppelverdienern, häufigem Kinobesuch, niedrigem bis mittlerem Einkommen ohne Kinder", lokal angesiedelt ist und dementsprechend mit Direct Mails, Wurfzetteln oder Vetriebsmitarbeitern gezielt und ohne große Streuverluste angesprochen werden kann. Zur Konsumententypologisierung kann man dabei z. B. Daten der Mediaanalyse, des Versandhandels (Kaufhäufigkeit, Preislagen- und Produktpräferenzen etc.), Versicherungsgesellschaften oder Banken (Haushaltsgröße, Finanzlage etc.), Reiseunternehmen (Reisetypen- und Reisezielpräferenzen etc.) usw. heranziehen, wobei der Datenschutz gewahrt bleibt, weil jeweils nur Adressgruppen (mindestens fünf Haushalte) mit solchen Merkmalen verknüpft und zu entsprechenden Regiotypen verdichtet werden. Ähnliche Vorgehensweisen werden auch für Gewerbebetriebe angewendet.

Die *sekundäranalytische* Vorgehensweise nutzt die Verfügbarkeit von Adressdaten bestehender (eigener und/oder fremder) Kunden („Geocodierung"), die entsprechend ihres dann bekannten Kauf-, Bestell- und/oder Bezahlverhaltens etc. zu Regiotypen (PLZ-Bezirke mit jeweils typischem Kaufverhalten) zusammengefasst werden. Jeder Straßenzug bzw. Wohnbezirk oder Ort in Deutschland kann dann danach charakterisiert werden, welches Konsum- und Mediaverhalten dort vorherrscht. Notwendig für dieses sekundäranalytische Vorgehen ist eine möglichst breite und differenzierte Datenbasis, wie sie z. B. Versicherungsunternehmen, Kreditkartengesellschaften oder Versandhändlern bzw. entsprechend dazwischen geschalteten Adressdienstleistern zur Verfügung steht.

Neue Adressen potenzieller Kunden können dann entsprechend qualifiziert und priorisiert werden, um den Erfolg einer Kundenansprache zu maximieren. Dazu wird die Adresse dem Regiotyp bzw. dem vorgegebenen Kundenwunschprofil gegenüber gestellt. In ähnlicher Weise können die ergiebigsten Absatzgebiete lokalisiert, Cross-Selling-Chancen quantifiziert oder Standorte für Vertriebsniederlassungen bzw. Distributionsstellen selektiert werden (vgl. Martin 1992; Holland 2004, S. 81–98).

Für Produkte bzw. Dienstleistungen mit universellem Einsatzbereich (z. B. Rohstoffe, Teile, Reinigungsdienstleistungen etc.) kann auch eine Untergliederung nach Marktzugehörigkeit hilfreich sein. Hierbei werden die Kunden verschiedenen Absatzmärkten (z. B. ganz grob Handwerk, Industrie, Behörden) zugeordnet und deren Attraktivität jeweils gesondert analysiert. Naturgemäß ist die Marktabgrenzung dabei selbst flexibel gestaltbar (vgl. Bauer 1989). Entscheidend ist die Homogenität der Attraktivität und der Zugänglichkeit der jeweiligen Märkte, weil diese den Ausschlag für die portfoliotheoretische Einordnung geben.

4.2.2   Ansatzpunkte für Neukundenstrategien

Für die strategische Ausrichtung der Neukundengewinnung existieren naturgemäß zahlreiche Optionen, die im Einzelfall auch vom kreativen Ausnutzen spezifischer Umfeldbedingungen geprägt werden. „Normstrategien" sind hier nicht definierbar. Einige nachfolgend beschriebene Ansatzpunkte sollen deshalb lediglich die Art und Weise charakterisieren, wie man die Neukundengewinnung strategisch fundieren kann.

Nutzt man bspw. das Kriterium des zu wählenden Absatzmarktes und der Marktregion, in der eine Unternehmung bei der Neukundengewinnung tätig werden will, so lassen sich – wie in Abb. 4-2 dargestellt – vier strategische Alternativen unterscheiden:

(1) Eine *Penetrationsstrategie* wird gewählt, wenn auf den bisher vom Anbieter bedienten Märkten und in auch bisher bereits vorhandenen Marktregionen neue Kunden akquiriert werden. Naturgemäß ist diese Strategie nur für bereits bestehende Unternehmen sinnvoll definiert. Zweckmäßig wird sie dann, wenn das

Potenzial in den vorhandenen Märkten bzw. Regionen die hohen Aufwendungen für eine Markt- bzw. Gebietsausweitung nicht rechtfertigen.

(2) Eine *Gebietsausweitung* liegt vor, wenn Kunden des gleichen Typs wie bisher in neuen Absatzregionen bedient werden. Stufenweise werden dann regionale, nationale und schließlich internationale Absatzgebiete mit ihren jeweiligen Neukundenpotenzialen erschlossen. Damit steigen zwar die logistischen Anforderungen und ggf. auch die Internationalisierungsrisiken, andererseits bleibt der Anbieter im traditionellen Geschäftsfeld, in dem er sich mit all seinen Erfahrungen entsprechend zu bewegen gelernt hat. Insofern stellt die Gebietsausweitung unter allen vier Strategievarianten in der Regel die risikoärmste dar.

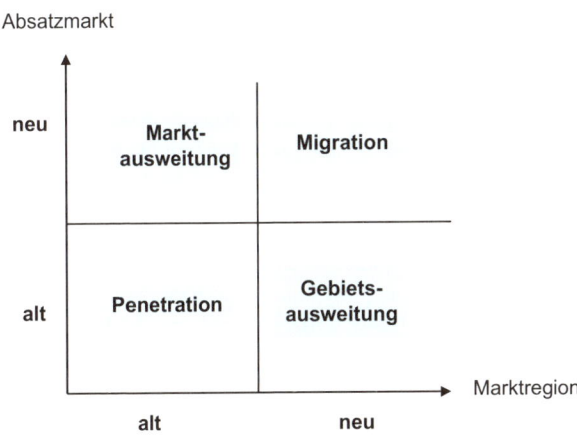

Abb. 4-2: Optionen der Neukundengewinnung

(3) Bei einer *Marktausweitungsstrategie* versucht der Anbieter, neue Absatzmärkte mit entsprechend neuen Kunden zu gewinnen. Er sieht sich damit oft anderen Nutzenerwartungen der Kunden konfrontiert, was die Vorgehensweise riskanter macht. Bspw. kann ein Hersteller von Kühlanlagen, die bisher im Lebensmittel-Handwerk vertrieben wurden, versuchen, in den Markt für die Klimatisierung von EDV-Räumen einzudringen. Es handelt sich im Grunde um einen Kompetenztransfer, der meist auf entsprechenden Know-how-Vorsprüngen gegenüber unerfahrenen oder mit anderer Technologie arbeitenden Wettbewerbern aufbaut.

(4) Eine *Migration* liegt vor, wenn der Anbieter sowohl das Absatzgebiet als auch die herkömmlichen Absatzmärkte verlässt und damit sozusagen doppeltes Neuland betritt. Das Risiko dieser Strategie ist damit am höchsten, andererseits mögen die Pioniereffekte, die aus der frühen Bearbeitung solcher Geschäftsfelder entstehen können, besonders reizvoll sein.

Die vorgestellte Typologie soll beispielhaft verdeutlichen, welche *strategischen Pfade* eine Unternehmung bei der Neukundengewinnung suchen kann. Mit Hilfe der bei der Kundensegmentierung herangezogenen Merkmale lassen sich auch vielfältige andere Typologien vorstellen. Beispielhaft seien nur erwähnt:

➢ eine *Spezialisierung* auf jene Kunden, die mit jeweils sehr spezifischen Bedürfnissen für bestimmte Produkte und Dienstleistungen besonders individuell und zielgenau bedient werden können (*Nischenstrategie*);

➢ eine *Kooperationsstrategie*, bei der mit Firmen, die Komplementärprodukte bzw. -dienste anbieten, zusammengearbeitet und gemeinsame Neukundengewinnung betrieben wird;

➢ eine *Angriffsstrategie*, bei welcher gezielt die vermeintlich anfälligsten Kunden von Wettbewerbern abgeworben werden und man eine bekannte Unzufriedenheit mit dem bisherigen Lieferanten gezielt zur Neukundenakquisition ausnutzt.

Einen weiteren Aspekt der strategischen Ausrichtung von Neukundengewinnungsstrategien stellt deren *zeitliches Raster* dar. Hier lassen sich *pulsierende* Neukundengewinnungskampagnen und *permanente* Neukundensuche unterscheiden. Erstere lenken die Aufmerksamkeit des Vertriebs besonders intensiv auf die Aufgabe der Neukundengewinnung, die ansonsten gerne vernachlässigt wird, weil sie zu den schwierigeren Aufgaben im Vergleich zur Stammkundenpflege gehört. Häufig unterstützt man solche Kampagnen mit entsprechenden Geld- oder Sachprämien oder veranstaltet Außendienstwettbewerbe, in denen dann die erfolgreichsten Akquisiteure mit besonders reizvollen Gratifikationen belohnt werden. Der Wettkampfcharakter solcher Wettbewerbe kann spürbare Mehrleistungen zur Folge haben. Allerdings können diese nur dann eintreten, wenn tatsächlich (beträchtliche) unausgeschöpfte Neukundenpotenziale existieren. Eine andere Form der Neukundengewinnungskampagne stellen „*Freundschaftswerbe-Aktionen*" dar, in denen vorhandene Kunden dafür belohnt werden, wenn sie neue Kunden an den Anbieter heranführen.

In vielen Branchen ist das Neukundenpotenzial so weit ausgeschöpft, dass sich derartige Kampagnen nicht mehr anbieten. In solchen Fällen findet dann eine *permanente Neukundensuche* statt, bei der die Außendienstmitarbeiter selbst dafür verantwortlich sind, jede Chance zu nutzen, neue Kunden zu generieren. Dies mag durch Beteiligung an entsprechenden *Ausschreibungen* (Projektgeschäft), durch beharrliches „Bohren" bei bisher nicht erschlossenen, potenziellen Kunden, durch besondere Umwerbung neuer Kunden oder Gewährung besonders attraktiver Serviceleistungen oder Zahlungskonditionen geschehen. Wichtig ist es dabei, nicht nur im herkömmlichen Kundensegment nach Neukunden zu suchen, sondern alle potenziellen Kundensegmente im Auge zu behalten.

4.2.3   Kundenchancen-Fokussierung

Insb. dann, wenn die Neukundengewinnung auf die Abwerbung von Kunden der Wettbewerber angewiesen ist, gilt es sorgfältig abzuwägen, welche Chancen hierfür tatsächlich bestehen bzw. bei welchen potenziellen Kunden diese Chancen am größten sind. In vielen industriellen Geschäftsbeziehungen existieren so genannte *In-Supplier*, d. h. Lieferanten, die seit Jahren zur Zufriedenheit ihrer Kunden tätig sind und deshalb nur schwer aus dem Geschäft gedrängt werden können. Dies gilt umso mehr, als der jeweilige Abnehmer durch die langjährige Verbundenheit mit seinem Stammlieferanten den Marktüberblick möglicherweise verloren hat und entsprechende Risiken eingeht, wenn er den Lieferanten wechselt. In solchen Fällen spricht man vom „*Creeping Commitment*", also einer schleichend aufkommenden Verbundenheit von Lieferant und Abnehmer, die es den *Out-Suppliern* schwer macht, in die Geschäftsbeziehung einzudringen.

Strategische Optionen für die Fokussierung besonders aussichtsreicher Neukunden zeigt die Abb. 4-3 auf. Sie kombiniert die vorhandene Kundenbindung eines potenziellen Neukunden an Wettbewerber mit der (vermeintlichen) Flexibilität des Kunden bei seinen Lieferantenentscheidungen. Ist Letztere relativ hoch und die Kundenbindung noch relativ gering, stehen die Chancen für eine *Eroberungsstrategie* am besten. Hierbei werden die jeweiligen Kunden intensiv bearbeitet und mit entsprechenden innovativen Wettbewerbsleistungen angelockt.

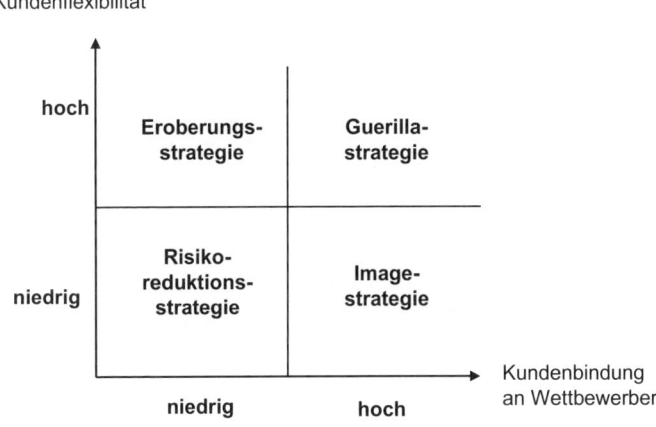

Abb. 4-3: Wettbewerbsstrategische Optionen der Neukundengewinnung

In ähnlicher Weise kann dies auch mit weniger flexiblen Kunden geschehen, wobei dann die Argumentation vor allem auf die Risikoreduktion eines Lieferantenwechsels gelegt werden muss (*Risikoreduktionsstrategie*). Dazu können z. B. Garantien, Probebelieferungen, Freistücke o. Ä. eingesetzt werden.

Bei hoher Bindung des potenziellen Kunden an bestimmte Wettbewerber bestehen im Grunde nur bei hoher Kundenflexibilität Aussichten auf Erfolg. Dort kann man dann mit Hilfe einer *„Guerilla-Strategie"* versuchen, in das Geschäft des Wettbewerbers einzudringen, indem man immer wieder die Angebote des Wettbewerbers unterbietet, Innovationen für den Kunden aufbereitet oder an anderer Stelle eigene Wettbewerbsvorteile auszuspielen versucht, ohne dass hierbei das ganze Geschäft des Kunden ins Visier genommen wird.

Im Falle hoher Kundenbindung an Wettbewerber und niedriger Kundenflexibilität hilft im Grunde nur ein *Abwarten* und Vertrauen auf die Ausstrahlungskraft des eigenen Images bzw. der eigenen Kompetenz, die dann im Falle eines Fehlers der Wettbewerber dazu führt, dass man selbst in den Kreis der relevanten Ersatzlieferanten aufgenommen wird.

Nicht selten stellen auch *ehemalige Kunden*, die an Wettbewerber verloren gegangen sind, durchaus aussichtsreiche Kandidaten für die Neu- bzw. Wiedergewinnung dar, wenn das Vertrauensverhältnis dieser Kunden nicht vollständig zerstört ist. Immerhin kennt man in solchen Fällen häufig die relevanten Ansprechpartner und kann versuchen, dort für eine Wiederaufnahme des Geschäftes zu werben (vgl. Kap. 7.4).

4.3   Kunden-Kontakt-Strategie

Im Gegensatz zur Kundenpriorisierungsstrategie geht es bei der Kunden-Kontakt-Strategie nicht darum, *wer* als Neukunde fokussiert werden soll, sondern *auf welche Art und Weise* die Neukundenansprache erfolgt. Auch diese Entscheidung birgt strategische Komponenten in sich, die über die in Kap. 3 bereits dargelegten operativen Vorgehensweisen hinausgehen.

Im Grunde geht es dabei darum, ein möglichst effektives, aber auch effizientes *Medien-Mix* an Ansprachemöglichkeiten zu finden, mit dem alle möglichen Zugangswünsche der potenziellen Neukunden zum jeweiligen Anbieter getragen werden können. Dies ist umso wichtiger, als heute im Gegensatz zu früheren Jahren dem kundeninitiierten Kontakt im Vergleich zum anbieterinitiierten eine weitaus größere Bedeutung zukommt. Immer häufiger wollen die Kunden selbst entscheiden, wann und auf welchem Wege sie mit einem Lieferanten in Kontakt treten. Dies ist insb. eine Folge des *Internets* und anderer elektronischer Informationsmöglichkeiten, mit denen sich ein Kunde unbeeinflusst von einem Verkäufer und mit der jeweils subjektiv gewünschten Intensität und Dauer mit den potenziellen Lieferanten auseinander setzen kann. Zu dieser Art der Kontaktanbahnung zählen nicht nur die eigene Homepage des Lieferanten, sondern auch elektronische Produktkataloge (EPK), responsefähige E-Mails, Einträge in elektronische Adressbücher oder Kontaktstellen auf elektronischen Marktplattformen. Praktische Erfahrungen zeigen, dass die Effizienz solcher Neukundengewinnungspfade – herkömmlich gemessen an den *Costs pro Interessent (CpI)* – trotz der absolut oft recht niedrigen Responseraten um 1-2% wegen der absolut geringen Kosten des elektronischen Informationstransfers deutlich besser ausfällt als die anderer Kommunikationswege.

Ein solcher *elektronischer Kundenzugang* setzt freilich voraus, dass der Kunde von dem jeweiligen Anbieter weiß bzw. schnell und bequem auf ihn hingewiesen wird. Insofern muss die elektronische Kontaktschiene meist durch die herkömmliche, *massenmediale Kontaktschiene* ergänzt werden, wobei jeweils branchenspezifische Medien, insb. Fachzeitschriften, zur Verfügung stehen.

Eine weitere strategische Option besteht in der Initiierung *persönlicher Kontakte*. Hohen Stellenwert besitzen diesbezüglich in vielen Branchen *Fachmessen*, weil der potenzielle Kunde hier gleichzeitig den Zugang zu vielen potenziellen Lieferanten finden kann (vgl. z. B. Grimm 2004). Das dadurch induzierte Aufkommen an potenziellen Neukunden macht die oft erheblichen Investitionen in Messebeteiligungen auch für die Lieferanten attraktiv. Freilich ist jeweils im Einzelfall zu entscheiden, ob eine Messebeteiligung hinreichende Chancen für die Neukundengewinnung bietet. Dafür ist insb. die Besucherstruktur der Messe (nationale Herkunft, Entscheidungskompetenz etc.), aber auch die Bereitschaft der Messebesucher zu eingehenderen Gesprächen auf der Messe entscheidend. Unbestritten ist allerdings, dass der persönliche Kontakt für den Aufbau einer vertrauensvollen Kundenbeziehung besonders wichtig ist und kaum durch mediale und/oder elektronische Kontakte ersetzt werden kann. Mehr Exklusivität als Messen versprechen eigene *Kundenveranstaltungen*, bei denen der Lieferant potenzielle Interessenten zu sich einlädt, um z. B. Innovationen vorzustellen, Branchentrends zu diskutieren oder Weiterbildungsveranstaltungen durchzuführen. Immer beliebter wird auch die Nutzung spezieller *Empfehlungs-Netzwerke*, in denen sich Gewerbetreibende verschiedener Branchen gegenseitig dazu verpflichten, Referenzen für die Netzwerkpartner auszusprechen, wenn bei ihren jeweiligen Kunden ein Bedarf erkennbar ist. Insb. für kleinere potenzielle Kunden kann schließlich darüber hinaus auf *Direct Mail-Aktionen* an einen adresstechnisch erfassten Adressatenkreis zurückgegriffen werden. Allerdings erzielt man dabei meist nur sehr niedrige Responseraten, bei freilich ebenfalls sehr niedrigen Kontaktkosten pro Adressat. Kostenmäßig noch günstiger und organisatorisch auf externe Call Center auslagerbar sind *Telefonate*, die aber rechtlich im B-to-C-Bereich nur dann zulässig sind, wenn bereits Geschäftskontakte bestehen. In praxi setzt man sich allerdings darüber nicht selten hinweg.

Abb. 4-4 gibt die skizzierten Zugangskanäle nochmals in schematischer Form wieder. Die strategische Durchschlagskraft ergibt sich dabei, wie erwähnt, erst aus der geschickten *Integration* verschiedener Kanäle und Medien. Der Mediawerbung kommt dabei im Allgemeinen meist nur eine unterstützende Rolle zu, während die persönlichen Kontakte auf Messen oder Kundenveranstaltungen die stärkste Durchschlagskraft entfalten. Andererseits erfordern sie den höchsten Kostenaufwand. In der Breitenwirkung ist das Internet heute zur Kontaktanbahnung praktisch unverzichtbar geworden. Dabei genügt nicht mehr nur die Präsenz, z. B. mittels einer entsprechenden Homepage. Vielmehr sind auch nachdrückliche Bemühungen um vorrangige Platzierungen des eigenen Unternehmens auf einschlägigen Seiten von Suchmaschinen (*„Suchmaschinen-Marketing"*) und insb. eine intelligente elektronische Vernetzung der eigenen Homepages via Links von anderen einschlägigen Internetseiten (*„Affiliate Marketing"*) erforderlich. Derartige Formen der Kontaktanbahnung ersetzen zunehmend die *„Kaltakquise"*, d. h. den ungebetenen Besuch beim Kunden, der angesichts der zeitlichen Belastung vieler Einkäufer sowieso nur unter großen Anstrengungen möglich und zweckmäßig ist.

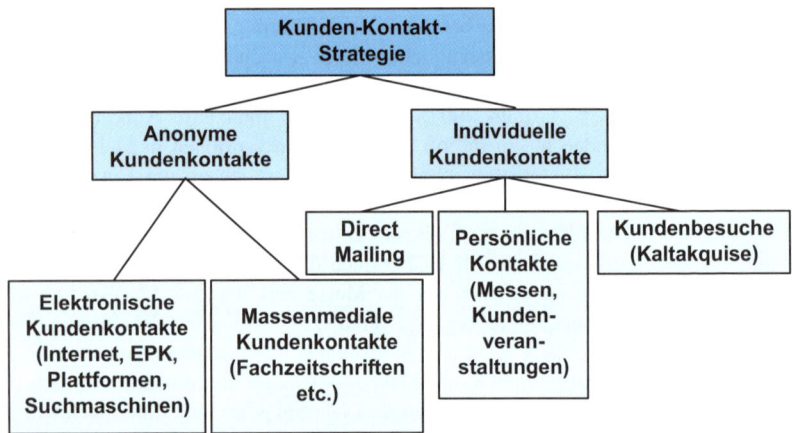

Abb. 4-4: Kontaktstrategische Optionen der Neukundengewinnung

Verständnisfragen zu Kapitel 4

1. Erörtern Sie Inhalt und Teilaufgaben einer Kundenannäherungsstrategie am Beispiel eines neu im Markt auftretenden Universalversicherers für Kunden aus dem Handwerk (Anbieter aller Versicherungsarten)! Welche Nutzeffekte kann eine solche Strategie erbringen? Suchen Sie nach Beispielen für entsprechende Strategien im deutschen Markt!

2. Skizzieren Sie für dieses Beispiel die Einsatzmöglichkeiten (Datenquellen?) und Vorgehensweise einer Kundenportfolioanalyse und diskutieren Sie die Variablen, die dabei zur Charakterisierung der Kundenattraktivität bzw. der Wettbewerbsstärke herangezogen werden könnten!

3. Erläutern Sie den Grundgedanken der mikrogeografischen Segmentierung und deren Einsatzmöglichkeiten bei der Kundengewinnung eines Versicherungsunternehmens!

4. Erörtern Sie einige Optionen für Neukundenstrategien eines existierenden Versicherungsunternehmens und deren Vor- und Nachteile!

5. Welche wettbewerbsstrategischen Überlegungen sind bei der Neukundengewinnung anzustellen?

6. Schildern Sie drei Optionen für die Kontaktstrategien von Marktforschungsinstituten und deren spezifische Vor- und Nachteile! Welches Kosten-Nutzen-Kalkül empfehlen Sie einem solchen Unternehmen?

Kapitel 5: Operative Prozesse der Kundenge- winnung: Kontaktvorbereitung, Kontaktdurchführung und Ergeb- nisabsicherung

In diesem Kapitel werden die drei Teilprozesse der Kundengewinnung, „Kontaktvorbereitung", „Kontaktdurchführung" und „Ergebnisabsicherung", mit ihren jeweiligen Unterprozessen und den zugehörigen In- und Outputs vorgestellt. Wir beschreiben die einzelnen Teilaktivitäten und deren Bedeutung für den Erfolg des Kundenmanagements.

5.1 Kontaktvorbereitung

5.1.1 Prozessüberblick

Bei der Kontaktvorbereitung geht es um die Konzeption des Verkaufskontaktes. Durch diese Konzeption soll der Grundstein für eine erfolgreiche *Interessentenkonversion* gelegt werden. Letztere betrifft dabei zum einen das Gewinnen von Erstkunden. Zum anderen schließt die Interessentenkonversion Geschäftsbeziehungen ein, die i. S. d. Transaktionsmarketing ablaufen und bei denen folglich Kunden immer wieder erneut gewonnen werden müssen. Dieser Herausforderung sehen sich etwa Auto- und Bekleidungshersteller gegenüber, die für eine neue Modellklasse bzw. Kollektion sowohl bisherige Nicht-Kunden gewinnen als auch vorhandene Kunden wiedergewinnen wollen. Im Falle beziehungsorientierter Kunden können diese dann im Weiteren in Kundenbindungsprogramme eingebunden werden (vgl. Kap. 7.2.2).

Output des Prozesses ist ein Konzept inklusive Termin für den anstehenden Kundenkontakt. Durch dieses Konzept werden Inhalt und Art des weiteren Vorgehens so festgelegt, dass die Wahrscheinlichkeit der Kundengewinnung durch den anstehenden Kundenkontakt unter Berücksichtigung des Kundenwerts und der verfügbaren Ressourcen möglichst hoch ist. Um ein solches Konzept zu entwickeln, benötigt man als *Input* einerseits Informationen über die zu berücksichtigenden Kundenmerkmale (z. B. Kundenbedeutung, Kaufentscheidungskriterien des Kunden), wie sie im Rahmen der Kundenanalyse gewonnen wurden (vgl.

Kapitel 3.2). Andererseits gilt es, weitere relevante unternehmensinterne und -externe Informationen zu berücksichtigen. Bspw. können ein Lieferengpass oder Abverkaufsvorgaben seitens der Verkaufsleitung beeinflussen, auf welches Produkt man sich beim Verkauf konzentriert. Gleichfalls kann die Kenntnis von einem Wettbewerberangebot dazu führen, dass man im Rahmen des Konzeptes insb. die Vorteile der eigenen Produkte gegenüber den Produkten des entsprechenden Wettbewerbers herausarbeitet. Grundsätzlich kann man dabei beim Versuch der Wiedergewinnung von Kunden im Vergleich zur Gewinnung von Erstkunden bereits auf ein mehr oder minder umfangreiches Vorwissen über die erfolgsträchtige Ausgestaltung der Verkaufskontaktkonzeption zurückgreifen.

Für die Vorbereitung eines erfolgsträchtigen Kundenkontaktes müssen zunächst die Inhalte geplant werden, die im anstehenden Kundenkontakt vermittelt werden sollen. Aufbauend auf den vorhandenen Kundeninformationen, erfordert dieser Teilprozess dazu eine Informationsrecherche, um möglichst konkrete verkaufsrelevante Informationen über die Kundenbedürfnisse und das Angebotsumfeld zu generieren. Erfährt ein Anbieter von Verpackungen etwa, dass ein Süßwarenhersteller ein neues Produkt entwickelt hat, kann er analysieren, durch welche Art der Verpackung dieses Produkt besonders gut zur Geltung kommt und – für den Fall von Wettbewerberangeboten – wo die eigenen Wettbewerbsvorteile bei einer solchen Verpackungsentwicklung liegen. Damit verbunden ist die Frage, wie die auf diese Weise herausgearbeiteten Informationen im Kundenkontakt vermittelt werden sollen. Im Beispielfall könnte das Vorstellen der Verpackungslösung etwa durch eine Abbildung oder einen „Prototypen" erfolgen. Darüber hinaus gilt es, die Rahmenbedingungen des anstehenden Kundenkontaktes festzulegen. So müsste man sich im Beispielfall entscheiden, ob der Verkäufer den anstehenden Kundentermin alleine oder in Begleitung des zuständigen Verpackungsentwicklers wahrnehmen soll. Schließlich gilt es, die Zustimmung des Kunden zum geplanten Kontakt einzuholen und diesen konkret und verbindlich festzulegen.

Wie man erkennen kann, besteht der Kontaktvorbereitungsprozess im Detail aus drei Unterprozessen (vgl. Abb. 5-1):

(1) Bei der *Planung des Kundenkontaktes* geht es um die Frage nach Art und Inhalt der Informationsvermittlung im anstehenden Kundenkontakt.

(2) Im Rahmen der *Festlegung der Kontaktmodalitäten wird entschieden,* unter welchen Rahmenbedingungen der Kundenkontakt ablaufen soll.

(3) Im Zuge der *Vereinbarung des Kundenkontaktes* wird schließlich konkret geklärt, ob – und wenn ja – wann und wo der Kundenkontakt durchgeführt wird.

Der Teilprozess „Kontaktplanung" ist schwach strukturiert. Zwar gibt es umfangreiches Material (z. B. in Form von Büchern oder Software), welches das strukturierte Durchlaufen dieses Prozessschrittes effektiv unterstützt. Gleichwohl lässt sich dieser Teilprozess in vielfacher Weise ausgestalten. In diesem Zusammenhang kann insb. das verkäuferische „Gespür" zu kreativen und innovativen Konzepten führen. Dagegen handelt es sich bei der „Modalitätenfestlegung" und „Kontaktvereinbarung" um eher mittel strukturierte Prozesse. Für diese können zwar keine genauen Richtlinien festgelegt werden. Allerdings existieren im konkreten Fall vergleichsweise überschaubare Alternativen, deren Auswahl zudem informationstechnologisch unterstützt werden kann (z. B. durch Lead Management-Systeme).

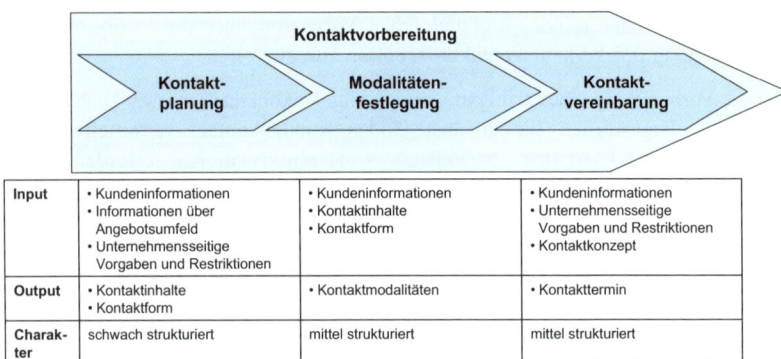

Abb. 5-1: Teilprozesse der Kontaktvorbereitung

Die oben aufgezeigte idealtypische Abfolge des Teilprozesses der Kontaktvorbereitung ermöglicht eine analytisch stringente Darstellung. In der Realität finden sich freilich auch andere Abfolgen. So lässt sich in der Unternehmenspraxis durchaus häufig feststellen, dass die eigentliche Planung des Kundenkontaktes erst nach der Vereinbarung eines konkreten Kundentermins beginnt.

5.1.2 Bedeutung der Kontaktvorbereitung

Speziell für neue Verkäufer oder im Falle bisher nicht bekannter Unternehmen, die im Rahmen der Kundengewinnung zur Bearbeitung anstehen, ist eine gute Informationsbasis und eine handwerklich saubere Vorbereitung des Kundenkontaktes geradezu eine conditio sine qua non für den Verkaufserfolg. Aber auch für erfahrene Verkäufer ist eine gründliche Kontaktvorbereitung von Bedeutung, weil

➢ erst dadurch die systematische Basis für eine schlagkräftige Verkaufsargumentation gelegt wird und somit die (nicht-zufällige) Abschlusswahrscheinlichkeit steigt,

➢ der Verkäufer ansonsten unrealistische Ziele für den anstehenden Kundenkontakt setzt und durch das negative Ergebnis demotiviert wird,

➢ man ohne entsprechende Vorbereitung Kundenfrustration riskiert, da der Verkäufer die Kundenbedürfnisse nicht versteht und/oder nur kundenseitig uninteressante Themen behandelt,

➢ eine gute Vorbereitung den Kunden beeindruckt und ihm zeigt, dass er als Kunde ernst genommen wird, was wiederum die Basis für eine zukünftige Geschäftsbeziehung legen kann,

➢ die Arbeitszeit als besonders knappes Gut des Verkäufers besser genutzt werden kann, indem nur dort Verkaufsbesuche vorgesehen werden, wo sie auch tatsächlich sinnvoll sind, und die erfolgenden Besuche auch effektiv und effizient durchgeführt werden (weil alle Informationen verfügbar sind, alle Unterlagen vorbereitet sind etc.),

➢ durch eine kostenoptimierte Kundenbearbeitung höhere Kundenerfolge möglich werden, was angesichts stark unterschiedlicher kanalspezifischer Kontaktkosten (z. B. Internet: weniger als 5 Euro, Call Center: ca. 65 Euro, Außendienstbesuch: 400 bis 500 Euro; vgl. Sonntag 2001, S. 67; Marchetti 1999) von besonderer Bedeutung ist.

Bei allen positiven Wirkungen ist gleichwohl darauf zu achten, dass die Kontaktvorbereitung kein Selbstzweck ist, dass sie nicht zu Lasten der Kontaktdurchführung geht („Paralyse durch Analyse") oder gar ein Mittel zur Vermeidung von Verkaufsgesprächen wird.

Die Notwendigkeit für eine umfassende Kontaktvorbereitung ist speziell dann gegeben, wenn es nicht um den Verkauf von Standardprodukten, sondern um komplexe Problemlösungen geht (z. B. Anlagenbau, Finanzdienstleistungen). Daneben hängt das Ausmaß an Vorbereitung von der Bedeutung des Kunden oder dessen Beitrag zur Leistungserstellung ab. So wird der Vorbereitungsaufwand für strategisch wichtige Kunden oder solche, mit denen eine enge Abstimmung im Sinne der Kundenintegration nötig ist, vergleichsweise hoch sein.

5.1.3   Planung des Kundenkontaktes

5.1.3.1   Gewinnung kontaktrelevanter Informationen

Zur erfolgreichen Planung der Inhalte, die im anstehenden Kundenkontakt vermittelt werden sollen, müssen zunächst möglichst konkrete *verkaufsrelevante Informationen* über die Kundenbedürfnisse und das Angebotsumfeld generiert werden. Tab. 5-1 gibt einen Überblick über dafür relevante Informationen.

Relevante Informationen zur Kontaktplanung	
Individuelle Ebene	**Organisatorische Ebene**
Kundenbezogen: ➢ Persönliche Informationen (z. B. Name inkl. Aussprache, Ausbildung, Hobbys) ➢ Einstellungen (z. B. gegenüber Verkäufern, dem eigenen Unternehmen) ➢ Beziehungen (z. B. Stellung in formaler Organisationsstruktur, Referenzgruppen und Gruppennormen) ➢ Stil (z. B. Lebensstil, Entscheidungsstil) ➢ Produktpräferenzen und -beurteilung (z. B. wichtige Produkteigenschaften, Produktbeurteilungsprozess) Verkäuferbezogen: ➢ Ziele ➢ Wissen (z. B. bzgl. Produkte, Verkaufsgesprächsführung) ➢ Einstellungen (z. B. bzgl. kundenseitiger Kontaktperson, bzgl. eigener Produkte) ➢ Stil (z. B. Kommunikations-, Präsentationsstil)	Kundenbezogen: ➢ Kundeneigenschaften (z. B. Produktangebot, Finanzlage, Kultur) ➢ Kunden des Kunden (z. B. Arten, Bedürfnisse, Nutzen aus Produkten des Kunden) ➢ Wettbewerber des Kunden (z. B. Art und Vorgehen, Marktposition des Kunden im Wettbewerb) ➢ Historische Kaufmuster (z. B. Kaufvolumina, Lieferantenkonzentration) ➢ Aktuelle Kaufsituation (z. B. Erstkauf vs. Wiederkauf, Dringlichkeit) ➢ Beteiligte Personen (z. B. Buying-Center-Zusammensetzung, Einflussstruktur, Art und Einfluss unserer „Gegner") ➢ Richtlinien (z. B. bzgl. Verkäufer, Einkaufsprocedere, Verträge) Wettbewerbsbezogen: (z. B. weitere Anbieter, angebotene Produkte/Lösungen, Produktvor- und -nachteile) Unternehmensbezogen: (z. B. Zielvorgaben, Verhaltensrichtlinien, verfügbare Ressourcen)

Tab. 5-1: Übersicht über relevante Informationen zur Kontaktplanung

Die *Gewinnung dieser Informationen* kann grundsätzlich auf drei verschiedene Arten erfolgen:

(1) Der Verkäufer kann Informationen auf *sekundärstatistischem* Wege zusammentragen. Mit Blick auf die unternehmensinternen Quellen ist die wichtigste kundenbezogene Informationsbasis zunächst das Kundeninformationssystem bzw. die Kundendatenbank mit den bisher generierten Informationen über den Kunden (vgl. Kap. 3 und Kap. 11.2.1). Die weiteren im Unternehmen bei einem Kundenkontakt genutzten Systeme (z. B. Computer Aided Selling, Helpdesk, Call Center etc.) können im Falle vergangener Kontakte mit dem Interessenten (z. B. bei früheren Anfragen, einem zurück liegenden Verkaufsabschluss) ebenfalls relevante Informationen liefern. Über das Intranet können Informationen über Produkte, die Wettbewerbssituation o. Ä. in Form von Marketing-Enzyklopädie-Systemen (MES) oder Content Management-Systemen (CMS), welche die Mitarbeiter zusätzlich bei der Eingabe der Inhalte unterstützen, verfügbar sein (vgl. Hippner/

Rentzmann/Wilde 2004, S. 26 sowie Kap. 11.2.2). Die skizzierten Insellösungen können durch ein Vertriebsinformationssystem oder – umfassender – durch ein CRM-System zusammengeführt sein und dann die Planung anstehender Kundenkontakte ganzheitlich unterstützen. Das folgende Fallbeispiel gibt einen Einblick in die unternehmenspraktische Nutzung solcher Systeme.

Melitta steuert mit „Mobile Sales"

Seit Juni sind alle 70 Mitarbeiter des deutschen Außendienstes von Melitta und 20 Key-Account-Manager mit einem Laptop und der CRM-Software „MySAP Mobile Sales" ausgestattet. [...]

Angeschlossen an das neue System sind außer den Bezirksleitern im Außendienst die Key-Account-Manager sowie Mitarbeiter des Trade Marketing. Letztere beschäftigen sich mit Verkaufsförderung und Category Management und speisen entsprechende allgemeine und kundenbezogene Informationen in das mobile System ein. Aktionskalender für Werbeaktionen liegen seit neuestem ebenso im CRM-System abrufbar bereit wie Sortimentsempfehlungen und Regal-Layout-Vorschläge gestaffelt nach unterschiedlichen Geschäftstypen. [...]

Der Außendienst hat mittlerweile den gesamten Belegfluss zu einem Kunden auf seinem Rechner", so Bobe [Leiter Vertrieb Innendienst Melitta]. [...]

Ein wesentlicher Benefit für den Bezirksleiter ist, dass er für seine Arbeitsvorbereitung auf aktuelle Informationen über die Auftrags- und Liefersituation bei seinem Kunden zugreifen kann. ... [Das alte System] ließ nur die Auftragserfassung und „rudimentäre" Besuchsberichte zu. ... (Quelle: Kapell 2003, S. 24).

Greift man zur Sekundäranalyse auf unternehmensexterne Quellen zurück, stehen grundsätzlich alle Sekundärdatenquellen der Marktforschung offen (z. B. Veröffentlichungen von Wirtschaftsverbänden, Studien von Marktforschungsinstituten, Fachzeitschriften, Zeitungen). Dabei bietet insb. das Internet heutzutage eine Vielzahl an Möglichkeiten, um an aktuelle, verkaufsrelevante Daten über den Kunden, dessen relevanten Markt sowie die Angebotssituation zu gelangen (z. B. durch Suchmaschinen, personalisierte) Newsletter oder auf Unternehmensinformationen spezialisierte Dienstleister, wie Hoover's [www.hoovers.com] und GBI [www.gbi.de]).

(2) Als zweiter grundsätzlicher Weg besteht die Möglichkeit zur *primärstatistischen* Informationsbeschaffung, also zur Beschaffung von Informationen eigens zum Zweck der Kontaktvorbereitung. Die Informationsbeschaffung kann dabei sowohl unternehmensintern als auch -extern auf verschiedene Arten (z. B. durch persönliche oder telefonische Gespräche, schriftliche Anfragen) erfolgen. Als Informationsquellen stehen unternehmensintern dabei Kundenkontaktmitarbeiter (z. B. Innen- oder Außendienstmitarbeiter, die den potenziellen Kunden jüngst

über ein neues Produkt informiert haben) bzw. Mitarbeiter, die bereits in der Vergangenheit mit dem potenziellen Kunden zu tun hatten, Mitglieder des Selling-Centers (z. B. durch den Produktmanager, der die aktuelle Produktleistung im Vergleich zu Wettbewerbern beurteilt) und das Management (z. B. in Form aktueller Zielvorgaben) zur Verfügung.

Unternehmensextern kann man primärstatistische Informationen direkt beim Kunden zu gewinnen suchen (z. B. von den Kontaktperson(en), Sekretariaten, Verkäufern). Darüber hinaus kann man relevante Informationen auch von Unternehmen, die mit diesem Unternehmen bereits zusammenarbeiten (also Absatzmittlern, Produktnutzern und Dienstleistern), gewinnen. Schließlich besitzt der eigene Internetauftritt zur – speziell kostengünstigen – Beschaffung von kundengewinnungsrelevanten Informationen eine besondere Bedeutung. Denn auf zahlreichen Märkten informieren sich potenzielle Kunden vor einem unmittelbaren Kontakt zum fraglichen Unternehmen von sich aus im Internet über das Unternehmen und dessen relevantes Produktangebot (vgl. Large et al. 2003, S. 1110). Sofern der Interessent sich identifizieren lässt (z. B. durch vorherige Registrierung; als Folge einer Empfehlung im Sinne des Collaborative Filtering usw.), können die dann „automatisch" anfallenden sowie die erhobenen Daten unmittelbar zur Kontaktplanung herangezogen werden – sofern sich die Phase der Kontaktdurchführung im Rahmen des eCRM-Systems nicht unmittelbar anschließt (z. B. in Form personalisierter Produktberatung und Kaufempfehlungen durch einen Avatar; vgl. Urban/Hauser 2004).

(3) Kontaktrelevante Informationen können auch auf passivem Wege durch ein sog. *Request for Proposal* generiert werden, durch das Interessenten von sich aus einen potenziellen Lieferanten zur Abgabe eines Angebotes auffordern und in dem die zentralen Aspekte des erwarteten Angebotes mehr oder minder umfassend spezifiziert sind. Eine speziell im Anlagengeschäft verbreitete Sonderform dieses Vorgehens stellt die Ausschreibung dar, bei der die Anbieter insb. das dafür vorgeschriebene Verfahren (z. B. Ausschluss von Nachverhandlungen) einhalten müssen (vgl. Berndt 2001, S. 82).

Art und Intensität der Informationsbeschaffung variieren nicht nur durch Vorlieben und Fähigkeiten der Verkäufer, sondern hängen auch von den Spezifika des jeweiligen Marktes bzw. der Verkaufssituation ab. So gibt es *überschaubare Märkte*, in denen man auch die Nicht-Kunden und den Wettbewerb sehr gut kennt. Für diese Märkte ist insb. die persönliche Informationsbeschaffung beim Interessenten von Bedeutung. Analoges gilt für Verkaufssituationen, in denen aufgrund *komplexer Kundenbedürfnisse* oder zu *individualisierender Produkte* die Berücksichtigung einer Vielzahl kundeninterner Informationen die Voraussetzung für eine erfolgreiche Verkaufspräsentation ist. Sind dagegen Märkte bzw. die Anzahl der vom Verkäufer zu bearbeitenden potenziellen Kunden sehr groß, besitzt – speziell für die vergleichsweise unattraktiven Interessenten – die sekundärstatistische Informationsbeschaffung eine höhere Bedeutung. Für relativ klare Kundenbedürfnisse oder beim Angebot von Standardprodukten trifft dies ebenfalls zu.

5.1.3.2 Entwicklung des Kontaktkonzeptes

Sind die verkaufsrelevanten Informationen eingeholt, schließt sich der Teilprozess der *Konzeptentwicklung* an, in der Inhalt und Form der im anstehenden Kundenkontakt zu vermittelnden Informationen festgelegt werden. Abb. 5-2 gibt einen Überblick über die dabei zu berücksichtigenden Teilschritte.

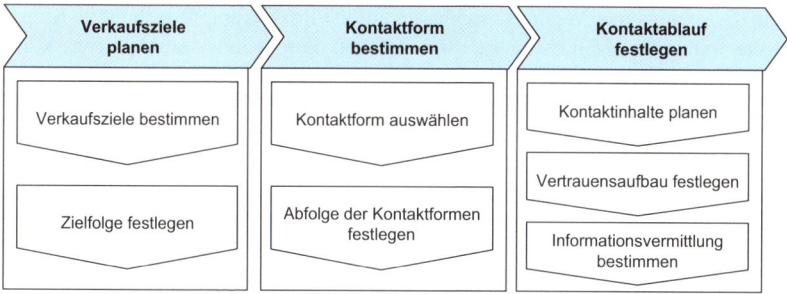

Abb. 5-2: Teilprozesse der Kontaktkonzeptentwicklung

5.1.3.2.1 Planung der Verkaufsziele

Der erste Teilprozess besteht in der *Planung der Verkaufsziele*. Dazu gilt es zunächst, *zweckmäßige Ziele* für den Interessentenkontakt zu finden. Aufbauend auf den im Vorfeld generierten Informationen, kann man dazu grundsätzlich Leistungsziele, Interaktionsziele, Kundenziele, Absatz- bzw. Umsatzziele und Ertragsziele festlegen (vgl. Kap. 1.3.2.2). Bei der *Auswahl* der konkreten Ziele ist neben den unternehmensin- und -externen Grenzen und Möglichkeiten insb. die „Abschlussnähe" des Interessenten zu berücksichtigen, die sich speziell im Gesprächsanlass zeigt. So stehen in einem Erstgespräch eher Interaktions- und (vorökonomische) Kundenziele im Vordergrund, während der Fokus bei Auftragsvergabe- und Verhandlungsgesprächen stärker auf Absatz-/Umsatzzielen bzw. Ertragszielen liegt (vgl. Homburg/Krohmer 2003, S. 739).

In aller Regel ist es zweckmäßig, *mehrere Ziele* für einen Interessentenkontakt festzusetzen. Denn dadurch bleibt der Verkäufer in einem Verkaufsgespräch flexibel, wenn das Verkaufsgespräch anders abläuft als geplant (z. B. weil der zuständige Einkäufer den Termin abbrechen muss oder der Verkäufer nicht alle nötigen Fakten verfügbar hat). Zudem nimmt es (speziell unerfahrenen) Verkäufern die Angst vor einem Fehlschlag, da die Chance insgesamt größer ist, zumindest ein Ziel zu erreichen. Dabei sind eventuell bestehende *Zielkonflikte* zu berücksichtigen. Häufig bietet sich dabei das Festlegen primärer und sekundärer Ziele i. S. e. *Zielpriorisierung* an (z. B. Verkaufsabschluss als primäres Ziel, Kennen lernen eines weiteren Mitgliedes des Buying-Centers und der genauen Kriterien für die Auftragsvergabe als sekundäre Ziele). Daneben hilft die Formulierung eines Mindestziels, selbst bei ungünstigem Verlauf des Verkaufsgesprächs dem letztlich angestrebten Verkaufsabschluss einen (wenn auch kleinen) Schritt näher zu kommen.

In einem nächsten Schritt gilt es, die *Verkaufsziele zu präzisieren*. Damit ein Verkaufsziel spezifisch und *messbar* ist, sind der Zielinhalt, das Zielerreichungsausmaß, der zeitliche Bezug und der Geltungsbereich festzulegen. Eine entsprechende Formulierung könnte für ein Unternehmen der chemischen Industrie etwa sein: Erzielung eines Verkaufsabschlusses aus der Produktgruppe technische Kunststoffe mit einem Mindestumsatz von 250.000 Euro beim Autozulieferer X im Verlauf des nächsten Monats. Mit Blick auf die Messbarkeit vorökonomischer Ziele hilft es, speziell solche Ziele zu formulieren, die auf eine Reaktion des Kunden abstellen (z. B. „ein Termin für ein Folgetreffen erreichen" statt „sich gegenseitig kennen lernen"). Schließlich ist zur Optimierung der eigenen Interessentenbearbeitung sowie zur Vermeidung demotivierender Wirkungen darauf zu achten, dass die gewählten Ziele *realistisch* sind (vgl. Weitz/Castleberry/Tanner 2001, S. 224).

Da Verkaufsabschlüsse durchschnittlich mehr als ein Verkaufsgespräch erfordern, steht der Verkäufer auch vor der Aufgabe, Ziele für eine solche *Folge von Verkaufskontakten* zu setzen. So kann ein Verkäufer für das erste Verkaufsgespräch als Ziele das Identifizieren der Entscheider und Entscheidungskriterien festlegen, für das zweite und dritte persönliche Gespräch mit den Entscheidern und Vertrauensaufbau bezüglich der eigenen Produkte und des eigenen Unternehmens und im vierten den Verkaufsabschluss anvisieren. Mit einer solchen Zielfestlegung wird auch gleichzeitig die Strategie zur Kundengewinnung deutlich. Zudem können erfolgskritische Ergebnisse i. S. v. Zieltrajektorien hochgerechnet werden und so die zukünftige Planung unterstützen. Im Beispielfall könnte auf Basis der Informationen über die Zusammensetzung des Buying-Centers (aus dem ersten Gespräch) und den realisierten Kontakten zu den einzelnen Mitgliedern im zweiten Gespräch hochgerechnet werden, inwiefern es weiterhin realistisch ist, im nächsten Gespräch alle ausstehenden Mitglieder des Buying-Centers persönlich zu sprechen und somit bereits im darauf folgenden Gespräch ein Auftragsvergabegespräch anzusetzen.

Abb. 5-3 fasst die vorangegangenen Ausführungen in Form eines Prozessmodells der Verkaufszielplanung zusammen (vgl. Diller 1998, S. 173).

Verkaufsziele finden	Verkaufsziele abgleichen	Verkaufsziele präzisieren	Zielfolge festsetzen
• Analyse Kundeninformationen • Analyse Wettbewerberverhalten • Zielvorgaben Verkaufsleitung • Kontrolle der Zielerreichung	• Zielkonfliktanalyse • Prioritätensuche (Primäre vs. sekundäre Ziele) • Zielkompromisse finden (z.B. durch ausreichendes Zielniveau)	• spezifische Ziele formulieren • Alternativ-/ Mindestziele entwickeln • Messstandards entwickeln • Realismus der Ziele prüfen	• konsistente Zielfolge entwickeln • Zielerreichungszeitpunkte festlegen • Zielerreichung hochrechnen • Zielfolge anpassen

Abb. 5-3: Teilprozesse und Aufgaben der Verkaufszielplanung

5.1.3.2.2 Bestimmung der Kontaktform

Der zweite Teilprozess der Konzeptentwicklung besteht in der *Bestimmung der Kontaktform*. Diese ist unter Berücksichtigung der insgesamt für den Interessenten gewählten Kontakt-Strategie zu entscheiden (vgl. Kap. 4.3). Grundsätzlich kann der Kontakt persönlich (z. B. durch den Besuch eines Außendienstmitarbeiters), semi-persönlich, also medial unterstützt (z. B. als Anruf durch den Innendienst, in Form einer Videokonferenz) oder ohne persönlichen Kontakt (z. B. schriftlich in Form eines Angebotes per Fax oder virtuell in Form einer E-Mail-Aufforderung zum Besuch des unternehmenseigenen Internetauftritts) erfolgen.

Während der *persönliche Kontakt* (insb. als Besuch beim Interessenten) mit einem hohen zeit- und kostenbezogenen Aufwand verbunden ist, bietet er die Möglichkeit einer interaktiven Kommunikation sowie die „persönliche Komponente", die speziell am Anfang von Geschäftsbeziehungen eine wichtige Stellung für den Vertrauensaufbau einnimmt (vgl. Doney/Cannon 1997). Bei der Interessentenbearbeitung ohne persönlichen Kontakt verhalten sich die Vor- und Nachteile im Grundsatz spiegelbildlich. Allerdings kommt dem *schriftlichen Angebot* insofern eine besondere Bedeutung zu, als dem „geschriebenen Wort" (nicht zuletzt durch die damit verbundenen juristischen Möglichkeiten) häufig eine höhere Verbindlichkeit im Vergleich zu mündlichen Zusagen beigemessen wird. Dieser Aspekt ist allerdings kulturspezifisch zu sehen und speziell in High Context-Kulturen (z. B. Japan, arabische Länder) gegenüber dem persönlichen Wort von untergeordneter Bedeutung (vgl. Müller/Gelbrich 2004, S. 789 f.). Bei *virtuellen Interessentenkontakten* können dagegen durchaus interaktive Elemente vorgesehen sein. Neben den traditionellen Instrumenten (z. B. Angabe von Kontaktinformationen; E-Mail-Rückfrage über Kontakt-Button; Call Back-Buttons) bieten die Möglichkeiten des eCRM quasi-persönliche (in Form von virtuellen Beratern) oder – bei Bedarf – semi-persönliche (z. B. Kontakt-Button für Voice over IP-Gespräche oder Chats mit Call Center-Agent; visuelle Hilfe bzw. Beratung durch Shared Browsing-Button) Kontaktverläufe (vgl. Engelbrecht/Hippner/Wilde 2004, S. 442 ff.). Gerade solche Ausgestaltungen – wie auch die *semi-persönlichen Formen* insgesamt – zielen darauf ab, die Effektivitäts- und Effizienzvorteile der persönlichen Kontaktformen und der Kontaktformen ohne persönlichen Kontakt miteinander zu verbinden. Zudem wird es dadurch möglich, mit den Interessenten in Kontakt zu kommen, die als reine Internetnutzer durch den fehlenden direkten Kontakt zum potenziellen Lieferanten bis dato nicht als potenzielle Kunden zu identifizieren waren.

Als *ökonomische Einflüsse* gehen neben den skizzierten Aspekten auch die „Wertigkeit" des Kunden (z. B. persönlicher Besuch der wichtigen potenziellen Kunden) sowie potenzieller Auftragswert und Auftragsnähe (z. B. Besuch durch Außendienstmitarbeiter bei hoher Wahrscheinlichkeit einer großen und demnächst erfolgenden Auftragsvergabe) in die Wahl der Kontaktform ein. Zudem sind *Interessentenpräferenzen* (z. B. Unternehmen besteht auf persönlichen Besuch) zu berücksichtigen.

189

Da die Auftragsgewinnung durchschnittlich mehr als einen Kontakt erfordert, ist für diese Fälle in einem zweiten Prozessschritt die *Abfolge* der einzusetzenden Kontaktformen im Sinne der Planung des Kontaktverlaufs zu bestimmen. Zu beachten ist dabei allerdings die Notwendigkeit einer insgesamt aufeinander abgestimmten Kundenansprache im Sinne des „One Face to the Customer".

5.1.3.2.3 Festlegung des Kontaktablaufs

Schließlich fokussiert der dritte Teilprozess der Konzeptentwicklung die *Festlegung des Kontaktablaufs*. Dabei lassen sich die Teilprozesse „Kontaktinhalte planen", „Vertrauensaufbau festlegen" und „Informationsvermittlung bestimmen" unterscheiden.

(1) Auf Basis der gewonnenen Informationen, der angestrebten Ziele und der zugrunde liegenden Kontaktform sind die *Kontaktinhalte* zu planen. Dafür lassen sich drei grundsätzliche Vorgehensweisen wählen (vgl. Johnston/Marshall 2003, S. 57 f.):

➢ Beim *Mental-States Approach* plant man die Inhalte analog zu Stufenmodellen der Werbewirkung (z. B. AIDA-Schema). Entsprechend können die Inhalte so ausgewählt werden, dass sie mit Blick auf den Interessenten das Wecken von Aufmerksamkeit, Interesse, Kaufwunsch oder Kaufabschluss in den Vordergrund stellen. Der Vorteil dieses Phasenschemas liegt in seiner Eingänglichkeit, was etwa das Training speziell unerfahrener Verkäufer erleichtert. Nachteilig ist die nur nachgeordnete Bedeutung der Interessenten und ihrer spezifischen Bedürfnisse.

➢ Speziell auf den zuletzt genannten Aspekt zielt der *Need-Satisfaction Approach*, bei dem die Kontaktinhalte aus den Kundenbedürfnissen abgeleitet werden. Dieser Ansatz weist den Vorteil der Kundenorientierung auf. Allerdings benötigt man dazu qualifiziertes Verkaufspersonal, das in der Lage ist, den Interessenten und seine Lage zu verstehen. Da dies Zeit erfordert, ist dieser Ansatz entsprechend kostenintensiv und wird erst bei entsprechender Wertigkeit des Interessenten zweckmäßig.

➢ Im Wesentlichen die gleichen Vor- und Nachteile weist der *Problem-Solution Approach* auf. Mit Blick auf die Produkte steht hier jedoch nicht mehr der Abgleich des eigenen Angebotes mit den Interessentenbedürfnissen, sondern das Lösen des Interessentenproblems unabhängig vom eigenen Leistungsspektrum im Vordergrund („Consultative Selling"; vgl. Kap. 6). Damit steigen die Anforderungen an den Verkäufer abermals. Gleichwohl kann eine solche konsequente Kundenorientierung in effektiver Weise die Basis für langfristige Geschäftsbeziehungen schaffen.

(2) Als nächster Prozessschritt ist festzulegen, wie der *Vertrauensaufbau* im anstehenden Kundenkontakt erfolgen soll. Angesichts der Bedeutung des ersten Eindrucks besitzt speziell die Frage nach vertrauensbildenden Aspekten in der

Kontakteröffnungsphase eine besondere Wertstellung. Im Verkaufsgespräch ist dafür insb. das Auftreten des Verkäufers zentral. So ist es neben der grundsätzlichen Forderung eines gepflegten Erscheinungsbildes und des Vermeidens sprachlicher Missgriffe von Vorteil, sich an den Dresscode (z. B. konservativ bei Finanzdienstleistern; nicht zu „steif" bei Programmierern) und – sprachlich – an den Erfahrungshintergrund (z. B. nicht zu technisch bei kaufmännischem Personal; kein „Geschwafel" bei Technikern) des Interessenten anzupassen, da ansonsten das Risiko besteht, an Ansehen, zugesprochener Kompetenz oder – ganz allgemein – an Akzeptanz einzubüßen. Insb. fremde Kulturkreise stellen an dieser Stelle viele Herausforderungen (vgl. Müller/Gelbrich 2004, S. 776 ff.).

Abgesehen vom persönlichen Eindruck stellt sich auch die Frage, wie man interessentenseitig das Vertrauen in die *Kontaktinhalte* am zweckmäßigsten aufbauen kann. Wichtige Optionen dafür sind die Benennung von Referenzkunden, nachweisbare Ergebnisse verkaufter Produkte, die belegbare Expertise zur Problemlösung und Absicherungen für den Interessenten (z. B. in Form von Garantien).

(3) Als letzter Prozessschritt der Kontaktablauffestlegung gilt es, die zweckmäßigste *Informationsvermittlung* für die ausgewählten Kontaktinhalte zu bestimmen.

(a) Dazu ist zunächst der *Standardisierungsgrad* festzulegen. Diesbezüglich lassen sich unterscheiden (vgl. Dalrymple/Cron 1995):

➢ die *standardisierte („canned") Informationsvermittlung*, die von Kunde zu Kunde nicht variiert wird. Im Falle persönlicher oder semi-persönlicher Verkaufsinteraktionen kann dies ein schriftlich vorliegender oder auswendig gelernter Verkaufstext sein. Im Internet ist der Kontaktverlauf in diesem Fall durch eine bestimmte Abfolge von Web-Sites genau festgelegt und etwa durch sog. Frequently Asked Questions („FAQs") ergänzt. Wenn ein stimmiges Konzept zugrunde liegt, ist die Informationsvermittlung logisch aufgebaut, nimmt Einwände des Interessenten vorweg und erhöht auf diese Weise die Wahrscheinlichkeit, den Interessenten zum Kauf zu bewegen. Bei Verkaufsgesprächen besitzt dieses Vorgehen im Falle unerfahrener Verkäufer (wegen der einfachen Vermittelbarkeit) oder im Falle immer ähnlicher Interessentenkontakte (z. B. beim Telefon- oder Haustürverkauf) Vorteile. Allerdings kann man es in aller Regel nur bei einem recht begrenzten Angebot von (Standard)Produkten einsetzen. Denn ein flexibles Eingehen auf Produkte, insb. im Hinblick auf die Bedürfnisse des spezifischen Interessenten, ist bei diesem Vorgehen nicht vorgesehen.

➢ die *maßgeschneiderte („tailored") Informationsvermittlung*, die genau auf die Situation des einzelnen Interessenten zugeschnitten ist. Neben entsprechend vorbereiteten Verkaufsgesprächen ist dies im Internet durch die realtime Personalisierung der Web-Seiten im Rahmen des eCRM möglich. Im Vergleich zur standardisierten Informationsvermittlung weist sie genau entgegengesetzte Vor- und Nachteile aus.

➢ die *strukturierte („organized")* Informationsvermittlung, bei der die grundsätzliche Abfolge der zentralen Inhalte festgelegt wird, die darüber hinaus aber eine
flexible Anpassung an die Kontaktsituation erlaubt. Insofern stellt sie einen
Kompromiss zwischen den beiden zuerst genannten Optionen dar.

Angesichts der Vor- und Nachteile der skizzierten Optionen stellt sich aus Effi-
zienzperspektive nicht nur die Frage nach der einen besten Möglichkeit. Vielmehr
bietet es sich in vielen Fällen an, die Alternativen für bestimmte Teile des
jeweiligen Interessentenkontaktes zu nutzen. So kann bspw. das Identifizieren
der Kundenbedürfnisse in ganz individueller Art erfolgen, die Präsentation des
am besten geeigneten Produktes dann aber standardisiert ablaufen.

(b) Bei der *Bestimmung der Argumentationsart* geht es danach um die Art und Weise
der Vermittlung der Kontaktinhalte. Neben der sachlichen Ebene (z. B. nutzenorien-
tierte statt eigenschaftsorientierte Beratung) spielt in diesem Zusammenhang insb.
die Frage nach der besten *Tonalität* des Kontaktverlaufs eine Rolle. Diese Frage lässt
sich nur mit Bezug zum konkreten Interessenten beantworten. Denn die Emotionalität von Interessenten, ausgedrückt etwa in der Bereitschaft, sich auf Emotionen
einzulassen, Emotionen zu zeigen und Beziehungen einzugehen, variiert von Person
zu Person (vgl. Merril/Reid 1981). Während bei „emotionalen" Interessenten insofern entsprechende emotionale Komponenten (z. B. Hobbys als Thema im Verkaufsgespräch, „auflockernde" Bemerkungen eines virtuellen Beraters) für den Kontaktverlauf vorgesehen werden sollten, ist für den anderen Fall ein geschäftlicher,
faktenorientierter Ton zu wählen. Damit die Authentizität der Gesprächsführung
gewährleistet bleibt, gilt es bei der Wahl der Tonalität im Falle persönlicher und
semi-persönlicher Kontakte auch die Person des entsprechenden Kundenkontaktmitarbeiters zu berücksichtigen (vgl. Haas 2002).

(c) Im nächsten Teilprozess sind die *Hilfsmittel* festzulegen, die während des
Interessentenkontaktes die Aufnahme der zentralen Informationen sicherstellen
sollen. Dazu lassen sich textliche Darstellungen, Abbildungen, Bildfolgen und
Modelle (z. B. Muster, Prototypen) nutzen. So kann ein Automobilzulieferer bei
der Vorstellung eines sich zusammenfaltenden Massivdachs (wie z. B. beim Mercedes SLK) diesen Vorgang in Worte fassen, in Form einer Konstruktionszeichnung
präsentieren, als Ablauf aus einem CAD-Programm heraus vorstellen oder mit
einem realen Modell demonstrieren. Während die Kosten der skizzierten Hilfsmittel in Richtung Modell der Tendenz nach (überproportional) ansteigen, sind die
Randbedingungen für die Effektivität dieser Hilfsmittel kaum in allgemeiner Art zu
benennen. Gleichwohl dürften komplexe Sachverhalte, sensorische Qualitäten
(z. B. Anmutung) oder „dynamische" Sachverhalte – wie im Beispiel des Faltdachs
– durch bildhafte Darstellungen oder ein Modell besser transportiert werden
können als durch Text. Schließlich sind auch interessentenbezogene Merkmale
und Präferenzen in die Planungsüberlegungen einzubeziehen.

Mit Blick auf *Präsentationstechnologien* kann man heutzutage anspruchsvollste Technologien, wie etwa Virtual Reality Systeme, für die Verkaufspräsentation nutzen (Abb. 5-4).

Solche Systeme erfordern einen speziellen, begehbaren Projektionsraum („Cave"), in denen LCD-Projektoren Stereobilder auf die Projektionsfläche werfen. Per Computer werden sowohl für den jeweiligen Betrachter die für ein räumliches Sehen nötigen Bilder erzeugt als auch diese Bilder in Echtzeit an die Perspektive und den sich verändernden Standort des Betrachters angepasst. SMS Demag nutzt ein solches System etwa, um eigene Produkte (z. B. eine Gießwalzanlage für Spezialbleche) realistisch zu demonstrieren sowie in der Realität unzugängliche Anlagenteile zu zeigen (vgl. Schürmann 2004). Für ein kleines Virtual Reality System sind Kosten von ca. 70.000 Euro zu veranschlagen (vgl. o.V. 2004d). Dafür können dadurch speziell große Produkte (z. B. im Anlagenbau) und komplexe Produkte realitätsnah und komfortabel dargestellt werden.

Aufbau der Cave	Cave-Einsatz (Beispiel)

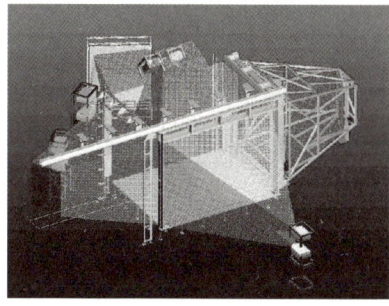 

Abb. 5-4: Aufbau und beispielhafter Einsatz eines Virtual Reality Systems
(Quelle: RWTH Aachen; Schürmann 2004)

(d) Als letzter Schritt der Kontaktablauffestlegung ist die *Zeitplanung* der Kontaktdurchführung vorzunehmen. Die Wahl der zweckmäßigen *Geschwindigkeit* wird dabei sowohl von der Komplexität des zu vermittelnden Inhaltes als auch vom Interessenten beeinflusst. Neben dessen Präferenzen spielen speziell Erfahrungshintergrund und Wissen eine Rolle (z. B. geringere Geschwindigkeit bei erstmaliger Präsentation der Problemlösung). Bei „produktfernen" Kontaktpersonen, etwa wenn technische Produkte durch einen kaufmännisch ausgebildeten Einkäufer beschafft werden, kommt diesem Aspekt eine besondere Bedeutung zu. Mit Blick auf die zeitliche *Grobstruktur* des Interessentenkontaktes ist zu planen, an welchen Stellen umfangreichere Zeitblöcke vorgesehen werden, um die entsprechenden Informationen zu vermitteln. Aus diesen Entscheidungen lässt sich letztlich die *Dauer* bestimmen, die man für den konkreten Interessentenkontakt benötigt.

Wie die Ausführungen gezeigt haben, spielt der jeweilige Interessent eine zentrale Rolle für die Planung des Kundenkontaktes. Entsprechend können Käufertypologien eine Orientierungshilfe für die Kundenkontaktplanung geben. Aus den zahlreichen existierenden Typologien (vgl. z. B. Bänsch 1998) haben für den persönlichen Verkauf dabei speziell Typologien auf Basis einer „emotionalen Dimension" und einer „Kontrolldimension" eine gewisse Bedeutung erlangt (vgl. z. B. Buzzotta/Lefton/Sherberg 1972; Merril/Reid 1981). Abb. 5-5 gibt eine solche Typologie auf Basis der Dimensionen „Emotionalität" (Bereitschaft, Emotionen zu zeigen und Beziehungen einzugehen) und „Bestimmtheit" (Umfang, in dem die eigene Meinung ausgedrückt wird und andere entsprechend zu beeinflussen versucht werden) mit ausgewählten Hinweisen zur Erkennung der verschiedenen Typen wieder. Diese Erkennungsmerkmale lassen sich zur Klassifizierung der Kontaktpersonen auf Interessentenseite heranziehen.

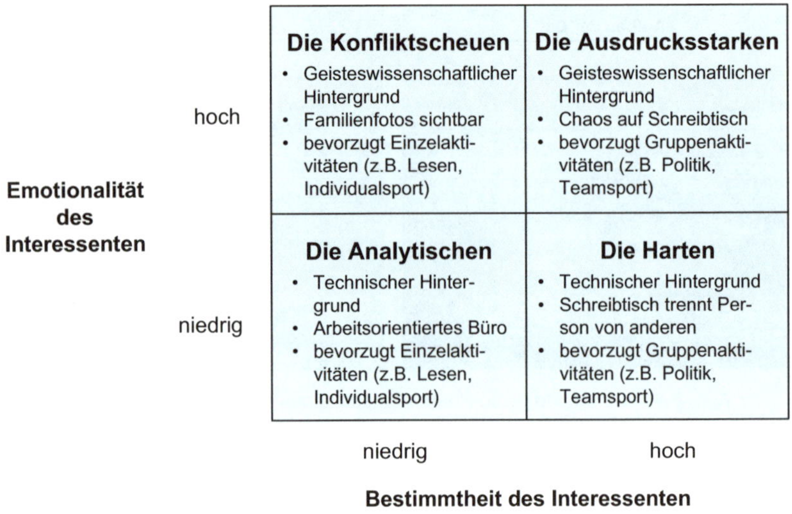

	Die Konfliktscheuen	**Die Ausdrucksstarken**
hoch	• Geisteswissenschaftlicher Hintergrund • Familienfotos sichtbar • bevorzugt Einzelaktivitäten (z.B. Lesen, Individualsport)	• Geisteswissenschaftlicher Hintergrund • Chaos auf Schreibtisch • bevorzugt Gruppenaktivitäten (z.B. Politik, Teamsport)
niedrig	**Die Analytischen** • Technischer Hintergrund • Arbeitsorientiertes Büro • bevorzugt Einzelaktivitäten (z.B. Lesen, Individualsport)	**Die Harten** • Technischer Hintergrund • Schreibtisch trennt Person von anderen • bevorzugt Gruppenaktivitäten (z.B. Politik, Teamsport)

Emotionalität des Interessenten

niedrig   hoch

Bestimmtheit des Interessenten

Abb. 5-5: Beispielhafte Käufertypologie und Erkennungsmerkmale der Käufertypen (Quelle: Weitz/Castleberry/Tanner 2001, S. 170)

Auf Basis des entsprechend klassifizierten Interessenten lassen sich dann Rückschlüsse auf dessen grundsätzliche Erwartungen ziehen und – als Folge – die erfolgsträchtigste Ausgestaltung der Kontaktdurchführung festlegen. Tab. 5-2 stellt die verschiedenen Ausgestaltungsoptionen der Kontaktablauffestlegung für den Fall persönlicher Verkaufsgespräche beispielhaft dar.

Erwartungs-bereich	Kundentyp			
	Die Harten	Die Ausdrucks-starken	Die Konflikt-scheuen	Die Analyti-schen
Durch Verkäufer vermittelte In-formation	Qualifikation des Verkäufers; Produktwert	Was Verkäufer denkt; wen Ver-käufer kennt	Beleg dafür, dass Verkäufer vertrauenswür-dig und freund-lich ist	Beleg für Ver-käuferexpertise zur Lösung des Problems
Nutzenpräsen-tation	*Was* das Pro-dukt kann	*Wer* das Pro-dukt benutzt hat	*Warum* das Produkt zur Lö-sung des Prob-lems am besten geeignet ist	*Wie* das Pro-dukt das Prob-lem lösen kann
Hilfe bei Unter-stützung der Entscheidungs-findung	Erklärung von Optionen und Wahrschein-lichkeiten	Referenzkun-den	Garantien und Absicherungen	Belege und Serviceangebo-te
Atmosphäre im Verkaufsge-spräch	Geschäftlich	Offen, freund-lich	Offen, ehrlich	Geschäftlich
Verkäuferaktivi-täten zum Er-reichen der Kundenakzep-tanz	Dokumentierte Belege; Beto-nung von Er-gebnissen	Annerkennung und Lob	Persönliche Aufmerksamkeit und Interesse	Beleg für Situa-tionsanalyse durch Verkäufer
Gesprächsge-schwindigkeit	Schnell	Schnell	Bedächtig	Bedächtig
Zeitnutzung durch Verkäufer	Effektiv, effizient	Zum Entwickeln einer Bezie-hung	Entspannt, zum Entwickeln ei-ner Beziehung	Umfassend, ak-kurat

Tab. 5-2: Beispielhafte Ausgestaltungsoptionen der Kontaktablauffestlegung (Quelle: Weitz/Castleberry/Tanner 2001, S. 172)

5.1.4 Festlegung der Kontaktmodalitäten

Im Rahmen des Teilprozesses „Kontaktmodalitäten festlegen" *wird entschieden,* unter welchen „Rahmenbedingungen" der anstehende Kundenkontakt ablaufen soll. Sofern diese nicht durch den Interessenten verbindlich vorgegeben werden oder ein unpersönlicher Kontakt vorgesehen ist, sind dazu der Ort und die Be-gleitung zu bestimmen.

(1) Mit Blick auf die Bestimmung des *Kontaktortes* können Verkaufsgespräche in Räumlichkeiten des eigenen Unternehmens bzw. des Interessenten stattfinden. Im

Falle semi-persönlicher Kontakte (z. B. per Video-Konferenz; per Webcasting, also durch Übertragung des Treffens über das Internet) können heutzutage auch Treffen stattfinden, ohne dass die Teilnehmer ihr Unternehmen bzw. – im Falle des Webcasting – ihren Arbeitsplatz verlassen müssen. Schließlich können Verkaufsgespräche auch an „dritten Orten" stattfinden (z. B. Akquisitionsgespräch am Messestand; Büroservices, die Konferenz- und Meetingräume mit persönlichem Service und kompletter Infrastruktur tages- und stundenweise anbieten).

Verkaufsgespräche *beim Interessenten* ermöglichen dem Verkäufer, verkaufsrelevante hard und soft facts unmittelbar „vor Ort" zu gewinnen (z. B. das Fertigungslayout in Augenschein nehmen, in das die zu verkaufende Maschine integriert werden muss). Daneben können Interessenten ein solches Verhalten als Ausdruck der Kundenorientierung des anbietenden Unternehmens auffassen. Vor diesem Hintergrund sind Verkaufsgespräche beim Interessenten insb. für die ersten Interessentenkontakte und für Verkaufssituationen mit komplexen, gleichwohl nicht (vollständig) klaren Interessentenbedürfnissen anzuraten. Dagegen sprechen der zeit- und kostenmäßige Aufwand sowie eine nur im eigenen Unternehmen vorhandene „Präsentationstechnologie" (z. B. ein Prototyp; Windkanal; Virtual Reality System) für Verkaufsgespräche *im Unternehmen*. Zudem besteht in diesem Fall die Möglichkeit, alternative Optionen zur Lösung eines fixierten Kundenproblems unter Hinzuziehung weiterer unternehmenseigener Spezialisten zu diskutieren. Mit *semi-persönlichen Kontakten* und Verkaufsgesprächen *an dritten Orten* sollen die Zeit- und Kostennachteile von Reisetätigkeiten vermindert werden, ohne auf einen persönlichen Kontakt verzichten zu müssen.

(2) Mit Blick auf die Frage, welche unternehmensinternen und – zum Teil – unternehmensexternen Experten den Verkäufer beim Interessentenkontakt begleiten sollen, gilt es, die Kontaktperson bzw. die Zusammensetzung des Buying-Centers des Interessenten zu berücksichtigen. Denn die Entscheider auf Interessentenseite können in Abhängigkeit der Art des Kaufs und des zu beschaffenden Produktes variieren. Während im Falle eines identischen oder modifizierten Wiederholungskaufs (z. B. bei einem Lieferantenwechsel) Einkäufer dominieren, spielen bei Erstkäufen auch technisches Personal und die Geschäftsführung eine wichtige Rolle (vgl. Brand 1972, S. 71). Die Art der zu beschaffenden Produkte beeinflusst dagegen die Art der bei der Entscheidung eingebundenen Experten (z. B. technisches Personal beim Kauf von Antriebstechnik; EDV-Personal bei Beschaffung von Hard-/Software; vgl. o.V. 1997, S. 20). Schließlich steigen die Erfolgschancen bei Verhandlungen, wenn sich Selling und Buying-Center bezüglich des Verhandlungsrahmens (Funktions-, Hierarchie- und Entscheidungsstrukturen) und des Verhandlungsinhaltes möglichst ähnlich sind (vgl. Koch 1987). Ein korrespondierender Verhandlungsrahmen erleichtert die Kommunikation zwischen den Beteiligten, verhindert ein Steckenbleiben der Verhandlungen aufgrund nicht vorhandener Befugnisse und führt so insgesamt zu einer Beschleunigung des Verhandlungsprozesses.

Mit der Entscheidung über Art und Anzahl der Begleitung einher geht die Festlegung spezifischer *Rollenvorgaben* für die am konkreten Kontakt beteiligten Personen. Diese stellen die Verhaltenserwartungen dar, die gegenüber dem jeweils Beteiligten bestehen, und können sich entweder auf die Problemlösung oder auf die Beeinflussung der Kaufentscheidung des Interessenten beziehen (vgl. Gemünden 1980; Heger 1984).

Im ersten Fall könnte etwa ein Techniker die Aufgabe zugewiesen bekommen, dem Interessenten die erarbeitete Problemlösung inhaltlich vorzustellen. Im zweiten Fall würde der Techniker die Vorgabe erhalten, den interessentenseitigen Entscheidungsprozess voranzutreiben, indem er sich als „Seelenverwandter" des Fachpromotors auf Buying-Center-Seite mit diesem solidarisiert und diesen aktiv für die Entscheidung zugunsten der eigenen Problemlösung zu gewinnen sucht.

5.1.5   Vereinbarung des Kundenkontaktes

Sind die Planung des Kundenkontaktes und die Festlegung der Kontaktmodalitäten abgeschlossen, schließt sich als letzter Teilprozess der Kontaktvorbereitung die konkrete Vereinbarung des Kundenkontaktes an. Dieser Prozessschritt ist insofern von Bedeutung, als vereinbarte Termine im Vergleich zu unangekündigten Versuchen, einen Interessentenkontakt durchzuführen, zu einer deutlich höheren Effektivität des Außendienstes führen (vgl. Weitz/Castleberry/Tanner 2001, S. 228). Neben der Gewissheit, dass der Kontakttermin zustande kommt, ist dabei die Wahrscheinlichkeit größer, den richtigen Ansprechpartner zu treffen sowie den Kontakt ohne Störungen durchführen zu können.

Während die Abläufe zur Kontaktvereinbarung bei vorhandenen Kunden meist bekannt sind, ist im Falle potenzieller Neukunden zunächst zu klären, wer der beste *Ansprechpartner* ist. Die Entscheidung muss die interessentenseitig bestehenden Kommunikations- und Entscheidungsstrukturen (z. B. in Form von Macht-, Fach-, Prozesspromotoren; vgl. Walter 1998, S. 106 ff.) berücksichtigen. Obwohl die Entscheidung vor diesem Hintergrund naturgemäß nur situationsspezifisch erfolgen kann, erscheint für viele Verkaufssituationen der Einkäufer der richtige Ansprechpartner zu sein. Daneben hat sich in der Verkaufspraxis aber auch das direkte Ansprechen der Geschäftsführung bzw. des Top-Managements – als Initiator von Kaufprozessen bzw. als Entscheider – bewährt (vgl. Brand 1972, S. 71; o.V. 1997, S. 20; Spiegel 1982, S. 7; Weitz/Castleberry/Tanner 2001, S. 229).

Das Vereinbaren eines Kontaktes kann in Form einer persönlichen, schriftlichen oder telefonischen *Anfrage* erfolgen. Da ein persönliches Vorsprechen zeitintensiv und damit teuer ist und schriftliche Anfragen (z. B. als Brief oder E-Mail) angesichts der heutigen Informationsflut nicht selten ungelesen im realen oder virtuellen Papierkorb landen, stellt das Telefon das wichtigste Mittel zur Vereinbarung eines Kontaktes dar. Dabei sprechen Gehaltsunterschiede zwischen Verkäufern und Innendienst, Produktivitätsgewinne (z. B. mehr Zeit für Verkaufsgespräche durch Wegfall der Telefonate) sowie die Erfahrungsvorteile von Telefonmitarbeitern nicht selten dafür, die Verkäufer von der Aufgabe der Terminvereinbarung zu entbinden.

Ist der Termin konkret vereinbart, sind mit Herannahen des Kontakttermins schließlich das geplante Kontaktkonzept konkret umzusetzen (z. B. Erstellung der Charts für die Verkaufspräsentation) und die Modalitäten vorzubereiten (z. B. Prüfung der benötigten Präsentationstechnik im gewählten Besprechungsraum usw.).

5.2 Kontaktdurchführung

5.2.1 Prozessüberblick

Bei der Kontaktdurchführung handelt es sich um das konkrete Zusammentreffen von anbietendem Unternehmen, z. B. in Form des Verkäufers, und Interessenten mit dem Ziel, den Verkaufsabschluss voranzutreiben und den Interessenten letztlich zum Kauf zu bewegen. Den *Input* dieses Teilprozesses stellen einerseits die im Rahmen der Kundenannäherung (vgl. Kap. 3.2) und Kontaktvorbereitung gewonnenen Informationen, andererseits das für den konkreten Kontakt entwickelte Kontaktkonzept dar. Dieser Input wird durch den unmittelbaren Eindruck im Interessentenkontakt angepasst bzw. präzisiert (vgl. Weitz 1978). Darüber hinaus gehen auch Situationsspezifika (z. B. unangekündigte Teilnahme des Geschäftsführers; Notwendigkeit zur Verkürzung des Kontaktes) in die Kontaktdurchführung ein. *Output* des Prozesses ist letztlich die Interessentenkonversion i. S. e. genau spezifizierten Verkaufsabschlusses, der im Falle einer Folge von Kontakten „Zwischenerfolge", wie etwa die Vereinbarung eines Folgebesuchs oder der sog. Letter of Intent, voran gehen können. Letzterer stellt eine vorvertragliche Absichtserklärung dar, den Auftrag unter spezifizierten Bedingungen zu vergeben bzw. anzunehmen (vgl. Backhaus 2003, S. 592). Vorökonomisch ist in diesem Zusammenhang zudem der Aufbau von Zufriedenheit und Vertrauen auf Seiten des Interessenten zu erwähnen, wodurch die Bindung des Kunden an das Unternehmen auf- und ausgebaut werden kann (vgl. Kap. 8).

Das erfolgreiche Durchführen eines Interessentenkontaktes erfordert zunächst eine gelungene Gesprächseröffnung. Dazu müssen ein geeigneter Gesprächseinstieg gewählt sowie die konkreten Bedürfnisse des Interessenten identifiziert werden. So kann ein Verkäufer bei einem für hohe Qualitätsanforderungen bekannten Interessenten vor Beginn des eigentlichen Verkaufsgesprächs erfahren, dass dieser einen Lieferantenwechsel wegen des schlechter gewordenen Preis-Leistungsverhältnisses erwägt, und darauf auf das Bedürfnis nach einem klar erkennbaren (Netto-)Nutzenvorteil des Produktes schließen. In Verbindung mit der im Vorfeld durchgeführten Planung bilden diese Erkenntnisse die Grundlage für die eigentliche Verkaufspräsentation. Dies schließt eine zweckmäßige Modifikation der geplanten Präsentation ein, falls die neuen Informationen darin nicht bereits gebührend berücksichtigt sind. Im Beispielfall könnte sich der Verkäufer etwa dazu entscheiden, den Produktnutzen nicht nur – wie zunächst geplant – verbal, sondern den Umfang des erzielbaren Produktivitätsgewinnes monetär darzustellen. Schließlich gilt es, sich mit dem Interessenten auf einen Preis für die angebotene Leistung zu einigen und den Verkauf verbindlich abzuschließen.

Wie man erkennen kann, besteht der Kontaktdurchführungsprozess im Detail aus drei Unterprozessen (vgl. Abb. 5-6):

(1) Bei der *Kontakteröffnung* geht es um den Aufbau der persönlichen und inhaltlichen Basis für die anstehende Verkaufspräsentation.

(2) Im Rahmen der *Verkaufspräsentation* müssen der Nutzen der angebotenen Problemlösung verdeutlicht und eventuelle Einwände behandelt werden.

(3) Im Zuge des *Kontaktabschlusses* werden die Preise verhandelt und der Verkauf verbindlich abgeschlossen.

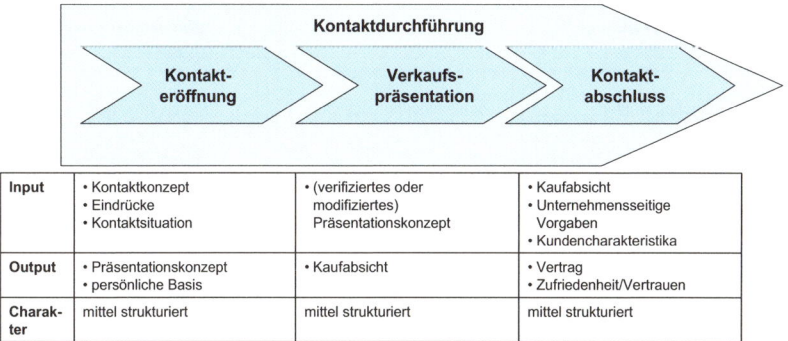

	Kontakteröffnung	Verkaufspräsentation	Kontaktabschluss
Input	• Kontaktkonzept • Eindrücke • Kontaktsituation	• (verifiziertes oder modifiziertes) Präsentationskonzept	• Kaufabsicht • Unternehmensseitige Vorgaben • Kundencharakteristika
Output	• Präsentationskonzept • persönliche Basis	• Kaufabsicht	• Vertrag • Zufriedenheit/Vertrauen
Charakter	mittel strukturiert	mittel strukturiert	mittel strukturiert

Abb. 5-6: Teilprozesse der Kontaktdurchführung

Alle Teilprozesse der Kontaktdurchführung lassen sich als mittel strukturiert einstufen: Zwar können Verkäufer auf zahlreiche Verkaufstechniken zurückgreifen. Gleichwohl besteht aufgrund des interaktiven Charakters von Verkaufssituationen keine Möglichkeit, den Verlauf von Verkaufsgesprächen und das für den konkreten Kontakt erfolgsträchtigste Verkäuferverhalten präzise festzulegen. Gerade diese Freiheitsgrade sind es, die das Verkaufen bei aller Technik zur „Kunst" machen.

Neben den damit verbundenen Kosten kommt der Kontaktdurchführung insofern eine hohe *Bedeutung* zu, als sich an dieser Stelle entscheidet, ob und in welchem Umfang Umsatz generiert wird und der Verkäufer und sein Vorgehen im Kundenkontakt einen hohen Einfluss auf die Zufriedenheit, das Vertrauen und die Loyalität der Kunden ausüben (vgl. Stock 2002; Williams/Attaway 1996). Insgesamt übt damit der Teilprozess der Kontaktdurchführung einen maßgeblichen Einfluss auf den kurz- und langfristigen Marketing- und Unternehmenserfolg aus.

5.2.2 Kontakteröffnung

5.2.2.1 Wahl des Gesprächseinstiegs

Der Teilprozess der Kontakteröffnung ist insb. vor dem Hintergrund des damit vermittelten *ersten Eindrucks* von besonderer Bedeutung für den weiteren Verlauf und den Erfolg des Verkaufsgespräches. Abgesehen von einem höflichen und freundlichen Auftreten (z. B. Bedanken für Kontaktmöglichkeit) geht es in der ersten Phase der Kontakteröffnung, der Wahl des besten *Einstiegs* in das Verkaufsgespräch (vgl. Abb. 5-7), darum, die Aufmerksamkeit und das Interesse des Interessenten zu wecken. Als alternative (gleichwohl miteinander kombinierbare) Vorgehensweisen kommen dafür in Frage (vgl. Weitz/Castleberry/Tanner 2001, S. 250 ff.):

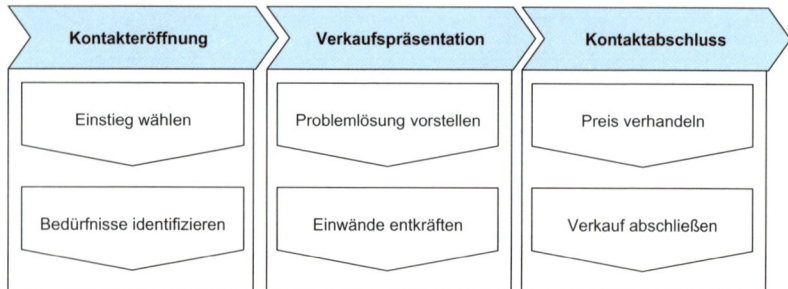

Abb. 5-7: Teilprozesse und Teilschritte der Kontaktdurchführung

➢ *Einfaches Vorstellen*, bei dem der Verkäufer sich und sein Unternehmen vorstellt und ggf. eine Visitenkarte überreicht,
➢ *Aussprechen von Lob*, bei dem der Verkäufer den Interessenten lobt oder ihm seine Wertschätzung ausdrückt,
➢ *Nutzen einer Referenz*, bei dem der Verkäufer auf einen zufriedenen Kunden oder einen Freund bzw. Geschäftspartner des Interessenten verweist,
➢ *Ansprechen des Nutzens*, bei dem der Verkäufer das Gespräch mit dem Hinweis auf einen Produktnutzen beginnt,
➢ *Demonstrieren des Produktes*, bei dem der Verkäufer dem Interessenten direkt am Produkt eine Eigenschaft und den damit verbundenen Nutzen aufzeigt,
➢ *Stellen einer Frage*, bei dem der Verkäufer das Gespräch mit einer Frage oder einem interessanten Aspekt in Form einer Frage beginnt.

Tab. 5-3 zeigt beispielhafte Ausgestaltungen für die verschiedenen Vorgehensweisen.

Methode	Beispiel
Vorstellen	Guten Tag, Fr. Meier. Herzlichen Dank, dass Sie sich für mich Zeit genommen haben. Robert Münch mein Name, von Microsoft.
Lob	Guten Tag, Hr. Müller, Gratulation zu den Einsparungen, die Sie durch die Lieferantenwechsel bisher erreicht haben.
Referenz	Schön, dass Sie heute Zeit für mich haben, Fr. Schmidt. Ich bin hier, weil Fr. Anke Huber von Ihrem Zulieferer Öhme meinte, unsere Lösungen für betriebliche Altersvorsorge könnten auch für Ihr Unternehmen interessant sein.
Nutzen	Grüß Gott, Hr. Wegener. Ich würde gerne mit Ihnen über einen Kopierer reden, der Ihre Kopierkosten um 10 Prozent reduzieren kann.
Produkt	(mit einem Smartphone in der Hand) Hr. Gottschlich, lassen Sie mich Ihnen zeigen, wie dieses kleine Gerät die Produktivität Ihres Außendienstes steigern kann.
Frage	Hr. Bauer, ich würde Ihnen heute gerne unsere Druckmaschinen vorstellen. Könnten Sie mir dazu Ihre Sicht schildern? Dann könnte ich meine Präsentation genau auf Ihre Bedürfnisse ausrichten.

Tab. 5-3: Beispielhafte Möglichkeiten für den Gesprächseinstieg

Mit Blick auf die *Beurteilung* der alternativen Methoden stellt das einfache Vorstellen zwar die einfachste Variante dar, allerdings wird auf diese Weise kaum Interesse seitens des Interessenten geweckt. Das Aussprechen von Lob basiert darauf, dass die meisten Personen es als positiv empfinden, wenn man sie oder ihre Leistungen anerkennt. Auf diese Weise kann früh im Gesprächsverlauf der Grundstein für eine persönliche Beziehung gelegt werden, die sowohl im Gespräch als auch in der weiteren Geschäftsbeziehung zu einem wichtigen Erfolgsfaktor werden kann. Falls das Lob nicht als ehrlich und authentisch vom Interessenten wahrgenommen wird, kann diese Methode aber auch negative Wirkungen hervorrufen. Die Nutzung von Referenzen kann den Interessenten auf der sachlichen oder persönlichen Ebene absichern. Allerdings sollte man sicher sein, dass sich der Referenzkunde im Falle der Anfrage seitens des Interessenten auch entsprechend positiv äußert. Mit einem Produktnutzen zu starten, sorgt für Interesse auf Seite des Interessenten, sofern der Nutzen für diesen relevant ist. Insofern setzt diese Methode entsprechendes Wissen über die Interessentenbedürfnisse voraus. Zudem kann der direkte Einstieg ins Geschäftliche problematisch sein (z. B. bei den „Konfliktscheuen"; vgl. Kap. 5.1.3). Das Produkt zu demonstrieren oder dieses dem Interessenten sogar zur Inspektion zu übergeben, kann für eine hohe Aktivierung des Interessenten sorgen, kann aber vom Interessenten auch als plump oder zu direkt wahrgenommen werden. Schließlich kann man mit der Fragemethode die Aufmerksamkeit des Interessenten wecken, diesen zu einer Antwort motivieren und somit eine zweiseitige Kommunikation initiieren. Allerdings muss man aufpassen, dass sich der Interessent durch die gewählte Frage nicht manipuliert fühlt.

5.2.2.2 Identifikation der Bedürfnisse

Nach dem Einstieg in das Gespräch geht es im nächsten Teilprozess um die Identifikation der *Bedürfnisse* des Interessenten. Dabei gilt es zu berücksichtigen, dass ein vom Interessenten geäußertes Bedürfnis häufig eine tiefere, zunächst nicht ohne weiteres erkennbare Ursache besitzt.

So kann ein Interessent zunächst als Bedürfnis äußern, seinen Außendienst mit Laptops auszustatten. Entsprechendes Nachfragen lässt erkennen, dass dies daraus resultiert, dass der Interessent eine Produktivitätssteigerung im Verkauf als nötig erachtet. Erst das weitere Gespräch bringt zum Vorschein, dass dieses wiederum durch die Erkenntnis verursacht wird, dass die Konkurrenz dem Interessenten Marktanteile abnimmt, woraus Letzterer auf die Notwendigkeit zu einer stärkeren Kundenorientierung und Flexibilität schließt. Dabei handelt es sich letztlich um das eigentliche, „strategische" Bedürfnis des Interessenten. Gerade eine solche *tiefere Ursache* zu erkennen, kann wesentlich für das Entwickeln einer effektiven Problemlösung – und damit: den Verkaufserfolg – sein.

Um die Interessentenbedürfnisse identifizieren zu können, gilt es sowohl aufmerksam und „aktiv" zuzuhören (vgl. Ramsey/Sohi 1997), als auch (insb. offene) *Fragen* zu stellen. Dazu bieten sich verschiedene Arten von Fragen an (vgl. auch Tab. 5-4):

➢ *Situationsfragen*, durch die der Verkäufer allgemeine Informationen zu Hintergründen und aktuellen Entwicklungen auf Interessentenseite erhält,

➢ *Problemfragen*, die auf spezifische Schwierigkeiten, Probleme und Unzufriedenheiten des Interessenten abzielen,

➢ *Implikationsfragen*, durch die – auf Basis identifizierter Probleme – dem Interessenten die Konsequenzen dieser Probleme klar werden sollen,

➢ *Problemlösungsfragen*, durch die sich der Fokus des Interessenten vom Problem auf die Problemlösung verschieben soll.

Frageart	Beispiele für den Fall des Verkaufs von Wissensmanagement-Systemen
Situation	Welches Wissensmanagement-System benutzen Sie im Moment in Ihrem Unternehmen?
Problem	Finden Ihre Mitarbeiter das benötigte Wissen oder den gesuchten Experten ohne Probleme?
Implikation	Was passiert, wenn Ihre Mitarbeiter nicht an das benötigte Wissen kommen, obwohl es im Unternehmen vorhanden ist?
Problemlösung	Wenn ich Ihnen eine Möglichkeit zeigen könnte, wie Ihre Mitarbeiter im Unternehmen vorhandenes Wissen einfach und schnell finden könnten, wären Sie daran interessiert?

Tab. 5-4: Beispielhafte Fragen für die Bedürfnisidentifikation

Situationsfragen können die vorhandenen Informationen verifizieren und vervollständigen. Sie eigenen sich daher insb. am Anfang von Verkaufsgesprächen. Zu viele derartige Fragen können beim Interessenten allerdings den Eindruck einer mangelhaften Vorbereitung des

Verkäufers erwecken. Mit *Problemfragen* kann man nicht nur die existierenden Problembereiche abstecken, sondern auch den Interessenten beim Identifizieren seiner Bedürfnisse unterstützen. Insofern eignen sie sich insb. dann, wenn der Kunde das entsprechende Produkt erstmalig zu kaufen beabsichtigt, aber auch, wenn der Anbieter komplexe Produkte, individuelle Problemlösungen oder ein breites Produktangebot aufweist. Mit *Implikationsfragen* kann man den mit den einzelnen Problemen vorhandenen Problemdruck bestimmen. Diese Fragen wie auch die *Problemlösungsfragen* haben sich insb. für solche Verkaufsgespräche als bedeutsam herausgestellt, die durch ein hohes interessentenseitiges Risiko im Falle einer Fehlentscheidung (z. B. hohe Investitionssumme; kritische Funktionalitäten) gekennzeichnet sind (vgl. Rackham 1988). Denn sie unterstützen die positive Hinwendung des Interessenten zu den angebotenen Lösungen.

5.2.3 Verkaufspräsentation

5.2.3.1 Vorstellung der Problemlösung

Aufbauend auf den identifizierten Interessentenbedürfnissen besteht das Ziel in der Phase der Verkaufspräsentation darin, dem Interessenten eine bedürfnisadäquate *Lösung* vorzustellen und ihn von der Vorteilhaftigkeit dieser Lösung zu überzeugen. Dazu ist in einem ersten Schritt über die beste *Verkaufsargumentation* zur Vermittlung des Nutzens zu entscheiden. Unterscheiden lassen sich in diesem Zusammenhang (vgl. Weis 2003, S. 205 f.):

➢ die *rationale* Argumentation, in der eine sachliche Vermittlung objektiv nachprüfbarer Informationen erfolgt,

➢ die *emotionale* Argumentation, die beim Ansprechpartner positive Wirkungen im affektiven Bereich erzielen soll,

➢ die *selbstverständliche (plausible)* Argumentation, die in Form allgemeiner, traditioneller oder bisheriger Beispiele erfolgt,

➢ die *taktische* Argumentation, in der man Art und Abfolge der Argumente so wählt, dass die eigene Position verbessert und gegenteilige Argumente entkräftet werden,

➢ die *normative* Argumentation, in der die Vermittlung des Produktnutzens auf als wichtig postulierten Eigenschaften oder Kriterien aufbaut (z. B. durch Hinweise auf christliche oder menschliche Werte).

Tab. 5-5 zeigt beispielhafte Ausgestaltungen für die verschiedenen Argumentationsarten.

Argumentationsart	Beispiele
Rational	Wie Sie sehen können, ist unser Produkt Testsieger.
emotional	Wenn Ihr Außendienst unser Produkt bekommt, wird er Sie auf Händen tragen.
selbstverständlich	Die Mehrheit Ihrer Wettbewerber hat sich für dieses Produkt entschieden.
taktisch	Obwohl die Produktvorteile zu gut klingen, um wahr zu sein, belegen zahlreiche Untersuchungen die Qualität unserer Produkte.
normativ	Dieses Produkt braucht ein modernes Unternehmen wie das Ihre heutzutage einfach.

Tab. 5-5: Beispielhafte Ausgestaltungen für die Argumentationsarten

Obwohl in B-to-B-Verkaufsgesprächen alle skizzierten Argumentationsformen zur Anwendung kommen können, ist bei professionellen Käufern insb. die rationale Argumentation von Bedeutung. Speziell gegenüber kritischen Kunden kann man dabei die eigene Argumentation stärken, indem man Vorteile nicht nur sachlich vorträgt, sondern auch *quantifiziert*. Dies ist als einfache *Kosten-Nutzen-Analyse* möglich, indem man den Kosten die zu erwartenden Einsparungen gegenüberstellt. Zur realistischen Bestimmung der Einsparungen sind allerdings unternehmensinterne Daten des Interessenten nötig (z. B. aktueller Mehraufwand durch Ausschuss, Produktionsunterbrechung etc., der beim Kauf der angebotenen Maschine wegfiele). Diese Analyse lässt sich fortführen zu einer komparativen Kosten-Nutzen-Analyse, bei der das eigene Produkt bezüglich der Kosten und des Nutzens mit der aktuell vom Interessenten genutzten Lösung oder mit Konkurrenzprodukten verglichen wird. Daneben lassen sich auch weitere bekannte *investitionsrechnerische Kalküle*, wie etwa die Bestimmung von Break Even, Return on Investment oder Kapitalwert, zur Quantifizierung der Vorteilhaftigkeit des eigenen Angebotes heranziehen.

5.2.3.2 Entkräftung der Einwände

Im Verlauf der Verkaufsargumentation können Interessenten Vorbehalte und Widerstände gegen den Kauf aufbauen (vgl. Hunt/Bashaw 1999), auf die der Verkäufer – speziell wenn diese geäußert werden – i. S. d. richtigen *Einwandbehandlung* reagieren muss. Der sog. Hochdruckverkauf, bei dem der Verkäufer Einwände systematisch unterdrückt oder überhört, ist insofern problematisch, als sich dadurch beim Interessenten Reaktanz aufbauen kann – mit der Folge des Abbruchs der Kaufverhandlungen und u. U. sogar der weiteren Geschäftsbeziehung. Als Konsequenz kann der Verkäufer die Einwände akzeptieren und zu einem davon nicht betroffenen Angebot übergehen. Oder er muss die ernst zu nehmenden Einwände des Interessenten unter Vermeidung negativer Effekte auf Interessentenseite (z. B. durch Belehrungen; Rechthaberei) im Gesprächsverlauf ausräumen. Dafür stehen verschiedene Techniken zur Verfügung (vgl. Bänsch 1998, S. 65 ff.):

- ➢ (direkte oder indirekte) *Entlastungsmethode*, bei der man den Interessenten über einen falschen (!) Einwand aufklärt,
- ➢ *Methode der bedingten Zustimmung*, bei der der Verkäufer dem Interessenten zunächst grundsätzlich zustimmt und nach dessen „Besänftigung" Gegenargumente bringt („Ja, ... aber"),
- ➢ *Bumerang-Methode*, bei der dem Einwand zunächst voll zugestimmt und dieser im Anschluss in ein Argument für das Angebot verändert wird,
- ➢ *Transformationsmethode*, bei der man den Einwand in eine Gegenfrage umwandelt,
- ➢ *Referenzmethode*, bei der sich der Verkäufer auf Äußerungen und Aktivitäten von Käufern bezieht, die eine Referenzgruppe des Interessenten darstellen,
- ➢ *Kompensationsmethode*, bei der man einen (berechtigten) Einwand durch Nennung positiver Aspekte „ausgleicht",
- ➢ *Umformulierungsmethode*, bei der der eigentliche Einwand durch Wiederholung in gemilderter Form an Schärfe verlieren soll.

Tab. 5-6 zeigt beispielhafte Ausgestaltungen für die verschiedenen Methoden zur Einwandbehandlung.

Einwand-behandlung	Beispiele (für Einwand: wenig Erfahrung mit der neuartigen Technologie der angebotenen Maschine)
Entlastung	Oh, da hat man Sie aber falsch informiert. (direkt) Das war so, trifft in der Zwischenzeit aber nicht mehr zu. (indirekt)
Bedingte Zustim-mung	Ja, innovative Produkte können in der Tat zu Problemen führen. Deshalb haben wir unser Produkt auf Herz und Nieren geprüft.
Bumerang	Gerade diese innovative Technologie ermöglicht Ihnen ja erst die enormen Produktivitätsvorteile.
Transfor-mation	Wie viel Erfahrung müssten wir denn Ihrer Meinung nach haben, damit Sie diese Technologie als solide ansehen würden?
Referenz	Ihr Zulieferer hatte zunächst die gleichen Bedenken. Inzwischen ist er aber von diesem Produkt begeistert.
Kompensa-tion	Ja, wir haben bisher wenig Erfahrung damit. Dafür können Sie mit dieser Technologie Ihre Produktivität deutlich verbessern.
Umformu-lierung	Auf Basis der überschaubaren Erfahrung, die wir haben, lassen sich bereits deutliche Produktivitätsvorteile erkennen.

Tab. 5-6: Beispielhafte Ausgestaltungen für die Einwandbehandlung

Während die Entlastungsmethode voraussetzt, dass der vom Interessenten geäußerte Einwand fehlerhaft ist, können alle anderen Methoden im Falle eines zutreffenden Einwandes genutzt werden. Bei der Wahl des konkreten Vorgehens ist der Kundentyp zu berücksichtigen. So hat die Referenzmethode bei den Ausdrucksstarken Vorteile, während man Einwänden der Analytischen zweckmäßig mit der Kompensationsmethode behandeln kann. Falls dem Verkäufer eine sinnvolle Erwiderung nicht unmittelbar klar ist, kann er die Transformationsmethode dazu nutzen, Zeit für eine Antwort oder weitere Informationen über das Problem des Interessenten zu gewinnen. Schließlich kann es sein, dass ein Einwand schlicht zeitlich ungelegen (z. B. sehr früh im Verkaufsgespräch; direkt vor Erläuterung des Produktnutzens) kommt. In solch einem Fall kann es zweckmäßig sein, den Interessenten darum zu bitten, später auf diesen Einwand zurückkommen zu dürfen. Auf diese Weise gewinnt man Zeit, um den Interessenten zunächst von der Vorteilhaftigkeit des angebotenen Produktes zu überzeugen. Falls sich der Einwand damit nicht bereits erledigt hat, erscheint er dann zumindest in einem anderen Licht.

5.2.4   Kontaktabschluss

5.2.4.1   Preisverhandlung

Ist der Kunde von der Vorteilhaftigkeit des angebotenen Produktes überzeugt, geht es in der Kontaktabschlussphase darum, den Interessenten zu einem *Kaufabschluss* zu bewegen. Vor dem Hintergrund des dem Interessenten vermittelten Nutzens der angebotenen Problemlösung gilt es dazu zunächst, eine Einigung über den interessentenseitig zu zahlenden Preis zu erzielen. Während solche *Preisverhandlungen* rechtlich inzwischen auch bei Verkäufen an Endkunden auf zahlreichen Märkten möglich sind, stellen sie speziell im B-to-B-Bereich in aller Regel den zentralen und zugleich konfliktträchtigsten Gegenstand von Verkaufsverhandlungen dar. Dabei können Preisverhandlungen grundsätzlich an allen Preiskomponenten ansetzen und auch die Abwicklungsphase einschließen. Denn die Abwicklung von Investitionsgütergeschäften erstreckt sich teilweise über Jahre. In solchen Fällen sind Preisanpassungsklauseln ein besonders wichtiges preispolitisches Instrument (vgl. Diller 2000a, S. 439). Ist die Preiskompetenz – zumindest in Teilen – an den Außendienst delegiert, gilt es zudem einer zu großen Preisnachgiebigkeit der Verkäufer entgegen zu wirken (z. B. durch Vermittlung geeigneter Verhandlungstechniken oder deckungsbeitragsorientierte Provisionssysteme; vgl. Diller 2000a, S. 420 f.).

Ausgangspunkt der Preisverhandlungen ist der bestehende Preisspielraum im Sinne des *Preisverhandlungsbereiches* (vgl. Voeth/Rabe 2004, S. 1026). Dieser wird bestimmt von den Preisen, zu denen der Verkäufer (Interessent) gerade noch zu verkaufen (kaufen) bereit ist. Man spricht in diesem Zusammenhang von den sog. Reservationspreisen. Daneben bestimmt der sog. Aspirationspreis als das vom Verkäufer bzw. Interessenten angestrebte (bestmögliche) Verhandlungsergebnis die Frage, auf welchen Preis man sich einigen kann. In dem dadurch aufgespannten Verhandlungsbereich besteht für den Verkäufer das Ziel, den höchsten Preis für die angebotene Leistung durchzusetzen. Empirisch zeigt sich allerdings, dass Verhandlungsergebnisse häufig nahe am Mittelpunkt des Verhandlungsbereichs liegen (vgl. Raiffa/Richardson/Metcalfe 2002, S. 113 f.).

Mit Blick auf den Beginn der Preisverhandlung ist es für den Verkäufer zweckmäßig, den Preis vor dem Kunden zu nennen und ihn möglichst hoch zu setzen. Denn der „*Initiator*" der Preisverhandlung kann einen für ihn günstigeren Preis erzielen und ein höheres *Anfangsgebot* führt zu einer Einigung auf einem höheren Preisniveau (vgl. Mussweiler/Galinsky 2002; Yukl 1974). Im weiteren Verlauf der Preisverhandlung lassen sich neben den bereits oben beschriebenen Möglichkeiten zur Quantifizierung des Angebotswertes auch verschiedene *Argumentationstechniken* zur Begründung des Verkaufspreises bzw. zur Vermeidung des „Preisschocks" einsetzen (vgl. Bänsch 1998, S. 81 ff.):

➢ *Optische Verkleinerung*, bei der man nicht mit dem Gesamtpreis, sondern mit dem Preis für eine kleinere Menge bzw. pro Mengeneinheit argumentiert,

➢ *Vergleichsmethode*, bei der man den Preis für das angebotene Produkt einer (deutlich) teureren Variante bzw. derartigen Konkurrenzprodukten gegenüberstellt,

➢ *Subtraktionsmethode*, bei der evtl. Preisabzüge (z. B. bei Rücknahme von Altgeräten) berücksichtigt werden und mit dem Nettopreis argumentiert wird,

➢ *Bagatellisierungsmethode*, bei der absolute Preisunterschiede zu Konkurrenzangeboten mit Blick auf die Produktleistung, das Kaufrisiko etc. heruntergespielt werden,

➢ *Zerlegungsmethode*, bei der nicht der Gesamtpreis, sondern (niedrig erscheinende) Preise für Teilleistungen zur Sprache gebracht werden,

➢ *Gleichnismethode*, bei der der Kaufpreis in Beziehung zu gewohnten, sich wiederholenden Kleinausgaben gesetzt wird,

➢ *Kompensationsmethode*, bei der alle, speziell im Vergleich zur Konkurrenz einzigartigen Produktvorteile genannt, erläutert und u. U. demonstriert werden.

Tab. 5-7 zeigt beispielhafte Ausgestaltungen für die verschiedenen Techniken der Preisargumentation.

Preisargu- mentation	Beispiele
Verkleine- rung	Für das Drucksystem beträgt der Preis pro Arbeitsplatz nur 350,- Euro.
Vergleich	Im Vergleich zur High-End-Lösung haben Sie einen Preisvorteil von 150.000 Euro, ohne für Sie wichtige Funktionalitäten zu verlieren.
Subtraktion	Der Preis für dieses Angebot [= u. a. Rücknahme alter Drucker] beträgt 20.000 Euro [statt: 25.000 Euro abzüglich 5.000 durch Rücknahme].
Bagatelli- sierung	Bei den Produktvorteilen spielen 25 Euro pro Arbeitsplatz doch nicht wirklich eine Rolle.
Zerlegung	Damit beläuft sich diese Lösung auf 100.000 Euro für die Hardware und jeweils 15.000 Euro für Software, Schulung und Wartung.
Gleichnis	Der Einsatz unseres Drucksystems kostet pro Arbeitsplatz weniger als Ihre täglichen Portokosten.
Kompensa- tion	Bedenken Sie, dass diese Lösung Ihnen eine deutlich höhere Bearbeitungsqualität und enorme Produktivitätsvorteile ermöglicht.

Tab. 5-7: Beispielhafte Ausgestaltungen für die Preisargumentation

5.2.4.2 Verkaufsabschluss

Erkennt der Verkäufer, dass der Interessent zum Kauf bereit ist, beginnt mit dem Versuch, einen *Verkaufsabschluss* herbeizuführen („Closing"), die letzte Phase des Verkaufsgesprächs. Insofern entscheidet diese Phase maßgeblich über Erfolg und Misserfolg der vorangegangenen Auftragsakquisitionsbemühungen. Die Herausforderung an dieser Stelle des Verkaufsgesprächs besteht nicht nur darin, die Kaufbereitschaft des Interessenten zu erkennen und diese Gelegenheit nicht ungenutzt zu lassen (z. B. durch „Zerreden" oder ungeschickte Formulierungen), sondern auch darin, die auf Interessentenseite mehr oder minder bestehenden Widerstände gegen die finale Kaufentscheidung (z. B. Zögern; „Abschlussangst") aufzulösen. Um dabei den Grundstein für eine vertrauensvolle Geschäftsbeziehung zu legen, sollten die Abschlussbemühungen des Verkäufers ohne Manipulation erfolgen (vgl. Hawes/Strong/Winick 1996). Zudem ist es zweckmäßig, sich so um den Abschluss zu bemühen, dass auch bei einer negativen Reaktion des Interessenten eine Fortsetzung von Verkaufsgespräch und -verhandlung möglich ist. Als Abschlusstechniken sind dabei für den B-to-B-Bereich bedeutsam (vgl. Bänsch 1998, S. 90 ff.; Weitz/Castleberry/Tanner 2001, S. 360 ff.):

➢ *Direkte Frage*, bei der man unmittelbar danach fragt, ob bzw. in welcher Form sich der Interessent zum Kauf entschieden hat,

➢ *Nutzenzusammenfassung*, bei der man dem Interessenten alle bzw. die zentralen Vorteile des Angebots in Erinnerung ruft,

➢ *Pro- und Contra-Technik*, bei der man die Vor- und Nachteile des Angebotes (oder: die eigenen Vorteile denen des aktuellen bzw. Konkurrenzproduktes) – gegebenenfalls in Form einer Argumentenbilanz – gegenüberstellt,

➢ *Alternativentechnik*, bei der dem Interessenten einige wenige Alternativen zur Auswahl vorgestellt werden,

➢ *Taktik der zu verscherzenden Gelegenheit*, bei der der Interessent auf die Vorteilhaftigkeit einer (sofortigen) Kaufentscheidung hingewiesen wird,

➢ *Teilentscheidungen herbeiführen* („Foot-in-the-Door"), bei der der Interessent über die Zustimmung zu (weniger wichtigen) Teilentscheidungen in einen „Zustimmungsrythmus" gebracht werden soll, um letztlich auch die Frage nach dem Abschluss zu bejahen,

➢ *Sondierungstechnik*, bei der man im Falle eines ersten erfolglosen Abschlussversuchs die verantwortlichen Gründe zu identifizieren und zu beseitigen versucht.

Tab. 5-8 zeigt beispielhafte Ausgestaltungen für die verschiedenen Abschlusstechniken.

Abschluss-technik	Beispiele
Direkt Frage	Darf ich 20 Software-Lizenzen eintragen?
Nutzenzu-sammenfas-sung	Insgesamt hatten wir ja darüber gesprochen, dass unsere Lösung Ihren Verschnitt erheblich reduzieren kann sowie ca. 5% Produktivitätszu-wachs ermöglicht. Würden Sie unser Angebot auf dieser Basis Ihrem Buying-Center vorlegen und dessen Annahme unterstützen?
Pro- und Contra	Unsere Drucker sind zwar nicht ganz so schnell wie die, die Sie gerade nutzen. Aber die Druckqualität ist sichtbar höher und die laufenden Kosten liegen deutlich niedriger.
Alternativen	Sagt Ihnen eher das Gesamtpaket oder eher das Angebot ohne Wartungsdienstleistungen zu?
Zu verscher-zende Gele-genheit	Diesen Preis kann ich bis Ende der Woche aufrechterhalten.
Teilentschei-dungen	Wenn ich das richtig sehe, interessieren Sie sich also für ein Angebot inklusive Mitarbeiterschulung usw.
Sondierung	[Nach erfolgloser direkter Frage] Wie kommt es, dass Sie trotz Ihrer Begeisterung für unser Produkt jetzt doch eher zögern? usw.

Tab. 5-8: Beispielhafte Ausgestaltungen des Abschlussversuchs

Direktes Fragen kann vorteilhaft bei Interessenten sein, die sehr effizienzorientiert sind (z. B. bei den „Harten"; s.o.). Es wird vom Interessenten u. U. allerdings als recht aggressives Vorgehen aufgefasst. Im Falle der Nutzenzusammenfassung, der Darstellung von Pro und Contra sowie der Alternativentechnik wirkt man nicht nur einer Überlastung des Interessenten im Sinne des *information overload*, sondern auch dem Gefühl der Manipulation entgegen. Das Gefühl, in Selbstbestimmung zu entscheiden, dürfte insb. bei geltungsbedürftigen Interessenten von Bedeutung sein. Die Taktik der zu verscherzenden Gelegenheit kann insb. positiv eingestellten, aber noch etwas unschlüssigen Interessenten das entscheidende Argument liefern. Gleichwohl kann diese Taktik – wie auch das Herbeiführen von Teilentscheidungen – direkt oder im Nachhinein als Beeinflussungsversuch gewertet werden. Die Sondierung erlaubt schließlich, zunächst erfolglose Abschlussversuche erneut aufzunehmen, vorhandene Bedenken des Interessenten zu identifizieren und letztere kundenorientiert zu lösen.

5.3 Ergebnisabsicherung

Im Teilprozess der Ergebnisabsicherung geht es um die unternehmensinterne und -externe *Durchsetzung* des im Kundenkontakt erzielten Verkaufsergebnisses. Falls es nicht bereits im Verlauf des eigentlichen Kundenkontaktes zu einem Vertragsabschluss kommt, muss dazu beim Interessenten nachgefasst werden, um die erzielte Übereinkunft durch einen gültigen Kaufvertrag verbindlich zu machen. Gleichzeitig muss mit Blick auf das eigene Unternehmen dafür gesorgt werden, dass der erhaltene Auftrag korrekt ausgeführt wird. Zur Wahrnehmung dieser Aufgaben bietet sich organisatorisch – speziell im Falle wichtiger Interessenten – das Key-Account-Management an (vgl. Kap. 9.3.3).

Output dieses Prozesses ist der Kundenauftrag in Form eines verbindlichen Vertrages und damit ein akquirierter Kunde. Durch diesen Vertrag werden Leistung und Gegenleistung der Art, Menge und Zeit nach spezifiziert sowie u. U. Regelungen für Vertragsverletzungen festgeschrieben (vgl. Kuhlmann 2001, S. 274 ff.). Als *Input* gehen in diesen Prozess die im Kundenkontakt getroffenen Regelungen über das weitere Vorgehen ein (z. B. Zusendung eines überarbeiteten Angebotes in der nächsten Woche; Rücksendung des unterschriebenen Vertrages bis zum Monatsende). Aber auch weitere relevante unternehmensinterne und -externe Informationen sind von Bedeutung. So können bekannt werdende Informationen über einen finanziellen Engpass des Interessenten dazu führen, dass der Interessent den Auftrag verschieben, inhaltlich verändern oder gänzlich zurückziehen möchte. Analog kann die Ankündigung eines neuen Konkurrenzproduktes eine Angebotsnachbesserung seitens des Anbieters i. S. e. proaktiven Zugehens auf den neuen Kunden sinnvoll werden lassen. Unternehmensintern spielt dagegen eine Rolle, wer am Vertrag und der späteren Auftragsabwicklung beteiligt ist. Denn davon hängt ab, wie schnell eine Vertragsüberarbeitung möglich ist (z. B. bei einer völlig überlasteten Rechtsabteilung) und wie ein Vorsteuern der beteiligten Stellen (z. B. durch Vorabinformationen) zweckmäßig erfolgen muss.

Insgesamt besteht der Ergebnisabsicherungsprozess aus zwei Unterprozessen (vgl. Abb. 5-8):

(1) Bei der *Auftragsprozessverfolgung* geht es darum, die für die verbindliche Auftragserteilung nötigen unternehmensinternen und -externen Aktivitäten sicherzustellen.

(2) Im Rahmen der *Auftragskoordination* wird der sich anschließende Prozess der Transaktionsabwicklung (vgl. Kap. 7.1) so vorgesteuert, dass dieser effektiv und effizient durchlaufen werden kann.

Der Teilprozess „Auftragsprozessverfolgung" ist häufig stark strukturiert. Denn zum einen wird das weitere Vorgehen in aller Regel inhaltlich und zeitlich präzisiert. Zum anderen ist an dieser Stelle im Kundengewinnungsprozess weitgehend klar, wie die weiteren Schritte auf dem Weg zum Kundenauftrag im eigenen Unternehmen und beim Interessenten aussehen und wer dafür verantwortlich ist. Allerdings können unvorhergesehene Ereignisse aus dem „Abschlussumfeld" (z. B. plötzliches Auftauchen eines neuen Anbieters) vielfältige Möglichkeiten zur Reaktion darauf öffnen. Bei der Auftragskoordination handelt es sich ebenfalls um einen eher stark strukturierten Prozess. Denn durch den Kundenauftrag, die Unternehmensorganisation und evtl. bestehende Verfahrensvorschriften im Falle eines Kundenauftrages ist recht eindeutig festgelegt, wie die Vorsteuerung sinnvollerweise zu erfolgen hat.

Abb. 5-8: Teilprozesse der Ergebnisabsicherung

Die *Bedeutung* der Ergebnisabsicherung liegt darin, dass

➤ Vertragsabschlüsse selbst im letzten Moment noch platzen können,
➤ in solchen Fällen die potenziell erzielbare Erlöse nicht realisiert werden, die zur Deckung der bis dahin angefallenen Kosten nötig wären,
➤ eine adäquate Vorsteuerung Vertragsverletzungen zu verhindern hilft und als Folge
➤ diese kurzfristig (durch nicht anfallende Vertragsstrafen) und langfristig (durch den Aufbau von Kundenzufriedenheit und -vertrauen) zum Unternehmenserfolg beiträgt.

Dass die Phase der Ergebnisabsicherung selbst bei lang andauernden – und damit kostenintensiven – Verhandlungen, wie etwa im Falle einer engen Zusammenarbeit zur Entwicklung einer adäquaten Problemlösung, von Bedeutung sein kann, verdeutlicht das folgende Beispiel.

Aus eigenem Erleben schildert Joachim Rohwedder, Vorsitzender des Fachverbands Robotik und Automation im VDMA, den Ablauf von Auftragsvergabeverhandlungen mit einem potenziellen Abnehmer aus Asien: „In Zusammenarbeit mit einem Kunden haben wir ein Jahr lang und mit unzähligen Änderungen an einer Automatisierungslösung gefeilt, bis wir kurz vor dem Letter of Intent standen. Dann hörten wir nichts mehr von dem Kunden, stellten aber später fest, dass er sich unsere Lösung in etwas vereinfachter Form in Korea hatte bauen lassen." Ein solches Vorgehen sei auch im Geschäft mit europäischer Klientel nicht mehr unbekannt (Quelle: o.V. 2005b)

Zur erfolgreichen *Auftragsprozessverfolgung* müssen – sofern noch nicht geschehen – zunächst die bis zur verbindlichen Auftragserlangung nötigen Aktivitäten sowie die dafür verantwortlichen Personen sowohl im eigenen Unternehmen als auch beim Interessenten identifiziert werden. Dabei kann es durchaus vorkommen, dass es sich dabei lediglich um den Verkäufer (z. B. wenn dieser gewünschte Angebotsmodifikationen selbst vornehmen kann) und den Entscheider auf Interessentenseite handelt. In diesem Fall muss der Verkäufer im Rahmen der Auftragsprozessverfolgung sicherstellen, dass er die erforderlichen Aktivitäten zeitgerecht umsetzt, das neue Angebot an den Interessenten übermittelt, sich mit diesem auf einen zeitlichen Rahmen für die verbindliche Auftragsvergabe verständigt und beim Interessenten nachfasst, wenn dieser den gesteckten zeitlichen Rahmen verlässt.

Gerade bei komplexen Problemlösungen werden sowohl auf Anbieter- als auch auf Interessentenseite jedoch mehrere Personen (z. B. in Form von Selling und Buying Center) an den erforderlichen Aktivitäten beteiligt sein. Unternehmensintern gilt es dann, die Aktivitäten inhaltlich aufeinander abzustimmen und zeitlich so zu steuern, dass der dem Interessenten zugesagte Termin zur Übermittlung des überarbeiteten Angebotes eingehalten werden kann. Entsprechend müssen etwa Techniker die Machbarkeit einer zusätzlich gewünschten Funktionalität, die Produktion die für einen größeren Auftrag notwendigen Kapazitäten, Einkäufer die rechtzeitige Beschaffung benötigter Vorprodukte und die Rechtsabteilung die rechtlichen Konsequenzen gewünschter Änderungen prüfen. Mit Blick auf den Interessenten ist ebenfalls immer wieder zu kontrollieren, inwiefern die Auftragsprüfung tatsächlich voranschreitet. Falls dieser Prozess ins Stocken gerät, gilt es nachzufassen. Neben einem reinen Anstoß zur Wiederaufnahme (z. B. bei einem Techniker, der die weitere Prüfung aufgrund eines anderen Projektes inzwischen vergessen hat) können so auch noch bestehende Befindlichkeiten identifiziert und ausgeräumt werden.

Ist der Zeitpunkt gekommen, an dem der Interessent den Auftrag rechtskräftig erteilen will, ist die persönliche Aufnahme der Bestellung aus Lieferantensicht nur eine – und gleichzeitig: die kostenträchtigste – Alternative. Insofern ist unter ökonomischen Gesichtspunkten bei der Auftragsprozessverfolgung auch darauf hinzuwirken, dass der Auftrag über einen möglichst kostengünstigen der vom Anbieter eingerichteten *Bestellkanäle* erteilt wird (vgl. Abb. 5-9).

Die Effizienz dieses Teilprozesses hängt von dem Ausmaß der Bestellunterstützung ab. Standardisierte, wiederkehrende Bestellungen (z. B. im Commodity-Geschäft), bei denen lediglich Bestellmengen variieren, können weitgehend automatisch abgewickelt werden, etwa indem der Kunde ein Bestellformular per Fax an den Anbieter sendet, das dort direkt in ein EDV-System eingelesen wird und eine Lieferung auslöst. Bestellungen, die zumindest in Alternativen vorstrukturiert werden können, lassen sich z. B. durch Call Center abwickeln, in denen geschulte Mitarbeiter mit moderatem Lohnniveau den Kunden durch die Bestellung führen. Bei individuellen und interaktiven Bestellprozessen fallen höhere Kosten an, weil geschultes Personal eingesetzt werden muss, bspw. im Anlagengeschäft, wo Fachingenieure oder Selling Center aus kaufmännischen und technischen Mitarbeitern gebunden werden. Teilweise ist der Faktor Mensch jedoch auch hier durch intelligente elektronische Bestellsysteme substituierbar, etwa wenn im Internet *Produktkonfiguratoren* eingesetzt werden, die es dem Kunden selber erlauben, seine Bestellung einzugeben, oder durch *Voice-Self-Service Systeme* oder *Sprachportale*. Zudem erhöht die Interaktivität die Präzision der Bestellung und reduziert somit zeitintensive Rückfrageschleifen oder Fehler im weiteren Prozess. Um die Kosten des Bestellvorgangs gering zu halten, können Anbieter versuchen, Einfluss auf die Bestellpolitik des Kunden zu nehmen. Hierzu müssen sie Verhaltensanreize setzen. Bspw. veranlassen Mengenrabatte Kunden dazu, Bestellungen zu bündeln. Somit fallen weniger einzelne Bestellvorgänge beim Anbieter an, und die kumulierten Kosten für Bestellprozesse pro Kunde werden minimiert.

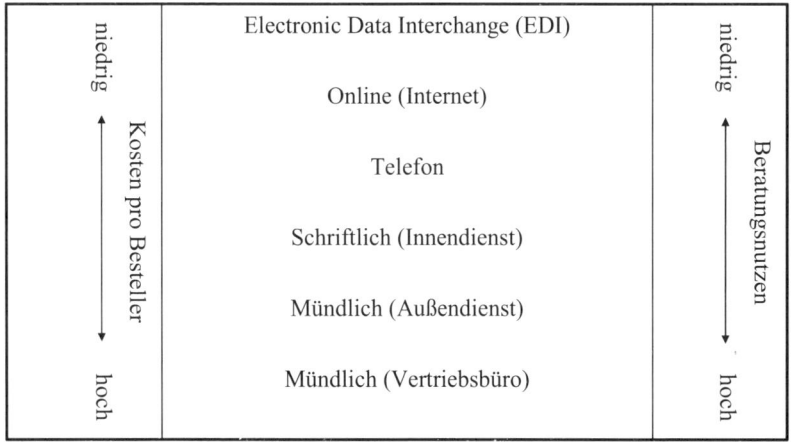

Abb. 5-9: Bestellkanäle

Ist eine gewisse Auftragsnähe erreicht oder der Auftrag gar erteilt, gilt es im Rahmen der *Auftragskoordination* schließlich, alle an der Ausführung der Transaktion Beteiligten gemäß den unternehmensinternen Vorgaben darüber zu informieren. Da diese bei komplexen Angeboten – wie oben dargestellt – bereits an der Angebotserstellung mitwirken, liegen die von ihnen benötigten Informationen im Wesentlichen bereits vor. Mit der Information, dass der Auftrag nunmehr verbindlich vorliegt, können die verschiedenen Stellen die dafür nötigen Arbeitsabläufe bei der Arbeitsvorbereitung berücksichtigen oder – im negativen Falle – für diesen Auftrag blockierte Ressourcen anderweitig verplanen.

Verständnisfragen zu Kapitel 5

1. Stellen Sie beispielhaft für zwei unterschiedliche Unternehmen jeweils einen Verkaufsprozess dar, in denen die individuellen Informationen über den Interessenten unterschiedlich bedeutsam sind!
2. Welche Informationen zur Vorbereitung von Kundenkontakten kann ein Kfz-Leasinganbieter über seine gewerblichen Interessenten durch das Internet gewinnen?

3. Welchen Einfluss kann das nahende Ende einer Berichtsperiode auf die Ziele des Außendienstes ausüben?
4. Entwickeln Sie für den Verkäufer eines Maschinenbauunternehmens Zielsysteme für die zu erwartenden mehrfachen Kontakte mit einem Interessenten!
5. Wie würden Sie das Selling Center eines Anbieters von Klimaanlagen für Autos besetzen? Begründen Sie Ihre Entscheidung!
6. Welche Möglichkeiten bieten Messen zur Gestaltung der eigenen Verkaufsprozesse? Welche Kosten können damit umgangen werden? Entwickeln Sie ein entsprechendes Kosten-Nutzen-Kalkül!
7. Entwickeln Sie für einen Mobilfunk-Provider (z. B. E-Plus) beispielhaft ein Kontaktkonzept für das Verkaufsgespräch bei einer international tätigen Unternehmensberatung!
8. Welchen Problemen kann sich der Verkäufer von Maschinen zur Herstellung von DVD-Rohlingen im Falle eines erfolgreichen Verkaufs beim Teilprozess der Ergebnisabsicherung gegenüber sehen? Wie lassen sich diese lösen?
9. Planen Sie für einen Verkäufer von Work-Flow-Systemen beispielhaft alternative Kontaktinhalte!

Kapitel 6: Strategische Prozesse der Kundengewinnung

In diesem Kapitel werden die drei strategischen Prozesse der Kundengewinnung, „Akquisitionsintensität festlegen", „Akquisitionsfokus bestimmen" und „Akquisitionsstrategie festlegen", vorgestellt. Wir beschreiben die einzelnen Teilaktivitäten und deren Bedeutung für den Erfolg des Kundenmanagements und stellen geeignete Methoden zur Unterstützung der strategischen Kundengewinnungsprozesse vor.

6.1 Definition, Ziel und Gegenstand

Im vorangegangenen Kapitel wurden die operativen Prozesse dargestellt, die im Rahmen der Kundengewinnung anfallen. Wie aus den Ausführungen deutlich wurde, müssen Unternehmen dabei Entscheidungen über zahlreiche Aktivitäten treffen. Die Freiheitsgrade für die effektive und effiziente Gestaltung des gesamten Kundengewinnungsprozesses sind dabei für jedes Unternehmen auf seinen verschiedenen Märkten unterschiedlich groß. So wird sich ein Anlagenbauer wie SMS Demag, der u. a. Gießwalzanlagen herstellt, ganz anderen Anforderungen der Interessenten bzgl. der Gestaltung seiner Kundengewinnungsaktivitäten gegenübersehen (z. B. intensive Zusammenarbeit bei der Erarbeitung der Problemlösung), aber auch andere Möglichkeiten bei der Auftragsakquise besitzen (z. B. durch Rückgriff auf ein Virtual Reality System; vgl. Kap. 5.1.3) als ein Automobilzulieferer wie Continental im Geschäftsfeld Reifen, der genaue Spezifikationen für das Produkt erhält und einem starken Preisdruck ausgesetzt ist. Vor dem Hintergrund der unternehmens- und markspezifischen Gestaltungsmöglichkeiten und Restriktionen stellt sich aus strategischer Perspektive die Frage, wie der Kundengewinnungsprozess für die ausgewählten Märkte und Kunden (vgl. Kap. 4) in grundsätzlicher und ganzheitlicher Form so zu gestalten ist, dass dadurch ein Beitrag zum langfristigen Erfolg des Unternehmens geleistet wird. Entsprechend definieren wir:

Die *strategischen Prozesse der Kundengewinnung* umfassen alle Aktivitäten zur Festlegung des grundsätzlichen Ablaufs der Kundengewinnung („Kundengewinnungsstrategie") mit dem Ziel, zum langfristigen Unternehmenserfolg beizutragen.

Aus dem *Ziel*, zum langfristigen Unternehmenserfolg beizutragen, ergibt sich zum einen die Aufgabe, die Gestaltung der Kundengewinnung auf den Aufbau strategischer *Erfolgspositionen* zu richten; dazu ist insb. eine Verzahnung mit der Marketingstrategie des Unternehmens nötig. Zum anderen gilt es, das *Ertragspotenzial* bisheriger Nicht-Kunden bzw. sog. transaktionaler Kunden, die immer wieder neu als Kunde gewonnen werden müssen, zu erschließen. Dafür ist es notwendig, i. S. d. Konzeption einer schlagkräftigen Kundengewinnungsstrategie „die richtigen" Prozesse für eine erfolgreiche Kundengewinnung zu durchlaufen (Effektivitätsaspekt der Kundengewinnung). Unter ökonomischen Gesichtspunkten ist es allerdings nicht zweckmäßig, das Gewinnen von Kunden und Aufträgen als Selbstzweck zu betrachten. Denn sowohl das Erlös- und Ertragspotenzial als auch der Bearbeitungsaufwand variieren von Interessent zu Interessent. Als Folge unterscheiden sich die Ergebnisbeiträge potenzieller Käufer in ihrer Höhe. Zudem können diese Ergebnisbeiträge kurz- und/oder langfristig negativ sein. Insofern empfiehlt es sich, das Kundengewinnungskonzept – und folglich den damit verbundenen Aufwand – am spezifischen Potenzial des Interessenten auszurichten (Effizienzaspekt der Kundengewinnung), wie es im Rahmen der Neukundenpriorisierung ermittelt wird (vgl. Kap. 4.2). Insgesamt geht es aus dieser Perspektive letztlich um eine profitable Kundengewinnung (vgl. Haas 2004, S. 367 f.).

Dabei werden mit der Kundenportfolioanalyse zunächst in grundsätzlicher Weise Kundengruppen bzw. -segmente identifiziert und ausgewählt, die für eine weitere Bearbeitung attraktiv sind (vgl. Kap. 4.2). Für diese Kundensegmente gilt es dann, adäquate Kundengewinnungsprozesse zu entwickeln. Zudem muss grundsätzlich entschieden werden, in welchen Akquisitionsprozessen man sich engagiert („Akquisestruktur"). Somit werden an dieser Stelle weniger die Kunden als die Akquiseprojekte fokussiert.

Vor diesem Hintergrund sind auf der strategischen Ebene des Kundengewinnungsprozesses Fragen zu beantworten wie:

➢ Welche Bedeutung ist der Kundenakquise beizumessen?
➢ Welche Ziele sind mit der Kundenakquise zu verfolgen?
➢ Wie muss die Struktur der zu bearbeitenden Interessenten beschaffen sein?
➢ Auf welchen Nutzen für den Interessenten ist die Kundenakquise auszurichten?
➢ Mit welcher Strategie soll die Kundenakquise erfolgen?

Die Fragen verdeutlichen die drei strategischen *Gegenstandsbereiche* des Kundengewinnungsprozesses, die sich in Entscheidungen über

(1) den Aufwand zur Kundengewinnung, insb. im Vergleich zu demjenigen für die Bearbeitung vorhandener Kunden („Wieviel?");
(2) die inhaltliche Ausrichtung der Kundengewinnung durch zu setzende Ziele und durch Festlegung der zieladäquaten Interessentenstruktur („Wohin?" und „Wen?");

(3) die grundsätzlich einzuschlagende Richtung zur Kanalisierung der Kundengewinnungsaktivitäten („Wie?") manifestieren.

Als Konsequenz lässt sich der Kundengewinnungsprozess auf der strategischen
Ebene in die drei Teilprozesse *„Akquisitionsintensität* festlegen", *„Akquisitionsfokus* bestimmen" und *„Akquisitionsstrategie* festlegen" aufgliedern. Diese Prozesse führen zu Entscheidungen, die den Gestaltungsspielraum vorgeben, der
wiederum durch die operativen Prozesse der Kundengewinnung konkret auszufüllen ist (vgl. Abb. 6-1). Sie werden nachfolgend im Detail behandelt.

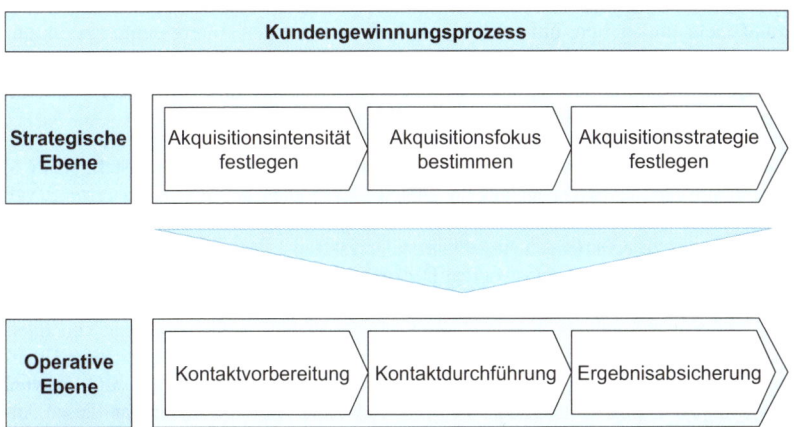

Abb. 6-1: Strategische und operative Prozesse der Kundengewinnung

6.2 Akquisitionsintensität festlegen

6.2.1 Gegenstand und Bedeutung

Bei der Festlegung der Akquisitionsintensität geht es darum, den *finanziellen
Rahmen* abzustecken, der für die Kundengewinnung eingesetzt werden kann. Die
grundsätzliche Bedeutung dieses Teilprozesses ergibt sich aus der Tatsache, dass
die Gewinnung von Kunden, insb. von neuen Kunden, sehr *kostenintensiv* ist (vgl.
Heger 1998, S. 71–72). So können die Auftragsgewinnungskosten etwa in der
Investitionsgüterbranche bis zu 5% des Auftragswertes ausmachen. Entsprechend
legt man mit der Zuteilung der finanziellen Ressourcen die Anzahl der Interessenten fest, die man maximal im Rahmen der Kundengewinnung bearbeiten
und letztlich als Kunden gewinnen kann.

In der Unternehmenspraxis liegt die tatsächliche Anzahl der gewonnenen Kunden freilich weit unter der maximal möglichen. Bspw. werden für die Investitionsgüterindustrie *Auftragsgewinnungswahrscheinlichkeiten* von 5 bis 10% als durchaus realistisch genannt. Somit ist im schlechtesten Fall nur jedes zwanzigste Angebot erfolgreich (vgl. Albers/Krafft 2000, S. 1084). Als Konsequenz bedarf es in aller Regel eines gewissen, von der unternehmensspezifischen Wahrscheinlichkeit abhängenden Mindestbudgets, um (im statistischen Mittel) bei der Gewinnung neuer Aufträge erfolgreich zu sein. Ansonsten riskiert man, dass die investierten finanziellen Ressourcen bei ausbleibenden Aufträgen verloren sind. Dies gilt analog, wenn die am Ende der Planungsperiode verbleibenden Mittel nicht mehr ausreichen, um noch einen Auftrag bei einem Interessenten zu akquirieren. Durch eine ungünstige Festsetzung des Budgets am Periodenanfang kann so der Gewinn, der auf neue Kunden bezogen – sofern überhaupt vorhanden – ohnehin eher gering ausfällt, noch spürbar reduziert werden.

Angesichts der mit der Angebotserstellung zusammen hängenden Kosten stellt sich i. S. einer optimalen Ressourcennutzung für Anbieter das Problem der *Anfragenbewertung* (vgl. Heger 1988; Albers/Krafft 2000). So kann ein Anbieter im Falle einer Kundenanfrage etwa auf Basis der zu erwartenden Angebotserstellungskosten, der Auftragsgewinnungswahrscheinlichkeit und des prognostizierten Deckungsbeitrages bzw. der strategischen Attraktivität des fraglichen Projektes entscheiden, ob bzw. wie ernsthaft er sich um das Erlangen des Auftrages bemüht. In diesem Zusammenhang stellen *„Scheinanfragen"* von Interessenten ein besonderes Problem für Unternehmen dar. In solchen Fällen erhalten Unternehmen die Aufforderung zur Abgabe eines Angebotes (*„Request for Proposal"*), obwohl das anfragende Unternehmen eigentlich nicht an einer Auftragserteilung an diesen Anbieter interessiert ist. Ein Grund dafür kann z. B. darin liegen, dass die interne Revision des anfragenden Unternehmens verlangt, dass für Kaufentscheidungen mehrere Vergleichsangebote vorliegen müssen. Da Scheinanfragen für den Anbieter nicht unmittelbar als solche zu erkennen sind, ist ebenfalls eine Bewertung nötig. Anhaltspunkte für die Ernsthaftigkeit einer Anfrage lassen sich etwa daraus ersehen, ob und mit welcher Frequenz der Interessent bereits beim eigenen Unternehmen kauft oder wie gut die Anfrage zum eigenen Wettbewerbs- und Angebotsprofil i. S. d. *Unique Selling Proposition* passt. Auf Basis der Bewertung kann man dann entweder einen ernsthaften Kundengewinnungsprozess initiieren oder direkt und ohne weiteren Aufwand Standard- bzw. Kontaktangebote abgeben (vgl. Kambartel 1973, S. 47).

6.2.2 Nutzung des Akquisitionsbudgets

Um ein zur Kundengewinnung bestimmtes Budget optimal zu nutzen, sind zweierlei *Stoßrichtungen* zweckmäßig: Zum einen ist es angesichts des skizzierten Aufwandes unter Ertragsgesichtspunkten von besonderer Bedeutung, die identifizierten Interessenten (vgl. Kap. 3.1) nicht gleichmäßig zu bearbeiten, sondern zu priorisieren und – darauf aufbauend – sich auf die Gewinnung möglichst hochwertiger Interessenten zu konzentrieren (vgl. Kap. 4.2). Zum anderen gilt es, die zur Bearbeitung ausgewählten Interessenten durch eine möglichst effektive und effiziente Gestaltung des Kundengewinnungsprozesses zum Kaufabschluss zu bewegen (vgl. Rapp 2000, S. 47).

Ansatzpunkte für eine ganzheitliche und grundsätzliche Optimierung des Kundengewinnungsprozesses ergeben sich durch die gleichzeitige Berücksichtigung der interessentenseitigen Anforderungen an den Kundengewinnungsprozess (*Effektivitätsaspekt*) und des damit verbundenen Aufwandes (*Effizienzaspekt*). Dabei hängt die Effektivität des Kundengewinnungsprozesses davon ab, inwiefern es gelingt, die Bedürfnisse und Präferenzen der Interessenten durch die entsprechende Ausgestaltung des Kundengewinnungsprozesses zu befriedigen. So bestehen manche Interessenten von der ersten Kontaktaufnahme bis zum Vertragsabschluss auf einen durchgängig persönlichen Kontakt, während anderen zunächst telefonische Kontakte bzw. Kommunikation per Mail sowie ein schriftliches Angebot ausreichen und sie erst in der Verhandlungsphase ein persönliches Treffen als notwendig erachten.

Die Frage nach der *Effizienz* des Kundengewinnungsprozesses stellt im hiesigen Zusammenhang dagegen darauf ab, inwiefern der mit dem vorhandenen Kundengewinnungsprozess verbundene Aufwand für die Kundengewinnung auch tatsächlich nötig ist oder aber verringert werden kann. So kann etwa der durchgehend persönliche Kontakt bei einem Interessenten darin begründet sein, dass man dies „schon immer so gemacht hat", während der Interessent diese Vorgehensweise als nicht wichtig, u. U. sogar als störend empfindet. Als Konsequenz kann der Aufwand in solchen Fällen durch ein anderes Prozessdesign reduziert werden.

Nimmt man als Folge die Wichtigkeit und den Aufwand als Kriterien, lassen sich vier strategische Alternativen zur Gestaltung und Modifikation des Kundengewinnungsprozesses unterscheiden (vgl. Abb. 6-2):

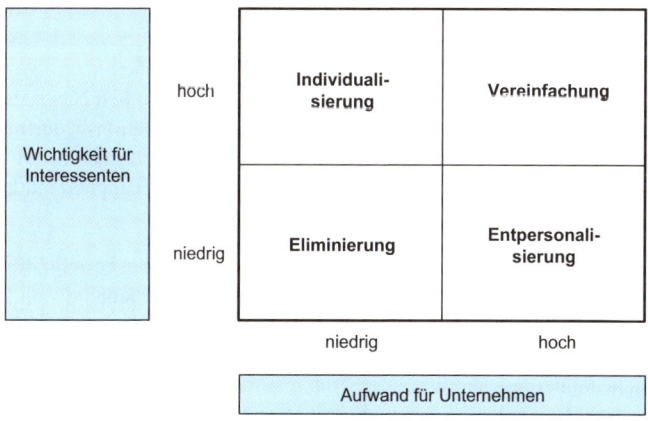

Abb. 6-2: Gestaltungsoptionen des Kundengewinnungsprozesses

(1) Eine *Vereinfachung* des Kundengewinnungsprozesses ist dann zu prüfen, wenn die Teilprozesse für die Interessenten wichtig, gleichzeitig aber mit hohem Aufwand verbunden sind. Entsprechend geht es darum, den Aufwand für das Unternehmen zu senken, ohne den interessentenseitigen Nutzen zu reduzieren. Dies gelingt häufig, indem man die Art und Weise, wie eine bestimmte Funktion erfüllt wird, durch eine weniger komplexe ersetzt (vgl. Meffert/Siefke 1994; Rommel et al. 1993). Dies lässt sich mit einem höheren Grad an *Standardisierung* erreichen. So kann etwa der unternehmensseitig gewünschte Ablauf des Kundengewinnungsprozesses i. S. einer Best Practice identifiziert und dem Außendienst als Verfahrensrichtlinie vorgegeben werden. Dadurch wird gleichzeitig auch dafür gesorgt, dass das sprichwörtliche Rad nicht jedes Mal neu erfunden werden muss. Daneben ist eine Vereinfachung durch *Substitution* möglich (z. B. Videokonferenzen statt persönlicher Besuche des Außendienstes). Dies schließt eine Übertragung bestimmter Leistungskomponenten an den Interessenten i. S. d. Customer Integration ein (vgl. Kleinaltenkamp 1996, S. 23; Treacy/Wiersema 1995, S. 57). So kann man etwa dem Interessenten zur Wahl stellen, ob er sich selbstständig im Internet informiert oder – bei zusätzlichen Kosten für ihn – auf die persönliche Beratung über das Call Center zurückgreift.

(2) Eine „*Entpersonalisierung*" bietet sich dann an, wenn eigentlich für den Interessenten wenig bedeutsame Aspekte des Kundengewinnungsprozesses einen hohen Aufwand verursachen. Ein solcher Aufwand geht bei der Kundenakquise im Wesentlichen auf das eingesetzte Personal (z. B. den Außendienst) als den größten Kostenblock zurück. Entsprechend bietet sich eine „Entpersonalisierung", d. h. Substitution von Personal durch Technologie, an, indem man geeignete informationstechnologische Lösungen intelligent einsetzt (vgl. Gerth 2001, S. 105 f.; Hite/Johnston 1998, S. 100). Ein Beispiel dafür stellen Voice-Self-Services dar (vgl. Kartes 2005), bei denen automatisierte Sprachdialoge Standardanfragen übernehmen und das direkte Gespräch mit dem Verkaufsinnendienst dadurch entbehrlich machen.

(3) Eine „*Individualisierung*" bietet Chancen, wenn eine für den Interessenten wichtige Komponente mit geringem Aufwand realisiert werden kann. Bspw. kann man einen vom Interessenten geschätzten, per E-Mail versandten Newsletter ohne nennenswerten zusätzlichen Aufwand auf dessen Informationsbedürfnisse zuschneiden, indem man für den spezifischen Interessenten irrelevante Informationen nicht in dessen Newsletter aufnimmt (vgl. Engelbrecht/Hippner/Wilde 2004, S. 440).

(4) Eine „*Eliminierung*" kann schließlich bei solchen Aspekten vorteilhaft sein, die sowohl für den Interessenten als auch für den Anbieter unbedeutend sind („Kleinvieh macht auch Mist!"). Werden etwa Interessenten vor jedem Erstbesuch Unterlagen, wie Informationen über das eigene Unternehmen, den Produktkatalog etc., zugeschickt, ohne dass diese von den Interessenten im Vorfeld des anstehenden Besuchs beachtet werden, kann man den Versand ohne negative Konsequenzen einstellen.

6.2.3 Bestimmung des Akquisitionsbudgets

Während mögliche Effektivitäts- und Effizienzgewinne bei der Festlegung des finanziellen Rahmens für die Kundenakquise zu berücksichtigen sind, darf man die Entscheidung über die Höhe der Ressourcen jedoch *nicht isoliert* treffen. Denn im Rahmen des Kundenmanagements sind neben der Aufgabe der Kundengewinnung auch die vorhandenen Kunden zu bearbeiten. Betrachtet man vor diesem Hintergrund die Entscheidung über die Zuweisung finanzieller Ressourcen zur Kundengewinnung isoliert, besteht das Risiko zu ökonomischen *Fehlentscheidungen*, da man bei einem mehr oder minder großen Teil der in die Kundenakquise investierten Mittel einen höheren Ertrag bei einer Nutzung zur Bearbeitung vorhandener Kunden erzielen könnte. Als Konsequenz geht es im Zuge der Festlegung der Akquisitionsintensität bei einem gegebenen Budget für das Kundenmanagement im Kern um die Frage, wie dieses Budget zwischen der Gewinnung neuer Kunden und der Bearbeitung vorhandener Kunden i. S. d. Beziehungsmarketing aufzuteilen ist (vgl. Reinartz/Thomas/Kumar 2005; Thomas/Reinartz/Kumar 2004).

Bei der *Aufteilung* der finanziellen Ressourcen auf Kundengewinnung und Kundenbindung gilt es zu berücksichtigen, dass der Aufwand zur Gewinnung eines neuen Kunden – z. T. deutlich – höher liegt als für einen Auftragsabschluss bei einem vorhandenen Kunden. So wird allein für die Anzahl der Außendienstbesuche berichtet, dass im Durchschnitt sieben nötig sind, um einen Auftrag von einem neuen Kunden zu bekommen, während bei bestehenden Kunden drei ausreichen (vgl. O'Connell/Keenan 1990, S. 38). Hinzu kommen Unterschiede in der Kontaktvorbereitungsphase (weil man auf einem niedrigen Informationsstand aufbauen muss), bei der Länge des jeweiligen Besuchs (weil der Interessent den Anbieter und sein Angebot noch nicht einschätzen kann) und in der Kontaktabschlussphase (z. B. weil es bei vorhandenen Kunden nicht mehr zu Nachverhandlungen kommt).

Geht man allgemein davon aus, dass der Aufwand zur Gewinnung eines neuen Kunden um den Faktor b höher ist als zur Gewinnung eines Auftrags bei einem bestehenden Kunden, kann man grafisch wie folgt die maximale Anzahl an Aufträgen von Neukunden und vorhandenen Kunden veranschaulichen, die man gleichzeitig mit einem gegebenen Budget akquirieren kann (vgl. Abb. 6-3):

Das obige Beispiel soll das Modell verdeutlichen: Unterstellt man, dass sich Kostenunterschiede nur durch die unterschiedliche Anzahl der Besuche ergeben, sind die Kosten der Neukundengewinnung um den Faktor b = 7/3 = 2,33 größer als die Kosten für die Akquise eines Auftrages bei einem vorhandenen Kunden. Erlaubt das vorhandene Budget im Falle eines ausschließlichen Fokus auf die Neukundenakquise, maximal 100 neue Kunden zu gewinnen (=A_N), könnte man alternativ dieses Budget dazu nutzen, um 233 Aufträge von bestehenden Kunden zu akquirieren (=A_K). Auch eine „Mischung" ist möglich. Auf Basis der linearen Beziehung lässt sich etwa für a_N = 50 (Aufträge von Neukunden) der Wert a_K = 116,5 (Aufträge von Bestandskunden) ermitteln. Theoretisch würde man dann mit dem verfügbaren Budget also insgesamt ca. 166 Aufträge abschließen können.

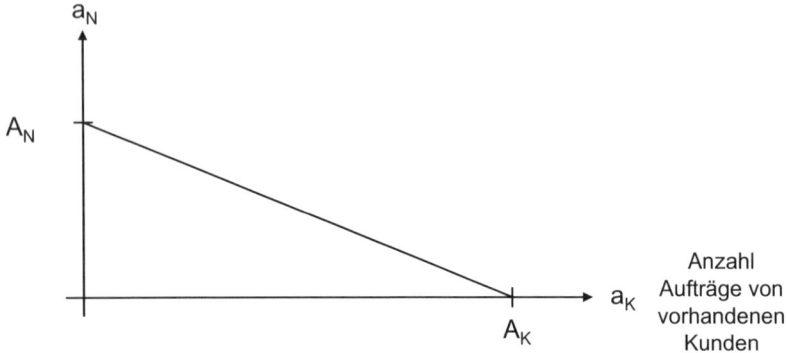

a_N

A_N

a_K Anzahl
Aufträge von
vorhandenen
Kunden

A_K

Abb. 6-3: Akquirierbare Aufträge von Neukunden und Kunden bei Budgetrestriktion

Unter Erfolgsgesichtpunkten ergibt sich die optimale Aufteilung des Budgets an der Stelle, an der der kumulierte Ergebnisbeitrag der Aufträge von den neuen und bestehenden Kunden ein Maximum erreicht. Aus theoretischer Sicht erfolgt dies dort, wo die jeweiligen *Grenzerträge* der Investitionen in Kundengewinnung und Kundenbindung gleich sind. Die Bestimmung des Optimums kann dabei auf Basis der Funktionen erfolgen, welche die Ergebnisse der Auftragsakquise bei neuen bzw. vorhandenen Kunden in Abhängigkeit der jeweils eingesetzten Mittel zum Ausdruck bringen (vgl. Abb. 6-4). Dabei ist es unzweckmäßig, lediglich auf die Planperiode abzustellen. Denn die Investition in die Gewinnung eines Kunden wird häufig erst im Laufe der Kundenbeziehung (über-)kompensiert (vgl. Reichheld/Sasser 1991, S. 110–111). Entsprechend würde ein Fokus auf den Beitrag zum Periodenergebnis zu einer *Unterinvestition* in die Neukundengewinnung führen mit der Konsequenz einer fortschreitenden „Überalterung" und Erosion (z. B. durch Wechsel zum Wettbewerber; Insolvenz etc.) des Kundenstammes (vgl. Kühn/Fuhrer 2001, S. 130). Entsprechend erscheint es zweckmäßig, bei diesem Kalkül den *Kundenlebenszykluswert*, z. B. in Form des Kapitalwertes, als Wertansatz zugrunde zu legen (vgl. Kap. 2.4.2.5). Die nachfolgende Abb. 6-4 zeigt beispielhaft, wie sich die Aufteilung des Budgets auf Kundengewinnung und Kundenbindung bestimmen lässt, die in diesem Fall bei einem Verhältnis von 1:3 optimal ist.

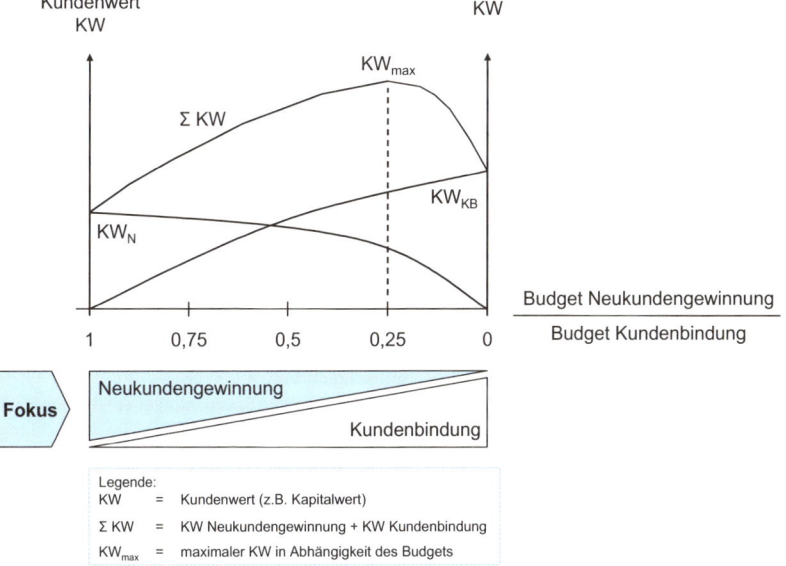

Abb. 6-4: Optimale Budgetaufteilung auf Neukundengewinnung und Kundenbindung (Quelle: in Anlehnung an Kühn/Fuhrer 2001, S. 132)

6.3 Akquisitionsfokus bestimmen

6.3.1 Gegenstand und Bedeutung

Der zweite strategische Teilprozess befasst sich damit, die *Ausrichtung* des Kundengewinnungsprozesses inhaltlich festzulegen. Aufbauend auf der Kundenpriorisierung (vgl. Kap. 4.2), geht es dabei im Kern um das Treffen einer Entscheidung darüber, welche *Akquisitionsprojekte* angegangen bzw. – bei vorhandenen Projekten – weiterverfolgt werden sollen.

Notwendig ist dieser Teilprozess deshalb, weil die vorhandenen Ressourcen (z. B. des Außendienstes) zur Bearbeitung aller identifizierten Akquisitionsprojekte in aller Regel nicht ausreichen. Zudem ist ein solches Vorgehen auch nicht zweckmäßig. Denn die einzelnen Akquisitionsprojekte unterscheiden sich regelmäßig – häufig sogar bei ein und demselben Interessenten – sowohl hinsichtlich ihres *Ergebnisbeitrags* als auch bzgl. ihrer *Erfolgswahrscheinlichkeit*. Man denke in diesem Zusammenhang etwa an Interessenten, die im Rahmen der Kundenpriorisierung als interessant eingestuft worden sind, sich durch eine auftragsspezifische

Zusammensetzung des Buying-Centers aber im konkreten Fall als schwierig herausstellen. In einem solchen Fall können sich die Bemühungen zur Kundenakquisition selbst im Erfolgsfalle in höheren Kosten niederschlagen, die den fraglichen Auftrag uninteressant werden lassen.

Die Entscheidung, auf welche Projekte man sich im Rahmen der Kundengewinnung konzentriert, um zum Marketing- und Unternehmenserfolg beizutragen, beinhaltet die Entscheidung, welche Kriterien in diesem Zusammenhang irrelevant sind. Eine derartige *Selektion* übt einen Einfluss auf die Gestaltung des Kundengewinnungsprozesses aus. Entsprechend impliziert etwa die Entscheidung, den Aufbau von Know-how für das Entwickeln innovativer Problemlösungen anzustreben, einen eher langfristigen Fokus und zeichnet sich durch intensive Zusammenarbeit mit den Interessenten aus. Dagegen resultiert aus der Wahl des (auch kurzfristigen) Gewinns als Zielgröße die Abneigung, in größerem Ausmaß in einen Interessenten zu investieren, wenn nicht die Gewähr (kurzfristig) zu realisierender Erlöse besteht. In einem solchen Fall würde etwa nur eine begrenzte Kontaktvorbereitung stattfinden und der Versuch erfolgen, persönliche Treffen eher zu vermeiden, um die Kosten in einem überschaubaren Bereich zu halten.

Nicht nur zur Unterstützung der Marketingziele, sondern auch für das Generieren einer nachhaltigen Steuerungswirkung ist es dabei wesentlich, den gewählten Fokus *konsequent* beizubehalten. Würden im obigen Beispiel etwa im Falle des Know-how-Aufbaus die kurzfristig ausbleibenden Erfolge dazu führen, dass die Gewinnerzielung im Kundenmanagement stärker in den Vordergrund rückt, besteht die Gefahr einer Verzettelung, was zum bekannten Phänomen des *„Stuck-in-the-Middle"* führen kann (vgl. Porter 2000): Der resultierende Kundengewinnungsprozess kann weder den Know-how-Aufbau noch die Gewinnerzielung hinreichend unterstützen. Zudem kann dadurch die im Marketing angestrebte Profilierung des Unternehmens negativ beeinflusst werden.

6.3.2   Akquisitionsfokus aus statischer Sicht

Um den Akquisitionsfokus zu bestimmen, sind zunächst geeignete *Ziele* auszuwählen und zu einem schlüssigen Zielsystem zu verbinden. Mit Blick auf den angestrebten *Erfolgsbeitrag* zum Marketing- und Unternehmenserfolg kommt dafür grundsätzlich entweder – zukunftsorientiert – eine stärkere Betonung des Auf- und Ausbaus von Erfolgspositionen oder – gegenwartsorientiert – das Erzielen von Gewinn in Frage. Hinsichtlich der angestrebten *Kontinuität* der Geschäftsbeziehung stellt sich darüber hinaus die Frage, ob das eigene Unternehmen eher auf die einzelne Transaktion abstellt oder das Ziel verfolgt, eine dauerhafte Beziehung zum Interessenten aufzubauen. Obwohl dabei das Ziel des Beziehungsaufbaus als geradezu „natürliche" Wahl erscheint, zeigt sich in der Unternehmenspraxis, dass transaktionsorientierte Unternehmen den beziehungsorientierten bzgl. ihres Erfolges – nicht zuletzt wegen der zur Beziehungspflege nötigen Investitionen – nicht nachstehen (vgl. Krafft 2002; Reinartz/Krafft 2001).

Vor dem Hintergrund der gewählten Ziele besteht der nächste Schritt darin, eine zu diesen Zielen passende *Interessentenstruktur* zu wählen, die man im Zuge der

Akquisitionsbemühungen zu realisieren beabsichtigt und auf die es insofern den Kundengewinnungsprozess auszurichten gilt. Denn die Interessenten können sich darin unterscheiden, welche der anbieterseitig gewählten Ziele durch sie unterstützt werden. So können Start-ups als Interessenten zwar zu klein sein, um substanziell zum Gewinn des eigenen Unternehmens beizutragen. Gleichwohl kann die Zusammenarbeit mit diesen dazu führen, dass innovative Problemlösungen entwickelt werden, deren marktweites Angebot wiederum zur Profilierung beiträgt und einen wesentlichen Beitrag zur zukünftigen Marktstellung leistet. Analog können manche Interessenten aus Unternehmenssicht attraktiv sein, weil sie z. B. durch ein geringes Preisinteresse bzw. eine hohe Preisbereitschaft das Erzielen von Gewinn erlauben, obwohl sie zum Aufbau strategischer Wettbewerbsvorteile nicht beitragen können.

Darüber hinaus unterscheiden sich potenzielle Kunden auch darin, ob sie eher transaktions- oder beziehungsorientiert sind (vgl. Diller 2000b, S. 40–43). So kann sich etwa das Streben nach Autonomie, das gerade bei mittelständischen Unternehmen sehr verbreitet ist, oder der Wunsch, bei jedem neuen Auftrag immer wieder die marktweit besten Lieferkonditionen zu bekommen, in einer geringen Loyalität gegenüber Lieferanten niederschlagen. Die Beziehungsorientierung des Interessenten kann dagegen auf entsprechenden Präferenzen fußen (z. B. aus Scheu vor dem mit der Lieferantensuche verbundenen Aufwand) oder darin begründet sein, dass sich aus Interessentensicht durch das Eingehen einer Geschäftsbeziehung ein hinreichender Nutzen realisieren lässt (z. B. schneller und „passender" entwickelte Problemlösungen durch gute Kundenkenntnis des Anbieters).

Auf dieser Basis wird der vorhandene *Optionsraum* für die Fokussierung der Akquisitionsbemühungen inhaltlich durch die Art des durch das Akquisitionsprojekt angestrebten Zielbeitrags (= Attraktivitätsdimension) und der dabei angestrebten Kontinuität (= Orientierungsdimension) aufgespannt (vgl. Abb. 6-5). Als Konsequenz lassen sich im Grundsatz vier Gruppen von Akquisitionsprojekten unterscheiden, die jeweils einen spezifischen strategischen Pfad nahe legen:

(1) Fokussiert man auf einzelne, gewinnträchtige Transaktionen, stellt das vorhandene Produktangebot den Ausgangspunkt der Kundengewinnung dar (*Product Selling*). Dabei ist der Kundengewinnungsprozess am *Effizienzkriterium* auszurichten. Entsprechend sollten die Teilprozesse möglichst kurz gestaltet sein, ein mehrfaches Durchlaufen derselben möglichst vermieden werden sowie der Einsatz von Personal größtmöglich reduziert werden. Neben solchen Märkten, die ein derartig zugeschnittenes Vorgehen i. S. d. Produktgeschäftes erfordern (vgl. Backhaus 2003), bietet sich eine solche Anlage des Kundengewinnungsprozesses auf den Geschäftsfeldern an, die in der Logik des BCG-Portfolios als Cash Cows einzustufen sind.

(2) Bei einzelnen, auf den Aufbau von Erfolgspositionen ausgerichteten Transaktionen geht es darum, nachhaltig nutzbares Know-how durch das Entwickeln einer Problemlösung aufzubauen (*Project Selling*). Entsprechend ist das *Effektivi-*

tätskriterium das Maß für den Kundengewinnungsprozess. Als Folge muss man im Rahmen der Kontaktvorbereitung sicherstellen, dass die Ansatzpunkte für eine innovative Zusammenarbeit identifiziert sind. Durch ein Selling-Center, das alle an der Problemlösung Mitwirkenden einschließt, kann nicht nur die Qualität der Problemlösung, sondern auch der Verbleib des aufgebauten Wissens an den richtigen Stellen im Unternehmen unterstützt werden. Abgesehen vom Anlagengeschäft (vgl. Backhaus 2003), ist diese Stoßrichtung für Geschäftsfelder zweckmäßig, die in der BCG-Matrix als Fragezeichen rangieren. Denn die entsprechenden Interessenten sind attraktiv, ohne dass aber (bereits) klar ist, ob eine dauerhafte Geschäftsbeziehung zu diesen aus ökonomischer Sicht sinnvoll ist.

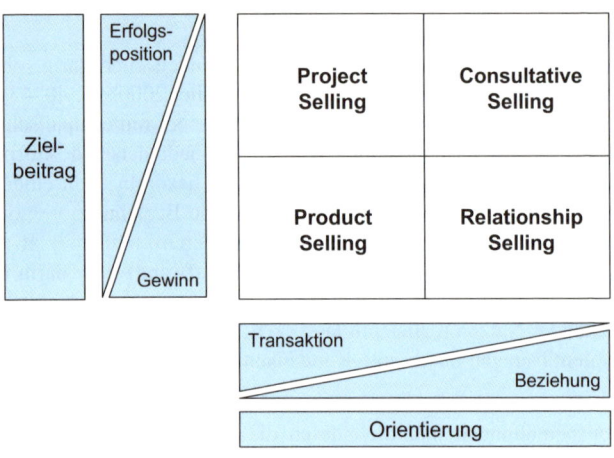

Abb. 6-5: Akquisitionsportfolio

(3) Wird das Gewinnerzielungsziel im Zusammenhang mit einer langfristigen Geschäftsbeziehung angestrebt, ist der Kundengewinnungsprozess darauf auszurichten, im bestehenden Marktangebot eine möglichst gut passende Lösung für das Problem des Interessenten zu finden und dadurch einen zufriedenen und loyalen Kunden zu gewinnen (*Relationship Selling*; vgl. Weitz/Bradford 1999). Für die Gestaltung des Kundengewinnungsprozesses ist der *Kundenwert* maßgeblich. Dadurch ist es möglich, im kurzen Zeitbereich auf einen Abschluss zu verzichten, indem etwa auf ein geeignetes Konkurrenzangebot verwiesen wird, wenn dadurch die Grundlage für eine dauerhafte (und rentable) Geschäftsbeziehung gelegt wird. Im Rahmen der Kontaktvorbereitung sind insb. die kurz- und langfristigen Bedürfnisse der Interessenten zu klären (vgl. Weitz/Castleberry/Tanner 2001, S. 256). Denn diese stellen sowohl die Basis für eine bedürfnisadäquate Beratung als auch für das Abschätzen des Cross- und Up-Selling-Potenzials dar (vgl. Kap. 7.2.4). Zum Vertrauensaufbau ist insb. die persönliche Komponente hinreichend im Kundengewinnungsprozess vorzusehen (vgl. Doney/Cannon 1997). Diese Option eig-

net sich speziell im Systemgeschäft (vgl. Backhaus 2003) und auf Geschäftsfeldern, die auf Basis ihrer ökonomischen Potenziale als Stars einzustufen sind.

(4) Der Aufbau von Erfolgspositionen im Rahmen langfristiger Geschäftsbeziehungen erfolgt im Rahmen des *Consultative Selling* schließlich, indem man die Interessenten durch Beratung und maßgeschneiderte Lösungen dabei unterstützt, Erfolgspotenziale zu erschließen (vgl. Liu/Leach 2001). Der Kundengewinnungsprozess ist so zu gestalten, dass ein möglichst hoher Beitrag zum eigenen *Unternehmenswert* geleistet wird. Um diesen Ansatz umzusetzen, sind sehr kompetente, erfahrene und gut ausgebildete Verkäufer nötig (vgl. Kap. 12). Sowohl die Kontaktvorbereitung als auch die Kontaktdurchführung ist sehr zeitintensiv. Das Selling-Center ist nicht nur mit Blick auf die Fachkompetenz zur Lösung des anstehenden Interessentenproblems zu besetzen. Vielmehr muss es auch das gegenseitige „Kennen lernen" (z. B. bzgl. der Prozesse, Entscheidungsstrukturen usw.) und das Abschätzen des gesamten Potenzials der zukünftigen Zusammenarbeit ermöglichen (vgl. Söllner 2004, S. 452). Neben dem Zuliefergeschäft (vgl. Backhaus 2003) bietet sich diese strategische Option auf Geschäftsfeldern an, die nicht nur unmittelbar ökonomische, sondern auch vor-ökonomische Erfolgspotenziale (z. B. in Form von Know-how, Reputation usw.) bieten.

Anhand des *Akquisitionsportfolios* lassen sich die kundenpolitischen Prozesse planen und steuern. Denn es gilt, die Akquisitionsbemühungen so zu fokussieren, dass die verfügbaren Ressourcen durch eine entsprechende Auswahl der Akquisitionsprojekte möglichst optimal zur Erfüllung der verfolgten Erfolgskonzeption eingesetzt werden. Als Folge ist zu entscheiden, wie vielen und welchen Akquisitionsprojekten strategischer Stellenwert eingeräumt wird, um den zukünftigen Erfolg zu sichern, und welche Projekte möglichst kurzfristig zum Erreichen der verfolgten Renditeziele beitragen sollen. Bei der Festlegung gilt es insofern auf eine ausgeglichene Zusammenstellung der Projekte zu achten, als die strategischen Projekte, d. h. die entsprechenden Kunden, erst mittel- bis langfristig einen positiven *Cash Flow* erwirtschaften und daher durch die stärker gewinnorientierten Projekte getragen werden müssen. Mit Blick auf den Kontinuitätsaspekt unterstützen als beziehungsorientiert eingestufte Projekte die *Stabilität* des Unternehmens in der Zukunft. Denn sie legen den Grundstein für langfristige Geschäftsbeziehungen i. S. d. Beziehungsmarketing. Dagegen tragen Akquisitionsbemühungen, die auf die einzelne Transaktion ausgerichtet sind, zum Erhalt der *Flexibilität* bei. Denn ein über die Transaktion hinausgehendes Ausrichten der eigenen kundenpolitischen Prozesse auf den jeweiligen Interessenten ist in diesen Fällen nicht nötig. Davon unberührt bleibt die Option, die Transaktion in eine dauerhafte Geschäftsbeziehung zu überführen, falls sich in der Zusammenarbeit dieses Vorgehen als vorteilhaft herauskristallisiert (z. B. weil das anstehende Projekt als Pilotprojekt in ein größeres Vorhaben eingebunden ist).

6.3.3 Akquisitionsfokus aus dynamischer Sicht

Die Fokussierung der Akquisitionsbemühungen ist nicht nur statisch, als Planung des Akquisitionsportfolios i. S. d. anzugehenden Interessenten, zu verstehen. Denn im Zuge des Kundengewinnungsprozesses kann sich der Ergebnisbeitrag eines potenziellen Kunden verändern. Als Gründe kommen sowohl autonome Entscheidungen des Interessenten (z. B. in Form der Forderung nach niedrigeren Preisen oder nach einer weniger innovativen Standardlösung) als auch die im Laufe der Kundengewinnung von Teilprozess zu Teilprozess ansteigenden Kosten in Frage. Daneben verändert sich die Anzahl der Akquisitionsprojekte, die in der *„Akquisitionspipeline"* stecken (vgl. Hippner/Rentzmann/Wilde 2004, S. 28). In aller Regel werden diese mit zunehmender Auftragsnähe immer weniger, da sich sowohl das eigene Unternehmen als auch Interessenten in manchen Fällen gegen eine Geschäftsbeziehung aussprechen werden. Mit Blick auf die Abnahme der Akquisitionsprojekte spricht man vom Akquisitionstrichter (*„Sales Funnel"*; vgl. Steimle 2000*)*. Dagegen wird die Erfolgswahrscheinlichkeit der verbleibenden Akquisitionsprojekte mit voranschreitendem Kundengewinnungsprozess immer größer.

Analog zu den, in der Unternehmenspraxis bereits existierenden Software-Lösungen (vgl. Abb. 6-6) gilt es insofern, das Akquisitionsportfolio i. S. v. Art und Anzahl der final zu realisierenden Akquisitionsprojekte zu planen. Ausgehend von dieser (geplanten) Kundenstruktur kann man unter Berücksichtigung der *Auftragsgewinnungswahrscheinlichkeiten* pro Teilprozess und u. U. differenziert nach Art des Akquisitionsprojektes ermitteln, wie viele der verschiedenen Projekte sich zu jedem Zeitpunkt in den verschiedenen Phasen des Kundengewinnungsprozesses befinden müssen, um letztlich die Sollvorgabe zu erreichen. Hinterlegt man zusätzlich die durchschnittliche *Verweildauer* der Projekte in den einzelnen Phasen, können auf dieser Basis auch die für die Kundenakquisition benötigten Ressourcen geplant werden.

Abweichungen bezüglich der Attraktivität, Menge oder der Art der Akquisitionsprojekte lassen sich auf diese Weise – visuell unterstützt – identifizieren. Als Konsequenz kann man die Akquisitionsbemühungen so anpassen, dass die Abweichungen in den folgenden Phasen wieder zurückgehen. So kann man z. B. bei einem unerwartet hohen Wegfall an strategischen Projekten mehr Ressourcen als vorgesehen für die verbleibenden aufwenden. Zudem bieten solche Abweichungen Ansatzpunkte, um Probleme im Kundengewinnungsprozess identifizieren und abstellen zu können. Darüber hinaus lassen sich auch Abweichungen von der durchschnittlich zum Prozessdurchlauf benötigten Zeit erkennen. So kann etwa ein Interessent überdurchschnittlich lange in der Kontaktdurchführungsphase verweilen. Auf Basis der *Ursachenanalyse* (z. B. höhere Verweildauer durch ständige Veränderungen der Produktanforderungen und dadurch nötige neue Verkaufspräsentationen) kann unter Berücksichtigung der veränderten Interessentenattraktivität und Erfolgswahrscheinlichkeit entschieden werden, ob eine intensive Bearbeitung oder ein Abbruch der Akquisitionsbemühungen als weiteres Vorgehen zweckmäßig ist.

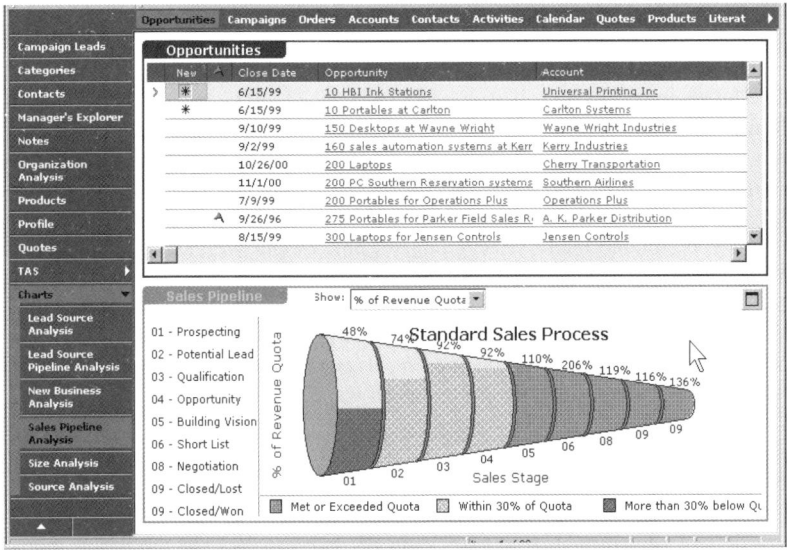

Abb. 6-6: Pipeline-Analyse von Siebel (Quelle: Hippner/Rentzmann/Wilde 2004, S. 28)

6.4 Akquisitionsstrategie festlegen

6.4.1 Gegenstand und Einflussfaktoren

Im Rahmen der Festlegung der Akquisitionsstrategie wird die Frage beantwortet, auf welche Art und Weise man die als Akquisitionsfokus festgelegten Ziele zu erreichen beabsichtigt. Der Akquisitionsstrategie kommt damit eine handlungsleitende Funktion i. S. d. *„Strategiekanals"* (Becker 1998, S. 142) zu, die den grundsätzlich einzuschlagenden Weg zur Zielerreichung vorgibt und die dafür relevanten kundenpolitischen Prozesse daraufhin koordiniert, gleichzeitig aber die nötigen *Freiräume* lässt, um auf Chancen und Herausforderungen im kurzfristigen Bereich angemessen reagieren zu können. So kann man etwa festlegen, dass Flexibilität das zentrale Nutzenelement der Akquisitionsstrategie darstellt und eine eher gehobene Preispositionierung umgesetzt werden soll. Trotz dieser grundsätzlichen Vorgabe besteht die Möglichkeit, im Falle eines außergewöhnlich preisaggressiven Konkurrenzangebotes bei einem wichtigen Interessenten „ausnahmsweise" einen nur unterdurchschnittlichen Preis zu fordern – und möglicherweise über die damit demonstrierte Preisflexibilität sogar den originären strategischen Kurs zu stützen.

Damit die festzulegende Akquisitionsstrategie das Erreichen der strategischen Ziele unterstützen kann, muss sie das Kräftefeld des *strategischen Dreiecks* reflektieren (vgl. Simon 1988, S. 3). Danach sieht der Interessent die Akquisitionsbemühungen des Unternehmens nicht isoliert, sondern trifft seine Lieferantenwahl i. S. d. finalen Kaufentscheidung typischerweise anhand einer an der Konkurrenz relativierten *Abwägung* von Nutzen und Aufwand. Insofern gilt es, bei der Festlegung der Akquisitionsstrategie neben den Unternehmenscharakteristika (z. B. verfolgte Marketingstrategie; vorhandene Ressourcen und Kompetenzen) sowohl die Interessenten bzw. bestimmte Interessentengruppen („Interessentensegmente") des Marktes als auch die dort herrschende Wettbewerbssituation zu berücksichtigen. Diese beeinflussen neben den Entscheidungen zur Akquisitionsintensität und zum Akquisitionsfokus die Formulierung der Akquisitionsstrategie. Dabei kommt den Interessenten insofern eine hohe Bedeutung zu, als erst eine zu diesen passende Wahl der Akquisitionsstrategie zu einer erfolgreichen Kundengewinnung führt.

6.4.2   Alternative Nutzenkonzepte

Vor diesem Hintergrund ist mit Blick auf die *Interessenten* das die Akquisitionsstrategie bestimmende *Nutzenkonzept* festzulegen. Dabei handelt es sich um ganzheitliche Entwürfe zur Lösung der interessentenseitigen Probleme, mit denen man auf Basis eines möglichst einzigartigen Leistungsversprechens i. S. d. *Unique Selling Proposition* eine Profilierung im Wettbewerb sowie den Aufbau von Kundenzufriedenheit bzw. Kundenbindung erreicht.

Im Hinblick auf die *Ausgestaltungsmöglichkeiten* öffnet die Vielfalt an möglichen Nutzenaspekten, die für einen Abnehmer interessant sein können (vgl. Beutin 2000, S. 16–24), einen großen Spielraum zur Profilierung im Wettbewerb. Dabei kann eine Systematisierung unterschiedlicher „Grundkonzepte" an der Unterscheidung von produktbezogenen (z. B. Interesse an niedrigpreisigem Produkt aufgrund finanzieller Restriktionen) und verkaufsprozessbezogenen (z. B. Präferenz für ausführliche und „angenehme" Verkaufsgespräche) *Interessentenbedürfnissen* ansetzen (vgl. Szymanski 1988, S. 65). Als Konsequenz kann die Akquisitionsstrategie eher auf den Produktnutzen ausgerichtet sein (z. B. durch umfangreiche Produktkenntnisse der Verkäufer) oder eher auf den Transaktionsnutzen (z. B. durch schnelle und unkomplizierte Möglichkeit zur Kontaktaufnahme). Daneben ist zu entscheiden, inwiefern man stärker Interessentenbedürfnisse nach möglichst monetär fassbaren Vorteilen zu befriedigen sucht (z. B. durch niedrige Preise) oder stärker solche, die zunächst auf sachliche Vorteile gerichtet sind (z. B. durch Verbesserung der Produktqualität auf Seite des potenziellen Kunden). Auf Basis der skizzierten Überlegungen lassen sich vier grundsätzliche Nutzenkonzepte unterscheiden (vgl. Abb. 6-7):

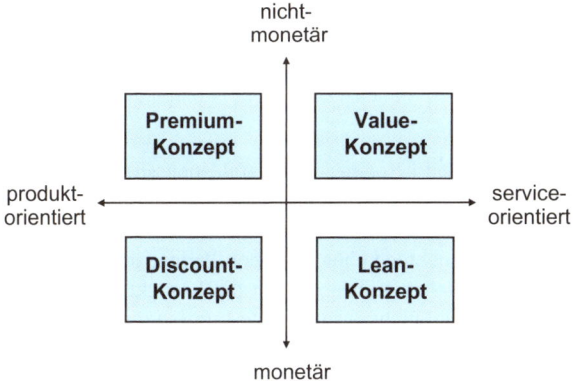

nicht-monetär

Premium-Konzept   **Value-Konzept**

produkt-orientiert ←————————→ service-orientiert

Discount-Konzept   **Lean-Konzept**

monetär

Abb. 6-7: Grundsätzliche Nutzenkonzepte der Kundengewinnung

(1) Das *Discount-Konzept* führt zu Kundengewinnungsprozessen, durch die ein vorhandenes Produkt möglichst kostengünstig verkauft werden kann (vgl. Haas 2000b). Umsetzen lässt sich das Konzept etwa in Form des Telefonverkaufs mit nur in den Grundlagen geschultem Personal oder durch das Verlagern des gesamten Akquisitionsprozesses in das Internet (z. B. durch Online-Abschluss von Kfz-Leasingverträgen).

(2) I.S. d. *Premium-Konzeptes* gestaltete Kundengewinnungsprozesse sind darauf ausgerichtet, die Möglichkeiten des verfügbaren Produktangebotes möglichst gut zur Lösung des Kundenproblems zu nutzen. Dies bedeutet nicht nur, aus dem vorhandenen Produktspektrum das Passendste herauszusuchen, sondern auch, den Nutzen vorhandener Produkte für die Interessenten zu erhöhen, indem diese im Hinblick auf das Interessentenproblem angepasst werden. Dazu sind sowohl produkt- als auch anwendungsbezogene Kenntnisse auf Verkäuferseite sowie eine entsprechende Kontaktvorbereitung nötig.

(3) Bei *Lean-Konzepten* geht es darum, dass der Interessent durch den Kundengewinnungsprozess Effizienzvorteile realisiert. Dies kann etwa dadurch geschehen, dass dem Interessenten im Zuge der Verkaufsberatungen Optionen zur Kostensenkung aufgezeigt werden, die sich auf das Fertigungslayout beziehen, in das die angebotene Maschine integriert werden soll. Ebenfalls ist aber auch ein besonders schneller Prozessdurchlauf oder ein schnelles Reagieren auf interessentenseitig gewünschte Änderungen denkbar, was wiederum dem Interessenten ermöglicht, das fragliche Produkt frühzeitig einzusetzen und Kosten- und Erlösvorteile zu realisieren, die im B-to-B-Bereich erheblich sein können. Zur effizienten Gestaltung des Kundengewinnungsprozesses sind insb. die (informations-)technologischen Möglichkeiten zu nutzen. So sind z. B. Email, Telefon und persönlicher Besuch zu einem effizienten Kanal-Mix zu bündeln. Organisatorisch kann ein dem

Interessenten zugewiesener Ansprechpartner i. S. d. „One Face to the Customer" die Bearbeitung der Anfragen beschleunigen (vgl. Haas 2000a). Im Falle mehrerer Ansprechpartner (z. B. im Verkaufsinnendienst) ist diesen die Kontakthistorie zeitnah zur Verfügung zu stellen (z. B. durch Computer Telephony Integration; vgl. Kap. 11).

(4) *Value-Konzepte* stellen i. S. einer „Problemlösungsstrategie" (vgl. Kap. 1.2.2) schließlich darauf ab, dem Interessenten dabei zu helfen, auf seinen Märkten Wettbewerbsvorteile auf- und auszubauen. Entsprechend handelt es sich bei dem anbietenden Unternehmen eher um einen Partner und Berater als um einen Verkäufer. In einem solchen Konzept spielt die Kontaktvorbereitungsphase eine zentrale Rolle. Dabei sind nicht nur relevante Informationen über den Interessenten, sondern auch über dessen Märkte zusammenzutragen. Alle über den potenziellen Kunden im Verlaufe der Kundenannäherung und -gewinnung gewonnenen Informationen gilt es dann, zu einer ganzheitlichen Abbildung des entsprechenden Unternehmens i. S. d. „One Face of the Customer" zusammenzuführen, um auf dieser Basis die zweckmäßigste Lösung für das Interessentenproblem erarbeiten zu können (vgl. Hippner 2004, S. 16). Darüber hinaus erfordern solche Konzepte in aller Regel den intensiven Einsatz des Faktors Mensch: Sowohl zum Erarbeiten innovativer Lösungen als auch zum Vertrauensaufbau bietet sich insb. der persönliche Verkauf in Form eines Know-how-koordinierenden Selling-Centers an.

6.4.3 Differenzierung des Akquisekonzeptes

Mit Blick auf das Nutzenkonzept stellt sich nicht nur die Frage nach der Art, sondern auch nach der Anzahl der zu entwickelnden Konzepte. Denn vor dem Hintergrund des festgelegten Akquisitionsfokus und der Attraktivität der Interessenten gilt es zu bestimmen, wie viele *Interessentensegmente* im Rahmen der Kundenakquise wie differenziert voneinander bearbeitet werden sollen. In Anlehnung an die analogen marketingstrategischen Alternativen (vgl. Diller 2002c, S. 187 f.) beinhaltet die Entscheidungssituation folglich drei grundsätzliche strategische Optionen (vgl. Abb. 6-8):

(1) Bei der *undifferenzierten Massenakquise* werden alle Interessenten eines Marktes in der gleichen Art und Weise als Kunden zu gewinnen versucht. Dies ist etwa der Fall, wenn Versicherungen Call Center einsetzen, um Handwerksbetriebe der Reihe nach abzutelefonieren und mit einem standardisierten Verkaufstext zum Abschluss einer Versicherung zu bewegen. Dieses Vorgehen setzt voraus, dass die Interessentenbedürfnisse nicht zu sehr differieren (z. B. weil man ein Standardprodukt anbietet) und man diese adäquat in den „im Durchschnitt bevorzugten" Kundengewinnungsprozess überführt hat.

		Grad der Differenzierung	
		undifferenziert	differenziert
Ansprache der Interessenten	alle	**Undifferenzierte Massenakquise**	**Differenzierte Kundenakquise (alle)**
	teil- weise	**Konzentrierte Kundenakquise**	**Differenzierte Kundenakquise (Segmente)**

Abb. 6-8: Gestaltungsoptionen der Kundengewinnung

(2) Eine *konzentrierte Kundenakquise* liegt dann vor, wenn das Unternehmen ein einzelnes oder einige wenige Interessentensegmente auswählt und diese mit der gleichen Kundengewinnungsstrategie bearbeitet. So versucht etwa MLP, insb. Akademiker (mit einem traditionellen Fokus auf Medizinern und Rechtsanwälten) als Kunden zu gewinnen, wobei der Ablauf der Kundengewinnung weitgehend festgelegt ist. Ein solches Vorgehen ist speziell dann angebracht, wenn die zur Akquise verfügbaren Mittel keine marktweite Bearbeitung zulassen oder sich die Interessentensegmente in ihren verkaufsrelevanten Bedürfnissen deutlich unterscheiden.

(3) Im Falle einer *differenzierten Kundenakquise* versuchen Unternehmen entweder alle potenziellen Kunden oder ausgewählte Interessentensegmente mit unterschiedlichen Kundengewinnungsprozessen zu bearbeiten. So kann ein Unternehmen der chemischen Industrie etwa für Standardprodukte das Discount-Konzept, für Spezialkunststoffe dagegen das Value-Konzept verfolgen.

Unter ökonomischen Gesichtspunkten sind bei der Wahl der konkreten Option die potenziellen *Effektivitätsgewinne* differenzierter Kundengewinnungsprozesse (vergleichsweise mehr Kunden und/oder höhere Auftragssummen durch „passendere" Akquisestrategien) den durch die Differenzierung entstehenden *Mehrkosten* gegenüberzustellen. Dabei setzt eine differenzierte Interessentenbearbeitung zunächst grundsätzlich voraus, dass die *Größe* der fraglichen Segmente eine ökonomisch sinnvolle Bearbeitung überhaupt zulässt.

Verständnisfragen zu Kapitel 6

1. Diskutieren Sie die These: Da Neukundengewinnung teurer ist als die Auftragsakquise bei vorhandenen Kunden, ist es sinnvoll, sich ausschließlich auf die Bearbeitung der bestehenden Kunden zu konzentrieren!
2. Zeigen Sie beispielhaft für eine Unternehmensberatung auf, welche Auswirkungen unterschiedlich hohe Budgets für die Kundenakquise auf die Ausgestaltung des operativen Kundengewinnungsprozesses besitzen!
3. Handelt es sich bei den Gestaltungsoptionen der Individualisierung und der Vereinfachung des Kundengewinnungsprozesses um sich ausschließende Alternativen?
4. Überlegen Sie beispielhaft für einen Anbieter von Vermessungssystemen (z. B. Leica Geosystems), welche Beiträge zum Aufbau strategischer Erfolgspositionen sich aus der Akquise transaktionsorientierter Kunden ergeben können!
5. Wie unterscheiden sich abschlussorientierte Verkaufsprozesse von solchen, die primär auf den Aufbau von Kundenbeziehungen gerichtet sind? Welche Erfolgsvoraussetzungen gelten für Letztere?
6. Welche Erkenntnisse lassen sich aus der Pipeline-Analyse für die strategischen und operativen Kundengewinnungsprozesse gewinnen?
7. Erläutern Sie die Unterschiede zwischen den verkaufsprozessbezogenen Bedürfnissen potenzieller Neukunden und denjenigen potenzieller Käufer, die i. S. d. Transaktionsmarketing als Kunden wieder gewonnen werden sollen!
8. Welche Erfolgsvoraussetzungen müssen vorliegen, um mit einem Lean-Konzept bei der Kundenakquise Erfolg zu haben?
9. Diskutieren Sie die These: Kundenorientierung impliziert differenzierte Kundenakquise!

Kapitel 7: Operative Prozesse der Kundenpflege: Transaktionsabwicklung, Kundenbindung, Beschwerdemanagement, Rückgewinnungsmanagement und Beziehungsbeendigung

In diesem Kapitel werden die fünf Teilprozesse der Kundenpflege, „Transaktionsmanagement", „Kundenbindungsmanagement", „Beschwerdemanagement", „Rückgewinnungsmanagement" und „Beziehungsbeendigung", mit ihren jeweiligen Unterprozessen und den zugehörigen In- und Outputs vorgestellt. Wir beschreiben die einzelnen Teilaktivitäten und deren Bedeutung für den Erfolg des Kundenmanagements, stellen dafür geeignete Methoden vor und diskutieren Effizienz und Effektivität der Prozesse.

7.1 Transaktionsmanagement

7.1.1 Prozessüberblick

Beim Transaktionsmanagement geht es um die Abwicklung der Austauschprozesse des Unternehmens mit im Rahmen der „Kundengewinnung" akquirierten Kunden.

Im Kundenlebenszyklus mündet die Kundengewinnung in eine erste Transaktion. Nach Abwicklung der Ersttransaktion ergeben sich oft Folgetransaktionen, die dann in demselben Prozess abzuwickeln sind. Der Prozess „Transaktionsmanagement" umfasst vier Teilprozesse: die Erfassung der Kundenbestellung durch das Anbieterunternehmen, die Leistungserbringung, die Bereitstellung der Leistung sowie die Fakturierung. *Output* des Prozesses ist die Erstellung einer im Rahmen der vorgelagerten Beratungsgespräche und Verhandlungen präzise spezifizierten Leistung des Anbieters, also die Erstellung eines Wirtschaftsgutes oder eines Services. Um diese Leistung zu erbringen, benötigt das Unternehmen als *Input* einerseits Informationen (die im Rahmen der Bestellung durch den Kunden anfallenden Daten), zum anderen die Produktionsfaktoren (vgl. Abb. 7-1):

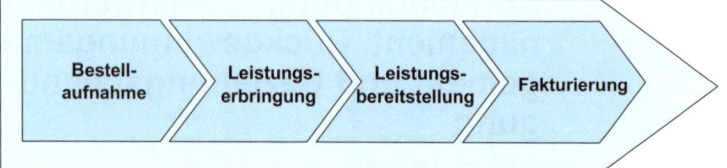

	Bestell-aufnahme	Leistungs-erbringung	Leistungs-bereitstellung	Fakturierung
Input	• Kundenauftrag	• Fertigungsauftrag • Produktions-faktoren • evtl. Kunde	• Produkt und/oder Dienstleistung • Transportmittel • ggf. Lagerraum	• Lieferschein • Fertigungsbeleg
Output	• Fertigungs-auftrag	• Produkt und/oder Dienstleistung	• Lieferschein	• Buchungsbeleg über Zahlungseingang
Struktu-rierung	hoch	gering bis hoch	gering bis hoch	hoch

Abb. 7-1: Teilprozesse des Transaktionsmanagements

Das Transaktionsmanagement hat grundlegende Bedeutung für die Zufriedenheit der Kunden. Wird es nicht effektiv und effizient gestaltet, ist dies im Zufriedenheitsurteil der Abnehmer nur schwer (etwa durch Markenimage oder Empathie in der Kundenkommunikation) kompensierbar. Das Transaktionsmanagement bietet allerdings auf vielen Märkten wegen zunehmender Homogenität der Kernleistungen nur eingeschränktes Differenzierungpotenzial. So betrachtet handelt es sich um ein „Essential" i. S. d. KANO-Modells der Kundenzufriedenheit.

Andererseits macht gerade die Vergleichbarkeit der Hauptleistung vieler Anbieter das Transaktionsmanagement zu einem wesentlichen Bestimmungsfaktor für die Wettbewerbsfähigkeit. Durch eine konsequente Optimierung der Prozessabläufe, d. h. durch Kosten- und Fehlerminimierung sowie durch Beschleunigung, lassen sich Effizienzvorteile gegenüber Konkurrenten erreichen, die es dem Anbieter erlauben, entweder seine Leistung zu geringeren Preisen anzubieten als der Wettbewerb oder aber dem Kunden bei wettbewerbsgleichen Preisen umfangreichere Leistungen zu gewähren.

7.1.2 Bestellaufnahme

Die Bestellung ist ein Schnittstellenprozess zwischen Anbieter und Kunde. Der Input besteht in der konkreten Äußerung der Kundenwünsche. Diese werden entweder alleine durch den Kunden kommuniziert (z. B. bei einem unmodifizierten Wiederkauf) oder aber durch dritte Personen bzw. Organisationen (z. B. Vertriebsmitarbeiter des Anbieters, Verbraucherverbände, Einkaufsgenossenschaften), die den Kunden bei seinem Beschaffungsvorgang unterstützen bzw. repräsentieren (vgl. Kap. 5.3).

Hat der Kunde seine Bestellung in Form eines Auftrages geäußert, muss dieser Auftrag durch den Anbieter entgegengenommen und erfasst werden. Der Prozess umfasst mehrere Schritte.

(1) Nach ihrem Eingang werden Kundenbestellungen in einem *Auftragsinformationssystem* erfasst, das es erlaubt, die Bestelldaten in Form eines Fertigungsauftrages (*Output*) an die mit der Leistungserbringung befassten Mitarbeiter/Abteilungen weiterzuleiten. Das Informationssystem muss dabei verschiedene Informationskomponenten umfassen:

> • *Leistungsdaten*: die angebotenen Leistungen (physische Produkte und ergänzende Services) müssen mit den zugehörigen Artikelnummern und weiteren Detailinformationen (z. B. Farben, Abmessungen, Gewicht) hinterlegt sein.
> • *Preisdaten*: Zu den Angebotsleistungen müssen Preise definiert sein, für die im Falle einer kunden(gruppen)abhängigen Preisdifferenzierung die jeweils relevanten Preise je Kunde, im Falle einer mengenmäßigen Preisdifferenzierung die Rabattstaffeln und im Falle einer zeitlichen Preisdifferenzierung die Zeitzonen identifizierbar sind.
> • *Lagerdaten*: Zur Bestimmung der Verfügbarkeit und der zu erwartenden Lieferzeit müssen die Lagerbestände abrufbar sein.
> • *Kundendaten*: Zur Identifizierung und ggf. Beratung des Kunden müssen seine Stammdaten (Name, Adresse, etc.) und seine Kaufhistorie verfügbar sein.

(2) Das Informationssystem für das Bestellwesen erstellt nach Eingabe des Kundenauftrages eine Auftragsbestätigung (*Output*) für den Kunden. Sie kann in schriftlicher Form erzeugt werden (z. B. Formular) oder in elektronischer Form (z. B. PDF-Datei oder Email).

(3) Durch Einrichtung eines *Trackingsystems* wird es diesem ermöglicht, den Status seiner Bestellung jederzeit zu verfolgen. Durch vernetzte EDV-Systeme können dabei auch die Daten externer Partner, z. B. von Logistikdienstleistern bei der Auslieferung, stets aktuell verfügbar gemacht werden. Allerdings erfordert dies eine Integration der IT-Systeme, was gerade in der Einrichtungsphase hohe Investitionen und Koordinationsarbeit bedingt.

Im Rahmen eines Bestellcontrolling können unterschiedliche *Kennzahlen* zur Effizienz- und Effektivitätssicherung erhoben werden. Die Anzahl der falsch eingegebenen Aufträge oder der falschen Auftragspositionen pro Bestellung dient als Indikator für die Qualität. Die Dauer von Auftragseingang bis zur Verarbeitung im Bestellsystem (z. B. in Stunden oder in Tagen) misst den zeitlichen Effizienzaspekt. Per Prozesskostenrechnung lassen sich zudem durchschnittliche Kosten pro Bestellung, evtl. differenziert nach Auftragsgröße oder Kundengruppe, ermitteln. Die Effektivität des Teilprozesses ergibt sich aus der Kundenzufriedenheit mit dem Bestellprozess als Teildimension der Gesamtzufriedenheit.

7.1.3 Leistungserbringung

Die Leistungserbringung ist im klassischen betriebswirtschaftlichen Verständnis kein Marketingprozess (vgl. Diller/Saatkamp 2002). Bei Dienstleistungen ist die Einbindung des Kunden jedoch ein konstituierendes Merkmal. Aber auch bei der Erstellung materieller Leistungen sind je nach Sektor/Branche zahlreiche Varianten der Kundeneinbindung in die Leistungserbringung („Customer Integration", vgl. Kleinaltenkamp 1996, Jacob 2003) denkbar.

> *Customer Integration* umfasst die systematische Einbindung des Kunden und/ oder seiner Ressourcen in den Wertschöpfungsprozess des Anbieters zur Verbesserung des Output-Ergebnisses.

Input sind einerseits die Kundenwünsche (Informationen aus dem Bestellvorgang), andererseits die materiellen und immateriellen Ressourcen von Kunde und Anbieter zur Leistungserbringung (Mitarbeiter, Know-how, Maschinen, Finanzkapital etc.). Diese Inputgrößen werden im Rahmen der sog. Faktorkombination zum Leistungsergebnis verarbeitet. Der *Output* des Leistungserbringungsprozesses ist dann eine vom Kunden mehr oder weniger präzise im Vorfeld spezifizierte Leistung. Ein systematisches Customer Integration Management umfasst mehrere Prozessschritte:

(1) Das Anbieterunternehmen muss zunächst seinen *Wertschöpfungsprozess analysieren*, um zu klären, in welchen Prozessschritten die Integration des Kunden sowohl für den Anbieter wie auch für den Kunden sinnvoll ist. Eine Methode ist das sog. *„Blue Printing"*. Hierbei werden die einzelnen Aktivitäten sowie Haupt- und Unterstützungsfunktionen eines Leistungserbringungsprozesses in Form eines Ablaufdiagramms („Service Map") grafisch dargestellt und für jeden Prozessschritt Toleranzen und Variabilitäten dokumentiert. Der Anbieter kann so kritische und unkritische Aktivitäten trennen und – wo dies unproblematisch erscheint – für eine Kundenintegration öffnen.

Bspw. wird der Check-In an Flughäfen zunehmend über Bildschirmterminals organisiert, an denen die Fluggäste selber in mehreren Schritten diesen Teilprozess abwickeln. Dabei führt sie ein Menü durch die Schritte von der Identifizierung (i.d.R. über die Kreditkarte, mit der das Ticket bestellt wurde) bis zur Erstellung des Boarding-Passes sowie der Gepäcktickets. Die Abgabe des Gepäcks erfolgt dann an einem Schalter, der erneut mit Personal besetzt ist.

(2) Im nächsten Schritt muss die *Einbindung* der zu integrierenden Kunden *geplant* werden. Die *Integrationsbreite* ist gering, wenn sich die Leistung auf nur einen oder wenige der Teilprozesse erstreckt, etwa falls ein Marktforschungsinstitut für einen Kunden eine Kundenzufriedenheitsstudie konzipiert, er die Datenerhebung und -auswertung aber selber durchführt. Die *Integrationstiefe* auf jeder Wertschöpfungsstufe betrifft den Wertschöpfungsanteil des Kunden. Im Beispiel der Zufrie-

denheitsstudie könnte der Kunde lediglich im Rahmen eines Brainstormings an der Generierung relevanter Zufriedenheitsdimensionen (z. B. Beratung, Fakturierung) beteiligt sein.

Mit der Integrationstiefe nimmt auch die Individualität der Leistung zu (vgl. Kleinaltenkamp 1997 und Abb. 7-2). Beim *Massengeschäft* wird der Kunde nur in sehr geringem Umfang integriert und sein Beitrag erfolgt stark standardisiert, da er lediglich durch die Beschreibung des gewünschten Produkts einen Beitrag liefert. Im Falle des *Mass Customization* werden für individuelle Kunden, die neben Produktbeschreibungen auch Anwendungsdefinitionen abgeben, aus standardisierten Leistungsbausteinen anwendungsbezogene Lösungen gestaltet. Bei der *individuellen Leistungserstellung* bringt sich der Kunde durch detaillierte Problemdefinition und Auskunftstiefe sehr weitgehend ein und eine Standardisierung ist aufgrund der hohen Varianz möglicher Kundenanforderungen auch durch Modulsysteme nicht möglich.

Ausmaß der Customer Integration		
Massengeschäft	**Mass Customization**	**Individuelle Leistungserstellung**

	Massengeschäft	**Mass Customization**	**Individuelle Leistungserstellung**
Ausmaß der Integration	gering	mittel	hoch
Art der Integration	Produktbeschreibung	Produktbeschreibung Anwendungsdefinition	Problemdefinition Lösungsansatz
Leistungs-ergebnis	fertige Standardprodukte	anwendungsbezogene Lösungen	individuelle Problemlösungen
techno-logische Basis	erprobte Standardtechnologien	neuartige Kombination von Standardtechnologien	kundenindividuelle Technologien, neuartige Kombination von Standardtechnologien

Abb. 7-2: Standardisierte vs. individualisierte Kundenintegration
(Quelle: Kleinaltenkamp 1997)

(3) Da die Fähigkeit des Kunden zur Integration in den Wertschöpfungsprozess oftmals eine wichtige Voraussetzung für das Gelingen ist, sind Maßnahmen der *Kundenentwicklung* bzw. *-qualifikation* erforderlich (vgl. Gouthier 2003). Diese umfassen Erklärungen, Handbücher, Workshops, Schulungen usw., in denen der Ablauf der Leistungserstellung besprochen wird.

(4) Während der Kundenintegration ist die *Koordination der Aktivitäten* des Kunden und des Anbieters erforderlich. Es werden die jeweiligen Wertschöpfungsbeiträge sachlich, zeitlich, räumlich und mengenmäßig aufeinander abgestimmt. Zu regeln sind (a) die Initiative der Aktivität, wobei aus Anbietersicht Bring-, Hol- und Treffprinzip denkbar sind; (b) die Reihenfolge, wobei sequentielles, paralleles oder überlappendes Arbeiten in Frage kommen; (c) die Begleitung, wobei direktives, moderiertes und autonomes Arbeiten denkbar sind; (d) die Überbrückung

möglicher Distanzen, wobei direkte physische Integration der Beiträge und die Übermittlung von Beiträgen durch physischen Transport (z. B. per LKW oder Bahn) oder medialen Transport (z. B. per Telefon, Brief oder Internet) vorkommen können.

(5) Nach Abschluss der Kundenintegration ist deren Erfolg im Rahmen eines *Integrationscontrolling* zu ermitteln. Sie ist *effizient*, wenn durch Kundenaktivitäten keine Kostensteigerungen, Zeitverluste oder Qualitätsminderungen in der Wertschöpfung verursacht werden. Sie erfolgt *effektiv*, wenn das Leistungsergebnis die Kunden- und Anbietererwartungen erfüllt. Mögliche Schwachstellen, die bspw. zu Zeitverzögerungen oder Qualitätsmängeln geführt haben, müssen identifiziert und nach Ursachen durchleuchtet werden. Diese Informationen fließen in die Gestaltung künftiger Integrationsprojekte bei Entscheidungen über Integrationsaktivitäten, -kunden, -breite, -tiefe und -standardisierung ein.

Die Kundenintegration wird häufig durch eine enge EDV-technischen Verknüpfung unterstützt, etwa im Rahmen von *EDI-Partnerschaften* (vgl. Kap. 11.3.5) oder durch die Nutzung von *Telefon*- oder *Videokonferenzen* zur Abstimmung. Bei längerfristiger Zusammenarbeit, z. B. im Projektgeschäft oder im Zuliefergeschäft, werden interorganisationale Teams (vgl. Kap. 9.2.2) aus Spezialisten beider Unternehmen zusammengesetzt, die dann auch physisch an demselben Ort arbeiten können, z. B. in den Räumen des Kunden.

Exkurs: Efficient Consumer Response (ECR) und Category Management (CM)

Eine spezielle, langfristig angelegte Form der Anbieter-Kunden-Integration, die mehrere Wertschöpfungs- bzw. Marktstufen überspannt, stellt das ECR dar. Es umfasst die integrierte Planung und Steuerung mehrstufiger, an den Bedürfnissen der Endabnehmer orientierter Material- und Informationsflüsse zwischen Herstellern und Handelsunternehmen. Ziel ist es, die Leistungserstellung zu optimieren (vgl. Seifert 2001, S. 51 ff.). Zwei wesentliche Grundvoraussetzungen hierfür sind:

➢ ein effizienter *Datenaustausch* zwischen den beteiligten Unternehmen mittels moderner Telekommunikationssysteme und

➢ eine strikte Ausrichtung aller Prozesse zwischen Hersteller und Handel nach dem *Pull-Prinzip*, d. h. an der beobachtbaren Nachfrage der Konsumenten (vgl. Steven/ Kröger 2003, S. 203).

Es handelt sich also beim ECR um einen Managementansatz, der durch eine Neuorganisation bestimmter zwischenbetrieblicher Prozesse (Reengineering) die Wertschöpfungskette zwischen den kooperierenden Unternehmen nicht nur effizienter gestalten will, sondern durch ganzheitliche Betrachtung der Supply Chain zu einer langfristigen Wertschöpfungspartnerschaft führen soll. Die Kooperation findet in zwei Bereichen statt (vgl. Abb. 7-3):

(1) Auf der sog. *Supply-Side*, die im Kern die physische Warendistribution umfasst, um Zeitaspekte (Geschwindigkeit und Pünktlichkeit) und Kostenaspekte zu optimieren;

---

(2) Auf der sog. *Demand-Side* wird angestrebt, z. B. durch optimale Gestaltung von Innovationen oder durch optimale Warenpräsentation das Umsatzpotenzial besser auszuschöpfen.

Die Kooperation auf der Supply-Side wird als *Supply Chain Management* bezeichnet, die Kooperation auf der Demand-Side als *Category Management* (CM). Diese beiden Aspekte werden durch die Umsetzung von vier Komponenten des Konzepts umgesetzt:

(1) Durch *Efficient Replenishment* soll dafür Sorge getragen werden, dass das richtige Produkt zum richtigen Zeitpunkt am richtigen Ort in richtiger Menge verfügbar ist. Grundlage hierfür ist eine rasche Übermittlung von Warenbestands- und Flussinformationen zwischen Herstellern und Handel, um Lagerbestände und damit die Lagerkosten zu reduzieren, gleichzeitig aber sog. Out-of-Stock-Situationen (Fehlbestände am Regal) zu vermeiden.

(2) Ziel des *Efficient Store Assortment* ist es, das Sortiment unter Orientierung an den Kundenpräferenzen zu gestalten, dadurch die Zufriedenheit der Kunden zu erhöhen und in der Konsequenz den Umsatz zu steigern. Zugleich soll durch Regalflächenoptimierung die Rentabilität gesteigert werden.

(3) Bei *Efficient Promotion* steht die effiziente Gestaltung von Verkaufsförderungsaktionen im Fokus. Ziel ist es, die Vielzahl von Sonderaktionen, die der Handel einsetzt, auf ein sinnvolles Maß zu begrenzen, um ihre Wirkung zu optimieren. Ein Hebel ist dabei, die Warenflüsse zwischen Industrie und Handel zu verstetigen, indem die übliche Vorausbeschaffung großer Warenmengen durch den Handel vor Aktionen auf ein sinnvolles Maß reduziert wird. Stattdessen werden stetigere Dauerniedrigpreisprogramme mit nur punktuellen Aktionen zur Grundlage der Absatzpolitik.

(4) Die gemeinsame Optimierung der Neuprodukteinführung durch Hersteller und Handel steht im Fokus der *Efficient Product Introduction*. Ziel ist es, die Höhe der Flop-Rate herstellerseitiger Innovationen und die dadurch unnötig gebundenen Ressourcen in Industrie und Handel durch frühzeitige Kommunikation über Anforderungen und Erfolgsaussichten zu begrenzen.

Laut einer Studie (vgl. Borchert 2001) beteiligen sich inzwischen rund 70% der Unternehmen in der Lebensmittelbranche an ECR-Projekten. Am intensivsten wird Efficient Store Assortment genutzt. Dieses kann auch als Kern des *Category Management* bezeichnet werden. Als Category oder Warengruppe wird dabei „eine unterscheidbare, eigenständig führbare Gruppe von Waren, die von den Verbrauchern als zusammenhängend und/oder austauschbar zur Bedürfnisbefriedigung angesehen wird" (Milde 1998, S. 294). Es lassen sich drei Dimensionen des CM unterscheiden:

➢ Die *Philosophiedimension* umfasst den Wandel von einer Ausrichtung auf einzelne Artikel hin zu einer Orientierung an Warengruppen. Diese werden als Profit-Center mit eigenständigen Umsatz- und Ertragszielen geführt (vgl. Harris/McPartland 1993, S. 5). Warengruppen erfüllen dabei unterschiedliche Rollen. Die Gestaltung einer Warengruppe hängt von ihrer Rolle ab.

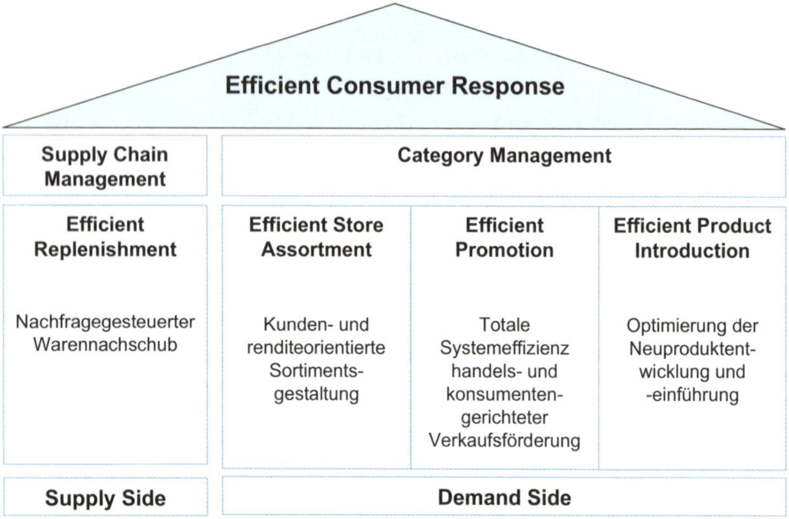

Efficient Consumer Response

Supply Chain Management	Category Management		
Efficient Replenishment	Efficient Store Assortment	Efficient Promotion	Efficient Product Introduction
Nachfragegesteuerter Warennachschub	Kunden- und renditeorientierte Sortiments-gestaltung	Totale Systemeffizienz handels- und konsumenten-gerichteter Verkaufsförderung	Optimierung der Neuproduktent-wicklung und -einführung
Supply Side	Demand Side		

Abb. 7-3: Die Komponenten des ECR-Konzeptes (Quelle: Heinemann 1997, S. 39)

> Die *Prozessdimension* umfasst die ablauforganisatorische Gestaltung. Ziel ist es, durch eine Betrachtung der gesamten Aktivitätskette vom Hersteller über den Händler zum Kunden Schnittstellen zu optimieren und somit Effizienz- und Effektivitätsverbesserungen zu erreichen.

> Die *Organisationdimension* betrifft die Aufbauorganisation, bei der ein Wandel von klassischen Funktionalabteilungen hin zu einer an Warengruppen orientierten Struktur erforderlich ist. Auf Handelsseite sind hier bspw. Teamstrukturen denkbar, die für eine Warengruppe alle Managementaufgaben vom Einkauf bis zum Absatz übernehmen. Auf Herstellerseite ist insb. die Integration des Category Managers in die bestehende Struktur aus Produkt- und Account-Management vorzunehmen, um Doppelarbeiten zu vermeiden.

Category Management wird oft als achtstufiger Prozess dargestellt. Dieser umfasst folgende Teilaufgaben:

(1) Zunächst muss die *Category-Definition* erfolgen. Dies kann einerseits nach herstellerseitigen Kriterien, z. B. Produktions- oder Logistikverbünden, geschehen. Andererseits, und dies entspricht dem Marketingkonzept eher, können Wahrnehmungs- oder Gebrauchsverbünde des Konsumenten zu Grunde gelegt werden.

(2) Categories unterscheiden sich hinsichtlich ihrer strategischen Funktion für den Händler. Diesbezüglich lassen sich fünf *Category-Rollen* identifizieren:

> *Profilierungskategorien* erlauben eine Differenzierung des Händlers von seinen Wettbewerbern und können somit einen Imagevorteil begründen.

> *Pflichtkategorien* müssen aus Kundensicht unbedingt vom Händler geführt werden und dienen daher der Sicherung der Wettbewerbsfähigkeit.

> *Impulskategorien* sollen ungeplante Käufe des Kunden auslösen und somit zusätzlichen Deckungsbeitrag pro Warenkorb generieren.

> *Saisonkategorien* dienen als Frequenzbringer, die Produkte des jahreszeitlichen Bedarfs gruppieren, um entsprechende Kundenbedürfnisse zu decken.

> *Ergänzungskategorien* umfassen Artikel, die den Händler als Vollsortimenter positionieren, dem den Kunden Bequemlichkeitsnutzen stiftet, weil sie alle Einkäufe an einer Stätte tätigen können.

(3) Im Rahmen der *Category-Bewertung* werden Stärken und Schwächen einer Warengruppe anhand relevanter Kennzahlen analysiert.

(4) Die *Category-Ziele* werden im nächsten Schritt definiert. Relevante Zielgrößen sind u. a. Renditegrößen, Imagegrößen, Kundendurchdringungsgrößen, Marktanteilsgrößen und Wachstumsgrößen.

(5) Die Formulierung der *Category-Strategien* umfasst die Festlegung langfristiger Vorgehensweisen zur Zielrealisierung.

(6) Aus den Strategien werden *Category-Taktiken* abgeleitet, die den Einsatz bestimmter Marketing-Instrumente aus den klassischen Mix-Bereichen der Sortiments-, Preis- und Promotionpolitik umfassen.

(7) Bei der *Category-Planumsetzung* werden Mitarbeitern Aufgaben und Kompetenzen zugewiesen und Zeiträume für die Umsetzung der Category-Taktiken bestimmt.

(8) Die *Category-Überprüfung* dient der Erfolgskontrolle der warengruppenspezifischen Ziele, Strategien und Taktiken. Ihre Ergebnisse gehen als Input-Größen in die vorstehenden Schritte ein.

7.1.4 Leistungsbereitstellung

Nach der Erstellung der vereinbarten Leistung muss diese dem Kunden bereitgestellt werden. Der *Input* in diesen Prozess umfasst Informationen über die bereit zu stellende Leistung (Güter/immaterielle Leistungen) sowie über Bereitstellungskanal, -ort und -zcit. Der *Output* sind interne sowie für den Kunden bestimmte Dokumente, z. B. Lieferscheine. Der Leistungsbereitstellungsprozess umfasst mehrere Teilprozesse:

(1) Die Planung des *Bereitstellungsumfangs*. In einem Extremfall liefert der Anbieter die Leistung zu einem vom Kunden spezifizierten Ort, im anderen Extremfall holt der Kunde die Leistung beim Anbieter nach ihrer Erstellung ab (wie z. B. bei Mitnahmemöbelhäusern, bei Drive-In-Systemen oder beim Download kostenpflichtiger Leistungen aus dem Internet). Dazwischen existieren zahlreiche Abstufungen.

Für die Regelung der Bereitstellung im internationalen Warenhandel existieren Standardverträge, die jeweils unterschiedliche Ausprägungen des Bereitstellungsumfangs unterschieden. Diese sog. INCOTERMS („International commercial terms") wurden erstmals 1936 von der Pariser Internationalen Handelskammer niedergelegt und zuletzt im Jahr

2000 an heutige Gegebenheiten angepasst. Sie sind prinzipiell dem jeweiligen nationalen Recht übergeordnet und sehen ein spezielles Schiedsverfahren vor, bevor der ordentliche Gerichtsweg beschritten wird.

(2) Anschließend ist der *Transporttyp* zu *spezifizieren*. Bei materiellen Gütern ist dies der physische Transport, bei immateriellen Gütern, wie z. B. Informationen, kann der Transport auch über elektronische Netze (Email, Internet), per Funk (z. B. auf das Mobiltelefon eines Kunden), optische Übertragungsverfahren unter Einsatz von Licht u. ä. erfolgen.

(3) Danach ist zwischen *Eigenleistung* und *Outsourcing* zu entscheiden. Zahlreiche Dienstleister haben sich auf die Durchführung von Bereitstellungsleistungen auf den verschiedenen Transportwegen (Wasser, Land, Luft, elektronische Medien etc.) spezialisiert. Die Entscheidung für ein In- oder Outsourcing muss der Anbieter vor dem Hintergrund von Kostenaspekten (Economies of scale and scope der spezialisierten Anbieter) und Bereitstellungsqualität (Bereitstellung der Leistung am richtigen Ort zur richtigen Zeit für den richtigen Empfänger in der richtigen Menge und in der richtigen Verfassung) treffen.

(4) Das *Management des Bereitstellungstimings* umfasst die Aspekte Geschwindigkeit und Pünktlichkeit. Bei zahlreichen Leistungen ist der richtige Zeitpunkt entscheidender als die Geschwindigkeit. Bspw. ist aus Kundensicht die zu frühe Anlieferung von Waren, für die die Kühlkette aufrechterhalten werden muss, problematisch, wenn er keine fachgerechten Lagermöglichkeiten hat. Bei der *Just-in-time-Belieferung* der Automobilhersteller durch ihre Zulieferer ist es eben das Ziel, durch pünktliche Lieferung von Teilen zu deren Einbautermin die Lagerung und damit verbundene Kosten zu vermeiden. Aber auch bei der Übermittlung von Blumengrüßen zu Geburtstagen ist das Treffen des richtigen Tages entscheidend für die Qualität der Leistung.

(5) Die *Leistungsübergabe* schließt den Prozess ab. Im Investitionsgütergeschäft handelt es sich dabei oft um einen komplexen und längeren Prozess, an dem mehrere Mitglieder des Buying und des Selling Center beteiligt sind, bspw. Techniker, Kaufleute und Juristen bei der Übergabe einer Großanlage (Kraftwerk, Staudamm etc.). Hier müssen die einzelnen Freigabestufen (z. B. für einzelne Module und bestimmte Nutzungsarten) geplant und Freigabekriterien fixiert werden (z. B. die Beendigung bestimmter Testläufe oder das Vorliegen von behördlichen Genehmigungen).

Der Prozess ist *effektiv*, wenn dem Kunden die vertraglich definierte Leistung in vollem Umfang bereitgestellt wurde. Eine *effiziente* Leistungsbereitstellung ist gegeben, wenn Fehler (z. B. Lieferung an falsche Adresse oder in falscher Menge) vermieden werden, die Lieferung möglichst rasch (bei Zeitpunktfixierung pünktlich = hohe Liefertreue) erfolgt und die Kosten minimiert werden. Hier bieten moderne EDV-Systeme insb. im E-Commerce hervorragende Voraussetzungen für den Verkauf digitaler Güter, z. B. den raschen Versand von Auskünften (Finanzgutachten über die Bonität eines Geschäftspartners) oder den kostengünstigen

Download von Software zum sofortigen Einsatz. Organisatorisch ist der Prozess oftmals in der Logistikabteilung verankert, kann aber die Zusammenarbeit mit den technischen und kaufmännischen Bereichen erfordern. Für die Führung stellt er insofern eine Herausforderung dar, als in der physischen Distribution teilweise ungeschultes Personal an der Kundenschnittstelle zum Einsatz kommt und eine korrekte Behandlung der Kunden sicher gestellt werden muss.

7.1.5 Fakturierung

> Der Fakturierungsprozess umfasst die Einforderung der zu erbringenden Gegenleistung in Form der *Rechnungserstellung* sowie die *Überwachung des Zahlungseingangs*.

Als *Input* fungieren die im Rahmen der Bestellung, der Leistungserbringung sowie der Leistungsbereitstellung angefallenen Informationen. Der *Output* des Teilprozesses ist zunächst eine Rechnung, deren Begleichung durch den Kunden jedoch vom Anbieter überwacht werden muss und erst bei vollständiger Bezahlung das Endergebnis des Transaktionsmanagementprozesses darstellt.

> Eine Rechnung (Faktura) ist eine im Geschäftsleben übliche Abrechnung über Leistungsvorgänge. Sie dient den Geschäftspartnern als Buchungsbeleg, Kontroll- und Nachweismittel. Zivilrechtlich bestehen keine Vorschriften, doch sind Rechnungen Urkunden i. S. d. § 415 ZPO. Aus umsatzsteuerlicher Sicht ist jede Urkunde, mit der ein Unternehmen eine Leistung gegenüber einem Leistungsempfänger abrechnet, eine Rechnung, gleichgültig, wie diese von den Parteien bezeichnet wird. Für kaufmännische Rechnungen besteht ein Formvorschlag des Deutschen Normenausschusses, nach dem eine Rechnung einen Kopf, einen Kern und zusätzliche Vertragsbedingungen umfasst. Mindesterfordernisse sind die Nennung von:
> ➢ Name und Anschrift des leistenden Unternehmers,
> ➢ Name und Anschrift des Leistungsempfängers,
> ➢ Menge und handelsübliche Bezeichnung des Liefergegenstandes,
> ➢ Art und Umfang sonstiger Leistungen,
> ➢ die Höhe des vom Leistungsempfänger zu entrichtenden Entgelts,
> ➢ der auf das Entgelt entfallende Umsatzsteuerbetrag.
> Aus Kundensicht ist die Klarheit der Rechnung eine wesentliche Zufriedenheitsdimension. So kann durch die grafische Aufbereitung der Rechnung das Verständnis der wesentlichen Elemente, insb. des effektiv zu bezahlenden Kaufpreises sowie der Zahlungsbedingungen alternativ erleichtert oder nahezu verschleiert werden. Hierbei handelt es sich um ein Problem der Preisoptik (vgl. Federmann 2001, S. 1466).

(1) Der *Rechnungserstellungsprozess* umfasst mehrere Teilprozesse.

➤ Er beginnt mit der Ermittlung der *Höhe der Gegenleistung.* Hierzu werden bspw. mit der Leistungserbringung bzw. -bereitstellung verbundene Messgrößen (z. B. Materialeinsatz, Arbeitsstunden) ermittelt und mit den Preisen je Abrechnungseinheit verknüpft. Sind Preisklassen definiert (z. B. Rabattklassen für bestimmte Absatzmengen), wird die Information aus entsprechenden Tabellen, die im Fakturierungssystem hinterlegt sind, übernommen. Wurde hingegen bereits im Verkaufsgespräch ein fixes Pauschalentgelt vereinbart, übernimmt die mit der Fakturierung beauftragte Person diese Information als *Input.*

➤ Nach der eigentlichen Rechnungserstellung erfolgt eine *Rechnungsfreigabe*, die entweder automatisch durch Plausibilitätsprüfungen im Fakturierungssystem oder durch einen dazu bevollmächtigten Mitarbeiter erfolgt.

➤ Abschließend kommt der *Versand*, der entweder auf dem Postweg (mit oder getrennt von der Leistung) oder elektronisch verlaufen kann. Im E-Business sind elektronische Rechnungen per Email, als druckbare Website oder als PDF-Dokument, die nur maschinell signiert sind, inzwischen üblich.

(2) Die *Überwachung des Zahlungseingangs* stellt den zweiten Teilprozess der Fakturierung dar.

➤ Er kann vom Anbieter insofern vereinfacht werden, als die *Zahlungsabwicklung* von ihm selber initiiert werden kann, etwa durch Einzug der Fakturierungssumme direkt (bzw. durch ein Kreditinstitut) vom Konto des Kunden. Hierzu ist das Einverständnis des Kunden einzuholen. Im Rahmen des EDI (vgl. Kap. 11.3.5) ist auch eine bargeldlose und beleglose Zahlungsabwicklung möglich. Allerdings garantiert der Einzug durch den Anbieter keine Deckung des Kunden-Kontos. Somit bleibt eine Überwachung des tatsächlichen Eingangs der Gegenleistung erforderlich. Sie ist auch notwendig, wenn der Kunde selber aktiv seine Schuld begleicht (z. B. durch Barzahlung oder Überweisung).

➤ Durch jeden Tag, an dem ein zu erwartendes Entgelt noch nicht als Zahlungseingang verbucht werden kann, entgeht dem Anbieter die Möglichkeit, den Betrag verzinslich anzulegen oder wertschöpfenden Aktivitäten zuzuführen. In den Konditionenverhandlungen zwischen Anbieter und Kunde werden die Zahlungsbedingungen (und dabei auch das *Zahlungsziel* in Tagen) fixiert. Je nach Vereinbarung und regionalen Usancen kann das Zahlungsziel zwischen wenigen Tagen und einigen Monaten betragen. Für das Monitoring können Softwareprogramme verwendet werden, die auf Basis von Daten des betrieblichen Rechnungswesens die täglich zu erwartenden sowie die tatsächlichen Eingänge miteinander abgleichen und Differenzen automatisch in Zahlungsberichten ausweisen.

➤ Neben dem Zahlungsziel ist auch die *Zahlungshöhe* zu überwachen, insb. wenn Ratenzahlung vereinbart wurde und der Eingang der Gegenleistung somit über einen längeren Zeitraum erfolgt, was im Industriegütergeschäft teilweise Jahre dauern kann und an die Erfüllung bestimmter Leistungen durch den Anbieter geknüpft ist.

➢ Wird die Rechnung nicht rechtzeitig oder vollständig beglichen, schließt sich der Teilprozess des *Mahnwesens* an. Gründe für ausbleibende Zahlungen sind einerseits Vergesslichkeit oder mangelnde interne Prozesskoordination beim Kunden. Andererseits kann es sich aber auch um intendiertes Verhalten handeln, da er opportunistisch darauf hoffen kann, dass der Anbieter kein systematisches Monitoring betreibt. Unabhängig von den Ursachen ist der Kunde im Rahmen des Mahnprozesses an seine Außenstände zu erinnern. Dies kann zunächst formlos und gütlich erfolgen, insb. wenn es sich in einer längeren Geschäftsbeziehung um eine Ausnahme handelt. Reagiert der Kunde auf (informelle oder formelle) Aufforderungen nicht, sind juristische Schritte gegen ihn einzuleiten.

Organisatorisch können in den Fakturierungsprozess mehrere Abteilungen eingebunden sein, z. B. der Vertriebsinnendienst, das Rechnungswesen oder juristische Experten. Im Umgang mit großen Kunden wird gerade auch die Klärung von Außenständen häufig zunächst durch den Kundenbetreuer, etwa den Key Account Manager, oder durch die Geschäftsleitung erfolgen. Vor dem Hintergrund der wirtschaftlichen Bedeutung des Fakturierungsprozesses vergeben viele Unternehmen diesen aber auch an spezialisierte Dienstleister. *Inkasso-Unternehmen* bieten den Service eines umfassenden Rechnungsstellungs- und -verfolgungswesens gegen Entgelt an. So fakturieren bspw. zahlreiche Ärzte ihre Leistungen für Privatkunden nicht direkt, sondern nutzen die Dienste von Abrechnungsunternehmen, die i.d.R. einen Prozentsatz der Rechnungssumme für ihren Service verrechnen.

Im Bundesverband Deutscher Inkasso-Unternehmen e.V. (BDIU) sind 508 der insgesamt etwa 650 in Deutschland tätigen Inkasso-Unternehmen organisiert. Die Inkasso-Firmen realisieren die Forderungen ihrer Auftraggeber und führen sie so dem Wirtschaftskreislauf wieder zu. Pro Jahr sind das zurzeit gut vier Milliarden Euro. Zusammen verwalten die BDIU-Mitgliedsunternehmen ein Forderungsvolumen von über 22 Milliarden Euro. Bei frischen Forderungen liegt die Realisierungsquote bei 50 Prozent. Die Anfänge dieses Wirtschaftszweiges gehen auf das Jahr 1872 zurück.
Die BDIU-Mitgliedsunternehmen haben sich allesamt rechtsstaatlichen Verfahrensweisen verpflichtet und unterliegen der Überwachung durch die örtlichen Gerichtspräsidenten. Sie müssen geordnete wirtschaftliche Verhältnisse sowie umfangreiche theoretische und praktische Rechtskenntnisse nachweisen. Der BDIU hat eine eigene Schiedsstelle eingerichtet: den so genannten Ombudsmann. Er vermittelt unbürokratisch bei streitigen Fällen und ist Ansprechpartner, etwa bei offenen Fragen zur Kostenrechnung im Rahmen von Inkassoverfahren. Der Ombudsmann muss die Befähigung zum Richteramt haben und darf kein Mitglied des BDIU sein. (Quelle: www.inkasso.de)

7.2 Kundenbindungsprozesse

7.2.1 Prozessüberblick

Kundenbindung ist eines der zentralen Ziele der Kundenpflege. Sie kann über alternative, weitgehend komplementäre Prozesse erzielt werden (Abb. 7-4). Eine grundlegende Komponente stellen Prozesse der *Kontaktpflege* dar, die sicherstellen, dass die Beziehung zwischen Anbieter und Kunde nicht abreißt, sondern auch bei längeren Transaktionspausen „in Stand-By-Stellung" bleibt. Durch *Serviceprozesse*, die dem Kunden einen über die Kernleistung hinausgehenden, zusätzlichen Nutzen bieten („Value-Added Services"), wird eine Differenzierung vom Wettbewerb angestrebt. *Kundenausschöpfungsprozesse* schließlich dienen dazu, die ökonomischen Potenziale des Kunden abzuschöpfen.

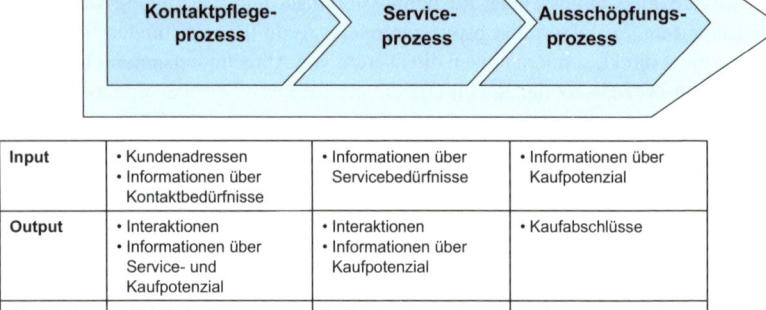

	Kontaktpflege-prozess	Service-prozess	Ausschöpfungs-prozess
Input	• Kundenadressen • Informationen über Kontaktbedürfnisse	• Informationen über Servicebedürfnisse	• Informationen über Kaufpotenzial
Output	• Interaktionen • Informationen über Service- und Kaufpotenzial	• Interaktionen • Informationen über Kaufpotenzial	• Kaufabschlüsse
Strukturie-rung	mittel bis hoch	hoch	hoch

Abb. 7-4: Teilprozesse des Kundenbindungsmanagements

7.2.2 Kontaktpflegeprozesse

Zwischen den eigentlichen Transaktionen liegen je nach Branche u. U. längere Zeitspannen, bspw. im Schiffsbau, wenn Werften über Jahre hinweg keine Leistungen an Reedereien verkaufen, oder im U-Bahn-Geschäft, wo Großaufträge durch Städte ebenfalls Jahre auseinander fallen können. Aber auch Konsumgüterherstellern (z. B. für weiße oder braune Ware) oder Dienstleistern (z. B. Versicherungsunternehmen) fehlt durch lange Kaufrhythmen der Konsumenten vielfach der Kundenkontakt „aus regelmäßiger Geschäftstätigkeit". Um diesem Problem begegnen zu können, schaffen sie Instrumente der Kontaktpflege, bspw. in Form von

Kundenzeitschriften oder -clubs. Ihr Einsatz stellt einen Prozess dar, dessen Ablauf in der Folge beschrieben wird.

7.2.2.1 Kontaktbedürfnisse identifizieren

Für die Erzielung von Kundenkontakten steht ein breites Spektrum an Instrumenten zur Verfügung. Sie unterstützen Kontakte in unterschiedlicher Form (z. B. Messen als Foren des persönlichen Kontaktes, Direct Mailings zur Produktinformation oder elektronische Newsletter zum Hinweis auf Events) und können in einem Kontakt-Mix ergänzend zueinander eingesetzt werden. Um eine fundierte Selektion für das Kontakt-Mix zu treffen, sind zunächst die Kontaktbedürfnisse der Kunden zu identifizieren. Diese variieren je nach Branche und Kundengruppe teils stark, so dass segmentspezifische Kontakt-Mixes definiert werden können.

Die *Kontaktbedürfnisse* der Kunden stellen die Anknüpfungspunkte dar, an denen der Anbieter ansetzen kann, um seine Kontaktziele zu erreichen. Es lassen sich Informationsbedürfnisse und soziale Bedürfnisse unterscheiden.

➢ *Informationsbedürfnisse*: Sind sie *direkt auf die Leistung des Anbieters und ihre Vermarktung* gerichtet, interessieren bspw. Hinweise zum Einsatz der Leistung, Ankündigungen von Innovationen, Testergebnisse zur Leistung, Änderungen im Vertriebssystem, neue Finanzierungsangebote etc. Daneben haben Kunden Interesse an *allgemeineren Informationen*, die aus dem gesamten Spektrum gesellschaftlicher Themen stammen können, z. B. Reiseberichte, politische Nachrichten oder technische Fortschritte.

➢ *Soziale Bedürfnisse*: Durch die Integration von Kunden in Gemeinschaften (z. B. Kundenclubs, Virtual Communities, User Groups) kann das soziale Kontaktbedürfnis befriedigt werden. Hat die Gemeinschaft darüber hinaus exklusiven Charakter (bspw. in VIP-Clubs), wird auch Prestige gestiftet.

Zur Analyse der Kontaktbedürfnisse kann unterschiedlich vorgegangen werden. *Prospektiv* können soziodemographische und psychographische Sekundärdaten ausgewertet werden, die bspw. Informationen über Einkommen, Alter, Bildung, Lebensstil, Einstellungen etc. umfassen. Direkte Befragungen weisen u. U. Validitätsprobleme auf, da Kunden sich ihrer Bedürfnisse nur teilweise bewusst sind, wenn sie eine Leistung noch nicht „erfahren" haben. *Retrospektiv* können die Reaktionen der Kunden auf die bestehenden Kontaktinstrumente ausgewertet werden, die entweder in loser Form als mündliche oder schriftliche Kommentare eingehen, oder die durch eine Kundenbefragung zur Zufriedenheit mit bspw. einem Kundenclub, einer Kundenzeitschrift oder einem Messeauftritt erhoben werden können.

7.2.2.2 Kontaktziele planen

Sind die kundenseitigen Kontaktbedürfnisse bekannt, gilt es, die Ziele des Anbieters für den Kontakt zu bestimmen. Die Kontaktziele erlauben es anschließend, aus dem Spektrum potenzieller Kontaktinstrumente das einzusetzende Mix abzuleiten.

Die wesentlichen Ziele des Anbieters bestehen in der Sicherung des Kontaktes sowie in der Anbahnung von Folgetransaktionen.

➢ Die *Sicherung des Kontaktes* ist immer dann das wesentliche Ziel, wenn Kaufrhythmen weit auseinander liegen und keine regelmäßigen Anlässe (z. B. gemeinsame Teilnahmen an Verbandsitzungen) zu Kundenkontakten führen. Voraussetzung für die Kontaktsicherung ist die Offenheit des Kunden für Kontaktversuche des Anbieters. Sie hängt davon ab, ob die Kontaktbedürfnisse des Kunden durch die Kontaktversuche befriedigt werden. Die Bedürfnisanalyse fließt daher in die Zielplanung ein. Diese kann zunächst in Form von Oberzielen formuliert werden (bspw. Schaffung eines Kontaktes pro Quartal).

➢ Die *Anbahnung von Folgetransaktionen* kann durch Kontakte auch dann bereits vorbereitet werden, wenn noch lange Zeit bis zum nächsten potenziellen Kaufzeitpunkt des Kunden verbleibt. So können durch regelmäßige Berichte über Innovationen (z. B. in der Kundenzeitschrift oder auf Messen) dem Kauf vorgelagerte Zielgrößen erreicht werden, etwa die Aufnahme des Anbieters in das Awareness-Set des Kunden oder die Bitte um ausführliche Dokumentationsmaterialien.

Die zunächst formulierten *Oberziele* der Kontaktplanung müssen anschließend in operationale *Teilziele* herunter gebrochen werden, aus denen sich Handlungsanweisungen für die Gestaltung der Kundenkontakte ergeben und die im Kundenkontakt-Controlling als Soll-Größen verwendet werden.

So ließe sich etwa für einen Druckmaschinenhersteller das Oberziel „Aufnahme in das Awareness-Set des Kunden" für den nächsten Kauf durch die Teilziele „Übermittlung genereller Informationen zu einer Produktinnovation" im Quartal 1 des Geschäftsjahres, darauf aufbauend „persönlicher Kontakt des Verkaufsaußendienstes" in Quartal 2 und schließlich „physische Präsentation der Neuerungen an der Maschine" in Quartal 3 operationalisieren.

Die *inhaltliche Formulierung* der Ziele kann sehr unterschiedlich sein. Sie hängt u. a. von den Kontaktanlässen ab. Neben der grundsätzlichen Aufrechterhaltung des Kundenkontaktes zur langfristigen Sicherung der Beziehung werden oft kurzfristigere Kontaktziele verfolgt, bspw. die Reaktivierung eines Kunden zur Markteinführung eines Neuproduktes. Derartige kampagnen- oder projektartige Kontakte erfordern die Formulierung konkreter kurzfristiger Ziele, bspw. der Erreichung einer bestimmten Antwortquote auf eine Aussendung oder eine Mindestbesucherzahl pro Tag auf einem Messestand.

7.2.2.3   Kontaktinstrumente festlegen und einsetzen

Die Kontaktziele bieten Orientierungspunkte als *Input* für die Ableitung des Kontakt-Mixes als nächstem Prozessschritt. Hierbei sind zunächst die grundsätzlich denkbaren Instrumente zu erfassen. Anschließend sind Kriterien für die Instrumentenwahl festzulegen und Daten über die Ausprägungen der Kriterien je Instrument (evtl. noch für alternative Gestaltungsvarianten) zu sammeln. Abschließend kann dann die Wahl der Instrumente für das *Kontakt-Mix* erfolgen.

Die Zahl der zur Kontaktgenerierung grundsätzlich einsetzbaren *Instrumente* ist groß und eine abschließende Auflistung daher nicht möglich. Tab. 7-1 beinhaltet jedoch die wesentlichsten Instrumente. Dabei handelt es sich eigentlich um Kategorien, innerhalb derer eine Vielzahl von Typen existiert (vgl. Diller 1995b; Bruhn 2004).

Instrument	Beschreibung	„Spielarten"
Persönliche Gespräche	Treffen mit dem Kunden zum Zweck des Informationsaustauschs	➢ Besuche beim Kunden ➢ Einladungen des Kunden
Call Center	Funktionseinheiten für den telefonischen Kontakt mit dem Kunden	➢ Inbound Calls ➢ Outbound Calls
Messen	Veranstaltungen, auf denen Anbieter Leistungen vorstellen und / oder verkaufen.	➢ Reale Messen in Messezentren ➢ Hausmessen ➢ Virtuelle Messen
Kundenzeitschriften	Druckschriften mit redaktionellen Beiträgen und Kurzmitteilungen	➢ General Interest ➢ Firmen- / Themenbezogen
Direct Mail / Direktmarketing	Personalisierte Formen der medialen Kundenansprache	➢ Briefe ➢ Emails ➢ Kataloge
Kundenevents	Veranstaltungen für Kunden mit Programmfokus	➢ Fachevents ➢ Freizeitevents
Kundenclubs	Zusammenschluss von Kunden in einer Struktur mit Möglichkeit, spezielle Leistungen zu nutzen	➢ Special Interest Clubs ➢ VIP-Clubs ➢ User-Gemeinschaft
Kundenkarten	Identitätsbeleg in Form einer normierten Plastikkarte	➢ Rabattkarten ➢ Kreditkarten
Treueprogramme	Vergütungssysteme, bei denen Kunden bei Erfüllung bestimmter Bedingungen Prämien erhalten	➢ Bonussysteme ➢ Couponing ➢ Neue Tarifangebote
Gewinnspiele	Veranstaltungen für Kunden mit der Möglichkeit, einen Vorteil zu erzielen	➢ Rätsel ➢ Glücksspiele
Online-Präsenz	Internet-Seiten mit Informationen für den Kunden	➢ Allgemeine Websites ➢ Personalisierte Websites

Tab. 7-1: Ausgewählte Kundenkontaktinstrumente

Die Instrumente finden im Rahmen sehr unterschiedlicher Kontaktarten Anwendung. Unterscheiden lassen sich u. a. Informationskontakte, Verhandlungskontakte, Transaktionskontakte, Kontakte zur persönlichen Beziehungspflege sowie Erlebniskontakte. Gestaltung und Einsatz stellen für jedes einzelne Kontaktinstrument einen eigenen Teilprozess dar, der vor dem Hintergrund von Effektivitäts- und Effizienzzielen zu gestalten ist.

➢ *Messen* sind Marktveranstaltungen, auf denen eine größere Zahl von Anbietern und Kunden gleichzeitig an einem (virtuellen) Ort zusammentreffen. Dabei wird das Leistungsspektrum der Anbieter präsentiert, es werden Fachgespräche durchgeführt und u. U. auch Geschäfte abgeschlossen. Bei der Messeplanung ist festzulegen, ob eine reale oder virtuelle Messe (Internetveranstaltung) vorteilhafter ist. Für die virtuelle Messe sprechen bspw. Kostengründe (keine Personalpräsenz, keine Reisekosten, keine Standkosten etc.) und Präsenzvorteile, da die Messe 24h / Tag verfügbar ist. Vorteile der realen Messe liegen im direkten Kundenkontakt, der ein flexibleres Reagieren auf die Kundenbedürfnisse erlaubt. Während der Messe finden Sortimentspräsentationen (z. B. Neuheitenschau, Modeschau etc.), Kontaktgespräche und z. T. auch Verhandlungen statt. Die Kontakte müssen registriert werden, da in vielen Fällen Folgehandlungen (z. B. Zusenden von Informationsmaterial oder eines Angebotes) erforderlich sind. Eine umfassende Erfassung der Kundendaten (z. B. durch Sammeln von Visitenkarten) ist eine unverzichtbare Grundlage hierfür. Viele Firmen nutzen Messen auch zu begleitenden Kundenevents, z. B. Festveranstaltungen, Weiterbildungsseminaren oder geselligen Kundentreffen (vgl. Grimm 2004).

➢ Durch *Kundenclubs* werden Kunden in einer formellen Struktur zusammengeführt. Durch ihre Mitgliedschaft erhalten sie die Möglichkeit spezielle Angebote zu nutzen, die Nicht-Mitgliedern verwehrt bleiben. Beim Erwerb der Mitgliedschaft im Club gibt der Kunde seine Adresse sowie i.d.R. weitere persönliche oder geschäftliche Informationen preis, die dem Anbieter Ansatzpunkte zum Einsatz von Direkt-Marketing-Maßnahmen bieten. Schließlich können Clubs über Mund-zu-Mund-Werbung auch zur Neukundenakquisition eingesetzt werden. Aus prozessualer Sicht ist zunächst die Entscheidung für oder gegen einen Club zu treffen. Diese fällt im Vergleich mit anderen Kontaktinstrumenten schwerer, weil der Club naturgemäß auf lange Frist angelegt ist und somit beträchtliche Ressourcen bindet; z. B. sind für die Mitgliederverwaltung Personal und IT-Systeme erforderlich. Eine Einstellung eines Kundenclubs mangels Kundeninteresse hätte zudem beträchtliche negative Imageeffekte. Wird eine Einrichtung beschlossen, ist der Clubfokus zu bestimmen. Beispiele sind in Tab. 7-2 dargestellt. Aus dem Fokus lassen sich dann Ziele formulieren und die einzelnen operativen Maßnahmen zu ihrer Erreichung ableiten. Im Rahmen des Club-Controllings muss die Zielerreichung anhand von Kennzahlen (z. B. Kontaktzahlen, Aktivitätsniveaus der Mitglieder, Kosten pro Mitglied, Neueintritte etc.) überprüft werden (vgl. Diller 1996c).

Club	Angestrebtes Marketingziel	Zielgruppen	Leistungen/ Charakteristika
VIP-Club **Beispiel:** Club Best Hotels of the World, Airport-Club-Frankfurt	➢ Feste Bindung umsatzstarker Gruppen (Stammkunden, VIPs)	➢ „Gute" Stammkunden (bzgl. Umsatzhöhe oder Zeitdauer, in der man schon Kunde ist) ➢ VIPs aus Gesellschaft, Politik, Wirtschaft, vielreisende Geschäftsleute	➢ Generell-Exklusivität (insb. auch bei Zusatz-/Serviceleistungen) ➢ Geldwerte ideelle Vorteile für Karteninhaber
Product-Interest-Club **Beispiel:** Dr. Oetker Back-Club, IBM-Help-Club	➢ Bindung und Schaffung von Heavy Usern/ Stammkunden ➢ Abbau von Akzeptanzschwellen bei erklärungsbedürftigen Produkten ➢ Zusatznutzen durch Zusatzleistungen	➢ Das gesamte Kundenpotenzial ➢ Nichtkunden	➢ Dialogkommunikation zu produktbezogenen Themen ➢ Einrichtung einer Hotline ➢ Clubzeitschrift und -newsletter ➢ Günstige Sonderprodukte ➢ Exklusive Vorabinformation über Neuheiten
Kundenvorteilsclub **Beispiel:** IKEA-family-Club, Tengelmann-Club	➢ Effektivere Kundenbindung/ -findung ➢ Verbesserter Dialog mit dem Kunden (Kundennähe herstellen) ➢ Steigerung der Besucherhäufigkeit/ Kauffrequenz	➢ Alle Kunden	➢ Liefer-/Bestellservice ➢ Prämien ➢ Exklusive Angebote für Clubmitglieder ➢ T&E-Leistungen
Lifestyle-Club **Beispiel:** Davidoff-Club, R 6-Club	➢ Bindung und Gewinnung von Kunden mit genau auf diese Gruppen zugeschnittenen Serviceleistungen	➢ Kundengruppen mit spezifischem (oft gehobenem, extravagantem, von der Norm abweichenden) Lebensstil	➢ Serviceleistungen ➢ „Prestigebringende" Produkte ➢ Exklusive T&E-Leistungen
Konsultativer Club Händler-Beiräte; Arbeitskreise	➢ Informationsaustausch mit wichtigen Zielgruppen	➢ Große, bedeutende Kunden	➢ Regelmäßige Sitzungen zur Besprechung von Problemen und künftigen Entwicklungen

Tab. 7-2: Arten von Kundenclubs (Quelle: Butscher 1995)

➤ *Kundenzeitschriften* können innerhalb eines Kundenclubs oder unabhängig davon eingesetzt werden. Sie erlauben eine regelmäßige und verhältnismäßig ausführliche Information des Kunden, was zunächst zu einseitigen Kontakten führt. Durch Response-Elemente, wie etwa Antwortkarten, Angabe von Hotlines oder Mailadressen, wird dem Kunden die Möglichkeit zum selbst initiierten Dialog eröffnet. Bei der Konzeption ist zu entscheiden, ob die Zeitschrift v.a. Berichte beinhalten soll, die sich direkt auf die Leistungen des Anbieters beziehen (Fokussierung der Informationsbedürfnisse des Kunden), oder ob eher Themen von allgemeinem Interesse behandelt werden (Fokussierung sozialer Bedürfnisse, wie etwa Abwechslung oder Spannung). Gestaltungsoptionen eröffnen sich durch Internetseiten und Email, über die elektronische Newsletter oder ausdruckbare PDF-Versionen von Kundenzeitschriften versandt bzw. zum Download verfügbar gemacht werden können (vgl. Müller 1995).

➤ Bei *Direct Mail* Aktionen werden Kunden mit personalisierten und oftmals inhaltlich individualisierten Kontaktmedien (z. B. Brief, Katalog, Email oder Newsletter) angesprochen. Die Individualisierung erfolgt auf Basis der im CRM-System enthaltenen kundenspezifischen Informationen über Kaufverhalten und Präferenzen (vgl. Dallmer 2002; Meffert/Schneider/Krummenerl 2004). Durch die individuelle Ansprache wird die Anonymität klassischer Kommunikationsinstrumente vermieden. Die individuelle inhaltliche Ausrichtung erhöht die Wahrscheinlichkeit, das Interesse des Kunden zu wecken. Bei der Gestaltung von Direct Mail Aktionen ist daher zunächst das Ziel festzulegen (bspw. Ankündigung einer Neuprodukteinführung, Informationen über den Wechsel des Kundenbetreuers, konkretes Angebot). Danach gilt es, die anzusprechende Kundenbasis zu bestimmen und zu segmentieren. Darauf aufbauend können inhaltliche Module formuliert werden, die in Abhängigkeit von der Zielgruppe zu spezifischen Texten zusammengeführt werden können. Im Rahmen des Controllings müssen die Kundenreaktionen quantitativ und qualitativ im CRM-System erfasst und ausgewertet werden.

➤ *Treueprogramme* zielen darauf ab, dem Kunden Anreize für eine möglichst weitgehende Beschränkung seiner Anbieterkontakte in einer Branche auf ein Unternehmen zu geben (vgl. Eberhard 1999). Typische Anreize sind monetäre oder geldwerte Vorteile (z. B. Rabatte, Boni, Sachprämien). Ihre Gestaltung beginnt mit der Identifizierung der zu bindenden Zielgruppe(n). Aus deren Charakteristika (soziodemographische, psychographische Merkmale, Kaufverhalten, Lebensstile etc.) können geeignete Anreize abgeleitet werden. Anschließend gilt es, die Bedingungen für das Erreichen des Anreizes zu fixieren (z. B. rabattfähige Abnahmemengen, Punktzahlen für Boni, Vermittlung eines Neukunden im Rahmen von Member-get-member-Aktionen). Die Verwaltung derartiger Programme baut heute i.d.R. auf sog. Kunden-, Treue-, Bonus- bzw. Rabattkarten auf. Diese Karten dienen der Kundenidentifizierung und Datenspeicherung. Die Kontaktinformationen werden im CRM-System registriert. Somit kann dem Kunden sein aktueller Stand im Verhältnis zu Prämiengrenzen angegeben werden, entweder per Brief (z. B. quartalsweise) oder auf einer individuellen Internetseite.

Fallbeispiel Sparda Bank

Die Sparda Banken sind als stationäre Discountbanken an einer besonders kostengünstigen Kundenkommunikation interessiert. Sie etablieren und pflegen deshalb seit Jahren ein immer stärker *automatisiertes Kampagnensystem.* Mit ihm werden Kunden nach inzwischen mehreren 100 im System hinterlegten

Regeln zu bestimmten Anlässen (z. B. Auflage eines neuen Kreditprogramms, Zinssenkung etc.) und/oder Vorliegen bestimmter Kundenmerkmale (z. B. Gewerbekunde, verlorener Kunde) mit wiederum regelbasiert ausgewählten Medien (E-Mails, Telefonate, Mailings oder Kontoauszugsbeilagen) entsprechend kontaktiert (Outbound-Kontakte). Neuerdings experimentiert man dabei sogar mit automatischen (maschinellen) Kundenanrufen, bei denen das Interesse an bestimmten Angebotsprogrammen abgefragt und entsprechende Responsemöglichkeiten angeboten werden. Ansonsten muss die Response aber meist noch manuell in das CRM-System eingepflegt und zur Fortschreibung der Database verwendet werden.

Inbound-Kontakte von Kunden werden u. a. über Voice-Mail-Systeme gesteuert, die z. B. ohne Personaleinschaltung automatisierte Auskünfte über Kontostände oder laufende Anlage- bzw. Kreditprogramme, kundeninitiierte Änderungen der Kontodaten oder Umbuchungen und Überweisungen ermöglichen. Überweisungen über das Internet, bei welchen der Kunde die ansonsten von der Bank zu erledigende Dateneingabe übernimmt, werden durch Bonusgutschriften o.Ä. gefördert.

Insgesamt entwickelt sich die Sparda-Bank nicht zuletzt mit solchen, hoch effizienten und effektiven Kundenkontaktprogrammen zu einem wettbewerbsstarken Discount-Finanzdienstleister, der die Kostenvorteile für entsprechend preisgünstige Kundenservices (z. B. kostenlose Kontoführung) verwenden kann. Die gleichzeitig hervorragenden Beurteilungen bei Kundenzufriedenheitsbefragungen bestätigen die Effektivität dieses Konzeptes. Sparda-Banken rangieren z. B. seit Jahren auf Platz eins des Deutschen Kundenbarometers.

Der Einsatz der Kontaktinstrumente besitzt einen statischen und einen dynamischen Aspekt: Aus *statischer Sicht* ist die optimale Kombination von Instrumenten im Kontakt-Mix jene, die eine möglichst weitreichende Zielerreichung bei möglichst geringen Kosten ermöglicht. Zudem sind die Instrumente aber *zeitlich* so *gestaffelt* einzusetzen, dass der Kundenkontakt nicht abreisst, der Kunde aber auch nicht aufgrund einer zu hohen Kontaktfrequenz reaktant wird. Ein CRM-System kann im Rahmen des *Kampagnenmanagement-Moduls* beide Aspekte integriert berücksichtigen (vgl. 3.1.5).

Da die Verwendung von Kontaktinstrumenten teilweise aus rechtlichen und moralischen Gründen problematisch sein kann, muss zumindest bei bestimmten Instrumenten (z. B. beim Direct Mail Marketing oder bei der Kontaktierung von Kunden durch ein Call Center) die Einholung des Kundeneinverständnisses als letzter Teilschritt vor dem eigentlichen Instrumenteneinsatz erfolgen. Das sog. *Permission Marketing* macht sich diese Vorgehensweise zueigen, bei der zunächst das Einverständnis des Kunden mit einer direkten Ansprache bzw. Zusendung elektronischer Informationen eingeholt wird. Durch Sicherung der Erwünschtheit der Ansprache werden Spamfilter umgangen, Reaktanzbarrieren abgebaut und somit die Grundlagen für wirksame Kontakte geschaffen. Diese Grundlagen müssen allerdings durch eine besonders attraktive, abwechslungsreiche und so weit möglich individualisierte Kommunikationsarbeit laufend erneuert werden, um die Abwendung der Interessenten angesichts der Überflutung mit Werbebotschaften zu verhindern.

Beispiel Porsche AG

Das Auslieferungsdatum eines Neufahrzeugs dient bei Porsche als Startpunkt einer Kontaktkette mit dem Kunden, in deren Rahmen verschiedene Medien zum Einsatz kommen und unterschiedliche Ziele verfolgt werden:

Datum	Kontakt	Datum	Kontakt
Herbst 2003	Bestellung eines PKW zur Auslieferung im Januar 2004	Juli 2005	Gratulation zum Geburtstag des Kunden
Dez. 2003	Brief mit Betriebsanleitung, kurz vor der Auslieferung	Okt. 2005	Brief mit Erinnerung an Ablauf von Garantiefristen
Jan. 2004	Gratulationsbrief zur Auslieferung des neuen PKW	Nov. 2005	Brief mit Erinnerung an ersten TÜV-Termin
März 2004	Brief mit Zufriedenheitsfragebogen	Dez. 2005	Neujahrsglückwünsche
Juli 2004	Gratulation zum Geburtstag des Kunden	Ergänzend	Regelmäßiger Versand der Kundenzeitschrift Christopherus
Okt. 2004	Einladung zur Jahreswartung	Ergänzend	„Porsche-Online" Telefon-Hotline und Internet-Site
Dez. 2004	Neujahrsglückwünsche	Ergänzend	Events, z. B. Sicherheitstrainings, Einladung zur IAA
Jan. 2005	Gratulation zum Fahrzeuggeburtstag (Zusendung einer Flasche Sekt mit Kühler)	Ergänzend	Porsche-Card mit verschiedenen Nutzenelementen

Tab. 7-3: Kontaktkette bei Porsche

7.2.2.4 Kontaktergebnisse analysieren

Je nach Art der Kontaktinstrumente müssen die Erfolge entweder periodisch (z. B. monatlich oder quartalsweise bei Kundenclubs) oder am Ende einer Aktion (z. B. nach einem Direct Mailing) anhand einschlägiger Kennzahlen (z. B. Teilnehmer eines Gewinnspiels oder Einsätze einer Kundenkarte pro Periode) überprüft werden. Es gilt dabei auch, die Reaktionen der Kunden (z. B. Zugänglichkeit, Indifferenz, Ablehnung, Reaktanz) auf die Kontaktversuche des Anbieters festzuhalten.

Das CRM eröffnet umfassende Unterstützungsmöglichkeiten, bedingt allerdings eine eindeutige Identifizierung der Kunden, z. B. über Kundennummern, da andernfalls Doubletten im Adressstamm entstehen und die Kontakthistorie nicht mehr exakt nachgezeichnet werden kann (vgl. Brosius/Thiäner 2004). Bei der Identifizierung fällt insb. die Motivation des Kunden zu einer fehlerfreien und eindeutigen Angabe seiner Daten schwer, da er oft keinen Grund sieht, diesen (scheinbar geringen) Aufwand zu betreiben oder die Daten (z. B. seine Kundennummer) nicht zur Hand hat. Daher können Anreize zur Identifizierung geboten werden, etwa wenn auf einer Homepage ein geschützter Bereich, der stets aktuelle Informationen zum Stand der Bonuspunkte des Kunden und zu nur zeitlich begrenzt verfügbaren Prämien enthält, lediglich nach Eingabe der Nutzer-ID und eines Passwortes zugänglich ist.

7.2.3 Serviceprozesse

Neben der Aufrechterhaltung des Kundenkontaktes auch über Transaktionspausen hinweg stellt die Differenzierung vom Wettbewerb über Services einen zweiten operativen Prozess der Kundenbindung dar.

> Services sind zusätzliche Leistungen, also additive Elemente, die der Anbieter gemeinsam mit einer Kernleistung am Markt einsetzt. Sie können hohe oder geringe Affinität zur Kernleistung aufweisen und sind nicht zwingend Dienstleistungen i.e.S.

Sie dienen insofern der Kundenbindung, als sie die Grundlage der Beziehung von der Kernleistung zur Zusatzleistung verlagern können und somit Wechselbarrieren schaffen (vgl. Mayer/Blümelhuber 1999).

7.2.3.1 Servicebedürfnisse identifizieren

Die angestrebte Kundenbindungswirkung von Services ergibt sich aus der positiven Abhebung vom Wettbewerb. Eine solche Abhebung kann nur erzielt werden, wenn die Zusatzleistungen für die Zufriedenheit des Kunden Relevanz besitzen. Daher sind bei der Konzeption von Services zunächst die Kundenbedürfnisse zu analysieren. Sie bieten die Anknüpfungspunkte, aus denen anschließend inhaltlich konkrete Leistungen abgeleitet werden können.

Die Bedürfnisse der Kunden können sehr heterogen sein. Sie können in direktem Zusammenhang mit der Kernleistung stehen (bspw. die Installation einer Leistung, die Beratung über den Einsatz einer Leistung oder die Wartung einer Leistung) oder nur geringen Bezug dazu haben (bspw. das Angebot einer Kundenkarte mit Kreditkartenfunktion durch einen Automobilhersteller).

7.2.3.2 Service planen

Sind für die anzusprechenden Zielgruppen relevante Nutzenkategorien identifiziert worden, können adäquate Services konzipiert werden. Wie in Abb. 7-5 dargestellt, lassen sich die Gestaltungsvarianten anhand zweier Dimensionen, der Kostenpflichtigkeit sowie der Nähe zur Kernleistung, ordnen.

	Ohne engen Bezug zur Kernleistung	Mit engem Bezug zur Kernleistung
Kostenpflichtig	Bspw. Kundenkarte mit Kreditkartenfunktion	Bspw. Wartungsvertrag für eine Maschine
Kostenlos	Bspw. Zeitschriften an Bord eines Flugzeugs	Bspw. Preisgarantien

Abb. 7-5: Alternative Servicetypen

Services mit hoher *Nähe zur Kernleistung* (z. B. Reparatur- und Wartungsdienstleistungen, Schulungen, Garantien, Service-Hotlines) werden tendenziell eher genutzt als jene, die geringen Bezug aufweisen (vgl. Meffert/Burmann 1996). Hinsichtlich der *Kosten* ist zu regeln, ob sie vom Anbieter oder vom Abnehmer zu tragen sind. Müssen Anbieter bei Nachkaufleistungen ihren gesetzlichen Gewährleistungsverpflichtungen (BGB §§ 459-492, 633, 640) nachkommen, entfällt die Entscheidung. Dasselbe gilt auch bei sog. freiwilligen Garantieleistungen, also Leistungen, die über den gesetzlichen Rahmen hinausgehen. Sie erfolgen auf Basis separater Garantieverträge oder -versprechungen und können sich auf verschiedene Leistungskomponenten (Qualität, Preis, etc.) beziehen. Bei Services, die nicht in den Bereich gesetzlicher oder freiwilliger Garantieleistungen fallen, entscheidet letztlich die Zahlungsbereitschaft des Kunden, die sich bspw. mit Conjoint Measurement erheben lässt, über ihre Bepreisung. Teils werden durch Services sogar deutlich höhere Deckungsbeiträge erzielt als im Kernleistungsgeschäft.

Business- und Senator-Lounges der Lufthansa

Lufthansa-Passagiere können komfortabler auf ihren Flug warten, sofern sie ein Ticket der gehobenen Buchungsklassen gekauft haben. In der Business- und Senator-Lounge bekommen die Gäste Getränke, Zeitungen und Snacks kostenlos. Insgesamt hat die Lufthansa rund um den Globus knapp 60 Lounges. Sie zielt damit auf eine umkämpfte Kundengruppe: Zwar reisen nur rund 20 Prozent der Fluggäste in den Klassen Business oder First, sie bringen den Airlines aber 60 Prozent der Einnahmen. Zugang zur Senator-Lounge bekommen Fluggäste, die entweder ein Ticket der Ersten Klasse besitzen oder registrierte Vielflieger sind. Sie müssen dazu mehr als 150 000 Meilen pro Jahr mit der Lufthansa oder den Partnergesellschaften unterwegs sein. Zum Vergleich: Ein Flug von Hamburg nach Paris und zurück in der Business-Klasse bringt weniger als 2000 Meilen. (Quelle: o.V. 2005a)

After-Sales-Angebot „Fitness Check" von Heidelberger Druckmaschinen

Speziell für nicht mehr ganz neue Maschinen bietet Heidelberg den Fitness Check an. Er beinhaltet ein einmaliges, umfassendes Inspektions- und Wartungspaket. Um die Zuverlässigkeit der Maschine zu erhalten, werden fest definierte Verschleißteile ausgetauscht. Diese Original Heidelberg Serviceteile sind im Preis inbegriffen, ebenso wie die anfallenden Arbeits- und Reisezeiten des Servicepersonals. Ein abschließender Wartungsbericht in Form einer Kundencheckliste gibt dem Eigentümer einen genauen Überblick über den technischen Zustand der Maschine. In einem Fitness Check-Zertifikat werden der technische Zustand der Maschine und die Serviceaktivitäten dokumentiert. Dieses Zertifikat gibt Sicherheit: Einem möglichen Käufer wird der Zustand der Maschine dokumentiert und der Eigentümer hat die Gewissheit, einen fairen Preis für seine Maschine zu erzielen. (Quelle: www.heidelberg.com)

7.2.3.4 Serviceergebnisse analysieren

Die Identifikation relevanter Nutzenkategorien sowie deren Beitrag zur Kundenzufriedenheit ist problematisch, weil die Nutzenwahrnehmungen der Kunden subjektiv und dynamisch sind. So sind viele Services leicht durch den Wettbewerb kopierbar und ihre differenzierende Wirkung wird dann rasch aufgehoben. Doch auch wenn Wettbewerber nicht nachziehen, gewöhnen sich Kunden zunehmend an die Zusatzleistungen. Sie werden dann von Variencers und Satisfiern i. S. d. KANO-Modells zu Essentials (vgl. Kap. 2.3.3.2). Daher müssen die Kundenwahrnehmungen regelmäßig durch Studien überprüft werden.

Bei Services, die der Kunde unbedingt erwartet, spricht man auch von *Penalty Services*, weil ihr Fehlen bestraft würde. *Frill Services* hingegen werden vom Kunden nicht erwartet und oftmals auch nicht honoriert. Sind sie zudem kostenpflichtig, verschlechtern sie die Nutzen-Kosten-Relation des Kunden. *Reward Services* hingegen sind unerwartet, stiften dem Kunden aber Nutzen. Sie profilieren den Anbieter und haben positive Imagewirkung (vgl. Mayer/Blümelhuber 1999, S. 200 f.).

7.2.4 Kundenausschöpfung

Die Kundenbindung umfasst neben emotionalen und faktischen Formen auch eine ökonomische Komponente (vgl. Diller 1996a). Da Beziehungspflege kein von altruistischen Zielen geleiteter Prozess ist, sondern dazu dient, den Unternehmensgewinn zu erhöhen, kommt letztlich der Ausschöpfung der Kundenpotenziale besondere Bedeutung zu. Dies kann durch Kundenpenetration, Cross- und Up-Selling erfolgen (vgl. Kap. 8.3). Dass viele Unternehmen diese Potenziale noch nicht systematisch erschließen, belegt eine empirische Studie von Schäfer (2002) (vgl. Abb. 7-6).

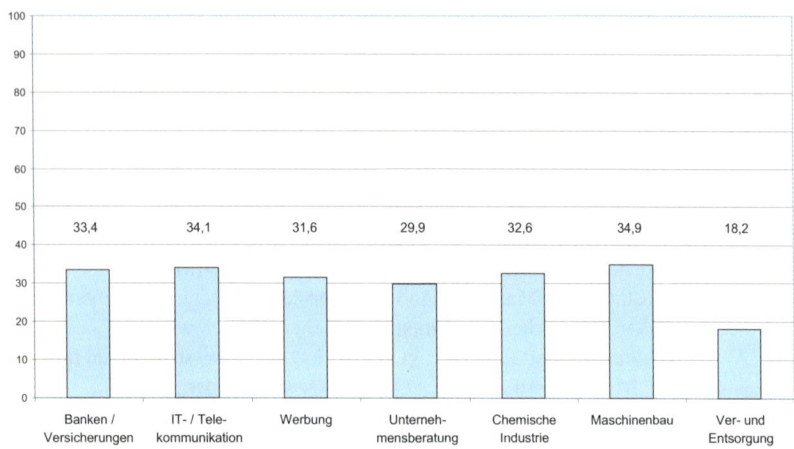

Abb. 7-6: Ausschöpfung von Cross-Selling-Potenzialen (Quelle: Schäfer 2002, n = 372)

7.2.4.1 Kundenpotenzial bestimmen

Um die *ökonomischen Potenziale* eines Kunden erschließen zu können, müssen zunächst deren Größe und Struktur bestimmt werden. Die *Größe* bezieht sich auf den monetären Wert des unausgeschöpften Potenzials. Die *Struktur* beschreibt, in welchen Feldern der Kunde noch unausgeschöpfte Potenziale aufweist. Aus Sicht eines Anbieters kann es sich dabei entweder um Bedarf handeln, zu dessen Deckung der Kunde in der Vergangenheit bereits Einkäufe getätigt hat (bestehendes Beschaffungsvolumen), oder um Leistungen, die der Kunde bislang noch nicht beschafft (zusätzliches Beschaffungsvolumen). Des Weiteren kann das bereits bestehende Beschaffungsvolumen entweder vom Anbieter selber oder von einem Konkurrenten gedeckt werden.

Informationen über das Kundenpotenzial sind nur selten exakt vorhanden. Ausnahmen bilden Kunden, die ihr Beschaffungsvolumen und ihre Preisvorstellungen explizit kommunizieren (bspw. im öffentlichen Sektor). In allen anderen Fällen müssen Anbieter sich mit Schätzverfahren begnügen, die sich an Vergangenheitsdaten oder Plausibilitätsüberlegungen orientieren.

Im CRM werden bspw. *Scoring-Modelle* verwendet, die aus den im Data Warehouse verfügbaren Kundendaten (z. B. Stamm-, Kauf-, Zahlungs- und Kontaktinformationen) Muster ermitteln, die als Grundlage für die Prognose künftigen Verhaltens dienen können. Für jeden Kunden wird die Wahrscheinlichkeit berechnet, dass er sich modellgetreu verhält (z. B. dass er ein bestimmtes Produkt kauft). Aus den Wahrscheinlichkeitswerten lassen sich Handlungsanweisungen ableiten. Um zuverlässige Schätzungen entwickeln zu können, benötigt dieses Verfahren jedoch große Mengen an Vergangenheitsdaten, die in vielen Branchen nicht vorliegen. Alternativ lassen sich *Verbundkaufanalysen* durchführen, die analysieren, welche Produkte von Kunden üblicherweise gemeinsam gekauft werden (vgl. Brosius/Thiäner 2004), wobei auch hier Wahrscheinlichkeitsaussagen formuliert werden, z. B. „Kunden, die Produkt A kaufen, werden mit einer Wahrscheinlichkeit von 12% auch Produkt B kaufen". Entsprechend können derartige Produkte dann den Käufern von Produkt A prioritär angeboten werden. Problematisch ist jedoch, dass das Verfahren unter bestimmten Bedingungen versagt. Dies ist entweder der Fall, wenn ein Produkt sehr häufig gekauft wird. Dann stimmt zwar die Zusammenhangsaussage mit Produkten B, C, usw., sie ist aber inhaltlich trivial. Wird ein Produkt nur selten gekauft, ist die Stichprobe für die Wahrscheinlichkeitsberechnung des Kaufverbunds so klein, dass Zufallseinflüsse eine zuverlässige Aussage verhindern. Ein Beispiel für den Einsatz im Cross-Selling bei ausreichender Fallzahl beinhaltet Abb. 7-7, in der die Cross-Selling-Wahrscheinlichkeiten zwischen Versicherungsprodukten dargestellt sind.

Ausgangsprodukt	Folgeprodukt			
	Lebens-versicherung	Bausparen	Gebäude-versicherung	Hausrat
Lebensversicherung	XXX	50%	20%	20%
Bausparen	30%	XXX	10%	10%
Gebäudeversicherung	30%	40%	XXX	80%

Abb. 7-7: Cross-Selling-Wahrscheinlichkeiten (Quelle: Hagemann 1986, S. 18)

7.2.4.2 Potenziale planen und erschließen

Je nach Art des erschließbaren Potenzials bieten sich unterschiedliche Vorgehensweisen an.

➤ Zielt der Anbieter darauf ab, solche Potenziale zu erschließen, für die der Kunde seinen Bedarf bisher bereits (teilweise) bei ihm deckt, bleiben als Aktionsparameter höhere Preise (Up-Selling) oder Mengen (Volumenausweitung). Er vermutet also entweder, dass der aktuelle Preis unterhalb der Preisbereitschaftsschwelle des Kunden liegt. Entsprechend müssen Argumente aufgebaut werden, mit denen dem Kunden eine Preiserhöhung vermittelt werden kann. Dies ist nicht notwendigerweise durch eine Veränderung des Entgelts der Fall. Alternativ lässt sich auch der Lieferumfang reduzieren. Lassen sich Preiserhöhungen nicht realisieren, bleibt eine Mengenausweitung.

➤ Zielt der Anbieter auf die Erschließung von Potenzialen ab, deren Bedarf der Kunde bereits deckt, jedoch bei einem Wettbewerber (Verdrängung), gilt es eine Argumentation zu entwickeln, die eigene Wettbewerbsvorteile herausstellt. Diese können einerseits im Preis beruhen. In diesem Fall kann bspw. über niedrige Preise versucht werden, einen „Fuß in die Tür" zu bekommen, um später dann bessere Preis-Wert-Relationen zu erzielen. Die Potenzialerschließung kann aber auch durch innovative bzw. dem Wettbewerb überlegene Produkte und Services angegangen werden (Neugeschäft).

➤ Zielt der Anbieter auf Potenziale ab, die der Kunde noch nicht deckt, gilt es, ihm entweder im Rahmen der Verkaufsargumentation die Vorteilhaftigkeit der Lösung des Anbieters zu vermitteln, oder (falls er selber bereits den Entschluss zur Beschaffung entsprechender Leistungen gefasst hat) schneller als der Wettbewerb mit dem Kunden einen Abschluss zu tätigen.

Unabhängig von der Art der zu erschließenden Potenziale erfordert die Realisierung der gesteckten Ziele das Durchlaufen eines Interaktionsprozesses mit dem Kunden, der in den wesentlichen Schritten dem Prozess der Neukundengewinnung (vgl. Kap. 5) ähnelt. Der wichtigste Unterschied besteht in der besseren Informationslage beider beteiligter Parteien als beim Erstkauf.

7.2.4.3 Erfolg analysieren

Um die Wirksamkeit der verschiedenen Maßnahmen zur Ausschöpfung des Kundenpotenzials (Cross-Selling, Up-Selling etc.) zu überprüfen und darauf aufbauend Verbesserungen in diesem Prozess vornehmen zu können, ist eine Analyse der Erfolge erforderlich. Hierzu existieren eine Reihe von Kennzahlen, die einzelne Tatbestände verdeutlichen.

Eine wesentliche Rolle spielt die *Kundenpenetrationsrate* als Quotient aus derzeitigem Umsatzvolumen beim Kunden und Umsatzpotenzial des Kunden (über alle Produktkategorien des Anbieterunternehmens hinweg). Sie verdeutlicht, inwiefern es gelingt, eine ökonomische Bindung des Kunden zu erreichen und Cross-Selling tatsächlich zu betreiben. Da im Umsatz die Preis- und die Mengenkomponente von Transaktionen gemeinsam betrachtet werden, können zudem für beide Zielgrößen isolierte *Zielerreichungsgrade* berechnet werden, wodurch Informationen über künftige Stossrichtungen ableitbar sind. Schließlich können die *Penetrationsraten je Produktkategorie* des Anbieters miteinander verglichen werden, um die Ausgeglichenheit der Kundenerschließung zu beurteilen.

Die Zielerreichung insb. des Cross-Selling hängt im Übrigen stark von der Organisation des Außendienstes ab (vgl. Kap. 12.2). In Unternehmen, in denen dieser nach Produktgruppen arbeitet, beinhaltet Cross-Selling ein Motivations- bzw. Führungsproblem, da ein Vertriebsmitarbeiter zunächst die Produkte anbieten wird (und muss), die in seinem Kernsortiment stehen. Für diese ist er (gerade in Branchen, in denen technisches Know-How für den Verkaufserfolg Bedeutung hat) ausgebildet. Der zusätzliche (Cross-)Vertrieb von anderen Leistungen bei „seinem" Kunden darf daher nicht als Belastung empfunden werden, die Zeit kostet, an den eigentlich wichtigen Aufgaben zu arbeiten. Daher müssen entsprechende Anreize gesetzt werden, die das Interesse des Außendienstmitarbeiters auf die erschließbaren Kundenpotenziale lenken (vgl. Kap. 12.3). Die Erfolgsanalyse der Potenzialerschließung muss insofern auch zu einem Überprüfen der Verkaufsstruktur und -motivationssysteme führen.

7.3 Beschwerdemanagement

7.3.1 Überblick

Dieser Prozess wird durch Mitteilungen unzufriedener Kunden ausgelöst, die zunächst aufgenommen und analysiert werden, bevor eine Entscheidung über ihre Behandlung gefällt wird. Die Entscheidung mündet in die Beschwerdebeantwortung. Beschließt das Unternehmen, aufgrund der Kundenbeschwerde eine Maßnahme zu ergreifen, um den Beschwerdegrund des Kunden zu beheben, ist diese einzuleiten und durchzuführen.

Den *Input* des Prozesses stellen einerseits die durch den Kunden in seiner Beschwerde kommunizierten Informationen dar. Ergänzend werden die im Unternehmen hinsichtlich des Problems vorhandenen eigenen Informationen benötigt (vgl. Abb. 7-8). Zu Letzteren zählen Mitteilungen und/oder Aufzeichnungen aus den Funktionalabteilungen bzw. der individuellen Mitarbeiter, die aus Kundensicht nicht die zu erwartende Leistung erbracht haben. *Output* des Beschwerdemanagements sind Informationen über die Behandlung der Beschwerde sowie die Reaktion des Kunden auf die Beschwerdebehandlung. Insgesamt wird mit dem Beschwerdemanagement angestrebt, Geschäftsbeziehungen, die aufgrund von Kundenunzufriedenheit brüchig geworden sind, durch Wiedergutmachung und Problemlösung zu sichern (vgl. Stauss 2000, S. 277).

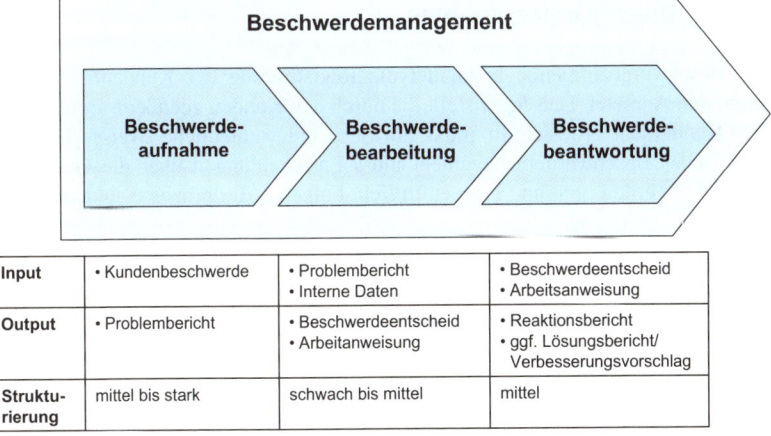

Input	• Kundenbeschwerde	• Problembericht • Interne Daten	• Beschwerdeentscheid • Arbeitsanweisung
Output	• Problembericht	• Beschwerdeentscheid • Arbeitanweisung	• Reaktionsbericht • ggf. Lösungsbericht/ Verbesserungsvorschlag
Struktu-rierung	mittel bis stark	schwach bis mittel	mittel

Abb. 7-8: Teilprozesse des Beschwerdemanagements

7.3.2 Bedeutung des Beschwerdemanagements

Aus Anbieterperspektive ist es aus zwei Gründen positiv, wenn ein Kunde Probleme, die er bei der Interaktion mit einem Anbieter wahrnimmt, explizit zum Ausdruck bringt. Erstens erhält er über diesen Weg Feedback über die Zufriedenheit des Kunden. Die Kundenzufriedenheit stellt für zahlreiche Unternehmen ein wesentliches Ziel dar, weil sie eine wichtige Voraussetzung dafür ist, Zielkunden langfristig zu binden (vgl. Kap 2). Zahlreiche Unternehmen lassen von externen Anbietern und für hohe Kosten Kundenzufriedenheitsstudien durchführen. Dabei wird übersehen, dass die Äußerung von Beschwerden durch Kunden eine gute und kostenlose Quelle für äquivalente Informationen ist, die häufig noch viel detaillierter anfallen, als dies bei formalen und standardisierten Zufriedenheitsabfragen per Fragebogen möglich ist. Kunden, die sich beschweren, äußern im Gegensatz zu unzufriedenen Kunden, die einfach still abwandern, ihre Unzufriedenheitsgründe und geben damit wertvolle Informationen preis. Zweitens geben Beschwerden einem Anbieter die Möglichkeit, die Unzufriedenheitsgründe, die ein Kunde vorbringt, zu beheben. Äußert der Kunde diese Gründe wegen eines fehlenden Beschwerdemanagements nicht oder verschweigt er sie, weil er keine Motivation zu reden verspürt, besteht die Gefahr, dass er zu einem Konkurrenten abwandert. Signalisiert er hingegen seine Unzufriedenheit, kann der Anbieter abwägen, ob er Schritte unternehmen will, um das Problem zu beheben und, wenn ja, in welcher Form dies geschehen soll. Gefährdete Kundenbeziehungen lassen sich retten.

7.3.3 Beschwerdeaufnahme

Die Beschwerdeaufnahme beinhaltet die Registrierung der Kundenbeschwerde durch den Anbieter. Den *Input* stellt die durch den Kunden geäußerte Beschwerde dar. Kunden äußern sich in praxi auf sehr unterschiedliche Weise. Ein systematisches Beschwerdemanagement muss Entscheidungen über die Gestaltung von Beschwerdewegen und Formen treffen. Folgende Teilprozesse sind zu managen:

(1) Die *Beschwerdeinitiierung*: Da nicht alle unzufriedenen Kunden ihre Unzufriedenheit von sich aus artikulieren, laden viele Anbieter ihre Kunden aktiv zu Beschwerdeäußerungen ein. Der Vorteil der Stimulierung von Beschwerden liegt in einer besseren Ausschöpfung des Informationspotenzials, das Beschwerden für den Anbieter beinhaltet. Zudem signalisiert der Anbieter dem Kunden durch seine Proaktivität die Ernsthaftigkeit seiner Kundenorientierung. Andererseits birgt der Aufruf zu Beschwerden auch das Risiko überzogener Kundenerwartungen hinsichtlich der Entschädigungspolitik des Anbieters. Zudem werden u. U. notorische Nörgler und Querulanten angezogen.

Es besteht die Möglichkeit, dem Kunden die Angabe seiner persönlichen Daten (z. B. Name, Adresse, Kundennummer etc.) zur Identifizierung zu erlauben. Andererseits können

Beschwerden auch anonym entgegen genommen werden. Für die persönliche Identifizierung spricht die Möglichkeit, die Beschwerde in die individuelle Beziehungshistorie eines Kunden einzuordnen (bspw. wenn ermittelt werden soll, ob es sich um einen notorischen Querulanten oder einen erstmaligen Beschwerdeführer handelt).

(2) Bei der anschließenden *Beschwerderegistrierung* interagiert der Anbieter mit dem Beschwerdeführer und er empfängt Informationen. Hierbei ist zu entscheiden,

➢ ob der Kunde bei der Beschwerdeabgabe auf einen bestimmten *Weg* eingeengt werden soll oder ob ihm verschiedene Beschwerdewege (Telefon, Email, Website etc.) eröffnet werden. Vorteile der persönlichen Wege sind die direkte Response-Möglichkeit sowie die Möglichkeit, Nachfragen zur Klärung von Details zu stellen. Allerdings muss der die Beschwerde entgegennehmende Mitarbeiter auch kompetent zu dem Beschwerdegegenstand Stellung beziehen können. Wird der Kunde bei der Beschwerde emotional oder gar aggressiv, trifft sein Ärger u. U. die vollkommen falsche Person. Vorteile insb. elektronischer Medien als Beschwerdewege sind die ständige Verfügbarkeit sowie die rasche Beschwerdeübermittlung.

➢ ob die Beschwerdeaufnahme durch Formulare *standardisiert* werden soll. Dafür spricht, dass alle relevanten Angaben des Beschwerdeführers systematisch erhoben werden, dass die Beschwerden besser in elektronischen Systemen (z. B. in Datenbanken) erfasst werden können und dass Beschwerden besser miteinander verglichen werden können. Allerdings setzt es voraus, dass der Anbieter alle relevanten Informationen im Zusammenhang mit einer Beschwerde antizipiert und zu deren Erfassung geeignete Antwortfelder, bspw. auf seinen Internetseiten, vorsieht.

➢ ob die Beschwerde in einer hierauf *spezialisierten Einheit* (Beschwerdeabteilung) des Unternehmens abgegeben werden soll. Vorteilhaft ist die Spezialisierung auf den Umgang mit Beschwerdeführern. Dies erlaubt bspw. eine gezielte Schulung der Mitarbeiter hinsichtlich geeigneter Reaktionen auf Beschwerdeformulierungen der Kunden. Allerdings sind Beschwerdeabteilungen i.d.R. nicht in der Lage, rasch Stellung zu beziehen, da sie zunächst die relevante Unternehmenseinheit ermitteln und die Sachlage rekonstruieren müssen. Dadurch droht ein Zeitverlust.

(3) Die *Beschwerderegistrierung* umfasst den Vermerk der Beschwerdeinformationen. Dies kann in speziell dafür geschriebenen Software-Lösungen erfolgen, die auch den Workflow zu anderen betroffenen Abteilungen sicherstellen und Bearbeitungstermine überwachen.

Unabhängig von der konkreten Gestaltung des Beschwerdeaufnahmesystems besteht der *Output* in einem Bericht, der die Beschwerdegründe des Kunden, Zeit und Art der Beschwerdeaufnahme sowie die betroffene funktionale Einheit im Unternehmen erfasst. Dieser Bericht wird der für die weitere Bearbeitung zuständigen Stelle zugeleitet. Zugleich wird dem Kunden der Eingang der Beschwerde bestätigt und das weitere Vorgehen erläutert.

7.3.4　Beschwerdebearbeitung

(1) Bei der Bearbeitung einer Kundenbeschwerde ist zunächst zu prüfen, um welche *Art von Beschwerdeführer* es sich handelt. Hier lassen sich Erst- und Wiederhol-Beschwerdeführer sowie Querulanten unterscheiden. Während Erst-Beschwerdeführer bislang entweder noch keinen Beschwerdegrund gegenüber dem Anbieter hatten oder zumindest noch keine Beschwerde geäußert haben, sind Wiederhol-Beschwerdeführer problematischer. Durch frühere Beanstandungen sind sie gegenüber dem Anbieter bereits sensibilisiert und potenziell gefährdeter, zu einem Wettbewerber zu wechseln. Schließlich existiert oftmals ein kleiner Teil von Beschwerdeführern, die grundlose oder unhaltbare Beschwerden äußern und damit ungerechtfertigte Vorteile erzielen oder dem Unternehmen u. U. sogar bewusst Schaden wollen. Bei diesen Querulanten ist zu prüfen, ob eine Fortführung der Geschäftsbeziehung überhaupt sinnvoll erscheint.

(2) Im nächsten Schritt ist zu prüfen, ob ein *Beschwerdegrund vorliegt*, d. h. ob der Anbieter seine Verpflichtungen eingehalten hat. Dies erfolgt durch Zugriff auf verschiedene interne Datenquellen, die den *Input* des Teilprozesses liefern (z. B. Aufzeichnungen der Vertriebsmitarbeiter aus Beratungs- und Verkaufsgesprächen, Bestelldokumente, Lieferdokumente aber auch Informationen aus der Kundenhistorie). Die eigenen Dokumente müssen mit den vom Kunden im Rahmen der Beschwerde gemachten Angaben verglichen werden.

(3) Kommt man zu dem Schluss, dass die Kundenbeschwerde berechtigt ist, muss über das *Ausmaß der zu zeigenden Reaktion* entschieden werden. Diese kann auf gesetzlichen oder vertraglichen Ansprüchen des Kunden basieren. Ist dies nicht der Fall, kann der Anbieter dennoch gewillt sein, den Beschwerdegrund zu beheben und den Kunden zu entschädigen. Man spricht in diesem Fall von *Kulanz*. Die Frage, wie kulant sich ein Anbieter zeigen sollte muss also letztlich vor dem Hintergrund dreier Faktoren beantwortet werden:

➢ Erstens der durch die Beschwerderegelung entstehenden *Kosten*,
➢ Zweitens der durch die Beschwerderegelung gesicherten zukünftigen *Erträge* aus der Kundenbeziehung,
➢ Drittens der *Wahrscheinlichkeit*, dass bei negativem Beschwerdebescheid zukünftige Erträge verloren gehen. Der dritte Aspekt bestimmt sich durch das Ausmaß der Bindung des Kunden an den Anbieter, welches wiederum etwa von der Zahl und Qualität alternativer Anbieter oder der durch den Kunden getätigten spezifischen Investitionen abhängt.

Die *Bearbeitung einer Beschwerde* kann komplexe organisatorische Abstimmungsprozesse voraussetzen, z. B. wenn verschiedene Geschäftsbereiche desselben Unternehmens an der Lieferung beteiligt waren und die Schuldklärung schwer fällt. Ein in hohem Maße zufriedenheitsrelevanter Aspekt aus Kundensicht ist die *Zeit*, die die Beschwerdebearbeitung in Anspruch nimmt. Um die Zeiteinhaltung zu garantieren, ist die Einrichtung eines Eskalationssystems sinnvoll, bei dem Bearbeitungszeiträume definiert und nicht bearbeitete Beschwerden per Computersystem höheren Hierarchiestufen im Unternehmen angezeigt werden (vgl. Stauss/ Seidel 2002). Die kurzfristigen Kosten der Beschwerdebearbeitung sind den potenziellen langfristigen Kosteneinsparungen, z. B. durch frühzeitiges Erkennen von Qualitätsproblemen und somit vermiedenen Folgekosten, gegenüber zu stellen.

7.3.5 Beschwerdebeantwortung

Die Beschwerdebearbeitung ist ein rein unternehmensinterner Vorgang, bei dem die Position bestimmt wird, die das Unternehmen in dem spezifischen Beschwerdefall gegenüber dem Beschwerdeführer vertreten will. Im Anschluss an diesen Teilprozess muss diese interne Position dem Kunden kommuniziert und seine Reaktion verfolgt werden. Man spricht hier von dem Teilprozess der Beschwerdebeantwortung.

(1) Der erste Teilprozess umfasst die Erstellung und den Versand der Antwort inklusive

➢ der *Lösungsmöglichkeit:* finanzielle Wiedergutmachung (z. B. Geldrückgabe, Preisnachlass oder Schadensersatz), materielle Wiedergutmachung (z. B. Umtausch, Reparatur, Geschenk) oder eine immaterielle Problemlösung (z. B. Erklärung, Information oder Entschuldigung). Die Alternativen können auch komplementär verwendet werden.
➢ die *Antwortbegründung*: Unabhängig von der Richtung des Beschwerdeinhaltes ist zu entscheiden, wie ausführlich der Reaktion auf die Beschwerde dem Kunden gegenüber begründet werden soll.
➢ die *Form der Beschwerdebeantwortung* (z. B. mündlich oder aber in schriftlicher Form).

(2) Anschließend sollte die *Reaktion* des Kunden *mitverfolgt* werden. Im Idealfall ist der Kunde mit der Beantwortung zufrieden und beschwert sich nicht mehr. Oftmals trifft die Antwort aber nicht den Kern der Kundenargumentation und es kommt zu Feedback des Kunden. In diesem Fall ist der weitere Prozess zu planen, bspw. durch Einrichtung von Eskalationsstufen (z. B. Übergabe des Falls vom Call Center an den Vertriebsinnendienst, bei weiteren Problemen an die Vertriebsleitung und schließlich an die Geschäftsführung).

Auch im Rahmen des Beschwerdemanagements ist es grundsätzlich denkbar, spezialisierte Dienstleister, etwa externe Call Center, einzusetzen (*Outsourcing*). Die Entscheidung für oder gegen eine solche Lösung ist in dem Spannungsfeld aus *Effizienz* und *Effektivität* zu treffen. Dienstleister mögen Kostenvorteile bieten. Allerdings handelt es sich bei der Beschwerdebearbeitung um ein aus Kundensicht sensibles Themenfeld. Ein Outsourcing kann auf Kundenseite zu dem Eindruck führen, der Anbieter nehme das Thema nicht ernst. Aus Effektivitätsperspektive erscheint das Insourcing daher vorteilhafter. Dafür spricht auch

267

die Existenz eines CRM-Systems im Unternehmen, das die Beziehungs- und Beschwerdehistorie des Kunden umfassend abbildet und ggf. Teilprozesse der Beschwerdebehandlung (z. B. die Erstellung eines Antwortbriefs) durch vordefinierte Module unterstützt.

Die Beschwerdebeantwortung sollte in ein umfassendes *Controlling* des Beschwerdemanagements einfließen, bei dem die Zufriedenheit der Kunden mit der Beschwerdebearbeitung und -beantwortung überwacht wird. Determinanten der Beschwerdezufriedenheit sind die Zugänglichkeit des Anbieters für Beschwerden, die Interaktionsqualität (z. B. Freundlichkeit, Einfühlungsvermögen oder Bemühtheit des Anbieters), die Reaktionsschnelligkeit sowie die Angemessenheit der Antwort (vgl. Stauss 1999b). Intern sollte die Bearbeitung individueller Beschwerden in ein System der *Beschwerdeanalyse* einfließen, in dem die Gesamtheit der Beschwerden nach Beschwerdegründen, Beschwerdeführern, Beschwerdefrequenz und betroffenen Mitarbeitern/Abteilungen betrachtet wird, um somit besonders kritische Aspekte des Wertschöpfungsprozesses zu identifizieren.

7.4 Rückgewinnungsmanagement

7.4.1 Überblick

Die Zufriedenheit eines Kunden entscheidet über Folgetransaktionen. Dabei nimmt der Kunde eine globale Bewertung des Anbieters über verschiedene Nutzendimensionen hinweg vor. Kommt er zu dem Ergebnis, dass er bei einem Konkurrenten eine vorteilhaftere Nutzen-Kosten-Relation geboten bekommt, besteht die Gefahr der Abwanderung. In manchen Fällen mag der Anbieter die Abwanderung eines Kunden nicht besonders bedauern, z. B. weil mit diesem keine Erträge erwirtschaftet wurden oder weil er für andere Kunden benötigte Produktionskapazitäten band. In der Regel ist der Verlust eines Kunden jedoch negativ, weil damit eigene Ertragspotenziale verloren gehen und ein Wettbewerber diese Potenziale für sich erschließt. Im Rahmen des Kundenbindungsmanagements wird daher versucht, die sog. *Churn-Rate*, also den Anteil abwandernder Kunde am gesamten Kundenstamm pro Periode, zu minimieren. Bei Kundenverlust gilt es, dies nicht als endgültigen Sachverhalt hinzunehmen, sondern den Kunden zurück zu gewinnen.

Das Rückgewinnungsmanagement umfasst zwei Teilprozesse. In einem ersten Schritt müssen Kundenabwanderungen systematisch analysiert werden. Anschließend können in Abhängigkeit von den Abwanderungsgründen spezifische Instrumente des Rückgewinnungsmanagements eingesetzt werden. Diese Teilschritte sind in Abb. 7-9 dargestellt.

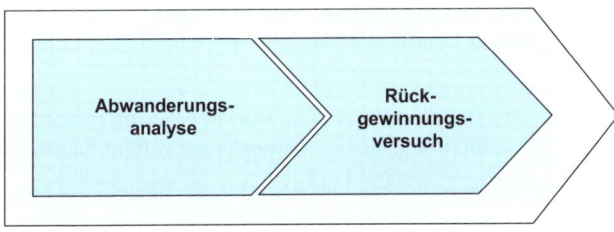

Input	• Informationen über Kundenabwanderung • Informationen über Kundenhistorie	• Abwanderungsbericht • Rückgewinnungs-instrumente
Output	• Abwanderungs-bericht	• Rückgewinnungsprotokoll
Struktu-rierung	mittel bis stark	schwach bis mittel

Abb. 7-9: Teilprozesse des Rückgewinnungsmanagements

7.4.2 Die Abwanderungsanalyse

Kundenabwanderungen sind die natürliche Gegenbewegung zu der Akquisition von Neukunden. Allerdings unterschieden sich unterschiedliche Branchen hinsichtlich „üblicher" (durchschnittlicher) Abwanderungsraten in ihrem Kundenstamm.

In einer Studie ermittelten bspw. Griffin und Lowenstein (2001) Abwanderungsraten zwischen 22% p.a. bei Internet-Dienstleistern und 66% bei Zeitschriftenabonnenten. Sie zeigten auch, dass Unternehmen bei „aktiven" Kunden eine Wiederkaufwahrscheinlichkeit von 60% bis 70% je Branche haben, während die Wahrscheinlichkeit eines Kaufabschlusses bei Neukunden nur zwischen 5% und 20% lag. Bei abgewanderten Kunden lag die Wiederkaufwahrscheinlichkeit hingegen zwischen 20% und 40%. Stauss und Friege (1999) zeigen, dass der „Netto-Return-on-Investment" eines neu gewonnen Kunden bei durchschnittlich 23% liegt, während er bei einem zurück gewonnenen Kunden bei 214% liegt. Diese Zahlen weisen auf die Bedeutung eines gezielten Rückgewinnungsmanagements hin.

Die Abwanderungsanalyse hat für Unternehmen drei Funktionen (vgl. Bruhn/ Michalski 2003):

➢ Sie erlaubt es, abgewanderte Kunden zu identifizieren. Dies ist Voraussetzung für den individuell gezielten Einsatz von Rückgewinnungsinstrumenten.
➢ Sie erlaubt es, Gründe für Kundenabwanderungen zu erfahren. Dies ist Voraussetzung für die Auswahl inhaltlich geeigneter Rückgewinnungsinstrumente.

269

➢ Sie erlaubt es, Abwanderungsprozesse zu verstehen. Dies ist Voraussetzung für die Verhinderung künftiger Kundenabwanderungen (sog. „Churn-Prevention").

Der Prozess der Abwanderungsanalyse benötigt als *Input* Informationen über die Kunden und ihre Beziehungshistorie. Daneben sind Informationen über Wettbewerbsaktivitäten, die u. U. zu einer Abwanderung geführt haben, erforderlich.

Die mit diesen Daten durchzuführende Abwanderungsanalyse umfasst folgende Prozesse:

(1) Die *Festlegung von Abwanderungskriterien*: Durch schwankende Kaufrhythmen fällt es schwer zu verstehen, ob ein Kunde sich in einem längeren Intervall zwischen zwei Transaktionen befindet oder ob er bereits abgewandert ist. Daher sind zunächst Merkmale festzulegen, die als Indikatoren für eine Abwanderung zum Wettbewerb gelten können, z. B.

➢ die offizielle Kündigung eines Vertrages,
➢ das Absinken von Kaufmengen oder -werten,
➢ die Erhöhung von Kaufintervallen zwischen Transaktionen,
➢ die Einstellung von Käufen in einer Produktgruppe.

Um proaktiv einer Abwanderung entgegen wirken zu können (Churn-Prevention), ist die Konzentration auf der Abwanderung vorgelagerte Indikatoren sinnvoll, die Handlungsbedarf anzeigen und Reaktionszeit lassen. Dabei gilt es auch, Abwanderungsanlässe zu identifizieren und rechtzeitig gegenzusteuern.

Bspw. ist dem Automobilhersteller BMW bekannt, dass der typische Neukaufrhythmus seiner Kunden drei Jahre beträgt (vgl. Abb. 7-10). Zwischen zwei Neukäufen besteht eine relative Kontaktruhe, die u. a. durch die abnehmende Notwendigkeit zu Werkstattbesuchen dank stetiger technologische Verbesserungen bedingt ist. Erst nach ca. 24 Monaten beginnt der Kunde erneut, sich für PKW-Informationen zu interessieren. In dieser Phase wird er anfällig für Konkurrenzinformationen, die eine Abwanderung auslösen können (vgl. Armbrecht/Braekler/Wortmann 2004).

(2) Zur *Identifikation* abgewanderter (bzw. abwandernder) Kunden sind umfassende Kundendaten über die Beziehungshistorie erforderlich, wie sie typischerweise im CRM-System oder durch den Einsatz von Kundenkarten oder Kundenclubs anfallen (vgl. Homburg/Fürst/Sieben 2003). Mit CRM-Tools kann ein *Profiling* derjenigen Kunden durchgeführt werden, deren Abwanderungswahrscheinlichkeit hoch ist. Die Profile bilden den Ausgangspunkt für den Entwurf der Rückgewinnungsstrategie, zugehörige individuelle Daten dienen der Kontaktaufnahme. Für eine frühe *Churn-Prevention* spricht, dass aus juristischer Sicht für die Speicherung von Kundendaten nach Beendigung eines Vertragsverhältnisses keine Rechtsgrundlage besteht und die Daten gelöscht werden müssen (vgl. Koch/Arndt 2004).

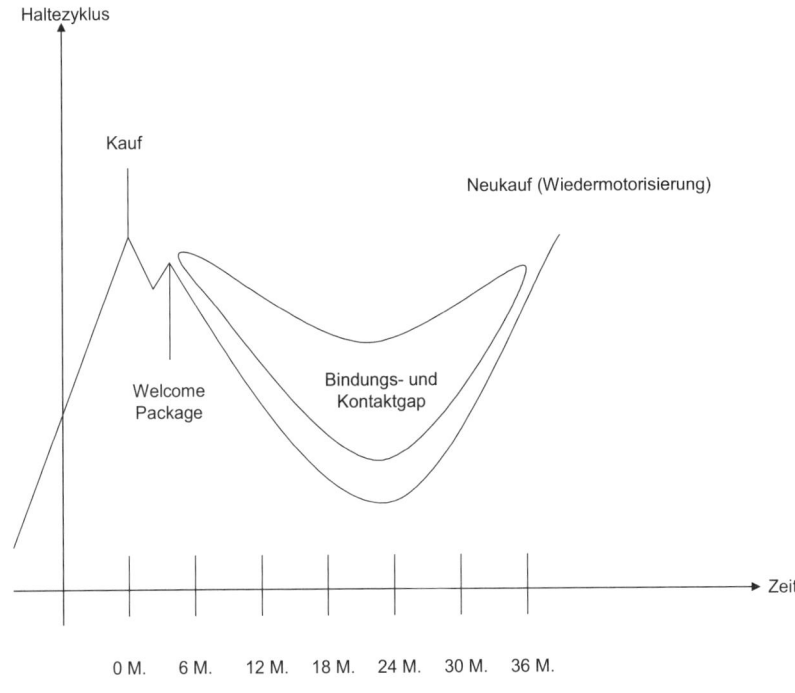

Haltezyklus

Kauf

Neukauf (Wiedermotorisierung)

Welcome
Package

Bindungs- und
Kontaktgap

Zeit

0 M.   6 M.   12 M.   18 M.   24 M.   30 M.   36 M.

Abb. 7-10: Bindung und Kontakt im PKW-Haltezyklus
(Quelle: Armbrecht/Braekler/Wortmann 2004, S. 400)

(3) Zur *Analyse von Abwanderungsgründen* stehen drei Gruppen von Methoden zur Verfügung (vgl. Bruhn/Michalski 2001):

➢ Merkmalsorientierte Methoden, wie z. B. standardisierte Befragungen früherer Kunden, erlauben es, die relative Bedeutung vorher spezifizierter Abwanderungsgründe für die Abwanderung einzuschätzen.

➢ Ereignisorientierte Methoden, wie z. B. die *Critical Incident Technique*, erlauben es, im Rahmen ausführlicher Interviews Vorfälle im Beziehungslebenszyklus zu identifizieren, die den Kunden verärgert haben, und somit dazu beigetragen haben, ihn aus einem Zustand der latenten Unzufriedenheit zu dem aktiven Schritt der Abwanderung zu veranlassen.

➢ Prozessorientierte Methoden, wie z. B. die *Switching-Path-Analyse* (vgl. Roos 1999), erlauben es, den Abwanderungsprozess des Kunden mit seinen Phasen (von der latenten Unzufriedenheit über die Entschlussfassung bis zur Umsetzung des Entschlusses) zu dokumentieren und zu verstehen.

➢ Dokumentenanalysen erlauben es dem Unternehmen ergänzend, aus eigenen Aufzeichnungen (Korrespondenz mit dem Kunden, Gesprächsprotokolle von Mitarbeitern etc.) Rückschlüsse auf Abwanderungsursachen zu ziehen.

Die sog. *Root-Cause-Analyse* vereint Aspekte aus ereignis- und prozessorientierten Methoden. In qualitativen Interviews mit abgewanderten Kunden werden einerseits Situationen ermittelt, in denen eine Abwanderung droht, andererseits werden Gründe identifiziert, die schließlich die Abwanderung veranlassen. Beide werden in tiefgestaffelte und präzise formulierte Baumstrukturen heruntergebrochen (vgl. Abb. 7-11).

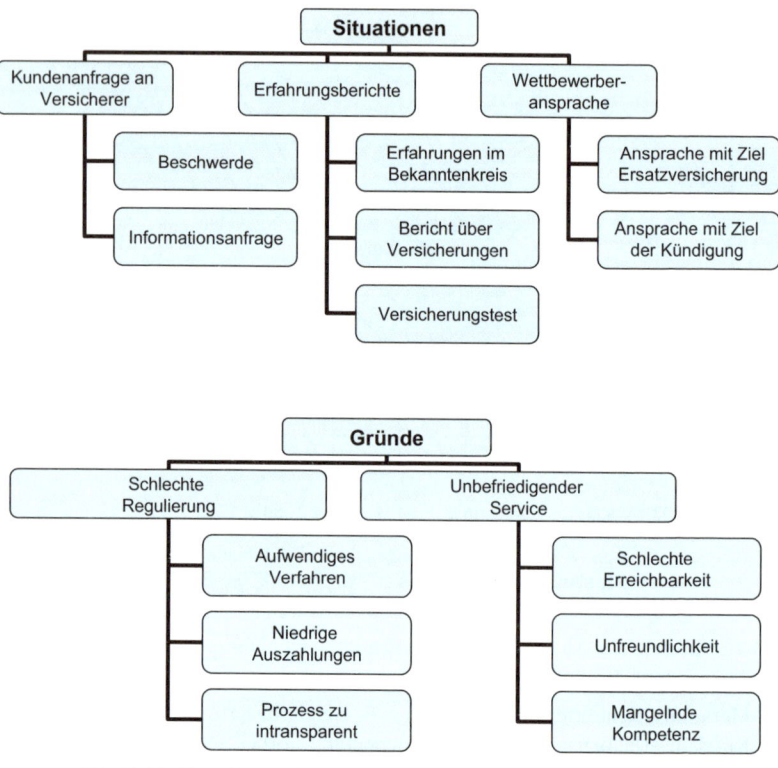

Abb. 7-11: Root-Cause-Analyse (Quelle: Venohr/Zinke 1999, S. 160)

(4) Die *Segmentierung* abgewanderter Kunden: Zeigt sich bei der Abwanderungsanalyse, dass die individuellen Gründe über die abgewanderten Kunden hinweg sehr heterogen sind und/oder dass die abgewanderten Kunden sich hinsichtlich ihres Kaufverhaltens (gekaufte Waren, Kaufintervalle, Preisbereitschaften, etc.) unterscheiden, sind homogene Abwanderersegmente zu bilden.

Stauss und Friege (2003) schlagen vor, bei der Rückgewinnungsentscheidung nicht den gesamten Customer Lifetime Value des Kunden zu betrachten, sondern nur den *Second Lifetime Value* (SLTV). Er stellt den Barwert des Kunden in der erneuerten Geschäftsbeziehung dar und errechnet sich durch Abzinsung der Ein- und Auszahlungen aus der künftigen Beziehung. Während die Einzahlungen sich aus der wieder aufgenommenen

Geschäftstätigkeit ergeben, fallen Auszahlungen sowohl im Rahmen der Rückgewinnungsaktivitäten als auch in der späteren Bearbeitung des Kunden in der gewöhnlichen Geschäftstätigkeit an.

7.4.3   Der Rückgewinnungsversuch

Hat das Unternehmen die abgewanderten Kunden analysiert und ggf. priorisiert, so beginnt der Prozess der eigentlichen Rückgewinnung. Als *Input* fließen in diesen Prozess die im Rahmen der Abwanderungsanalyse gewonnenen strukturierten Informationen über den abgewanderten Kunden ein (Kundenstammdaten, -historie, -abwanderungsmotive). Zudem werden finanzielle, personelle und organisatorische Ressourcen für die Gestaltung und Implementierung von Rückgewinnungsinstrumenten benötigt. Der Rückgewinnungsversuch lässt sich in mehrere Prozessschritte gliedern:

(1) Zunächst ist ein auf die individuellen Abwanderungsgründe des einzelnen Kunden (oder des Abwanderungssegmentes) hin abgestimmtes *Angebot* zu *entwickeln*. Dieses Angebot sollte einen konkreten Anreiz zur Rückkehr enthalten. Grundsätzlich lassen sich materielle und immaterielle Rückkehranreize unterscheiden.

➢ Materielle Rückkehranreize können monetärer Art sein (z. B. Rückkehrprämien, Rückkehrrabatte) oder aus kostenlosen oder preislich reduzierten Gütern und/oder Dienstleistungen bestehen (vgl. Thomas/Blattberg/Fox 2004). Ihr Einsatz bietet sich dann an, wenn dem Kunden durch falsche Behandlung durch den Anbieter ein Schaden entstanden ist, der über negative Emotionen hinausgeht. Allerdings sollte über materielle Anreize nicht das „Rosinenpicken" gefördert werden, bei dem Kunden zwischen Anbietern wechseln und jeweils von Rückkehrangeboten profitieren.

➢ Immaterielle Rückkehranreize (z. B. Erklärungen für Missstände oder Entschuldigungen) sollen die Verärgerung des Kunden reduzieren, insb. wenn dem Kunden kein materieller Schaden entstanden ist. Gegenüber materiellen Anreizen haben sie den Vorteil, dass Kunden, die bspw. nach einer Entschuldigung zurückkehren, eine höhere emotionale Bindung an den Anbieter aufweisen und nicht nur durch materielle Anreize gehalten wurden.

(2) Das *Timing der Kontaktaufnahme* ist im nächsten Schritt zu entscheiden. Für eine sofortige Rückgewinnung spricht die Gefahr einer wachsenden Bindung des Kunden an seinen neuen Anbieter. Jedoch kann es sinnvoll sein, zunächst die erste Euphoriephase eines Kunden für einen Konkurrenten auslaufen zu lassen und dann zur Rückeroberung anzusetzen.

Bspw. ist der Firma BMW bekannt, dass viele ihrer langjährigen Kunden einmal Abwechslung suchen, ohne dass ihre Affinität zu BMW dadurch erlischt. Da es in den ersten Monaten nach dem Kauf einer Konkurrenzmarke keinen Sinn macht, in eine Rückgewinnung zu investieren, werden diese Kunden in einem *Lost Customer Program* betreut, um die Beziehung aufrecht zu erhalten. Ziel ist es, den Kontakt zu pflegen und die Kunden zur nächsten Kaufgelegenheit zu reaktivieren (vgl. Armbrecht/Braekler/Wortmann 2004).

(3) Der eigentliche *Einsatz des Rückgewinnungsinstrumentes* führt auf Kundenseite zu Annahme oder Ablehnung des Angebotes. Es gilt zu verfolgen, ob der Kunde das ihm unterbreitete Angebot erhalten hat (z. B. über automatische Empfangsbestätigungen bei Fax- oder Email-Kontakt) und wie er reagiert. Hierfür sollte eine Soll-Reaktionszeit definiert werden. Falls der Kunde keine Reaktion zeigt, bietet sich ein erneuter Kontaktversuch an. Für den Fall, dass auch bei mehrmaligen Kontaktversuchen keine Reaktion eintritt, ist zum einen eine Überprüfung der Kontaktadresse und evtl. die Nutzung eines alternativen Kontaktkanals sinnvoll. Zum anderen sollte eine maximale Kontaktversuchszahl festgelegt werden, ab der davon ausgegangen wird, dass der Kunde kein Interesse an einer Rückkehr hat.

Mögliche Prozessalternativen ergeben sich bspw. durch den Status des Kunden. Kunden mit hohem Second Lifetime Value werden dabei dann bspw. persönlich durch einen Kundenbetreuer kontaktiert, der ihnen eine Rückkehrprämie bietet und in einem Gespräch zukünftige Perspektiven der Zusammenarbeit beleuchtet. Für unbedeutendere Kunden kann hingegen eine Direct Mail Kampagne zum Einsatz kommen, in der Argumente für eine Rückkehr erläutert und eine Rückantwortmöglichkeit per Karte oder Emailadresse geboten werden.

(4) Nach Abschluss des Rückgewinnungsversuches ist ein *Controlling* des Prozesses erforderlich. Quantitative Untersuchungen erlauben Auswertungen über die globale Erfolgsquote des Rückgewinnungsmanagements sowie detaillierte Einblicke in die Wirksamkeit bestimmter Instrumente bei bestimmten Abwanderungssegmenten und -motiven. Sie erlauben auch ein Controlling der Rückgewinnungskosten, die ja im Rahmen der Ermittlung des Second Lifetime Value zu berücksichtigen sind. Zudem können sie dazu eingesetzt werden, die Einhaltung von Soll-Zeiten für die einzelnen Aktivitäten im Rückgewinnungsmanagement zu prüfen. Qualitative Untersuchungen bieten sich ergänzend dazu an, um bspw. die Motive von Rückkehrern sowie die langfristigen emotionalen Wirkungen der zwischenzeitlichen Abwanderung zu erforschen.

Bei einem britischen Buchclub wurden die Rückgewinnungsraten eines Call Centers über mehrere Kampagnen hinweg und für unterschiedliche zeitliche Abstände zum eigentlichen Abwanderungszeitpunkt ermittelt (vgl. Stauss/Friege 2003). Dabei zeigt sich, dass bei sofortigem Kontakt bis über 60% der Mitglieder gehalten werden können, während schon nach wenigen Wochen die Wahrscheinlichkeit auf unter 20% absinkt (Abb. 7-12).

Der *Output* des Rückgewinnungsversuches besteht entweder in einem positiven Rückgewinnungsbericht, der dem Kundenbetreuer zugesandt wird und ihm bei der Fortführung der Kundenbeziehung als Informationsquelle dient. Im CRM-System werden die Ursachen, Schritte und Konsequenzen der Abwanderung erfasst und für künftige Transaktionen gespeichert. Konnte der Kunde nicht zur Rückkehr motiviert werden, besteht der Output in einem Kundenverlustbericht, der die Gründe für die Abwanderung und Hinweise auf Fehler in der Kundenbetreuung enthält. Er dient dem strategischen Kundenmanagement als Informationsinput für die Gestaltung der Kundenbindungsstrategie.

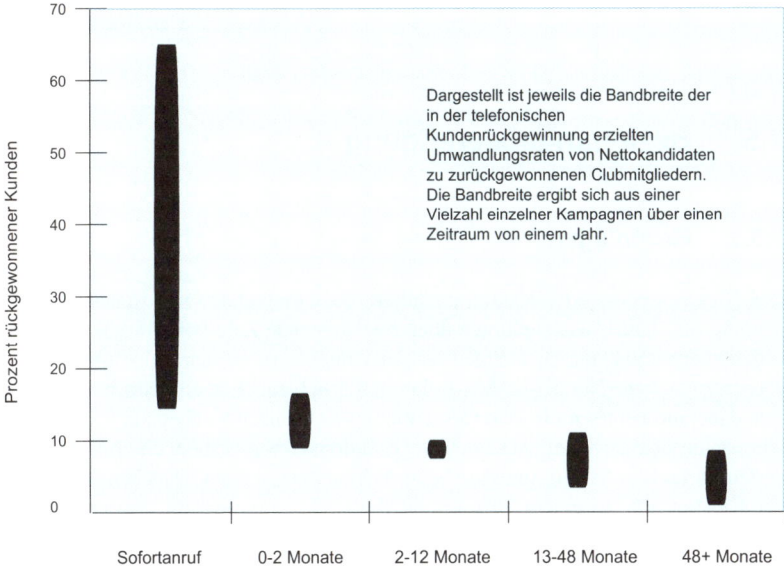

Abb. 7-12: Rückgewinnungswahrscheinlichkeiten in Abhängigkeit vom Kontaktzeitpunkt
(Quelle: Stauss/Friege 2003, S. 540)

Fallbeispiel: Talkline

Die Talkline GmbH & Co. KG betreut als Telekommunikationsanbieter 2,6 Millionen Mobilfunkkunden. Das Unternehmen hat sich mit der Frage beschäftigt, wie es jedem Kunden zielgerichtet das „richtige" Angebot machen kann, jeweils abgestimmt auf seine Wahrscheinlichkeit zu kündigen und den Wert, den er für das Unternehmen darstellt.

Dazu hat Talkline seine Kundendaten in Form eines Data Warehouse organisiert und jeden Kunden einer von sechs Retentions- bzw. Präventionsklassen zugeordnet. Als Kriterien wurden dazu der Umsatz der letzten drei Monate und die reine Verbindungszeit des Mobilfunkkunden herangezogen. Durch Rechnungsvergleiche wurden die Kunden direkt den Klassen zugeordnet. Um die Kundenansprache zu optimieren, wurde in einem nächsten Schritt die Kündigungswahrscheinlichkeit eines Kunden durch Datamining geschätzt. Ziel war es, z. B. Kunden mit einem hohen Kundenwert und einer hohen Kündigungswahrscheinlichkeit ein Angebot zu unterbreiten, das sie von einer Kündigung ihres Vertrages abhalten würde, wogegen Kunden mit niedrigem Kundenwert und niedriger Kündigungswahrscheinlichkeit kein Angebot unterbreitet werden sollte. Nach Angaben des Unternehmens konnte durch richtige Voraussagen und entsprechende präventive Angebote die Churn-Rate um 4,3% gesenkt werden. (Quelle: Danneboom 2002)

7.5 Beziehungsbeendigung

7.5.1 Grundlagen

Das Kundenlebenszyklus-Modell postuliert, dass Erstkunden mit zunächst geringem Absatz- und Umsatzvolumen über eine steigende Zahl von Transaktionen zu bedeutenden und ökonomisch interessanten Abnehmern werden. Aus Anbietersicht verbessert sich die Nutzen-Kosten-Relation folglich zunehmend. Jedoch handelt es sich dabei um keine empirische Gesetzmäßigkeit. Zunächst unbedeutende Kunden können auf dem geringen Ausgangs-Transaktionsniveau verbleiben ohne im Zeitverlauf ihren Beschaffungsumfang beim Anbieter zu erhöhen. Daneben ist es auch bei Kunden, die zu einem bestimmten Zeitpunkt eine positive Nutzen-Kosten-Relation für den Anbieter haben, denkbar, dass ihre Bedeutung in späteren Perioden abnimmt.

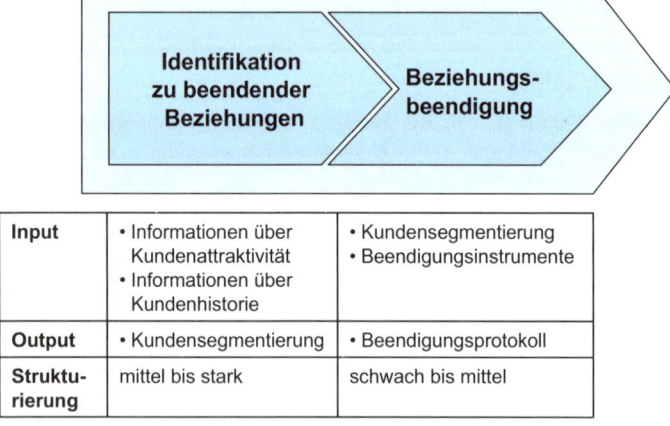

Abb. 7-13: Teilprozesse der Beziehungsbeendigung

In all diesen Fällen muss sich ein Anbieter die Frage stellen, ob es sinnvoll ist, die Geschäftsbeziehung trotz der negativen Aspekte aufrecht zu erhalten oder ob es

276

nicht vorteilhafter wäre, die Beziehung zu dem Kunden zu beenden. Grundsätzlich lässt sich der Prozess der Beziehungsbeendigung in zwei Phasen unterteilen, die *Identifikation* zu beendender Kundenbeziehungen einerseits und die daran anschließende *Beendigung* der Beziehung andererseits (vgl. Abb. 7-13).

7.5.2 Identifikation zu beendender Beziehungen

Der erste Schritt der Beziehungsbeendigung besteht in der Identifikation solcher Kundenbeziehungen, deren Fortführung aus Anbietersicht keinen ökonomischen Sinn macht. Als *Input* sind hierfür zum einen Informationen erforderlich, die eine Bewertung der aktuellen und künftigen Attraktivität der Kunden erlauben. Zum anderen sind Informationen über die Kundenhistorie erforderlich.

Im Rahmen der Identifikation zu beendender Beziehungen sind folgende Teilprozesse zu unterscheiden:

(1) Bestimmung der zu *bewertenden Kundenbasis*: In einem ersten Schritt ist festzulegen, welcher Teil des Kundenstammes überhaupt in Hinblick auf eine mögliche Beziehungsbeendigung bewertet werden soll. Viele Anbieter verfügen in ihrem Kundenportfolio über einen Kern strategisch wichtiger Kunden, für die von vornherein feststeht, dass ein aktiver Beziehungsabbruch nicht in Frage kommt. Dies betrifft insb. die Key Accounts (vgl. Kap. 9.2). Zudem verursachen die Teilprozesse der Kundenbewertung Kosten, die mit der Zahl der zu bewertenden Kunden zunehmen. Die Fixierung der adäquaten Analysebasis beeinflusst somit die Effizienz des Beendigungsprozesses.

(2) Festlegung der *relevanten Kriterien*: Die Bedingung für die Entscheidung, eine Beziehung aufrecht zu erhalten, ist für ein gewinnorientiertes Unternehmen die Nutzen-Kosten-Relation, also die Frage, ob die Erträge aus der Geschäftsbeziehung die Aufwendungen übersteigen. Hierbei sind zwei Aspekte von Bedeutung.

➢ Erstens muss eine Bilanz aller Faktoren erstellt werden, die direkte oder indirekte Ertragswirkung haben und somit eine Bestimmung des Kundenwertes erlauben (also z. B. Umsatz, Empfehlungen, Referenzen oder die Beteiligung an Innovationsprojekten, vgl. Kap. 2.4). Dem müssen die direkten und indirekten Kosten der Kundenbearbeitung gegenübergestellt werden, um somit den Netto-Nutzen der Beziehung für den Anbieter zu bestimmen.
➢ Zweitens darf keine statische Perspektive eingenommen werden, d. h. es dürfen nicht alleine die aktuellen Nutzen-Kosten-Faktoren in die Bewertung einfließen. Stattdessen ist zu prüfen, ob eine Verbesserung der Nutzen-Kosten-Relation in der Zukunft realistisch erscheint, z. B. weil künftig höhere Bestellmengen oder Preise erwartet werden können oder weil Kundenbearbeitungskosten reduziert werden können.

(3) *Ermittlung der Daten* zu den relevanten Kriterien: Sind die für die Beendigungsentscheidung relevanten Kriterien festgelegt, müssen für die zu bewertende Kundenbasis die aktuellen Daten ermittelt werden. Da die bisherigen Kosten-Nutzen-Relationen streng genommen für die Fortführungsabsicht nicht entscheidungsrelevant sind, muss im Kern nicht der gesamte Customer Lifetime Value für jede Beziehung ermittelt werden, sondern lediglich der Remaining Customer Lifetime Value, der inhaltlich dem SLTV (vgl. 7.3.2) entspricht.

(4) *Segmentierung* der Kunden auf Basis der verfügbaren Daten: Nach Abschluss der Datenerhebung können die zu bewertenden Kunden zu Segmenten zusammengefasst werden, falls sich in der Bewertungsbasis Kundengruppen identifizieren lassen, die hinsichtlich der Bewertungskriterien relativ homogene Cluster bilden. Dieser Schritt kann für die Formulierung alternativer Vorgehensweisen der Beziehungsbeendigung dienen, wenn sich für die gebildeten Segmente unterschiedliche Beendigungsinstrumente anbieten.

Der *Output* des Teilprozesses „Identifikation zu beendender Kundenbeziehungen" besteht in einer Liste von Kunden, mit denen künftig keine Transaktionen mehr durchgeführt werden sollen.

7.5.3   Die eigentliche Beziehungsbeendigung

An die Identifizierung zu beendender Geschäftsbeziehungen schließen sich die konkreten Maßnahmen des Unternehmens zur Beziehungsbeendigung an. Als *Input* fließen Informationen über die Kundensegmente oder Einzelbeziehungen ein, zu denen künftig keine Beziehungen mehr unterhalten werden sollen.

Im Rahmen der eigentlichen Beziehungsbeendigung lassen sich folgende Teilaktivitäten unterscheiden:

(1) Entscheidung für *aktive oder passive Beziehungsbeendigung*: Neben einer aktiven Beendigung kann jegliche Form der Kundenbearbeitung eingestellt werden. Dieses Vorgehen erscheint dann sinnvoll, wenn die Kosten der Kundenbeziehung bislang hauptsächlich durch die Stimulierung von Folgetransaktionen (Außendienstbesuche, Mailings, Incentives etc.) entstanden, die Kosten der Transaktionsabwicklung aber unter den Transaktionserträgen liegen. Vorteile einer aktiven Beziehungsbeendigung sind die ehrliche Behandlung des Kunden sowie die rasche Beendigung der Beziehung mit der Möglichkeit, frei gewordene Ressourcen effektiver einzusetzen (vgl. Tomczak/Reinecke/Finsterwalder 2000).

(2) Entwicklung der *Argumentation*: Wird der Weg der aktiven Beziehungsbeendigung gewählt, ist eine Begründung zu formulieren, mit der dem Kunden der Entschluss des Anbieters vermittelt wird, künftig keine Transaktionen mehr abzuwickeln.

(3) *Einsatz* des *Beendigungsinstruments*: Wesentliche Beendigungsinstrumente sind Vertragskündigungen sowie Beendigungsanreize. Vertragskündigungen werden dort erforderlich, wo zwischen Anbieter und Kunde befristete oder unbefristete Verträge über die Erbringung von Leistungen bestehen und der Anbieter vor einem evtl. fixierten Laufzeitende aus seinen Verpflichtungen entlassen werden will. In der Regel ist dabei eine vertraglich oder gesetzlich bestimmte Kündigungsfrist zu beachten. Stimmt der Kunde einer Vertragsaufhebung nicht bedingungslos zu, können ihm Anreize dazu geboten werden, bspw. Entschädigungszahlungen, Gratisleistungen oder die Vermittlung einer alternativen Bezugsquelle.

(4) *Beendigungscontrolling*: Nach Abschluss des Beendigungsversuches ist ein *Controlling* des Prozesses erforderlich. Quantitative Untersuchungen erlauben Auswertungen über die globale Erfolgsquote des Beendigungsmanagements (Anzahl beendeter Beziehung / Anzahl zu beendender Beziehungen) sowie detaillierte Einblicke in die Wirksamkeit bestimmter Beendigungsinstrumente bei bestimmten Kundensegmenten (z. B. akzeptierte Vertragsauflösungen im Privatkundensegment einer Bank). Sie erlauben auch ein Monitoring der Beendigungskosten, die ja im Rahmen der Ermittlung des Remaining Lifetime Value zu berücksichtigen sind. Qualitative Untersuchungen bieten sich ergänzend dazu an, um bspw. langfristige Wirkungen der Beziehungsbeendigung, bspw. negative Referenzen, zu erforschen.

Der *Output* der eigentlichen Beziehungsbeendigung besteht in Beendigungsberichten, die Informationen darüber enthalten, ob die Beziehung tatsächlich abgebrochen werden konnte. Falls dies der Fall ist, sollte berichtet werden, welche Reaktionen auf Kundenseite durch die Beendigungserklärung auftraten, um künftige Beendigungsaktivitäten dementsprechend gestalten zu können. Für den Fall, dass der Kunde nicht oder zumindest nicht sofort eliminiert werden konnte, z. B. weil er einer Vertragsauflösung nicht zustimmte, sind entsprechende Informationen für den Kundenbetreuer erforderlich.

Verständnisfragen zu Kapitel 7

1. Welche Informationskategorien sollte ein IT-System zur Bestellunterstützung beinhalten?
2. Erläutern Sie, welche Aspekte im Rahmen einer integrierten Leistungserstellung durch Anbieter und Kunden zu koordinieren sind!
3. Diskutieren Sie, welchen Einfluss der Fakturierungsprozess auf die Kunden(un)zufriedenheit ausüben kann!
4. Suchen Sie im Internet nach Beispielen für reale und virtuelle Messen! Diskutieren Sie für einen Hersteller von Druckmaschinen, welche Argumente jeweils für die Beteiligung an der einen oder anderen Messeform sprechen (gehen Sie dabei auf Effizienz- und Effektivitätskriterien ein)!
5. Der Geschäftsbereich Transportation Systems der Siemens AG beliefert u. a. Grossstädte weltweit mit U-Bahn-Zügen. Dabei liegen die Kaufrhythmen teilweise mehr als 5 Jahre auseinander. Entwickeln Sie ein Kontakt-Mix (statischer

und dynamischer Aspekt!) für diesen Industriegütermarkt. Berücksichtigen Sie dabei auch die komplexe Buying-Center Struktur aus technischen, betriebswirtschaftlichen und politischen Entscheidungsträgern.

6. Die Rehau AG + Co vertreibt u. a. Fenster und Fassadentechnik. Für seine Kunden (Fachbetriebe, insb. Fensterbauer) bietet das Unternehmen zahlreiche Services. Betrachten Sie im Internet (www.rehau.de/rehau-bau/fachbetrieb/uebersicht.html) das Service-Portfolio und überlegen Sie für die einzelnen Angebote, inwiefern es sich dabei aus Sicht kleiner und mittelständischer Kunden um Penalty, Frill oder Reward Services handelt! Überlegen Sie zudem, für welche der Services bei den Kunden wohl am ehesten eine Zahlungsbereitschaft besteht.

7. Stellen Sie dar, wie ein bei einem Automobilzulieferer (z. B. Bosch, Siemens VDO oder INA Schaeffler) für die Betreuung des Kunden Toyota zuständiger Key Account Manager das noch erschließbare Kundenpotenzial schätzen kann! Gehen Sie dabei auf mögliche Datenquellen und Unsicherheitsfaktoren ein!

8. Argumentieren Sie gegen die These, Beschwerdemanagement sei ein überflüssiger Prozess, der lediglich Kosten generiere!

9. Sollte ein Unternehmen, auch wenn es sich grundsätzlich für ein Beschwerdemanagement entschieden hat, jegliche Art von Beschwerde bearbeiten?

10. Welche Dimensionen sind im Rahmen der Beschwerdebeantwortung zu gestalten?

11. Welche Informationen sollte ein Rückgewinnungs-Controlling dem Anbieterunternehmen liefern?

Kapitel 8: Strategische Prozesse der Kundenpflege

Ziel dieses Kapitels ist es, dem Leser den Prozess der Entwicklung einer Kundenpflegestrategie inhaltlich zu erläutern. Dabei wird dargestellt, dass der Anbieter zunächst eine grundsätzliche Entscheidung über die Bedeutung treffen muss, die er der Kundenpflege im Verhältnis zur Neukundengewinnung beimisst. Anschließend muss er Ziele der Kundenpflege definieren, um schließlich die geeigneten Strategien zur Zielerreichung gestalten zu können.

8.1 Kundenpflege als strategische Aufgabe

Die *Pflege* der bestehenden Kunden durch den Aufbau stabiler Geschäftsbeziehungen sowie die Ausschöpfung der ökonomischen Potenziale des Kunden steht im Fokus des Beziehungsmarketing als Alternative zum Transaktionsmarketing (vgl. Kap. 1.1).

Im vorangegangenen Kapitel wurden die operativen Prozesse dargestellt, die im Rahmen der Kundenpflege zu steuern sind. Dabei müssen Unternehmen Entscheidungen über zahlreiche Aktivitäten treffen. Die Ausgestaltungsmöglichkeiten für eine effektive und effiziente Kundenpflege sind für Unternehmen auf verschiedenen Märkten unterschiedlich groß. So müssen bspw. auf anonymen Massenmärkten, wie sie etwa Procter&Gamble, Unilever, Nestlé oder Ferrero bedienen, andere Wege zur Kundenloyalisierung beschritten werden als auf vielen Industriegütermärkten, auf denen sich Anbieter und Kunden und nicht selten auch Wettbewerber gegenseitig kennen.

Vor dem Hintergrund der unternehmens- und kundenspezifischen Gestaltungsmöglichkeiten und Restriktionen stellt sich aus strategischer Perspektive die Frage, wie der Kundenpflegeprozess für die ausgewählten Märkte und Kunden so gestaltet werden kann, dass dadurch ein Beitrag zum langfristigen Erfolg des Unternehmens gewährleistet wird. Entsprechend definieren wir den strategischen Kundenpflegeprozess wie folgt:

> Der *Prozess der Entwicklung der Kundenpflegestrategie* umfasst alle Aktivitäten zur Festlegung grundsätzlicher und genereller Prinzipien für die Kundenbindung und Kundenausschöpfung mit dem Ziel, zum langfristigen Unternehmenserfolg beizutragen.

Die Kundenpflegestrategie soll zum langfristigen Unternehmenserfolg beitragen. Die Gestaltung der Kundenpflegestrategie kann sich hierzu einerseits auf die *Loyalisierung* von Kunden richten; zum anderen gilt es, das vom Unternehmen bislang noch nicht erschlossene *Ertragspotenzial* der gebundenen Kunden auszuschöpfen. Dafür ist es notwendig, i. S. d. Konzeption einer schlagkräftigen Kundenpflegestrategie „die richtigen" Prozesse für eine erfolgreiche Kundenpflege zu implementieren (Effektivitätsaspekt der Kundengewinnung).

Unter ökonomischen Gesichtspunkten ist es allerdings nicht zweckmäßig, die Pflege von Kunden als Selbstzweck zu betrachten. Denn sowohl das Erlös- und Ertragspotenzial (Kundenwert, vgl. Kap. 2.4.2.5) als auch der Bindungsaufwand variieren von Kunde zu Kunde. Als Folge unterscheiden sich die Ergebnisbeiträge jeder Geschäftsbeziehung nicht nur in ihrer Höhe. Sie können sich im Zeitablauf auch verändern und bspw. negativ werden, was für eine Beendigung der Kundenbeziehung (vgl. Kap. 7.5) sprechen würde. Insofern empfiehlt es sich, das Kundenpflegekonzept sowie den damit verbundenen Aufwand am jeweiligen Potenzial des Kunden zu orientieren (Effizienzaspekt der Kundengewinnung). Es geht somit um eine langfristig profitable Kundenpflege.

Um die skizzierten Ziele zu erreichen, sind im Zuge des strategischen Kundenpflegeprozesses Fragen zu beantworten wie:

➢ Welche Bedeutung ist der Kundenpflege im Verhältnis zur Neukundenakquisition beizumessen?
➢ Welche Ziele werden mit der Kundenpflege verfolgt?
➢ Wie soll die Struktur des Kundenstamms langfristig hinsichtlich Kundengröße, -macht, -kooperationen etc. beschaffen sein?
➢ Welche Beziehungsnutzen können Kunden geboten werden?
➢ Mit welcher Strategie soll die Kundenpflege erfolgen?

Die Fragen verdeutlichen die drei *Gegenstandsbereiche* des strategischen Kundenpflegeprozesses, die sich in Entscheidungen über

(1) den Aufwand zur Kundenpflege im Vergleich zu demjenigen für die Gewinnung neuer Kunden („Wieviel?");
(2) die inhaltliche Ausrichtung der Kundenpflege durch zu setzende Ziele und durch Festlegung der zieladäquaten Kundenstruktur („Wohin?" und „Wen?");
(3) die grundsätzlich einzuschlagende Richtung zur Kanalisierung der Kundenpflegeaktivitäten („Wie?") manifestieren.

Als Konsequenz lässt sich der strategische Kundenpflegeprozess in die drei Teil-prozesse *„Pflegeausmaß* festlegen", *„Pflegefokus* bestimmen" und *„Pflegestrategie* festlegen" aufgliedern. Diese Prozesse führen zu Entscheidungen, die den Gestaltungsspielraum vorgeben, der wiederum durch die operativen Prozesse der Kundenpflege konkret auszufüllen ist. Sie werden nunmehr im Detail behandelt.

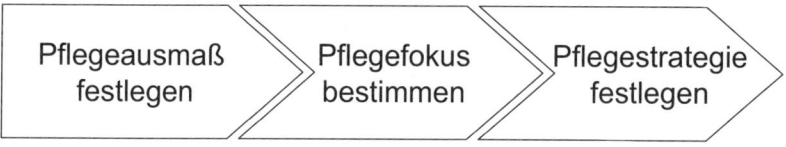

Abb. 8-1: Strategische Prozesse der Kundenpflege

8.2 Ausmaß der Kundenpflege festlegen

8.2.1 Gegenstand und Bedeutung

Bei der Festlegung des Ausmaßes der Kundenpflege ist vom Unternehmen zu entscheiden, welche finanziellen Ressourcen auf die Pflege der bestehenden Kun-den verwendet werden sollen. Eine der Grundhypothesen des Beziehungsmarke-ting ist, dass die Pflege bestehender Geschäftsbeziehungen im Vergleich zur Akquisition neuer Kunden (vgl. Kap. 6.2.1) weniger kostenintensiv ist (vgl. Reich-held/Sasser 1991). Daraus wird allgemein gefolgert, dass Unternehmen stärkeren Fokus auf die Kundenbindung legen sollten als auf die Neukundengewinnung. Empirische Studien haben inzwischen zwar gezeigt, dass gebundene Kunden u. U. sogar deutlich unprofitabler sein können als Neukunden (vgl. Reinartz/Kumar 2000, Kumar/Bohling/Ladda 2003). Dies liegt u. a. daran, dass auch bestehende Kunden in der Regel immer wieder für Folgetransaktionen zurückerobert werden müssen. In der überwiegenden Zahl der Fälle gilt, dass die positiven Effekte der Kundenbindung (Umsatz, Sicherheit und Ertrag) die „Re-Akquisionskosten" über-steigen.

Neben der Unsicherheit über die grundsätzliche Profitabilität von Kundenpflege-maßnahmen sind drei weitere Aspekte bei der Bestimmung des Pflegebudgets zu berücksichtigen: Erstens haben unsere Ausführungen zum Kundenlebenszyklus (vgl. Kap. 2.4.2.3) bereits gezeigt, dass der Kundenstamm der meisten Unter-nehmen eine bestimmte Mortalitätsrate aufweist, so dass ihm kontinuierlich neue Kunden zugeführt werden müssen. Zweitens sind nicht notwendigerweise alle Kunden an einer langfristigen Geschäftsbeziehung mit einem Anbieter interessiert (z. B. Variety Seeker). Drittens weisen auch Kundenpflegemaßnahmen ab einem bestimmten Punkt einen abnehmenden Grenznutzen für das Anbieterunternehmen auf, ab dem die noch erzielbaren Erlössteigerungen und Kostensenkungen durch die zusätzlichen Kosten der Kundenpflege übertroffen werden (vgl. Rust/Zahorik/Keiningham 1995).

Es ist somit eine Entscheidung über das für die Kundenpflege insgesamt einzusetzende Budget zu treffen. Diese Entscheidung ist von mindestens zwei Faktoren abhängig: Zum einen begrenzt die im Rahmen des Gesamtbudgets des Kundenmanagements für die Kundenakquisition bestimmte Summe die für die Kundenpflege verfügbaren Mittel (vgl. hierzu Kap. 6.2.3). Zum anderen sind die Kundenpflegeaktivitäten im strategischen Dreieck an den Ressourcen zu relativieren, die Wettbewerber einsetzen.

8.2.2 Einsatz des Kundenpflegebudgets

Die Selektion und Priorisierung besonders wertvoller Kunden gehören zu den Grundprinzipien des Beziehungsmarketing (vgl. Kap. 2.4.2.1). Dies bedeutet, dass nicht alle im Kundenportfolio eines Anbieters erfassten Geschäftsbeziehungen mit derselben Intensität gepflegt werden müssen und entsprechend auch unterschiedliche finanzielle Ressourcen in die einzelnen Kundenbeziehungen investiert werden sollten, um die Effektivität und Effizienz der Kundenpflege sicher zu stellen.

Die *Effektivität* der Kundenpflege ergibt sich aus zwei Aspekten: Zum einen ist der Kundenpflegeprozess effektiv, wenn dem Kunden diejenigen Pflegeleistungen geboten werden, die seinem Bedürfnisprofil entsprechen, die also zu Kundenzufriedenheit führen. Bspw. legen manche Kunden auf eine persönliche Betreuung durch den Anbieter Wert, wobei der menschliche Kontakt mit dem Kundenbetreuer mehr Bedeutung für die Kundenzufriedenheit hat als etwa das Ausmaß an Informationen, die dem Kunden kommuniziert werden. Allerdings ist die Kundenzufriedenheit doch nur ein Zwischenziel für die Erreichung des übergeordneten Anbieterziels der Kundenbindung und -ausschöpfung. Daher hängt die Effektivität des Pflegeprozesses auch von dem Grad der Zielerreichung des Anbieters ab, bspw. von der Erschließung von Cross-Selling-Potenzialen bei dem Zielkunden.

Anbieter müssen bei der Planung von Kundenpflegeprozessen analysieren, welche Teilprozesse tatsächlich zur Erreichung des übergeordneten Effektivitätsziels beitragen und welche Teilprozesse verzichtbar sind. Dabei haben solche Prozesse Priorität, die sowohl zu Kundenzufriedenheit führen als auch zur Zielerreichung des Anbieters beitragen. Dies wäre der Fall, wenn ein Kunde mit dem Besuch eines Events (z. B. des Golfturniers eines Lastwagenherstellers) sehr zufrieden war und anschließend eine Transaktion tätigt (z. B. einen Neuwagen kauft). Prozesse, die zwar nicht die Kundenzufriedenheit erhöhen, dennoch aber der Zielerreichung des Anbieters dienen (z. B. die Zusendung von Informationen per Email, die der

Kunde zwar lieber von einem Betreuer persönlich erhalten hätte, die ihn aber dennoch zum Abschluss einer Krankenversicherung veranlassen), sind ebenfalls effektiv. Problematisch sind solche Prozesse, die nicht zur Realisierung der Anbieterziele beitragen, unabhängig davon, ob der Kunde zufrieden ist (z. B. Einladungen zu Kundenevents, die aber keine Folgekäufe, Weiterempfehlungen o. Ä. bewirken).

Die *Effizienz* der Kundenpflege ist dann gegeben, wenn die Erreichung der gesetzten Kundenziele unter möglichst geringem Mitteleinsatz erfolgt. Dies bedeutet, dass erstens möglichst wenig Fehler in der Kundenpflege auftreten sollten. Ein Fehler wäre bspw. die Zusendung eines falschen Katalogs an einen Kunden, wodurch erneute Portokosten und Zeitverzögerungen bei der Kundeninformation entstehen. Zweitens sollten zeitliche Ressourcen optimal eingesetzt werden. Bspw. müssen Außendienstmitarbeiter darauf achten, Kundenbesuche nicht durch überflüssige Gespräche auszudehnen und anschließend weniger Zeit für den Besuch eines weiteren Kunden zu haben. Drittens ist auf Kostenwirtschaftlichkeit zu achten. So können bspw. durch Versendung elektronischer Kunden-Newsletter Portokosten gespart werden, wenn dem Kunden derselbe Informationsnutzen entsteht. Zur Optimierung der Kundenpflegeprozesse können vor diesem Hintergrund die schon in Kap. 6.2.2 für die Kundengewinnung unterschiedenen Gestaltungsoptionen der *Vereinfachung*, *Entpersonalisierung*, *Individualisierung* und *Eliminierung* eingesetzt werden.

8.2.3 Bestimmung des Kundenpflegebudgets

Ist man sich grundsätzlich über die Bedeutung der Kundenpflege im Verhältnis zur Kundengewinnung im Klaren (vgl. Kap. 6.2) und hat man identifiziert, welche Maßnahmen eine Realisierung der Kundenpflegeziele erlauben, kann das einzusetzende Budget bestimmt werden. Hierbei werden Budgets für die Bearbeitung einzelner Kunden oder klar abgegrenzter Kundengruppen ermittelt. Die Budgetierung ist ein Prozess der Erstellung und Zusammenfassung in Geldeinheiten quantifizierter Vorgaben für einen Planungszeitraum, dessen Ergebnis schriftlich fixiert wird. Es geht also darum, den Akteuren des Kundenmanagements (z. B. Außendienstmitarbeitern, Kundenbetreuern, vgl. Kap. 10) Ressourcen zuzuweisen, mit denen sie ihre Kundenpflegeprozesse bewältigen können, und hierdurch ihren Handlungsspielraum zu bestimmen.

Für die Bestimmung geeigneter Budgets existieren verschiedene Verfahren. Analytische Verfahren des *Operations Research* optimieren Budgets anhand vorgegebener Zielfunktionen. Allerdings haben sie in der Praxis wenig Bedeutung, da die zur Optimierung erforderlichen Daten i.d.R. nicht in ausreichendem Umfang und in hinreichender Qualität erhebbar sind. Daher behilft man sich mit verschiedenen Heuristiken.

➢ *Umsatz- oder gewinnorientierte Verfahren*: Bei diesen Verfahren wird das für die Kundenpflege verfügbare Budget als Prozentsatz einer ökonomischen Bezugsgröße, oftmals des Gewinns oder des Umsatzes, der in der Vorperiode mit einem Kunden (einer Kundengruppe) erzielt wurde, oder der entsprechend für die nächste Periode prognostizierten Größen, ermittelt. Problematisch ist hierbei die Prozyklizität: Bei sinkenden Umsätzen mit einem Kunden würden die Ausgaben für die Kundenpflege reduziert, anstatt zur Absicherung der Beziehung höhere Investitionen vorzunehmen.

➢ *Konkurrenzorientierte Verfahren*: Die Aufwendungen der Wettbewerber für die Pflege bestimmter Kunden(gruppen) dienen hier als Kriterium für die Budgetfestlegung, wobei die eigenen Aufwendungen paritätisch zum Wettbewerb, höher oder niedriger angesetzt werden können. Problematisch ist hier zum einen die Ermittlung der Wettbewerbsausgaben, da dessen Aktivitäten nur teilweise beobachtbar sind und die genauen Kosten pro Aktivität nicht bekannt sind. Allerdings kann man bspw. aus der Existenz eines Key Account Managers bei einem Wettbewerber auf eine ungefähre Gehaltsspanne für diese Funktion schließen. Ein weiteres Problem besteht darin, dass man bei diesem Verfahren eine Deckungsgleichheit der eigenen Ziele mit jenen der Wettbewerber unterstellt.

➢ *Zielorientierte Budgetierung*: In diesem Ansatz formuliert man zuerst die Ziele der Kundenpflege, leitet daraus im nächsten Schritt die erforderlichen Teilprozesse ab und ermittelt anschließend die durch die Prozesse anfallenden Aufwendungen. Bspw. würde das Ziel einer engeren persönlichen Bekanntheit mit wichtigen Entscheidern bei Großkunden durch die Organisation eines Kundenkongresses realisiert werden können. Die Aufwendungen für diese Kundenveranstaltung werden daher in das Kundenpflegebudget aufgenommen. Problematisch bei diesem Vorgehen ist, dass die wenigsten Unternehmen ohne Budgetrestriktionen arbeiten und daher Trade-Off-Entscheidungen zwischen verschiedenen Maßnahmen der Kundenpflege erforderlich werden. Um diese Entscheidungen rational treffen zu können, sind allerdings Kenntnisse der Effizienz (Kosten-Ertrags-Relationen) unterschiedlicher Kundenpflegeaktivitäten erforderlich, die in aller Regel nicht vorliegen.

➢ *Finanzorientierte Methode*: Hier wird das Budget für die Pflege der einzelnen Kunden(gruppen) als Residualgröße aller anderen Budgets ermittelt. Von den für eine Periode verfügbaren Eigenmitteln eines Unternehmens werden zunächst alle erforderlichen Aufwendungen anderer Funktionalbereiche oder Managementprozesse abgezogen. Bleiben danach noch finanzielle Mittel, werden diese für die Kundenpflege eingesetzt. Auch bei diesem Vorgehen ist problematisch, dass eine proaktive Kundenpflegepolitik, die durch Investitionen in Geschäftsbeziehungen höhere Cash-Flows in künftigen Perioden stimuliert, nicht möglich ist.

Unabhängig davon, wie das für die Kundenpflege einzusetzende Budget ermittelt wird, muss das Gesamtbudget anschließend auf einzelne Teilprozesse der Kundenpflege (z. B. Transaktionsmanagement oder Beschwerdemanagement) aufgeteilt werden. Hierbei kann die Bedeutung, die den einzelnen Teilprozessen zugemessen wird, als Entscheidungskriterium herangezogen werden. Bspw. können Unternehmen, die einen zu umfassenden Kundenstamm aufweisen und eher mit dem Problem konfrontiert sind, unrentable Kunden aus ihrem Portfolio eliminieren zu wollen, größeren Wert auf entsprechende Aktivitäten als auf Beschwerdemanagement legen. Zum anderen können bestimmte Verfahren zum Einsatz kommen, die eine Bemessung erforderlicher Teilbudgets erlauben, wie z. B. die Prozesskostenrechnung, bei der für einzelne Aktivitäten (z. B. Kundenbesuche) durchschnittliche Kostensätze pro Prozess aus Kostendaten der Vergangenheit gebildet werden (vgl. Mayer 1998). Durch die Schätzung der in der Planungsperiode zu erwartenden Prozessmengen können die Gesamtprozesskosten ermittelt werden. I. S. e. retrograden Budgetierung können, falls das verfügbare Budget für Kundenbesuche nicht ausreicht, entweder die Kostentreiber des Prozesses beeinflusst werden (z. B. Dauer eines Kundenbesuchs) oder aber alternative Prozesse (z. B. Telefonberatung) eingeplant werden.

8.3 Pflegefokus bestimmen

8.3.1 Gegenstand und Bedeutung

Der Kundenstamm, der vom Unternehmen zu pflegen ist, weist oftmals eine große Heterogenität auf. Er umfasst zudem i.d.R. Kunden in allen Phasen des Kundenlebenszyklus mit sehr unterschiedlichen Bedürfnissen, Kaufhistorien, Kundenwerten etc. Der zweite Teilprozess der Entwicklung der Kundenpflegestrategie befasst sich mit der Identifikation der grundsätzlichen Stossrichtung für die Maßnahmen, die bei einzelnen Kunden im Rahmen der Kundenpflege zu ergreifen sind. Vor dem Hintergrund des zur Kundenpflege verfügbaren Budgetrahmens gilt es nun erstens, i. S. d. Selektion die Geschäftsbeziehungen des Kundenstamms daraufhin zu analysieren, in welchem Ausmaß sie Kundenpflegeinvestitionen erfordern. Zweitens ist festzustellen, ob die Investitionen eher dem Ziel der Kundenloyalisierung oder dem Ziel der Kundenausschöpfung dienen sollen.

Die *Bedeutung* dieses Teilprozesses ergibt sich vor diesem Hintergrund aus zwei Überlegungen: Erstens reichen die im Rahmen des Budgetierungsprozesses für die Kundenpflege ermittelten finanziellen Mittel i.d.R. nicht aus, um alle Geschäftsbeziehungen im Kundenstamm mit derselben Intensität zu pflegen (*Ressourcenknappheit*). Zum zweiten kann dieselbe Investition in Kundenpflege in zwei unterschiedlichen Geschäftsbeziehungen zu zwei unterschiedlichen Wirkungen führen (*Ressourceneffizienz*). Aufgrund der Ressourcenknappheit sind daher stets solche Kundenpflegeinvestitionen zu priorisieren, die zu einem überlegen Input-Output-Verhältnis führen. Im Sinne des Beziehungsmarketing besteht der dabei relevante Output der Kundenpflege nicht in kurzfristigen Verkaufserfolgen beim Kunden, sondern in der langfristigen Optimierung der Rückflüsse aus einer Geschäftsbeziehung.

8.3.2 Festlegung des Pflegefokus im Kundenpflegeportfolio

Im Rahmen der Kundenpflege lassen sich zwei wesentliche Ziele unterscheiden: Zum einen muss die Kundenbeziehung zunächst stabilisiert werden. Durch Festigung des Commitment des Kunden zum Anbieter (dieses kann auch bei (noch) hoher Kundenpenetration niedrig sein!) wird insb. dem Sicherheitsziel des Beziehungsmarketing Rechnung getragen. Zum anderen soll das ökonomische Potenzial, das ein Anbieter bei einem Kunden maximal erobern könnte, möglichst umfassend erschlossen werden. Die hierfür erforderlichen Prozesse dienen der Erreichung des Umsatz- sowie des Ertragsziels des Marketing (vgl. Kap. 1.3.2.2). Der Kundenstamm eines Anbieters lässt sich in vielen Fällen anhand dieser beiden Ziele in einem Portfolio klassifizieren (Abb. 8-2), aus dem die wichtigsten Stossrichtungen abgeleitet werden können.

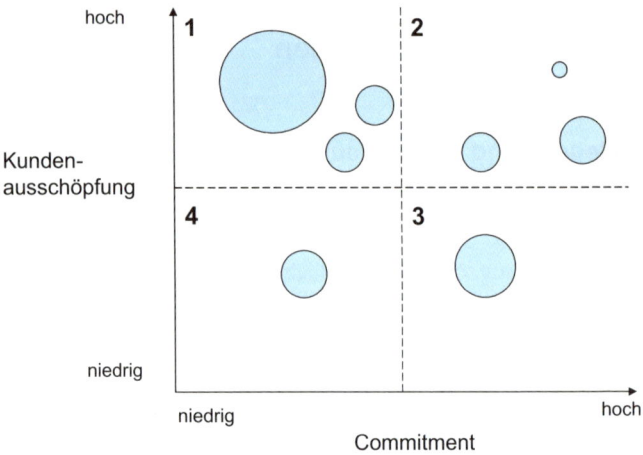

Abb. 8-2: Kundenpflege-Portfolio

Dabei kann zusätzlich die Bedeutung der Kunden (z.B. hinsichtlich Umsatz, Gewinn, Deckungsbeitrag oder anderer Treiber des Kundenwerts) abgetragen werden, indem die einzelnen Kunden als Kreise unterschiedlicher Größe dargestellt werden. In vielen Unternehmen werden Schlüsselkunden (sog. Key Accounts, vgl. Kap. 9.3.3.1) aufgrund ihres Umsatzanteils definiert. Portfolio-Quadranten, in denen sich besonders viele oder möglicherweise alle Schlüsselkunden befinden, erfordern daher besondere Aufmerksamkeit. Aus der Verteilung der Kunden über die vier Portfoliofelder sowie aus Ihrer Bedeutung lassen sich Handlungsanweisungen für die Fokussierung der Kundenpflegestrategie ableiten.

In jedem der vier Quadranten ergeben sich unterschiedliche Prioritäten für den Anbieter hinsichtlich der Kundenpflege.

➢ In *Quadrant 1* befinden sich Kunden, die der Anbieter zwar in hohem Maße penetriert hat, deren Commitment aber niedrig ist. Dies könnte z. B. der Fall sein, wenn Kunden nicht vertraglich gebunden sind, bei einem Wechsel des Lieferanten nur geringe Wechselkosten in Kauf nehmen müssten und auch keine emotionale Bindung an den Anbieter besteht. Es kann sich hier z. B. um früher emotional gebundene Kunden handeln, deren Kundenbetreuer aber das Anbieterunternehmen verlassen hat, und die daher zu unsicheren Kunden geworden sind, auch wenn sie aktuell noch hohe Bestellmengen aufweisen. Das Commitment könnte sich bspw. auch nach Beschwerden verringert haben, wenn diese aus Sicht des Kunden unbefriedigend bearbeitet wurden. Bei Kunden in diesem Quadranten liegt der Fokus der Kundenpflege auf der Sicherung und Erhaltung des aktuellen Umsatzes durch Intensivierung des Commitments. Folglich ist zu prüfen, über welche spezifischen Aktivitäten die einzelnen Kunden besser gepflegt werden können. Die aktuellen Kundenpflegeprozesse sind offenbar nicht ausreichend, um eine echte Kundenbindung zu erzielen.

➢ In *Quadrant 2* finden sich Kunden, die sowohl hohes Commitment aufweisen als auch stark penetriert sind. Diese sind insofern die am einfachsten zu pflegenden Kunden, als keine akute Bedrohung für die Geschäftsbeziehung besteht, zumindest dann, wenn das Commitment emotional untermauert ist und nicht alleine auf einer vertraglichen oder technischen Bindung beruht. Wichtig ist es hier für den Anbieter, das aktuelle Leistungsniveau für den Kunden zu erhalten. Die Kundenpflegeprozesse bedürfen kurzfristig keiner Ergänzung oder Modifikation. Entsprechende Investitionen erbrächten im Verhältnis zu einem Einsatz bei Kunden in anderen Quadranten geringere Grenzerträge. Für die Zukunftssicherung ist es jedoch sinnvoll, ein „Frühwarnsystem" zu führen, das es dem Kundenbetreuer erlaubt zu erkennen, wenn sich die Bedürfnisse des Kunden in Hinblick auf die Kundenpflege verändern. Eine solche Früherkennung ist umso wichtiger, je mehr Schlüsselkunden sich in diesem Portfolio-Quadranten befinden.

➢ Die Kunden in *Quadrant 3* weisen hohes Commitment zum Anbieter auf. Ihre Ausschöpfung i. S. d. Kundenpenetration ist aber noch gering. Hierbei kann es sich entweder um neu akquirierte Kunden handeln, die sich bspw. im Systemgeschäft durch Kauf einer Grundkomponente, die in Zukunft durch weitere Systemkomponenten ergänzt werden kann, durch die Wahl der Technik des Anbieters faktisch an diesen gebunden haben. Insofern liegt der Fokus der Kundenpflege in der Folge auf der Ausschöpfung des ökonomischen Potenzials dieses Kunden. Es kann sich aber auch um Kunden handeln, die bereits seit langem bei dem Anbieter kaufen und eine emotionale Bindung aufweisen, deren Potenzial sich aber erst kurzfristig durch Veränderungen des eigenen Geschäftes erweitert hat, bspw. durch Fusionen bzw. Akquisitionen des Kunden (externes Wachstum) oder durch die Erschließung neuer Geschäftsfelder (internes Wachstum). Kauft bspw. ein Automobilhersteller einen Konkurrenten auf, so ergeben sich für die Zulieferer neue Potenziale bei dem Kunden, zumindest sofern sie bislang den aufgekauften Konkurrenten noch nicht belieferten.

➢ In *Quadrant 4* befinden sich schließlich Kunden mit geringem Commitment, die vom Anbieter bislang auch noch nicht penetriert sind. Grundsätzlich sind daher sowohl die Bindung als auch die Penetration des Kunden sinnvolle Ziele der Kundenpflege. Ob Investitionen in die Pflege einzelner oder aller Kunden in diesem Quadranten sinnvoll sind und ob der Fokus stärker auf der Bindung des Kunden oder auf der Ausschöpfung seiner Potenziale liegen sollte, hängt insb. von dem Kundenwert ab. Bei Neukunden, die gerade erst akquiriert wurden, ist es oftmals natürlich, dass sie sich zunächst in diesem Quadranten befinden. Bei entsprechendem Kundenwert sind daher Investitionen in beide strategischen Prozesse sinnvoll. Handelt es sich hingegen um bereits seit langem existierende Kunden, bei denen bereits zahlreiche Versuche einer Steigerung der Ausschöpfung oder einer Intensivierung des Commitments unternommen wurden, wird i.d.R. eine Investition in Kundenpflegeprozesse nicht sinnvoll sein. Stattdessen ist zu überlegen, ob nicht der operative Prozess der Beziehungsbeendigung (vgl. Kap. 7.5) eingeleitet werden sollte.

Deutlich wird, dass das Kundenpflege-Portfolio nicht dazu herangezogen werden sollte, generelle Strategien für alle Kunden eines Quadranten zu bestimmen. Stattdessen muss für jeden Kunden individuell anhand seiner Beziehungshistorie und seines noch realisierbaren Kundenwerts geprüft werden, auf welcher strategischen Stossrichtung der Fokus in Zukunft liegen sollte.

8.4 Pflegestrategie festlegen

8.4.1 Grundlagen

Aufbauend auf der Festlegung des Kundenpflegefokus kann nun die strategische Ausrichtung der Kundenpflegeprozesse bestimmt werden. Sie beinhaltet grundsätzliche Handlungsrichtlinien für die operative Bearbeitung des Kundenstamms. Diese Handlungsrichtlinien müssen hinreichend konkret formuliert sein, um eine Steuerungs- und Koordinationsfunktion für die operativen Prozesse bieten zu können. Andererseits sollten sie ausreichend flexibel gestaltet sein, um in Ausnahmesituationen auf besondere Kundenbedürfnisse angemessen reagieren zu können.

Auf Basis der Kundenpflege-Portfolio-Analyse sind unterschiedliche Vorgehensweisen bei der Strategiegestaltung für den Kundenstamm denkbar. Zum einen können aus dem gesamten Kundenstamm diejenigen Kunden selektiert werden, die ausreichende Bedeutung haben, um mit Maßnahmen der Kundenpflege bearbeitet zu werden, während die anderen Kunden ohne besondere Investitionen weitergeführt werden. Für die selektierten Kunden hingegen wird eine inhaltlich einheitliche Kundenpflegestrategie definiert. Ein solches Vorgehen bietet sich u. a. an, wenn die finanziellen Ressourcen des Unternehmens sehr knapp sind und es große Unterschiede in der Kundenbedeutung gibt, bspw. weil (i. S. d. ABC-Analyse, vgl. Kap. 10) sehr wenige große Kunden mit hoher Umsatzbedeutung sehr vielen, aber unattraktiven Kunden gegenüber stehen.

In vielen Fällen wird es aber so sein, dass dem Anbieter erstens ausreichend Mittel zur Verfügung stehen und dass die Kundenstruktur hinreichend heterogen ist, um mehrere strategische Optionen zu formulieren, die jeweils auf bestimmte Kunden (gruppen) angewendet werden. Dies ist insofern sinnvoll, als eine standardisierte Pflegestrategie einem Grundprinzip des Beziehungsmarketing, der Individualisierung der Kundenbearbeitung, widerspricht. Zudem existiert eine Vielzahl von Instrumenten, die zur Umsetzung unterschiedlicher Prinzipien des Beziehungsmarketing einsetzbar sind, so dass auf strategischer Ebene ein Differenzierungsspielraum besteht.

8.4.2 Gestaltungsalternativen

Hat das Unternehmen die Zielgruppe(n) der Kundenpflege festgelegt, muss die Kundenpflegestrategie konkret fixiert werden. Die inhaltliche Gestaltung der Kundenpflegestrategie(n) kann sich an verschiedenen Ankerpunkten orientieren.

(1) Ein erster Fokus sind die unterschiedlichen *Nutzenerwartungen der Kunden* in einer Geschäftsbeziehung. Nach einer empirisch abgesicherten Typologie (vgl. Hennig-Thurau/Gwinner/Gremler 2000) lassen sich bspw. Vertrauensnutzen, sozialer Nutzen sowie ökonomischer Nutzen in Geschäftsbeziehungen unterscheiden. Jeder dieser Nutzenaspekte bietet Ansatzpunkte für entsprechende Anbieterstrategien.

> ➤ Im Rahmen einer *Vertrauensstrategie* unternimmt der Anbieter Aktivitäten, die darauf abstellen, die vom Kunden wahrgenommene Unsicherheit zu reduzieren. Hintergrund dafür ist die Tatsache, dass mangelndes Vertrauen aufgrund von Risikowahrnehmungen für den Kunden Transaktionskosten verursacht (vgl. Kap. 2.2.3). Gelingt es einem Anbieter, das Vertrauen eines Kunden zu gewinnen, so schafft er eine Wechselbarriere und er sichert die Geschäftsbeziehung zu dem Kunden ab. Ein Anbieterwechsel würde für den Kosten zunächst zu erneuter Unsicherheit führen und somit Kosten verursachen. Die Konkretisierung der Vertrauensstrategie kann über verschiedene Maßnahmen erfolgen, so z. B. über eine große Offenheit bei der Kommunikation mit dem Kunden, in deren Rahmen zahlreiche Informationen, etwa die Produktionskosten des Herstellers, offen gelegt werden, oder aber der Einsatz von Garantien, die das Verlustrisiko eines Kunden senken, falls die Qualität der Leistungen eines Anbieters nicht stimmt.
>
> ➤ Strategien der *sozialen Nutzenstiftung* setzen an den menschlichen Bedürfnissen der Wertschätzung und des Zugehörigkeitsgefühls an (vgl. auch Diller 2000b). Sie zielen darauf ab, eine emotionale Bindung des Kunden an den Anbieter zu bewirken, indem der Kunde bspw. im Rahmen eines *Kundenclubs* „organisiert" wird und somit zum einen eine größere Nähe zum Anbieter aufbaut, zum anderen der Kunde mit anderen Kunden „vernetzt" wird, etwa im Rahmen von sog. *Virtual Communities*, die sich im Internet über ihre Erfahrungen mit dem Anbieter austauschen, Tipps zur Verwendung der Produkte des Anbieters geben oder gar untereinander Treffen veranstalten, bei denen die Leistungen des Unternehmens im Mittelpunkt stehen (z. B. VW Beatle Treffen). Zur emotionalen Bindung kann es auch kommen, wenn Kunden besonders zuvorkommend behandelt werden, etwa durch exklusive Einladungen zu Veranstaltungen (Opernabende, Konzerte, Reisen etc.) oder im Rahmen sog. *VIP-Clubs*. Dabei handelt es sich um Kundenclubs, zu denen lediglich ausgewählte Kunden Zugang haben, und die den Kunden besondere Leistungen bieten, z. B. die Nutzung von Lounges in Flughäfen.

> Strategien des *ökonomischen Vorteils* versuchen Kunden über die Gewährung tangibler monetärer oder sachlicher Vorteile zum Wiederkauf bei einem Anbieter zu bewegen. Der ökonomische Vorteil kann dabei entweder an Bedingungen gebunden sein, z. B. Mindestabnahmemengen oder Mindesttransaktionszahlen. Im Rahmen derartiger Strategien werden Kunden bspw. Rabatte oder Boni geboten, oftmals in Verknüpfung mit einer Kundenkarte, auf der die Transaktionen des Kunden mit dem Anbieter gespeichert werden. Der ökonomische Vorteil kann aber auch unabhängig von der Erfüllung bestimmter Kriterien erfolgen, z. B. weil sich die Geschäftspartner seit langem kennen.

Neben diesen strategischen Alternativen lassen sich noch weitere Konzepte formulieren, die an weiteren, über die Kategorien von Hennig-Thurau/Gwinner/Gremler hinaus gehenden Nutzenarten ansetzen. Beispiele hierfür wären:

> *Informationsstrategien*: Diese setzen an den Informationsbedürfnissen zahlreicher Kunden an und zielen auf die regelmäßige Versorgung von Kunden mit aktuellem Wissen zu den Leistungen des Anbieters und deren Umfeld ab. Hier wäre bspw. der Einsatz von Kundenzeitschriften, elektronischen Newslettern, Messen etc. zu nennen. Eine besondere Rolle spielt das Internet, das es dem Anbieter ermöglicht, zeitnah und ausführlich Neuigkeiten, Trends, Änderungen usw. zu kommunizieren, bspw. über personalisierte Homepages für Großkunden individuell Informationen zu geben. Bedeutend ist im Rahmen von Informationsstrategien insb. die Gestaltung von Dialogketten mit Kunden, die auf eine Aufrechterhaltung der Interaktion abstellen, auch wenn über einen längeren Zeitraum keine Transaktion durchgeführt wird, wie dies auf vielen Industriegütermärkten, z. B. im Kraftwerks-, Eisenbahn- oder Staudammgeschäft der Fall ist. Die Kommunikation in einer Geschäftsbeziehung hat einen wesentlichen Einfluss auf die Beziehungsqualität (vgl. Ivens 2004a).
> *Integrationsstrategien* setzen nicht an den soziologischen oder psychologischen Bedürfnissen der Kunden an, sondern an deren technischen Fähigkeiten und Interessen. Im Rahmen der Customer Integration werden Kunden mit besonderem Know-how in die Entwicklung neuer Leistungen des Anbieters eingebunden. Durch das Einbringen ihrer eigenen Erfahrungen helfen sie einerseits dem Anbieter. Sie profitieren jedoch andererseits von den besser auf ihre Bedürfnisse zugeschnittenen Gütern.
> *Individualisierungsstrategien* setzen auf eine Anpassung der Leistung an die Kundenbedürfnisse. Anbieter verzichten somit auf Economies of Scale und setzen auf höhere Erträge. Die Individualisierung kann sich auf Potenziale beziehen (z. B. Einsatz von Spezialmaschinen, Ausbildung von Mitarbeitern speziell für die Kooperation mit dem Kunden), auf Prozesse (z. B. besondere Beschaffungs-, Herstellungs- oder Belieferungsprozesse) oder auf die Leistungsergebnisse (Produkte und/oder Dienstleistungen). Eine besondere Form der Individualisierung ist der Flexibilität (vgl. Ivens 2004b). Hierbei handelt es sich um eine nachträgliche Anpassung ursprünglicher Absprachen an die Bedürfnisse des Kunden. Sie ist dann ein Thema, wenn Kunde und Anbieter eine Übereinkunft getroffen haben, der Kunde aber Veränderungen daran wünscht.

Der Einsatz dieser verschiedenen strategischen Konzepte der Kundenpflege schließt sich nicht gegenseitig aus. Vielmehr sind sie als komplementäre Bausteine einer Kundenpflegestrategie interpretierbar, die in Abhängigkeit von der Position des Kunden im Kundenpflege-Portfolio modular gestaltbar ist.

(2) Neben den Nutzenerwartungen der Kunden können auch die *Ziele des Anbieters* im Fokus der Strategieformulierung stehen. Hier sind insb. Sicherheit, Umsatz und Gewinn relevant (vgl. Kap. 2.4.2.4.5). Während die oben bereits beschriebenen strategischen Bausteine der Kundenpflege auf die Bindung von Kunden abzielen, und somit eine Realisierung des Sicherheitsziels erlauben, sind daneben strategische Prozesse zur Ausschöpfung des ökonomischen Potenzials des Kunden erforderlich.

> ➤ Bei der ersten Variante, der *Penetrationsstrategie*, ist es das Ziel des Anbieters, den *Anteil am gesamten Beschaffungsvolumen eines Kunden für ein Produkt*, den er selber deckt, zu steigern. Im Maximalfall beträgt die Penetrationsrate 100%. In diesem Fall deckt der Kunde seinen gesamten Produktbedarf pro Periode bei einem einzigen Anbieter. Sowohl von Konsumgüter- als auch von Industriegüter- und Dienstleistungsmärkten ist jedoch bekannt, dass Kunden ihre Beschaffung oftmals nicht auf einen einzigen Anbieter konzentrieren. Die Gründe hierfür können rational und geplant sein, wie etwa die Vermeidung von Lieferantenabhängigkeit durch die Beschaffung von mindestens zwei Bezugsquellen, sie können aber auch in eher situativen Faktoren liegen, wie Impulskäufen oder auch Lieferproblemen eines Anbieters aufgrund kurzfristiger Bestellungen durch den Kunden. Liegt die Penetrationsrate unter 100% und äußert der Kunde keine prinzipiellen Bedenken gegen eine Ausweitung seiner Bedarfsdeckungsquote bei einem Anbieter, so bietet sich hier ein erster Ansatzpunkt für die Erschließung des (aus Anbietersicht) ökonomischen Nutzenpotenzials des Kunden. Anreize für eine Steigerung des Beschaffungsvolumens bei einem Anbieter können zum einen in der Qualität der eigentlichen Leistung oder in der Vereinfachung der Bestellung bzw. der Belieferung liegen. Zum anderen lassen sich auch preisliche Anreize setzen, bspw. über entsprechende Konditionensysteme mit Mengenrabatten oder Boni, die für den Kunden eine Reduzierung des Stückpreises pro bezogener Leistungseinheit zur Folge haben.
> ➤ Die zweite Variante, der *Erhöhung des Preises* der an den Kunden verkauften Leistungen im Zeitablauf bei zugleich weitgehend *unveränderter Kostenstruktur*, gründet auf einem der fundamentalen Argumente der Verfechter des Beziehungsmarketing. Sie gehen davon aus, dass Unternehmen, die in der Lage sind, durch Effekte der Interaktion, Individualisierung und Integration Kunden an sich zu binden, mittelfristig höhere Preise gegenüber ihren Kunden durchsetzen können. Dieses Argument fußt in der Annahme, dass die Bindung der Kunden ihre Wurzeln in einer positiven Nutzen-Kosten-Beurteilung des Leistungsangebotes des aktuellen Anbieters hat, dass er also bspw. die Leistungsqualität als dem Wettbewerb überlegen ansieht. Im Gegenzug für dieses Leistungspremium sollte der Kunde daher bereit sein, im Vergleich zu Wettbewerbsangeboten ein Preispremium zu bezahlen. Das Preispremium dürfte dabei maximal ebenso groß sein wie das Leistungspremium. Problematisch an der Hypothese, gebundene Kunden würden ein preislich eingefordertes Nutzenprämium akzeptieren, ist, dass die Kundenperspektive dabei

nur partiell erfasst wird. So sind sich viele Kunden durchaus der Tatsache bewusst, dass auch Anbietern aus Kundenbindung Nutzen entstehen, bspw. geringere Ausgaben für die Informationssammlung über potenzielle Neukunden, für die Ansprache sowie für die Gewinnung neuer Kunden. Zudem verschaffen Kunden, die regelmäßig bei demselben Anbieter beschaffen, diesem eine erhöhte Planungssicherheit. Im Gegenzug zu all diesen Anbieternutzen könnte der Kunde für die Notwendigkeit einer Preisreduktion im Zeitablauf argumentieren.

➤ Die dritte Variante, das sog. *Up-Selling*, beinhaltet eine Kundenpolitik, die darauf abzielt, Kunden im Laufe des Kundenlebenszyklus nicht immer dasselbe Modell zu verkaufen, sondern nach und nach besser ausgestattete Varianten abzusetzen, mit denen der Anbieter höhere Deckungsbeiträge erzielen kann. Hierdurch wird der Kunde im Idealfall von niedrigpreisigen Einstiegsmodellvarianten durch die Ebenen des Sortiments eines Anbieters nach oben geführt. Beispielhaft kann dies an den Modellreihen der Automobilhersteller nachvollzogen werden (z. B. Volkswagen, BMW, Mercedes). Diese beginnen bei relativ preisgünstige Kleinwagen für Singles oder Paare als Einstiegsmodelle (z. B. VW Lupo, VW Polo). Schreitet ein Kunde in seinem Lebenszyklus voran, kann der Anbieter ihm Mittelklassewagen für ein gesteigertes Budget, mit höherwertigen Qualitätsmerkmalen und größerem räumlichen Angebot für Passagiere und Gepäck bieten (z. B. VW Golf, VW Passat, VW Sharan). Für Kunden mit nochmals höherem Budgetlimit und zugleich höheren Qualitäts- oder Raumansprüchen werden dann Oberklassefahrzeuge angeboten (z. B. VW Phaeton). Im Gegensatz zu Penetrations- oder Preiserhöhungsstrategien setzen Up-Selling-Strategien ein preis- und leistungsmäßig gestaffeltes Sortiment für einen Bedarfsbereich voraus.

➤ Alle bislang diskutierten strategischen Alternativen der Ertragserhöhung beziehen sich auf eine bestehende Leistungsart. Daneben hat der Anbieter auch die Möglichkeit, den Kunden zu *Verbundkäufen* zu stimulieren. Unter Verbündkäufen sind solche Käufe zu verstehen, bei denen Leistungen gemeinsam bezogen werden, die aus verschiedenen Leistungsbereichen stammen. Dieses Vorgehen wird auch als *Cross-Selling* bezeichnet. Der Kunde soll also dazu veranlasst werden, zusätzlich zu der Einstiegsleistung weitere Leistungen zu beziehen, die keine Substitute für erstere darstellen (vgl. Homburg/Schäfer 2003, S. 168). Der Absatz der Zusatzleistungen kann zeitlich versetzt oder zeitgleich mit der Einstiegsleistung stattfinden. Bspw. können Automobilkunden der Hersteller wie etwa VW, BMW oder Mercedes auch Finanzierungsangebote für den Autokauf, Versicherungsleistungen, Wartungsverträge etc. angeboten werden. Der Erfolg von Cross-Selling-Strategien hängt von verschiedenen Faktoren ab. Wesentliche Einflussgrößen sind dabei zum einen die Sortimentsstrategie des Anbieters (die Breite des Leistungsprogramms bestimmt seine Cross-Selling-Möglichkeiten), zum anderen die Motivation und die Fähigkeit der Mitarbeiter, Kunden zum Cross-Buying zu bewegen. Allerdings ist die Grenze, ab der von Cross-Selling zu sprechen ist, nicht immer einfach zu determinieren, insb. weil teilweise unter derselben Marke sehr heterogene Sortimente vertrieben werden. Ansatzpunkte für eine Grenzziehung wären einerseits Produktionsmerkmale, z. B. bei Erstellungsverbund bei der Kuppelproduktion. Oder aber man setzt am Kaufverhalten der Kunden an und betrachtet durchschnittliche Warenkörbe. Solche Produkte, die üblicherweise gemeinsam beschafft werden, gelten dann noch nicht als Cross-Selling-Leistungen (vgl. Cornelsen 2000, S. 174 f.).

Auch bei den hier vorgestellten strategischen Konzepten der Kundenausschöpfung handelt es sich um Module, die ggf. bei einem einzigen Kunden parallel oder sukzessive eingesetzt werden können, während für eine andere Kundenbeziehung gänzlich andere strategische Bausteine zur Anwendung kommen.

(3) Ein dritter Ausgangspunkt für die Bestimmung der Kundenstrategie setzt an den Dimensionen des *Wertmanagements* (vgl. Kap. 1.2.1) an. Grundsätzlich existieren aus Wertmanagementperspektive zwei wesentliche strategische Dimensionen zur Gestaltung von Geschäftsbeziehungen (vgl. Gosh/John 1999, Ivens 2002):

➢ Bei der *Wertschöpfung* (Value Creation) muss der Anbieter entscheiden, welchen Input er in die Schaffung von Nutzen für einen Kunden leisten will. Wert entsteht für den Kunden einerseits durch das Produkt selber. Allerdings stiften auch zahlreiche Verhaltensweisen des Anbieters dem Kunden Nutzen, aus Sicht der Relational Contracting Theory (vgl. Kap. 2.2.5) etwa die *Flexibilität*, das *Informationsverhalten*, die *Rollenintegrität* oder die *Solidarität* mit dem Kunden in Krisensituationen. Wertschöpfungsanstrengungen des Anbieters beeinflussen die vom Kunden wahrgenommene Beziehungsqualität positiv (vgl. Ivens 2004c).

> Die Firma Dell verfolgt eine Wertschöpfungsstrategie, die mehrere Komponenten umfasst. Im Pre-Sales-Consulting werden den Geschäftskunden Value Adding Services geboten (z. B. ROI-Analysen für die beschaffenden Geräte oder die Evaluation von Applikationen), beim Erwerb bietet Dell u. a. flexible Finanzierungsmöglichkeiten und die Einrichtung der bereits beschriebenen Premier Pages (vgl. Kap. 1.3.1.2), für Up-Grades stehen über den Lebenszyklus hinweg unkomplizierte Verfahren zur Verfügung und am Ende der Lebensdauer des Systems wird ein Asset Recovery Service angeboten. Die Betreuung der Kunden durch Account Teams aus Technik-, Produkt-, Service- und Projektexperten bietet ein umfassendes Kompetenz-Mix. Durch Konfiguration und Test der Produkte noch vor Auslieferung durch Dell kann der Kunden sein System sofort in Betrieb nehmen.

➢ Auf Seite der *Werteinforderung* (Value Claiming) ist zu bestimmen, wie der Anbieter dafür sorgen will, seinen „Teil des Kuchens" zu sichern. Auch hier kann der Anbieter unterschiedliche Verhaltensweisen zeigen, etwa hinsichtlich seines *Monitoring der Inputs* des Kunden, in Bezug auf seinen *Machteinsatz* in der Geschäftsbeziehung oder aber bei der *Lösung von Konflikten*.

Aus diesen beiden Dimensionen lässt sich ein strategisches Portfolio entwerfen (vgl. Abb. 8-3), in das der Anbieter Kundenbeziehungen hinsichtlich seines geplanten Kundenpflegestils (Beziehungsstil, vgl. Ivens 2002) einordnen kann.

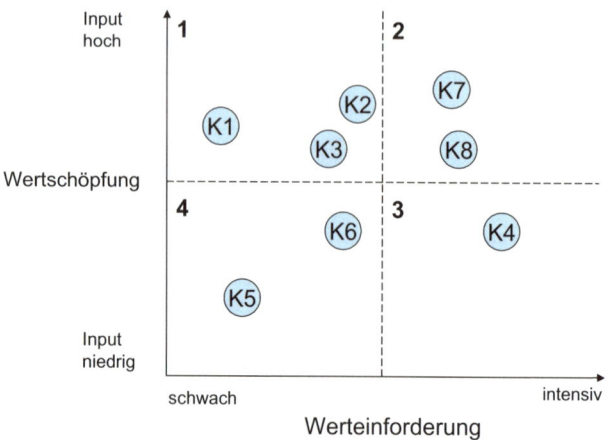

Abb. 8-3: Wertmanagement-Portfolio

Bspw. ist der Anbieter in der Geschäftsbeziehung mit Kunde K1 relativ stark engagiert, Wertschöpfung zu generieren. Kommt es zu Konflikten, so setzt er hingegen keine Macht ein um diese zu lösen, sondern bemüht sich, eine gütliche Lösung mit dem Kunden zu finden. Gegenüber Kunde K4 hingegen sind die Wertschöpfungsanstrengungen eher schwach ausgeprägt, dafür wird die Beziehung einem intensiven Monitoring unterworfen und bei Konflikten kommen formale Lösungsmechanismen zur Anwendung.

Die Wahl der individuellen Beziehungsstrategie wird hier sowohl von beziehungsinternen als auch -externen Einflussfaktoren geleitet. Zum Beispiel hat das Machtpotenzial des Anbieters einen Einfluss darauf, wie sein Werteinforderungsverhalten gegenüber dem Kunden gestaltbar ist. Aber auch die Aktivitäten des Wettbewerbs hinsichtlich Wertschöpfungs- und Werteinforderungsdimensionen sind bei der eigenen Strategiewahl zu berücksichtigen.

Eine Studie von Ivens (2002) ergab, dass Unternehmen in der Tat unterschiedliche Beziehungsstile anwenden. Die Ergebnisse zeigten auch, dass eine Kombination aus starken Wertschöpfungsanstrengungen einerseits und eher harter Position bzgl. der Werteinforderung („Hart-aber-herzlich-Stil") von den Kunden als angemessen akzeptiert wird. Die entsprechend behandelten Kunden zeigten im Vergleich zu Kunden, denen gegenüber andere Stile zum Einsatz kommen, deutlich höhere Vertrauens-, Commitment- und Zufriedenheitswerte in der jeweiligen Geschäftsbeziehung.

Mit der Wahl einer konkreten Kundenpflegestrategie endet der hier beschriebene Prozess. Die gewählte Strategie bildet den Rahmen für die Gestaltung der operativen Kundenpflegeprozesse. Aus ihr werden die Ziele für die Abwicklung von Transaktionen, die Bindung der Kunden, die Bearbeitung von Beschwerden, die Rückgewinnung von Kunden sowie die Beendigung von Beziehungen abgeleitet.

Verständnisfragen zu Kapitel 8

1. Diskutieren Sie, ob die Kundenpflege das Ziel des Kundenmanagements darstellt oder eher Mittel in einer Mittel-Ziel-Beziehung darstellt.
2. Kann man im Rahmen der Kundenpflege von einer „Notwendigkeit zur ständigen Wiedereroberung" der Kunden sprechen? Welche Kosten fallen im Rahmen der Re-Akquisition an?
3. Stimmen Sie der These zu, dass die Kundenpflegestrategie effektiv ist, wenn Kunden zufrieden sind?
4. Stellen Sie die Probleme konkurrenzorientierter Budgetierungsverfahren im Kundenmanagement dar!
5. Beschreiben Sie zwei unterschiedliche Typen von Kunden, die im Kundenpflege-Portfolio einerseits durch hohes Commitment, zugleich aber durch niedrige Kundenpenetration gekennzeichnet sind! Denken Sie dabei an Aspekte wie z. B. die Dauer der bisherigen Kundenbeziehung.
6. Suchen Sie praktische Beispiele für den Einsatz einer Strategie des ökonomischen Vorteils! Prüfen Sie dabei, inwiefern weitere der Ihnen bekannten Strategiemodule, die an Kundennutzenkategorien ansetzen, mit der Strategie des ökonomischen Vorteils gemeinsam angewendet werden!
7. Erläutern Sie für einen Computerhersteller (wie z. B. die Firma Dell), welche Argumente für die Realisierbarkeit eines Bindungspremiums der Kunden sprechen und welche Argumente für die Notwendigkeit eines Bindungsrabatts. Gehen Sie dazu auf die Internetseite von Dell (www.dell.com), um sich über Leistungsangebot und Geschäftsprinzip der Firma zu informieren!
8. Von welchen Faktoren hängt die Erfolgswahrscheinlichkeit einer Cross-Selling-Strategie ab? Schildern Sie Ihre Überlegungen am Beispiel der Geschäftsbeziehung zwischen einem Automobilhersteller (z. B. Volkswagen, Porsche) und einem Autovermietungsunternehmen (z. B. Sixt, Europcar)! Informieren Sie sich über die gesamte Breite der Leistungspalette der Automobilhersteller auf den einschlägigen Internetseiten!
9. Diskutieren Sie, unter welchen Umständen ein Anbieter sich in einer Kundenbeziehung für die Anwendung eine Kombination aus geringen Wertschöpfungsanstrengungen und sehr striktem Werteinforderungsverhalten entscheiden wird!

Teil III: Prozessmanagement des Kundenmanagements

Der dritte Teil dieses Buches gilt dem Prozessmanagement in Verkauf und Kundenmanagement. Wir bewegen uns damit nicht mehr auf der Ebene der Verkaufsprozesse selbst, sondern auf der Metaebene der betriebswirtschaftlichen Steuerung dieser Prozesse. Wie im Einleitungskapitel (1.3.2) schon im Überblick dargestellt wurde, geht es hierbei um eine Diskussion der verschiedenen Möglichkeiten der Organisation (Kap. 9), des Controlling (Kap. 10), der IT-Unterstützung (Kap. 11) sowie der Mitarbeiterführung im Kundenmanagement (Kap. 12). Unsere prozessorientierte und damit effizienzorientierte Sichtweise des Themas findet gerade in diesem, eigentlich „klassisch" betriebswirtschaftlichen, aber dennoch in der einschlägigen Marketingliteratur oft vernachlässigten Problemfokus ihre besondere Berechtigung.

Ein einführendes Lehrbuch wie das vorliegende kann dabei allerdings nicht alle diesbezüglich relevante Überlegungen detailliert ausbreiten. Immerhin sollen dem an der betriebswirtschaftlichen Durchdringung der Problematik interessierten Leser aber die Optimierungsaufgabe und die Optimierungsansätze deutlich gemacht werden, die etwa einem Verkaufsleiter heute geläufig sein müssen, um als professioneller Manager seines Aufgabenfeldes erfolgreich zu sein. Die bewusst zahlreichen weiterführenden Literaturverweise mögen dann dazu dienen, den einen oder anderen Aspekt noch tiefer zu durchdringen, wenn dafür Interesse besteht.

Kapitel 9: Organisation des Kundenmanagements

In diesem Kapitel diskutieren wir die optimale Organisation des Kundenmanagements. Dazu geben wir zunächst einen Überblick über die organisatorischen Gestaltungsdimensionen und erläutern anschließend die bei der Organisation zu beachtenden Ziele. Im Abschnitt 9.2 werden dann verschiedene Strukturierungsmöglichkeiten der Kundenmanagement-Funktionen vorgestellt und gegeneinander abgewogen. Dies gibt gleichzeitig Gelegenheit, die vielfältigen internen und externen Organe des Kundenmanagements („Verkaufsorgane") zu erläutern, die zu einem effektiven und effizienten System zusammenzufügen sind. Im dritten Abschnitt widmen wir uns schließlich einem besonders wichtigen organisatorischen Teilbereich der Kundenmanagement-Organisation, nämlich dem Außendienst, und dessen spezifischen Strukturierungsmöglichkeiten nach regionalen, produkt- oder kundenorientierten Kriterien. Dabei kommt auch das Key-Account-Management als eigentlich über die organisatorische Zielsetzung weit hinausreichendes strategisches Kundenmanagement-Konzept zur Sprache.

9.1 Grundfragen der Verkaufsorganisation

9.1.1 Gestaltungsdimensionen der Verkaufsorganisation

Die Fülle und Komplexität der in den vorangegangenen Kapiteln beschriebenen Aufgaben bzw. Prozesse erzwingen selbst in kleinen Unternehmen bereits eine *Arbeitsteilung* und damit organisatorische Regelungen darüber, wer unter wessen Leitung in welcher Form und Standardisierung für die Aufgabenerfüllung zuständig ist und wie die dabei auftretenden Schnittstellen zwischen den Aufgabenträgern bewältigt werden sollen. Damit lassen sich sechs Gestaltungsdimensionen der Verkaufsorganisation unterscheiden, die z. T. bereits an anderer Stelle dieses Buches schon erörtert wurden bzw. bei Behandlung der Führungsprobleme wieder aufgegriffen werden (vgl. Hinweise in Abb. 9-1):

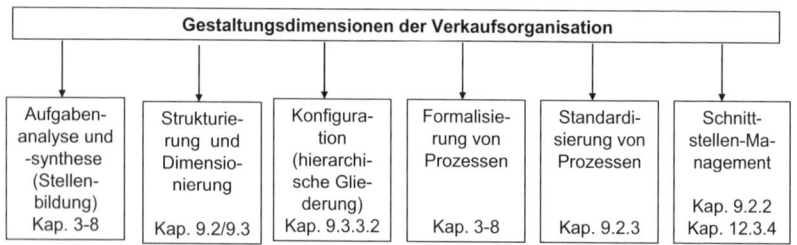

Gestaltungsdimensionen der Verkaufsorganisation					
Aufgaben-analyse und -synthese (Stellen-bildung) Kap. 3-8	Strukturie-rung und Dimensio-nierung Kap. 9.2/9.3	Konfigura-tion (hierarchi-sche Glie-derung) Kap. 9.3.3.2	Formalisie-rung von Prozessen Kap. 3-8	Standardi-sierung von Prozessen Kap. 9.2.3	Schnitt-stellen-Ma-nagement Kap. 9.2.2 Kap. 12.3.4

Abb. 9-1: Gestaltungsdimensionen der Verkaufsorganisation

(1) Bei der *Definition von relevanten Aktivitäten* geht es um die zweckmäßige Analyse und Synthese der in den Kapiteln 3-8 beschriebenen Teilaufgaben des Kundenmanagements zu Aufgabenbündeln. Maßgeblich hierfür sind einerseits die *Spezialisierungsvorteile* aus der Bündelung artverwandter Aktivitäten (z. B. aller Kontaktaktivitäten vom und zum Kunden in einem Call Center) und den *Auslas-tungserfordernissen*, die sich aus der Menge, Anzahl und Häufigkeit der jeweiligen Aktivitäten im Vergleich zu den zugeordneten Personal- und Sachressourcen ergeben. Die Dynamik der Umfeldbedingungen des Kundenmanagements erfordert es dabei, stets nach einfacheren, effektiveren und effizienteren Organisationslö-sungen zu suchen, neu auftretende Aufgaben organisatorisch zu verankern und unwichtig gewordene zu streichen bzw. zu verlagern. Die definierten Aufgaben-bündel müssen im Rahmen der Stellenbildung an eigene oder fremde *Verkaufs-organe* bzw. andere Mitarbeiter oder Abteilungen vergeben werden. Maßgeblich hierfür sind eine Vielzahl von Kriterien, insb. die Verfügbarkeit einschlägiger Kompetenzen, die Flexibilität und Schnelligkeit der Aufgabenerfüllung, das Auslastungsrisiko, die Steuerbarkeit der Mitarbeiter und die möglichst ganzheit-liche Sachbearbeitung im Interesse einer Minimierung der Schnittstellen. Die diesbezüglichen Probleme wurden im Teil II bereits behandelt. Wir beschränken uns deshalb nachfolgend auf einen zusammenfassenden Überblick über die rele-vanten Verkaufsorgane (Kap. 9.2.1).

(2) Mit zunehmender Zahl von Stellen und Abteilungen stellt sich ferner das Problem der *Strukturierung* und *Dimensionierung* der Organisation. Die Struk-turierung behandeln wir allgemein im Abschnitt 9.2.2 und speziell für den Außen-dienst – wegen dessen besonderer praktischer Bedeutung – im Abschnitt 9.3., wo dann auch auf die Dimensionierung, also die optimale Anzahl der Verkäufer, eingegangen wird (9.3.2).

(3) Als dritte Dimension der Gestaltung der Verkaufsorganisation kann die *Konfi-guration*, also die *hierarchische Gliederung*, angesehen werden. Hierbei geht es darum, die Anzahl der Hierarchieebenen und der damit verbundenen Kontroll-spanne der jeweiligen Leitungsebene festzulegen und die Entscheidungskompe-tenzen entsprechend zu zentralisieren oder zu dezentralisieren (vgl. Kap. 9.3.3.2).

(4) Um die Erfüllung der definierten Aufgaben des Kundenmanagements tatsächlich zu gewährleisten, kann ferner eine *Formalisierung* von Teilprozessen sinnvoll sein. Hierbei definiert man Regeln, Ziele und Qualitätskriterien für die Durchführung einzelner Aufgaben und fixiert diese in einem schriftlichen *Organisationshandbuch*. Insb. in Großunternehmen soll damit sichergestellt werden, dass das Qualitätsniveau des Kundenmanagements in allen Unternehmenseinheiten möglichst gleich ausfällt und Lernprozesse für neue Mitarbeiter schneller bewältigt werden können. Die entsprechenden Möglichkeiten wurden innerhalb der Prozesserörterung bereits dargelegt.

(5) Einen Schritt weiter geht man bei der *Standardisierung* von Teilprozessen des Kundenmanagements, bei denen der persönliche Freiraum für die zuständigen Mitarbeiter so eingeengt wird, dass ad-hoc-geführte Prozesse nicht mehr auftreten. Obwohl dies einerseits für die zuständigen Mitarbeiter demotivierend sein kann, sichert man dadurch andererseits die Einhaltung strategisch wichtiger Prinzipien im Kundenmanagement, etwa jenes des „One Face to the Customer" oder der in Qualitätshandbüchern vorgeschriebenen Ausrichtung auf die Kundenbedürfnisse. Wir erörtern dieses Thema im Rahmen der prozessorientierten Organisation (9.2.3).

(6) Schnittstellen sind Übergabestellen von Aufgabenbündeln bzw. -prozessen zwischen verschiedenen Aufgabenträgern. Sie führen leicht zu Wertschöpfungsstörungen, weil sie den Fluss von Informationen, Sachgütern oder anderen Ressourcen behindern und Koordinationsaufwand verursachen. Das *Schnittstellenmanagement* hat deshalb die Aufgabe, „...Schnittstellen unter Effektivitäts- und Effizienzaspekten zu analysieren, zu planen, zu gestalten und zu kontrollieren. Sachlich unnötige Schnittstellen sind durch Zusammenfügen bisher getrennter organisatorischer Einheiten zu beseitigen (Integration). Bei unvermeidlicher Trennung organisatorischer Einheiten hat das Schnittstellenmanagement dafür zu sorgen, dass die Aktivitäten aufeinander abgestimmt werden (Koordination)" (Specht 2000, S. 267). Schnittstellenmanagement erfolgt sowohl strukturell (vgl. 9.2.2), aber auch durch direkte Führung seitens der Vorgesetzten (Kap. 12.3.4).

Ein strukturelles Instrument zur Bewältigung von Schnittstellenproblemen sind multifunktionelle *Arbeitsteams*, in denen Mitarbeiter aus verschiedenen Abteilungen gemeinsam an der Bewältigung bestimmter Aufgaben arbeiten (vgl. Abschnitt 9.2.2). Die Optimierung der Teamarbeit stellt dagegen ein Führungsproblem dar (Kap. 12.3.4). Im Hinblick auf die Durchsetzung der Kundenorientierung in der gesamten Unternehmensorganisation hilft darüber hinaus die Installation *interner Kunden-Lieferantenbeziehungen* das marktbezogene Denken im Unternehmen durchzusetzen (vgl. Töpfer 1995a; Stauss 2001). Hierbei wird eine Abteilung ohne direkten Marktkontakt dazu verpflichtet, jene Abteilungen, an die sie ihre Leistungen abliefert, so zu behandeln, als ob es sich um externe Kunden handele, deren Wünsche und Bedürfnisse bestmöglich zu erfüllen sind. Weil alle Arbeitsprozesse im Unternehmen letztlich auf die Befriedigung der Kundenbedürfnisse ausgerichtet werden sollen, entsteht auf diese Weise eine marktbezogene innerbetriebliche Wertschöpfungskette. Bspw. kann die EDV-Abteilung als Problemlösungslieferant für das Call Center interpretiert werden, wenn es um die Entwicklung, die Lieferung und Einübung neuer Funktionalitäten in Kundendatenbanken geht, die von den Mitarbeitern des Call Centers bei ihrem Kontakt mit dem Endkunden genutzt werden können. Durch Zufriedenheitsbefragungen der internen Kunden lässt sich dabei z. B. ermitteln, welche Qualitätsdefizite vorliegen und an welchen Stellen damit die EDV-Abteilung ihre Leistungen verbessern sollte.

Auch wenn organisatorische Lösungen grundsätzlich auf Dauer angelegt sind, stehen diese sechs Gestaltungsdimensionen angesichts einer hohen Dynamik der unternehmensinternen- und externen Umfeldbedingungen permanent im Fokus der Unternehmens- und Vertriebsleitung. Im Zuge der zunehmenden Kundenorientierung wurden sie sogar zu „Hauptbaustellen" des Marketing-Management (vgl. Diller 1995d).

9.1.2 Ziele der Organisationsgestaltung

Das Kundenmanagement muss so organisiert sein, dass die Ressourcen effektiv und effizient eingesetzt werden. Die *Effektivität* wird gewährleistet, wenn sich die Mitarbeiter ganz auf die Wert schöpfenden Aktivitäten konzentrieren können und damit direkt oder indirekt die Kundenzufriedenheit steigern. Menschliche, sachliche, finanzielle und andere Ressourcen sollten dabei zielgerecht eingesetzt werden. Mitarbeiter sind möglichst weitgehend von nicht-produktiven Routinearbeiten zu entlasten, ihre Arbeitszeit ist ganz der Hauptaufgabe und möglichst wenig den damit verbundenen Nebenaufgaben zu widmen (z. B. Minimierung von Reisezeiten) sowie strategisch und operativ so einzusetzen, dass die strategischen Ziele des Kundenmanagements bestmöglich vorangetrieben werden. Effektivität setzt also voraus, dass das Organisationssystem möglichst störungsfrei arbeitet und durch Allokation der jeweils best geeigneten Ressourcen für die verschiedenen Einsatzzwecke gewährleistet ist.

Wie bei einem Hochleistungsmotor gilt es dabei auch, die Teilelemente des Organisationssystems möglichst optimal zu *koordinieren*, d. h. aufeinander abzustimmen, den *Informationsfluss* sicherzustellen, *Zuständigkeiten* und *Verantwortung* klar zu regeln, damit keine Unstimmigkeiten und Zeitverluste auftreten, *Synergiepotenziale* auszuschöpfen sowie *Konfliktpotenziale* zu vermeiden oder zumindest zu reduzieren (vgl. Köhler 1995a, 1995b). Im Ergebnis muss sich die Effektivität des Kundenmanagements dann an den *Kundenwertpotenzialen* messen lassen, die mit der Arbeit am Kunden erreicht worden sind (vgl. Kap. 2.4.2.5). Hohe *Kundenbindung* wirkt dabei wie ein Multiplikator auf die verschiedenen Kundenwertkomponenten und kann insofern ebenfalls als wichtiges Effektivitätsziel interpretiert werden.

Die *Effizienz* der Verkaufsorganisation betrifft den Wirkungsgrad des Kundenmanagements, d. h. das Output-Input-Verhältnis der Verkaufsprozesse. Dabei lassen sich verschiedene Unteraspekte unterscheiden:

(1) *Kostenwirtschaftlich* operiert die Verkaufsorganisation dann, wenn die Leistungsziele mit möglichst geringem Mitteleinsatz bzw. bei gegebenem Mitteleinsatz möglichst hohe Zielerreichungsgrade realisiert werden. Unter organisatorischen Aspekten kann die Kostenwirtschaftlichkeit insb. durch Einsatz *kostengünstiger Ressourcen*, z. B. Einsparung eigener Büroräume für den Außendienst, durch Einsatz *kostengünstiger Medien*, z. B. telefonischer statt persönlicher Kundenkontakte, oder durch Rücknahme einer überhöhten *Intensität der Kundenbearbeitung*, z. B. durch Reduzierung der Anzahl der Kundenbesuche, vorangetrieben werden. Eine „schlanke" Verkaufsorganisation wurde in den letzten Jahren häufig auch durch Abbau ganzer *Hierarchieebenen* erreicht, was sowohl Personal einsparen half als auch größere Marktnähe der Führungsspitze, kurze Entscheidungs- und Informationswege und geringere Personalverwaltungskosten mit sich brachte (vgl. Witt 1996, S. 134).

Weitere Kosteneinsparungen lassen sich u. U. auch dadurch bewerkstelligen, dass bestimmte Aktivitäten vom Anbieter auf den Nachfrager *verlagert* werden bzw. darauf ganz *verzichtet* wird. Ein Beispiel hierfür ist die Ausstellung von Flugtikkets, die bei Billigfluglinien z. T. entfällt, weil die Buchung ausschließlich über elektronische Systeme und ohne Rückgabemöglichkeit erfolgt.

Eine Quelle der Rationalisierung stellt im Vertrieb auch die *Automatisierung* dar, durch die die relativ teurere menschliche Arbeitskraft substituiert werden kann (z. B. Geldausgabeautomaten, Internet-Bestellsysteme, Voice-Mail-Systeme etc.).

Kosteneinsparungen sind im Kundenmanagement schließlich u. U. auch durch Erschließung spezifischer *Integrationspotenziale* oder durch *Größenvorteile* erzielbar. Erstere ergeben sich z. B. im Rahmen einer *integrierten Kundenkommunikation*, wenn durch inhaltliche, intensitätsmäßige und zeitliche Abstimmung aller kommunikativen Maßnahmen insgesamt ein geringerer Aufwand zur Erzielung des gleichen Kommunikationseffektes nötig ist. Größenvorteile ergeben sich z. B. durch Kooperation mit Komplementäranbietern, etwa im Kundendienst oder bei der Durchführung von Messen. Freilich darf der Drang nach möglichst großen operativen Einheiten zur Erzielung von Economies of Scale im Kundenmanagement nicht dazu führen, dass die *Kostenstruktur* zu starr wird, weil hohe Fixkostenblöcke entstehen, die ausgelastet werden müssen. Da dies wegen konjunktureller und saisonaler Schwankungen gerade im Verkauf nicht garantiert werden kann, ist *Flexibilität* also ein wichtiger Begrenzungsfaktor für die Kostenwirtschaftlichkeit. Nicht selten führt dies dazu, dass man etwa für den Flächenvertrieb auf u. U. teureres Fremdpersonal entsprechender Dienstleister, sog. *contract sales forces*, zugreift, dafür aber vom Auslastungsrisiko befreit ist.

(2) Gleichzeitig erfordert effizientes Kundenmanagement die *Qualität* aller Teilprozesse sicherzustellen bzw. zu optimieren. Maßstab für die Qualität der Vertriebsarbeit muss dabei stets deren Wahrnehmung durch die Kunden sein, soweit diese Einblick in die Teilprozesse erlangen. Bei einer solchen Sichtweise entspricht die Qualität des Kundenmanagements der Qualität einer Dienstleistung, für die in

der Theorie des Dienstleistungsmarketing verschiedene Messmodelle entwickelt wurden (vgl. Bruhn 1995b). Bspw. wird im sog. *PPE-Ansatz* an der Zufriedenheit der Kunden mit den relevanten Potenzialen (z. B. Informationssystem, Bestellsystem etc.), den Prozessabläufen aller kundenbezogenen Aktivitäten sowie den Ergebnissen dieser Prozesse angesetzt, um zu einer umfassenden Konzeptionalisierung der Qualität von kundenbezogener Arbeit zu gelangen.

Ein spezifischer Aspekt der Qualität des Kundenmanagements ist dessen *Kreativität*. Um Kunden immer wieder neu zu interessieren, müssen im Verkauf ständig besonders viele und originelle Ideen generiert werden, mit denen die Vertriebsmitarbeiter einen Besuch beim Kunden für beide Seiten lohnenswert machen. Oft handelt es sich hierbei um Verkaufsförderungsideen für den Kunden, um saisonale Aktivitäten, spezielle Umsatzförderungsprogramme o. Ä., mit denen der Außendienstmitarbeiter beim Kunden Interesse wecken will. Darüber hinaus muss die Verkaufsorganisation aber auch selbst in der Lage sein, sich kreativ weiter zu entwickeln und zu erneuern. Die Möglichkeiten hierzu sind um so besser, je eigenverantwortlicher und damit motivierter die Mitarbeiter ihrer Arbeit nachgehen können und je kreativer die Marketingkultur ausgeprägt ist (vgl. Kap. 12).

(3) Ein letzter Unteraspekt der Effizienz von Verkaufsorganisationen ist deren *Schnelligkeit*. Deren Bedeutung stieg in den letzten Jahren aus verschiedenen Gründen stark an:

➢ Die *Verkürzung der Produktlebenszyklen* erfordert ein schnelleres Umlernen der Vertriebsorganisation auf neue Produkte und Dienstleistungen.
➢ Viele Kunden agieren mit größerem *Zeitbewusstsein* und präferieren schnelle Anbieter gegenüber langsameren.
➢ Das *Internet* setzt Maßstäbe in Bezug auf Schnelligkeit und jederzeitiger Abrufbarkeit bestimmter Serviceleistungen.
➢ Viele Unternehmen verfolgen eine Politik der *Angebotsdifferenzierung über Serviceleistungen* (Added Value) und betonen dabei oft den besonders schnellen Service (z. B. 24-h-Ersatzteil-Belieferung) oder die Pünktlichkeit der Serviceleistungen.

All diesen Entwicklungen muss durch organisatorische Regelungen entsprechend Rechnung getragen werden. Es gilt, die zeitsensitiven Prozesse im Kundenmanagement zu entdecken und besonders sorgfältig zu organisieren bzw. technisch zu unterstützen, um Verzögerungen im Ablauf dieser Prozesse zu vermeiden. Darüber hinaus kann durch „*Simultaneous Engineering*", also die parallele Ausführung verschiedener technischer, aber auch kaufmännischer Teilprozesse, Zeit eingespart werden. *Workflow-Systeme* können Arbeitsteams dabei unterstützen, bestimmte Tätigkeiten zu jedem Ort und zu jedem Zeitpunkt (z. B. auch entlang globaler Zeitzonen) zu übernehmen, ohne dass Wartezeiten und Übergabezeiten erforderlich sind. *Netzplantechniken* und andere Instrumente des Zeitmanagements sorgen für Transparenz der zeitlichen Prozessstrukturen und der diesbezüglichen Zeitreserven. Zeitmanagement im Verkauf kann allgemein gesprochen also durch eine zeitgerechte Konfiguration der verschiedenen Prozesse, ein rechtzeitiges Timing des Anfangszeitpunktes und eine angemessene Geschwindigkeit der einzelnen Aktivitäten optimiert werden.

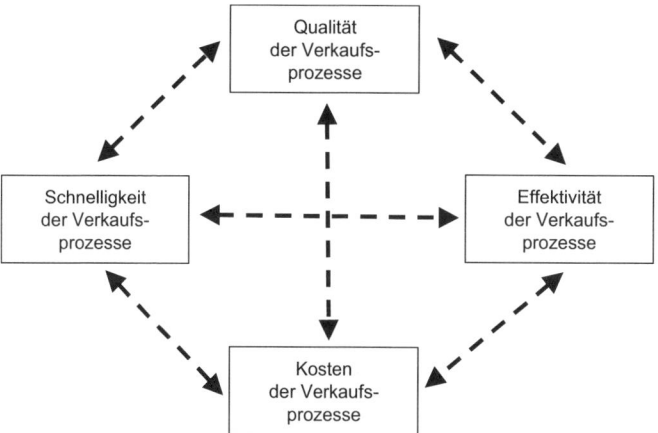

Abb. 9-2: „Magisches Zielviereck" der Verkaufsorganisation

Unsere Ausführungen haben deutlich gemacht, dass zwischen den vier verschiedenen Hauptzielen der Organisationsarbeit im Kundenmanagement konfliktäre, aber auch komplementäre Zielbeziehungen bestehen, die es bei der konkreten Ausgestaltung möglichst geschickt auszunutzen bzw. zu überwinden gilt. Maßgeblich dafür sind viele unternehmensspezifische und marktspezifische Faktoren, wie die Qualität des vorhandenen Verkaufspersonals, dessen Kompetenz, die Ansprüche der Kunden oder das Verhalten des Wettbewerbs, den man imitieren oder von dem man sich abzusetzen wünscht. Insofern könnte man von einem *„magischen Viereck"* der organisatorischen Ziele des Kundenmanagements sprechen, wie es in Abb. 9-2 dargestellt ist. Die Pfeile stehen dabei für die diversen Zielbeziehungen komplementärer oder konkurrierender Art.

9.2 Strukturalternativen der Organisation des Kundenmanagements

9.2.1 Funktionale Organisation

Die organisatorische Strukturierung des Kundenmanagements erfolgt durch Bündelung verschiedener Aufgaben bei bestimmten Organisationseinheiten, also Stel-

307

len, Abteilungen oder Arbeitsteams. Herkömmlich erfolgt diese Strukturierung nach *funktionalen Gesichtspunkten*. Dies bedeutet, dass sich einzelne Mitarbeiter für bestimmte Funktionskomplexe spezialisieren, um auf diese Weise besondere Kompetenz zu erwerben bzw. nutzen zu können. Der Spezialisierungsgrad kann dabei mit der Größe des Unternehmens steigen, weil mit dem anwachsenden Geschäft die Auslastung der Spezialisten besser gewährleistet werden kann. Die Art der funktionalen Spezialisierung erfolgt in verschiedenen Geschäftsfeldern und -modellen sehr unterschiedlich (Frese/Lehmann 2002). Dennoch gibt es typische „*Verkaufsorgane*", d. h. Kundenmanager für spezielle Aufgaben. Abb. 9-3 gibt dazu einen Überblick.

Aus Herstellersicht lassen sich grundsätzlich *herstellereigene* bzw. *-fremde* Verkaufsorgane unterscheiden. Erstere stehen in Diensten der Unternehmung und sind deshalb vollständig weisungsgebunden. Insofern lassen sie sich gezielter für bestimmte Aufgaben des Kundenmanagements vorbereiten, einsetzen und kontrollieren, konstituieren andererseits aber auch einen Fixkostenblock mit entsprechender Flexibilitätseinbuße. Eine einschlägige Erklärung für die Auswahl herstellereigener bzw. -fremder Verkaufsorgane liefert die im Kap. 2.2.4 erörterte Prinzipal-Agent-Theorie.

Herstellerfremde Vertriebsorgane sind entweder *Absatzhelfer* oder *Absatzmittler*. Letztere erwerben Eigentum an der zu verkaufenden Ware und verkaufen diese in eigenem Namen und auf eigene Rechnung weiter. Absatzhelfer sind zwar rechtlich selbstständige Unternehmen, fungieren aber lediglich als Dienstleister und übernehmen kein warenwirtschaftliches Risiko.

Bspw. vermitteln *Handelsvertreter* im Auftrag des Herstellers Geschäfte oder schließen sie auch in dessen Namen ab. Sie erhalten dafür eine Provision auf Basis des erzielten Umsatzes und verursachen insofern ausschließlich variable Kosten. Nicht selten vertreten sie mehrere Unternehmen gleichzeitig, was einerseits die Einsatzfreude für den Verkauf der Artikel eines bestimmten Anbieters mindern mag, andererseits aber auch Vorteile mit sich bringen kann, wenn Komplementärgüter vertreten werden, die dann beim Kunden ein vollständiges Angebot und damit bessere Attraktivität bewirken. Der Wegfall des unmittelbaren Kundenkontaktes vermindert freilich auch die Möglichkeiten einer Bindung des Unternehmens an den Hersteller und reduziert das Kundenwissen. Insofern bevorzugen viele etablierte Hersteller heute meist eigene Reisende oder arbeiten mit Handelsvertretern exklusiv bzw. so eng zusammen, dass die erwähnten Nachteile nicht zu Buche schlagen. Neben Handelsvertretern und *Verkaufsagenten* (Letztere schließen keine Geschäfte in eigenem Namen ab) können auch *Kommissionäre* (sie handeln in eigenem Namen, aber für Rechnung des vertretenen Unternehmens) eingesetzt werden. Ihre wichtigste Funktion liegt heute in logistischen Aufgabenbereichen, etwa in der Warenpräsentation in entsprechenden Ladengeschäften, in der Warenzustellung und/oder in der Lagerhaltung.

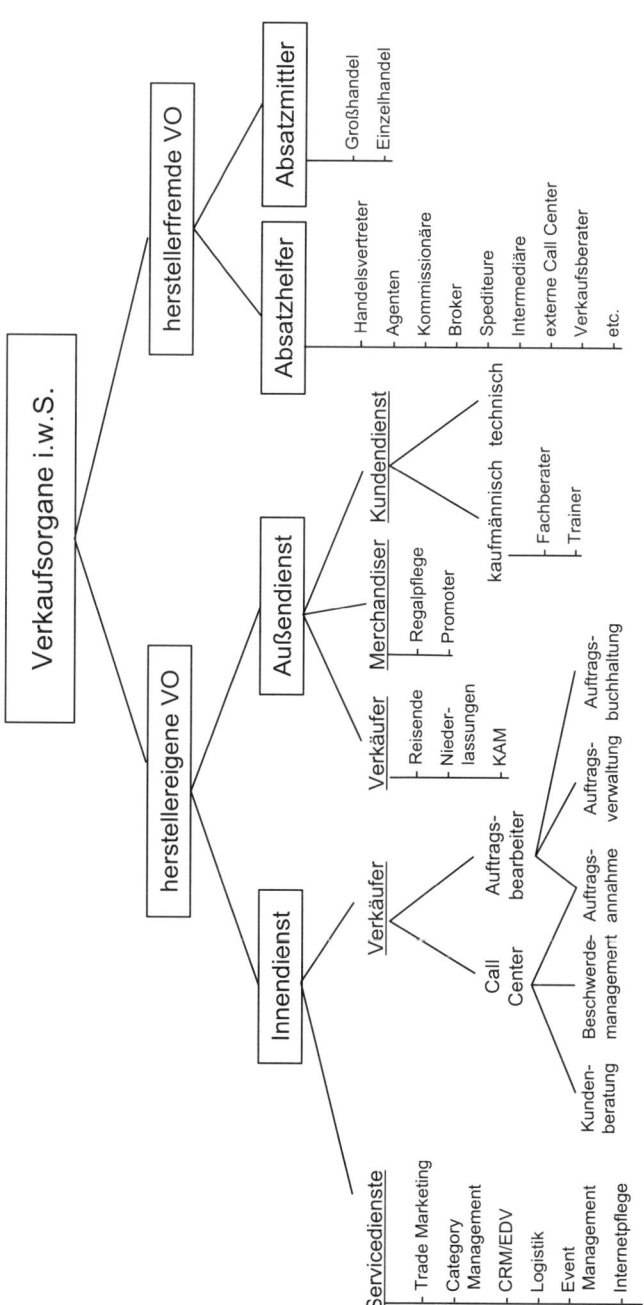

Abb. 9-3: Verkaufsorgane (VO) im industriellen Kundenmanagement

Sonderformen stellen sog. *Jobber* dar, die große Produktpartien (z. B. ganze Schiffsladungen) vermarkten, sowie sog. *Broker*, die z. B. im Vertrieb von Frischwaren oder Tiefkühlprodukten zwar Eigentum an der Ware übernehmen und insofern als Absatzmittler fungieren, vom Funktionsspektrum her aber eher einem Absatzhelfer ähneln, weil sie keine eigene Sortiments- und Preispolitik betreiben und im Wesentlichen die Transportfunktion einschließlich der damit verbundenen Lagerungs-, Kommissionierungs-, Dispositions- und Auftragsabwicklungsaufgaben bei der Feinverteilung von Konsumgütern übernehmen. Im Zusammenhang mit den Rationalisierungsbemühungen der Distribution übernehmen Broker gelegentlich auch eine logistische Systemführerschaft („*Systemlogistiker*"). Immer größere Bedeutung erlangt dabei auch die Informationslogistik mit elektronischer Datenübertragung, automatischer Warendisposition und zeitgleicher Abbildung der Warenbewegungen sowie beleglosem Lager. Derartige Funktionen werden z. T. auch von *Spediteuren* übernommen, die ansonsten im Gegensatz zum Broker kein Eigentum an der Ware erwerben. Auch sie müssen allerdings in die Informationskreisläufe des Verkaufs integriert werden, damit der Kunde z. B. genau darüber informiert werden kann, wo sich die bestellte Ware derzeit befindet und wann sie voraussichtlich ausgeliefert wird.

Bei *Intermediären* handelt es sich um Dienstleister im elektronischen Geschäft (E-Commerce), die durch ihre Leistungen den Informationsaustausch zwischen Anbietern und Nachfragern zum Zwecke geschäftlicher Transaktionen befördern (vgl. z. B. Kollmann 2001).

Die Palette der externen Absatzhelfer wird durch eine Vielzahl anderer Dienstleister ergänzt, die ggf. in die Wertschöpfung beim Kundenmanagement integriert werden können. Nur beispielhaft verwiesen sei auf *externe Call Center*, welche z. B. aktiven Verkauf übernehmen und/oder als Kontaktstelle für Kunden, etwa bei Anfragen oder Beschwerden, fungieren. Darüber hinaus bieten sich eine Fülle beratender Berufe für das Kundenmanagement an, etwa Dienstleister für die Regaloptimierung im Handel, für elektronische Vernetzung zwischen dem Hersteller und dem Kunden oder für Schulung und Weiterbildung von Kundenpersonal. Kooperative Projekte können auch mit Komplementäranbietern, z. B. Ladenbauunternehmen, entwickelt werden, die dann z. B. Marketingkonzepte für Handelskunden bezüglich Verkaufsraumgestaltung oder Außenauftritt gemeinsam mit dem Hersteller entwickeln.

Absatzmittler sind zwar eigenständige Verkaufsorgane, die nicht weisungsgebunden sind, aber im Rahmen von Kooperationen mehr oder minder eng an den Hersteller gebunden werden können. Insofern bilden sie oft wichtige Elemente in der Wertschöpfungskette und im Kundenmanagement. Bspw. kooperiert man bei der Verkaufsförderung von Konsumgütern durch gemeinsame Out- und Indoor-Werbung, bei der Direktwerbung durch Austausch von Adressen oder Werbeinhalten oder bei der Warenlogistik durch Vernetzung der elektronischen Warenwirtschaftssysteme. Hier wird deutlich, dass auch Kunden, zu denen Händler ohne Zweifel gezählt werden müssen, gleichzeitig immer auch Mitgestalter des Wertschöpfungssystems sind und insofern Teile der Verkaufsfunktionen übernehmen können. Umgekehrt können herstellereigene Vertriebsorgane in die Wertschöpfungsprozesse der Kunden integriert werden, etwa beim *Merchandising* oder *Category Management* des Handels (vgl. Hahne 1998).

Auch bei den *herstellereigenen Verkaufsorganen* gibt es eine Fülle organisatorischer Strukturierungsmöglichkeiten. Der *Innendienst* umfasst dabei alle stationär im Unternehmen agierenden Mitarbeiter, während der *Außendienst* bei den Kunden selbst tätig wird.

Häufig handelt es sich hierbei um regional gegliederte Organisationseinheiten, die hierarchisch einer ggf. mehrstufigen Vertriebsleitung unterstellt sind, welche mit der Führung dieser Mitarbeiter betraut ist. Gleichwohl werden v.a. wichtige Kunden auch von leitenden Vertriebsmitarbeitern besucht bzw. kontaktiert. Zum Außendienst im weiteren Sinne zählen auch sog. *Merchandiser*, die für die Bestandsaufnahme am Regal, das Auffüllen der Regale, die Regalpflege und häufig auch die daraus resultierende Aufnahme von Routinebestellungen (Disposervice) im Handel verantwortlich sind (vgl.M Mues 2001b). Üblich ist heute das sog. *Neighborhood-Merchandising.* Hierbei werden Merchandiser/innen rekrutiert, die in der Nähe der von ihnen zu betreuenden Geschäfte wohnen und als Teilzeitkräfte kostengünstig für die Regalpflege eingesetzt werden können. Große Markenartikelunternehmen unterhalten oft Hunderte von Merchandisern oder übertragen diese Aufgabe ganz an dafür spezialisierte *Vertriebsservices-Agenturen.* Ähnlich verhält es sich mit *Promotion-Personal*, das im Handel eingesetzt wird, um z. B. Verkostungen durchzuführen oder andere Verkaufsförderungsaktionen umzusetzen.

Auf die Verkaufsfunktion konzentriert agieren die *Außendienstmitarbeiter (ADM)*, die als Reisende den Kunden vor Ort besuchen oder in dezentralen Niederlassungen für die Kundenbetreuung sorgen. Für Schlüsselkunden werden häufig auch eigene *Key Account-Organisationen* aufgebaut, die ausschließlich für die Betreuung dieser Klientel eingesetzt werden (vgl. unten).

Neben dem Außendienst agiert auch der *Innendienst* in vielfältiger Weise innerhalb der Wertschöpfungskette des Kundenmanagements. Zum Teil handelt es sich hier um primäre Wertschöpfungsaktivitäten, also insb. Verkaufstätigkeit im engeren Sinne, zum Teil um sekundäre Aktivitäten, also Servicedienste, welche die eigentliche Verkaufsarbeit unterstützen. Zum Innendienst zählen z. B.

➢ Abteilungen für die Entwicklung spezifischer Marketingaktivitäten beim Handel („*Vertikales* oder *Trade Marketing*"),
➢ Abteilungen, die für die optimale Gestaltung eines Sortimentsbereiches beim Handel in beratender Funktion tätig werden (*Category Management*),
➢ *EDV-Experten* für die Ausgestaltung und Pflege der elektronischen Kundendatenbanken und CRM-Systeme,
➢ Mitarbeiter für *logistische Aufgaben* im Rahmen der Kommissionierung, Verpackung und Versendung bzw. Auslieferung der Ware,
➢ Mitarbeiter in *E-Commerce-Abteilungen*, die für den elektronischen Kundenkontakt zuständig sind,
➢ Mitarbeiter für *Kunden-Events*, eine Funktion, die häufig auch auf *Event-Agenturen* verlagert wird.

Im engeren Sinne zählen zum Innendienst aber v.a. die Mitarbeiter im Unternehmen, die Kundenkontakt aufnehmen bzw. pflegen, also insb. die Mitarbeiter in sog. *Call Centers* (telefonische Auftragsbearbeitung) bzw. in der schriftlichen Auftragsbearbeitung (vgl. Kasten). Zum Innendienst zählen auch die eher verwaltungstechnisch ausgerichteten Mitarbeiter der *Auftragsbearbeitung*, die dafür zuständig sind, schriftlich eingehende Aufträge zu bearbeiten, zu verwalten und bis zum Zahlungseingang hin zu überwachen. In bestimmten Branchen sind auch eigene *Beschwerdemanagementabteilungen* gängig (z. B. bei Touristikunternehmen), welche darauf spezialisiert sind, Beschwerden der Kunden aufzunehmen, zu regeln und auszuwerten, um daraus Ansatzpunkte für zukünftige Marketingkonzepte zu gewinnen (vgl. Stauss/Seidel 2002, S. 180 ff.).

Call Center im Kundenmanagement

Call Center vereinen verschiedene Kontaktkanäle vom und zum Kunden, um dem für CRM-Systeme fundamentalen Prinzip des *„One Face to the Customer"*, aber auch jenem des *„One Face of the Customer"* (einheitliche Kundendaten) Rechnung zu tragen. Call Center besorgen sowohl *Outbound-Anrufe*, d. h. aktive Verkaufsgespräche zu Kunden, die telefonisch kontaktiert werden, als auch *Inbound-Kontakte*, d. h. Gespräche auf Initiative von Kunden. Hierbei handelt es sich z. T. um Nachfragen, Beschwerden, Nachbestellungen und andere Anliegen des Kunden, die per Telefon, Fax oder Internet abgewickelt werden können. Hier einzuordnen sind auch *Support-Hotlines*. Innerhalb des Inbound-Verkehrs wird weiter zwischen First- und Second-Level-Mitarbeitern unterschieden. Erstere fungieren als Generalisten für die üblichen Kundenanfragen, Letztere als Spezialisten für komplexere Kundenanfragen (vgl. Schuler/ Henn 1999). Naturgemäß unterscheidet sich die Arbeit von Call Centern je nach Ausmaß der Kundenintegration und der Individualisierung des Kundenkontaktes erheblich. Demzufolge kann auch die Entscheidung über Inhouse-Lösungen vs. Einschaltung externer Dienstleister differenziert erfolgen (vgl. Meyer/Kantsperger 2004). Bspw. lassen immer mehr Firmen ihre Kleinkunden von externen Call Centern betreuen, während sie das Key-Account-Management in eigener Regie betreiben. Damit lässt sich u. U. auch das oft kritische Kapazitätsproblem von Call Centern besser bewältigen, das entsteht, weil der Arbeitsanfall wegen der ungleichmäßig verteilten Kundenanrufe zeitlich stank schwankt (vgl. dazu Böse/Flieger 1999; Efthimiou 2000; Bittner/Schietinger/Weinkopf 2002).

Im Gegensatz zum früher üblichen Telefonverkauf basiert die Arbeit von Call Centern auf einer hoch entwickelten *Datenbanktechnik*, die schon beim Einlauf eines Kundenanrufs über die Kundentelefonnummer das entsprechende File der Kundendatenbank aufruft, so dass der Telefonbetreuer sofort umfassend informiert ist. Zu den Basistechnologien von Call Centern gehören auch sog. *Automatic Call Distribution-Systeme* (ACD), bei denen eine automatische Weiterleitung bzw. Verteilung von eingehenden Anrufen innerhalb des Call Centers nach verschiedenen Kriterien, z. B. Sprache, Auslastung oder Kompetenzen der Mitarbeiter, möglich wird. Call Center entwickeln sich darüber hinaus immer mehr zu umfassenden *„Customer Care- bzw. -Interaction Center"*, die nicht nur für verkäuferische Tätigkeiten im engeren Sinne, sondern für alle Kontakte auf allen Kontaktkanälen und damit für eine umfassende Beziehungspflege zum Kunden zuständig sind (vgl. Meyer/Kantsberger 2004). Sie geraten damit in Konkurrenz zu den Außendienstmannschaften, die man bewusst im Umfang reduziert, um Kosten zu sparen. Nicht selten geht damit eine Übergabe der kleineren Kunden vom Außendienst an die Call Center einher, was erhebliche Kosteneinsparungen zur Folge hat, freilich auch das emotionale Kontaktgeschehen zum Kunden einengt, weil der persönliche Kontakt qualitativ nicht vollständig durch das Telefon ersetzt werden kann. Andererseits kann der Kunde dann jederzeit auf einen besonders geschulten und umfassend informierten Call Center-Mitarbeiter zugreifen und dies zu Zeiten, die dem Kunden angenehm sind und nicht durch den Arbeitsrhythmus des Außendienstmitarbeiters vorgegeben werden. Besonders kostengünstige Lösungen sowohl im Inbound- als neuerdings auch im Outbound-Verkehr bieten *elektronische Sprachsysteme*, die z. B. einen Anrufer interaktiv durch ein Menü zur richtigen Stelle führen oder sogar selbsttätige Anrufe („*voice mail*") vornehmen, um z. B. Kunden auf neue Produkte hinzuweisen oder zu einer Veranstaltung einzuladen. Die inzwischen sehr niedrigen Telefonkosten sorgen hier für einen extrem wirtschaftlichen Kundenverkehr, der z. T. auch das bisher übliche Direct Mailing substituiert.

9.2.2 Team- und Matrixorganisation

Unsere Darstellung verschiedener Verkaufsorgane in der Industrie macht deutlich, dass eine funktionale Organisation Mitarbeiter ganz unterschiedlicher Hintergründe (z. B. Buchhaltung, EDV, Marketing, Verkauf) und Unternehmensbereiche umfasst, was die Gefahr in sich birgt, dass diese Einheiten als „*Funktionssilos*" fungieren, d. h. mit ihren jeweils spezifischen Zielsetzungen und Arbeitsroutinen eine Eigenwelt entwickeln, die nicht mehr vollständig auf die Befriedigung der Kundenbedürfnisse ausgerichtet ist. Gleichzeitig werden leicht Verantwortlichkeiten für die Kundenzufriedenheit von Abteilung zu Abteilung verschoben und die Kundenmanagementprozesse durch zahlreiche Schnittstellen fehleranfällig und ineffizient. Abb. 9-4 veranschaulicht diese Schnittstellenproblematik.

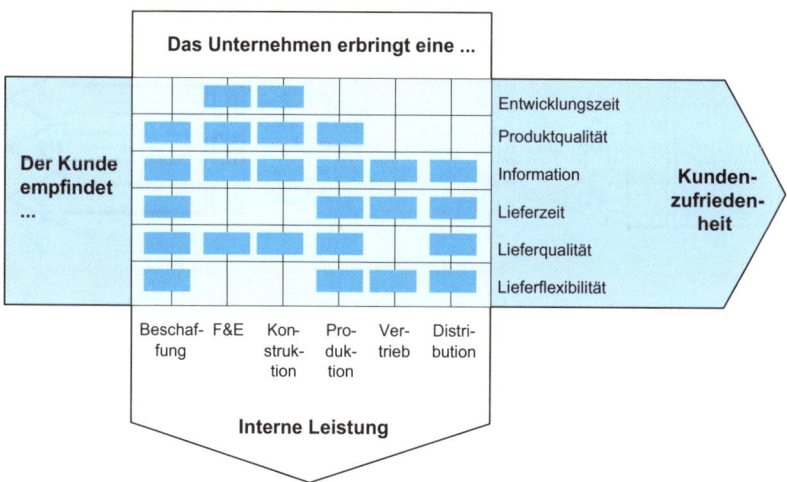

Abb. 9-4: Interne Schnittstellenprobleme durch „Funktionssilos"

313

Selbst zwischen den sachlich-inhaltlich sehr verwandten Funktionsbereichen des Marketing und des Vertriebs gibt es in der Praxis große *Koordinationsdefizite* (vgl. Dannenberg 1995; Klumpp 2000). Einer Umfrage unter 180 Vertriebs- und Marketingleitern aus dem Jahre 1995 zufolge (vgl. Dannenberg 1995, S. 141) halten 43% der Befragten die gegenseitige Unterstützung für „sehr schlecht" und weitere 59% für „weniger gut". Diese Schnittstellenprobleme werden im Kap. 12 nochmals unter Führungsaspekten aufgegriffen.

Auch wenn in den letzten Jahren an dieser problematischen Schnittstelle viel verbessert wurde, kann die grundsätzliche Problematik nur durch eine radikale *Reorganisation* gemeistert werden. Wie Abb. 9-5 auch schematisch darstellt, gehen die Unternehmen dabei den Weg von einer rein funktionalen über eine Matrix- hin zu einer Prozessorganisation (vgl. Osterloh/Frost 2003; Diller 1995d, 2005a). Dabei werden zumindest alle primären Aktivitäten des Kundenmanagements für wichtige Projekte oder Kunden von *Arbeitsteams* erledigt, die entweder permanent oder temporär für entsprechende Aufgabenbündel zuständig sind, obwohl die Mitarbeiter selbst aus funktionalen Abteilungen stammen. Solche cross-funktionalen Teams übernehmen die kundenorientierte Koordination der verschiedenen Aktivitäten und treten insb. im Investitionsgüter-Marketing häufig auch als „*Selling Center*" gegenüber dem Kunden auf, so dass dieser auf spezifische Kompetenzen (z. B. Forschung und Entwicklung, Anwendungstechnik, betriebswirtschaftliche Beratung, EDV, Logistik etc.) zugreifen kann. Auf diese Weise kann die im Beziehungsmarketing geforderte umfassende und problemlösungsorientierte Betreuung von Kunden bewerkstelligt werden. Ferner steigt die Arbeitsmotivation und – wie Kemper (2005) beispielhaft für die Neupositionierung der Marke *Fa* zeigt – auch die Kreativität. Andererseits belasten Teamsitzungen das Zeitbudget der Beteiligten oft erheblich.

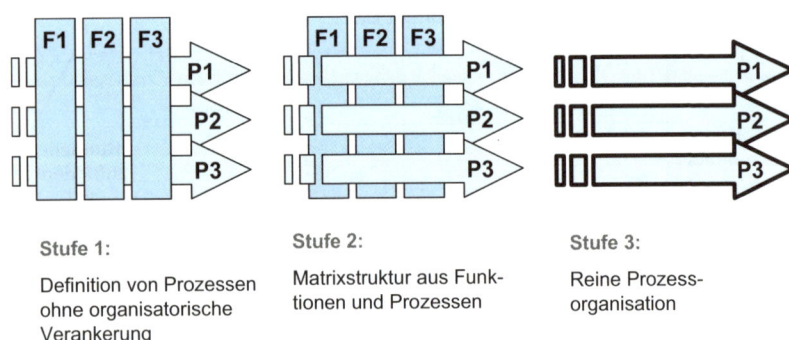

Stufe 1:
Definition von Prozessen ohne organisatorische Verankerung

Stufe 2:
Matrixstruktur aus Funktionen und Prozessen

Stufe 3:
Reine Prozessorganisation

Abb. 9-5: Entwicklungsstufen der Prozessorganisation

Die betriebswirtschaftliche Organisationsforschung hat ausgiebig untersucht, inwieweit *Teams* zum Erfolg der Unternehmen beitragen können. Helfert (1998) hat z. B. anhand einer Befragung von Teamleitern und Mitgliedern aus 233 Kundenbeziehungsteams drei relevante Gestaltungsbereiche für effektive Teamarbeit im Kundenmanagement offen gelegt:

➢ die Qualität der Teamzusammensetzung (Umfang und Kompetenz),
➢ die Qualität der Gruppenprozesse (klare, anspruchsvolle und akzeptierte Gruppenziele, Gruppenkohäsion und Gruppenkommunikation) sowie
➢ die Qualität des organisationalen Kontexts, in den die Verkaufsteams eingebettet sind (Verfügbarkeit kritischer Ressourcen, Entscheidungsautonomie des Teams, Möglichkeit zur Teilnahme an Teamentwicklungsmaßnahmen).

Die Studie bestätigt, dass bei hoher Gestaltungsqualität dieser Einflussfaktoren ein effektives Beziehungsmarketing möglich ist. Damit wird deutlich, dass die rein formale Übertragung von Kundenmanagementaufgaben an Mitarbeiter verschiedener Abteilungen noch nicht ausreicht, um das Schnittstellenproblem zu überwinden. Vielmehr muss das Team eine wirksame *soziale Gruppe*, eben ein *Team*, bilden, das eine eigene Gruppendynamik entwickelt und durch ein systematisches Team-Management professionell geführt wird (vgl. Kap. 12).

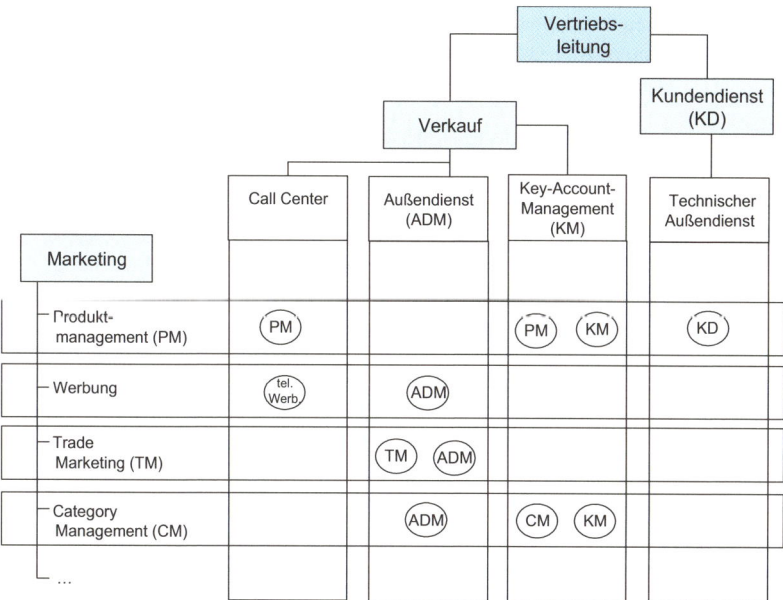

Abb. 9-6: Beispiel für eine Matrixorganisation im Kundenmanagement eines Konsumgüterherstellers

Eine Alternative zur Teamorganisation des Kundenmanagements ist die *Matrix-organisation* (vgl. Abb. 9-6). Bei ihr werden kunden(gruppen)bezogene Organisationsebenen mit funktionalen Organisationsebenen gekoppelt. Mitarbeiter mit entsprechenden fachlichen Kompetenzen unterstehen dabei sowohl der Kundengruppenleitung als auch einer funktionellen Fachabteilung. Die dadurch entstehenden Zielkonflikte werden bewusst in Kauf genommen, um produktive Wege der optimalen Kundenbedienung zu finden.

Besonders häufig ist vor allem im Konsumgütersektor die matrixartige Verknüpfung von Marketing- und Verkaufsabteilungen. In dem in Abb. 9-6 dargestellten Fall müssen z. B. die Mitarbeiter des „Trade Marketing" (TM), einer klassischen Unterabteilung des Marketing, dafür Sorge tragen, dass für bestimmte Kunden, die von den zuständigen Verkäufern aus der Verkaufsabteilung betreut werden, maßgeschneiderte Aktionen entwickelt werden. Dies erfordert naturgemäß intensive Kommunikation mit dem Außendienst (ADM). Die Matrixzeilen in Abb. 9-6 zeigen beispielhaft solche Koordinationsfelder auf.

9.2.3 Prozessorganisation

Mit einer Team- oder Matrixorganisation entwickeln sich Unternehmen im Grunde bereits auf eine *prozessorientierte Organisationsstruktur* hin. Bei solchen Organisationsstrukturen werden organisatorische Einheiten für bestimmte Teilprozesse gebildet, wie sie in Kap. 3 bis 8 dargestellt wurden.

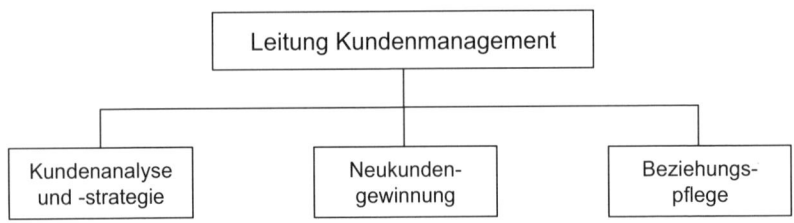

Abb. 9-7: Beispiel einer prozessorientierten Verkaufsorganisation

In dem in Abb. 9-7 exemplarisch dargestellten Fall existiert z. B. eine Abteilung für die Kundenanalyse und -strategie, in der v.a. marktforscherische Aktivitäten gebündelt werden, eine Einheit für die Kundenakquisition, in der man v.a. werbliche und verkäuferische Prozesse zur Neukundengewinnung zusammenfasst, und eine organisatorische Einheit für die Kundenpflege, die insb. Aktivitäten des Beschwerdemanagements, des Key-Account-Managements und des Kundendienstes verantwortet. Eine solche Organisation ist z. B. für ein Versicherungsunternehmen vorstellbar, in dem Tausende von sehr unterschiedlichen Kundenbeziehungen mit unterschiedlichem Kundenstatus und differenzierten Kundenprofilen zu bearbeiten sind. In solchen Fällen kann sich die Spezialisierung auf Kundenprozesse als sowohl effiziente als auch im Hinblick auf die Kundenzufriedenheit besonders effektive Kundenbearbeitung bewähren. Alle drei Abteilungen greifen auf einheitliche Datenbestände und auf entsprechende Serviceabteilungen, die als Stäbe installiert werden können, zu. Die ursprünglichen Fachabteilungen funktionaler Natur, etwa die Kundenbuchhaltung oder die Werbung, sind verschwunden und in die Prozesseinheiten integriert. Damit soll sichergestellt werden, dass funktionsegoistische Verhaltensweisen aufgegeben werden und die Kundenorientierung die Oberhand gewinnt.

Prozessorientierte Organisationsformen haben darüber hinaus den Vorteil, dass die über In- und Output definierten Prozessleistungen gut kontrollierbar sind, so dass eine bessere Steuerung der Effektivität und Effizienz des Kundenmanagements möglich wird. Bspw. können die Werbeaufwendungen in Bezug zu den gewonnen Interessenten gesetzt werden (CpI = Costs per Interessent) oder die Käufer in Bezug zu der Anzahl der Interessenten, um die Leistung der Prozessbereiche Kundengewinnung bzw. Beziehungspflege zu überwachen. Einzelheiten hierzu findet man im Kap. 10.

Reine Prozessorganisationen stellen die radikalste Lösung für die vielfältigen Schnittstellenprobleme funktionaler Organisationen dar. Statt die Ablauforganisation von den Aufbaustrukturen dominieren zu lassen, wählt man hierbei die Teilprozesse der unternehmerischen Aktivitäten zum primären Strukturierungskriterium (vgl. Osterloh/Frost 2003, S. 28 ff.). Die funktionalen Fachabteilungen werden zu Servicestellen verschiedener Teilprozesse, für deren effektive und effiziente Steuerung ein eigenes Prozessmanagement installiert wird. Eine Insellösung allein für das Kundenmanagement kommt dabei kaum in Frage. Vielmehr wird die Prozessorganisation des Kundenmanagements in aller Regel in eine prozessorientierte Reorganisation des ganzen Unternehmens eingebunden, zumal das Kundenmanagement selbst einen Kernprozess mit besonders hoher Bedeutung für den Unternehmenserfolg darstellt. Tomczak/Reinecke (1999, S. 308) unterscheiden z. B. mit der Kundenakquisition, Kundenbindung, Leistungsinnovation und Leistungspflege vier Kernprozesse des Unternehmens, von denen die beiden Erstgenannten gleichzeitig Teilprozesse des Kundenmanagements darstellen.

Die *inhaltliche Gliederung* der Kundenmanagement Prozesse kann dabei durchaus unternehmensindividuell vorgenommen werden, weil die Bedeutung einzelner Prozesse von Branche zu Branche und Unternehmen zu Unternehmen schwankt. Abb. 9-8 zeigt ein Beispiel. In der Literatur finden sich auch andere Einteilungen, so etwa bei Belz et al. (2000, S. 23) die Unterscheidung von „Basisvertriebsprozess", „Neukundengewinnung", „Cross Selling", „Erhöhung des Lieferanteils" und „Erhöhung der Verwendungshäufigkeit".

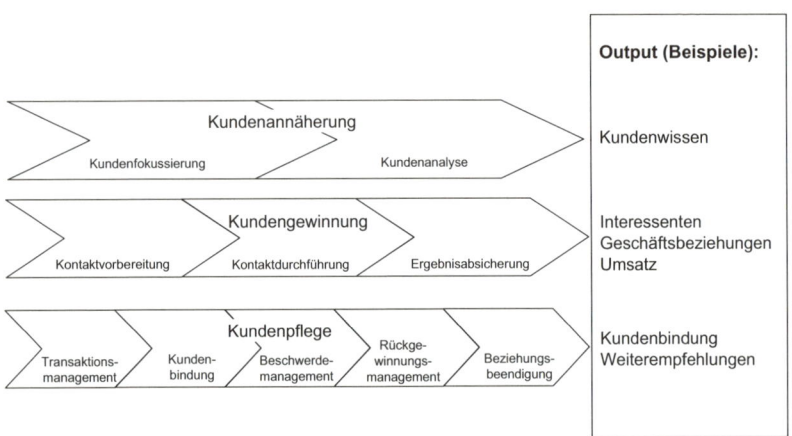

Output (Beispiele):

Kundenannäherung
Kundenfokussierung — Kundenanalyse
→ Kundenwissen

Kundengewinnung
Kontaktvorbereitung — Kontaktdurchführung — Ergebnisabsicherung
→ Interessenten
Geschäftsbeziehungen
Umsatz

Kundenpflege
Transaktionsmanagement — Kundenbindung — Beschwerdemanagement — Rückgewinnungsmanagement — Beziehungsbeendigung
→ Kundenbindung
Weiterempfehlungen

Abb. 9-8: Prozessorganisation des Kundenmanagements

Generelle *Charakteristika* einer Prozessorganisation sind:

➤ Eine *Prozess- statt Funktionsgliederung* des Verkaufsgeschehens mit entsprechender Untergliederung in Teilprozesse, wie sie in den Kapiteln 3-8 dargestellt wurden.
➤ Die Ausrichtung der Prozessgliederung an der *Wertschöpfung* und damit am Kundennutzen, der den wesentlichen Treiber der Wertschöpfung darstellt.
➤ Die *präzise Definition der Inputs und Outputs jedes Teilprozesses*. Damit werden Input-seitig interne Kunden-Lieferanten-Beziehungen institutionalisiert und die Prozesskette systematisch in das gesamte Unternehmen hinein fortgesetzt. Die Definition präziser Outputs liefert für das Prozess-Controlling *klare Prozessziele*.
➤ Die Prozesse werden auch aufbauorganisatorisch verankert, indem die Verantwortung für den Prozesserfolg einem *Prozesseigner* übergeben wird. Dieser budgetiert gleichzeitig die notwendigen Ressourcen für den Prozess, die sich aus dessen Effektivität und Effizienz nachweisen lassen müssen. Damit wird eine unmittelbare betriebswirtschaftliche Steuerung der kundenbezogenen Prozesse möglich, was bei funktionalen Organisationen wegen der Prozessschnittstellen nur schwerlich gelingt.
➤ Schließlich werden die Prozesse *informationstechnologisch*, z. B. durch elektronische Groupware, unterstützt (vgl. Kap. 11).

Liegen die Verhältnisse bei bestimmten Kundengruppen sehr unterschiedlich, kann es sich als zweckmäßig erweisen, die Prozesse kundengruppenspezifisch zu *segmentieren* und *parallele Organisationsstrukturen* zu organisieren. Typisch ist dies z. B. bei der unterschiedlichen Betreuung von Key Accounts einerseits und Kleinkunden andererseits. Erstere werden sehr viel intensiver und persönlicher betreut als Letztere, bei denen man aus Kostengründen teilweise sogar auf eine ausschließlich telefonische Betreuung zurückgeht. Gleichwohl bleiben die grundsätzlichen Prozessstrukturen identisch.

Die *Vorteile* einer solchen Prozessorganisation liegen damit offen:

➢ Sie *bewältigt* die *Schnittstellenprobleme* besser als die herkömmliche funktionale oder divisionale Organisationsstruktur, vorausgesetzt, es gelingt, die Mitarbeiter in den Prozesseinheiten tatsächlich zur Zusammenarbeit und gemeinsamen Ausrichtung auf die Kunden zu bewegen.

➢ Es existiert eine *bessere Transparenz* über die Leistungen des Kundenmanagements und deren Einflussfaktoren, was zu höherer Professionalität und zielgenaueren Konzepten des Kundenmanagements führt.

➢ Die *Ressourcenzuweisung* zu den einzelnen Prozessen ist sehr viel objektiver und zielorientierter möglich, weil und insoweit quantitative Zielgrößen für die Zielerreichung der Prozesse existieren.

➢ Mit der Prozessorganisation entwickelt sich mehr *Bewusstsein für die Qualität* der Verkaufsprozesse, die in den Controlling-Kennzahlen offen gelegt wird. Gleiches gilt für die Schnelligkeit.

Trotz dieser offenkundigen Vorteile stellt die Etablierung einer Prozessorganisation aber eine große interne Innovation dar, gegen die häufig Widerstände entwickelt werden. Darüber hinaus erfordert die Prozessorganisation spezifische Führungsqualitäten, um die funktionsübergreifende Zusammenarbeit tatsächlich wirksam werden zu lassen (vgl. Kap. 12). Umfassende Studien zur Erfolgsträchtigkeit dieser neuen Organisationsform liegen noch nicht vor. Einzelne Fallbeispiele lassen erkennen, dass die prozessorientierte Organisation auch im Kundenmanagement hohe Erfolgspotenziale in sich trägt (vgl. Osterloh/Frost 2000; Belz et al. 2000, S. 23 ff.). Allerdings gibt es dafür keine Patentrezepte. Vielmehr muss jedes Unternehmen entsprechend seiner eigenen Kernkompetenzen und spezifischen Wettbewerbsumfelder jene Prozessstrukturierung und -kontrolle finden, die ihr am besten gerecht wird.

9.3 Außendienstorganisation

9.3.1 Überblick

In diesem Abschnitt behandeln wir speziell die Organisation des Außendienstes als zumeist wichtigsten Organisationsbereich des Kundenmanagements. Außendienstorganisationen industrieller Unternehmen und Dienstleister umfassen nicht selten mehrere Hunderte, ja Tausende und in einem Konzern wie der Siemens AG sogar Zehntausende von Außendienstmitarbeitern (ADM).

Ein solch gewaltiger Ressourceneinsatz bedingt eine besonders sorgfältige Strukturierung, bei der sowohl den Effektivitäts- als auch den Effizienzzielen Rechnung getragen wird. In praxi dominieren Überlegungen zur optimalen Ausschöpfung des jeweiligen Umsatzpotenzials in bestimmten Absatzregionen (Effektivitätsziel) und höchstmögliche Kostenwirtschaftlichkeit des ADM-Einsatzes (Effizienz), wobei auch Motivationsfragen eine wichtige Rolle spielen. Über- wie Unterbelastungen eines ADM führen zu Motivationsproblemen und damit zu suboptimaler Marktbearbeitung.

Angesichts der Größe der ADM-Organisationen können schon kleine prozentuale Veränderungen große Kosten- bzw. Umsatzeffekte bewirken. 5% Einsparung bei einer 300-köpfigen ADM-Mannschaft entsprechen 15 Mitarbeitern! Die ständigen Veränderungen im Marktumfeld bedingen dabei eine permanente Neujustierung der Außendienstorganisation. Bspw. fallen durch Unternehmenskonzentration immer mehr kleine und mittlere Kunden weg, so dass sich die Verkaufsarbeit auf immer weniger, aber dafür umso marktmächtigere und anspruchsvolle Großkunden konzentriert. Darüber hinaus gibt es Gebiete unterschiedlicher Wettbewerbsintensität, etwa „Heimatmärkte", auf denen die Marktpenetration weit fortgeschritten und eine dominante Marktstellung erreicht ist, während in heimatfernen Gebieten oft noch große Umsatzpotenziale existieren.

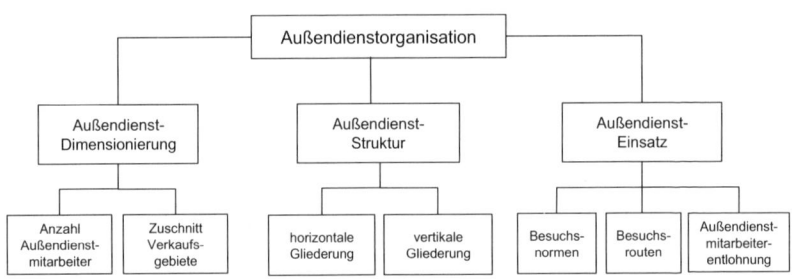

Abb. 9-9: Aktionsparameter der Außendienstorganisation

Die Gestaltung der Außendienstorganisation umfasst eine Vielzahl, untereinander interdependenter Gestaltungsparameter, die in Abb. 9-9 in drei Bereiche aufgeteilt werden.
Wir behandeln nachfolgend lediglich die strukturellen Fragen der Außendienstorganisation, also deren Dimensionierung und Gliederung.
Betriebswirtschaftlich sinnvoll und theoretisch denkbar ist eine Gesamtoptimierung dieser Parameter nur dann, wenn ausschließlich ökonomische Zielgrößen, meist Umsätze und Kosten bzw. Deckungsbeiträge, als Zielvariablen herangezogen werden und entsprechende Markt- und Kostenreaktionsfunktionen vorliegen. In diesem Falle lässt sich nach dem marginalanalytischen Prinzip z. B. ermitteln,

➢ ob der zusätzliche Einsatz eines ADM den Deckungsbeitrag steigert,
➢ inwieweit die Neuzuordnung von Verkaufsgebieten zu Mitarbeitern höhere Umsätze bei gleichen Kosten ermöglicht oder
➢ ob durch Erhöhung der Umsatzprovision des ADM bei gleichzeitiger Reduzierung der Anzahl der ADM der Periodendeckungsbeitrag erhöht werden kann.

Da in praxi häufig weder valide Informationen über solche *„Außendienstelastizitäten“* vorliegen noch die statistisch-analytischen Kenntnisse zur Implementierung eines umfassenden Optimierungsmodells vorhanden sind, begnügt man sich häufig mit suboptimalen *Heuristiken*, was jedoch in jedem Einzelfall überprüft werden sollte.

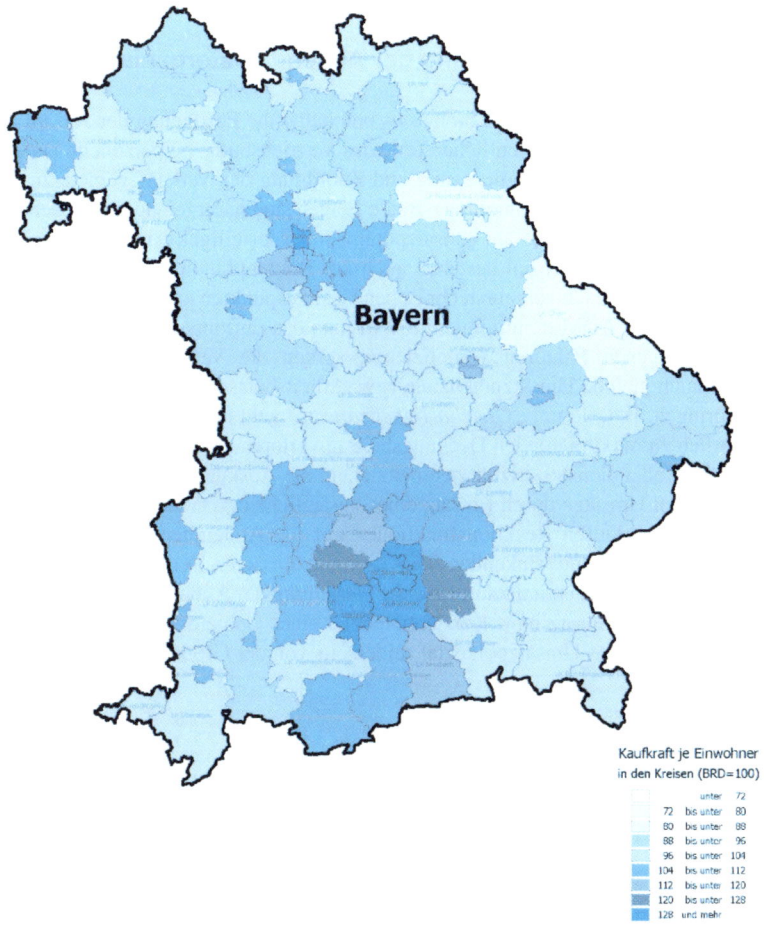

Abb. 9-10: Beispiel einer Kaufkraftkarte (Quelle: GfK AG)

Bspw. existieren im Pharmamarkt Apotheken-Panels, auf deren Basis regional sehr fein segmentierte Umsatzdaten zur Verfügung stehen. Der Einsatz von Pharmareferenten kann auf dieser Basis sehr gut an den Umsatzpotenzialen orientiert und effizienzorientiert gesteuert werden. Ähnliches gilt für viele Konsumgüter, deren Umsatzpotenzial auf Basis sog. *Kaufkraftkarten* (etwa jener der GfK) ermittelt werden kann (vgl. Abb. 9-10). Auch die Potenziale für gewerbliche Güter können z. B. auf Basis entsprechender Daten über die Anzahl der Beschäftigten, Umsätze u. ä. Kennzahlen der Gewerbebetriebe in verschiedenen Regionen berechnet werden. Da es in den seltensten Fällen um den Aufbau neuer Außendienstorganisationen, sondern um deren Modifikation, etwa bei schrumpfenden Umsatzpotenzialen, Ausweitung der Absatzregion oder Neujustierung der Besuchsnormen, geht, ist ein inkrementales, d. h. in kleinen Schritten voranschreitendes Verbessern der Organisationsstruktur gängige Praxis.

9.3.2 Die Dimensionierung der Außendienstorganisation

Die Dimensionierung des Außendienstes beinhaltet die Festlegung der Anzahl der ADM und damit auch wesentlicher Teile des Vertriebsbudgets (personelle Dimensionierung) sowie die Aufgliederung und Zuordnung der Verkaufsgebiete zu den ADM (regionale Dimensionierung). Beide Fragen sind naturgemäß interdependent und werden üblicherweise am Umsatzpotenzial der jeweiligen Absatzgebiete festgemacht. Interdependenzen bestehen auch zur Routenplanung, da die Einteilung der Bezirke auch nach verkehrstechnischen Gesichtspunkten erfolgen muss, um die Reisezeiten der ADM zu minimieren. Will man das Entlohnungssystem nicht mit gebietsbezogenen Faktoren komplizieren, sollten die Verkaufsgebiete darüber hinaus auch gleiche Umsatzpotenziale bzw. Arbeitsbelastungen für den ADM mit sich bringen. Bei diesem *„Gleichartigkeitsansatz"* geht allerdings der Bezug zum eigentlich zu maximierenden Deckungsbeitrag verloren (vgl. Albers 2002a). Dazu wäre die Außendienstelastizität heranzuziehen, die Auskunft darüber gibt, welche zusätzlichen Umsätze durch Einsatz eines zusätzlichen ADM erzielbar sind. Normalerweise verlaufen Reaktionsfunktionen auf die Außendienstgröße degressiv, was zu entsprechend sinkenden Durchschnittsumsätzen pro ADM führt (vgl. Abb. 9-11). Man erkennt daraus, dass die Herleitung der Außendienstdimensionierung allein am Umsatz bzw. Kundenpotenzial eines Gebietes einen Zirkelschluss enthält, weil dieses Umsatzpotenzial seinerseits von der Größe des Außendienstes abhängt.

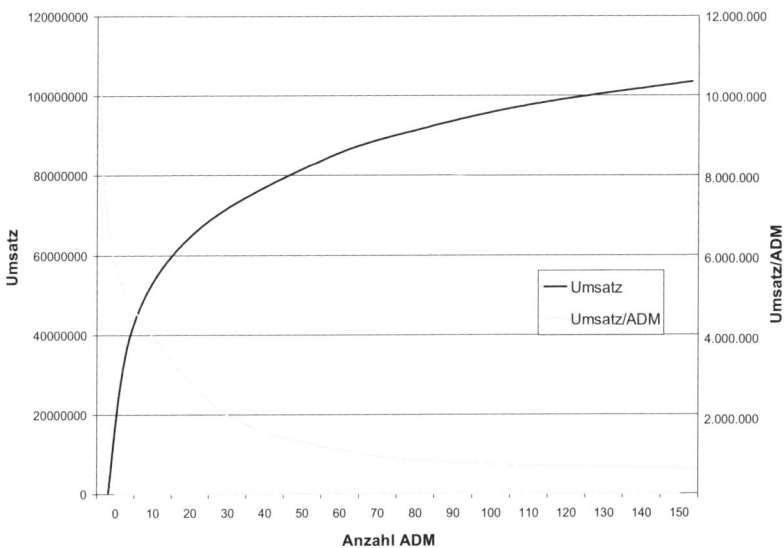

Abb. 9-11: Typische Umsatzreaktionsfunktionen der Außendienstgröße
(Quelle: Albers 2002a, S. 15)

Albers (2002a, S. 16 ff.) schlägt deshalb eine *„Inkrementalmethode"* vor, bei der das Maximum folgender Deckungsbeitragsfunktion durch Infinitesimalrechnung bestimmt wird:

(9-1) DB $= d \cdot U(x) - k \cdot x$
       DB   = Deckungsbeitrag
       d   = Deckungsbeitragsrate (DB/U)
       U(x) = Umsatz in Abhängigkeit von der Anzahl der ADM
       k   = Gesamtkosten eines ADM (Gehalt, Sozialkosten, Reisekosten etc.)
       x   = Anzahl der ADM

Alternativ ist eine numerische Berechnung, etwa mit Hilfe eines Tabellenkalkulationsprogramms wie Excel, möglich. In dieses muss „lediglich" eingegeben werden, wie sich der Umsatz und die ADM-Kosten in Abhängigkeit von der Anzahl der Außendienstmitarbeiter entwickelt. Die Außendienstelastizität ergibt sich dann aus dem Quotienten aus der prozentualen Umsatzveränderung bei Einsatz eines zusätzlichen Außendienstmitarbeiters zur prozentualen Veränderung der Außendienstgröße. Allerdings ist die Außendienstelastizität normalerweise nicht konstant, sondern degressiv und kann deshalb nicht zur direkten Ableitung der optimalen Außendienstgröße herangezogen werden. Umsatzreaktionsfunktionen lassen sich z. B. durch Querschnittsanalysen verschiedener Absatzregionen mit unterschiedlicher ADM-Dichte ermitteln, wobei allerdings auch andere relevante Einflussfaktoren mit zu berücksichtigen sind.

Weit einfacher und in der Praxis dominierend sind allerdings andere Verfahren der Außendienstdimensionierung. Wie Umfragen zeigen, verwenden die meisten Unternehmen nach wie vor entweder ein einfaches *Potenzialverfahren* oder die darauf aufbauenden *Besuchkontingentverfahren* bzw. *Arbeitslastverfahren* (vgl. Winkelmann 2000, S. 65 ff.).

Das *Umsatzpotenzialverfahren* geht von der Prämisse aus, dass die Produktivität jedes ADM gleich ist. Eine Schätzung des Umsatzpotenzials im betrachteten Absatzgebiet und die Kenntnis der durchschnittlichen ADM-Produktivität erlaubt damit die Berechnung der „üblichen" Außendienststärke:

(9-2) $N = UP / U_{ADM}$

  N =   Anzahl der Außendienstmitarbeiter
  UP =   Umsatzpotenzial der Unternehmung im Absatzgebiet
  U_{ADM} =   Durchschnittlicher Umsatz eines ADM

Die oben bereits erwähnte Zirkularität von Außendienstdichte und Umsatz bleibt hierbei unberücksichtigt. Liegen Kaufkraftkennziffern oder ähnliche Daten zu den Absatzgebieten vor, können auch die Verkaufsgebiete entsprechend untergliedert werden. Allerdings gilt es hierbei, zusätzlich Gebietsflächenrestriktionen zu berücksichtigen, um den Reiseaufwand der ADM vergleichbar zu halten. Die unterschiedliche Wertigkeit verschiedener Kunden bleibt unberücksichtigt.

Diesen Mangel versucht das *Besuchskontingentverfahren* zu vermeiden. Es baut auf einer Arbeitszeitanalyse für den Außendienst (vgl. z. B. Witt 1996, S. 220) und einer Kundensegmentierung mit entsprechend differenzierten Besuchsvorgaben für die einzelnen Kundengruppen auf. Auf dieser Basis wird ermittelt, wie viele ADM nötig sind, um ein bestimmtes Besuchsprogramm zu realisieren. Allerdings bleibt offen, ob die festgesetzte Zahl der Besuche wirklich optimal ist, ob überhaupt alle Kunden besucht werden sollen und/oder ob die Besuchsintensität abgestuft werden soll. Gewisse Aufschlüsse über derartige Kennzahlen erhält man entweder aus veröffentlichten Außendienststatistiken (vgl. z. B. die regelmäßig im Oktober veröffentlichten Vertriebsumfragen der Zeitschrift „absatzwirtschaft") oder eigenen Benchmark-Analysen, bei denen allerdings auf unterschiedliche Positionen in der Umsatzreaktionsfunktion jedes Unternehmens selten Rücksicht genommen wird. Tabelle 9-1 zeigt zwei Beispiele aus unterschiedlichen Branchen für die Analyse der Außendienstkosten und deren Verrechnung auf Reisetage, Kundenbesuche und Besuchsstunden beim Kunden, was dazu verwendet werden kann, die Soll-Besuchsvorgaben (hier ohne Berücksichtigung von Umsatzeffekten) zu justieren.

VORGABEN (Beispiel für den technischen Verkauf):

Besuchsvorgabe pro Tag	2,5	Besuche
Arbeitszeit pro Reisetag	10	Std.
Fahrleistung p.a.	48.000	km p.a.
Durchschnittsgeschwindigkeit	60	km/h
KFZ-Kostensatz	0,43	EUR/ km
Sozialkostensatz	44%	Prozent
Tage	**365**	
./. Wochenenden	-104	
./. Urlaub und Feiertage	-38	
./. Sonderurlaub	-1	
./. Stammhaus	-6	
./. Regionalbüro (40 x 0,5)	-20	Gesamtzahl
./. Tagungen	-2	Besuche gemäß
./. Sonstiges, Seminare etc.	-14	Vorgabe
Besuchstage	**180**	**450**
Arbeitszeit p.a. in Std.	**1800**	Stunden
Reisezeit p.a. in Std.	**-800**	Stunden
./. Pausen, Staus, Ausfälle in Std.	-240	Stunden
verkaufsaktive Zeit p.a. in Std.	760	Stunden
AD-Einkommen fix + variabel in Euro	**60.000,00**	Kosten pro Reisetag
Sozialkosten in Euro	**26.400,00**	**687,78 Euro**
KFZ-Kosten in Euro	**20.400,00**	
Spesen, Kommunikation in Euro	12.000,00	Kosten pro Besuch
sonstiges (Euro)	5.000,00	**275,11 Euro**
Bruttokosten gesamt in Euro	**123.800,00**	
		Kosten pro Besuchsstunde
		162,90 Euro

Beispiel für den technischen Verkauf

VORGABEN (Beispiel für den Konsumgüterverkauf):

Besuchsvorgabe pro Tag	16	Besuche
Arbeitszeit pro Reisetag	10	Std.
Fahrleistung p.a.	33.000	km p.a.
Durchschnittsgeschwindigkeit	60	km/h
KFZ-Kostensatz	0,43	EUR/ km
Sozialkostensatz	42%	Prozent
Tage	**365**	
./. Wochenenden	-104	
./. Urlaub und Feiertage	-38	
./. Sonderurlaub	-1	
./. Stammhaus	0	
./. Regionalbüro (40 x 0,5)	0	Gesamtzahl
./. Tagungen	-6	Besuche gemäß
./. Sonstiges, Seminare etc.	0	Vorgabe
Besuchstage	**216**	**3456**
Arbeitszeit p.a. in Std.	**2160**	Stunden
Reisezeit p.a. in Std.	**-550**	Stunden
./. Pausen, Staus, Ausfälle in Std.	-240	Stunden
verkaufsaktive Zeit p.a. in Std.	1370	Stunden
AD-Einkommen fix + variabel in Euro	**42.250,00**	Kosten pro Reisetag
Sozialkosten in Euro	**17.745,00**	**366,56 Euro**
KFZ-Kosten in Euro	**13.200,00**	
Spesen, Kommunikation in Euro	6.000,00	Kosten pro Besuch
sonstiges (Euro)	0,00	**22,92 Euro**
Bruttokosten gesamt in Euro	**79.195,00**	
		Kosten pro Besuchsstunde
		57,81 Euro

Beispiel für den Konsumgüterverkauf

Tab. 9-1: Berechnungsbeispiele für die Außendienstgröße nach dem Besuchskontingentverfahren (Quelle: Winkelmann 2000, S. 68)

Die Beispiele enthalten dabei noch keine differenzierten Vorgaben für bestimmte Kundengruppen, etwa nach der gängigen A-B-C-Kategorisierung. Erst dadurch kann dann eine kundenwertgerechte Verteilung der Besuchskontingente auf das Kundenportfolio vorgenommen werden.

Beim *Arbeitslastverfahren* wird auf der Basis des Ergebnisses des Besuchskontingentsverfahrens eine ADM-individuelle Berechnung durchgeführt, bei der die Kundenadressen, Kundenprioritäten und Fahrtstrecken zu den Kunden pro Außendienstmitarbeiter berücksichtigt werden. Das entsprechende Verhältnis der Besuchs- zu Reisezeiten führt dann zu einer gerechteren Verteilung der Arbeitslast. Der Vergleich der Arbeitsbelastungen unter den ADM gibt Hinweise auf die optimale Gebietsabgrenzung und angebrachte Besuchsvorgaben unter der Prämisse, dass alle ADM in etwa gleiche Arbeitsbelastungen aufweisen. Letztlich ist damit nicht das Umsatzpotenzial, sondern die Arbeitslast das Optimierungskriterium.

Im Unterschied dazu wird die Verkaufsgebietseinteilung bei der *marginalanalytischen Vorgehensweise* wiederum durch Umsatzreaktionsfunktionen hergeleitet (vgl. Skiera/Albers 2002). Ausgangspunkt sind Umsatzreaktionsfunktionen, welche die funktionale Abhängigkeit des Umsatzes vom Potenzial bestimmter kleinster Verkaufsregionen, der geographischen Lage und den Besuchsanstrengungen beschreiben. Reisezeiten werden über sog. Besuchszeitenanteile berücksichtigt. Diese muss man für jede Zuordnung einer kleinsten geographischen Einheit zu einem Außendienstmitarbeiter ermitteln. Sie geben dann an, wie viel Prozent seiner Verkaufszeit der ADM in einer solchen Einheit nach Abzug der Reisezeit für den Besuch aufwenden kann. Auf Basis der Umsatzreaktionsfunktion wird dann eine deckungsbeitragsmaximale Verkaufsgebietseinteilung vorgenommen, indem das Allokationsproblem der Besuchszeiten und das Zuordnungsproblem der Mitarbeiter zu den Regionen simultan gelöst werden. Das insgesamt zur Verfügung stehende Zeitpotenzial der ADM wird dabei so verteilt, dass eine ungleiche Arbeitsbelastung ebenfalls vermieden wird. Ein Beispiel für das Vorgehen findet man bei Skiera/Albers (2002, S. 42 ff.).

9.3.3 Außendienststrukturierung

9.3.3.1 Horizontale Strukturierung

Bei der Außendienststrukturierung geht es um die Frage, nach welchen Gesichtspunkten der Außendienst gegliedert werden soll. Damit verbunden ist stets eine spezifische Spezialisierung der Außendienstmitarbeiter, was einerseits im Hinblick auf die Kundenbedürfnisse und andererseits im Hinblick auf die Qualifikationsbedürfnisse der Mitarbeiter von Bedeutung ist. Als generische Gliederungskriterien stehen Gebiete, Produkte bzw. Märkte, Kunden(typen) und Funktionen zur Auswahl. Diese generischen Formen lassen sich zu mehrdimensionalen Strukturierungsansätzen kombinieren.

Eine generelle Bewertung der Strukturierungsformen ist kaum möglich, da es jeweils auf die spezifischen Ziele im Kundenmanagement und die dort vorliegenden Ausgangsbedingungen, etwa hinsichtlich Umfang und Qualität der vorhandenen Mitarbeiter, Gebietsgröße, Kundenstrukturen etc. ankommt. Dabei sind die oben erläuterten Effektivitäts- und Effizienzziele zu berücksichtigen. Manche Unternehmen streben z. B. erst den Aufbau eines Kundenstamms an, andere priorisieren die Bindung bereits vorhandener Kunden. Viele Unternehmen versuchen heute, durch Cross Selling zum Erfolg zu gelangen, andere sind sehr stark auf einzelne Produktfelder spezialisiert. In manchen Branchen entwickeln sich die Verhältnisse am Markt sehr dynamisch, so dass informationswirtschaftliche Ziele für den Unternehmenserfolg große Bedeutung besitzen, in anderen nicht. Effizienzziele wie Kostenwirtschaftlichkeit, Prozessqualität und Prozessschnelligkeit müssen dagegen von allen Unternehmen verfolgt werden.

(1) Regionale Strukturierung

Nach wie vor am weitesten verbreitet sind die *gebietsorientierten Außendienststrukturen*. Der ADM ist dabei für *alle* verkäuferischen Aufgaben in einem bestimmten Verkaufsgebiet zuständig. Dies hat als positive Konsequenz

➢ niedrige Reisekosten im Vergleich zu überregional tätigen Produkt- oder Kundenspezialisten,

➢ intime regionale Marktkenntnis und regionale Kundennähe, oft auch landsmannschaftliche Ähnlichkeit von Kunden und Verkäufer und – dadurch bedingt –

➢ hohe Marktdurchdringung in den einzelnen Verkaufsbezirken.

➢ Die Verantwortlichkeit für den regionalen Absatz erzeugt hohe Motivationseffekte und geringen Koordinationsbedarf innerhalb der Außendienstorganisation.

Andererseits ist der Gebiets-Verkäufer Universalist in Funktionen, Kundentypen und Produkten. Dies kann

➢ zu Qualifikationsdefiziten bzgl. bestimmter Aufgaben des Kundenmanagements (z. B. Kundenanalyse, technische Kundenbetreuung etc.),

➢ zu Priorisierungsfehlern, etwa bei der Bearbeitung unterschiedlich wertvoller Kunden, und

➢ zu Know-how-Defiziten aufgrund mangelnder produkttechnischer Kenntnisse führen.

➢ Außerdem ergibt sich ein hoher Steuerungsbedarf seitens der Vertriebsleitung, um übergeordnete, strategische Entwicklungen des Verkaufs, z. B. die individuellere Ansprache von Kunden oder die schnellere Erfassung und Bearbeitung von Aufträgen durch Einsatz technischer Hilfsmittel, zu bewerkstelligen.

Die besten Voraussetzungen für eine gebietsorientierte Verkaufsorganisation liegen dann vor,

➢ wenn eine intensive Betreuung der Verkaufsfläche erforderlich ist, z. B. bei kleineren Handwerkskunden, die einer intensiven Betreuung bedürfen,
➢ wenn nicht nur Betreuungs- sondern auch Verkaufsaktivitäten vor Ort in der Region und nicht in Firmenzentralen erfolgen,
➢ wenn das Produkt-Know-how bei den ADM für die Kundenbetreuung ausreicht bzw. entsprechend nachschulbar ist und
➢ wenn es sich um gut steuerbare, also im Regelfall im Angestelltenverhältnis stehende ADM (Reisende statt Handelsvertreter), handelt.

(2) Produktorientierte Strukturierung

Produktorientierte Außendienstorganisationen agieren mit Spezialisten für bestimmte Produktgattungen. Sie sind insb. im Vertrieb von Investitionsgütern verbreitet und finden sich insb. dort, wo schon die Unternehmensorganisation nach technisch unterschiedlichen Produktsparten gegliedert ist. Dies führt dann dazu, dass ein Unternehmen eine Mehrzahl, manchmal sogar Dutzende von Außendienstmannschaften im Einsatz hat, die nicht selten bei den gleichen Kunden, aber unterschiedlichen Einkäufern aktiv sind. Bspw. vertreibt eine Firma wie 3M ihre Folientechnik ebenso an PKW-Hersteller wie ihre Büroartikel oder ihre sicherheitstechnischen Produkte (Gesichtsmasken, Schadstofffilter etc.). Die ADM agieren hier als *Produktspezialisten*, was folgende Vorteile mit sich bringt:

➢ Optimale technische Kundenberatung durch hohes technisches Know-how der Verkaufsmitarbeiter
➢ Häufige Innovationsanstöße wegen direkter Koppelung von Marktbearbeitung und technischer Produktentwicklung
➢ Hohe Kundenakzeptanz aufgrund qualifizierter Kundenberatung
➢ Hohe Mitarbeitermotivation aufgrund anspruchsvoller Verkaufstätigkeit.

Andererseits agieren produktorientierte ADM als Universalisten für Gebiete, Kunden und Funktionen, was entsprechende Nachteile aufweist:

➢ Sehr hohe Außendienstkosten wegen mehrfacher und überregionaler Kundenbetreuung
➢ Hoher Abstimmungsbedarf zur Durchsetzung übergeordneter Vertriebsstrategien
➢ Koordinationsprobleme im Hinblick auf die ganzheitliche Steuerung der Geschäftsbeziehung zum Kunden
➢ Know-how-Defizite bei Verkaufsargumentation und Verhandlungsführung des meist technischen Personals
➢ Hoher Steuerungsbedarf im Hinblick auf die vollständige Erfüllung aller Aufgaben des Kundenmanagements.

Am ehesten sind produktorientierte Außendienstorganisationen deshalb in technischen Produktfeldern mit ausgeprägtem Problemlösungsgeschäft angebracht, wo den Kunden hoch qualifizierte technische Mitarbeiter für die Kundenberatung zur

Verfügung gestellt werden müssen. Ferner muss das Unternehmen heterogene Produktfelder abdecken und über entsprechend qualifiziertes Personal verfügen, dass nicht nur technisch sondern auch verkäuferisch begabt ist.

(3) Kundenorientierte Strukturierung

Kundenorientierte Außendienstorganisationen etablieren Spezialisten für bestimmte Kunden oder Kundentypen, z. B. industrielle vs. handwerkliche Kunden. Sie fungieren als Universalisten bezüglich des Gebietseinsatzes, der Sortimentsabdeckung und der verkäuferischen Funktionen, was entsprechende Nachteile nach sich zieht:

➢ Hohe Kosten durch gebietsübergreifende Spezialisierung auf Kundentypen
➢ Know-how-Defizite bezüglich produkttechnischer Aspekte bei breiten Sortimenten
➢ Funktionsdefizite wegen hoher Qualifikationsanforderungen einer umfassenden Kundenbetreuung (Überforderung).

Andererseits steht diesen Nachteilen eine Reihe von Vorteilen gegenüber, die gerade im modernen Kundenmanagement eine wichtige Rolle spielen:

➢ Möglichkeit zur individuellen Kundenbetreuung mit entsprechender Kundenzufriedenheit und Kundenbindung
➢ Genaue Kundenkenntnis durch intensive Analyse und Betreuung wertvoller Kunden
➢ Kostenbedingt erzwungene Priorisierung wertvoller Kunden, die dann intensiver betreut werden als andere Kunden
➢ Unmittelbare Koppelung von Marketing und Vertrieb i. S. d. Beziehungsmarketing, da kundenorientierte Strategien zu entwickeln sind
➢ Der intensive Kundenkontakt führt zu hoher Kunden- und Marktkenntnis
➢ Die Kundenbetreuung nach dem Prinzip „One Face to the Customer" führt zu qualitativ hochwertigen und schnellen Kundenbearbeitungsprozessen
➢ Die Betreuung des Kunden aus einer Hand eröffnet gute Cross Selling-Chancen.

Voraussetzung für den Aufbau kundenorientierter Außendienststrukturen ist die Verfügbarkeit hoch qualifizierter Außendienstmitarbeiter. Dies gilt insb. für das *Key-Account-Management* (s. Kasten). Darüber hinaus erleichtern stark konzentrierte Märkte mit relativ wenigen, wichtigen Kunden und zentralisierten Entscheidungsbefugnissen den Kostenaufwand einer solchen Organisation. Erfolgsentscheidend ist freilich eine sinnvolle Kundengliederung und -priorisierung, wie sie in Kap. 4 dargelegt wurden.

Key-Account-Management

Unter Key-Account-Management (KAM) wird nicht nur eine Strukturierungs-
form der Außendienstorganisation, sondern ein gesamtes *Managementsystem*
verstanden, das organisatorische, funktionale und verkaufsstrategische Aspekte
hinsichtlich der Marktbearbeitung umfasst (vgl. Diller 1989; Belz/Müllner/
Zupancic 2004):

➢ *Organisatorisch* handelt es sich beim KAM um eine Form der kundenorientierten Verkaufsorganisation, bei der die primäre (meist regionale) Organisationsstruktur des Verkaufs durchbrochen und durch eine kundenorientierte
   Struktur ersetzt bzw. überlagert wird.

➢ *Funktional* werden darunter alle Aufgaben der Planung, Durchführung und
   Kontrolle beim Aufbau, der Gestaltung und Erhaltung der Geschäftsbezie-
   hungen zu bestimmten Kunden(Gruppen) ganz i. S. d. von uns definierten
   Kundenmanagements subsumiert.

➢ Der *strategische* Aspekt liegt im Versuch, durch den Aufbau eines systematischen Beziehungsmanagements mittels kundenorientierter Marketing-
   instrumente mehr Kundennähe, Kundenzufriedenheit und damit auch Kundenbindung zu erzeugen.

Das KAM zielt insb. auf die Selektion und die am Kundenwert orientierte
Betreuung von Schlüsselkunden bei allen Transaktionen. Diese betreffen Wa-
ren-, Informations- und Geldströme mit vielfachen Schnittstellen zur herkömmlich funktionalen Unternehmungsorganisation. Insofern ist KAM auch ein
Schnittstellenmanagement für alle unmittelbar kundenorientierten Prozessablä-
fe. Wie Management generell kann das KAM dabei sowohl institutionell als auch
funktional interpretiert werden. Ein *institutionelles* KAM ist durch eine eigene
Stelle bzw. Abteilung zur Betreuung bestimmter Kunden gekennzeichnet. Der
Kunden-Manager als Stelleninhaber ist für den Verkaufserfolg bei diesen Kunden
verantwortlich. Vereint der Kunden-Manager in seiner Stelle die Verantwortung
für mehrere, in bestimmter Hinsicht ähnliche Kunden, spricht man von *Kundengruppenmanagement* (vgl. Ehrlinger 1979). Die Ernennung von KA-Managern ist
naturgemäß keine hinreichende Bedingung für den Erfolg dieses Management-
konzeptes, dazu gehört vielmehr auch dessen funktionale Ausfüllung. *Funktio-
nales* KAM beinhaltet alle Managementfunktionen zur Steuerung der Transaktionen mit Schlüsselkunden. Dafür wiederum ist eine eigene Stelle keine notwendige Voraussetzung. Die Betreuung von Schlüsselkunden wird z. B. oftmals
auch von der Geschäftsführung oder der Verkaufsleitung durchgeführt. In solchen
Fällen kann man von *funktionalem KAM* (ohne institutionelle Verankerung) oder
von KAM i.w.S. sprechen. Dieses wird umso erfolgreicher agieren, je umfassender die theoretisch unterscheidbaren Managementfunktionen vom Kunden-
Manager auch tatsächlich erfüllt werden. Dass dies in der Praxis keineswegs
durchgängig der Fall ist, belegen empirische Untersuchungen in verschiedenen

Wirtschaftszweigen (vgl. Diller/Gaitanides 1988; Gaitanides/Diller 1989; Diller/Götz 1993).

Ein *Key Account* oder *Schlüsselkunde* ist ein für das Unternehmen lebenswichtiger Kunde mit meist erheblicher Nachfragemacht und wiederkehrendem Bedarf, weshalb die Marktbeziehungen über die Einzeltransaktionen hinausgehen und längerfristige Geschäftsbeziehungen sowie ein entsprechendes Beziehungsmanagement begründen. Die Abgrenzung von anderen Kunden kann nach unterschiedlichen, die Nachfragemacht begründenden Kriterien, insb. Umsatz- oder Deckungsbeitragspotenzial, Know-how-, absatzstrategische Bedeutung etc. erfolgen (vgl. Kap. 4). Ein mögliches Hilfsmittel hierfür sind Kundenportfolioanalysen (vgl. Kap. 4.1.1).

Das *Aufgabenbild* eines Key-Account-Managers (KA-M) umfasst im Wesentlichen vier Hauptfunktionen:

➢ Die *Informationsfunktion* beinhaltet all jene Tätigkeiten, die mit der Sammlung, Aufbereitung, Interpretation und Weitergabe von Informationen über den Kunden verbunden sind.

➢ Im Rahmen der *Planungsfunktion* gilt es zum einen, strategische Optionen für die Arbeit mit den Kunden zu entwickeln, d. h. ein vertikales Marketingkonzept zu schmieden, das der Unternehmung einen Wettbewerbsvorsprung beim jeweiligen Kunden sichert. Zum anderen sind die kurz- und mittelfristigen Planungen für das Geschäft mit den jeweiligen Kunden durchzuführen (Planzahlen für Umsatz, Kosten, Gewinne und andere operative Zielgrößen). Diese Aufgabe beinhaltet auch die Kreation und Vorbereitung bestimmter kundenspezifischer Marketingaktivitäten, z. B. Verkaufsförderungsmaßnahmen, Präsentationen, gemeinsame Aktivitäten (Tagungen, Entwicklungsprojekte etc.). Der KA-M wird auf diese Weise auch zum Promotor der Geschäftsbeziehung zu den Kunden und trägt Verantwortung für die Erschließung unausgeschöpfter Umsatz- und Gewinnpotenziale.

➢ *Abwicklungs- und Koordinationsfunktion*: Auch wenn er die Bezeichnung „Manager" trägt, wird der KA-M nicht umhin kommen, einen nicht unbeträchtlichen Teil seiner Arbeitszeit (erfahrungsgemäß liegt er nahe bei 50%) mit Koordinations- und Abwicklungsaufgaben zu füllen. Hierzu zählen insb. die Pflege der Kontakte zu Schlüsselkunden, das Vorbereiten und Aushandeln entsprechender Vereinbarungen (insofern übernimmt er auch eine Repräsentations- bzw. Diplomatenfunktion), aber auch die Installation neuer Kontaktsysteme, sei es auf der Ebene der Güter-, der Geld- oder der Informationsströme. Darüber hinaus fungiert er als zentrale Ansprechstelle für alle Anfragen, Beschwerden oder sonstigen Kontakte seitens seiner Kunden. Neben diese externe tritt die interne Abstimmung, z. B. die Koordination aller verkäuferischen Aktivitäten, die z. T. weiterhin vom regionalen Vertrieb durchgeführt werden und i. S. d. mit dem Kunden zentral getroffenen Ver-

einbarungen zu gestalten sind. Weitere Schnittstellen ergeben sich mit Marketing, FuE, Produktionsplanung, Auftragsbearbeitung, Auslieferung, techni-
schem Kundendienst oder sonstigen Stellen, bei denen der Auftragsdurchlauf
verbessert bzw. spezifische Kundenwünsche besser erfüllt werden können.

➢ *Kontrollfunktion*: Als Managementprozess muss KAM auch Kontrollfunk-
tionen umfassen, die sich insb. auf die Überwachung der Zielerreichungsgrade beim Kunden, aber auch auf ein strategisches Audit der Kundenbeziehungen richten. Wie bei jedem Kontrollprozess gilt es dabei nicht nur,
Abweichungen zur Zielsetzung festzustellen, sondern auch nach deren Ursachen zu forschen und Verbesserungsmöglichkeiten aufzuzeigen, was dann
die Rückkopplung zur Planungsfunktion herstellt (vgl. Kap. 10).

Ausgestaltungsmöglichkeiten des Funktionsbildes bestehen hinsichtlich der
Vollständigkeit und der Gründlichkeit bei der Ausübung dieser Funktionen.
Im Idealfall erfüllt der KA-M sämtliche genannten Aufgaben im vollen Umfang
und auf detaillierte Art und Weise. Ob dies möglich sein wird, hängt nicht
zuletzt von der Verfügbarkeit einer bestimmten Infrastruktur ab, so der Verfügbarkeit eines Vertriebsinformationssystems, das mehrdimensionale Umsatz-
und Deckungsbeitragsstatistiken, Produktivitätskennzahlen, Stärken-Schwä-
chenprofile u. ä. Informationen abzuleiten erlaubt (vgl. Kap. 11).

In der Praxis besitzt neben dem KAM auch das *Kundengruppenmanagement* (KGM)
Verbreitung. Die Ursache für eine gesonderte Betreuung liegt hier nicht (nur) in der
absatzpolitischen Bedeutung, sondern v.a. in der Differenziertheit dieser Kundengruppen,
wie z. B. bei Privat- und Geschäftskunden, genossenschaftlichen oder filialisierten (Han-
dels-)Kunden oder OEM's und „sonstigen" Kunden. Die organisatorische Spezialisierung
auf solche Kundengruppen soll die Individualität des Kundenmanagements und das
Ressourcenbewusstsein für die Investitionen in diese Kundengruppe fördern.
Eine der ältesten Formen des KGM ist die gesonderte Bearbeitung von Auslandskunden
durch eine *Exportabteilung*, die sich freilich i.d.R. auf administrative Besonderheiten
beschränkte. In moderneren Formen, wie dem *Euro-KAM*, spielen die koordinierende
und die strategische Komponente dagegen eine sehr viel wichtigere Rolle (vgl. Diller
1993; Belz/Reinhold 1999).

Die Diskussion der generischen Gliederung der Außendienstorganisation nach
Gebieten, Produkten bzw. Kunden(Gruppen) hat bereits deutlich gemacht, dass
keine dieser Organisationsformen alle Anforderungen in idealer Weise erfüllen
kann. Insofern verwundert es nicht, dass sich in der Praxis zahlreiche *Mischformen*
entwickelten, in denen mehrere Gliederungskriterien gleichzeitig wirksam werden.

Eine erste Variante besteht dabei darin, den gebiets-, produkt- oder kundenspezifischen Mitarbeitern komplementäre Funktionsstellen zuzugesellen, in denen Spezialisten für das Auffüllen jener Defizite sorgen, die der jeweilige ADM nicht
selbst leisten kann oder aus Kostengründen soll. So findet man sehr häufig eine
Ausgliederung technischer Beratungsaspekte in den „technischen Kundendienst",

eine Übertragung der Regalpflege im Handel an Merchandiserorganisationen oder die Entwicklung kundenspezifischer Verkaufsförderungsaktionen in entsprechenden Trademarketing-Abteilungen.

Insb. Großunternehmen mit überregionalem Absatz kombinieren ferner die gebietsorientierte Organisation oft mit produkt- und/oder kundenorientierten Vertriebseinheiten, um die jeweiligen Defizite der regionalen Außendienstmitarbeiter auszugleichen. Bspw. existieren neben dem KAM oft auch regionale Außendienste, die für die mittleren und kleinen Kunden in der Region zuständig sind, während die KA-M die Großkunden bearbeiten. Eine Matrixorganisation entsteht daraus erst dann, wenn gemeinsame Verantwortlichkeiten für bestimmte Kunden(typen) entstehen, wie das z. B. dann der Fall ist, wenn der regionale ADM für die lokalen Einheiten eine Key Accounts zuständig ist. In diesem Falle müssen sich KA-M und regionale ADM intensiv abstimmen. In aller Regel handelt es sich aber nicht um Matrixorganisationen, sondern um komplementäre Organisationssysteme, mit denen unterschiedliche Markteinheiten bzw. Funktionskomplexe übernommen werden. Die Koordination dieser Einheiten erfolgt entweder hierarchisch durch eine übergeordnete Instanz in der Vertriebsleitung oder durch ein entsprechendes Team-Management.

Wie kompliziert solche komplementären oder Matrix-Lösungen ausfallen können, zeigt das Beispiel der Siemens AG (vgl. Storp 2001, S. 84 ff.; Hoffmann/Lumbe 2002), bei dem die kundenorientierte Key Account-Organisation zum einen hierarchisch in ein globales und nationales bzw. regionales Account-Management gegliedert ist und zudem für jede der von Siemens belieferten Hauptbranchen nationale Key Account-Teams konstituiert sind, in denen Experten aus allen sechs Geschäftsbereichen von Siemens aus der Stammhausorganisation zugeordnet werden. Sie bündeln sowohl kunden- wie branchenspezifisches Know-how und sollen damit für eine optimale Kundenbetreuung und -durchdringung sorgen (vgl. Abb. 9-12).

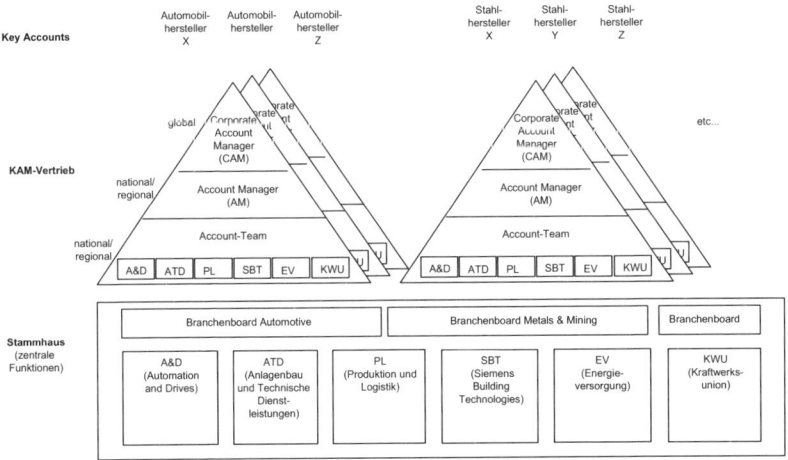

Abb. 9-12: Vertriebsorganisation der Siemens AG (Quelle: Storp 2001, S. 85)

9.3.3.2 Vertikale Strukturierung

Die hierarchische Strukturierung betrifft die *Anzahl der Führungsebenen* einer Außendienstorganisation. Naturgemäß sind diese auch von der Ausgestaltung des Führungsstils und der Anwendung bestimmter Führungsinstrumente abhängig, die im Kap. 12 im Rahmen der Personalführung besprochen werden. Der Bedarf an Führung entspringt zum einen dem Koordinationsbedarf im Hinblick auf eine übergeordnete Vertriebsstrategie. Ohne permanente Steuerung der verkäuferischen Tätigkeit würde das Verkaufsgeschehen schnell inkonsistent und unkontrollierbar. Darüber hinaus muss die Verantwortung für den Verkaufserfolg gegenüber der Unternehmensleitung in einer Vertriebsleitung gebündelt werden. Nur so kann eine Unternehmensplanung aufgebaut und i. S. d. Controlling überwacht werden. Da der einzelne Mitarbeiter nur für jeweils seinen Verkaufserfolg zuständig gemacht werden kann, bedarf es einer Leitungshierarchie, in der diese Verantwortlichkeiten koordiniert werden. Schließlich ergibt sich der Bedarf an hierarchischen Konfigurationen auch aus personalpolitischen Gründen: Mitarbeiter müssen selektiert, eingewiesen, beurteilt, entwickelt und ggf. auch entlassen werden, wenn die Effektivität und Effizienz der Vertriebsarbeit gewährleistet werden soll. Diese disziplinarischen Aufgaben werden üblicherweise im Vertrieb selbst und nicht in der Personalabteilung verantwortet, letztere leistet dafür lediglich Hilfestellungen. Insgesamt ergibt sich daraus für leitende Vertriebsmitarbeiter ein Funktionsbild, das zu großen Teilen nicht von verkäuferischen Aufgaben, sondern von *Führungsaufgaben* gegenüber den unterstellten Mitarbeitern geprägt ist. Diese Führungsaufgaben sind im Vertrieb besonders wichtig, weil die ADM nicht im Unternehmen selbst, sondern vor Ort agieren und darüber hinaus wegen der hohen psychologischen und sozialen Herausforderungen der Verkauftätigkeit einer besonderen Betreuung und Motivation bedürfen (vgl. Kap. 12). Organisationsbedürftig ist schließlich auch der Rückfluss der Marktinformationen in die Vertriebsleitung hinein, wo sie dann zu entsprechenden Anpassungen der Vertriebsstrategie führen sollen. Schließlich muss eine detaillierte Verkaufsplanung sowohl Bottom Up als auch Top Down betrieben werden. Dies bedeutet, dass einerseits die Verkaufsmitarbeiter realistische Angaben darüber machen, welche Absatzmengen in den jeweiligen Absatzsegmenten (Gebiete, Kunden(Gruppen), Produkte) erzielbar sind, und andererseits die Vertriebsleitung strategische Zielvorstellungen und -vorgaben damit abstimmt. Ein letzter Aspekt für die Anzahl der Hierarchiestufen ist auch deren Funktion als „Karriereleiter" für die Mitarbeiter, die entsprechende Klassifikationspotenziale beinhaltet. Meier (2004) plädiert aus Grund dieser vielfältigen Verantwortlichkeiten sogar für eine Verankerung des Kundenmanagements im Unternehmensvorstand in Form eines „*Chief Customer Officer*", der über der klassischen Vertriebsleitung für eine unternehmenspolitische Verankerung der Grundideen des Kundenmanagement zu sorgen hat.

Die meisten Verkaufsorganisationen besitzen bei regionaler Strukturierung zwischen zwei und fünf Hierarchieebenen, etwa die supranationale (z. B. Westeuropa), die nationale und die regionale Leitungsebene (z. B. für Ost-, West-, Nord- und

Süd-Deutschland), Bezirksdirektionen (z. B. für Nord- und Südbayern) sowie am unteren Ende der Hierarchie die für ihre Bezirke zuständigen ADM. Ausschlaggebend für die Anzahl der Führungsebenen sind insb. drei Faktoren:

➢ Die *Dimensionierung der Außendienstorganisation*: Je größer die Zahl der ADM, desto mehr Leitungsebenen müssen grundsätzlich erwogen werden.

➢ Die *Leitungskapazität der Führungskräfte*: Als typische *Leitungsspanne* finden sich hier meist fünf bis maximal zwanzig Mitarbeiter unter Führung eines Vertriebsleiters.

➢ Die Führungsspanne hängt auch von der *Komplexität der verkäuferischen Aufgaben* ab, die eine entsprechend differenzierte Steuerung des Verkaufsgeschehens mit sich bringt.

Wie in Abschnitt 9.1.2 bereits dargelegt wurde, existiert seit vielen Jahren ein starker Trend zur Verflachung der Vertriebshierarchien („*Lean Selling*"), in dessen Rahmen ganze Führungsebenen (z. B. jene der regionalen Vertriebsdirektionen) ausgesondert werden und den Außendienstmitarbeitern entsprechend mehr Verantwortung und Kompetenzen übertragen wird („*Empowerment*"). Dies geschieht nicht zuletzt deshalb, weil die Außendienstmitarbeiter selbst besser ausgebildet sind und durch ein differenziertes Informationssystem und technische Hilfsmittel unterstützt werden.

Von der besprochenen vertikalen Strukturierung einer unternehmenseigenen Verkaufsorganisation zu unterscheiden sind sog. *Strukturvertriebe*, die in sog. Multi-Level-Marketing-Systemen eingesetzt werden (vgl. Holland 2001). Charakteristisches Merkmal solcher Vertriebsorganisationen ist die selbstständige Akquisition und Führung untergeordneter Vertriebsmitarbeiter auf jeder Ebene der Vertriebshierarchie, wobei in der Regel die übergeordneten Hierarchieebenen an den Umsätzen der untergeordneten mit Umsatzprovisionen beteiligt werden. Eine gewisse Verbreitung fanden solche Strukturvertriebe insb. im Finanzdienstleistungssektor. Eine Sonderform stellen sog. Pyramiden- bzw. Schneeballsysteme dar, bei denen die Vertriebsmitarbeiter eine bestimmte Warenmenge als Depot abnehmen, aus dem der Absatz gespeist werden soll. Die Mitarbeiter erschließen ihre Kundenkreise über ihre sozialen Netzwerke. Der Systembetreiber profitiert davon, den sich schneeballartig ausweitenden Vertriebsapparat mit Ware anzufüllen (Pipeline-Effekt). Allerdings sind solche Systeme i. S. d. §§ 3 und 16 Abs. 2 UWG sittenwidrig.

Verständnisfragen zu Kapitel 9

1. Erläutern Sie die sechs Gestaltungsdimensionen der Organisation des Kundenmanagements am Beispiel eines Bekleidungsherstellers wie der Boss AG! Nennen Sie dabei auch ein Beispiel für interne Kunden-Lieferantenbeziehungen bei diesem Unternehmen und die dabei möglichen Schnittstellenprobleme!
2. Entwickeln Sie zwei Profile für die Wichtigkeit der verschiedenen organisatorischen Gestaltungsziele für einen Kalenderverlag bzw. eine Druckerei für

Kataloge und Prospekte! Erläutern Sie daran die Zielkonflikte im „magischen Viereck" der Verkaufsorganisation!

3. Als neuer Verkaufsleiter einer großen, national tätigen Winzerei stehen Sie vor der Aufgabe der Neuorganisation des Kundenmanagements.

   a. Entwickeln Sie eine Übersicht der grundsätzlich möglichen Verkaufsorgane für einen solchen Betrieb und erläutern Sie die dort jeweils zu bündelnden Aufgaben!

   b. Welche Verkaufsorgane hielten Sie für zweckmäßig, wenn derzeit ein Stamm von 1800 Kunden, ein Umsatz von 60 Mio. € und eine Deckungsbeitragsrate vor Vertriebskosten von 50% vorliegen?

   c. Welche Schnittstellenprobleme könnten bei deren Einrichtung auftreten?

   d. Diskutieren Sie, welche Effektivitäts- und Effizienzpotenziale das Internet für die verschiedenen Verkaufsorgane dieses Betriebes in sich birgt! Welche organisatorischen Maßnahmen wären für deren Erschließung erforderlich?

   e. Diskutieren Sie, inwiefern bei dem Winzereibetrieb eine Team/-, Matrix- oder Prozessorganisation die Effektivität bzw. Effizienz des Kundenmanagements verbessern könnte! Bedenken Sie dabei auch die verschiedenen Kundengruppen eines Winzers (Großhandel, Einzelhandel, Gastronomie, Privatkunden etc.)!

4. Als Berater eines mittelständischen Herstellers modischer Kinderbekleidung (150 Mio. € Umsatz) mit einem breiten Sortiment, der gleichermaßen an Wachstumsdefiziten wie Ertragsschwächen leidet, haben Sie dessen Außendienstorganisation zu überprüfen.

   a. Welche Parameter nehmen Sie unter die Lupe?

   b. Wie bestimmen Sie die optimale Größe und Struktur des Außendienstes, der zur Zeit aus vier Regionalleitern und 28 Reisenden besteht?

   c. Unter welchen Bedingungen würden Sie zur Einrichtung eines institutionellen KAM raten, und welche organisatorische Gesamtlösung würden Sie dann wählen? Wie könnte dabei das Schnittstellenproblem bei der Betreuung lokaler Filialen des Bekleidungshandels gelöst werden?

   d. Entwickeln Sie eine Stellenbeschreibung für den KA-M und prüfen Sie, welche Prozesse seiner Arbeit standardisiert werden sollten!

5. Ein Catering-Unternehmen möchte seine bisher funktionale Organisation des Kundenmanagements (Einkauf und Sortimentsgestaltung, Preiskalkulation und Vertriebscontrolling, Werbung, Innen- und Außendienst, Kundenservice, Fuhrpark, Lager) zur Verminderung der Schnittstellenprobleme prozessorientiert organisieren.

   a. Welche Prozessstruktur bietet sich an?

   b. Welche Schnittstellenprobleme lassen sich damit lösen?

   c. Welche Organisationsvor- und -nachteile lassen sich erwarten?

   d. Unter welchen Bedingungen müssen Parallelisierungen der Prozesse vorgenommen werden?

Kapitel 10 Controlling des Kundenmanagements

> Dieses Kapitel beschäftigt sich mit dem Controlling des Kundenmanagements („KM-Controlling"), das wir zunächst definieren und mit seinen Funktionen darstellen. Danach werden der Gegenstand des KM-Controlling präzisiert und zentrale Analyseinstrumente vorgestellt. Zudem wird erläutert, wie sich Kennzahlen im Rahmen des KM-Controlling einsetzen lassen. Im abschließenden Teil dieses Kapitels stellen wir die informationstechnologische Unterstützung des KM-Controlling dar.

10.1 Definition, Ziel und Funktionen des KM-Controlling

Wie man den Ausführungen zu den Verkaufsprozessen und ihren Steuerungsbereichen entnehmen kann, ist im Rahmen des Kundenmanagements eine Vielzahl an *Entscheidungen* zu treffen. Dafür bedarf es zweckmäßiger Informationen. Als Konsequenz stellen Informationen für alle behandelten Teilprozesse des Kundenmanagements wichtige Inputs dar. Daneben ist es aber auch nötig, den als optimal erkannten *Ablauf* der kundenpolitischen Prozesse zieladäquat sicher zu stellen, indem die in aller Regel arbeitsteilig organisierten Teilprozesse effektivitäts- und effizienzorientiert ausgerichtet und koordiniert werden. In dieser informatorischen *Unterstützung* des prozessorientierten Kundenmanagements besteht die zentrale Aufgabe des KM-Controlling.

Um die skizzierte Unterstützungsaufgabe wahrnehmen zu können, muss das KM-Controlling über eine reine Kontrolle i. S. v. Soll-Ist-Vergleichen hinausgehen. Auch ist es aus dieser Perspektive nicht mit Kostenrechnung gleichzusetzen. In Anlehnung an neuere Controllingansätze (vgl. Weber/Schäffer 2001) definieren wir das Controlling des Kundenmanagements wie folgt:

> *KM-Controlling* ist die Sicherstellung der Rationalität einer kundenorientierten Marktbearbeitung. Das *Ziel* des KM-Controlling besteht darin, Effektivität und Effizienz des Kundenmanagements zu sichern und – soweit möglich – zu erhöhen. Wie Abb. 10-1 zeigt, geht es dabei im Kern um (vgl. Weber/Schäffer 2001):

Rationalitätssicherung einer kundenorientierten Marktbearbeitung	
Funktionale Perspektive	**Institutionale Perspektive**
Unterstützung der Willensbildung durch Information	Bereitstellen von Faktenwissen
Sicherstellen eines ausgewogenen Mixes aus Intuition und Reflexion in der Willensbildung	Bereitstellen von Methodenwissen
	Systematische Analysen
Sicherstellen der Wirksamkeit des Führungszyklus	Kritische Counterpartfunktion in der Willensbildung
Verbindung des Führungszyklus mit Kompetenz- und Anreizgestaltung	Anstoß- und Veränderungsfunktion in der Willensbildung

Abb. 10-1: Aspekte der Sicherung eines rationalen Kundenmanagements
(Quelle: in Anlehnung an Reinecke 2004, S. 56)

➢ das *Unterstützen der Willensbildung durch Information*, indem mit Blick auf die an den kundenpolitischen Prozessen beteiligten organisatorischen Einheiten die für das Kundenmanagement relevanten externen (z. B. über Kundenpotenziale) und internen (z. B. über Costs per Lead) Informationen beschafft, integriert, zweckmäßig aufbereitet und bereitgestellt werden. Aus dieser Perspektive erfüllt das KM-Controlling gleichsam eine *Servicefunktion* für Marketing und Vertrieb,

➢ das *Sicherstellen eines ausgewogenen Mix aus Intuition und Reflexion* in der Willensbildung, indem das KM-Controlling rationale Elemente (z. B. Strukturierung und Objektivierung von Entscheidungssituationen), kreative und innovative, mit „unternehmerischem Fingerspitzengefühl" getroffene Entscheidungen und Maßnahmen zweckmäßig ausbalanciert,

➢ das *Sicherstellen der Wirksamkeit des Führungszyklus* durch eine reibungslose Implementierung der kundenpolitischen Prozesse,

➢ die *Verbindung des Führungszyklus mit Kompetenz- und Anreizgestaltung*, da das KM-Controlling das Kundenmanagement nicht nur bei Planungs-, Informations- und Kontrollaufgaben unterstützen muss, sondern auch Aspekte des Personalführungssystems (z. B. Personalbeurteilung und -entlohnung; vgl. Kap. 12.3) und der Organisation (z. B. Zuschnitt der Verkaufsgebiete; vgl. Kap. 9.3) berührt.

Das Wahrnehmen dieser Funktionen setzt zum einen ausreichendes *Wissen* voraus. Entsprechend muss dieses als Fakten- und Methodenwissen sowie als Ergebnis zweckmäßiger Analysen bereitgestellt werden (z. B. kundenspezifische Kosten- und Erlöswerte als Input für eine Kundenerfolgsrechnung). Zum anderen müssen KM-Controller dazu als *„contre rôle"* tätig werden, um Opportunismus (z. B. Außendienstbesuche bei „angenehmen" statt bei erfolgsträchtigen Kunden) oder begrenzte Rationalität (z. B. als Folge der Arbeitsüberlastung eines Key Account Managers) einzudämmen, sowie Effektivitäts- und Effizienzverbesserungen zu initiieren.

10.2 Aufgabenfelder des KM-Controlling

Um das Ziel der Effektivität und Effizienz der kundenpolitischen Prozesse zu erreichen, umfasst das KM-Controlling verschiedene *Aufgabenfelder* (vgl. Köhler 2001a, S. 13–18; vgl. auch Köhler 1992a):

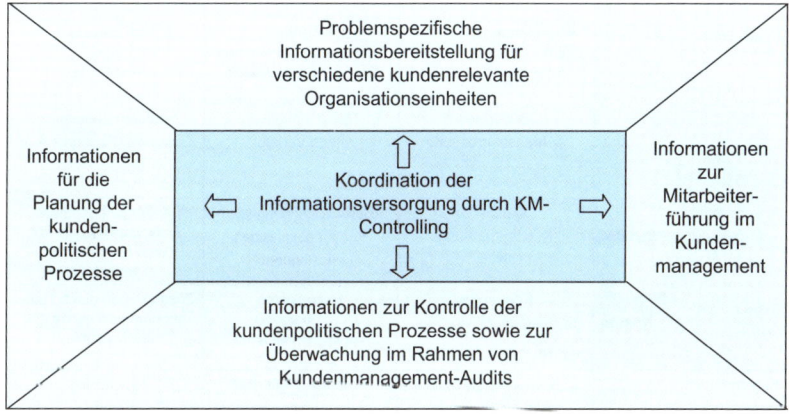

Abb. 10-2: Aufgabenfelder des KM-Controlling
(Quelle: in Anlehnung an Köhler 2001a, S. 14)

➤ *Informationskoordination für die Planung* der kundenpolitischen Prozesse: Das KM-Controlling muss die Versorgung mit planungsrelevanten unternehmensinternen (z. B. aus dem Rechnungswesen) und -externen Informationen (z. B. aus der Marktforschung) gewährleisten und koordinieren. Von besonderer Bedeutung ist dabei die Abstimmung strategischer und operativer Pläne.
➤ *Durchführung von Kontrollen und Audits:* Die Überwachung des Kundenmanagements erfolgt zum einen rückblickend i. S. v. Soll-Ist-Vergleichen. Die Kontrolle kann sich dabei einerseits auf die zugrunde liegenden Prämissen, Prozesse und Ergebnisse (Aspekt des Kontrollinhalts), andererseits auf Aktivitäten, Ak-

teure und Absatzobjekte (Aspekt des Kontrollobjekts) beziehen (vgl. Abb. 10-3). Zum anderen kann man das Kundenmanagement zukunftsorientiert in Form von Audits überwachen (vgl. Töpfer 1995b, Sp. 1534). Diese prüfen, inwiefern mit den aktuell genutzten Verfahren, Strategien, Instrumenten und organisatorischen Lösungen die Voraussetzungen für das künftige Erschließen von Erfolgspotenzialen vorliegen.

➢ *Problemspezifische Informationsbereitstellung für kundenrelevante Organisationseinheiten:* Das KM-Controlling muss die spezifischen Perspektiven der verschiedenen, an den kundenpolitischen Prozessen beteiligten Organisationseinheiten berücksichtigen und vorhandene Schnittstellen durch Koordination zu „Nahtstellen" machen.

➢ *Controllingbeiträge zur Mitarbeiterführung im Kundenmanagement:* Um das Verhalten der an den kundenpolitischen Prozessen beteiligten Mitarbeiter zielkonform zu steuern, lassen sich Anreize (z. B. Provisionen, Prämiensysteme) sowie geeignet gestaltete und bereitgestellte Informationen einsetzen.

Objekt der Kontrolle / Inhalt der Kontrolle	Kundenpolitisch relevante Aktivitäten	Kundenpolitisch relevante Akteure	Absatzsegmente
Prämissen	Bedeutungsgewinn des Internets als Absatzkanal	Notwendigkeit von Finanzierungs-Know how für Vertriebsingenieure	Wachstum des Kunden X
Zeit	Dauer der Auftragsbearbeitung	Termineinhaltung durch Verkauf	Einhaltung Zahlungsziel des Key Accounts A
Prozesse / Qualität	Qualität der Kundenberatung	Berücksichtigung von Kundenabsprachen im Angebot	Absprachegemäße Einbindung geschulter Kundenmitarbeiter in Projektteam
Kosten	Kosten der Neukundengewinnung	Reisekosten der Vertriebsmitarbeiter	Zusatzkosten durch späte Änderungswünsche des Key Accounts B
Ergebnisse	Neues Preisniveau nach Maßnahmen zur Preiserhöhung	Kundenzufriedenheit mit Außendienst	Profitabilität der Kundensegmente

Abb. 10-3: Bereiche und beispielhafte Ausprägungen der KM-Kontrolle (Quelle: in Anlehnung an Homburg/Krohmer 2003, S. 1008)

10.3 Gegenstand des KM-Controlling

Aus einer prozessorientierten Perspektive stellt das KM-Controlling die kundenpolitischen Prozesse in den Mittelpunkt des Interesses. Als Konsequenz beschäftigt es sich mit deren *kontinuierlichen Verbesserung* in den Prozessdimensionen Zeit, Qualität und Kosten. Auf einer Metaebene bildet dabei auch die Frage nach Verbesserungsmöglichkeiten der jeweils vorhandenen Ausgestaltung des Kundenmanagements einen Analysegegenstand.

In Analogie zu den Aufgabengebieten des Kundenmanagements kann sich das KM-Controlling auf strategische und auf operative Sachverhalte beziehen. Während auf der *strategischen Ebene* das Aufzeigen zukünftiger Handlungsspielräume und -felder zur Verbesserung der Abstimmung zwischen Kundenmanagement und Umwelt im Vordergrund steht, geht es auf der *operativen Ebene* primär darum, vorhandene marketing- und vertriebspolitische Gestaltungsspielräume auszunutzen. Entsprechend zielt das operative KM-Controlling darauf, kurz- und mittelfristige (periodenbezogene) Führungsinformationen zur Umsetzung der strategisch fixierten Kundenbearbeitung zu generieren (vgl. Link/Gerth/Voßbeck 2000, S. 20).

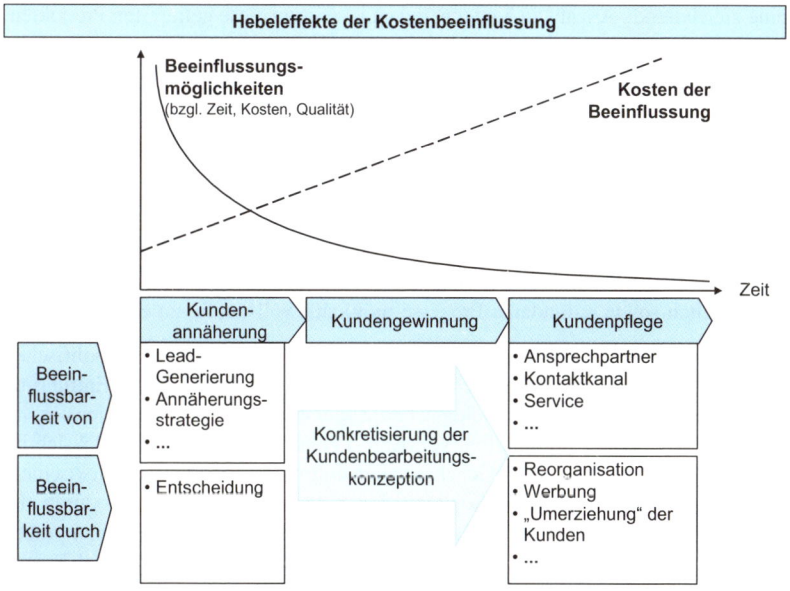

Abb. 10-4: Optionen und Effekte der Kostenbeeinflussung im KM-Prozess (Quelle: in Analogie zu Pfeiffer/Weiß 1994, S. 181)

Mit Blick auf die Verbesserungsbemühungen bietet die Leistungssphäre von Unternehmen nicht nur *Ansatzpunkte* zur Zeit- und Qualitätsverbesserung, sondern speziell auch zur Kostenbeeinflussung. Denn Kosten werden als bewerteter Ressourceneinsatz durch die zugrunde liegenden Sachprozesse determiniert. Die Möglichkeit einer effektiven Kostenreduktion steigt dabei mit der *„Ganzheitlich-*

keit" des Betrachtungsgegenstandes. Entsprechend birgt etwa eine Neukonzeption aller Verkaufsprozesse eines Unternehmens ein größeres Kostensenkungspotenzial in sich als Bemühungen zur Optimierung des einzelnen Prozessschrittes „Aufnahme von Kundenaufträgen". Daneben sind die Möglichkeiten zur Kostenbeeinflussung umso größer, je früher man in einen spezifischen Prozess eingreift, während die dafür anfallenden Kosten umso geringer ausfallen (vgl. Abb. 10-4). Als Konsequenz ist es ratsam, das kosten-, qualitäts- und zeitgerechte Lösen der jeweiligen Kundenprobleme nicht im Nachhinein zu „erprüfen", sondern i. S. einer *kontinuierlichen Vorsteuerung* gleichsam zu „produzieren" (vgl. analog Pfeiffer/ Weiß 1994, S. 180–183).

Zur Verbesserung der kundenpolitischen Prozesse ist eine Unterstützung des Kundenmanagements durch das KM-Controlling im Hinblick auf drei *Entscheidungsfelder* von besonderer Bedeutung:

(1) *Selektion von Prozessen*: Steigende (mehrdimensionale) Vielfalt, etwa durch eine zunehmende Anzahl an Kunden und an jeweils an diese gelieferten Produkten, bewirkt über eine entsprechende Zunahme der dafür nötigen Aktivitäten und die damit verbundene höhere Beanspruchung der vorhandenen Ressourcen einen in aller Regel überproportionalen (Komplexitäts-)Kostenverlauf (vgl. Becker 1992, S. 171; Homburg/Daum 1997, S. 153). Um dieser Tendenz entgegen zu wirken, sind Informationen nötig, die eine zielkonforme Selektion der Kunden und der im Rahmen des Kundenmanagements wahrgenommenen Funktionen ermöglichen. Denn mit der Entscheidung, etwa einen Kunden nicht mehr zu bedienen, fallen auch die durch diesen induzierten Prozesse weg. Ebenfalls gilt es mit Blick auf die unterschiedliche Wertigkeit von Prozessen, nicht-wertschöpfende Prozesse soweit wie möglich sowie redundante Prozesse möglichst vollständig zu eliminieren.

(2) *Gestaltung, insb. Vereinfachung von Prozessen*: Werden die kundenpolitischen Prozesse bei unternehmensseitigen Veränderungen, wie etwa bei der Einführung einer neuen informationstechnologischen Unterstützung des Außendienstes im Zuge der Sales Force Automation (vgl. Kap. 11), nicht angemessen berücksichtigt und im Hinblick auf die neuen Gegebenheiten optimiert, ergeben sich Effektivitäts- und Effizienzverluste. Denn die vorhandenen Prozesse können eine durch die Veränderung mögliche Produktivitätssteigerung verhindern oder die neuen praktischen Erfordernisse führen nach und nach zu zahllosen – in aller Regel Kosten steigernden – Ergänzungen und Modifikationen der ursprünglichen Prozesse. Derart „gewachsene" Prozesse bieten nicht selten die Möglichkeit, die Effektivität und Effizienz des Kundenmanagements durch eine Veränderung, insb. Vereinfachung des existierenden Prozessgeflechts, zu erhöhen (vgl. Homburg/Krohmer 2003, S. 987). Entsprechend muss das KM-Controlling Informationen bereitstellen, durch die verzichtbare Prozessschritte oder die Möglichkeit zur Parallelisierung bislang sequentiell bearbeiteter Prozessschritte ersichtlich werden.

(3) *Durchführung der Prozesse*: Sind die kundenbezogenen Prozesse festgelegt, besteht eine Aufgabe des KM-Controlling darin, die mit diesen Prozessen ver-

bundenen (Qualitäts-, Schnelligkeits- und Kosten-)Ziele sicherzustellen. Sieht man von den motivationalen Aspekten ab, sind den am Prozess Beteiligten dafür insb. die erforderlichen Informationen zur Verfügung zu stellen. Dazu gehören auch solche Informationen, die es den Beteiligten möglichst umgehend erlauben, sowohl auftretende Probleme zu beheben als auch Verbesserungen zu identifizieren und zu realisieren. Dabei ist eine nach Art und Umfang auf die Informationsempfänger ausgerichtete Informationsdarstellung erforderlich.

Der Aspekt der Prozessdurchführung verweist darauf, dass das KM-Controlling nicht (zu) einseitig auf unternehmerische Entscheidungen ausgerichtet sein darf (vgl. Weber 1994, S. 99). Vielmehr muss neben die entscheidungsorientierte eine *verhaltensorientierte Perspektive* treten, bei der es darum geht, alle betroffenen Mitarbeiter so zu lenken, dass sie die kundenpolitischen Prozesse effektiv und effizient ausführen und kontinuierlich zu verbessern suchen. Für ein solches verhaltensorientiertes KM-Controlling ist eine vergleichsweise einfache, leicht durchschaubare *Informationsaufbereitung* und -versorgung – insb. in auf Basis von Leistungs- und Qualitätszielen – zweckmäßig. Bspw. kann man den Vertriebsmitarbeitern mit direktem Kundenkontakt aufzeigen, wie wichtig sie für den Markterfolg sind, indem man ihnen die Gewinnauswirkungen durch unzufriedene Kunden und negativer Mund-zu-Mund-Werbung unmittelbar vor Augen führt – wie etwa bei Southwest Airlines, die ihren Mitarbeitern im Unternehmensmagazin die Anzahl an verärgerten Kunden verdeutlichte, die pro Flug bzw. Mitarbeiter ausreichen, um keinen Gewinn mehr zu erzielen (vgl. Abb. 10-5).

"How important is every Customer to our future? Our Finance Department reports that our break-even Customer per flight in 1994 was 74.5, which means that, on average, only when Customer #75 came on board did a flight become profitable!

Aside from that statistical data, let me share with you a down-to-earth formula devised by our Dallas chief pilot, Ken Gile. It utilizes our annual profit and total flights flown to clearly illustrate how vital each Customer is to our profitability an our very existence.

When you divide our 1994 annual profit by total flights flown, you get profit per flight:

$$\frac{\$\,179{,}331{,}000 \;(\text{annual profit})}{624{,}476 \quad (\text{total flights flown})} = \$\,287 \;(\text{profit per flight})$$

Then, divide profit per flight by Southwest's systemwide average one-way fare of $ 58:

$$\frac{\$\,287\;(\text{profit per flight})}{\$\,58 \quad (\text{average one-way fare})} = 5 \;(\text{one-way fares [customers!]})$$

The bottom line, only five Customers per flight accounted for our total 1994 profit! In other words, just five Customers per flight – only 3 million of the 40 million Customers we carried – meant the difference between profit and loss for our airline in 1994. To take it a step further, to have lost the business of only one of those Customers would have meant a 20 percent reduction in profit on that flight. That's how valuable each Customer is to Southwest and you!"

Abb. 10-5: Beispiel für verhaltensorientiertes KM-Controlling bei Southwest Airlines
(Quelle: Freiberg/Freiberg 1996, S. 121–122)

Damit die zahlreichen im Kundenmanagement anfallenden Prozesse kontinuierlich verbessert werden können, muss das KM-Controlling das Initiieren immer neuer *Lernkreisläufe* i. S. d. „Messen-Machen-Messen" unterstützen: Ausgehend von der Erfassung der Ist-Prozesse und -Prozessergebnisse (z. B. Kosten und Response-quote der bisher eingesetzten Direct Mailings; Anzahl der Käufe pro Quartal) werden die kundenpolitischen Prozesse auf Verbesserungsmöglichkeiten hin unter-sucht (z. B. Quervergleich der genutzten Direct Mailing-Alternativen bzw. der Oft- und Seltenkäufer), effektivere und/oder effizientere Aktionsprogramme kreiert und umgesetzt sowie deren Ergebnisse (z. B. Rückantworten; Wünsche; Käufe) erneut gemessen und in die Database eingepflegt. Speziell umfassende CRM-Systeme können so alle im Kundenmanagement gemachten Erfahrungen i. S. einer *integrierten Informationsrückkopplung* bündeln und für künftige Aktivitäten zur Verfügung stellen. Als Konsequenz lassen sich letztlich sowohl die bis dato genutzten Daten und Analysemethoden als auch die darauf beruhenden Aktionsprogramme, Prozesse und Ergebnisse i. S. eines lernenden Systems sukzessive überprüfen, anpassen und verfeinern (vgl. Wolf 2002, S. 91).

10.4 Instrumente des KM-Controlling

10.4.1 Informationsbedarf als Ansatzpunkt

Zur Unterstützung des Kundenmanagements muss das KM-Controlling eine zweckmäßige Informationsbereitstellung und -koordination sicherstellen. Dabei gilt es zu berücksichtigen, dass die verschiedenen Personen, die an den kundenpolitischen Prozessen beteiligt sind, in aller Regel einen (objektiv) unterschiedlichen *Informationsbedarf* besitzen. So benötigt ein Verkäufer vor einem Kundenkontakt zeitnahe Informationen über die Kaufhistorie eines Kunden, während etwa ein Key Account Manager in der Planungsphase Informationen zur Beurteilung der zukünftigen Attraktivität „seines" Kunden (z. B. Rentabilität und Wachstum des Kunden) benötigt.

Aus einer ganzheitlichen Perspektive ist der durch das KM-Controlling zu deckende Informationsbedarf durch Art und Umfang der Informationen definiert, die für die im Rahmen des Kundenmanagements anfallenden Entscheidungen und durchzuführenden Prozesse benötigt werden. Entsprechend muss das *Informationsangebot* des KM-Controlling verschiedene Bereiche einschließen (vgl. Abb. 10-6):

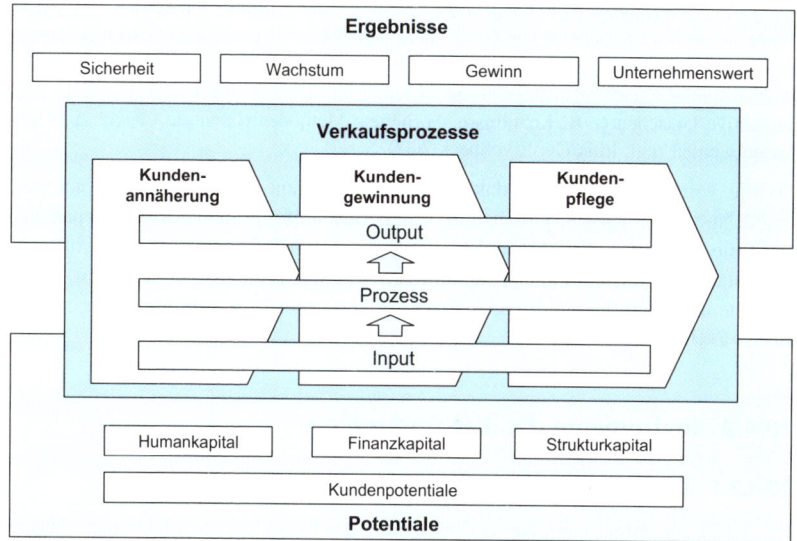

Abb. 10-6: Informationsbereiche des KM-Controlling

➤ Auf der *Potenzialebene* geht es um die Leistungsvoraussetzungen des Kundenmanagements. In diesem Zusammenhang sind speziell die Kundenpotenziale
und das sog. Humankapital von Bedeutung. Daneben beeinflussen aber auch die
vorhandenen finanziellen und strukturellen Ressourcen (z. B. Infrastruktur,
Kultur) die kundenpolitischen Prozesse.

➤ Die *Prozessebene* beinhaltet Informationen über die dargestellten Verkaufsprozesse inkl. ihrer In- und Outputs. Auf dieser Ebene steht die Frage im Vordergrund, wie mit den vorhandenen Kundenpotenzialen und Ressourcen im Rahmen
des Kundenmanagements umgegangen wird (vgl. Reinecke 2004, S. 242).

➤ Die *Ergebnisebene* umfasst Informationen, die Auskunft über die ökonomischen Konsequenzen des Kundenmanagements geben. Diese Informationen
sind insofern von besonderer Bedeutung, als zunehmend eine Messung des
Marketingbeitrags zu den Sicherheits-, Gewinn- und Wachstumszielen bzw. –
allgemein – zum Unternehmenswert gefordert wird.

Der zweckmäßige Informationsbedarf lässt sich naturgemäß erst für die konkrete Entscheidungssituation bestimmen. Gleichwohl lassen sich einige besonders bedeutsame *Einflüsse*
auf den Informationsbedarf nennen. So können die Informationen in Abhängigkeit der
Entscheidungsebene innerhalb der Planungshierarchie für strategische Entscheidungen
oder für eher operative Entscheidungen benötigt werden. Ebenfalls wird der Informationsbedarf in der Regel in Abhängigkeit der *Entscheidungsphase* von der Problemformulierung
über die Alternativengenerierung und -auswahl bis hin zur Kontrolle der Entscheidung
variieren. Zur *Ausrichtung des Informationsangebotes* auf die jeweiligen Bedürfnisse des
einzelnen Entscheidungsträgers bietet sich eine Kombination aus logisch-deduktiver Ab-

leitung des Informationsbedarfs aus der konkreten Aufgabenstellung bzw. dem jeweiligen Problem des Entscheidungsträgers und einem induktiven Vorgehen i. S. d. Beteiligung der betroffenen Entscheidungsträger an. Dabei ist speziell dafür Sorge zu tragen, dass die für den Erfolg des Kundenmanagements besonders kritischen Informationen nicht durch rein subjektive Ursachen (z. B. Kenntnisse, Vorlieben, Methodenwissen etc.) außer Acht gelassen werden (vgl. Link/Gerth/Voßbeck 2000, S. 42).

Da die vom Controlling für das Kundenmanagement gelieferten Informationen einen Nutzen erbringen, gleichzeitig deren Beschaffung auch Kosten verursacht, stellt die Frage der nach Art und Umfang *optimalen Informationsbeschaffung* ein eigenständiges Entscheidungsproblem dar. Aus Platzgründen sei zu diesem Problem allerdings auf die einschlägige Literatur verwiesen (vgl. z. B. Gemünden 1993, Bruhn 2002).

10.4.2 Instrumente des KM-Controlling

10.4.2.1 Überblick

Das KM-Controlling kann zur Wahrnehmung der Informationsversorgungsfunktion auf eine Vielzahl unterschiedlicher *Methoden* zurückgreifen. Das Spektrum der Methoden lässt sich dabei schwer eingrenzen. Denn die Verzahnung mit den oben dargestellten Analyse- und Planungsaufgaben des Kundenmanagements sowie die Nähe zur Informationsbeschaffungs- und Datenanalysefunktion der Marktforschung führen dazu, dass zahlreiche der in diesen Bereichen genutzten Instrumente grundsätzlich auch für das KM-Controlling von Bedeutung sind. Einen (gleichwohl nicht erschöpfenden) *Überblick* über Instrumente, die sich im Rahmen des KM-Controlling für die skizzierten Informationsbereiche einsetzen lassen, gibt Abb. 10-7.

Potenzialebene	Prozessebene	Ergebnisebene
Kundenpotenzial: *Kundenszenario* Conjoint Measurement Zeitreihenanalysen *Kundenbezogene Realoptionen*	**Input:** *OFA-Modell* **Prozesse:** *House of Quality* Blueprinting Prozesswertanalyse *Kundenbesuchsplanung* *Data Envelopment Analysis*	*Kundenerfolgsrechnung (inkl. Prozesskostenrechnung)* Customer Lifetime Value (vgl. Kap. 2.4.2.5)
Humankapital: *Kundenorientierung* *Flexibilität*		
Strukturkapital: Benchmarking	**Output:** *Kundenstrukturanalysen* Preistreppe *Kundenzufriedenheits-/* *Kundenbindungsanalyse*	
Finanzkapital: Deckungsbeitragsflussrechnung		

kursiv: im Folgenden vorgestellte Instrumente

Abb. 10-7: Instrumente des KM-Controlling (Beispiele)

Eine umfassende Darstellung aller in Frage kommenden Instrumente würde den Rahmen der vorliegenden Schrift sprengen. Als Konsequenz konzentrieren wir uns in diesem Abschnitt auf einzelne, auch für die Unternehmenspraxis *bedeutsame Analyseinstrumente* des KM-Controlling. Dabei erfolgt die Auswahl der vorgestellten Instrumente auch mit Blick auf eine systematische Ausleuchtung der verschiedenen Informationsbereiche des Kundenmanagements (vgl. Abb. 10-7). Für eine Darstellung der im Folgenden nicht behandelten Instrumente sei auf die einschlägigen Werke verwiesen (z. B. Link/Gerth/Voßbeck 2000; Reineke/Tomczak/Geis 2001).

10.4.2.2 Ausgewählte potenzialbezogene Instrumente des KM-Controlling

10.4.2.2.1 Kundenszenario

Um strategische Erfolgspositionen i. S. zukünftiger Kundenbedürfnisse zu identifizieren, reicht eine „naive" Kundenbefragung in aller Regel nicht aus. Denn dadurch entstehen häufig „Wunschzettel" – sofern die Kunden überhaupt in der Lage sind, sich die Zukunft vorzustellen. Zudem vernachlässigt ein solches Vorgehen potenzielle Käufer, die heute noch keine Kunden sind, in der Zukunft aber als Kunden gewonnen werden könnten. Vor diesem Hintergrund bieten *Kundenszenarien* die Möglichkeit, zukünftige Kundenbedürfnisse und Zielgruppen zu identifizieren (vgl. Minx/Reeb 2005, S. 8–9).

Das *Ziel* des Kundenszenarios besteht darin, die zukünftige Entwicklung von Kundenbedürfnissen bei unterschiedlichen Rahmenbedingungen in Form alternativer *Kunden- und Zielgruppen der Zukunft* abzubilden. Dazu werden Querschnittsanalysen (z. B. Kundentypologie, Situationsanalyse) und Längsschnittanalysen (z. B. Trendanalyse) auf qualitativer (z. B. durch Delphi-Methode) und quantitativer (z. B. mittels Conjoint Analyse) Basis miteinander verbunden.

Das *Vorgehen* zum Ableiten des Kundenszenarios umfasst verschiedene Schritte (vgl. Kreilkamp 1987, S. 289–294; Minx/Reeb 2005, S. 8–9):

(1) *Erstellen eines Trendszenarios*: Der erste Schritt zielt darauf ab, ein stimmiges und detailliertes Bild der Welt von morgen zu generieren. Dazu müssen zunächst der Untersuchungsgegenstand und die dafür relevanten Einflussgrößen strukturiert werden. So kann ein Maschinenbauunternehmen etwa der Frage nachgehen, wie sich die Nachfrage nach Dienstleistungen durch technologische Entwicklungen und der Globalisierung verändern wird. Daran schließt sich die Beschreibung des Ist-Zustands an, auf dessen Basis unter Verwendung von Voraussagetechniken (z. B. morphologische Analyse, Delphi-Methode) die Entwicklungen der Einflussgrößen und die Veränderung des Untersuchungsgegenstandes vorausgesagt werden. Die verschiedenen Entwicklungsvoraussagen werden dann zu konsistenten und realistischen, d. h. wahrscheinlichen, Zukunftsbildern zusammengefasst. Dabei kann eine über mehrere Zeitschritte erfolgende Darstellung der Entwicklung solcher Zukunftsbilder von der Gegenwart bis zur Zukunft das Verständnis für die Veränderungsprozesse erhöhen.

(2) *Durchführen von Sensitivitätsanalysen*: Im Zentrum steht die Frage, wie sich die identifizierten Entwicklungen auf unterschiedliche Kundengruppen auswirken, um so die Veränderung der Kundengruppen im Zeithorizont der nächsten 10 bis 15 Jahre im Hinblick auf ihre unternehmensbezogene Situation, ihre Strategien, ihre Bedürfnisse und ihr Verhalten zu prognostizieren. So können Veränderungen der nachgefragten Dienstleistungen bspw. bei mittelständischen Kunden primär von der zunehmenden Internationalisierung geprägt sein, während sie bei Großunternehmen, die bereits zum Analysezeitpunkt international aufgestellt sind, vorwiegend von neuen Informations- und Kommunikationstechnologien getrieben werden. Durch diese Analyse werden Chancen i. S. neuer Kundenbedürfnisse und Bedrohungen i. S. erodierender Kundensegmente ersichtlich.

(3) *Definieren der Future Target Groups*: In diesem Schritt wird ein realistisches und plastisches Bild der zukünftigen Käuferstruktur generiert. Daraus lassen sich Aussagen über dessen leistungsbezogene Bedürfnisse und Anforderungen ableiten, wodurch wiederum Ideen für zukünftige Produkte und Dienstleistungen stimuliert werden. Zudem muss entschieden werden, ob man sich auf bestimmte – und wenn ja auf welche – der zukünftigen Kundensegmente konzentriert.

(4) *Umsetzung der Ergebnisse*: Im abschließenden Schritt sind geeignete Strategien für die gewählten Zielgruppen zu konzipieren und zeitgerecht umzusetzen.

10.4.2.2.2 Kundenbezogene Realoptionen

Die Frage nach der Attraktivität von Kunden i. S. ihres Kundenwertes ist von zentraler Bedeutung für ein wertorientiertes Kundenmanagement (vgl. Kap. 2.4.2.5). Zur monetären Bestimmung des Kundenwertes wird dabei häufig auf die Kapitalwert-Methode zurückgegriffen. Diese Methode berücksichtigt jedoch nicht die Flexibilität, die man bei Investitionsprojekten besitzen kann. So kann man etwa in einem gewissen Abstand nach der Akquisition neuer Kunden entscheiden, ob man in diese Geschäftsbeziehungen weiterhin investieren möchte oder nicht. Gerade Flexibilität besitzt angesichts stets dynamischerer Märkte einen eigenständigen Wert.

In Analogie zur Bewertung von Optionen auf Finanzmärkten liefert das Konzept der realen Optionen einen Bewertungsrahmen für die in Strategien oder Projekten enthaltene Flexibilität. *Reale Optionen* räumen dem Inhaber während eines bestimmten Zeitraums das Recht (aber nicht die Pflicht) ein, die erwarteten Einzahlungen eines Projektes durch Leistung der Investitionsauszahlung zu erwerben (vgl. Laux 1993, S. 933). Entsprechend eröffnet die Investition in einen vorhandenen Kunden – je nach Beziehungsstatus – etwa die Möglichkeiten, spezifisches Know-how aufzubauen, oder des Cross- und Up-Selling (vgl. Kap. 7.2.4). Die Investition in die Akquisition eines Kunden beinhaltet die reale Option der Kundenbindung mit all ihren weiteren Optionen (vgl. Abb. 10-8).

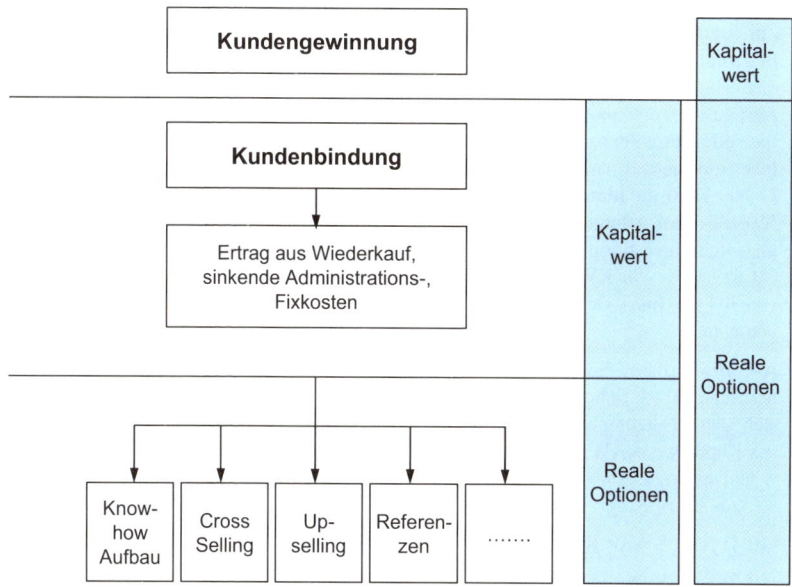

Abb. 10-8: Optionsbetrachtung von Kundengewinnung und Kundenpflege
(Quelle: in Anlehnung an Kühn/Fuhrer 2001, S. 131)

Die *Bewertungskomponenten* lassen sich für ein Investitionsprojekt (z. B. Kunden-gewinnungs- und -bindungsmaßnahmen) in Analogie zu Call-Optionen auf Fi-nanzmärkten bestimmen und sind in Abb. 10-9 mit ihrer Korrelation zum Options-wert dargestellt.

Finanzoptionen	Reale Optionen	Korrelation mit Optionswert
Ausübungspreis	Beim Ausüben der realen Option fälli-ge Investition I	–
Preis des zugrunde liegen-den Wertes	Kapitalwert KW des durch die ausge-übte Option generierten Cash Flows	+
Laufzeit der Option	Zeitdauer T, die man die Investition aufschieben kann	+
Risikofreier Zinssatz	Risikofreier Zinssatz r	+
Varianz im Preis des zu-grunde liegenden Wertes (σ^2)	Unsicherheit bzgl. des durch die aus-geübte Option tatsächlich generierten Cash Flows	+

Abb. 10-9: Bewertungskomponenten von Realoptionen
(Quelle: Barney 2002, S. 325, S. 329)

Zur *Illustration* möge man sich als Beispiel ein Unternehmen vorstellen, das für einen Betrachtungszeitraum von 6 Jahren über eine erste Investition in Kundengewinnungsmaßnahmen zu entscheiden hat, denen in drei Jahren (=T) 487.000 Euro (= I) zum Ausbau der Kundenbeziehungen (z. B. durch die für die Kunden nötige Investition in spezielle Maschinen bzw. Produktionskapazitäten) folgen können. Durch die zweite Investition mögen an Gewinn in den Jahren 4 bis 6 26.200 Euro, 28.300 Euro bzw. 27.000 Euro anfallen. Zudem möge deren Wert am Ende der Betrachtungsperiode 510.100 Euro betragen. Bei einem Diskontierungsfaktor von 12% ergibt sich durch die zweite Investition damit der Barwert (unter Berücksichtigung der Investition) von -41.817 Euro. Für KW (= ohne Berücksichtigung der Investition) ergibt sich ein Wert von 304.820 Euro. Der risikofreie Zins möge 5,5 Prozent und die Unsicherheit $\sigma^2=0,16$ betragen.

Auf Basis dieser Werte lässt sich der *Optionswert* durch die für Finanzoptionen bekannte Black-Scholes-Formel berechnen. Eine vereinfachte Bestimmung ergibt sich unter Nutzung von Optionspreistabellen, die den Optionswert als Prozentwert des Kapitalwerts KW des durch die ausgeübte Option generierten Cash Flows angeben – und zwar in Abhängigkeit der folgenden beiden Kennwerte (vgl. Barney 2002, S. 326–327):

(10-1) $KW_q = KW / I (1 + r)^T$

(10-2)   Kumulierte Volatilität $= \sigma \sqrt{T}$

Bei KW_q handelt es sich um den Quotienten aus dem Kapitalwert KW des durch die ausgeübte Option generierten Cash Flows und dem Kapitalwert der beim Ausüben der realen Option fälligen Investition I. Für unser Beispiel ergibt sich $KW_q = 304.820/ 487.000 (1+0,055)^3 = 0,735$. Die kumulierte Volatilität ergibt sich im Beispielfall als $0,4 \cdot \sqrt{3} = 0,693$. Für diese beiden Werte lässt sich aus der entsprechenden Optionspreistabelle als Optionswert ca. 17,2% des Kapitalwerts KW des durch die ausgeübte Option generierten Cash Flows entnehmen. Damit ergibt sich ein Optionswert von $304.820 \cdot 0,172 = 52.429$ Euro. Wie man erkennen kann, ist der Wert der zweiten Investition unter Berücksichtigung der damit verbundenen Flexibilität deutlich höher als bei der Berechnung mittels Kapitalwertmethode. Da sich der Gesamtwert der Investition als Summe aus dem Barwert der ersten Investition und dem Optionswert ergibt, würde sich das skizzierte Investitionsvorhaben selbst dann lohnen, wenn die erste Investition einen negativen Kapitalwert besäße. Auf Basis der Kapitalwertmethode käme es dagegen erst dann zu einer Investition, wenn der Barwert der ersten Investition höher als 41.817 Euro wäre.

Bei allen Vorteilen weist der Ansatz der realen Optionen allerdings auch Grenzen auf (vgl. Kühn/Fuhrer 2001, S. 128–129). So ergeben sich *Bewertungsprobleme*, weil reale Optionen im Vergleich zu Finanzoptionen

➤ häufig nicht exklusiv, sondern *geteilter Natur* sind. So konkurriert man häufig mit mehreren Anbietern um den Auftrag eines Kunden. Der Wert einer geteilten Option ist vergleichsweise geringer. Zudem können geteilte Optionen verhindern, den optimalen Ausübungszeitpunkt abzuwarten, da im Extremfall die

Option bei Ausübung durch einen der Inhaber für alle anderen erlischt. Im Beispielfall geschieht dies, sobald ein Unternehmen den Auftrag erhält.

➢ in der Regel *verbundener Natur* sind. Deren Ausübung hat gemeinhin das Entstehen weiterer Optionen zur Folge, wie das Beispiel der Neukundenakquisition bereits gezeigt hat. Neben der daraus resultierenden Komplexität der Bewertungssituation entstehen Schwierigkeiten dadurch, dass Wertveränderungen der Folgeoptionen auch den Wert der Basisoption beeinflussen.

➢ im Allgemeinen *nicht frei gehandelt* werden können (Problem des unvollkommenen Marktes). Dadurch ist die Anwendung der Modelle aus der Optionspreistheorie in der realen Welt mit Problemen verbunden.

Trotz der bestehenden Anwendungsprobleme können Überlegungen zu realen Optionen, wie die Ausführungen gezeigt haben, eine nicht unbedeutende Rolle für das Kundenmanagement spielen.

10.4.2.2.3 Messung von Kundenorientierung und Flexibilität der Mitarbeiter

Die Kundenorientierung und Flexibilität von Mitarbeitern sind zentrale *Erfolgsvoraussetzungen* von Verkauf und Kundenmanagement. Entsprechend muss das KM-Controlling Informationen über Art und Ausmaß der mitarbeiterseitigen Kundenorientierung bzw. Flexibilität zur Verfügung stellen. Aus einer potenzialbezogenen Perspektive steht dabei vor allem die Frage im Vordergrund, inwiefern die Mitarbeiter *willens und fähig* sind, sich kundenorientiert und flexibel zu verhalten.

Die Bestimmung der mitarbeiterseitigen Kundenorientierung und der Flexibilität des Verkaufspersonals i. S. d. adaptiven Verkaufens muss durch geeignete *Skalen* erfolgen. Dafür lassen sich die in Abb. 10-10 dargestellten Indikatoren im Rahmen einer Befragung der entsprechenden Mitarbeiter heranziehen.

Kundenorientierte Einstellung

➢ Ich bin sehr kundenorientiert.
➢ Ich bin der Auffassung, dass zufriedene Kunden für den Erfolg unseres Unternehmens sehr wichtig sind.
➢ Ich bin der Auffassung, dass der Umgang mit Kunden einen Beitrag zu meiner persönlichen Entwicklung leistet.
➢ Der Umgang mit Kunden macht mir Spaß.
➢ Ich habe mir Kundenorientierung zum persönlichen Ziel gemacht.
➢ Kundenorientierung ist für mich sehr wichtig im Rahmen meiner Tätigkeit.
➢ Ich versuche, für die Kunden diejenigen Leistungen zu erbringen, die am nützlichsten für sie sind.

Adaptives Verkaufen

➤ Wenn ich in einem Verkaufsgespräch merke, dass mein Vorgehen nicht funktioniert, fällt es mir leicht, dieses zu wechseln.
➤ In meinen Verkaufsgesprächen probiere ich gerne unterschiedliche Vorgehensweisen aus.
➤ In meinen Verkaufsgesprächen gehe ich sehr flexibel vor.
➤ Es fällt mir leicht, eine große Vielfalt an Vorgehensweisen in meinen Verkaufsgesprächen einzusetzen.
➤ Ich versuche zu verstehen, wie sich die Kunden voneinander unterscheiden.

Abb. 10-10: Skalen zur Messung von Kundenorientierung und adaptivem Verkaufen
(Quelle: Stock 2002, S. 76; Robinson et al. 2002, S. 117 [Übers. d. Verf.])

Die Beantwortung kann bspw. auf einer 5-stufigen Skala von 5 („stimme voll zu) bis 1 („stimme gar nicht zu) als Antwortmöglichkeit erfolgen. Den *Gesamtwert* für die Kundenorientierung bzw. das adaptive Verkaufen des einzelnen Mitarbeiters erhält man, indem man für die entsprechende Skala den ungewichteten Mittelwert über die Antworten des Mitarbeiters bildet.

Verkaufsbezogene Fähigkeiten lassen sich dagegen mit den in Abb. 10-11 vorgestellten Skalen messen. Die Messung kann dabei sowohl durch den Vorgesetzten als auch durch den Verkäufer auf Basis einer Qualitätsbeurteilung („sehr niedrig" bis „sehr hoch") erfolgen. Die Ermittlung der Gesamtwerte erfolgt analog zum bereits dargestellten Vorgehen entweder für die einzelnen Komponenten oder als aggregierter „Kompetenzwert" über alle Items (vgl. Rentz et al. 2002).

Verkaufsbezogene Fähigkeiten

➤ Fähigkeit, ein Verkaufsgespräch vorzubereiten.
➤ Fähigkeit, ein Verkaufsgespräch durchzuführen.
➤ Fähigkeit, einen Verkauf abzuschließen.
➤ Fähigkeit, die Verkaufsaktivitäten zu planen.
➤ Fähigkeit, sich zu organisieren.
➤ Fähigkeit, potenzielle Kunden zu identifizieren.
➤ Fähigkeit, bestehende Kunden zu betreuen.

Verkaufsbezogene Kenntnisse

➤ Wissen über das eigene Produktprogramm, inkl. Produktmerkmale und -nutzen.
➤ Wissen über die Produktanwendung (z. B. Fehlerbehebung).
➤ Wissen über die Produkte, Dienstleistungen und Verkaufspolitik der Wettbewerber.
➤ Wissen über die Märkte und Produkte der Kunden.
➤ Wissen über die Ziele und Strategien der Kunden.
➤ Wissen über die maßgeblichen Entscheidungsträger und -kriterien der Kunden.
➤ Wissen über die Betriebsabläufe der Kunden (z. B. Fertigungslayout, Mitarbeitertraining).

Abb. 10-11: Skalen zur Messung von Verkaufskompetenzen
(Quelle: In Anl. an Rentz et al. 2002; Homburg/Schneider/Schäfer 2001, S. 252)

Auf Basis solcher Messungen lassen sich *Analysen* durchführen, die zu Einsichten über mitarbeiterbezogene Voraussetzungen für effektives Kundenmanagement führen. Wie Abb. 10-12 für den Aspekt der Kundenorientierung zeigt, lassen sich aus derartigen Analysen insb. mit Blick auf die Mitarbeiter mit Kundenkontakt *Ansatzpunkte* für eine qualitative Verbesserung der kundenpolitischen Prozesse ableiten:

➤ Die *Kundenorientierten* sind nicht nur ihrer Einstellung nach kundenorientiert, sondern besitzen auch die Fähigkeiten (z. B. durch das Wissen über alternative Arten der Verkaufsgesprächsführung), sich kundenorientiert zu verhalten und stellen damit den Prototypen des Kundenkontaktmitarbeiters dar.

➤ Demgegenüber wissen die *Möchtegerns* trotz ihrer kundenorientierten Einstellung nicht, welches Verhalten den Kunden gegenüber angemessen ist. Dies kann nicht nur mit Blick auf die Kunden zu Problemen führen, sondern auch zu Frust bei den entsprechenden Mitarbeitern und sollte in der Personalführung und -entwicklung (z. B. durch Verkaufs- und Kommunikationstrainings) Berücksichtigung finden (vgl. Kap. 12).

➤ Bei den *Opportunisten* besteht insb. die Gefahr der Kundenmanipulation, was für den Fall, dass die betroffenen Kunden dies später noch bemerken, zu Verärgerung und insb. langfristigen negativen Wirkungen (z. B. Vertrauensverlust, Abbruch der Geschäftsbeziehung) führen kann.

➤ Schließlich eigenen sich die *Problemkinder* (kurzfristig) überhaupt nicht für einen kundennahen Einsatz.

| | | Kundenorientierte Fähigkeiten | |
		−	**+**
Kunden-orientierte Einstellung	**+**	**Die Möchte-gerns**	**Die Kundenorientierten**
	−	**Die Problemkinder**	**Die Opportunisten**

Abb. 10-12: Analyse der Kundenorientierung auf Mitarbeiterebene

10.4.2.3 Ausgewählte prozessbezogene Instrumente des KM-Controlling

10.4.2.3.1 OFA-Modell

Ehrliche und möglichst genaue *Umsatzprognosen* der Verkaufsmitarbeiter sind von besonderer Bedeutung für ein effektives und effizientes Kundenmanagement. Denn dadurch entsteht eine größere *Planungssicherheit*, die wiederum auf die verschiedenen Managementbereiche (z. B. Verkaufsgebietsgestaltung, Personalplanung und AD-Steuerung) durchschlägt. Häufig bestehen für Verkaufsmitarbeiter jedoch Anreize, Prognosen abzugeben, die nicht ihren Erwartungen entsprechen. So kann man dem Druck des Vorgesetzten nachgeben und ambitionierte Umsatzziele nennen oder eher tief stapeln, um auf Nummer sicher zu gehen bzw. am Ende der Abrechnungsperiode positiv zu überraschen. Solche *Verzerrungen* lassen sich speziell bei heterogenen Verkaufsgebieten nur schwer erkennen.

Damit für den Verkäufer Anreize zur Abgabe realistischer, d. h. ehrlicher und genauer Umsatzprognosen bestehen, muss ein Vergütungssystem i. S. d. OFA-Modells drei *Komponenten* berücksichtigen (vgl. Gonik 1978, S. 119–120):

➢ das Umsatzziel (*O*bjective), das vom Unternehmen vorgegeben wird (z. B. bzgl. Vertriebsmitarbeitern, Verkaufsgebieten, Produkten) und das vor dem Hintergrund des vorhandenen Umsatzpotenzials anspruchsvoll, aber realistisch (z. B. als Umsatzprognose auf Basis einer Zeitreihenanalyse) sein sollte,
➢ die Umsatzprognose (*F*orecast) des Vertriebsmitarbeiters,
➢ den tatsächlichen Umsatz (*A*ctual) dieses Vertriebsmitarbeiters.

Um den Mitarbeiter zu einer hohen Leistung und einer möglichst genauen Umsatzprognose zu motivieren, muss die Höhe der durch den Mitarbeiter erzielten Vergütung vom Grad der Zielerreichung bzgl. des vorgegebenen Umsatzziels, von der Genauigkeit der eigenen Umsatzprognose und von seinem erreichten Umsatz abhängen. Ein Beispiel für ein solches Vergütungssystem sowie die zugrunde liegenden Formeln zur Berechnung des Bonusausmaßes zeigt Abb. 10-13.

		Prognose dividiert durch Ziel (F/O)				
		0,5	**0,75**	**1**	**1,25**	**1,5**
Umsatz dividiert durch Ziel (A/O)	**0,5**	60	45	30	15	0
	0,75	75	90	75	60	45
	1	90	105	120	105	90
	1,25	105	120	135	150	135
	1,5	120	135	150	165	180

Berechnung der Prozentsätze in den Zellen:
bei F = A: $120 \times F/O$
bei F < A: $60 \times (A + F)/O$
bei F > A: $60 \times (3A - F)/O$

Abb. 10-13: Beispielhaftes Vergütungssystem nach dem OFA-Modell (in Prozent des Bonus) (Quelle: In Anlehnung an Gonik 1978, S. 119)

Um die *Funktionsweise* des Vergütungssystems zu demonstrieren, betrachten wir beispielhaft einen Verkäufer von Druckmaschinen, dem unternehmensseitig ein Jahresumsatz von 4 Mio. Euro vorgegeben wird. Sofern dieser Verkäufer in seiner Prognose mit diesem Ziel übereinstimmt, liegt seiner Bonus-Berechnung die 100%-Spalte zugrunde (da F/O = 1). Falls der fragliche Verkäufer die 4 Mio. Euro Umsatz erreicht, sein Ziel also zu 100% erfüllt, erhält er 120% seines Bonus, d. h. eine 20%-Prämie für seine gute Prognose. Bei 6 Mio. Euro Umsatz – also 150% des Ziels – würde er 150% seines Bonus bekommen, die bei akkurater Prognose sogar 180% betragen hätten. Würde er dagegen mit 2 Mio. Euro Umsatz das Ziel nur zur Hälfte erreichen, stünden ihm lediglich 30% des Bonus zu – die er mit einer präziseren Prognose (z. B. von 2 Mio. Euro) auf 60% hätte erhöhen können.

Als *Vorteil* dieses Systems lässt sich aus dem Beispiel erkennen, dass das OFA-Modell eine ambitionierte Prognose sowie das Übertreffen dieser Prognose belohnt, ungenaue Prognosen i. S. eines Über- oder Unterschätzens realisierbarer Umsätze dagegen sanktioniert. Darüber hinaus bilden die unternehmensseitigen Zielvorgaben den zentralen Ankerpunkt für die Incentivierung der Mitarbeiter. Gleichwohl wird diesen eine Partizipation beim Festlegen der eigenen Ziele ermöglicht, was sich positiv auf deren Motivation auswirken dürfte.

10.4.2.3.2 House of Quality

Mit Blick auf erfolgskritische kundenpolitische Prozesse besteht eine Herausforderung des Kundenmanagements darin, eine kundenorientierte Produktentwicklung sicherzustellen. Denn häufig ist die *Entwicklungsabteilung* sehr *marktfern*, ohne Kontakt zu den Kunden organisiert. Sorgt man in diesen Fällen nicht anderweitig dafür, dass die Entwickler kundenbezogene Informationen erhalten, kann es passieren, dass diese am Kundenbedarf vorbei entwickeln. Als Ergebnis können dem Produkt etwa kundenseitig benötigte Funktionalitäten fehlen. Auch können es Kunden ablehnen, für aus ihrer Sicht überflüssige Funktionen und „Überqualitäten" zu zahlen. Selbst mit Informationen über die Kundenbedürfnisse ist allerdings nicht garantiert, dass auch bedürfnisadäquate Produkte entwickelt werden. Denn die aus technischer Sicht unscharfe – und vielfach für Entwickler nicht minder ungewohnte – Beschreibung von Kundennutzen kann bei der Frage nach der adäquaten technischen Umsetzung in ein entsprechendes Produkt zu Problemen führen (z. B. Verständnisschwierigkeiten; Missverständnisse usw.).

Ein Instrument, das die skizzierte Schnittstellenproblematik entschärfen soll, stellt das sog. House of Quality dar (vgl. Kamiske et al. 1994). Dieses dient dem Ziel, eine durchgehende *Kundenorientierung des Entwicklungsprozesses* zu bewirken. In Form einer Matrix werden dazu die Kundenanforderungen („*Voice of the Customer*") in geeignete technische Umsetzungsmöglichkeiten („*Voice of the Engineer*") übersetzt. Im Zuge dieses Prozesses geht es letztlich darum, die Kundenanforderungen so genau wie möglich zu erfassen und unter Berücksichtigung von Konkurrenzangeboten eine Leistungskonzeption zu entwickeln, die sich durch ihre Kundenorientierung von den Wettbewerbern abhebt und somit die Grundlage für die Erzielung von Wettbewerbsvorteilen legt. I.S. eines ganzheitlichen Produktentwicklungsprozesses lässt sich das House of Quality dabei nicht nur in der Produktplanung, sondern auch in der Teile-, Prozess- und Fertigungsplanung einsetzen.

Abb. 10-14 zeigt einen typischen *Aufbau* des House of Quality für den Bereich der Produktplanung. Die daraus zu entnehmende Vorgehensweise stellt sich wie folgt dar (vgl. Freiling 2001c; Schmidt/Steffenhagen 2002, S. 687–690):

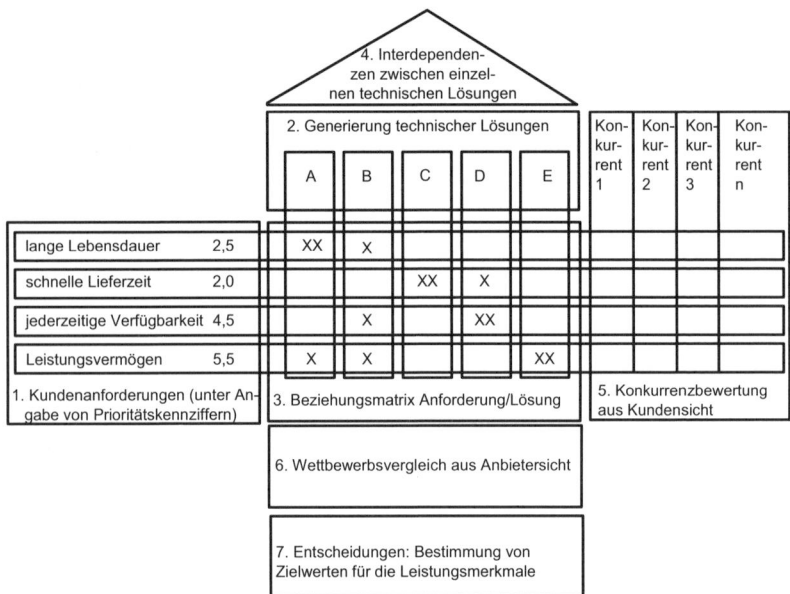

Abb. 10-14: Grundstruktur des House of Quality
(Quelle: In Anlehnung an Freiling 2001c, S. 619)

(1) *Ermittlung der Kundenanforderungen* an die (neu) zu gestaltende Leistung, und zwar unabhängig davon, ob es sich um eine Dienst- oder Sachleistung handelt: Bei der Ermittlung, die z.B. durch das „laddering" Interview erfolgen kann, ist insb. die Verlässlichkeit der erhobenen Kundeninformationen sicherzustellen, da sonst alle folgenden Planungsschritte von unzutreffenden Weichenstellungen ausgehen. Abgesehen vom konkreten Interessenten kann sich die Erhebung am repräsentativen Bedarf eines Marktsegmentes, aber auch an sehr innovativ denkenden Kunden – sog. „Lead Usern" – orientieren und schließt die Gewichtung einzelner

Anforderungen aus Kundensicht (z. B. durch Conjoint-Analysen, Repertory Grid-Methode) mit ein (vgl. Bauer/Huber 1998, S. 61–63; Engelhard/Freiling 1997, S. 11–12).

(2) Das *Generieren technischer Lösungen* zielt darauf ab, den produktbezogenen Anforderungen Problemlösungen gegenüberzustellen, die eine möglichst vollständige Erfüllung der Anforderungen gewährleisten. So kann etwa die Kundenanforderung einer langen Lebensdauer durch das technische Leistungsmerkmal „dynamische Belastbarkeit" sichergestellt werden.

(3) Innerhalb der *Beziehungsmatrix* der Abbildung wird geprüft, ob allen Anforderungen des Kunden durch die Leistungsmerkmale entsprochen werden kann. Lücken lassen sich ebenso wie eine – zumeist wirtschaftlich nicht vertretbare – Übererfüllung von Nachfragerwünschen erkennen, was Änderungen in Stufe 2 erfordert. Ebenfalls geht es an dieser Stelle darum, die Existenz und Stärke der Wirkungsbeziehungen zwischen den Kundenanforderungen und den technischen Leistungsmerkmalen zu visualisieren. Existieren keine Wechselbeziehungen, bleibt die entsprechende Zelle leer. Während leere oder schwach besetzte Zeilen der Matrix auf fehlende Leistungsmerkmale hinweisen, zeigen leere Spalten überflüssige technische Merkmale an.

(4) Mit Blick auf *Interdependenzen zwischen technischen Merkmalen* wird geprüft, ob und inwieweit ein Leistungsmerkmal auf die Wirksamkeit eines anderen Einfluss nimmt. Dabei können sowohl komplementäre als auch konfliktäre Beziehungen auftreten. Ersteres ist etwa bei den Merkmalen „dynamische Belastbarkeit" und „Festigkeit" gegeben, letzteres bspw. bei den Merkmalen „Festigkeit" und „Gewicht", wenn nur unter Einsatz schwerer Materialien eine höhere Festigkeit zu erreichen ist. Daher wird unter Zuhilfenahme des „Dachteils" der Matrix geprüft, ob mit den vorgesehenen Leistungsmerkmalen unter Berücksichtigung aller Interdependenzen auch tatsächlich eine vollständige Erfüllung der Kundenanforderungen möglich ist.

(5) Um Wettbewerbsvorteile realisieren zu können, ist i. S. e. *Konkurrenzbewertung* zu untersuchen, wie relevante Konkurrenzangebote aus Nachfragersicht beurteilt werden. Auch hier ist die Gewichtung der einzelnen Anforderungen aus Kundensicht zu berücksichtigen. Indem man eigene strategische Gewichtungen einträgt, kann zudem die geplante Produktpositionierung in das House of Quality einfließen.

(6) Im Zuge des *Wettbewerbervergleichs* aus Anbietersicht werden die relevanten Konkurrenzprodukte bzgl. der Unterschiede in den technischen Leistungsmerkmalen beurteilt. Dabei kann man auf Expertenurteile oder auf Analysen i. S. d. Reverse Engineering zurückgreifen.

(7) Mit der *Bestimmung der Zielwerte für die Leistungsmerkmale* geht es um die Frage, wie viel in jedem technischen Merkmal erreicht werden muss. Die quantitative Festlegung aller produktbezogenen Details des zu entwickelnden Produktes liefert konkrete Vorgaben für die nachgelagerten Arbeitsschritte und ermöglicht auf

Basis entsprechender Kontrollen eine kundenorientierte Steuerung des Entwicklungsprozesses.

Das House of Quality ist in der realen Anwendung zwar komplex und kann zu internen Widerständen bei der Einführung führen (z. B. durch den zunächst höheren Arbeits- und Trainingsaufwand; durch nötige organisatorische Veränderungen zur funktionsübergreifenden Zusammenarbeit). Gleichwohl wird die interne *funktionsübergreifende Kommunikation* verbessert sowie der Entwicklungsprozess konsequent kundenorientiert ausgerichtet und nicht selten in seiner Effizienz – also bzgl. Dauer und Kosten – verbessert. Als Konsequenz hat sich das House of Quality im Rahmen der Produktentwicklung als wertvolles Instrument erwiesen.

10.4.2.3.3 Kundenbesuchsplanung

Die eigene *Arbeitszeit* wird für Außendienstmitarbeiter häufig als die wertvollste Ressource angesehen. Vor dem Hintergrund des zu betreuenden Kundenstamms stellt sich somit für den Außendienstmitarbeiter die Frage, welchen Kunden er wie häufig, wie lange und wann besuchen soll, um seine knappe Arbeitszeit möglichst effektiv einzusetzen. Diese Frage schließt dabei auch Besuche bei Interessenten zum Zwecke der Kundengewinnung ein.

Während es zur Festlegung der Besuchszeitenallokation eine Reihe quantitativer *Planungsmodelle* gibt (z. B. BEPPLAN, CALLPLAN; vgl. Albers 1989, S. 142 ff.), zieht man in der Praxis vorwiegend *heuristische Verfahren* für diese Aufgabenstellung heran. So kann man Besuchsdauer und -häufigkeit etwa in Abhängigkeit der Kundenbedeutung festlegen, die wiederum auf Basis einer Kennzahl (z. B. Umsatz; Deckungsbeitrag usw.) oder auf Basis mehrerer Kriterien (z. B. Kundenscorings; Kundenportfolio; vgl. Kap. 4.2.1) bestimmt wird (vgl. Frenzen/ Krafft 2004, S. 871). Mit Blick auf Besuche bei potenziellen Kunden lässt sich dagegen auf Basis historischer Daten bestimmen, wie viele Besuche zur Gewinnung eines neuen Kunden im Durchschnitt nötig sind. Multipliziert man dieses Ergebnis mit der Anzahl der im Jahresverlauf abwandernden Kunden, erhält man die Anzahl an Besuchen bei Interessenten, die nötig sind, um den Kundenbestand zumindest aufrecht zu erhalten.

Obwohl es zunächst plausibel erscheint, die *Besuchszeitenallokation* proportional zum (erzielten oder geplanten) Umsatz bzw. Deckungsbeitrag vorzunehmen, wird dabei vernachlässigt, inwiefern Besuche überhaupt einen Einfluss auf den Umsatz bzw. Deckungsbeitrag ausüben. Um den durch die Besuche erzielbaren Deckungsbeitrag zu maximieren, sollten daher bei der Besuchszeitenallokation folgende Größen berücksichtigt werden (vgl. Albers 2002b, S. 180–181):

➢ die Deckungsbeitragsrate D (= Deckungsbeitrag dividiert durch Umsatz),
➢ der bisherige Umsatz U,
➢ die Gewinnungswahrscheinlichkeit P bei Interessenten, die definiert ist als inverser Wert der durchschnittlichen Anzahl von Neukundengewinnungsversu-

chen, die für eine erfolgreiche Neukundenakquise nötig sind, und die bei vorhandenen Kunden 100% beträgt,

➢ die Besuchselastizität E (= Veränderung des Umsatzes in % dividiert durch Veränderung der Besuchshäufigkeit in %), die man etwa auf Basis von Marktdaten (z. B. mittels Regressionsanalyse) oder Befragungen des Außendienstes schätzen kann,

➢ der Besuchszeitenanteil B (= Anteil der echten Besuchszeit beim entsprechenden Kunden an der Arbeitszeit),

➢ die Gesamt-Arbeitszeit A des betrachteten Mitarbeiters.

Die für den i-ten Kunden anzusetzende Besuchszeit t_i erhält man nach der Formel:

$$(10\text{-}3) \quad t_i = B_i \cdot \frac{D_i \cdot U_i \cdot P_i \cdot E_i}{\Sigma D \cdot U \cdot P \cdot E} \cdot A$$

Abb. 10-15 illustriert die Anwendung der Formel zur Besuchszeitenallokation. Die Besuchshäufigkeiten ergeben sich dann durch Division der Besuchszeiten t_i durch die mittleren Besuchslängen.

Kunde i	D_i	U_i (Plan)	P_i	E_i	Kennzahl $(D_i \cdot U_i \cdot P_i \cdot E_i)$	Arbeits- zeitanteil	B_i	t_i, z. B. in Stunden
1	40%	5.000.000	100%	0,2	400.000	17,39%	30%	104,35
2	50%	10.000.000	100%	0,2	1.000.000	43,48%	25%	217,39
3	50%	5.000.000	30%	0,4	300.000	13,04%	20%	52,17
4	40%	10.000.000	30%	0,5	600.000	26,09%	35%	182,61
Summe					2.300.000	100,00%		2.000

Abb. 10-15: Berechnung der Kennzahlen zur optimalen Besuchszeitenallokation (Quelle: Albers 2002b, S. 181)

10.4.2.3.4 Data Envelopment Analysis (DEA)

Während die Möglichkeiten zur Effizienzsteigerung in den produktionsnahen Bereichen durch Konzepte wie Lean Production bzw. Lean Management in der Vergangenheit weitgehend realisiert wurden, bestehen im Marketing- und Vertriebsbereich häufig noch hohe Effizienzsteigerungspotenziale. Angesichts hoher und weiter steigender Vertriebsaufwendungen, die etwa im Pharmabereich heute im Mittel 15% des Gesamtumsatzes ausmachen, bei gleichzeitig intensiverem Wettbewerb und höheren Kundenanforderungen („*Leistungszange*") wird der *Effizienzdruck* auf den Vertrieb zunehmend intensiver (vgl. Bauer/Hammerschmidt 2003, S. 488; Homburg/Schneider/Schäfer 2001, S. 2–5).

Ein Instrument, das in diesem Zusammenhang in jüngster Zeit verstärkt Beachtung gefunden hat, ist die Data Envelopment Analysis (DEA). Bei dieser handelt es sich um ein Verfahren zur Messung der Effizienz sog. DMUs (*Decision Making Units*, wie z. B. Vertriebsteams, Außendienstmitarbeiter). Dabei kann die DEA simultan mehrere Inputs und mehrere Outputs berücksichtigen. So kommen zur Analyse der Effizienz von Verkaufsmannschaften im Bereich Versicherungen bspw. als Inputs die Faktoren „Größe der Verkaufseinheit", „Anzahl angebotener Produkte", „Umfang lokaler Werbung", „Incentives", „Anzahl der bearbeiteten Gebiete" und „Wettbewerbsintensität" sowie als Outputs „Gesamtsumme der Prämien" und „Prämienwachstum" in Frage (vgl. Mahajan 1991).

Auf Basis der definierten In- und Outputs wird mathematisch eine Randproduktionsfunktion (*„Frontier Function"*) als Referenzfunktion ermittelt, die eine optimale Umhüllung („Envelopment") der vorliegenden empirischen Datenpunkte gewährleistet. Insofern handelt es sich bei den DMUs auf der ermittelten Frontier Function um die DMUs mit den effizientesten Input/Output-Beziehungen. Damit stellen sie die Benchmarks dar, im Vergleich zu denen die Bewertung der Input/Output-Relationen der empirisch vorliegenden Fälle erfolgt. Abhängig vom verwendeten DEA-Modell kann es sich bei diesen Benchmarks um reale, in die Analyse einbezogene DMUs oder um fiktive, aus verschiedenen Input/Output-Beziehungen konstruierte DMUs handeln. Bei der kalkulierten DEA-Effizienz handelt es sich also um eine relative Kennziffer, welche die Produktivität einer DMU ins Verhältnis zur Leistung der produktivsten DMU setzt. Die Berechnung der Kennzahlen erfolgt auf Basis von Methoden der *linearen Programmierung*. Grafisch drückt sich der Grad an (In)Effizienz durch den Abstand der betrachteten DMUs zum effizienten Rand aus.

Das Grundprinzip der DEA lässt sich an einem *Beispiel* mit sechs Vertriebsteams illustrieren (vgl. Bauer/Hammerschmidt 2003, S. 489–490): Die Teams setzen einen Input (Mitarbeiteranzahl) ein, um zwei Outputs (Anzahl neu gewonnener Kunden; erzielte Aufträge bei Altkunden) zu erzeugen. Nach Normierung der Outputs auf den Input, wodurch sich die Outputs auf einen Mitarbeiter beziehen, zeigt Abb. 10-16 das Analyseergebnis.

Die Teams A, B, C und D befinden sich auf der Frontier Function und weisen über alle Teams den höchsten relativen Effizienzwert auf, der folglich in der DEA-Logik auf 100% gesetzt wird. Diese Teams stellen als die sog. *Efficient Peers* die Referenzeinheiten für die ineffizienten Vertriebsteams E und F dar. Das für diese heranzuziehende (effiziente) Referenzteam erhält man durch den Schnittpunkt des zum betrachteten Team gehörenden Fahrstrahls aus dem Ursprung mit der Frontier Function. Auf diese Weise wird das Team als Peer ausgewählt, das das gleiche Verhältnis der auf den Input normierten Outputs erzeugt und daher mit dem betrachteten Team strukturell identisch ist. Entsprechend ergeben sich für das Team E das Team B als Efficient Peer und für das Team F – da es am Schnittpunkt kein reales Team gibt – das (virtuelle) Referenzteam V als Vergleichsmaßstab. Letzteres ist dabei eine Linearkombination aus den Teams A und B, auf die man als die zu F nächsten Nachbarn zurückgreift, um eine möglichst realistische Vergleichbarkeit zu gewährleisten.

Aufträge Altkunden / Besuchstour

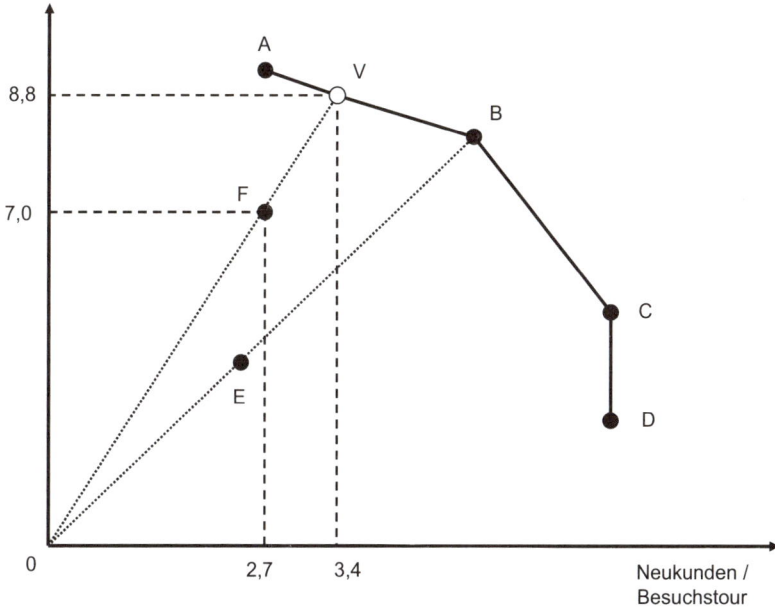

Abb. 10-16: Beispielhafte Vertriebseffizienzanalyse mittels der DEA
(Quelle: Bauer/Hammerschmidt 2003, S. 489)

Den Grad der relativen Ineffizienz – also die *Leistungslücke* – erhält man durch den jeweiligen Abstand zum effizienten Rand. Für das Team E ergibt sich aus dem Quotienten von 0E und 0B ein Effizienzwert von ca. 0,4. Dies heißt, dass Team E mit den eingesetzten Inputs nur 40% der maximal möglichen (und von Team B auch faktisch erzielten) Outputs erzeugt. Damit liegt eine Leistungsabweichung i. S. einer relativen Ineffizienz von 1 – 0,4 = 0,6 vor. Bei Analysen mit mehreren Inputs und Outputs können als Ergebnis der DEA für die ineffizienten DMUs insb. diejenigen Faktoren bestimmt werden, die im Vergleich zum Efficient Peer deutlich abweichen. So kann sich etwa im Rahmen einer Analyse, die u. a. als Input die Anzahl der Außendienstbesuche und als Output den erzielten Umsatz berücksichtigt, zeigen, dass ein Referenzteam mit deutlich höherem Umsatz neben weiteren, kaum auffälligen Unterschieden 40% weniger Besuche durchführt. Solche Diskrepanzen weisen dann auf die Faktoren hin, die die zentralen *Stellhebel* zu einer Effizienzverbesserung darstellen.

Obwohl die DEA sehr empfindlich gegenüber Datenfehlern ist und hohe Anforderungen an die Variablen stellt (z. B. Messbarkeit, Vollständigkeit, Homogenität und Einfachheit), weist sie insofern *Vorteile* auf, als mehrere, teilweise verschieden skalierte Faktoren simultan betrachtet werden können und a-priori weder eine

361

Festlegung der Art des Zusammenhanges noch eine Gewichtung der Faktoren notwendig ist. Zudem wird berücksichtigt, dass in der Realität unterschiedliche Strategien zum Erfolg führen können. Denn es ist möglich, unterschiedliche Input/Output-Verhältnisse als effizient zu bestimmen. Zur Bestimmung der Verlässlichkeit der Ergebnisse bietet es sich dabei an, *Sensitivitätsanalysen* durchzuführen – nicht zuletzt, weil das für die DEA konkret verwendete Modell die Ergebnisse durchaus spürbar beeinflussen kann.

10.4.2.3.5 Kundenstrukturanalysen

Nicht selten verfolgen Unternehmen Wachstum als ihr primäres Ziel. Als Ergebnis ihrer ausgesprochenen *Wachstumsorientierung* versuchen diese Unternehmen, im Zuge ihrer Verkaufsprozesse selbst Kunden mit marginalen Umsatzbeiträgen zu gewinnen und zu halten. Dabei sorgen die Kosten für die Kundengewinnung und -pflege dafür, dass viele der zum Wachstum beitragenden Kunden unrentabel sind. Als Konsequenz muss das Kundenmanagement darauf abzielen, die *Kundenstruktur* als Output der Verkaufsprozesse mit Blick auf die „Wichtigkeit" der Kunden zu optimieren.

Für diese Aufgabe lässt sich die *kundenorientierte ABC-Analyse* heranziehen, bei der es sich um eine einfache Methode zur Verdeutlichung von Absatz- bzw. Erlöskonzentrationen bezogen auf Kunden und Kundensegmente handelt. Neben Absatz und Umsatz sind als weitere Kriterien auch der Deckungsbeitrag bzw. der kundenbezogene Gewinn denkbar (vgl. Krafft 2001a).

Die grafische *Visualisierung* der ABC-Analyse erfolgt in zweidimensionaler Form (vgl. Abb. 10-17). Dazu wird auf der Abszisse eines Koordinatensystems der kumulierte Anteil der vorher nach fallender Größe geordneten Kunden und auf der Ordinate der kumulierte Anteil einer Zielgröße (z. B. kumulierter Umsatzanteil) abgetragen. Darauf aufbauend erfolgt die Einteilung der Kunden in die A-, B- oder C-Kategorie, so dass die A-Kunden summiert etwa 50% des Gesamtumsatzes und die B-Kunden weitere 25% des Umsatzes auf sich vereinen.

Der Vorteil einer ABC-Analyse besteht insb. in ihrer *einfachen* Veranschaulichung der unterschiedlichen wirtschaftlichen Bedeutung der Kunden. Darauf aufsetzend kann man Priorisierungsentscheidungen treffen und dadurch die Ressourcenallokation im Kundenmanagement unterstützen (vgl. dazu auch Plinke 1997a). Die Grenzen der ABC-Analyse liegen zum einen in ihrem *eindimensionalen Charakter*. So vernachlässigt eine umsatzbezogene ABC-Analyse zahlreiche Kriterien, die im Rahmen einer Prioritätensetzung und Ressourcenallokation von Bedeutung sind (z. B. Profitabilität; strategische Bedeutung etc.) Auch werden Verbundeffekte vernachlässigt: C-Kunden können bspw. dabei helfen, eine bestimmte Art von Know-how aufzubauen, das wiederum zum Auf- und Ausbau von A-Kunden bedeutsam sein kann. Die Eliminierung derartiger C-Kunden auf Basis einer um-

satzbezogenen ABC-Analyse würde in diesem Fall negative Auswirkungen auf die
Marktposition des Unternehmens insgesamt besitzen.

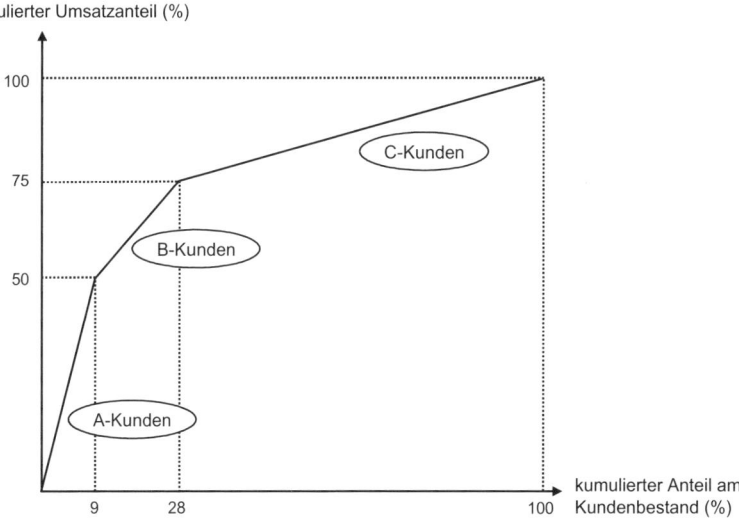

Abb. 10-17: Beispiel einer kundenorientierten ABC-Analyse

Die ABC-Analyse lässt sich durch die Analyse der Kundenrentabilität ergänzen.
I. d. S. verdeutlicht Abb. 10-18, dass in der Praxis neben den kleineren C-Kunden
mit geringen Umsätzen und oftmals relativ hohen auftrags- und kundenspezifischen Kosten nicht selten auch die umsatzstarken A-Kunden zu den größten
Verlustbringern im Kundenstamm gehören (vgl. Cornelsen 2000, S. 97). Ursachen
für die ungünstige Ertragssituation könnten bspw. zu großzügig gewährte Kunden
rabatte oder Sonderkonditionen, aber auch unverhältnismäßig hohe kundenspezifische (Einzel-)Kosten sein (z. B. durch aufwändige Verkaufs- oder Serviceprozesse
aufgrund der hohen Ansprüche des Kunden).

Sind die konkreten Ursachen identifiziert, gilt es, die bestehende Situation in
geeigneter Weise zu verbessern (z. B. durch Incentivierung des Außendienstes zu
einer restriktiven Rabattvergabe; Übergang zu einer stärker telefonischen Kundenbetreuung usw.).

Analog zur ABC-Analyse dient auch diese Analyse in erster Linie einer systematischen, zielgerichteten *Priorisierung* der Kunden(gruppen) sowie der Ableitung von *Ansatzpunkten* zu einer Effektivitäts- und Effizienzverbesserung des
Kundenmanagements (vgl. Kap. 4).

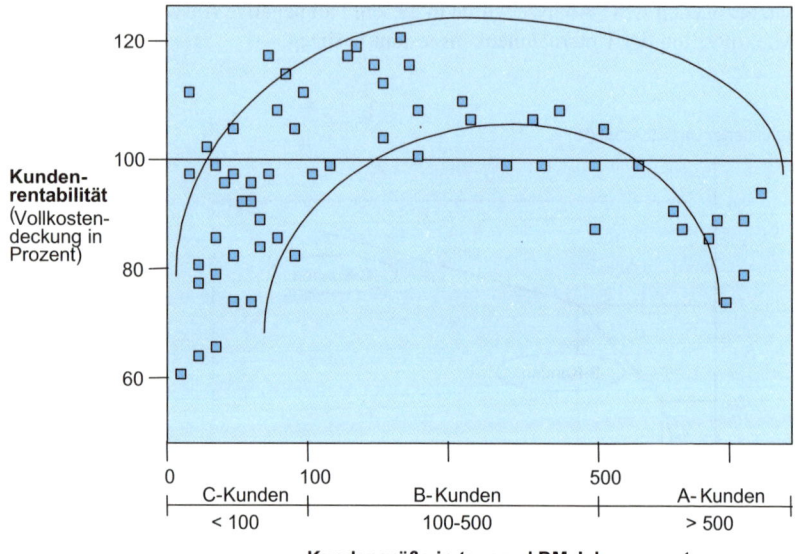

□ Einzelner Kunde

Abb. 10-18: Umsatz und Kundenerfolg (Quelle: Scheiter/Binder 1992, S. 19)

10.4.2.3.6 Messung von Kundenzufriedenheit und Kundenbindung

Um das Kundenmanagement an den Zielen der Kundenzufriedenheit und der Kundenbindung ausrichten zu können, bedarf es einer *geeigneten Messung* dieser Größen. Die intensive Beschäftigung mit Kundenzufriedenheitsmessungen hat dazu geführt, dass sich im Verlauf der letzten Jahre zahlreiche Verfahren herausgebildet haben (vgl. Beutin 2001). Davon werden im Folgenden speziell die explizite Messung in Form einer Kundenbefragung sowie die indirekte Zufriedenheitsermittlung dargestellt.

Bei einer Messung von Kundenzufriedenheit und Kundenbindung mittels einer *Kundenbefragung* muss man neben der Festlegung des konkreten *Erhebungsdesigns* (z. B. Auswahl der Befragungsteilnehmer; telefonische vs. schriftliche Befragung usw.) speziell geeignete *Skalen* fixieren. Dabei kann man die drei Ebenen der Leistungsparameter, der Leistungskriterien und der Gesamtparameter unterschieden (vgl. Beutin 2001, S. 102–105):

(1) *Leistungsparameter* betreffen Bereiche, in denen es zu Kontakt zwischen Kunden und Unternehmen kommt. Zur Ableitung relevanter Bereiche ist i. S. einer ganzheitlichen Erfassung der Kundenzufriedenheit eine Berücksichtigung des gesamten Wertschöpfungsprozesses zweckmäßig. Abb. 10-19 stellt derartige Bereiche beispielhaft für ein Maschinenbauunternehmen dar.

(2) *Leistungskriterien* stellen relevante Aspekte der jeweiligen Leistungsparameter dar. Durch sie erfolgt eine unternehmensspezifische Ausdifferenzierung der relevanten Leistungsbereiche (vgl. Abb. 10-19).

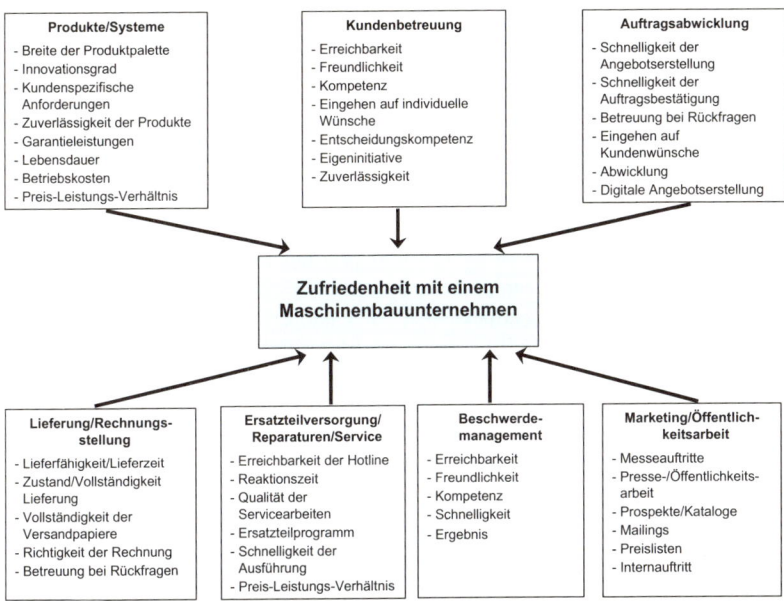

Abb. 10-19: Beispielhafte Leistungsparameter und -kriterien für ein Maschinenbauunternehmen (Quelle: Beutin 2001, S. 104)

(3) *Gesamtparameter* bilden die ganzheitliche Bewertung der Kundenzufriedenheit bzw. der Kundenbindung ab. Dafür lassen sich etwa die in Abb. 10-20 dargestellten Indikatoren heranziehen. Die Messung kann bspw. auf einer 5-stufigen Skala („stimme voll zu" bis „stimme gar nicht zu") und mittels Mittelwertbildung über die entsprechenden Antworten erfolgen.

Kundenzufriedenheit
➢ Wir sind mit den Leistungen sehr zufrieden, die dieses Unternehmen für uns erbringt.
➢ Wir arbeiten gerne mit diesem Unternehmen zusammen.
➢ Wir haben insgesamt positive Erfahrungen mit diesem Unternehmen gemacht.
➢ Wir betrachten dieses Unternehmen als erste Wahl, um unsere Leistungen zu beziehen.
➢ Wir sind alles in allem mit diesem Unternehmen sehr zufrieden.

➢ Wir wollen langfristig Kunde dieses Unternehmens bleiben.
➢ Wir sprechen gegenüber Dritten positiv über dieses Unternehmen.
➢ Wir empfehlen die Leistungen dieses Unternehmens bei gegebenem Anlass weiter.

Abb. 10-20: Skalen zur Messung von Kundenzufriedenheit und Kundenbindung
(Quelle: Stock 2002, S. 76; Beutin 2001, S. 104)

Eine Erhebung auf den drei skizzierten Ebenen ermöglicht es, die Kundenzufriedenheit mit den Leistungsbereichen und den zugrunde liegenden Aspekten differenziert zu analysieren. Gleichzeitig kann man prüfen, inwiefern die einzelnen Bereiche und Kriterien aus Kundensicht wichtig sind (z. B. durch entsprechende Abfrage) bzw. inwiefern diese die Gesamtbewertung der Geschäftsbeziehung beeinflussen (z. B. mittels Regressionsanalyse). Auf diese Weise kann man sowohl Unterschiede der Leistungsaspekte i. S. d. Faktoren des KANO-Modells (vgl. Kap. 2) als auch Aspekte mit vernachlässigbarem oder mit starkem Einfluss auf Kundenzufriedenheit und -bindung identifizieren (vgl. Matzler et al. 2005). Stellt man die Zufriedenheit mit den Bereichen bzw. Kriterien und deren Wichtigkeit für die Kundenzufriedenheit i. S. d. *Importance-Performance-Analyse* gegenüber, lassen sich Ansatzpunkte für zufriedenheitssteigernde Maßnahmen (bei den wichtigen, aber bisher ungünstig eingestuften Aspekten) sowie eine Verbesserung des Kundenmanagements (z. B. Leistungsreduktion bei den aus Kundensicht irrelevanten Aspekten mit einer hohen Kundenzufriedenheit) ableiten.

Ein speziell für das Key-Account-Management entwickelte Konzept der Kundenzufriedenheits- und Beziehungsqualitätsmessung stellt das *KAMQUAL-Konzept* dar (vgl. Diller 1995c; Diller 1996b). In diesem wird auf Basis des *Beziehungsebenen-Modells* einerseits und des *PPE-Ansatzes* zur Messung der Qualität von Dienstleistungen andererseits eine Matrix von Indikatoren zur Erfassung der von Key Accounts empfundenen Beziehungsqualität entwickelt (vgl. Kap. 2.4.2.2.3). Diese Indikatoren sind am besten spiegelbildlich bei den Key Accounts (empfundene Beziehungsqualität) und den zuständigen Key Accountern (vermutete Beziehungsqualität) per Befragung zu erheben. Auf diese Weise lassen sich Differenzen („*Gaps*") in der Wahrnehmung der Beziehungsqualität identifizieren. Besonders aussagekräftig sind auch Ranglisten der besten bzw. am schlechtesten beurteilten Beziehungsaspekte sowie Zufriedenheitsportfolios i. S. d. *Importance-Performance-Analyse*. Durch die Ergebnisse ergeben sich vielfältige Ansatzpunkte für das Beziehungsmarketing, zumal im Key-Account-Management Schwachpunkte der Beziehung persönlich besprochen und ausgeräumt werden können.

Bei der *indirekten Messung* der Kundenzufriedenheit findet keine Kundenbefragung statt. Vielmehr erfolgt der Rückschluss auf die Kundenzufriedenheit auf Basis anderer Informationen. So kann man dazu *Experten* (z. B. Händler, Absatzmittler, Verkäufer) befragen oder solches *Verhalten* der Kunden analysieren, das in Zusammenhang mit kundenseitigen Zufriedenheitsurteilen steht. Insb. Beschwerden und Reklamationen eigenen sich für diese Zielsetzung. Denn bei hoher Zufriedenheit sollten sich Kunden in geringerem Umfang beschweren. Eine Beschwerdehäufung deutet dagegen auf ein Problem hin, dass sich mehr oder minder schnell negativ auf die Kundenzufriedenheit auswirken kann.

Abb. 10-21 zeigt beispielhaft eine Analyse des *Beschwerdeverhaltens* der Kunden eines Automobilzulieferers: Die deutlich höhere Beschwerdeanzahl lässt (Zufriedenheits-)Probleme des Standorts 3 vermuten. Werden die eingegangenen Beschwerden inhaltlich analysiert, zeigt sich, dass insb. über die Betreuung geklagt wird. Aus den möglichen Gründen lässt sich dabei die mangelhafte Erreichbarkeit identifizieren. Als Konsequenz würde man aus dieser Analyse schlussfolgern, dass die geringe Erreichbarkeit der Kundenbetreuer des Standorts 3 die Zufriedenheit mit dem Unternehmen negativ beeinflusst.

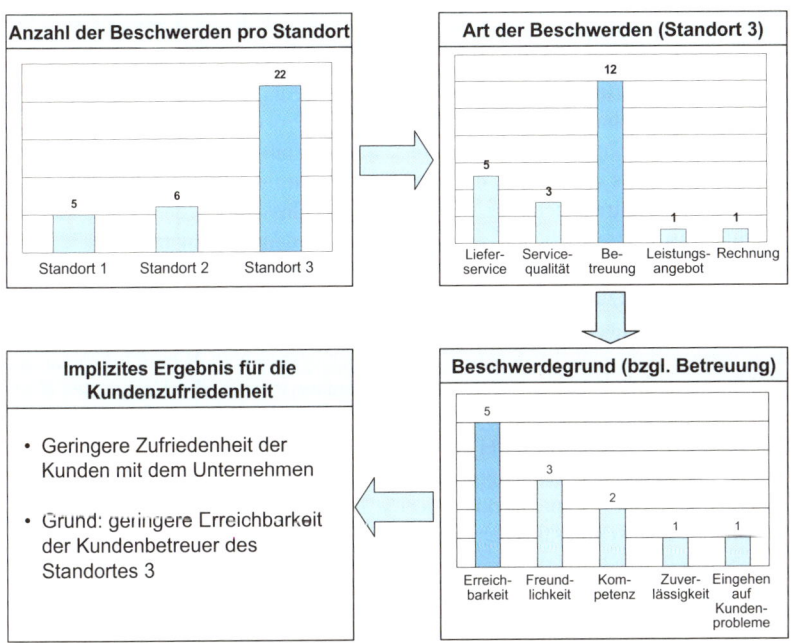

Abb. 10-21: Beispiel einer Kundenzufriedenheitsmessung mittels Beschwerdeanalyse (Quelle: In Anlehnung an Beutin 2001, S. 93)

Problematisch an der indirekten Messung ist, dass sich Experten zur Kundenzufriedenheit häufig nicht zutreffend äußern können (z. B. aufgrund fehlender Kenntnis) oder wollen (i. S. „strategischer Antworten"). Dagegen setzt die Analyse von Beschwerden ein aktives Beschwerdeverhalten der Kunden voraus. Dies ist in der Praxis jedoch nicht immer gegeben. Grundsätzlich gehen die Unternehmen aber zunehmend dazu über, Kundenzufriedenheiten nicht nur durch periodische Umfragen, sondern durch Zusammenfügen einer Mehrzahl einschlägiger Zufriedenheitsindikatoren abzuschätzen. Diese können dann ggf. zu einem Zufriedenheitsindex zusammengefasst werden.

10.4.2.4 Ausgewählte ergebnisbezogene Instrumente des KM-Controlling (Kundenerfolgsrechnung)

Da im Rahmen des Kundenmanagements Ressourcen eingesetzt werden, muss es sich auch mit der Frage beschäftigen, zu welchen Ergebnissen dieser Ressourceneinsatz geführt hat. Aus Sicht des Kundenmanagements geht es also darum, die Verkaufsprozesse und Kunden bzw. Kundensegmente im Hinblick auf ihre wirtschaftlichen *Erfolgsbeiträge* zu bewerten. Eine solche Bewertung erfordert dabei insb. eine möglichst verursachungsgerechte Zurechnung der Ressourcenverbräuche auf die betrachteten Prozesse und Kunden(gruppen).

Vor dem Hintergrund der skizzierten Herausforderungen bietet es sich an, die Kundenerfolgsrechnung unter Einbeziehung von Prozesskosten als *prozessbezogene Kundendeckungsbeitragsrechnung* auszugestalten (vgl. Köhler 1992b, S. 844). Als Basis dient dabei das Rechnungssystem der relativen Einzelkosten- und Deckungsbeitragsrechnung, das auf eine Schlüsselung von Kosten auf die Kalkulationsobjekte verzichtet. Stattdessen werden dem einzelnen Entscheidungsobjekt lediglich die Kosten und Erlöse zugeordnet, die auf denselben „dispositiven Ursprung" zurückzuführen sind. Einzelkosten – also Kosten, die unmittelbar einem Kalkulationsobjekt zugeordnet werden können – sind aus dieser Perspektive relativer Natur. Denn eine Kostenart, die auf einer bestimmten Hierarchieebene der Kalkulationsobjekte Gemeinkostencharakter aufweist (z. B. die Kosten des Kundengruppenmanagers auf der Ebene des einzelnen Kunden), lässt sich auf einer höheren Ebene schlüsselungsfrei als relative Einzelkosten zurechnen (im Beispielfall auf der Ebene der Kundengruppe). Hintergrund dieser „Relativierung" ist die Tatsache, dass die entsprechenden Kosten erst dann wegfallen, wenn auch das Kalkulationsobjekt wegfällt, dem sie als relative Einzelkosten zugeordnet sind.

Zur Ermittlung von Kundenerfolgen baut eine entscheidungsorientierte Kundendeckungsbeitragsrechnung sowohl auf den Daten der Erlösrechnung als auch auf der Vertriebskostenrechnung auf. Der wirtschaftliche Erfolg ergibt sich durch die Gegenüberstellung von Nettoerlösen und Vertriebskosten. Abb. 10-22 vermittelt einen Überblick über die wesentlichen *Bestandteile* einer differenzierten Kundenerfolgsrechnungskonzeption.

Eine mehrstufig aufgebaute und differenzierte *Erlösrechnung* ist Grundvoraussetzung für die Ermittlung aussagefähiger Erfolgsgrößen für die betrachteten Kunden(gruppen). Dadurch wird das wertmäßige Verkaufsvolumen eines Unternehmens systematisch erfasst (vgl. Männel 1992). Ausgangspunkt derartiger Erlösrechnungen ist der Bruttoerlös (= Verkaufspreis pro Einheit x verkaufte Menge), der sich unter Berücksichtigung eventueller Erlöskorrekturen sukzessive zum endgültigen, effektiven Nettoerlös verringert (vgl. Abb. 10-23).

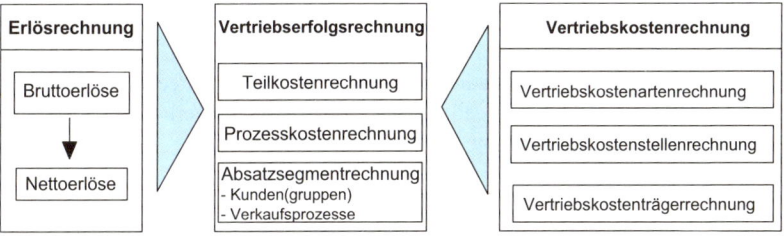

Abb. 10-22: Elemente einer Kundenerfolgsrechnung

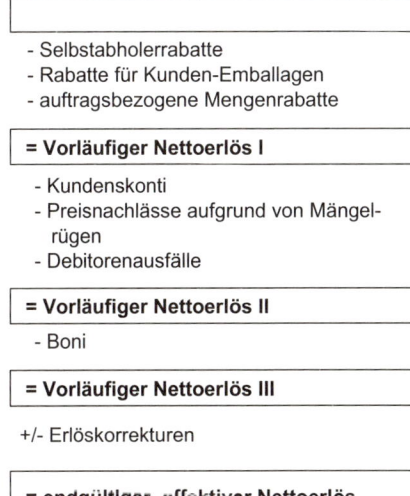

Abb. 10-23: Schrittweise Ermittlung von Nettoerlösen (Quelle: Männel 1994, S. 91)

Erlösschmälerungen stellen dabei negative Erfolgsvariablen dar, die den Erfolg schmälern, allerdings nicht wie die Kosten des Kundenmanagements mit einem Verzehr von Gütern/ Leistungen verbunden sind. Vielmehr handelt es sich um Korrektur- bzw. Abzugsposten von den Erlösen. Dabei treten Erlösschmälerungen ausschließlich im direkten Beziehungsverhältnis zwischen Verkäufer und Käufer auf. Sie fallen nur dann an, wenn den Kunden Preisnachlässe gewährt werden und lösen insofern aus buchhalterischer Perspektive Abzüge auf den Debitorenkonten aus. Da sich die verschiedenen Erlösschmälerungen erst nach und nach realisieren und insofern nur sukzessive erfasst werden können (z. B. Boni erst am Jahresende), können als Konsequenz zunächst häufig nur vorläufige Nettoerlöse bestimmt werden. Um dennoch entscheidungsrelevante Erlös(schmälerungs-)Informatio-

369

nen für kurzfristige Kundenerfolgsrechnungen (z. B. monatliche Kundendeckungsbeitragsrechnungen) zu erhalten, ist es zweckmäßig, die voraussichtlich noch anfallenden Erlösschmälerungen durch den Ansatz von *Plan- bzw. Standardwerten* zu antizipieren.

Neben der Erlösrechnung bedarf es zur Durchführung differenzierter Kundenerfolgsanalysen auch der Informationen aus der Vertriebskostenrechnung. Moderne Rechnungssysteme setzen sich dabei aus den Elementen der Vertriebskostenarten-, -stellen- und -trägerrechnung zusammen. Während die *Vertriebskostenartenrechnung* die Vertriebskosten erfasst und gliedert, gibt die *Vertriebskostenstellenrechnung* Auskunft darüber, wo im Unternehmen welche Vertriebskosten in welcher Höhe angefallen sind. Im Rahmen der *Vertriebskostenträgerrechnung* werden die Vertriebskosten schließlich auf die einzelnen absatzwirtschaftlichen Kalkulationsobjekte (=Vertriebskostenträger) verrechnet. Die kostenträgerbezogen erfassten variablen Vertriebskosten, wie z. B. Ausgangsfrachten, Stücklizenzen etc., werden dabei direkt von der Kostenartenrechnung auf die Kostenträger weiter verrechnet. Die Zurechnung der Gemeinkosten erfolgt dagegen im Rahmen der Kostenstellenrechnung. Im Falle einer prozessbezogenen Kundendeckungsbeitragsrechnung geschieht dies unter Rückgriff auf das Konzept der Prozesskostenrechnung.

Die *Prozesskostenrechnung* betrachtet Prozesse als Basis für die Zurechnung von Gemeinkosten. Die wichtigsten Ziele bestehen darin, die Kostentransparenz in den indirekten Leistungsbereichen zu erhöhen, die Effizienz der Prozessabläufe zu steigern und die Kalkulationsergebnisse zu verbessern (vgl. Däumler/Grabe 1998, S. 224). Wie sich aus Abb. 10-24 ergibt, erscheinen dabei zur *Implementierung* einer Prozesskostenrechnung folgende Schritte zweckmäßig (vgl. Reckenfelderbäumer, 2001, S. 656–659):

➢ Tätigkeitsanalyse
➢ Bestimmung der Kostentreiber und der Prozessmengen
➢ Kostenzuordnung zu Prozessen
➢ Bestimmung der Prozesskostensätze
➢ Verdichtung der Teilprozesse zu Hauptprozessen
➢ Kalkulation mit Prozesskostensätzen

Mit Blick auf die *kundenbezogene Zurechnung* der Gemeinkosten geht es im Kern darum, die Gemeinkosten auf die Kunden bzw. Kundengruppen anhand der tatsächlichen kundenseitigen Inanspruchnahme der Ressourcen zuzuordnen. Betrachtet man etwa den Prozess „Bestellungen abwickeln", so lässt sich für diesen z. B. die Anzahl der Bestellungen – u. U. differenziert nach In- und Ausland – als Kostentreiber festsetzen. Aus dem Verhältnis zwischen Gesamtkosten der Bestellabwicklung pro Periode (ermittelt z. B. als anteiliges Gehalt der damit beschäftigten Personen) und Anzahl der Bestellungen im selben Zeitraum kann man den Prozesskostensatz bilden. Die Multiplikation des Prozesskostensatzes mit der kundenindividuellen Anzahl an Bestellungen (= Prozessmenge) führt zu den Kosten der Bestellabwicklung, die sich dem entsprechenden Kunden für die betrachtete Periode zurechnen lassen (vgl. Köhler 1992b, S. 844).

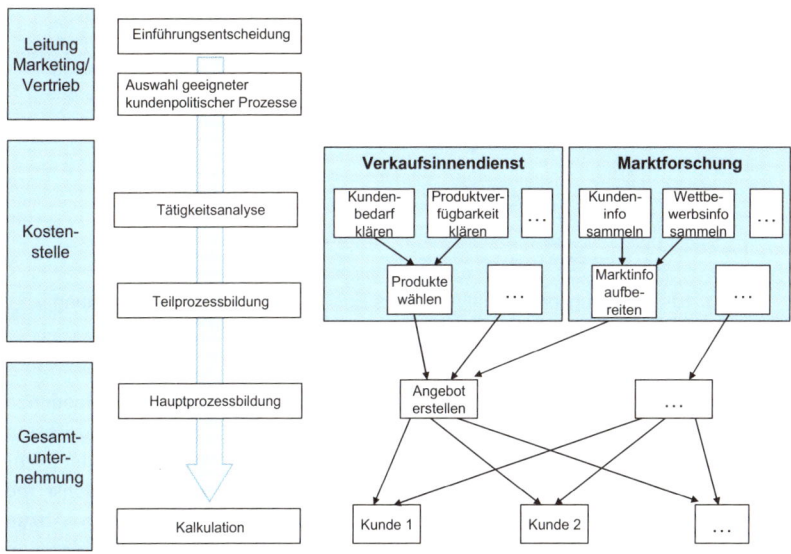

Abb. 10-24: Grundstruktur der Implementierung einer Prozesskostenrechnung

Obwohl die Prozesskostenrechnung streng genommen die rigiden Zurechnungs-vorgaben der relativen Einzelkosten- und Deckungsbeitragsrechnung aufweicht, lässt sich speziell dann, wenn hohe Gemeinkostenanteile eine Kostenzuordnung nötig erscheinen lassen, zumindest eine vergleichsweise *verursachungsgerechte* Kostenzuordnung erreichen. Entsprechend werden solche Kunden stärker mit Kosten belastet, die in höherem Maß Aktivitäten bzw. Ressourcen des Unternehmens in Anspruch nehmen. Zudem können durch die Tätigkeitsanalyse ineffiziente Prozesse aufgedeckt und *verbessert* werden. Trotz der an verschiedenen Stellen vorgetragenen Kritik stellt die Prozesskostenrechnung insofern ein leistungsstarkes Instrument des KM-Controlling dar.

Um die skizzierten Elemente moderner Absatzsegmentrechnungen systematisch zu einer *Kundendeckungsbeitragsrechnung* zusammenzufügen (vgl. Albers 1995), sind die relevanten Entscheidungsobjekte zunächst vor dem Hintergrund der vielfältigen Auswertungserfordernisse im Kundenmanagement hierarchisch in Form einer *Bezugsgrößenhierarchie* zu strukturieren. Damit wird die Voraussetzung geschaffen, um die im Zuge der kundenpolitischen Aktivitäten anfallenden Kosten auf der entsprechenden Ebene als relative Einzelkosten direkt zurechnen – und später entsprechend auswerten – zu können (s. Abb. 10-25).

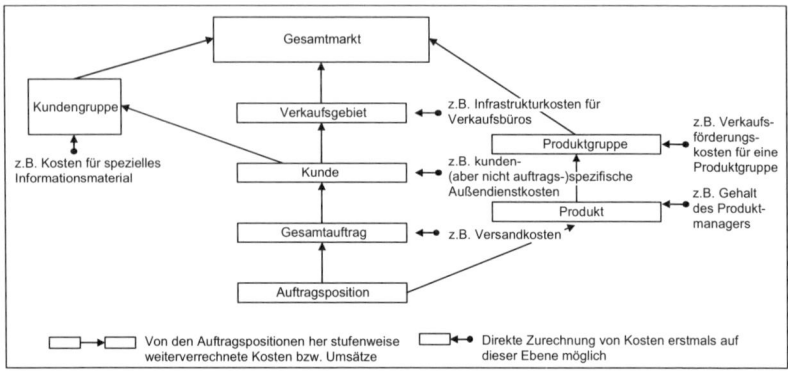

Abb. 10-25: Bezugsgrößenhierarchie als Basis der Absatzsegmentrechnung
(Quelle: Köhler 1993, S. 385; Homburg/Krohmer 2003, S. 1021)

Auf Basis solcher Bezugsgrößenhierarchien lassen sich für die verschiedenen Betrachtungsobjekte Deckungsbeiträge als Differenz aus Nettoerlösen und Kosten bestimmen. Abb. 10-26 stellt das *Vorgehen* der Deckungsbeitragsermittlung auf der Kundenebene dar: Ausgehend von den Nettoerlösen werden zunächst die Herstellkosten, die in Zusammenhang mit der Produktion anfallen, in Abzug gebracht. Um dabei produktionsbedingte Ineffizienzen, z. B. erhöhte Fehlerraten etc., nicht fälschlicherweise den einzelnen Kunden anzulasten, ist es zweckmäßig, auf kundenbezogen konstant gehaltene Standard-Herstellkosten zurückzugreifen. Durch diese Standardkosten schottet man das Kundenmanagement von Kostenschwankungen ab, die durch andere Unternehmensbereiche verursacht werden. Im nächsten Schritt werden diejenigen Kosten in Abzug gebracht, die im Absatzbereich ursächlich auf diese Kundenbeziehung zurückzuführen sind. Die konkrete Aufgliederung der in Ansatz gebrachten Vertriebskosten hängt dabei von den spezifischen Informationsbedürfnissen des Entscheiders sowie den innerbetrieblichen Gegebenheiten (z. B. Abrechnungsmodalitäten im betrieblichen Rechnungswesen) ab. Die kundenbedingte Inanspruchnahme von Ressourcen im Gemeinkostenbereich lässt sich schließlich mittels prozessbezogener Verrechnungssätze i. S. d. Prozesskostenrechnung berücksichtigen.

Durch die Möglichkeit zum differenzierten Erfolgsausweis kann die Absatzsegmentrechnung das Kundenmanagement in vielfacher Hinsicht unterstützen. So zeigen die Informationen Gewinn- und Verlustquellen des Kundenmanagements auf. Daraus ergeben sich *Kontroll- und Steuerungsinformationen*, aus denen sich Folgerungen für die zukünftige Auswahl und Gestaltung der kundenpolitischen Prozesse ableiten lassen. Unternehmensintern bieten sie eine Grundlage für die *Personalführung* im Kundenmanagement (z. B. Entlohnung der Außendienstmitarbeiter in Abhängigkeit der Kundendeckungsbeiträge der jeweils betreuten Kunden; vgl. Kap. 12). Darüber hinaus kann man auch Maßnahmen zur *Kundenbear-*

beitung beurteilen, indem etwa auf Basis der kundenbezogen erzielten Deckungsbeiträge Entscheidungen über (auch kurzfristige) Preiszugeständnisse oder über den Umfang von Maßnahmen zur Kundenbetreuung abgeleitet werden. Schließlich bildet eine leistungsstark konzipierte Kundenerfolgsrechnung den Ausgangspunkt für die zukunftsbezogene wirtschaftliche Bewertung von Kunden i. S. d. *Customer Lifetime Value* (vgl. Kap. 2.4.2.5).

BRUTTOERLÖSE (zu Listenpreisen)

- effektive, kundenbezogene Erlösschmälerungen
  (z.B. Sofortrabatte, Mengenrabatte, Kundenskonti, Boni)

= NETTOERLÖSE

- Standard - Herstellkosten
  (bzw. auftragsweise nachkalkulierte Herstellkosten)

= KUNDEN - DECKUNGSBEITRAG I

- dem Kunden zurechenbare Marketingkosten
  (z.B. Mailing, Kataloge)

= KUNDEN - DECKUNGSBEITRAG II

- dem Kunden zurechenbare Verkaufskosten
  (z.B. Außendienstbesuche, Bestellabwicklung, Fakturierung)

= KUNDEN - DECKUNGSBEITRAG III

- dem Kunden zurechenbare Service- und Transportkosten
  (z.B. Kundendienst, Kundenschulung)

= KUNDEN - DECKUNGSBEITRAG IV

Abb. 10-26: Beispielhafte Darstellung der Kundendeckungsbeitragsrechnung
(Quelle: Link 1995, S. 109)

Da mit Kundenerfolgsrechnungen immer auch ein gewisser *Aufwand* einhergeht, erscheint es sinnvoll, diese Rechnungen insb. für bedeutsame Kunden durchzuführen, wie sie etwa im Rahmen der ABC-Analyse ermittelt werden. Dies trifft bei einer hohen *Kundenkonzentration* umso mehr zu, da das Unternehmen in solchen Fällen in besonderer Weise vom wirtschaftlichen Erfolg bei den wichtigen Kunden abhängt.

10.4.2.5 Kennzahlen und Kennzahlensysteme („KM-Cockpit")

Während die vorangegangenen Ausführungen Instrumente aufgezeigt haben, mit denen man spezielle Informationen für einzelne Informationsbereiche des Kundenmanagements generieren kann, besteht die zentrale Herausforderung des KM-Controlling darin, das Kundenmanagement systematisch und ganzheitlich so mit Informationen zu versorgen, dass eine permanente Verbesserung der kundenpolitischen Prozesse möglich ist und auch erfolgt. Dazu gilt es, ein *Kundenmanagement-Cockpit* („KM-Cockpit") zu generieren, das – in Analogie etwa zu einem Auto-Cockpit – die wesentlichen Informationen für das Kundenmanagement zur Verfügung stellt.

Damit das KM-Cockpit einen schnellen und komprimierten Überblick über die für das Kundenmanagement relevanten Sachverhalte vermittelt, bietet sich der Rückgriff auf *Kennzahlen* an. Dabei handelt es sich um Zahlen, die quantitativ erfassbare Sachverhalte in konzentrierter Form darstellen (vgl. Palloks 1995, Sp. 1136). Die *Formulierung* von Kennzahlen kann in Form absoluter Zahlen, wie Summen, Differenzen und Mittelwerte, oder als Verhältniszahlen, wie Gliederungszahlen (z. B. Umsatzanteil A-Kunde am Gesamtumsatz), Beziehungszahlen (z. B. kundenbezogene Deckungsbeitragsrate) und Indexzahlen, erfolgen (vgl. Reichmann/Lachnit 1976, S. 706). Insofern lassen sich auch die vorgestellten Instrumente des KM-Controlling nutzen, um Kennzahlen zu generieren (z. B. Grad der Kundenorientierung, der AD-Besuchseffizienz oder der Kundenzufriedenheit; Kundendeckungsbeitrag usw.). *Aussagekraft* erlangen Kennzahlen dabei grundsätzlich erst durch Vergleiche (vgl. Scheuning 1967, S. 31; Siegwart 1998, S. 13–15). Für die Steuerung der kundenpolitischen Prozesse auf das festgelegte Ziel hin sind damit insb. Soll-Ist-Vergleiche von Bedeutung.

Um möglichst vollständige und trotzdem konzentrierte Informationen für das Kundenmanagement zu erhalten, sind die einzelnen Kennzahlen zu einem KM-Cockpit in Form eines schlüssigen *Kennzahlensystems*, etwa analog zur Struktur der *Balanced Scorecard* (vgl. Kaplan/Norton 1997), zu verbinden. Aus dieser Pespektive besteht die Grundidee bei der Konzeption eines KM-Cockpits darin, vier *Perspektiven* in ausgewogener Weise (= „balanced") zu berücksichtigen (s. Abb. 10-27), und zwar:

➢ Die Innovations- und Lernperspektive (Wie können wir uns weiter verbessern?)
➢ Die Perspektive der Verkaufsprozesse (Bei welchen Prozessen müssen wir Hervorragendes leisten?)
➢ Die Kundenperspektive (Wie sehen uns die Kunden?)
➢ Die finanzielle Perspektive (Wie tragen wir zum Unternehmenserfolg bei?).

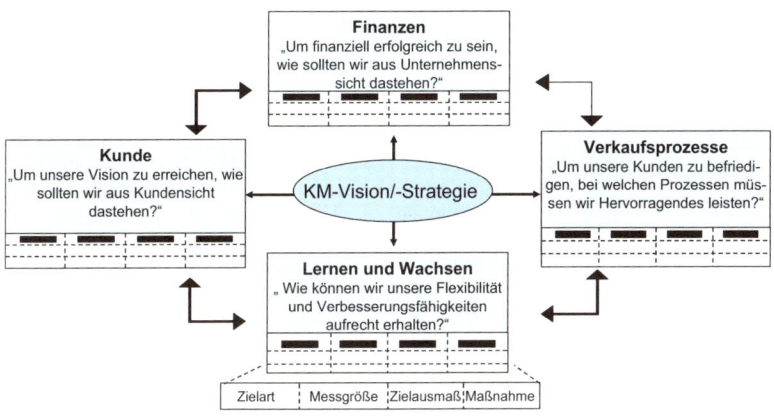

Abb. 10-27: Balanced Scorecard als Grundstruktur des KM-Cockpits

Potenzial	Prozess	Kunden	Ergebnis
Kundenpotenzial: ➢ Anzahl Leads ➢ Anzahl Kundenanfragen ➢ Bekanntheitsgrad bei Nichtkunden der Zielgruppe **Humankapital:** ➢ Anteil/Anzahl Mitarbeiter im Verkauf ➢ Grad der Kundenorientierung ➢ Ausgaben für Verkaufstrainings **Strukturkapital:** ➢ Aktualität der Kundendatenbank ➢ Markenimage/-wert **Finanzkapital:** ➢ Budget für Kundengewinnung bzw. -pflege	➢ Anzahl der Kontakte mit Neukunden ➢ Anteil/Anzahl direkt beantworteter Kundenanfragen ➢ Verhältnis von Kundenakquisitionsertrag zu -aufwand ➢ Anzahl Neukunden im Verhältnis zu Anzahl Interessenten („Konversionsrate") ➢ Ø Dauer des Akquisitionsprozesses ➢ Anzahl betreuter Kunden pro Verkaufsperson ➢ Ø Bearbeitungsdauer von Kundenbeschwerden ➢ Anteil eingehaltener Termine (z. B. bzgl. Lieferung)	➢ A-, B-,C-Kundenanteil der Neukunden bzw. Stammkunden ➢ Share of Wallet ➢ Kundenabwanderung ➢ Anzahl der von der Konkurrenz abgeworbenen Kunden (Umsatz-/Deckungsbeitrag) ➢ Anteil der Stammkunden, die zum anvisierten Kundensegment gehören ➢ Anteil der Stammkunden, die ausschließlich zu Sonderpreisen/-konditionen kaufen ➢ Kundenzufriedenheitsindex ➢ Anzahl Beschwerden	➢ Ø Kundendeckungsbeitrag eines Neukunden ➢ Umsatz mit Neukunden ➢ Anteil Deckungsbeiträge mit Neukunden am ges. Deckungsbeitrag ➢ Anteil Umsatz mit Neukunden am Gesamtumsatz ➢ Umsatz mit Stammkunden ➢ Anteil Deckungsbeiträge mit Stammkunden am ges. Deckungsbeitrag ➢ Anteil Umsatz mit Stammkunden am Gesamtumsatz ➢ Höhe/Anteil der Forderungsausfälle am Umsatz

Abb. 10-28: Kennzahlen und Informationsbereiche des KM-Controlling (Beispiele)
(Quelle: auf Basis von Reinecke 2004, S. 264–295)

Verkaufsprozess	Qualität	Zeit	Kosten
Kunden-annäherung	➢ Umfang gene-rierte Adressen ➢ Vollständigkeit Interessenteninformationen ➢ Aktualität Kontaktinformationen ➢ Kampagnenbezo-gene Response-rate ➢ Anzahl Visits auf Online-Angebot ➢ Anzahl Anfragen	➢ Analysedauer pro Lead ➢ Ø Zeit für Kampagnenplanung ➢ Ø Kampagnen-dauer ➢ Ø Online-Ver-weildauer von Interessenten ➢ Termineinhal-tung bei mehr-stufigen Kampagnen	➢ Messekosten ➢ Ø Kosten pro Kampagne ➢ Streuverlust ➢ Prozesskosten der Kundenan-näherung ➢ Ø Kosten pro Lead ➢ Ø Kosten pro Interessent
Kunden-gewinnung	➢ AD-Support durch Innendienst ➢ Anzahl abgebro-chener Verkaufs-besuche (z. B. wg. fehlerhafter Pla-nung) ➢ Ø Anzahl Besuche pro Verkaufsab-schluss ➢ Konversionsrate (Neu- bzw. vor-handene Kunden) ➢ Ø gewährter Preis-nachlass	➢ Reaktionsdauer auf Interessen-tenanfragen ➢ Erreichbarkeit Verkaufsinnen-dienst ➢ Ø Dauer der An-gebotserstellung ➢ Flexibilität bzgl. Terminvereinba-rung ➢ Anteil aktive Ver-kaufszeit ➢ Ø Auftragsdurch-lauf/ Lieferzeit	➢ Kosten für Ver-kaufstrainings pro Außen-dienstler ➢ Kosten pro CAS-System ➢ Kosten für Ver-kaufswettbewer-be ➢ Anfragebearbeit-ungskosten ➢ Ø Kosten pro Ver-kaufsbesuch ➢ Ø Kosten pro Ab-schluss bei Neu- bzw. wiederge-wonnenem Kunde
Kundenpflege	➢ Anzahl Kunden-schnittstellen ➢ Eintrittsquote von Neukunden in Bindungspro-gramm ➢ Cross-/Up-Sel-ling-Rate ➢ Kundenfluktuation ➢ Reaktivierungs-/ Rückgewinnungs-quote ➢ Kumulierter Kun-denwert	➢ Ø Dauer der On-line-Transaktio-nen der Kunden ➢ Anteil Prob-lemlösung nach erstem Ge-spräch ➢ Ø Dauer bis zur Problemlösung ➢ Frequenz Ser-vicekontakte ➢ Ø Dauer Ge-schäftsbeziehung	➢ Kosten des Kundeninformati-onssystems ➢ Kosten pro Kun-denkontakt ➢ Ø Gewährleis-tungskosten pro Kunde ➢ Gesamtkosten der Kundenpfle-ge ➢ Ø Opportunitäts-kosten bzgl. der verlorenen Kun-den

Abb. 10-29: Kennzahlen für die Verkaufsprozesse im Kundenmanagement (Beispiele)

Für das KM-Cockpit gilt es, Kennzahlen unter Berücksichtigung der vier Perspektiven so zusammenzustellen, dass sie in einer sachlich sinnvollen Beziehung zueinander stehen und sich dabei gegenseitig ergänzen und erklären. Einen Überblick über Kennzahlen, die man dazu heranziehen kann, geben Abb. 10-28 für die Informationsbereiche (vgl. Kap. 10.4.1) und Abb. 10-29 für die einzelnen Verkaufsprozesse.

Die Konzeption eines konkreten KM-Cockpits erfolgt dann in mehreren *Schritten*: Auf Basis des kundenbezogenen Selbstverständnisses und der Vision für das Kundenmanagement sind strategische Ziele für alle vier Perspektiven abzuleiten und in Form einer *Ursachen-Wirkungs-Kette* miteinander zu verknüpfen. Dabei kann man sich zunutze machen, dass bereits zwischen den vier durch die Perspektiven abgegrenzten Gestaltungsbereichen lose Ursache-Wirkungsbeziehungen bestehen. So beeinflussen Lern- und Innovationsziele die prozessbezogenen Ziele, diese wiederum die Kundenziele und diese letztendlich die finanziellen Ziele. Die auf diese Weise entstandene Ursache-Wirkungs-Kette ist zu einem *Netz der Zielbeziehungen* zu erweitern. Dabei muss die Zusammenstellung der Kennzahlen mit Blick auf den Informationsbedarf erfolgen. Insofern ist die *Ausgestaltung* von Kennzahlensystemen für das Kundenmanagement in aller Regel in hohem Maße branchen- bzw. unternehmensspezifisch und erfordert mit Blick auf die Zeit immer wieder eine Anpassung an die sich verändernden Gegebenheiten.

Wie man sich ein KM-Cockpit in der Praxis vorzustellen hat, zeigt Abb. 10-30 beispielhaft für einen Anbieter von Telekommunikationslösungen: Aus der Vision, bspw. in Zukunft Marktführer in einem bestimmten attraktiven Kundensegment zu sein, leiten sich die strategischen Ziele einer hohen Kundenzufriedenheit und der Neuakquisition ausgewählter Kunden ab. Zudem ist die Kundenbindung (hier in Form der Länge der Rahmenverträge) zu berücksichtigen. Diese Vorgaben werden als Ursachen finanzieller Größen gesehen – im Beispiel präzisiert als Umsatz pro Kunde, Umsatzwachstum und Marktanteil im anvisierten Kundensegment. Insofern besteht auf diese Weise die Verbindung zur finanziellen Perspektive. Über die Kundenzufriedenheit (durch Erfüllung von Kundenanforderungen) und den Anteil an Neukunden (durch motiviertere Mitarbeiter) ergibt sich eine Verknüpfung mit der internen Prozessperspektive bzw. der Lern- und Potenzialperspektive. Obwohl im Kundenmanagement die Kundenperspektive von vorrangiger Bedeutung ist, kann man an diesem Beispiel die Relevanz aller Bereiche für eine ganzheitliche Steuerung der kundenpolitischen Prozesse ersehen.

Damit sich die Steuerungsleistung des KM-Cockpits effektiv entfalten kann, ist es wesentlich, die berücksichtigen Ziele in genaue *Maßgrößen* zu überführen und geeignete *Maßnahmen* zur Verwirklichung der einzelnen Ziele festzulegen. So sind im Beispiel etwa für Kundenzufriedenheit, Kundenbindung und Neukundenakquisition konkrete Maßgrößen zu definieren (z. B. für die Kundenbindung: ein Mindestwert oder ein angestrebter Wert für die durchschnittliche Rahmenvertragslaufzeit der Kunden des Segments). Operationale Ziele können bspw. in einer schnelleren Installation der Systeme und in einer flexibleren quantitativen und/oder qualitativen Anpassung der Hotline-Kapazität an das Kontaktaufkommen bestehen, um die Kundenzufriedenheit zu erhöhen. Daraus können sich Vorstellungen über erforderliche Reorganisationsmaßnahmen oder über Maßnahmen zur raschen Berücksichtigung von Kundenwünschen ergeben.

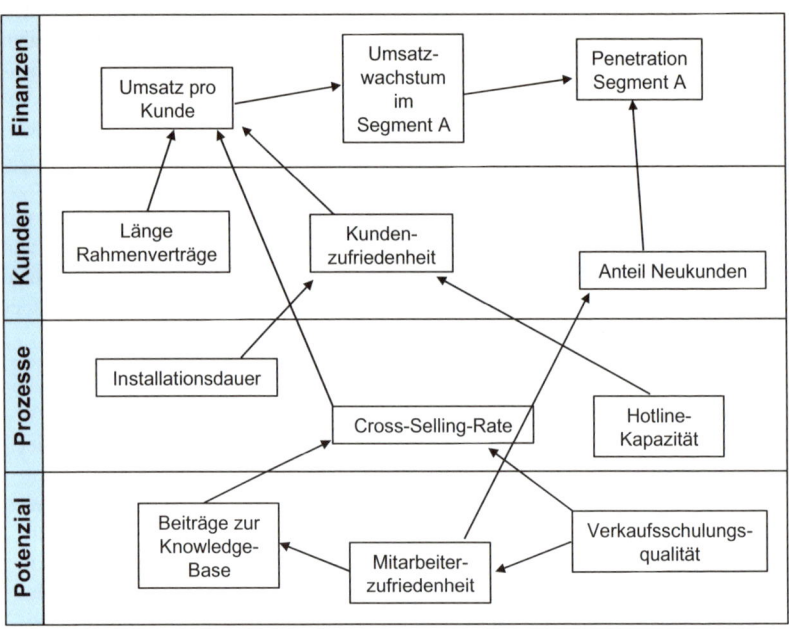

Abb. 10-30: KM-Cockpit für einen Anbieter von Telekommunikationslösungen (Beispiele)

Wie man aus dem Beispiel unmittelbar ersehen kann, ergibt sich durch die Verknüpfung der einzelnen Ziele in Form von Zielbeziehungen eine hohe *diagnostische Kraft*, da sich die Veränderungen der einzelnen Kennzahlen auf Ursachen zurückführen lassen. Insofern entwickelt sich über diese Verknüpfung ein Verständnis für Einflüsse, die für das Kundenmanagement als erfolgskritisch zu bewerten sind. Das ständige Überprüfen und Hinterfragen der spezifizierten Zielbeziehungen, die gleichsam als Wirkungshypothesen aufgefasst werden können, führt letztlich zu einem kontinuierlichen Lernprozess, in dessen Verlauf die Steuerungsleistung des KM-Cockpits permanent verfeinert sowie bei Bedarf an neue Steuerungserfordernisse *angepasst* wird (z. B. weil bestimmte Ziele erreicht wurden bzw. nunmehr als unkritisch betrachtet werden). In organisatorischer Hinsicht ist es dabei wesentlich, dass die strategischen Ziele für alle Aufgabenträger der verschiedenen Ebenen *verständlich* kommuniziert und operative Vorgaben entsprechend mehrstufig „heruntergebrochen" werden.

Die skizzierten Vorteile führen dazu, dass die Gestaltung eines effektiven KM-Cockpits zu den wichtigsten Aufgaben des KM-Controlling zählt. Gleichwohl kann ein KM-Cockpit nicht sämtliche kundenbezogene Informations- und Koordinationsbedürfnisse befriedigen. Vielmehr stellt es lediglich einen *Baustein* eines umfassenden KM-Controlling dar und ist in Abhängigkeit der Fragestellung durch geeignete andere Instrumente zweckmäßig zu ergänzen. In analoger Weise kann das KM-Cockpit den Informationsaustausch in Form der persönlichen Kommunikation zwar nicht ersetzen, gleichwohl aber entsprechende Kommunikations- und Entscheidungsprozesse effektiv unterstützen.

10.5 Informationssysteme für das Kundenmanagement

Zur Sicherstellung der Informationsversorgungsfunktion bedarf es eines geeigneten Kundenmanagement-Informationssystems. Ein solches lässt sich definieren als die Gesamtheit aus personellen und technischen Ressourcen sowie Verfahren zur Gewinnung, Zuordnung, Analyse, Bewertung und Weitergabe zeitnaher und zutreffender Informationen, die die Entscheidungsträger bei kunden- und vertriebspolitischen Entscheidungen unterstützen (vgl. analog Diller 1975; Homburg/Krohmer 2003, S. 996). Es ist unschwer zu erkennen, dass die Leistungsfähigkeit eines derartigen Informationssystems in hohem Maße auf den Möglichkeiten moderner Informationstechnologien basiert (vgl. auch Kap. 11).

Die *Basis* für ein KM-Informationssystem bilden i.d.R. eine oder mehrere Datenbanken mit Daten aus verschiedenen Unternehmensbereichen, insb. der Marktforschung, sowie aus internen (z. B. Außendienst) und externen (z. B. Zeitungsberichte) Quellen. Neben Informationen über (potenzielle) Kunden, die im Rahmen einer allgemeinen Marktbeobachtung oder bei Kundenkontakten anfallen (*„Kundenorientiertes Informationssystem"*; vgl. Link 2000, S. 36–44), werden auch Informationen über Wettbewerber sowie den Markt im allgemeinen generiert und gespeichert (vgl. Abb. 10-31). Diese Informationen sorgen dafür, dass man (potenzielle) Kunden gezielt analysieren kann. Dies kann relativ standardisiert durch *Berichts- und Kontrollsysteme* (z. B. in Form monatlicher Umsatzreports für Kunden und Kundengruppen) oder in Form spezieller Analysen mittels *Auskunftssystemen* (z. B. Analyse von Art und Anzahl von Verkaufspräsentationen auf den Kundengewinnungserfolg) erfolgen. Ziel der Analysen ist es, die Kundenstruktur präzise zu durchdringen und plastische Kundenprofile zu gewinnen. Damit erhält man die Grundlage für eine maßgeschneiderte Bearbeitung der Kunden und Kundensegmente, um letztlich die „richtigen" Kunden zum „richtigen" Zeitpunkt mit den „richtigen" Maßnahmen anzusprechen (vgl. Link 2001a, S. 8–10; Link/ Hildebrand 1993, S. 34–42).

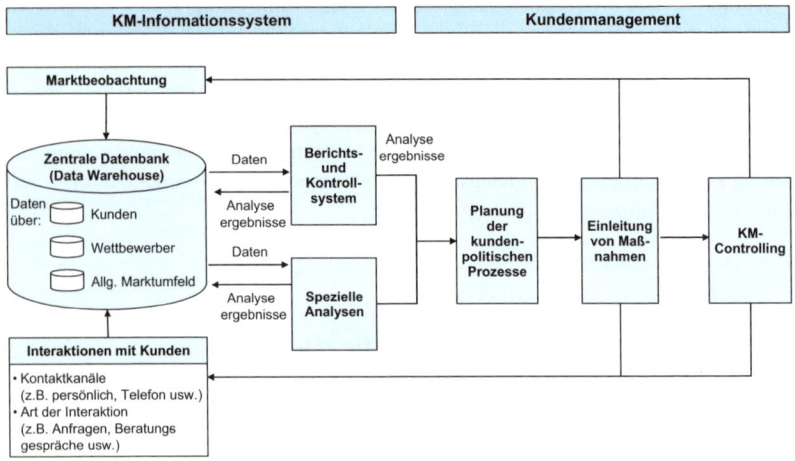

Abb. 10-31: Aufbau eines Kundenmanagement-Informationssystems
(Quelle: In Anlehnung an Homburg/Krohmer 2003, S. 997)

Als Voraussetzung für eine umfassende Unterstützung des Kundenmanagements sind die beiden Bereiche der Informationsgewinnung bzw. -speicherung und der Datenanalyse mit der Planung der kundenpolitischen Prozesse sowie dem KM-Controlling zu *vernetzen*. Auf diese Weise lassen sich alle bei der Kundenbearbeitung gemachten Erfahrungen i. S. einer *integrierten Informationsrückkopplung* bündeln. Dadurch wird es möglich, sowohl die bis dato genutzten Daten und Analysen als auch die darauf beruhenden Ergebnisse i. S. d. CRM (vgl. Kap. 1) sukzessive zu überprüfen, anzupassen und zu verfeinern (vgl. Wolf 2002, S. 91).

Insgesamt stellt ein entsprechend gestaltetes Informationssystem einen schnellen und aufeinander abgestimmten Zugriff auf die im Rahmen des Controlling generierten Informationen sicher. Insofern handelt es sich dabei um eine wichtige Voraussetzung für die im Kundenmanagement angestrebte effektive und effiziente Bearbeitung der Kunden. Angesichts der vielfältigen sich bietenden informationstechnologischen Möglichkeiten besteht die zentrale Herausforderung darin, das Informationssystem stimmig in das verfolgte Kundenmanagement-Konzept zu integrieren.

Verständnisfragen zu Kapitel 10

1. Diskutieren Sie die These: Für die Außendienstmitarbeiter bringt es nur Vorteile, wenn ein Controlling des Kundenmanagements eingeführt wird!
2. Erläutern Sie für ein Versicherungsunternehmen die verschiedenen Informationsbereiche, die für das Controlling des Kundenmanagements relevant sind!
3. Erläutern Sie für einen Anbieter von Spezialfiltern für Industrieanlagen die Hebeleffekte der Kostenbeeinflussung entlang der Verkaufsprozesse im Kundenmanagement!
4. Wie kann eine Wäscherei die Zufriedenheit ihrer gewerblichen Kunden ermitteln? Entwickeln Sie beispielhaft einen konkreten Fragebogen!
5. Ist es sinnvoll, alle Prozesse des Kundenmanagements i. S. d. Prozesskostenrechnung abzubilden? Begründen Sie Ihre Antwort!
6. Entwickeln Sie beispielhaft ein Kundenmanagement-Cockpit für einen neu in den Markt eingetretenen Anbieter von Wissensmanagement-Software!
7. Welche Informationskategorien müssen in einem Informationssystem hinterlegt sein, um eine effektive und effiziente Kundenbearbeitung zu ermöglichen?
8. Diskutieren Sie die These: Das Controlling des Kundenmanagements erfolgt typischerweise durch Soll-Ist-Vergleiche am Ende der Planungsperiode!
9. Erläutern Sie beispielhaft für einen Zulieferer von Automobil-Cockpits den Einsatz des sog. House of Quality!

Kapitel 11: IT-Unterstützung des Kunden-managements

> In diesem Kapitel wird dargestellt, wie das Kundenmanagement durch IT-Lösungen unterstützt wird. Wir betrachten, welche Applikationen zur Bewältigung von Kundenprozessen bereit stehen und wie sie dem Kundenmanager Hilfestellung bei der Lösung seiner Aufgaben geben.

11.1 Bedeutung von IT-Systemen für das Kundenmanagement

Information und Kommunikation sind zwei wesentliche Dimensionen des Kundenmanagements. Im Rahmen der drei Teilprozesse Kundenannäherung, Kundengewinnung und Kundenpflege fällt in Unternehmen eine wachsende Menge von Informationen an. Das Unternehmen gelangt auf zwei Wegen in den Besitz dieser Informationen: Zum einen kann es sie durch Analyse von Fakten selber generieren, zum anderen erhält es sie im Rahmen kommunikativer Prozesse quasi automatisch von außen. Gerade Anbieter und Kunden tauschen im Rahmen der zwischen ihnen stattfindenden Transaktionen oftmals bedeutende Datenmengen aus. Klassisch fand der Datentransfer in schriftlicher oder mündlicher Form statt. Aufgrund wesentlicher Vorteile, etwa geringerer Kosten und höherer Geschwindigkeit, wird dieser Datentransfer im Rahmen von Anbieter-Abnehmer-Beziehungen partiell oder vollkommen durch den Einsatz verschiedener elektronischer CRM-Systeme (vgl. Kap. 1.3.2) unterstützt.

Zahlreiche Unternehmen haben zudem erkannt, dass Information und Kommunikation zu Wettbewerbsvorteilen führen können. Dem systematischen Management von Wissen, dem Knowledge Management (KMT), wird daher zunehmend Aufmerksamkeit geschenkt (vgl. Bodendorf 2003, S. 116–120; Kolbe et al. 2003; Grether 2003). Wissen liegt sowohl in impliziter wie in expliziter Form vor. Ersteres ist individuell und subjektiv, wird in der täglichen Arbeit erworben und steuert das Verhalten seiner Besitzer, teils ohne dass diese dies bemerken. Es kann Dritten nur schwer erklärt werden und muss erlebt werden, da es auf Intuition oder Erfahrung basiert. Explizites Wissen hingegen ist objektiv und liegt in eindeutiger Form (z. B. Umsatzzahlen, Zufriedenheitsdaten, Konstruktionspläne oder Kundenaufträge) vor (vgl. Nonaka 1991). Eine Wissensentwicklung i. S. d. organisationalen Lernens findet dabei erst dann statt, wenn das Wissen der Organisation auch zugänglich wird (vgl. Steinmann/Schreyögg 2000). Für Unternehmen ist es insofern wichtig, sowohl implizites als auch explizites Wissen möglichst umfassend zu erfassen und zu dokumentieren. Aus der Vielzahl der anfallenden Informationen ist dazu zunächst das bewahrungswürdige Wissen zu selektieren, in geeigneter Form zu speichern (z. B. in Form eines Data Warehouse) und gegebenenfalls zu aktualisieren (vgl. Diller 1991).

KMT ist ein systematisches Vorgehen zur Realisierung im Rahmen der KMT-Strategie geplanter Ziele, die durch KMT-Prozesse und mit Unterstützung von KMT-Systemen erreicht werden sollen. Als elementare KMT-Prozesse lassen sich unterscheiden (vgl. Pawlowsky 1994, S. 22; Riempp 2003, S. 30):

➢ *Lokalisieren* und *Erfassen* bestehenden Wissens, das in Form impliziten und expliziten Wissens von Menschen (Kompetenzen) vorliegt oder von dem es Abbildungsversuche in Form von Informationsobjekten mit Inhalt gibt.
➢ *Austausch* von Wissen und Verteilung von Informationsobjekten auf Kompetenzträger im Anbieter- und Kundenunternehmen.
➢ *Entwicklung* aktuell und/oder künftig relevanten Wissens.
➢ *Nutzung* von Wissen in intra- und inter-organisationalen Prozessen.

Relevante Informationen können anbieterseitig bei all diesen Prozessen entweder aktiv gesammelt werden oder ohne eigene Initiative anfallen, z. B. im Rahmen von Kundenanfragen oder Kundenbeschwerden. Sie stellen für Unternehmen bei systematischer Nutzung in demselben Maß eine Ressource dar, wie etwa Sach- und Finanzkapital, qualifiziertes Humankapital oder besonders effiziente Organisationsstrukturen (vgl. Hunt 2000, S. 187 f.). Informationen können heute in den meisten Branchen ohne den Einsatz elektronischer Medien weder effizient und effektiv kommuniziert noch gespeichert, analysiert und genutzt werden. Neben Organisation und Controlling stellt daher die informationstechnische Unterstützung den dritten notwendigen Sekundärprozess des Kundenmanagements dar.

Vorteile elektronischer Speicher- und Transfersysteme sind u. a.:

(1) Die Fähigkeit zur *Speicherung großer Datenmengen* auf geringem Raum (im Gegensatz zu dem hohen Platzbedarf der klassischen Ablage von Papier in Ordnern).
(2) Die hohe Geschwindigkeit beim Transfer sowie bei der Speicherung, Ordnung und Analyse von Daten (im Gegensatz zum zeitintensiven physischen Transfer z. B. von schriftlichen Daten).
(3) Die Fähigkeit, vorliegende *Daten flexibel* nach den Zielen spezifischer Abfragen *zu verknüpfen*.
(4) Die Fähigkeit, *Daten* durch informationstechnische Vernetzung an verschiedenen, geographisch teils weit entfernten Orten zeitgleich nutzbar zu machen.

Die Gesamtheit der elektronischen Speicher- und Transfersysteme eines Unternehmens bildet seine Informations- und Kommunikations- (IuK-)Architektur. Zu unterscheiden ist dabei zwischen IuK-Systemen einerseits sowie der IuK-Technologie andererseits. IuK-Systeme sind in Form von Software verfügbar, die IuK-Technologie umfasst die Hardware, Netzwerke und die dazu gehörige Systemsoftware (vgl. Kolbe et al. 2003, S. 5). Im Kundenmanagement kommt beiden Aspekten Relevanz zu und es existieren hinsichtlich beider sehr unterschiedliche Gestaltungvarianten. In der Folge sollen die zahlreichen Einsatzmöglichkeiten der IuK-Instrumente dargestellt werden. Dabei lassen sich zwei wesentliche Einsatzfelder unterscheiden: Das unternehmensinterne Datenmanagement einerseits sowie IuK-Anwendungen, die an der externen Schnittstelle zum Kunden in Einsatz kommen, andererseits.

11.2 Unternehmensinternes Datenmanagement

11.2.1 Kundendatenbank-Systeme

Eine wesentliche Voraussetzung für erfolgreiches Kundenmanagement ist „die Zusammenführung aller kundenbezogenen Informationen" in Kundendatenbanken (Hippner/Wilde 2003, S. 7). Sie bildet das Fundament des Kundenmanagements und erlaubt es, Kundenaktivitäten ganzheitlich abzubilden. Dadurch wiederum ermöglicht sie eine integrierte Bearbeitung individueller Kunden. Grundlage des Kundendatenbank-Managements ist die unternehmensinterne Verwaltung von Daten im sog. *Data Warehouse.*

> Unter einem Data Warehouse wird eine Datenbank verstanden, die zur „Speicherung subjektorientierter, integrierter, nicht-volatiler, zeitbezogener Daten eines Unternehmens" dient (Decker/Wagner 2001b, S. 257). Wesentliche Datenkategorien im Data Warehouse sind (vgl. Hettich/Hippner/Wilde 2001):
>
> ➢ Grunddaten, z. B. Kontaktdaten, soziodemografische Daten etc.,
> ➢ Potenzialdaten, z. B. Kaufmengen, -zeitpunkte und -kategorien des Kunden,
> ➢ Aktionsdaten, z. B. Besuche beim oder Aussendungen an Kunden,
> ➢ Reaktionsdaten, z. B. persönliche oder schriftliche Kontaktaufnahme (Anfragen, Beschwerden usw.) des Kunden, Bestellungen des Kunden etc.

Im Idealfall stehen somit allen Mitarbeitern mit direktem und indirektem Kundenkontakt die individuellen Kundendaten jeweils zeitpunktaktuell und zeitgleich an ihren Arbeitsplätzen, z. B. am Service Desk, im Call Center oder während des Kundenbesuchs auf dem Laptop, zur Verfügung. Kommt es zu einem Kundenkontakt, steht ihnen somit zum einen die komplette Kundenhistorie zur Verfügung, zum anderen können sie neue Informationen direkt in das System einpflegen.

Wesentliche Techniken zur Nutzung der im Rahmen des Datenbankmanagements gewonnenen Informationen stellen das sog. *Data Mining* sowie das OLAP (Online Analytical Processing) dar. Unter Data Mining versteht man Verfahren, welche große Datenbestände daraufhin untersuchen, ob sie ökonomisch wertvolle Informationen und bislang unentdeckte Strukturen bzw. Zusammenhänge beinhalten (vgl. Lusti 1999, S. 250). Ziel ist es, dass das System autonom bedeutsame und aussagekräftige Muster in Daten erkennt und dem Anwender als interessante Information darstellt (vgl. Hagedorn/Bissantz/Mertens 1997). Eine Anwendung des Data Mining im Internet stellt das sog. *Web Mining* dar. Hierbei werden Informationen über Internetseiten und deren Besucher gesammelt und analysiert. Im Rahmen der *Web Usage Mining Analyse* wird bspw. das Navigations- und Nutzungsverhalten von Webseiten durch Kunden verfolgt und ausgewertet. Beim *Text Mining* schließlich werden Textinformationen, z. B. E-Mails oder PDF-Dokumente von Kunden, auf Muster hin untersucht, bspw. auf besonders häufige Beschwerdegründe oder typische Worte im Zusammenhang mit einzelnen Prozessschritten des Kundenmanagements. Bei allen vorgestellten Mining Tools werden verschiedene statistische Methoden in einem oder mehreren (sukzessiven oder parallelen) Arbeitsschritten eingesetzt. Zentrales Anliegen ist die Bildung statistischer Modelle. Sie werden anhand verschiedener Verfahren, die hier aus Platzgründen nicht im Detail erklärt werden können, gebildet. Einige der gebräuchlichsten Analysetools sind (vgl. Zipser 2003, S. 130):

➢ Neuronale Netze (vgl. Gierl/Schwanenberg 2001, S. 1181 ff.).
➢ Entscheidungs- und Klassifikationsbäume (vgl. Böcker 2001, S. 414 f.).
➢ Regressionsanalysen und ihre Derivate (vgl. Hildebrandt 2001, S. 1481 f.).
➢ Clusteranalysen (vgl. Opitz 2001, S. 219 f.).

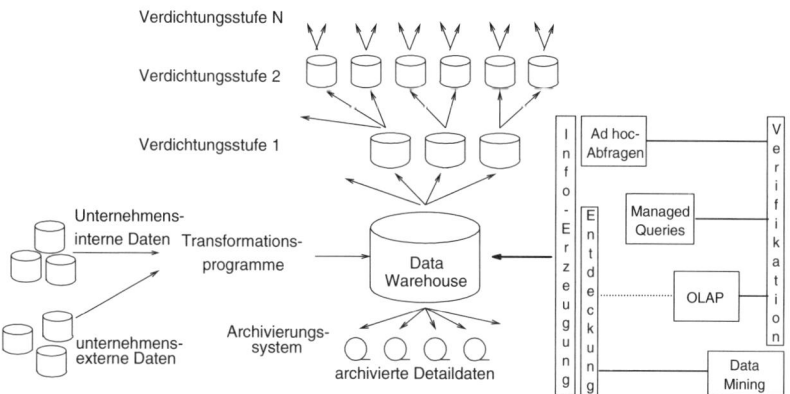

Abb. 11-1: Schematischer Aufbau eines Data Warehouse
(Quelle: In Anlehnung an Decker/Wagner 2001b)

Im Rahmen des *OLAP* werden Daten je nach Bedarf des Entscheiders flexibel und nach wechselnden Kriterien tabellarisch und/oder grafisch dargestellt (vgl. Zipser 2003, S. 128). Bildhaft (vgl. Abb. 11-2) lässt sich das Vorgehen wie bei einem Würfel vorstellen, der je nach Informationsbedarf aus verschiedenen Datendimensionen (z. B. Kunden, Produkte, Regionen, Perioden etc.) neu zusammengestellt wird. Der Datenwürfel kann dabei hinsichtlich seines Detaillierungsgrades variiert werden, und der Benutzer kann die Betrachtung auf einzelne Schichten („slices") fokussieren (vgl. Decker/Wagner 2001c, S. 1220).

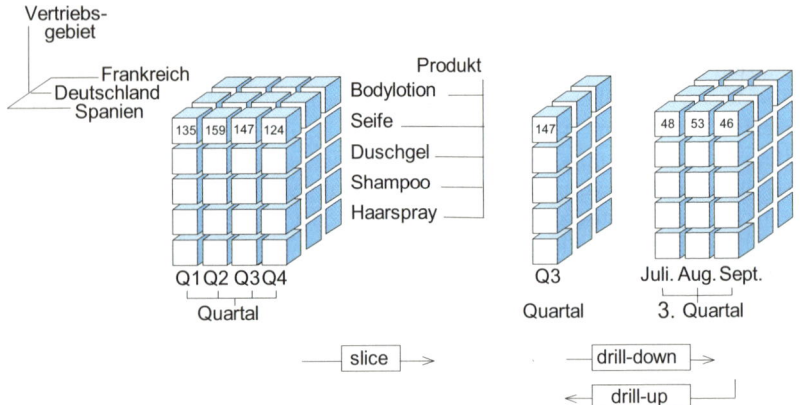

Abb. 11-2: Mehrdimensionale Darstellung von Abverkaufsdaten
(Quelle: Decker/Wagner 2001c)

Instrumente und Methoden des Data Mining und des Online Analytical Processing werden in Unternehmen teilweise nicht umfassend, sondern als individuelle (Insel-) Lösungen eingesetzt. Integrierte Lösungen werden zunehmend unter dem Begriff *Business Intelligence* (BI) diskutiert. Darunter versteht man Technologie-Plattformen, auf denen verschiedene individuelle Services zur Nutzung von Daten (Abfrage, Analyse, Reporting, Visualisierung etc.) integriert sind (vgl. Schulze 2001, S. 246). Vorteile umfassender BI-Lösungen liegen einerseits in der Vergleichbarkeit von Daten (übereinstimmende Strukturen) und andererseits in der Verfügbarkeit aller Daten in einem einzigen Datensystem, wodurch Schnittstellen- und Transferprobleme vermieden werden.

11.2.2 Content Management-Systeme

Neben kundenbezogenen Daten verfügen Unternehmen über zahlreiche weitere Informationen i.w.S., die im Rahmen des Kundenmanagements anfallen oder eingesetzt werden. Diese Informationen werden auch als Content oder Inhalte bezeichnet. Hierunter fallen bspw. Grafiken, Fotos, Videos, Audiospots, Briefe oder Inhalte für Internetseiten. Allgemeiner ausgedrückt umfasst Content „von Menschen erzeugte und in medienspezifischer Form präsentierte digitale Information unterschiedlichster Art, die distribuierbar ist" (Berchtenbreiter 2004, S. 212). Dabei erscheint die Einschränkung auf digitale Informationen nicht absolut notwendig für die Definition des Content Managements. Auch das klassische Dokumentenmanagement für bspw. Schriftstücke oder Abbildungen in Papierform kann als Teil des Content Management angesehen werden. Doch eröffnet die Digitalisierung von Content zahlreiche Vorteile bei der Lagerung, Verwaltung und Übermittlung von Content. Angesichts der Flut von Informationen, die in Unternehmen im Rahmen des Kundenmanagements anfallen, kommt dem Content Management eine bedeutende Rolle dafür zu, die Kommunikationsströme mit Kunden effektiv und effizient zu gestalten.

> Content Management kann daher als Planung, Administration, Koordination und Kontrolle aller Unternehmensaktivitäten zur Generierung, zur Bereitstellung, zur Verwaltung und zur Weiterentwicklung von Content definiert werden (vgl. auch Winand/Schellhase 2000).

Aus dieser Definition lassen sich die Teilaufgaben des Content-Managements ableiten, die durch geeignete IT-Systeme unterstützt werden müssen (vgl. Christ 2000):

➤ Content-Strukturierung: Hier werden einzelne Content-Objekte aus internen und externen Quellen, z. B. eigene Briefvorlagen oder Preislisten der Konkurrenz, gebündelt und über eine einheitliche Struktur verwaltet.
➤ Content-Syndication: Über standardisierte Kommunikationsprotokolle kann der Zugriff auf Content externer Anbieter, z. B. Kommunikationsagenturen, erfolgen.
➤ Content-Redaktion: Hierunter fallen die redaktionelle Schaffung neuer Contents sowie die Verwaltung und Modifikation bestehender Contents.
➤ Content-Nutzung: Die Mitarbeiter des Unternehmens sowie Kunden greifen auf Content über verschiedene Kanäle zu und nutzen die enthaltenen Informationen zur Abwicklung bestimmter Aktivitäten.

Content-Management-Systeme umfassen folgende *Komponenten*, die die im Rahmen des Content-Lebenszyklus anfallenden Aufgaben ermöglichen (vgl. Berchtenbreiter 2004):

➤ Das *Data Repository* beinhaltet den eigentlichen Content, der modular zerlegt und in möglichst kleinen Einheiten auf Speichermedien abgelegt wird.
➤ Das *Usermanagement* beinhaltet die Organisation von Zugriffsberechtigungen für den Content, durch welche sichergestellt wird, dass Akteure (Kunden, Mitarbeiter etc.) lediglich die für sie bestimmten Contents nutzen bzw. gestalten können.
➤ Das *User Interface* ist die Bildschirmmaske, über die der Nutzer von Content seine Aktivitäten ausführen kann.

➢ Die *Bearbeitungstools* erlauben den Zugriff auf die in Rohform abgelegten Informationen und bereiten sie den Einsatzzwecken des Users entsprechend auf.

Das Content-Management-System beinhaltet im Rahmen des Kundenmanagements zahlreiche Dokumente, die die Kundenbetreuer zur Gestaltung von Interaktionen mit Kunden benötigen, wie z. B. Kataloge, Preislisten oder Briefe. Zudem gehen vom Kunden gesandte Informationen, wie z. B. Auftragsdokumente oder Beschwerdebriefe in das Content-Management-System ein. Durch ihre jederzeitige Verfügbarkeit werden Effektivität und Effizienz des Kundenmanagements erhöht.

Online Content Management System einer Medizinprodukte-Firma

Hersteller von Medizinprodukten setzen im Kundenmanagement umfassende Materialien zur Produktbeschreibung sowie zur Verkaufsförderung ein, die zudem häufig in mehreren Sprachen verfügbar sein müssen. Es ist eine Herausforderung, diese Unterlagen stets aktuell zu bevorraten und sie dem Außendienst effizient zukommen zu lassen.

Die Firma *Smith & Nephew* verkauft eine Produktlinie mit Haut- und Wundpflegematerialien an medizinische Einrichtungen. Im Rahmen ihres Kundenmanagements sollten mehrere Verbesserungen durch die Einführung eines Content Management Systems erreicht werden:

➢ Häufige Anpassungen der Verkaufsunterlagen vornehmen zu können,
➢ Druckzeiten zu reduzieren und den Druck unnötiger Unterlagen zu vermeiden,
➢ Ausbildung medizinischen Personals zum richtigen Einsatz der Produkte,
➢ Den Außendienstmitarbeitern die Möglichkeit zum Customizing von Unterlagen zu geben und dabei die Konsistenz des Markenauftritts zu wahren.

Das neue System erlaubt es den Mitarbeitern nun, spezifische Unterlagen (Broschüren, Anweisungen etc.) für dutzende von Hautpflegeprodukten umzuschreiben oder zu aktualisieren, sowie Fotos für einzelne Kunden einzufügen oder zu unterdrücken. Der Ausdruck dieser Materialien erfolgt dabei „On Demand" und die gedruckten Materialien stehen dem Außendienst unmittelbar für seine Präsentationen zur Verfügung. Die Systemsteuerung erlaubt es, den Zugriff auf Dokumente zu beschränken, für Dokumente Änderungs- und Erstellungsrechte einzurichten und den Bestellprozess zu überwachen.

11.2.3 Vertriebsinformationssysteme

Vertriebsinformationssysteme basieren auf dem Data Warehouse des Unternehmens und sind primär für den internen Einsatz bestimmt. Ihr Zweck ist es, diejenigen Mitarbeiter, die mit Vertriebsaufgaben und deren Controlling betraut sind (z. B. Innendienst, Außendienst, Geschäftsführung), mit aktuellen Informationen zu versorgen und den Austausch von Daten zu ermöglichen. Im Kern lassen sich zwei Teilsysteme unterscheiden, zum einen das Salesman Information System, zum anderen das Managementinformationssystem.

Das *Salesman Information System* unterstützt den Außendienstmitarbeiter bei der Erledigung seiner im Rahmen der Kundenannäherung, Kundengewinnung und Kundenpflege anfallenden Aufgaben. Eine erste Aufgabe, die unterstützt wird, ist die *Verwaltung von Kundendaten*, also bspw. der Stammdaten des Kunden, der aktuellen Aufträge oder Beschwerden. Diese sind im System im jeweils aktuellen Status dokumentiert, so dass der Außendienstmitarbeiter an verschiedenen Einsatzorten, wie etwa im Büro, auf Messen oder bei Kundenbesuchen, in der Lage ist, Informationen abzufragen oder zu ergänzen. Eine zweite Aufgabe des Salesman Information Systems ist die *Unterstützung bei der Organisation* der Tätigkeit des Außendienstmitarbeiters, bspw. bei der Planung von Besuchsrouten und -daten, bei der Verfolgung von Aktivitäten oder bei der Priorisierung von Aktionen. Drittens erlaubt ein Salesman Information System die *Kommunikation von Daten zwischen Außendienstmitarbeiter und Innendienst* des Unternehmens. Die im Rahmen externer Aktivitäten gesammelten Daten werden an den Hauptrechner des Unternehmens übermittelt und dort für weitere Verwendungen gespeichert (vgl. Stender/The/Rack 2000, S. 94 f.).

Im Gegensatz zum Salesman Information System, das eher der operativen Verknüpfung von Innen- und Außendienst dient, wird das *Managementinformationssystem* dazu eingesetzt, den Führungskräften des Unternehmens für die Vertriebssteuerung relevante Informationen bereit zu stellen (vgl. Töpfer 2005, Stender/The/Rack 2000). Es handelt sich also um ein Controlling-Instrument, das dazu dient, die Effektivität und die Effizienz des Kundenmanagements aus übergeordneter Perspektive zu beurteilen und darauf aufbauend strategische Entscheidungen des Kundenmanagements vorzubereiten (vgl. Kap. 10.5). Aus dem umfassenden, im Data Warehouse eines Unternehmens vorgehaltenen Informationsbestand müssen hierzu diejenigen Daten selektiert werden, die für grundlegende Urteile über das Kundenmanagement erforderlich sind. Dies beinhaltet sowohl Relevanzentscheidungen als auch Aggregationsentscheidungen hinsichtlich der zu ermittelnden Daten. In vielen Fällen erwartet das Management, anhand einiger weniger, dafür aber aussagekräftiger Kennzahlen wichtige Entscheidungen vorbereiten zu können. Die inhaltlich für das Managementinformationssystem erforderlichen Daten sind daher aus der Perspektive des Controlling zu definieren.

11.2.4 Produktionsplanungs- und -steuerungssysteme

Produktionsplanungs- und -steuerungssysteme dienen einerseits der Planung, Steuerung und Überwachung der betrieblichen Produktionsabläufe. Zum anderen erfassen sie auch die vor- und nachgelagerten Teilprozesse, welche die Produktion mit dem Kunden verknüpfen. Daher decken sie die gesamte logistische Kette ab, die ab dem Erhalt eines Kundenauftrages bis hin zur Bereitstellung der Leistung für den bzw. beim Kunden durchlaufen wird. Die zentrale Aufgabe der Produktionsplanungs- und -steuerungssysteme liegt dabei in der Bestimmung des mengen- und zeitmäßigen Leistungserstellungsablaufs. Die Planungsgrößen sind Art des Produktionsprogramms, zu erstellende Leistungsmenge und terminliche Planung der Leistungserstellung. Auf dieser Basis werden die benötigten Ressourcen (Material, Arbeitszeit etc.) ermittelt. Vorliegende oder erwartete Kundenaufträge gehen als Informationsgrundlage in den Planungsprozess ein (vgl. Töpfer 2005, S. 1179).

In den Vertriebsinformationssystemen des Kundenmanagements werden zur effektiven und effizienten Organisation der Arbeit teils dieselben Daten benötigt, die auch in das Produktionsplanungs- und -steuerungssystem eingehen. Durch eine Integration beider Systeme wird ein durchgehender Datenfluss möglich. Die Potenziale einer Verknüpfung beider Systeme verdeutlicht Abbildung. 11-3. Sie verdeutlicht zudem, welche Schnittstellen im Kundenmanagementprozess zwischen den betroffenen Unternehmensbereichen auftreten (vgl. Stender/The/Rack 2000, S. 99 f.).

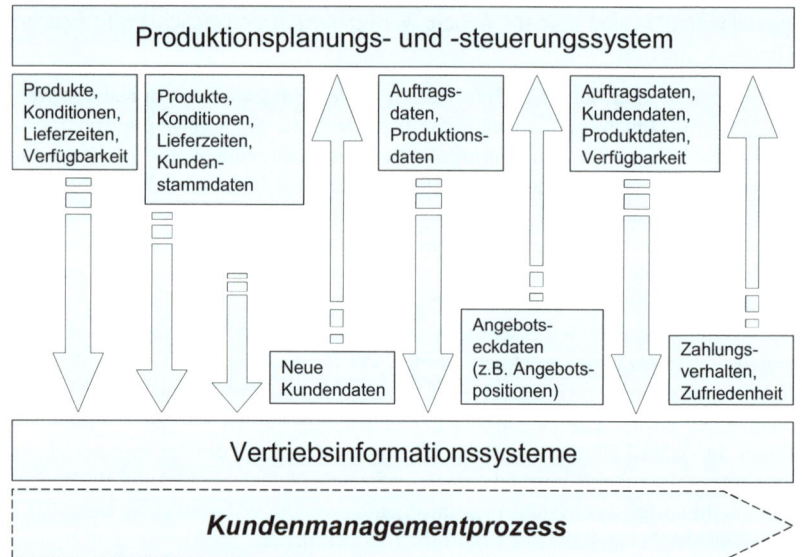

Abb. 11-3: Das Zusammenspiel von Produktionsplanungs-, -steuerungs- sowie Vertriebsinformationssystem (Quelle: In Anlehnung an Stender/The/Rack 2000, S. 100)

Die Vorgehensweise bei der Leistungserstellungsplanung ist dabei üblicherweise wie folgt:

➢ Zunächst wird die Zahl der in einer Periode (i.d.R. zwischen 3 und 12 Monate) zu erstellenden Fertigprodukte definiert.

> Anschließend wird unter Berücksichtigung von Lagerbeständen der zu bestellende Bedarf an Komponenten und Materialien ermittelt.

> Im Rahmen der Terminplanung wird dann die Reihenfolge der Fertigungsaufträge geplant.

> Diese wird schließlich unter Berücksichtigung von verfügbaren Kapazitäten bzw. Engpässen verfeinert, woraus Terminverschiebungen bei der Leistungserstellung entstehen können.

> Schließlich gibt die Produktionssteuerung einzelne Fertigungsaufträge frei oder entscheidet bei Störungen über geeignete Maßnahmen

11.2.5 Workflow-Management-Systeme

Ein Kennzeichen von Geschäftsprozessen ist der Fluss von Objekten (z. B. mündlichen oder schriftlichen Informationen, Gegenständen oder Rechten) durch die am Prozess beteiligten Instanzen (Abteilungen, Mitarbeiter etc.). Da der Fluss der Objekte über die Schnittstellen zwischen Instanzen erfahrungsgemäß zu Reibungsverlusten (z. B. Fehlinformation durch unklare Datentransmission oder Prozessverlangsamung durch Liegezeiten) führt, wurden IuK-Systeme konzipiert, die zur Reduzierung von Reibungsverlusten beitragen sollen. Diese können unter dem Begriff Workflow-Management-Systeme zusammengefasst werden.

Unter Workflow wird dabei die Abfolge der Aktivitäten verstanden, nach deren Erledigung der Geschäftsprozess als abgeschlossen gilt. Workflows können sich nach den zu erledigenden Aufgaben, nach der geographischen Nähe bzw. Distanz der Akteure und nach den einzubindenden hierarchischen Ebenen im Unternehmen stark unterscheiden (vgl. Melan 1992). Die Strukturierung von Workflows hat einen direkten Einfluss auf die Ziele des Prozessmanagements, also auf Effektivität und Effizienz, und ihr kommt somit nicht nur operative, sondern auch strategische Bedeutung zu.

Workflow-Management-Systeme sind Technologien, „die für eine flexible und aktive Steuerung der Abwicklung von arbeitsteilig durchgeführten Prozessen eingesetzt werden konnen" (Krickl 1994, S. 18). Sie umfassen vier Funktionsbereiche:

> Analyse- und Synthesetools für den Organisationsgestalter, die es erlauben, Aufgaben, Ressourcen, Personen und Verknüpfungen zu erfassen und zu strukturieren.

> Vorgangsverwaltungstools, die mittels einer eigenen Definitionssprache oder damit verbundenen grafischen Tools die Definition von Vorgangstypen erlauben. Hierbei werden Aktivitäten, deren Ablaufstruktur, Akteure, deren Rollen sowie zu transportierende Informationen erfasst werden.

> Vorgangssteuerungstools erlauben es, durch Ermittlung des jeweils nächsten Bearbeiters und durch seine Verständigung die laufende Abwicklung eines Geschäftsprozesses sicherzustellen.

> Monitoring-Tools erlauben die Überwachung des Geschäftsprozesses hinsichtlich a priori fixierter Soll-Vorgaben, z. B. bzgl. der Bearbeitungzeit (vgl. Hasenkamp/Syring 1993).

Die Einsatzfähigkeit von Workflow-Systemen hängt von der Art der zu leistenden Aktivitäten ab. Dabei lassen sich drei Aktivitätstypen unterscheiden (vgl. Scheer/Galler 1994):

> Allgemeine Aktivitäten sind gut strukturierte Tätigkeiten, die als administrative Aufgaben in Unternehmen anfallen, bspw. die Fakturierung eines Kundenauftrags.
> Fallbezogene Aktivitäten unterliegen bestimmten Regeln, die allerdings nicht vollkommen standardisiert anwendbar sind, z. B. die Kreditbearbeitung bei einer Bank, bei der bestimmte Kundenmerkmale einen Einfluss auf den Ausgang haben, oder die Bearbeitung von Kundenbeschwerden.
> Ad-hoc-Aktivitäten sind unstrukturierte und einmalig anfallende Aufgaben, die eine begrenzte Zeit dauern, bspw. die gemeinsame Produktentwicklung mit einem Kunden.

Während Workflow-Systeme allgemeine und fallbezogene Aktivitäten gut unterstützen können, kommen bei unstrukturierten Aktivitäten Technologien zum Einsatz, die Teamarbeit unterstützen, ohne aber feste Regelwerke zu etablieren. Sie werden auch als Workgroup- oder Groupware-Systeme bezeichnet (vgl. Scheer/Galler 1994).

11.3 Anwendungen für die externe Schnittstelle zum Kunden

11.3.1 Präsentationstechnologie

Die anbieterseitige Präsentation von Produkten und Leistungen hat sowohl bei der Generierung eines Erstkaufs als auch für die Kundenpflege hohe Bedeutung. IT-Systeme bieten zahlreiche Möglichkeiten, die klassisch bestehenden Instrumente der Leistungspräsentation aktueller, flexibler, interaktiver und informativer zu gestalten. Zwar sind derartige elektronische Präsentationsmöglichkeiten auch Bestandteil umfassender Systeme des Kundenmanagements wie bspw. Customer Relationship Management (CRM) Systemen. Aufgrund zahlreicher operativer Probleme beim Aufbau umfassender CRM-Systeme haben sich Unternehmen in den letzten Jahren jedoch oftmals darauf beschränkt, funktionale Teillösungen zu implementieren, die geringe Investitionen erfordern und schnellere finanzielle Rückflüsse versprechen.

Besondere Bedeutung haben hier die sog. Computer Aided Selling-Systeme (CAS). Sie sind auf die Analyse, Planung, Durchführung und Kontrolle von Vertriebsprozessen ausgerichtet und dienen insb. der Produktpräsentation, Auftragserfassung sowie Auswertung von Kundenkontakten (vgl. Link 2002). Sie stehen den Vertriebsmitarbeitern i.d.R. auf Laptops zur Verfügung. Daten können über eine Schnittstelle mit zentralen Informationssystemen im Unternehmen ausgetauscht werden (vgl. Sexauer/Wellner 2003).

Relevante Daten umfassen u. a. Kundenstammdaten, tagesaktuelle Mitteilungen für den Kundenbetreuer, Besuchspläne, Argumentationshilfen, Bildmaterial über Produkte sowie Preislisten. Im Gegenzug kann der Mitarbeiter Kundenanfragen sofort bearbeiten bzw. Kundenaufträge erfassen und über Datenübermittlungskanäle an die Zentrale weitergeben. Im Vergleich zur postalischen Abwicklung werden die Prozesse somit beschleunigt. Durch die Möglichkeiten der Plausibilitäts- und Verfügbarkeitsprüfung werden zudem Irrtümer oder Verzögerungen vermieden. In der Warenwirtschaft kann die Bestandsdisposition optimiert werden. Und in der Logistik werden ebenfalls Verzögerungen und Fehler vermieden. Mit dem Einsatz von mobilen Computern sowie einem dazu passenden Informations- und Kommunikationssystem können also Effektivität und Effizienz der Prozesse des Kundenmanagements erhöht werden (vgl. Hermanns/Prieß 1987). Zunehmend werden CAS-Module in die umfassenderen CRM-Systeme integriert (vgl. Winkelmann 2000, S. 155 ff).

Während CAS-Systeme von einem Kundenbetreuer in der Interaktion mit dem Kunden eingesetzt werden, existieren daneben eine Reihe von Systemen, die auch ohne die Präsenz eines Mitarbeiters des Anbieters vom Kunden direkt genutzt werden können. *Elektronische Lieferantenverzeichnisse* sowie *elektronische Produkt- und Servicekataloge* bieten Nachfragerinformationen, die entweder online oder offline verfügbar sind. Grundvoraussetzung für den Anbieter bleibt, in diesen Medien verzeichnet zu sein. Dies ist bei Eigenerstellung unproblematisch, bei der Herausgabe durch externe Dienstleister ist der Eintrag in das entsprechende Verzeichnis erforderlich. Von klassischen Printversionen heben sich diese Medien dann ab, wenn sie bestimmte Zusatzfunktionen erfüllen (vgl. Kuhlmann 2001):

➢ Attributbasierte elektronische Kataloge machen eine Suche über Leistungsmerkmale (z. B. Stichwort, Artikelnummer oder Preis) möglich.
➢ Konstruierende elektronische Kataloge (oder Konfiguratoren) ermöglichen es, im Rahmen der Kundenpräsentation aus Modulen oder Komponenten komplexe Systeme zusammen zu stellen.
➢ Natürlichsprachige elektronische Kataloge sind in der Lage, menschliche Sprachinformationen zu erkennen und erlauben es Kunden somit, ihre Bedürfnisse ohne Eingabe zu übermitteln.
➢ Beratende elektronische Kataloge bieten über die Leistungspräsentation hinaus auch Beratung für die Konfiguration von Lösungen.

Schließlich werden an bestimmten Orten, wie bspw. Flughäfen oder Bahnhöfen, sog. *Kiosksysteme* eingesetzt. Dabei handelt es sich um Terminals, die dem Kunden als Wegweiser, Informationssystem oder Promotionssystem dienen, und an denen er vom Anbieter vorher spezifizierte Informationen in Interaktion mit dem System abrufen kann.

11.3.2 Call und Customer Interaction Center

In einer wachsenden Zahl von Unternehmen werden die Kontakte mit Kunden in darauf spezialisierten Organisationseinheiten gebündelt. Dieser Trend begann in den 1990er Jahren mit der Einrichtung sog. Call Center. Dabei handelt es sich um Organisationseinheiten, die durch die Erbringung von Dienst- oder Serviceleistungen im Rahmen von kommunikationsintensiven Unternehmungsprozessen mit Hilfe computergestützer Telekommunikationstechnik Interaktionen mit Kunden durchführen (vgl. auch das Insert auf S. 263). Im klassischen Call Center war das Telefon das zentrale Kommunikationsinstrument. Das Call Center war i.d.R. eine von mehreren Abteilungen im Kundenkontakt. Die weiteren Abteilungen betreuten Kunden per Brief, E-Mail, persönlichem Besuch etc., was teilweise mit erheblichen Koordinationsproblemen und in der Folge mit Effektivitäts- und Effizienzverlusten im Kundenmanagement verbunden war. In den letzten Jahren haben sich jedoch wesentliche Weiterentwicklungen ergeben (vgl. Meyer/Kantsberger 2004, S. 396). Um Daten- und Kontaktredundanzen zu vermeiden, wurden die einzelnen Abteilungen in sog. *Interaction Centern* durch ein gemeinsames Informationssystem miteinander verbunden, so dass an den Kontaktpunkten zum Kunden jeweils Einblick in die Beziehungshistorie genommen werden kann. Da durch die fortbestehende Medienspezialisierung der Mitarbeiter (auch Agenten genannt) in Interaction Centern jedoch weiterhin nicht alle Effizienz- und Effektivitätspotenziale moderner Technologien ausgeschöpft wurden, werden in neueste Lösungen alle Interaktionskanäle in einer einzigen organisatorischen Einheit gebündelt. Die Idee eines umfassenden *Customer Interaction Centers* scheint in dieser Form am besten implementiert zu sein. Der telefonische Kundenkontakt (so wie er für das klassische Call Center typisch war) bildet aber in zahlreichen Unternehmen weiterhin die zentrale Säule des Customer Interaction Center. Telefontechnik ist daher auch eine der zentralen IuK-Voraussetzungen für das Betreiben eines Customer Interaction Centers.

Call Center Technologie muss sowohl von Kunden eingehende Anrufe (Inbound Calls, z. B. für Kundenbestellungen, Anforderungen von Servicepersonal oder die Abgabe von Beschwerden) unterstützen als auch aus dem Unternehmen an die Kunden ausgehende Gespräche (Outbound Calls, z. B. im Rahmen von Tele-Selling oder bei Kundenbefragungen). Um die eingehenden Anrufe entgegen nehmen zu können, muss das Unternehmen über eine Telekommunikationsanlage mit zentralen Steuerungseinheit sowie dezentralen Sprechplätzen verfügen. Die Zentraleinheit verfügt über ein sog. *Automatic Call Distribution* System, welches die eingehenden Anrufe auf die Sprechplätze mit jeweils freien

Agenten verteilt. Damit der Agent den Kunden individuell betreuen kann, wird durch die sog. *Computer Telephony Integration* dafür gesorgt, dass die Rufnummer des Anrufers aus der Telekommunikationsanlage in das Computernetzwerk des Unternehmens übermittelt wird und der Agent in Echtzeit die Kontaktdaten des Kunden auf seinem Bildschirm abrufen kann (vgl. Amberg 2004). Handelt es sich bei den Agenten nicht um umfassend kompetentes Servicepersonal, das den Kunden bei allen Fragen zu allen Teilleistungen des Anbieters beraten kann, ist eine Vermittlung zu den jeweils kompetenten Mitarbeitern erforderlich. Dies kann entweder durch eine menschliche Vermittlungsstelle erfordern, wird aber aus Kostengründen zunehmend über sog. *Voice-Self-Service* Systeme oder *Sprachportale* gewährleistet (vgl. Thieme/Steffen 1999; Kartes 2005), bei denen automatisierte Sprachdialoge für Standardanfragen vorprogrammiert sind. Über die Vermittlung zu Agenten hinaus können diese Services bei einfach strukturierten Kundenproblemen, z. B. bei Standardbestellungen, die gesamte Trans- oder Interaktion abwickeln. Bei komplexeren Trans- und Interaktionen sind sie komplementär zur Arbeit des Agenten und des internen Servicepersonals des Anbieters zu sehen. Zur Unterstützung des Agenten im Kundengespräch dient das sog. *Scripting*, bei dem der Agent auf seinem Bildschirm z. B. relevante Stichwörter oder Checklisten oder Antworten auf typische Einwände des Kunden einsehen kann. Ergeben sich aus der Kunde-Agent-Interaktion Arbeitsaufträge für andere Mitarbeiter des Anbieters (bspw. Außendienst- oder Kundendienstmitarbeiter), können die inhaltlichen Informationen in *Workflow-Systemen* an die betroffenen Mitarbeiter weitergeleitet werden und u. a. in deren Kalender eingetragen werden. Der Arbeitsstand des Mitarbeiters, z. B. dessen Abarbeitung eines Kundentermins, wird dem Call Center Agenten ebenfalls zurückübermittelt, so dass dieser bei Folgefragen des Kunden ein Auftragsmonitoring durchführen kann (vgl. Hippner/Rentzmann/Wilde 2004).

Im Customer Interaction Center stehen insb. verschiedene Technologien zur Verfügung, die eine Verknüpfung der verschiedenen Medien sinnvoll gewährleisten. Bspw. können telefonisch verbundene Kunden und Anbieter beim sog. *Shared Browsing* zeitgleich dieselben Internetseiten besuchen, wodurch der Agent den Kunden bei der Nutzung des Internetangebotes des Anbieters unterstützen kann. Bei der erweiterten *E-Mail-Integration* können E-Mails durch Analyse der Absenderadresse und der Textinhalte an geeignete Agenten vermittelt werden, die dann im Rückrufverfahren den Kunden telefonisch weiterbetreuen können. Sog. *Smart-Call-Buttons* werden auf Internetseiten des Anbieters platziert, die es dem Kunden erlauben, den Auslastungsstand des Interaction Centers sowie wahrscheinliche Rückrufzeiten einzusehen. Durch Drücken kann er sich für einen späteren Rückruf oder eine Beantwortung seines Anliegens durch alternative Medien (bspw. Fax, E-Mail oder Brief) entscheiden (vgl. Amberg 2004).

11.3.3 E-Business und M-Business

Die bislang vorgestellten Systeme zur Unterstützung des Kundenmanagements stützen sich auf den Einsatz isolierter oder bestenfalls unternehmensintern vernetzter Computer. In den 1990er Jahren wurde durch eine rasch zunehmende, Unternehmensgrenzen überschreitende und weltweite Vernetzung bislang isolierter

IT-Systeme im sog. Internet die Möglichkeit der elektronischen Unterstützung des Kundenmanagements wesentlich ausgebaut. Diese Entwicklung fügt sich in einen längerfristigen gesellschaftlichen Wandel von der Industriegesellschaft zur Informationsgesellschaft ein (vgl. Toffler 1980), in der Güter- und Dienstleistungen der Informations- und Kommunikationstechnologie zunehmend Bedeutung gewinnen.

Das *Internet* ist ein globales, auf weltweiten Übertragungsstandards basierendes Computernetzwerk mit Hin- und Rückkanal für die Übertragung von Daten zur Kommunikation und Interaktion (vgl. Bromberger 2004, S. 251). Die Übertragungsstandards (sog. Protokolle) ermöglichen die Kommunikation von Rechnern mit unterschiedlichen Betriebssystemen. Die Datenübertragung im Internet erfolgt auf Basis des TCP/IP-Protokolls. Verschiedene weitere Dienste, die jeweils einen eigenen Standard haben, bauen auf dieses Protokoll auf. Für das Marketing sind E-Mail-Nachrichten sowie v.a. das sog. World Wide Web von besonderer Bedeutung. Sie ermöglichen eine elektronische Abwicklung von Transaktionen mit Kunden, die als E-Business bezeichnet wird. E-Business kann als „die Anbahnung sowie die teilweise respektive vollständige Unterstützung, Abwicklung und Aufrechterhaltung von Leistungsaustauschprozessen mittels elektronischer Netze verstanden werden" (Wirtz 2001, S. 34).

Das World Wide Web benutzt das Hypertext Transfer Protokoll HTTP zur Übertragung von HTML-Dokumenten zwischen Computern. In diesen Dokumenten können Informationen (z. B. Grafiken, Tabellen, Texte) grafisch dargestellt und durch Software (Java, Javascript) mit interaktiven Inhalten versehen werden. Die Elemente eines Internet-Auftritts sind durch einen Uniform Resource Locator (URL) zu identifizieren. Dieser setzt sich aus der Domain sowie dem Übertragungsprotokoll zusammen. Auf der Domaine befindet sich zumindest eine Eingangsseite, die i.d.R. als Ausgangspunkt für die mögliche Betrachtung weiterer HTML-Seiten dient (vgl. December/Randall 1995). Links (Verknüpfungen) erlauben es dem Nutzer, zu den anderen HTML-Seiten zu gelangen, die in einer logischen Verbindung zu der Ausgangsseite stehen. Durch die Einrichtung sog. Cookies kann dem Nutzer zudem eine Personalisierung (Anpassung an sein persönliches Bedürfnisprofil) einer HTML-Seite erlaubt werden.

Das Internet unterstützt die Prinzipien des Beziehungsmarketing auf verschiedene Weise (vgl. Garczorz/Krafft 1999, S. 137 ff.):

➤ Die Interaktivität erlaubt einen Dialog mit Kunden ohne Medienbruch, während in klassischen Kundenmanagementprozessen (z. B. bei der Publikation von Hotline-Telefonnummern in Werbeanzeigen oder TV-Spots) i.d.R. ein Medienwechsel erforderlich war. Dabei ist es im Rahmen des sog. *Permission Marketing* auch möglich, den Dialog nur bei vorheriger Zustimmung des Kunden zu eröffnen (z. B. wenn dieser eine Box auf einer Internetseite anklickt um in der Folge per E-Mail Informationen über bestimmte Angebote zu erhalten).

> Die *Integration* des Kunden erfolgt dadurch, dass er sich in die Konfiguration von Leistungsangeboten, in deren Bestellung sowie in deren Bezahlung aktiv einbringen kann. Teilweise wird dies von Anbietern auch durch Preisabschläge bei Internettransaktionen belohnt.

> Die *Individualisierung* kann durch das Internet einerseits dadurch gefördert werden, dass der Benutzer bei Besuch einer HTML-Seite durch das System identifiziert wird oder sich selber identifiziert (z. B. über ein Passwort oder eine numerische Nutzerkennung) und im Gegenzug auf seine Bedürfnisse zugeschnittene HTML-Seiten angezeigt werden. Zum anderen kann eine Individualisierung des Leistungsangebotes erfolgen, indem der Benutzer z. B. durch den Einsatz sog. Produktkonfiguratoren für verschiedene Nutzendimensionen einer Leistung je eine bestimmte Gestaltungsvariante auswählt.

> Die Sammlung von *Informationen* über den Kunden kann ebenfalls in unterschiedlicher Form erfolgen: Zum einen kann der Kunde aktiv Informationen (z. B. Adressdaten, soziodemographische Daten oder psychografische Daten) in Dialogmasken einspeisen. Zum anderen kann seine Nutzung der HTML-Seiten („Surf-Verhalten") durch sog. *Logfile-Analysen* verfolgt werden.

Die enormen Unterstützungsmöglichkeiten des Kundenmanagements, die das Internet eröffnet, sind u. a. auf folgende *Eigenschaften* dieses Mediums zurückzuführen (vgl. Diller 1997; Bauer 2001b, S. 66 ff.):

> *Initiierbarkeit*: Nachfrager können alle Funktionen (Kommunikation, Dateneingabe, etc.) eigenständig beginnen, steuern und abbrechen.

> *Kommunalität*: Nicht nur individuelle Nachfrager können das Internet nutzen, sondern es bietet Möglichkeiten für die gemeinschaftliche Nutzung, z. B. durch virtuelle Gemeinschaften, die sich zu bestimmten Zwecken zusammenschließen, etwa dem Kauf bestimmter Güter, um dadurch Vorteile, bspw. Mengenrabatte, zu erhalten.

> *Multimedialität*: Durch die Verknüpfung der Grundtechniken Text, Ton und Bild können mehrere menschliche Sinne gleichzeitig angesprochen werden.

> *Virtualität*: Eigenschaften einer Leistung, die zwar nicht physisch, jedoch potenziell verfügbar sind, können Kunden im Internet vorgeführt werden, z. B. im Rahmen virtueller Rundgänge durch Geschäftsräume.

> *Ubiquität*: Die im Internet verfügbaren Daten sind (unter der Voraussetzung eines Netzzugangs) jederzeit und allerorten zugänglich und nicht von Öffnungs- oder Ausstrahlungszeiten abhängig.

> *Dynamik*: Aktualisierungen der im Internet verfügbaren Daten sind jederzeit möglich und zudem bereits nach Sekunden für den Nutzer verfügbar.

> *Integrierbarkeit*: Das Internet kann mit anderen Medien (Telefon, Katalog etc.) sowie anderen Funktionen als dem Kundenmanagement (Marktforschung, Public Relations etc.) verbunden werden.

Die genannten Eigenschaften des Internets verdeutlichen, dass dieses Medium im Rahmen des Electronic Business im Prinzip zur Unterstützung jedes einzelnen Teilprozesses des Kundenmanagements (Kundenannäherung, -gewinnung und -pflege) eingesetzt werden kann:

> Im Rahmen der *Kundenannäherung* kann das Internet bspw. zur Generierung von Informationen über potenzielle Kunden dienen (vgl. Kap. 3.1). Dies ist insb. im B-to-B-Geschäft der Fall, da zahlreiche professionelle Kunden (Firmen) Internetseiten mit Informationen zu Ihrem Unternehmen, seinem Leistungsspektrum etc. unterhalten. Zunehmend nutzen Unternehmen das Internet zudem, um ihre Beschaffungsaktivitäten zu unterstützen. So veröffentlichen sie bspw. Pflichtenhefte für Lieferanten oder Ausschreibungen für den Bedarf bestimmter Leistungen auf ihren Internetseiten, so dass potenzielle Lieferanten sich auf Nachfrageinhalt und -bedingungen einstellen können.

> Im Rahmen der *Kundengewinnung* kann das Internet u. a. für die Präsentation von Produkten, für die Bereitstellung von Preisinformationen, die Erläuterung zusätzlicher, die eigentliche Kernleistung ergänzender Serviceangebote etc. eingesetzt werden (vgl. Kap. 4.3 und 5).

> Im Rahmen der *Kundenpflege* bietet das Internet u. a. die Möglichkeit, für bestehende Kunden *individuelle Seiten* einzurichten, auf denen die mit ihnen verhandelten Produktkataloge und die dazugehörigen Preise und Konditionen hinterlegt sind, so dass der Kunde kontinuierlich Leistungen abrufen kann, ohne durch ständige Verhandlungsphasen laufen zu müssen (vgl. Storp 2001, S. 95 ff.). Es können aber auch *Dialogketten* implementiert werden, indem dem Kunden über E-Mails neue Angebote zugesandt werden. Schließlich ist es möglich, das Beschwerdewesen mit dem Internet zu unterstützen, indem den Kunden auf speziellen Seiten Eingabemasken für Beschwerden zur Verfügung gestellt werden, deren Bearbeitungsstand in der Folge beobachtet werden kann (vgl. Kap. 7.3).

Das Internet ist in einfacher Anwendung ein Kommunikations- und Transaktionskanal, in dem der Kunde nach dem *Pull-Prinzip* Informationen einholt, die der Anbieter vorher eingestellt hat. Zum Kauf von Leistungen folgt der Kunde vordefinierten Klick-Pfaden. Problematisch ist dabei immer wieder, dass Kunden, die auf dem Pfad „hängen bleiben" (z. B. weil Ihnen Informationen unklar sind oder sie die Eingabeaufforderungen des Systems nicht verstehen) die Interaktion abbrechen und keine Transaktion zustande kommen. Die Anwendung des sog. Pull-Prinzips zielt darauf ab, das Abbrechen von Sitzungen zu verhindern. Hierzu reagiert das System bspw. nach einer bestimmten Zeitspanne, in der der Kunde keine Aktion ausgeführt hat, selbstständig, indem es z. B. die Frage stellt, ob der Kunde zusätzliche Informationen wünscht. Wenn er dies bejaht, wird er zu möglichen Antworten auf seine Fragen geführt (vgl. Robra-Bissantz/Zabel/Niemeyer 2004).

Zahlreiche Unternehmen haben die Einsatzmöglichkeiten des Internets erst nach und nach in vollem Umfang ausgeschöpft. Sowohl die Komplexität des Einsatzes dieses Mediums als auch die mit dem Internet erzielte Wertschöpfung kann nach und nach erhöht werden. Es lassen sich daher vier Entwicklungsstufen des E-Business unterscheiden (Abb. 11-4).

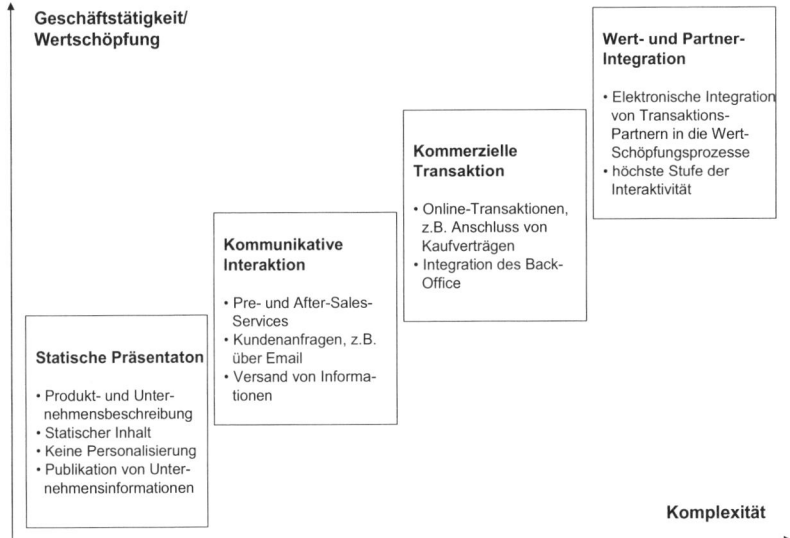

Abb. 11-4: Entwicklungsstufen des Electronic Business (Quelle: Wirtz 2001, S. 37)

Das Internet und die Möglichkeit, Kundenmanagement teilweise oder vollständig zu elektronisieren, hat aus Anbietersicht sowohl positive als auch negative Effekte. Vorteilhaft ist die Tatsache, dass E-Business sowohl Effizienz als auch Effektivität des Kundenmanagements steigern kann. Durch individuellere, raschere und direktere Ansprache von Kunden über günstigere Medien lassen sich Wirkungen (z. B. Aufmerksamkeit, Response, Kauf) erhöhen und zugleich Kosten reduzieren. Zudem führt die sog. *Disintermediation*, also die Möglichkeit für Hersteller, auf Absatzmittler zu verzichten und so die Endkunden direkt zu bedienen, zu einem gewissen Machtgewinn im Verhältnis mit dem Handel.

Andererseits hat das das Internet auch nachteilige Eigenschaften. Durch die Ubiquität und Aktualität von Informationen, die durch den Kunden initiiert abgerufen werden können, erhöht sich die *Transparenz*, insb. bezüglich der Preissituation. Kunden haben die Möglichkeit, durch Nutzung entsprechender Suchmaschinen oder Preisagenten Angebotspreise zahlreicher Wettbewerber miteinander zu vergleichen und auf diese Weise Druck auf den Anbieter auszuüben. Die elektronische Beschaffung („*E-Procurement*") wandelt somit den Charakter von Märkten und bringt sie dem in der klassischen Volkswirtschaftslehre postulierten Idealtypus des vollkommenen Marktes (insb. dem Merkmal der vollkommenen Information, aber auch unendlich rascher Reaktionen der Marktteilnehmer auf Veränderungen der Angebote) näher (vgl. Brenner/Zarnekow 2001). Die zunehmende Verbreitung sog. inverser elektronischer Auktionen (Online Reverse Auctions = Bedarfsausschreibungen durch Kunden im Internet auf speziellen Plattformen, bei denen der letztliche Lieferant durch elektronische Abgabe eines Angebotes unter Anwendung eines Auktionsmechanismus bestimmt wird) verdeutlicht dies. Dabei ist die Einführung inverser Auktionen für den Kunden umso unproblematischer, je weniger die zu beschaffende Leistung von den potenziellen Anbietern durch Differenzierungsinstrumente (z. B. ergänzende Dienstleistungen) von vergleichbaren Konkurrenzangeboten heterogenisiert wird.

Für das Kundenmanagement bedeuten *Online Reverse Auctions* oftmals eine Reduzierung der Einsatzmöglichkeiten der Instrumente des Kundenmanagements und insb. der Kundenpflege, da sich der Kunde hinter einer virtuellen Wand (seiner Internetseite für Beschaffungsprozesse) „versteckt" und oftmals sehr gezielt eine persönliche Interaktion mit den Kundenbetreuern seiner Lieferanten zu verhindern versucht. Daher kann das Internet im B-to-B-Geschäft im Gegensatz zum B-to-C-Geschäft durchaus auch zu einer persönlichen Entkoppelung von Anbietern und Kunden führen, da für die vormals i.d.R. im Rahmen von direkten persönlichen oder telefonischen Gesprächen geführten Verhandlungen nun eine Intermediation (also eine Einschaltung eines zusätzlichen Mediums) erfolgt.

Eine Weiterentwicklung des E-Commerce stellt das sog. *Mobile Business (M-Commerce)* dar. Hierbei werden für Kommunikation und Informationsnutzung drahtlose Übertragungstechnologien und Endgeräte (z. B. Mobil-Telefone, Personal Digital Assistants) eingesetzt, die es Nutzern erlauben, unabhängig von einem PC, z. B. Zugang zum Internet zu erhalten (vgl. Wirtz 2001, S. 43 ff.). Wesentliche Kennzeichen des M-Commerce sind:

➢ *Mobilität*: Nutzer führen Ihre Endgeräte häufig bei sich und können dabei von zahlreichen Orten und in unterschiedlichen Situationen die Angebote (z. B. aktuelle Börsendaten, Sportinformationen) nutzen.

➢ *Erreichbarkeit*: Nutzer sind immer dann, wenn ihre Endgeräte empfangsbereit sind, erreichbar. Die M-Commerce-Erreichbarkeit ist bei vielen Nutzern größer als beim E-Commerce, der die Präsenz am Computer voraussetzt.

➢ *Lokalisierung*: Über ihre Endgeräte können die Standorte der Nutzer identifiziert werden, was es Anbietern erlaubt, ihnen ortsbezogene Informationen (bspw. über Gastronomie- oder Unterhaltungsangebote in ihrem Umfeld) zu senden.

➢ *Identifikation* von Mobilfunkteilnehmern: Durch die jedem Mobiltelefonnutzer zugeordneten Subscriber Identity Module (SIM) ist dieser identifizierbar, was es Anbietern erlaubt, auch individualisierte Informationen zu adressieren.

Mobile Technologien umfassen insb. mobile Endgeräte, mobile Datenübertragungsstandards sowie spezialisierte Übertragungsprotokolle (vgl. Silberer/Wohlfahrt/Wilhelm 2002). Aufgrund der Kennzeichen des M-Business kann erwartet werden, dass dieses zukünftig einen wesentlichen Kanal des Kundenmanagements darstellen wird. Zu den Technologien, die M-Business ermöglichen und unterstützen, zählen (vgl. Amberg 2004):

➢ Mobile Endgeräte: Sie umfassen zum einen universell einsetzbare Geräte (z. B. Smartphones mit Personal Digital Assistant Funktionen sowie Notebooks mit Mobilfunkkarten zur Datenübertragung), zum anderen spezialisierte Geräte (z. B. in die Kleidung oder tragbare Accessoires integrierte Computer).

➢ Funktechnologien: Hier sind insb. drei Standards relevant, die sich hinsichtlich ihrer Übertragungskapazität unterscheiden: GSM (Global System for Mobile Communication, 9,6 KBit/s), GPRS (General Packet Radio Service, 40 KBit/s) und UMTS (Universal Mobile Telecommunication System, 384 KBit/s).

➢ Bluetooth: Dies ist ein Standard für räumlich nah zueinander stehende Geräte (Distanz < 10m), die in Netzwerkform verknüpft werden können, z. B. Mobiltelefon, Notebook, Beamer und Digitalkamera.

➢ Wireless Application Protocol (WAP): Dies ermöglicht Internetkommunikation und interaktive Dienste für mobile Endgeräte mit einem von HTML verschiedenen Standard, der auf die niedrigeren Übertragungsraten mobiler Endgeräte abgestimmt ist.

Im Kundenmanagement bestehen zahlreiche *Anwendungsfelder*, in denen M-Commerce eingesetzt werden kann. Sie umfassen sowohl die einseitige Kontaktaufnahme durch den Anbieter oder Kunden als auch einen echten Dialog, in dem zeitnah Informationen übermittelt oder Transaktionen abgewickelt werden (vgl. Bliemel/Fassott 2002; Frühauf/Oberbauer 2002).

➢ Bei der *Leadgewinnung* kann M-Commerce bspw. im Rahmen von *Viral Marketing Aktionen* eingesetzt werden, bei denen auf elektronische Formen der Mund-zu-Mund-Werbung gesetzt wird. Per Handy sollen Kunden, die ein interessantes Angebot erhalten haben, Kollegen oder Bekannten davon berichten (z. B. von besonders niedrigen Preisen oder besonderen Serviceangeboten, die nur zeitlich begrenzt verfügbar sind)

➢ Die Vorbereitung von Kundengewinnungsmaßnahmen unterstützt M-Commerce durch *Mobile Office Anwendungen*. Kundenbetreuer können über ihr Endgerät auf das Intranet ihres Unternehmens zugreifen und aktuelle Dokumente (Schriftverkehr, Vorverträge, Angebote etc.) aus dem Content Management System abrufen. Zudem können Dokumente bearbeitet werden.

➢ Bei der Kundengewinnung unterstützt M-Commerce durch Informationsversand (u. a. aktuelle Wirtschaftsnachrichten) und Kommunikationshilfen, bspw. bei der Koordination von Besprechungsterminen zwischen Verkäufer und potenziellem Kunden oder durch eine auch noch kurzfristig mögliche Übermittlung aktueller Daten (angepasste Preise, Konditionen, Qualitätsinformationen etc.).

➢ Im Rahmen von Transaktionen können virtuelle Güter (z. B. Dateien mit Text-, Video- oder Audio-Formaten) im sog. *Tailing* auch direkt vom Anbieter zum Kunden übertragen werden. Bei Fahrzeugen lassen sich u. a. verschiedene *Telematik-Dienste* über die mobilen Endgeräte abwickeln, etwa die Fernwartung von Lastkraftwagen. Die Abwicklung von Bankgeschäften ist ein weiteres Einsatzfeld. Bei einer umfassenden Einbindung mobiler Endgeräte in unternehmensübergreifende Geschäftsprozesse lässt sich ein *Mobiles Supply Chain Management* realisieren, bei dem eine wesentlich höhere Flexibilität erzielt wird als bei der Bindung an stationäre Geräte (vgl. Scheer et al. 2002).

➢ Gerade im Bereich des Kundenservices bestehen vielfältige Angebote, die i.d.R. an den Informationsbedürfnissen der Kunden außerhalb ihrer Arbeitsstätte oder Wohnung ansetzen (sog. *Location Based Services*), z. B. die Hilfe bei der Navigation mit dem PKW oder LKW (etwa zu Kundenadressen), die Vermittlung von Hotel- oder Restaurantadressen oder die Lieferung aktueller Börsendaten an Investmentberater. Hat sich der Kunde vorher für bestimmte Services angemeldet, wird der Kunde (anhand seines Endgerätes) direkt identifziert und mit personalisierten Angeboten versorgt. Bspw. kann eine Flughafengesellschaft einem Geschäftsreisenden, der lange vor seinem Abflugtermin am Flughafen eintrifft, eine Umbuchung auf einen früheren Flug anbieten (vgl. Böcker/Quabeck 2002). Für Anbieter erlauben mobile Systeme mit GPS-Ortung ein *Trakking* ihrer Fahrzeuge, um so bspw. Handelskunden, die auf die Auslieferung von Gütern warten, über das voraussichtliche Eintreffen der Ware zu informieren.

➢ M-Commerce kann schließlich auch dazu eingesetzt werden, um die Kundenbindung zu intensivieren, z. B. durch *Permission Marketing*, bei dem Anbieter von ihren Kunden die Erlaubnis einholen, sie regelmäßig mit bestimmten Informationen (etwa über Produktinnovationen oder Verkaufspromotions) zu versorgen. Auch ein direkteres Beschwerdemanagent wird durch M-Commerce möglich (vgl. Silberer/Magerhans/Wohlfahrt 2002), etwa wenn Kunden den sie betreuenden Key Account Managern direkt Problemfälle zur Bearbeitung auf ihr Handy senden können.

Während E-Business und M-Business Anbietern einerseits vielfältige Möglichkeiten eröffnen, ist zu beachten, dass andererseits mehrere Parteien an E- und M-Business-Transaktionen beteiligt sind, so dass der Anbieter in seiner Gestaltungsfreiheit weniger unabhängig ist als bspw. in der direkten persönlichen Kundenbetreuung. Relevante Akteure sind (vgl. Silberer 2004):

➢ Hersteller und Lieferanten von Endgeräten mit Software, die Bedienung und Zugang zu Kommunikationsnetzen ermöglichen,

➢ Netzbetreiber sowie Gatewayanbieter, die die technischen Schnittstellen kontrollieren,

➢ Portalanbieter, die Usern das Bedienfeld anbieten, mit dem sie Zugriff zu den angebotenen Diensten erhalten,

➢ Contentanbieter, die ihre Leistungen (z. B. Informationen, Daten, Musik, Fotos, Videos) anbieten.

11.3.4 Customer Relationship Management Systeme

Die im Rahmen der Datenanalyse von Kundendatenbanken gewonnen Erkenntnisse dienen dem Unternehmen als Grundlage für die gezielte Gestaltung von

Marketingaktionen gegenüber Kunden. Customer Relationship Management (CRM) Systeme bauen auf Kundendatenbanken auf und erlauben eine computergestützte Durchführung kundenbezogener Prozesse. Es handelt sich also um Software-Lösungen, die Unternehmen bei der Gestaltung des Kundenmanagements unterstützen (vgl. Kap. 1.3.2.1).

CRM-Systeme haben in der betrieblichen Praxis mittlerweile große Verbreitung gefunden, und es existieren zahlreiche konkurrierende Systeme. In dem jährlich erscheinenden Branchenüberblick der Katholischen Universität Eichstätt-Ingolstadt (vgl. Wilde/Hippner/Engelbrecht 2005, S. 118 ff.) sind für das Jahr 2005 insgesamt 80 Anbieter, darunter Unternehmen wie bspw. SAP, Oracle oder Siebel Systems, verzeichnet. Viele Unternehmen verfügen inzwischen über eigene CRM-Abteilungen, die dem Marketing-, Vertriebs- oder IT-Bereich zugeordnet sind. CRM-Systeme werden zunehmend zum umfassenden IT-Instrument des Kundenmanagements. Sie beinhalten zahlreiche der vorstehend vorgestellten Tools des internen Datenmanagements (z. B. Datenbanken) und des Managements der externen Schnittstelle zum Kunden (z. B. E-Commerce). Im Gegensatz zum Beziehungsmarketing, das eine strategische Meta-Orientierung darstellt, bleibt das CRM jedoch stets nur ein Hilfsmittel zur Erschließung des in kundenbezogenen Daten ruhenden Informationspotenzials (vgl. Diller 2001b, S. 67). CRM ist somit ein individueller Baustein im ganzheitlichen Konzept des Beziehungsmarketing.

Die Implementierung von CRM-Systemen kann in unterschiedlichem Umfang erfolgen. Es lassen sich selektive und integrative Systeme unterscheiden (vgl. Meyer 2002):

➢ *Selektive Systeme* sind für die Unterstützung einzelner Prozesse des Kundenmanagements oder einzelner, mit dem Kundenmanagement befasster Funktionalbereiche konzipiert. Zu ihnen zählen bspw. *Helpdesk-Systeme*, die im Problem- oder Beschwerdemanagement eingesetzt werden. Hierbei handelt es sich um wissensbasierte Systeme, in denen typische Problemfälle gespeichert sind. Tritt ein entsprechendes Problem auf, stellt das System dem Mitarbeiter Lösungsvorschläge oder Antwortelemente zur Verfügung (vgl. Enders/Fromme 1999).

➢ *Integrative Systeme* zielen darauf ab, in einer zusammenhängenden IuK-Lösung alle Phasen und Akteure des Kundenmanagements zu unterstützen. Hier lassen sich erneut zwei Vorgehensweisen unterscheiden (vgl. Meyer 2004). Bei der Lizenzierung der CRM-Software desjenigen Anbieters, dessen Enterprise Resource Planning (ERP) Software das Unternehmen bereits anwendet, ist vorteilhaft, dass die Schnittstellen prinzipiell problemfrei harmonisieren (vgl. Meier/Sinzig/Mertens 2002). Allerdings warnen Schott/Mäurer (2001) auch davor, dass CRM-Lösungen der Anbieter genereller ERP-Systeme oftmals nicht so leistungsfähig sind wie jene von langjährig erfahrenen Spezialanbietern. Als Alternative kann eine spezielle CRM-Lösung in die bestehende IT-Landschaft des Unternehmens integriert werden.

Unter Integration kann die „Verknüpfung von Menschen, Aufgaben und Technik zu einer Einheit" verstanden werden (Mertens 1997, S. 1). Um die Integration einer speziellen CRM-Lösung zu erleichtern, können drei verschiedene Integrationstechnologien angewendet werden (vgl. Meyer 2004):

➤ *Middleware* umfasst Softwarelösungen, die Verbindungen zwischen Applikationen herstellen, von der Gestaltung der einzelnen Applikationen aber unabhängig sind (vgl. Ruh/Maginnis/Brown 2001). Sie ermöglichen den Transfer von Daten von einem System zum anderen. Je nach Systemkonfiguration bestehen unterschiedliche Middleware-Arten, die typische Probleme lösen sollen, wie etwa die Überlastung von Servern durch zahlreiche synchrone Arbeitsaufträge. Problematisch ist bei Middleware-Ansätzen, dass sie rein technischer Natur sind und inhaltliche ökonomische Fragestellungen nicht klären können.

➤ *Enterprise Application Integration (EAI)-Ansätze* umfassen Technologien, „die automatisiert die Kommunikation und die Interoperabilität zwischen unterschiedlichen Anwendungen und Geschäftsprozessen innerhalb und zwischen Organisationen" ermöglichen (Winkeler/Raupach/Westphal 2001, S. 8). Beim EAI können verschiedene Applikationen gegenseitig Funktionalitäten nutzen (vgl. Meier/Sinzig/Mertens 2002, S. 35 ff). Sie gehen insofern über Middleware hinaus, als sie über Mechanismen zur Koordination von Geschäftsprozessen verfügen (vgl. Meyer 2004), bspw. wenn ein Kunde aus dem E-Mail-System eines Anbieters eine Bestätigung erhält, nachdem er per Telefon oder Internet eine Bestätigung aufgegeben hat. EAI-Ansätze tragen somit dazu bei, das einheitliche Bild des Kunden, aber auch anderer Stakeholder vom Unternehmen zu unterstützen (vgl. Mertens/Stößlein 2004). Allerdings hat sich ihre Implementierung oftmals als schwierig erwiesen, insb. dann, wenn in Unternehmen funktionale Insellösungen existieren, die technisch überholt und/oder nicht modifizierbar sind. Zudem ist die Regelung von Zugriffsmöglichkeiten bei einer Integration von Internetkomponenten auch ein Sicherheitsrisiko, da nur bei sauberer Definition der Rechte ein Zugang unberechtigter Externer zu möglicherweise sensiblen Daten ausgeschlossen werden kann.

➤ *Web Services* sind internetbasierte Alternativen zu EAI-Technologien. Bei ihrer Anwendung erfolgt die Integration also nicht über eigenständige EAI- oder Middleware-Produkte. Ein Beispiel für ihre Anwendung ist die durch einen Kunden per Internet jederzeit abrufbare Information über den Status seiner Bestellung, wie ihn zahlreiche Lieferanten auch im Industriegüterbereich anbieten. Der Lieferant muss Daten seiner Dienstleister, bspw. von Transportunternehmen, in seine Datenbestände integrieren, um die Kundeninformation zu generieren. Der Datenaustausch erfolgt über ein spezielles Internet Protokoll, das Simple Object Access Protocol (SOAP), welches Anfragen und Antworten zwischen Systemen ermöglicht. Durch die Verwendung dieses Standards sind Webservices unabhängig von Plattformen, Programmiersprachen und Hardware, was zu erheblichen Kosteneinsparungen für die Nutzer führt (vgl. Meyer 2004).

CRM-Systeme können einen wesentlichen Beitrag zu Effektivität und Effizienz des Kundenmanagements leisten. Sie basieren im Wesentlichen auf folgenden Technologien (vgl. Amberg 2004):

➤ Datenhaltungstechnologien unterstützen die Speicherung und Verwaltung von strukturierten und unstrukturierten Daten.

➤ Integrationstechnologien ermöglichen die inner- und überbetriebliche Zusammenarbeit unterschiedlicher IT-Systeme, insb. bei der Standardisierung der Datenstruktur sowie bei der Realisierung von Schnittstellen zwischen Systemen (Middleware).

➤ Telekommunikationstechnologien unterstützen den bidirektionalen Austausch von Daten zwischen Menschen und/oder Maschinen.

➤ Internettechnologien umfassen spezifische Protokolle, Anwendungen und Sprachen, die den Datenaustausch auf weltweit vernetzten Rechnern ermöglichen.

➤ Sicherheitstechnologien ermöglichen eine sichere Datenhaltung und -übertragung.

Besonders im *E-Commerce* sind CRM-Systeme integraler Bestandteil der IuK-Grundlagen. Die Anwendung von CRM im E-Commerce wird als eCRM bezeichnet (vgl. Eggert/Fassott 2001; Engelbrecht/Hippner/Wilde 2004, S. 420). Dabei dient das sog. eMarketing der Gewinnung von Neukunden und der Pflege von Bestandskunden, eSales beinhalten die Begleitung von Verkaufsprozessen durch das Internet und eService dient der Unterstützung des Kunden über seinen Kundenlebenszyklus hinweg durch Hilfestellungen wie etwa FAQ-Listen oder Avatare. Bedeutende Vorteile des Internets sind v.a. die Erfassung des Informations- und Kaufverhaltens von Kunden (bspw. durch Spuren in den Logfiles der Server des Anbieters), die kostengünstige Individualisierung der Kundenbeziehung (bspw. durch automatisierte und datenbankgestützte Kontaktversuche) sowie die Möglichkeit, den Kunden durch begleitende und rund um die Uhr verfügbare Serviceleistungen zu binden. Möglich wird dies, wenn das eCRM auf einem lernenden System (Closed Loop Architecture) basiert, das in Echtzeit im Kundenkontakt gewonnene Informationen integriert und bei seinen weiteren Aktionen mit verwendet. Der Kunde kann durch Interaktion mit dem System zwei Typen von Informationen erhalten (vgl. Engelbrecht/Hippner/Wilde 2004):

➤ *On Stock Informationen*: Hierbei handelt es sich um standardisierte Informationen, die unidirektional abgerufen werden.

➤ *On Demand Communication*: Hierbei handelt es sich um die bidirektonale Bereitstellung von individuell aufbereiteten Informationen.

Abb. 11-5 gibt einen groben Überblick über den Einsatz verschiedener eCRM-Instrumente der On Stock Information sowie der On Demand Communication in eMarketing, eSales und eService.

Zur Realisierung der Individualisierungskomponente des eCRM werden verschiedene Verfahren eingesetzt. Einerseits kann der Kunde sich Websites selber konfigurieren. Zum anderen kann die Individualisierung durch den Anbieter erfolgen. Bei Letzteren spricht man auch von regelbasierten Systemen, da sie auf einfachen Wenn-Dann-Regeln basieren, die durch die Marketing- und Vertriebsexperten des Anbieters auf Grundlage ihrer Erfahrung und von Erkenntnissen, die im Data Mining gewonnen wurden, aufgestellt werden. Diese Regeln werden durch vordefinierte Aktionen des Kunden in seiner jeweiligen Internetsitzung ausgelöst.

	eMarketing	eSales	eServices
On Stock Information			
Produktkonfiguratoren	●	●	-
Order Tracking	-	●	●
Newsletter	●	-	○
FAQs / Knowledgebase	○	●	●
Avatare	○	●	●
On Demand Communication			
Call Back Button	○	●	●
Voice over IP	○	●	●
Shared Browsing	○	○	●
Chats	●	●	●
Foren	●	-	●

Abb. 11-5: Haupteinsatzgebiete von eCRM-Instrumenten im Internet
(Quelle: Engelbrecht/Hippner/Wilde 2004, S. 422)

Problematisch ist im Rahmen des CRM der Schutz der Daten, die über Kunden erfasst werden. Aus Unternehmenssicht erhöhen die Qualität und die Quantität der über den Kunden vorliegenden Daten sowohl die Effizienz als auch die Effektivität des Kundenmanagements. Jedoch existieren in Deutschland relativ restriktive rechtliche Bedingungen für die Speicherung personenbezogener Daten. Hierbei handelt es sich um solche Daten, die mit Namens- oder Adressinformationen verknüpft sind und somit Rückschlüsse auf das Verhalten von Individuen zulassen. Ihrer Generierung, Verarbeitung und Weitergabe ist durch den Kunden grundsätzlich zuzustimmen. Ausnahmen hiervon bilden lediglich jene Informationen, die ein Anbieter zur Abwicklung von Transaktionen unbedingt benötigt, insb. bei der Bezahlung und Lieferung (vgl. Süme 2004).

Neben dem Datenschutz gestaltet sich auch die Implementierung von CRM-Systemen nicht immer einfach. Zum einen sind die Kosten je nach Einsatzfall teils erheblich. Dabei machen die Software-Kosten lediglich einen Teil der Gesamtkosten aus. Daneben ergeben sich Kosten u. a.

➤ durch die erforderliche Analyse und Dokumentation interner und externer Prozesse als Grundlage für die CRM-Software,
➤ durch die erforderliche Digitalisierung von bislang nur in Papierform vorliegenden Daten,
➤ durch teils für die Software-Implementierung erforderliche neue Hardware-Komponenten,
➤ durch die u. U. erforderliche Schulung von Mitarbeitern im Umgang mit der neuen Soft- und Hardware oder auch
➤ durch die erforderliche Integration bislang nur in Insellösungen verfügbarer Kundendaten in ein umfassendes System.

Die inzwischen zahlreichen Erfolgsfaktorenstudien zum Einsatz von CRM-Systemen (vgl. z. B. Krafft 2003; Alt/Puschmann/Österle 2005) machen deutlich, dass die häufigen Misserfolge dieser Systeme insb. darauf zurückzuführen sind, dass die Implementierung nicht die notwendige strategische Fundierung und die Unterstützung durch das Top-Management erfährt und es an der analytischen Kompetenz im Umgang mit Kundenwissen mangelt. Darüber hinaus werden oft zu ambitionierte Konzepte für das Data Warehouse entwickelt, die sich angesichts inkompatibler Datenstrukturen nicht erfüllen lassen.

11.3.5 Elektronische Vernetzung mit Kunden

Neben den unternehmensinternen CRM-Systemen existieren für den externen Datenverkehr Systeme, die den automatischen Austausch von Informationen mit Kunden im Rahmen ökonomischer Transaktionen unterstützen. Man spricht hier von Electronic Data Interchange (EDI). „Es handelt sich dabei um den Austausch strukturierter Dokumente, die aufgrund einer festgelegten Syntax und Semantik maschinell lesbar sind und daher keine wiederholte Dateneingabe oder -interpretation erforderlich machen" (Hess 1999, S. 191 f.).

Die Nutzung des EDI hat für Anbieter und Kunden mehrere positive Effekte, die in Abbildung. 11-6 zusammengefasst sind.

Operative Effekte	Strategische Effekte
Kosteneffekte Wegfall der Daten-Mehrfacherfassung Reduktion von Übermittlungs-, Personal- sowie administrativer Kosten *Zeiteffekte* Beschleunigung der Datenübertragung und interner Abläufe Ständige Erreichbarkeit und Überwindung der Zeitzonen *Qualitätseffekte* Keine Fehler manueller Datenerfassung Aktuellere Daten Überwindung von Sprachbarrieren und Vermeidung von Missverständnissen	*Intraorganisatorisch* Reduktion von Lagerbeständen Steigerung der Planungs- und Dispositionssicherheit Entlastung des Personals Realisierung neuer Logistik- und Controllingkonzepte Schnellere Auftragsabwicklung Bessere Kontrolle der Warenbewegungen *Interorganisatorisch* Beschleunigung der Geschäftsabwicklung Intensivierung des Lieferantenkontaktes Neue Kooperationsformen Angebot neuer Leistungen Beschleunigung des Zahlungsverkehrs

Abb. 11-6: Operative und strategische Effekte des EDI (Quelle: Zentes 2001b)

Das grundlegende Prinzip der elektronischen Vernetzung von Marktparteien hat zu verschiedenen Anwendungen geführt, die die Abwicklung ökonomischer Transaktionen erleichtern.

➢ Unter der Bezeichnung EDIFACT (Electronic Data Interchange for Administration, Commerce and Transport) wird ein von der International Standardization Organization definierter, zunächst branchenunabhängiger Standard genutzt, der es Geschäftspartnern erlaubt, Daten ohne Medienbruch vom System des Empfängers zum System des Empfängers zu übertragen (vgl. Meyer, J. 2001, S. 399). Aufgrund spezifischer Anforderungen haben sich auf EDI aufbauend separate Branchenstandards herausgebildet (z. B. EANCOM in der Konsumgüterwirtschaft oder CEFIC in der chemischen Industrie, vgl. Zentes 2001a, S. 352).

➢ Electronic Funds Transfer (EFT) ist ein Konzept für die Abwicklung des Zahlungsverkehrs zwischen Herstellern, Intermediären und Finanzinstituten, bei dem der gesamte Zahlungsvorgang zwischen den beteiligten Parteien beleglos geführt wird. Geldbeträge als Gegenleistungen für Warenlieferungen oder die Erbringung von Dienstleistungen werden dabei bei Fälligkeit der Zahlung automatisch vom Konto des Zahlungspflichtigen auf das Empfängerkonto übertragen.

Für die eigentliche Datenübertragung auf Telekommunikationswegen stehen drei Alternativen zur Verfügung:

➢ Werden Informationen direkt von einem Rechner zu einem anderen übertragen, spricht man von Punkt-zu-Punkt- oder Direkt-EDI. Hierbei müssen sog. Konverterprogramme eingesetzt werden, die Daten aus dem EDIFACT-Format in die jeweils unternehmensinternen Formate übersetzen.

➢ Im Internet können Daten schnell und ökonomisch durch E-mail oder Übertragungsprotokolle der Internettechnik, sog. FTPs (File Transfer Protocols), versandt werden. Im Basissystem fehlen jedoch einige wesentliche Funktionen, wie bspw. die Generierung von Empfangsbestätigungen beim Eingang einer Nachricht.

➢ Vor diesem Hintergrund nutzen zahlreiche Anbieter und Kunden verstärkt Value Added Networks (VANs), bei denen den Anwendern neben einem Leitungsnetz auch zusätzliche (gebührenpflichtige) Dienste, z. B. eine elektronische Mailbox, zur Verfügung gestellt werden. Daten werden hier v.a. über ISDN, Telexnet und Datexnetz übermittelt. Authentifizierungs- und Vertraulichkeitsprobleme, die im Internet auftreten, sind bei der Nutzung von VANs von geringerer Relevanz (vgl. Hess 1999, S. 192 f.).

Die EDI zugrunde liegenden Netze können entweder bilateral oder multilateral gestaltet sein. Multilaterale Lösungen sind kostengünstiger und einfacher zu handhaben, weil sie einen zentralen Datenpool einrichten, auf den alle beteiligten Anbieter- und Abnehmerunternehmen zugreifen. Relativ weit vorangeschritten sind die Bemühungen in der Lebensmittelbranche, wo Hersteller und Handel den sog. SINFOS-Pool eingerichtet haben. Durch ihn werden direkte Verbindungen zwischen einzelnen Marktparteien, die hohe Investitionen in Informationstechnologie sowie jeweils individuelle Absprachen und Anpassungen erfordern würden, überflüssig. Stattdessen stellen alle beteiligten Hersteller Daten in eine Datenbank ein, auf die alle Händler zugreifen können. Sie enthält artikelbeschreibende Informationen sowie Abmessung, Gewicht und Stückzahlen pro Palette. Bei der Eingabe von Informationen in das System existieren vordefinierte Strukturen (vgl. Wagener 2000, S. 213 ff.).

Die Entscheidung für den Einsatz elektronischer Datenübertragungssysteme beim Kundenmanagement liegt immer weniger in der Hand der Anbieter, da insb. große Handelskonzerne zur Reduktion von Prozesskosten in der Beschaffung eine Umstellung auf EDI von ihren Lieferanten erwarten.

So verschickte bspw. die Metro Group im Frühjahr 2004 an all jene Lieferanten, die noch nicht auf elektronische Kommunikation umgestellt hatten, schriftliche Aufforderungen zur Einführung von EDI. Dies waren noch ca. 5% der Lieferanten (n = 1.350) der Food-Sortimente und 20% der Lieferanten (n = 1.900) der Non-Food-Sortimente. Anbietern, die auf diese Aufforderung nicht eingehen wollten, wurde angekündigt, ihnen künftig die der Metro entstehenden Prozesskosten, etwa bei der manuellen Bearbeitung von Rechnungen, Briefen und Faxen, in Rechnung zu stellen. Als Anreiz zur EDI-Einführung wurde Anbietern, die sich vor dem 31.5.2004 zu einer Umstellung bereit erklärten, eine kostenlose Nutzung des Metro-eigenen Trade-Portals in Aussicht gestellt, während bei Umstellung nach diesem Datum eine Gebühr von 20.- Euro / Monat erhoben werden sollte (vgl. o.V. 2004a).

Zudem haben führende Handelsunternehmen eigene Informationssysteme errichtet, deren Nutzung sie den Lieferanten ermöglichen. Aufgrund der Breite, Tiefe und Aktualität der in diesen Systemen enthaltenen Daten stellen sie ein zunehmend bedeutsames Tool im Kundenmanagement dar.

So haben bspw. Metro („Metro Link"), Wal Mart („Retail Link") sowie die dm-Drogeriemärkte internetbasierte Extranet-Lösungen eingerichtet. Sie ermöglichen Lieferanten u. a. den tagesgenauen Zugriff auf Abverkaufszahlen bis auf die Analyseebene einzelner Geschäfte und Artikel, auf Lagerbestandszahlen sowie auf die händlerinternen Scorecards zur Lieferantenbewertung. Das Extranet gibt den Anbietern Zugriff auf das Data Warehouse des Händlers und ermöglicht umfassende Standardanalysen durch spezielle Software. Für kleinere und mittlere Hersteller ohne ausgefeilte IT-Systeme existieren einfache Informationstools, wie etwa die Meldung per E-Mail, dass eine Out-of-Stock-Situation droht (vgl. Rode 2004, S. 3 und 25).

Aber nicht nur Handelsunternehmen, sondern auch Industrieunternehmen gewähren ihren Lieferanten über sog. „*External View Verfahren*" Zugriff auf Ihre EDV-Systeme, um somit ihre Beschaffungsprozesse zu optimieren.

Bspw. gewährt Procter & Gamble seinen Lieferanten teilweise Zugang zu seinem „Corporate Standards System", einer Datenbank mit Formeln und Spezifikationen für Erzeugnisse, Verpackungen und Prozesse, Genehmigungen, Test-Methoden, Druckvorlagen und Angaben zu zertifizierten Lieferanten (vgl. o.V. 2005c, S. 33). Eng damit verbunden ist das Einkaufssystem „Navigator", in dem Verträge mit Lieferanten und Preisen als PDF-Dokumente hinterlegt sind, die weltweit von allen Geschäftsbereichen eingesehen werden können. Navigator verfügt auch über Ausschreibungs- und Auktionstools. Die Verbindung mit dem Corporate Standardards System sowie das Verständnis des Navigators ist für Lieferanten wichtig, um das Kaufverhalten ihres Kunden Procter & Gamble verstehen zu können, das richtige Verhandlungsverhalten zu wählen und ihn effizient und effektiv zu bedienen.

Die elektronische Verknüpfung von Anbietern und Kunden erlaubt es, Prozesse zu beschleunigen und Schnittstellen zu optimieren, indem die Transparenz zwischen den Marktparteien erhöht wird. Hierzu ist ein Mindestmaß an Vertrauen auf beiden

Seiten erforderlich. Zugleich erhöht die wachsende Transparenz den Druck auf die Anbieter, insb. wenn die im Extranet verfügbaren Informationen für alle Lieferanten zugänglich sind. Negative Informationen, z. B. über Lieferverzögerungen oder Qualitätsprobleme, bedrohen rascher die Reputation eines Lieferanten als dies bislang der Fall war. Letztlich sind die beschriebenen Technologien damit aber wettbewerbsfördernd.

Neben einer Optimierung des Austausches relevanter Daten, die im Zuge ökonomischer Transaktionen anfallen, arbeiten zahlreiche Anbieter und Kunden an der gemeinsamen Optimierung ihrer Prozesse im Rahmen des sog. *Supply Chain Managements (SCM)*.

Unter SCM versteht man die Planung, Steuerung und Kontrolle des Leistungsflusses innerhalb eines Netzwerkes von Unternehmen, die in sukzessiven Stufen der Wertschöpfung partnerschaftlich zusammenarbeiten, um Effektivitäts- und Effizienzsteigerungen zu erreichen (vgl. Hahn 2002, S. 1064).

Ein wesentlicher Bestandteil dieser kooperativen Strategien ist die Erhöhung der *Transparenz des Warenflusses*. Sowohl für Kunden wie auch für Anbieter wird es zunehmend wichtig, in Echtzeit bestimmen zu können,

➢ an welchem geographischen Ort und in welchem Abschnitt der Supply Chain (in welchem Prozessschritt) sich bestimmte Produkte oder Gebinde aktuell befinden,

➢ von welchem Lieferanten sie stammen und

➢ welche Strecke das interessierende Objekt bereits zurückgelegt hat.

Um solche Fragen teilweise oder umfassend beantworten zu können, werden Produkte oder größere Gebindeeinheiten in verschiedener Weise mit Informationsträgern versehen. Es lassen sich zwei wesentliche Gruppen von Identifikationstools unterscheiden:

➢ „*Line-of-Sight*"-*Technologien* benötigen einen direkten optischen Kontakt zwischen einem Lesegerät und dem Datenträger. Klassisch werden in diesem Feld Bar-Codes eingesetzt. Ein Beispiel ist das in Europa gebräuchliche EAN-System mit seiner Kombination aus in bestimmten Abständen geführten senkrechten Strichen und einer 13-stelligen Ziffernfolge. Ein Scanner „liest" den Strichcode und transformiert ihn in digitale Daten.

➢ Andere Technologien basieren auf der Identifikation von Objekten durch Radiowellen. Hier gewinnt insb. die sog. *Radio Frequency Identification Technology (RFID)* an Bedeutung. Es gibt verschiedene Verfahren, zumeist wird jedoch eine Seriennummer auf einem mit einer Antenne versehenen Chip angebracht. Diese Elemente gemeinsam werden Transponder oder Tag genannt. Über die Antenne werden Signale an Empfangsgeräte ausgesandt. Diese transformieren die Radiowellen in digitale Informationen, welche dann auf Bildschirmen angezeigt werden können (vgl. o.V. 2004b).

Die Radiofrequenz-Technologie hat mehrere Vorteile: Der Chip muss sich lediglich in Reichweite, nicht jedoch in direkter Sicht zum Empfänger befinden. Die RFID-tags können auch artikelindividuelle Daten speichern, während Strich-Codes lediglich Informationen für eine Produktart beinhalten (der Code auf einer Milchpackung lässt z. B. keine Rückschlüsse auf das Verfallsdatum zu). Wenn ein Etikett zerkratzt, wellig oder abgefallen ist, kann es nicht mehr gescannt werden.

Der Einsatz moderner Identifikationstechniken ist insofern ein Instrument des Kundenmanagements, als sie es dem Anbieter erlauben, seine Produkte für den Kunden klar identifizierbar zu machen. Er trägt damit zu einer rationellen Abwicklung von Lieferprozessen bei und erhöht die Transparenz hinsichtlich der von ihm erbrachten und gelieferten Leistungen: Fehllieferungen lassen sich minimieren und Engpässe vermeiden (vgl. Kroll/Spannaus 2004, S. 57). Für die beschriebene elektronische Vernetzung zwischen Anbietern und Kunden sind Techniken der elektronischen Datenerfassung eine beinahe unverzichtbare Grundvoraussetzung, da bspw. bei großen Handelsunternehmen, die mehrere 10.000 Artikel in ihren zahlreichen Lagern verwalten, ein manuelles und zugleich tagesaktuelles Informationsmanagement nicht realisierbar ist. So basiert bspw. das bereits beschriebene Extranet der Metro AG („Metro Link") auf der Erfassung von Beständen und Bewegungen per RFID (vgl. Rode 2004, S. 25).

Jedoch führen auch neuere gesetzliche Entwicklungen zu einer gesteigerten Bedeutung dieser Techniken. So schreibt die EU-Verordnung 178/2002 die Rückverfolgbarkeit von Chargen vor. Chargen-Nummern, die zu Beginn des Produktionsprozesses eines Gutes vergeben werden, dienen hierfür – gemeinsam mit palettenspezifischen Nummern der Versandeinheit (NVE). Damit können im Problemfall betroffene Paletten und Artikel durch den Hersteller vom Kunden zurückgerufen werden (vgl. o.V. 2004c, S. 55).

Verständnisfragen zu Kapitel 11

1. Erläutern Sie die fünf grundlegenden Teilprozesse des Knowledge Managements!
2. Geben Sie für die wesentlichen, im Data Warehouse eines Versandhandelsunternehmens vorhandenen Datenkategorien je zwei einschlägige Beispiele!
3. Erläutern Sie die Teilaufgaben des Content Managements!
4. Erklären Sie, welchen Unterstützungsbeitrag Produktionsplanungs- und -steuerungssysteme für das Kundenmanagement leisten!
5. Beschreiben Sie die Entwicklung, die sich vom klassischen Call Center zum Customer Interaction Center vollzogen hat!
6. Inwiefern unterstützt das Internet die Prinzipien des Beziehungsmarketing?
7. Welches sind die wesentlichen Kennzeichen des M-Commerce?
8. Erläutern Sie den Unterschied zwischen selektiven und integrativen CRM-Systemen!

9. Auf welchen fünf Technologien basieren CRM-Systeme?
10. Durch welche operativen Effekte kann EDI zu einer Effizienzverbesserung im Kundenmanagement führen?

Kapitel 12: Personalführung im Kundenmanagement

In diesem Kapitel behandeln wir die spezifischen Aufgaben der Personalführung im Kundenmanagement. Es werden der Stellenwert, die besonderen Herausforderungen und die Instrumente der Personalführung vorgestellt und Alternativen vor dem Hintergrund der Führungsziele diskutiert. Zur Sprache kommen verschiedene Führungsstile und Führungstechniken sowie strukturelle Maßnahmen wie Personalentwicklung und -entlohnung. Es geht dabei nicht um eine detaillierte Behandlung, die den Rahmen dieses Buches sprengen würde, sondern darum, das Bewusstsein des Lesers für den Stellenwert und die Ansatzpunkte der Führungsarbeit von Verkaufsleitern zu verdeutlichen, die in praxi einen Großteil der Arbeitszeit in Anspruch nimmt.

12.1 Personalführung im Kundenmanagement

12.1.1 Definition

Führung ist weder in der Praxis noch in der Wissenschaft ein eindeutig definierter Begriff. Gelegentlich konzeptionalisiert man ihn so weit, dass er praktisch gleichbedeutend mit Management wird, also alle Aufgaben einer Führungskraft umfasst. In unserer Systematik des Prozessmanagements (vgl. Abschnitt 1.3.2) verwenden wir einen engeren Führungsbegriff, der sich auf die *Beeinflussung von Mitarbeitern i. S. d. Unternehmensziele* bezieht (vgl. Steinmann/Schreyögg 2000, S. 578 ff.; Köhler 1995b, S. 1468 ff.). Führung aus dieser Sicht ist also ein *Beeinflussungsprozess*, der von bestimmten Zielen bezüglich des Verhaltens von Mitarbeitern ausgeht. Diese Ziele leiten sich wiederum aus den Unternehmenszielen ab. Bspw. geht es darum, Mitarbeiter zu einem stärker marktorientierten, planvolleren oder kreativeren Arbeiten zu bewegen, um damit höhere Kundenzufriedenheit zu erzeugen, was wiederum der Steigerung der Umsätze und der Kundenbindung dient. Die Beeinflussung kann dabei direkt oder indirekt durch strukturelle Systeme der Personalführung erfolgen.

Beachtenswert ist, dass bei einer solchen Begriffsfassung von Führung die organisatorische Über- oder Unterordnung nicht mehr zum Definitionsmerkmal wird. Die früher übliche hierarchische Denkweise im Zusammenhang mit Führungstechniken ist angesichts heterarchischer Führungsstrukturen in vielen Unternehmen obsolet geworden (vgl. Schreyögg/Noss 1994). Gleichwohl besitzen Führungskräfte ex definitione Verantwortung für das Handeln unterstellter Mitarbeiter und müssen insofern quasi „von Amts wegen" führen.

Beeinflussungsversuche im Rahmen von Führungsprozessen treffen auf Seiten der Geführten auf bestimmte *Bedürfnisse, Ziele* und *Wertvorstellungen* sowie *Machtpositionen* (vgl. Abb. 12-1). Von ihnen ist es abhängig, ob das gewünschte Einflussergebnis eintritt oder nicht. Führung ist also immer ein Interaktions- und nicht nur ein Aktionsprozess.

Dafür stehen auf Seiten des Führenden verschiedene *Einflusspotenziale* zur Verfügung, die seit French/Raven (1959) in die fünf Kategorien Legitimation, Belohnung, Bestrafung, Expertenwissen und Persönlichkeitswirkung eingeteilt werden.

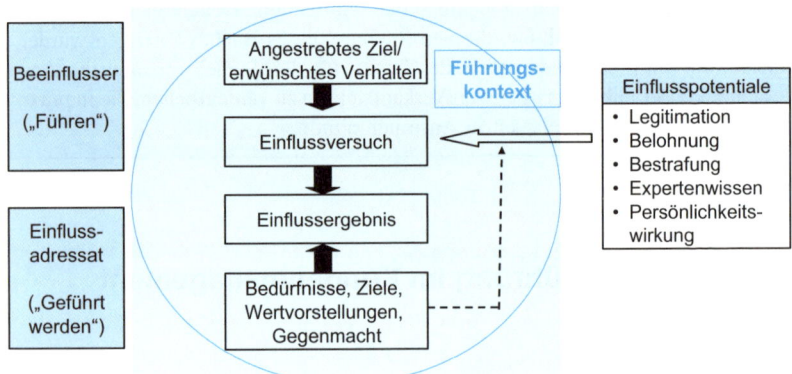

Abb. 12-1: Führung als Beeinflussungsprozess
(Quelle: In Anlehnung an Steinmann/Schreyögg 2000, S. 581)

Der Beeinflussungsversuch hängt jedoch nicht nur vom Führenden und dem Geführten selbst, sondern auch vom jeweiligen *Führungskontext*, also von Umfeldfaktoren ab, die sich positiv oder negativ auf den Einflussversuch auswirken können (vgl. Köhler 1995b). Typische Beispiele für solche Kontextvariablen sind die Komplexität der von den Mitarbeitern zu leistenden Tätigkeiten, die Dynamik der Entscheidungsumfelder oder die spezifische Motivationskraft der Corporate Identity einer Unternehmung.

Vor diesem theoretischen Hintergrund kann Führung im Kundenmanagement (kurz: „Marketingführung") als *zielorientierte soziale Einflussnahme* des oder der Vorgesetzten auf die Mitarbeiter der Marketing- und Vertriebsorganisation *zur Erfüllung gemeinsamer Aufgaben* definiert werden. Es geht insb. um den zielwirksamen Einsatz von Kompetenzen des Führers und des Geführten, um Verhaltensstile des Führers und um Anreizsysteme zur Durchsetzung von Führungsversuchen.

12.1.2 Bedeutung und Charakteristika der Führung im Kunden-management

Die Führung im Kundenmanagement weist im Gegensatz zur Führung in anderen Unternehmensprozessen eine Reihe von Besonderheiten und aktuellen Herausforderungen auf, deren Kenntnis für das Verständnis und das Management von Verkaufsprozessen wichtig ist:

(1) Die *Vielfalt der Aufgaben* und der dafür verantwortlichen Mitarbeiter ist im Kundenmanagement so groß, dass hier besonders viele und gefährliche *Schnittstellen* auftreten. Sie bergen zahlreiche Konfliktpotenziale zwischen den Mitarbeitern in sich, weil diese unterschiedliche Sichtweisen und Prioritäten für bestimmte Sachverhalte besitzen. Ein typisches Beispiel dafür betrifft das Verhältnis zwischen *Marketing und Vertrieb*. Zwischen den Mitarbeitern dieser Bereiche gibt es nicht selten unterschiedliche Einschätzungen über die richtigen Strategien am Markt und die Ursachen für Erfolge und Misserfolge. Die Marketingabteilungen, insb. das Produktmanagement, denken oft in Produkt- und Angebotskonzepten, also Inside-Out, während der Vertrieb durch seinen ständigen Kontakt mit den Kunden deren Bedürfnisse und Eigenheiten viel stärker betont (Outside-In-Orientierung). Dazu kommt nicht selten ein vom Ausbildungshintergrund her entstandenes „Feindbild" der jeweiligen Gegenseite als „Eierköpfe" bzw. „Macher". Führung muss deshalb für mehr Mit- als Gegeneinander in der Marketingorganisation sorgen (vgl. Cespedes 1993; Dewsnap/Jobber 2000; Klumpp 2000). Kundenmanagement erfordert sowohl konzeptionell kreative Arbeit an innovativen Produkt- und Marketingkonzepten als auch konsequente Kundenbearbeitung und dies im Rahmen einer prozessorientierten und mit dem Produktmanagement abgestimmten Organisation.

(2) Ein weiteres Spezifikum der Marketingführung ergibt sich aus den im Vergleich zu anderen Unternehmensbereichen besonders *dynamischen Umfeldbedingungen*, denen Marketing und Vertrieb unterliegen. Diese erfordern eine hohe *Denk- und Aktionsflexibilität*, welche die Lern- und Veränderungsbereitschaft vieler Mitarbeiter nicht selten überfordert, wenn man sie damit alleine lässt. Marketingführung kann hier Abhilfe schaffen.

Marketingmitarbeiter erleben z. B. enorm beschleunigte *Produktinnovationen* und damit verbunden immer hektischere Produkt(re)launches, deren Kosten bei gleichzeitig verkürzten Produktlebenszyklen immer schwieriger hereingeholt werden können. *Marketingfehler* sind hier kaum mehr gut zu machen, zumal der Preisverfall, etwa auf Gebrauchsgütermärkten, sehr viel rascher eintritt, als dies früher üblich war. Der Erfolgsdruck von Innovationen verteilt sich sozusagen auf eine geringere Zeitfläche und wird zusätzlich erhöht, weil auch auf der *Kundenseite* Dynamik herrscht, etwa durch Fusionen, Ausscheiden von Kunden oder Neuaufstellung ganzer Unternehmensbereiche. Der Vertrieb verliert dadurch gelegentlich über Nacht wichtige Kunden, Ansprechpartner und/oder langjährige Geschäftsbeziehungen. Zur Dynamik trägt auch die rasch fortschreitende *Internationalisierung* bei, wobei die jeweiligen Schwerpunkte der regionalen Entwicklung in manchen Branchen stark wechseln. Auch die *Kunden* sind weit weniger beständig als früher, sondern erweisen sich als mobiler, weniger lieferantentreu und zudem unsteter im Kaufverhalten. Dass dies die Überzeugungskraft und Führungsqualitäten z. B. eines Verkaufsleiters herausfordert, liegt auf der Hand. Schließlich gilt es, die Mitarbeiter für die zahlreichen neuen *Techniken* im Marketing und Vertrieb zu begeistern, die zum Teil mit hohem Kostenaufwand installiert werden, um das Marketing effizienter zu machen. Nicht selten erweisen sich solche technischen Innovationen als untauglich und eher demotivierend als zukunftsweisend.

Insgesamt führt die Beschleunigung des Umfeldes zu einer enormen *Hektik* und zu *Zeitstress* in den Führungsetagen, was die Führungsaufgabe sicherlich nicht erleichtert. Darüber hinaus stellt sich angesichts der Umfelddynamik im besonderen Maße die Aufgabe, die *Veränderungsbereitschaft der Mitarbeiter* zu fördern, ohne die der Wandel nicht zu bewältigen ist. Das in der Marketingorganisation vorhandene *Wissen* muss erneuert, besser organisiert und verfügbar gemacht werden. Change-Management ist nicht zuletzt ein Problem des Wissensmanagements, weil Erfahrungen mit bestimmten Vorgehensweisen oder über bestimmte Marktverhältnisse schneller in der Unternehmensorganisation diffundieren müssen, um überflüssig viele, zeitraubende neue Lernprozesse zu vermeiden.

Wie stark diese Problematik den deutschen Führungsalltag (generell) prägt, zeigen die Ergebnisse einer neueren Umfrage der Führungskräfte-Akademie (vgl. Abb. 12-2): Zeitdruck und fehlende Kontinuität bei den Zielvorgaben zählen zu den am häufigsten genannten Erschwernisfaktoren der Führung. Sie verstärken dann noch den sowieso vorhandenen Erfolgsdruck und führen zu einer „gestörten Work-Life-Balance", sprich zu beruflicher Überlastung.

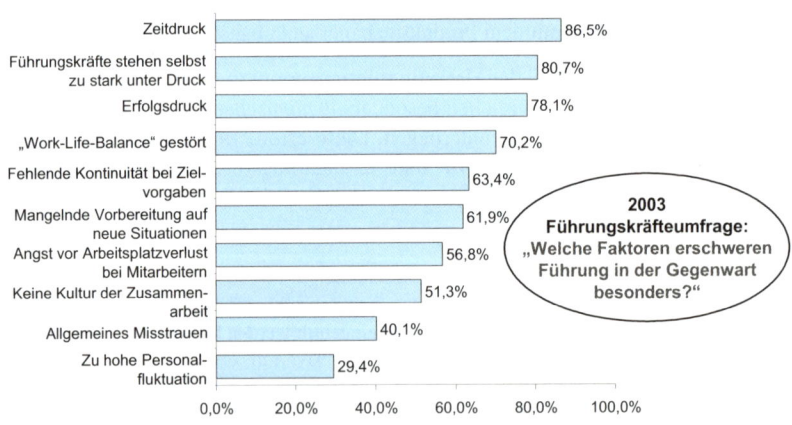

Abb. 12-2: Zustimmungsraten zu ausgewählten Erschwernissen der Führung (Quelle: Akademie für Führungskräfte der Wirtschaft 2003, S. 11; n=267 Führungskräfte; Mehrfachnennung möglich)

(3) Als besonders gravierend erweist sich im Marketingbereich auch das Problem der *Mess- bzw. Zurechenbarkeit von Leistungen und Fehlleistungen.* Markterfolge entstehen in aller Regel durch das Zusammenwirken einer Vielfalt von Aktivitäten und Prozessen. Das Herausdestillieren der Leistungen einzelner Mitarbeiter oder Teams ist deshalb besonders schwierig und erfordert z. T. komplizierte Mess- und Erhebungssysteme (vgl. Köhler 1995b). Das Problem wiegt besonders schwer, weil Marketingaktivitäten wegen des Umgangs mit dem Wettbewerb, mit Innovationen und mit heterogenen Marktbedingungen stets ein vergleichsweise hohes *Erfolgs-risiko* besitzen. Dies führt zum speziellen Problem der *Erfolgs- bzw. Misserfolgs-attribution* auf bestimmte Mitarbeiter oder Abteilungen. Erfolge schreibt man sich gerne auf die eigenen Fahnen, für Misserfolge sind – wenn möglich – andere zuständig. Eng damit verwandt ist die *Mitarbeiterfrustration* als Führungsproblem, die wegen der starken Abhängigkeit der persönlichen Erfolge von selbst nicht zu beeinflussenden Umfeldbedingungen im Marketing besonders virulent ist. Schließlich sollte man sich bewusst machen, dass auch die Wahl der richtigen *Risikopräferenz* ein delikates Führungsproblem im Kundenmanagement darstellt, wo man Entscheidungen fast immer unter Risiko bzw. Unsicherheit treffen muss. Wer innovativ sein will, steht hier vor einem Führungsdilemma: Sind die Risiko-neigung zu gering und die Sicherheitsorientierung zu groß, werden Wachstums-chancen verpasst. Umgekehrt steigt mit jeder Innovation die Wahrscheinlichkeit von u. U. gravierenden Verlusten. Die „richtige" Risikopräferenz zu finden, ist dabei auch eine Frage der Unternehmenskultur und des unternehmensinternen *Umgangs mit (Marketing-)Fehlern*, also ein echtes Führungsproblem.

(4) Wegen der vielen Schnittstellen im Kundenmanagement ergibt sich relativ oft die *Notwendigkeit zur Teamarbeit* und zu zahlreichen *temporären Projekten*, die sich schnell zu einem Projekt-Dschungel entwickeln können, welcher das Com-mitment der Mitarbeiter mindert und die Effektivität und Effizienz der Teamorga-nisation schwächt (vgl. Abschnitt 12.3.4).

(5) Ein sehr spezifischer Aspekt der Führung im Kundenmanagement ist schließ-lich auch die *internationale Vielfalt der Interessen und Entscheidungsprozesse*. Stammhaus-Manager stehen hier insb. vor der Herausforderung, die weltweiten Niederlassungen eines Unternehmens zu koordinieren und situationsgerecht zu führen (vgl. Zupancic 2001). Angesichts zum Teil gravierender Unterschiede zwischen den Wirtschaftsregionen führt das nicht selten zu scheinbaren oder echten Ungerechtigkeiten, weil Prioritäten für bestimmte Regionen gesetzt werden müssen. Darüber hinaus beherrscht die Problematik der Standardisierung vs. der Notwendigkeit zur regionalen Differenzierung nach wie vor die internationalen Vertriebsmeetings und fordert das Vertriebsmanagement besonders heraus. Der Umgang mit der internationalen Vielfalt ist also nicht einfach und führt deshalb zu ganz unterschiedlichen *internationalen Führungsstilen*. Internationale Vertriebs-manager stehen in einem ständigen Konflikt zwischen Beziehungspflege einerseits und Controlling andererseits (vgl. Belz/Reinhold 1999, S. 146 f.). Einerseits gilt es, die Kommunikation zwischen Zentrale und Niederlassungen sowie zwischen den

verschiedenen Niederlassungen konsequent zu fördern und persönliche Beziehungen zu vertiefen, andererseits aber auch die Leistungsfähigkeit jeder Niederlassung im Quervergleich transparent zu machen und auf Grund dieser Zahlen Erfolgsdruck zu erzeugen. Allerdings führt der einseitige Top-Down-Approach der Marketingführung im internationalen Marketing immer weniger zum Erfolg. Es gelingt damit weder, die spezifischen Potenziale der Ländergesellschaften zu nutzen, noch die Gesamtverantwortung der Ländergesellschaften für das Gesamtunternehmen wirklich zu unterstützen. Als Alternative bieten sich hier so genannte *Lead-Konzepte* an, bei denen einzelne Ländergesellschaften neue Konzepte und Vorgehensweisen für das Gesamtunternehmen entwickeln und erproben, bevor sie weltweit eingesetzt werden (vgl. Kreutzer/Raffée 1986; Meffert 1989; Welge 1990).

Eine einschlägige Umfrage von Welge/Böttcher/Paul aus dem Jahre 1998 macht die Unterschiedlichkeit in der Praxis deutlich. Manche Unternehmen agieren z. B. eher zentralistisch, andere stark dezentral. Manche Unternehmen betreiben internationale Job-Rotation, andere nicht. Zum Teil wird Englisch als Firmensprache eingeführt, zum Teil nicht. In manchen Firmen gibt es länderübergreifende Teams, in anderen nicht. Man erkennt an solchen Unterschieden, wie stark das Spannungsfeld der Marketingführung durch diese internationalen Fragen aufgeladen wird. Vor allem Großunternehmen haben dafür sogar eigene Führungsebenen geschaffen, die ausschließlich für die internationale Koordination zuständig sind (vgl. Zupancic 2001).

Ein Unterproblem ergibt sich in diesem Zusammenhang im Rahmen der *internationalen Preisharmonisierung*, die einerseits im Hinblick auf die zunehmende Arbitrage zwischen internationalen Märkten zwingend erforderlich, andererseits aber wegen damit verbundener Deckungsbeitragsverluste äußerst problematisch ist (vgl. Brielmaier 1998, S. 193; Backhaus/Büschken/Voeth 1998, S. 296 ff.; Belz/Mühlmeyer 2000).

12.1.3 Ziele

Vor dem geschilderten Führungshintergrund können vier *Basisziele* der Mitarbeiterführung im Kundenmanagement formuliert werden (vgl. Randfelder in Abb. 12-3):

(1) Aus einer *Ressourcenperspektive* (Inside-Out) heraus gilt es, möglichst *talentierte Mitarbeiter* für das Kundenmanagement zu *akquirieren* bzw. an das Unternehmen zu *binden* und ein Führungsumfeld zu entwickeln, das diese Talente zur *Entfaltung* bringen lässt.

Für die Gewinnung von Talenten ist vor allem das *Arbeitgeberimage* des Unternehmens maßgeblich, worauf an dieser Stelle nicht näher eingegangen werden kann (vgl. Teufer 1999). Die Entfaltung erfordert einerseits eine permanente *Motivation* der Mitarbeiter, die wiederum stark von der *Mitarbeiterzufriedenheit* abhängig ist, und andererseits ein hinlängliches Kundenmanagement-Know-how bezüglich notwendiger Arbeitsroutinen (*Können*), was z. B. durch entsprechendes

Training (vgl. 12.3.2.3), aber auch durch Standardisierung von Arbeitsprozessen oder durch Beratung von Außen bzw. Outsourcing von Prozessen verbessert werden kann. Außerdem müssen die für die Durchführung der Aufgaben erforderlichen Informationen schnell, verständlich und anwendungsnah bereitgestellt werden, was entsprechende IT-Unterstützung erfordert (vgl. Kap. 11). Basis für diese Führungsaufgaben sind *Kompetenzmodelle* des Kundenmanagements, auf die im Abschnitt 12.3.1 näher eingegangen wird.

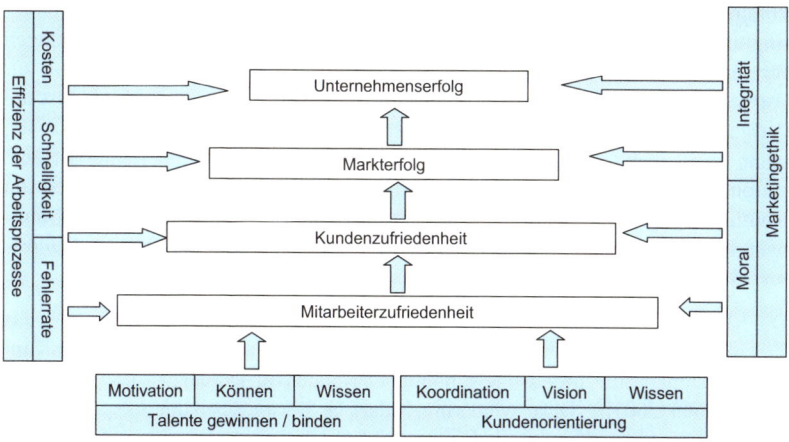

Abb. 12-3: Zielsystem der Personalführung im Kundenmanagement

(2) Aus einer *Marketingperspektive* (Outside-In) heraus gilt es gleichzeitig dafür Sorge zu tragen, dass die Mitarbeiter *kundenorientiert* denken und handeln. Das Konzept der Kundenorientierung wurde im Kap. 2.3.2 bereits dargestellt. Im Kontext der Mitarbeiterführung muss es in ein „*Internes Marketing*" eingebunden werden, das allgemein als „systematische Optimierung unternehmensinterner Prozesse mit Instrumenten des Markcting- und Personalmanagements, um durch eine konsequente und gleichzeitige Kunden- und Mitarbeiterorientierung das Marketing als interne Denkhaltung durchzusetzen, damit die Marketingziele effizienter erreicht werden", definiert ist (vgl. Bruhn 1995a, S. 22; vgl. auch Stauss 2001, S. 698).

Dabei fließen auch Grundgedanken des *Total Quality Management* in die Mitarbeiterführung ein: Die Qualität der von den Mitarbeitern geleisteten Arbeit bemisst sich nämlich nach präventiv und vom Markt her definierten Maßstäben und bedingt weitgehende Delegation von Entscheidungsrechten („Empowerment"), verknüpft mit einem neuen Führungsverständnis weg von der hierarchischen Steuerungsinstanz hin zu einer teamorientierten Führung, bei welcher Initiative, Unterstützung von Arbeitsteams und Coaching im Mittelpunkt stehen (vgl. Bühner/Horn 1995; Homburg/Stock 2000). Die Mitarbeiter erbringen direkt oder indirekt eine *kundenorientierte Dienstleistung*, deren Qualität analog der Konzeptionalisierung im Dienstleistungsmarketing spezifiziert werden kann. Bruhn (1995b, S. 618) unterscheidet z. B. *sachliche Qualitäten* (z. B. Pünktlichkeit, Zuverlässigkeit, Genauigkeit, Vollständigkeit der erwarteten Dienstleistung), *persönliche Qualitäten* (z. B. Offenheit, Ehrlichkeit, Freundlichkeit) und *zwischenmenschliche Qualitäten* (z. B. Entgegenkommen, Flexibilität und Fairness). Sollen Mitarbeiter Kundenorientierung mit wirklicher Leidenschaft verfolgen, um dadurch Kundenbegeisterung und Kundenbindung auszulösen, helfen griffige, gut kommunizierbare und glaubhaft vermittelte *Marketingvisionen* seitens der Marketingführung (vgl. Magyar/Prange 1993). Sie vermitteln einerseits Begründungen für den intensiven Einsatz in der Sache, aber auch emotionales Commitment zur Aufgabe. Ihre Rolle ist nicht zu unterschätzen, denn „....ohne einen Grund ist die Aufgabe, anderen zu dienen, zu anspruchsvoll und frustrierend, um Tag für Tag getan zu werden" (Berry/Parasuraman 1995, S. 94). Besonders wichtig ist eine visionäre, im Idealfall sogar charismatische Führung dann, wenn es nicht um Routineaufgaben und damit um „transaktionale Führung", sondern um Innovationen, also „*transformationale Führung*" (vgl. Neubauer 2003, S. 144) bzw. „*Intrapreneurship*" (vgl. z. B. Wunderer 2002), geht.

Die Marketingorientierung in der Personalführung beinhaltet schließlich auch das Ziel, die zahlreichen Schnittstellenprobleme und Entscheidungskonflikte im Kundenmanagement im Interesse bestmöglicher Kundenzufriedenheit zu *koordinieren* (vgl. Köhler 2001b). Dazu wiederum bedarf es *Wissen* über die Ansprüche und Einschätzungen von Kunden, das in entsprechenden Kundendatenbanken verfügbar gehalten werden muss, um sie zum tagtäglichen Standard der Kundenarbeit zu machen. Die Entwicklung und Pflege von Kundenwissen stellt damit ein wichtiges Ziel des Kundenmanagements dar (vgl. Gibbert/Leibold/Probst 2002; Gelb/ Riempp 2002). Führung und IT-Management gehen hier Hand in Hand (vgl. Siebel/Malone 1998).

(3) Geht es bei der Ressourcen- und der Marketingsicht vorwiegend um die Effektivität des Kundenmanagements, so muss aus einer *Prozesssicht* heraus mit der Personalführung auch die *Effizienz* der Tätigkeit der Mitarbeiter gefördert werden, wie sie im Kap. 1.3 bereits ausführlich dargestellt wurde. Hierzu zählen Verbesserungen der *Kostenwirtschaftlichkeit*, der *Schnelligkeit* und der *Fehlerrate* der Kundenmanagement-Prozesse. Marketingführung bewegt sich insofern stets in einem schwierigen Spannungsfeld zwischen Maximierung der Effektivität und Minimierung des Kosteneinsatzes (vgl. Diller 2002a). Am deutlichsten wird dies bei dem auch im Personalbereich aus Kostengründen immer weiter verbreiteten *Outsourcing* von Aktivitäten, etwa an externe Call Center, Kontraktvertriebe oder Adressverlage. Hierzu bei trägt auch die stärkere Orientierung am Kundenwert, die z. B. bei Kleinstkunden eine persönliche Betreuung durch den eigenen Außendienst oft nicht mehr opportun erscheinen lässt.

(4) Aus einer *ethischen Perspektive* heraus sind schließlich ethische Standards zu beachten, weil das Kundenmanagement auch einer moralisch-ethischen Basis bedarf (vgl. Dubinsky/Loken 1989; Trevino 1986; Srnka 2000). Kunden wie Mitarbeiter *hinterfragen* heute im Gegensatz zu früher sehr viel kritischer, ob das Verhalten des Managements mit gesellschaftlichen Normen übereinstimmt und ob die *Integrität* der Führungspersönlichkeiten mit den meist hohen Leistungsanforderungen an die Untergebenen harmoniert. Das eigene Vorleben von geforderten Verhaltensweisen ist eine gute Voraussetzung für durchschlagskräftige Führung. Interessant sind in diesem Zusammenhang die Ergebnisse einer *Führungskräfteumfrage* (vgl. Abb. 12-4) aus dem Jahre 2003, in der Wahrhaftigkeit, also eine ausgesprochen ethische Verhaltenskomponente, als die bedeutsamste Führungskompetenz aufscheint.

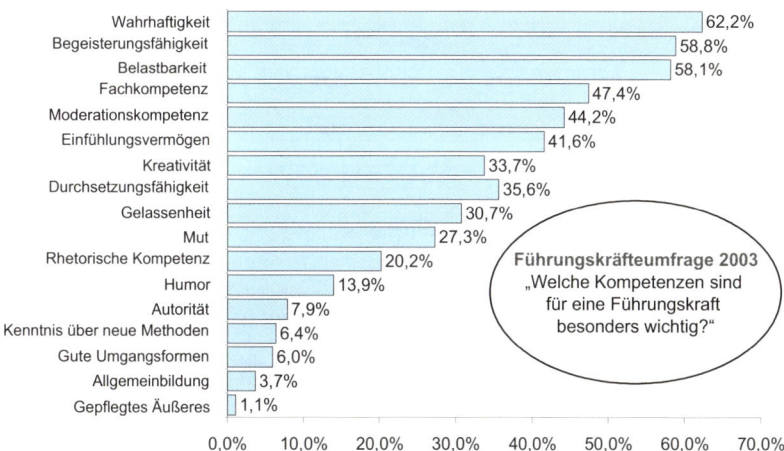

Abb. 12-4: Subjektiv empfundene Bedeutung ausgewählter Führungsinstrumente bei deutschen Managern
(Quelle: Akademie für Führungskräfte der Wirtschaft 2003, S. 11; n=267 Führungskräfte; Ausw. von fünf Kompetenzen aus 17 vorgegebenen Kompetenzen)

Verbesserungen der vier Basisziele Ressourcensicherung, Marktorientierung, Effizienz und ethisches Verhalten mit ihren jeweiligen Komponenten bewirken – wie in Abb. 12-3 angedeutet – direkte und indirekte Effekte auf relevante *Oberziele*. Zu aller erst ist hierbei auf eine höhere *Mitarbeiterzufriedenheit* zu verweisen, was auch dem Konzept des Internen Marketing entspricht. Höhere Mitarbeiterzufriedenheit befördert dann auch die *Kundenzufriedenheit* (vgl. Stock 2001) und diese wiederum den *Markt- und Unternehmenserfolg*. Effizienzeinflüsse wirken dabei z.T. auch direkt, etwa über höhere Kundenzufriedenheit, durch niedrigere Transaktionskosten oder über eine bessere Wettbewerbsfähigkeit wegen höherer Lieferzuverlässigkeit und/oder kürzerer Lieferfristen.

Die Relevanz der Basisziele der Personalführung wird auch in entsprechenden Führungskräfteumfragen deutlich (vgl. Abb. 12-5). 10,9% der Befragten einer eigenen Umfrage (vgl. Diller 2005b, S. 24) halten dabei die Kundenorientierung für „absolut wichtig" und 87,9% für „eher wichtig". Damit rangiert Kundenorientierung noch vor der Mitarbeitermotivation und dem früher ganz dominanten Ziel der Umsatzsteigerung an erster Stelle. Innovationsbereitschaft und Kreativität sind typisch ressourcenbezogene Zielsetzungen. Der Kostenwirtschaftlichkeit wird von immerhin noch 68,9% der Befragten eine hohe Bedeutsamkeit zugemessen. Ethische Ziele waren bei dieser Umfrage nicht thematisiert.

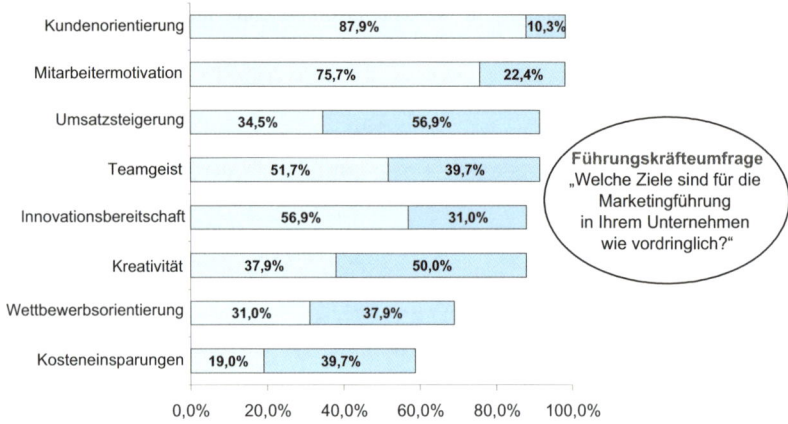

Abb. 12-5: Zielprioritäten der Marketingführung (Quelle: Diller 2005b, S. 24; n=58; dargestellt werden die Einschätzungen „absolut wichtig" und „eher wichtig")

Hintergrund dieser Zielprioritäten der Marketingführung ist die inzwischen gut belegte Erkenntnis, dass *Mitarbeiterzufriedenheit* der beste Treiber der Kundenzufriedenheit ist. Dies gilt naturgemäß insb. dort, wo viele Mitarbeiter in unmittelbarem Kundenkontakt stehen, also im Dienstleistungsbereich sowie im gesamten Vertrieb (vgl. Stock 2001). Abb. 12-6 zeigt ein empirisch überprüftes Erfolgsmodell von Stock (2004, S. 250), das – wie die Pfadkoeffizienten zeigen – eine erstaunlich hohe Einflussstärke insb. der marktorientierten Personalbeurteilung auf den Markterfolg deutlich macht.

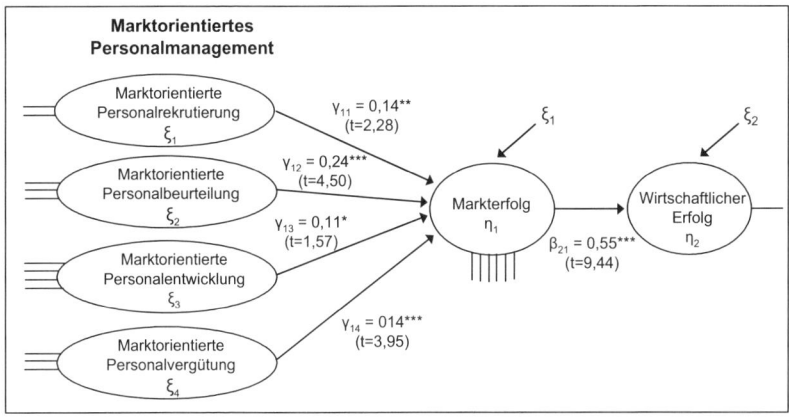

*** = Signifikanz auf dem 1%-Niveau; ** = Signifikanz auf dem 5%-Niveau; * = Signifikanz auf dem 10%-Niveau

Abb. 12-6: Effekte der Personalführung auf den Markterfolg (Quelle: Stock 2004, S. 250)

12.1.4 Aufgabenbereiche

Vor dem Hintergrund der geschilderten Ziele lassen sich im Hinblick auf die Führung im Kundenmanagement drei zentrale Aufgabenbereiche unterscheiden (vgl. Abb. 12-7).

(1) Zunächst geht es um die direkte Führung des Personals, also die mit der Definition von Personalführung bereits erläuterte Verhaltenssteuerung durch den persönlichen Auftritt und das Führungsverhalten, was gemeinhin als *Führungsstil* bezeichnet wird (vgl. 12.2.1). Hier einzuordnen sind auch der Einsatz bestimmter *Führungsinstrumente* eines Vorgesetzten, z. B. Coaching, Feedbackgespräche, Motivationsveranstaltungen etc., sowie nicht-strukturelle organisatorische Maßnahmen wie Teambesetzung, Umsatzvorgaben oder Reportingsysteme.

(2) Einen zweiten Bereich der Marketing- und Vertriebsführung stellt die *strukturelle Führung* i. S. d. Entwicklung von Personalsystemen dar. Hier geht es um den Einsatz personalpolitischer Instrumente, wie der Personalplanung, -auswahl, -beurteilung, -entwicklung und -vergütung. Auf sie kann im vorliegenden Rahmen nur beschränkt eingegangen werden (vgl. 12.3).

(3) Als dritter Führungsbereich kann schließlich das *Schnittstellenmanagement* zwischen unternehmensinternen bzw. zu unternehmensexternen Akteuren gelten, die im Rahmen einer erfolgreichen Unternehmenspolitik zusammenarbeiten müssen (vgl. 12.3.4). Diesbezüglich können wir auch auf Kap. 9 verweisen, wo diese Problematik unter organisatorischer Perspektive behandelt wurde.

Abb. 12-7: Aufgabenbereiche der Führung im Kundenmanagement
(Quelle: Diller 2005b, S. 4)

12.2 Instrumente und Prozesse

12.2.1 Führungsstile

Unter den *Führungsstilkonzepten* plädiert die Wissenschaft für mehrdimensionale Ansätze jenseits der zu einfachen Polarisierung zwischen autokratischem und partizipativem Führungsstil. Nach dem sog. Ohio-Ansatz (vgl. Fleishman 1953) unterscheidet man z. B. *Aufgabenorientierung* und *Beziehungsorientierung*. Die Kombination beider Dimensionen führt zu vier grundlegenden Führungsstilen, welche in Abb. 12-8 dargestellt sind. Eine eindeutige Aussage darüber, welcher Führungsstil am besten geeignet ist, kann allerdings nur im spezifischen Führungskontext beantwortet werden (vgl. Köhler 1995b).

Homburg und Stock (2000, S. 100 ff.) fügen dem Ohio-Schema mit der *Kundenorientierung* eine dritte Dimension hinzu und kreieren damit einen *spezifischen Führungsstilkatalog für das Marketing* (vgl. Abb. 12-9). Je nach Kombination der Dimensionen unterscheiden sie

➢ „autoritäre Kundenorientierte" (starke Kunden- und Leistungsorientierung),
➢ „interne Optimierer" (starke Leistungs- und Mitarbeiterorientierung),
➢ „Softies" (starke Mitarbeiter- und Kunden-, aber keine Leistungsorientierung) und
➢ „Treter" (einseitige Leistungsorientierung).

Die im Wege der Untergebenenbefragung zu erhebenden Statements zur Definition dieser Dimensionen sind in Übersicht 12-1 dokumentiert.

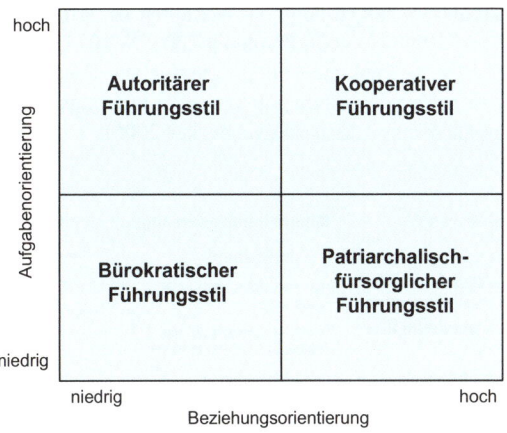

Abb. 12-8: Zweidimensionale Konzeption von Führungsstilen nach dem Ohio-Ansatz
(Quelle: Homburg/Krohmer 2003, S. 1062)

Abb. 12-9: Idealtypische Profile des Führungsverhaltens im Marketing
(Quelle: Homburg/Stock 2000, S. 107)

Eine etwas weitere Sichtweise als dem Führungsstilkonzept liegt dem Konzept der *Marketingkultur* zugrunde, die man ganz allgemein als unverwechselbares Vorstellungs- und Orientierungsmuster definieren kann, welches das Verhalten der Marketingmitarbeiter nach innen und außen prägt. Die Konzeptionalisierung erfolgt in der Literatur recht unterschiedlich weit und umfasst insb. Aspekte des *Marketingverständnisses*, der *Motivation* zu marktorientiertem Handeln, des *Marketingkönnens* i. S. d. Beherrschung einschlägiger Prozessabläufe und Instrumente sowie der *Marketingvisionen*, welche das Verhalten der Mitarbeiter lenken (vgl. hierzu auch Pflesser 1999; Homburg/Krohmer 2003, S. 1073 ff.). Alle vier Dimensionen haben Bezüge zu konkreten Führungsaufgaben, etwa der Mitarbeiterausbildung, -motivation, Training on the job bzw. dem Führungsstil (vgl. das Beispiel des Publicis Agentur-Netzwerks bei Leyendecker 2005).

Leistungsorientierung	Mitarbeiterorientierung	Kundenorientierung
Der Vorgesetzte…	Der Vorgesetze…	Der Vorgesetze…
• kommuniziert seinen Mitarbeitern aktiv und regelmäßig die Unternehmensziele.	• schätzt seine Mitarbeiter persönlich.	• lebt Kundenorientierung vor.
• setzt sich und seinen Mitarbeitern klare Ziele.	• nimmt Rücksicht auf die Belange seiner Mitarbeiter.	• empfindet Kundenorientierung nicht als Selbstzweck.
• bewertet regelmäßig den Grad der Zielerreichung seiner Mitarbeiter.	• legt Wert auf gute zwischenmenschliche Beziehungen zu seinen Mitarbeitern.	• richtet die Ziele seiner Mitarbeiter an Kundenorientierung aus.
• konzentriert sich auf die wichtigsten Aufgaben.	• achtet auf das Wohlergehen seiner Mitarbeiter.	• erkennt kundenorientierte Verhaltensweisen von Mitarbeitern an.
• misst den Wert einer Leistung an den Ergebnissen und nicht am Aufwand.	• stellt sich auch in schwierigen Situationen hinter seine Mitarbeiter.	• kritisiert Verhaltensweisen seiner Mitarbeiter, die nicht kundenorientiert sind.
• delegiert Aufgaben in sinnvoller Weise an seine Mitarbeiter.	• fördert Ideen und Initiativen seiner Mitarbeiter.	• fördert kundenorientierte Mitarbeiter in besonderem Maße.
• schiebt dringende Entscheidungen nicht auf.	• macht es den Mitarbeitern leicht, unbefangen und frei mit ihm zu sprechen.	• spricht mit seinen Mitarbeitern häufig über die Bedeutung der Kunden für sie persönlich.
• ermutigt die Mitarbeiter zu besonderen Leistungen.		

Übersicht 12-1: Indikatoren der Leistungs-, Mitarbeiter- und Kundenorientierung (5-stufige Zustimmungsskalen) (Quelle: Homburg/Stock 2000, S. 104 f.)

12.2.2 Führungstechniken und -instrumente

Neben dem Führungsstil stehen diverse *Führungstechniken und -instrumente* zur Verfügung, mit denen die entsprechenden Führungsgrundsätze umgesetzt werden können. Darauf kann hier nicht extensiv eingegangen werden, zumal meist wenig Marketingspezifisches darin zu finden ist.

Im Einzelnen geht es zunächst um die sog. *Management-By-Konzepte*, von denen das *MBO (Management By Objectives)*, also die Führung durch *Zielvereinbarungen* und entsprechende Kontrollstandards, am meisten verbreitet ist. Für den Außendienst werden dabei z. B. nach gemeinsamer Zielbesprechung mit dem Mitarbeiter Umsatz-, Marktanteils-, Deckungsbeitrags und/oder Penetrationsraten, aber auch qualitative Ziele wie Kundenzufriedenheit vorgegeben, in EDV-gestützten Systemen in Echtzeit überwacht und auch zur persönlichen Eigensteuerung des Mitarbeiters verfügbar gemacht (vgl. das Beispiel bei Winkelmann 2000, S. 82).

Beim Konzept des *Management By Motivation* steht die intrinsische und/oder extrinsische Motivation der Mitarbeiter im Mittelpunkt. Dies spielt v.a. für den oft hohen Leistungsanforderungen und vielen Frustrationen ausgesetzten Außendienst eine Rolle. Dort setzt man z. B. (meist neben den regulären Zielvereinbarungen) *Verkaufswettbewerbe* ein, bei denen für das Erreichen bestimmter Rangplätze Prämien oder Statusbelohnungen ausgelobt werden. Die Rolle extrinsischer Motivatoren ist freilich stark umstritten (vgl. Sprenger 1992), in bestimmten Aufgabenumgebungen aber andererseits gut belegt (vgl. auch 12.3.3).

Speziell für Marketingmitarbeiter spielen darüber hinaus eine Reihe anderer *Führungstechniken* eine wichtige Rolle, welche die Persönlichkeit des Mitarbeiters in umfassender Weise ansprechen und dessen Ziele nach Selbstverwirklichung unterstützen. Nur beispielhaft ist dabei etwa an folgende Maßnahmen zu denken:

➢ *Emotionale Erlebnisse* können etwa durch Outdoor-Veranstaltungen, gemeinsame Feiern etc. das „Herz" der Mitarbeiter ansprechen.
➢ *Problemlösungsworkshops*, Einbindung der Mitarbeiter bei Kundenpräsentationen u. ä. Initiativen fördern die Motivation durch Einbeziehung des Mitarbeiters in marktorientierte Prozesse.
➢ Die *persönliche Weiterbildung*, etwa durch eine planmäßige Lesestunde während der Arbeitszeit, kann die Motivation zum Lernen stärken.
➢ Eine *flexible Gestaltung der Arbeitszeit* kommt dem modernen Muster der Lebensgestaltung der Mitarbeiter entgegen.
➢ Kreativität kann durch Einsatz spezifischer *Kreativitätstechniken* (vgl. Noellke 1998) oder *Meetings außerhalb der Büroräume* in entsprechend ausgestatteten „Innovationsinkubatoren" gefördert werden.

12.3 Strukturelle Führung durch Personalsysteme

12.3.1 Grundlagen

Neben der unmittelbaren Führung durch direkte Verhaltensbeeinflussung dienen auch die Personalsysteme den in Abb. 12-3 dargestellten Zielen, insb. der Gewinnung und Förderung von einschlägigen Talenten für das Kundenmanagement. Im Einzelnen geht es insb. um

➢ *Personalakquisition*, also die Anwerbung und Einstellung von Mitarbeitern bzw. der Rückgriff auf externe Kräfte („*Außendienst-Leasing*"; vgl. Mues 2001a), wenn der Flächenvertrieb für ein einzelnes Unternehmen zu aufwändig oder inflexibel erscheint. Besonderheiten zum üblichen Vorgehen der Personalbeschaffung bestehen dabei kaum.

➢ *Personalentwicklung* (vgl. Kap. 12.3.2) und
➢ *Personalvergütung* (vgl. Kap. 12.3.3).

Fundiert werden die dabei zu fällenden Entscheidungen durch eine quantitative und qualitative *Personalplanung*, in welcher der künftige Bedarf und die nötige Qualifikation des im Kundenmanagement einzusetzenden Personals festgelegt werden (vgl. Berthel 2000; Hackl 1998; Kuhlmann 2001, S. 209 ff.). Diese muss ihrerseits bzgl. des Bedarfsumfanges auf die im strategischen Marketing bzw. Vertrieb zu entwickelnden Expansions- und Wachstumspläne und die im Abschnitt 9.3.2 geschilderten Verfahren zur Kapazitätsauslegung des Außendienstes zurückgreifen und bzgl. der Qualität des Personalbedarfs auf *Kompetenzmodellen* aufbauen.

Kompetenzmodelle beinhalten aufgaben- und rollenspezifische Eigenschaften und Kenntnisse, insb. sog. *Schlüsselqualifikationen* (vgl. Schuler/Höft 2001; Kurz/ Bartram 2002). Im Idealfall werden alle Kundenmanagement-Prozesse mit solchen Kompetenzanforderungen verknüpft, deren Erfüllung durch das individuelle Kompetenzprofil der Mitarbeiter dann zu entsprechender Aufgabenzuweisung bzw. zu notwendigen Personalentwicklungsmaßnahmen führt. Ein instruktives Beispiel für Aufbau und Umgang mit solchen Kompetenzmodellen in einem Warenhaus findet man bei Bauer (2005).

Homburg/Krohmer (2003) haben die spezifischen *Kompetenzanforderungen an Mitarbeiter in Marketing und Vertrieb* zu vier Klassen zusammengefasst, die in Abb. 12-10 dargestellt sind. Es handelt sich

➢ um das nötige *Fachwissen*, z. B. über die Produktnutzenmerkmale, die Beschaffungsgewohnheiten der Kunden oder die Qualität von Adressdaten;
➢ um spezifische *analytische und konzeptionelle Fähigkeiten*, z. B. bzgl. Erkennen von Ziel-Wirkungs-Zusammenhängen beim Einsatz von Werbemitteln oder beim Entwurf eines individuellen Entwicklungsplans für einen Key Account;
➢ um interaktionsbezogene Fähigkeiten, also *Sozialkompetenz*, wie sie in Verhandlungen mit Kunden oder bei der Arbeit in Kundenbetreuungsteams erforderlich ist, und schließlich
➢ um bestimmte *Persönlichkeitsmerkmale*, die in diese Systematik eingefügt sind, obwohl es sich eigentlich nicht um Kompetenzen, sondern um Persönlichkeitseigenschaften handelt.

Kompetenzmodelle können im Grunde nicht generell formuliert, sondern müssen an das jeweilige Aufgabenumfeld angepasst werden. Man nimmt dabei sowohl auf Verhalten (z. B. sensibles Verhalten gegenüber Kunden) als auch auf die dafür vermuteten Ursachen (z. B. Einfühlungsvermögen) bzw. Folgen (z. B. Kundenwissen) Bezug (vgl. Sarges 2002).

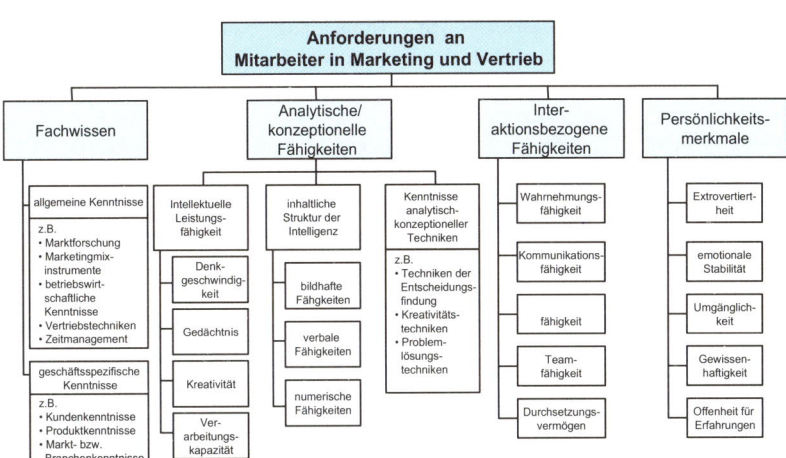

Abb. 12-10: Kompetenzanforderungen an Marketing- und Vertriebsmitarbeiter
(Quelle: Homburg/Krohmer 2003, S. 1044)

Wegen des oft innovativen Aufgabenumfeldes im Kundenmanagement spielen *Kreativität* (vgl. Im/Workman 2004) und *„Umsetzungskompetenz"* (vgl. Wunderer 2002) eine wichtige Rolle im Kompetenzprofil von Vertriebsmitarbeitern, insb. in Hochtechnologie-Branchen. Gesucht sind sog. *Intrapreneure* (interne Unternehmer), die sich durch

➢ *kreative Eigenschaften* wie Phantasie, Ideenreichtum, Intuition,

➢ durch *Umsetzungskompetenzen*, wie Selbständigkeit, Eigenverantwortung, Risikobereitschaft, Konflikt- und Durchsetzungsvermögen sowie

➢ durch Kooperations- und Integrationsfähigkeiten als spezielle *Sozialkompetenzen* auszeichnen (vgl. Wunderer 2002, S. 27 f.).

Eine weitere, oft geforderte Kompetenz betrifft die Fähigkeit, sich in den Kunden hinein zu versetzen, was in der Theorie der *Perspektivenübernahme* behandelt wird (vgl. Geulen 1982; Trommsdorff 2001). Sie konzeptionalisiert diese Kompetenz als mehrdimensionales Konstrukt mit sozial-kognitiven und kognitiven Fähigkeiten. *Empathie* umfasst darüber hinaus auch die Fähigkeit des Miterlebens der Emotionen des Interaktionspartners (vgl. Goleman 1996). Solche Fähigkeiten werden durch Gemeinsamkeiten mit dem Interaktionspartner, wie gemeinsame regionale oder soziale Herkunft, geteilte Erfahrungen oder Privatinteressen, gefördert, weshalb bei der Zuweisung von Mitarbeitern zu (Schlüssel-)Kunden deren Ähnlichkeit berücksichtigt werden sollte.

Vordringliche *Ziele* der Ausgestaltung von Personalsystemen bestehen in

➢ der Sicherstellung der *bestmöglichen Verfügbarkeit* von für die jeweiligen Aufgaben des Kundenmanagements qualifizierten Mitarbeitern,

➢ niedrigen *Fluktuationsraten* zur Vermeidung von Akquisitions- und Ausbildungskosten, aber auch der *Vermeidung des Verlustes von personengebundenem Wissen* über Markt und Kunden,
➢ niedrigen *Personalkosten*,
➢ hinreichender *Flexibilität* der Personalressourcen und
➢ hoher *Mitarbeitermotivation* und *-zufriedenheit*.

Der Kompetenzmanagement-Prozess in fünf Stufen

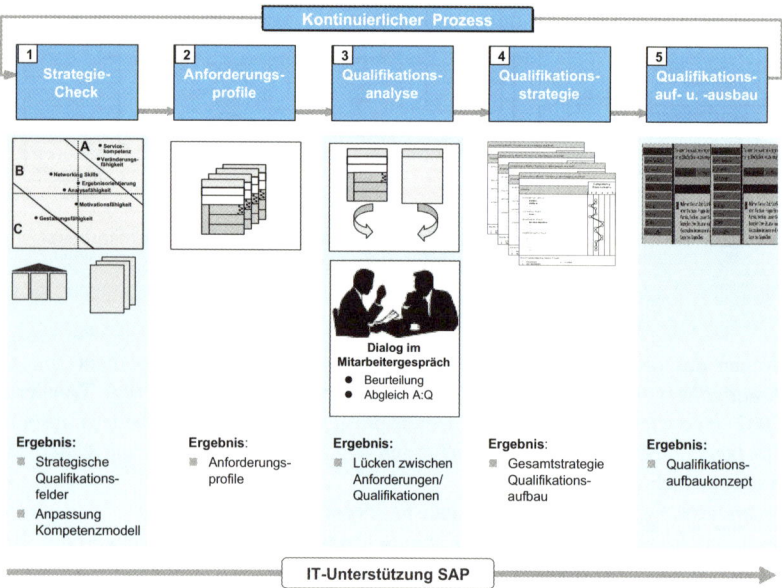

Abb. 12-11: Prozess der Personalentwicklung am Beispiel der Karstadt Warenhaus AG (Quelle: Bauer 2005, S. 64)

12.3.2 Personalentwicklung im Kundenmanagement

Insb. Mitarbeiter mit unmittelbarem Kundenkontakt tragen hohe Verantwortung für die Effektivität und Effizienz des Kundenmanagements. Damit sie dieser Verantwortung gerecht werden können, bedarf es einer systematischen *Personalentwicklung*. Diese kann als repetitiver, meist jährlich zu durchlaufender Prozess modelliert und mit entsprechenden IT-Systemen unterstützt werden. Abb. 12-11 zeigt dies am Beispiel des Systems bei der Karstadt AG (vgl. Bauer 2005, S. 64): Nach einem Strategie-Check, der ggf. den Bedarf an Änderungen des Anforderungsprofils eines Mitarbeiters deutlich macht, erfolgt eine Personalbeurteilung (Qualifikationsanalyse). Anschließend können Qualifikationsstrategien und -aktivitäten geplant werden (Weiterbildung/Training). Man erkennt aus dem Ablauf, wie auch in der Personalentwicklung das Kompetenzprofil einer Stelle das Personalmanagement leitet. Aus Sicht des Kundenmanagements sind innerhalb der Personalentwicklung die *Personalbeurteilung* (Qualifikationsanalyse), die *Laufbahnplanung* (Qualifikationsstrategie) und die *Weiterbildung* von besonderer Bedeutung.

12.3.2.1 Personalbeurteilung

Durch die Personalbeurteilung sollen (a) Leistungen, (b) Verhalten und (c) Potenziale der Mitarbeiter im Kundenmanagement erfasst werden. Dabei orientiert man sich an den vorher entwickelten Kompetenzprofilen, d. h. man vergleicht Leistungen und Anforderungen. Die gerade im Verkauf nahe liegende Orientierung an *Verkaufsergebnissen* hat den Nachteil, dass diese meist nicht nur vom Mitarbeiter, sondern auch von internen und marktbedingten Faktoren beeinflusst werden. Unter dynamischen Marktbedingungen, komplexen Aufgaben und schwieriger Erfolgsbemessung tendiert man deshalb eher zu *Verhaltensbewertungen* (vgl. Krafft 1999). Hierbei sind Arbeitsverhalten (z. B. Planung, Geschwindigkeit, Genauigkeit), Mitarbeiterverhalten (Kollegialität, Teamfähigkeit etc.) und Führungsverhalten zu beleuchten (vgl. Homburg/Krohmer 2003, S. 1050). Für die zukünftige Entwicklung ist aber auch eine Einschätzung der ggf. verbesserten *Potenziale* des Mitarbeiters (Wissen, Können, Erfahrungen etc.) zweckmäßig. Eine Kombination dieser Beurteilungsdimensionen ergibt sich bei Einsatz einer Balanced Scorecard. Abb. 12-12 zeigt ein Beispiel für den Vertriebsleiter eines Pharmaunternehmens.

Kundenbezogene Dimension

Teilziele	Maßnahmen	Zielerreichung
Kundenzufriedenheitsindex bei den Key Accounts: 82	Aufbau eines Key-Account-Management-Programms	45%
Akquisition fünf neuer Kunden	Messebesuche, Mailings, Kundenbesuche	80%
...	...	...

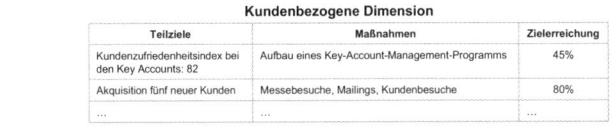

Wirtschaftliche Dimension

Teilziele	Maßnahmen	Zielerreichung
Umsatz in lfd. Jahr: 70 Mio. Euro	Umsatzsteigerung bei Bestandskunden, Akquisition neuer Kunden	60%
Deckungsbeitrag im lfd. Jahr: 30 Mio. Euro	s.o. und Kostensenkung in der Logistik	55%
...	...	...

Vertriebsstrategie

Interne Prozessdimension

Teilziele	Maßnahmen	Zielerreichung
Verkürzung der Auftragsbearbeitungsdauer um 20%	Neustrukturierung des Auftragsbearbeitungsprozesses	10%
Bearbeitung anfallender Beschwerden in drei Tagen	Einführung eines IT-gestützten Beschwerdemanagements	100%
...	...	...

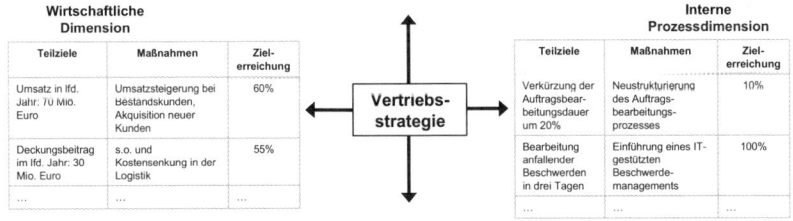

Teilziele	Maßnahmen	Zielerreichung
Aufbau eines Wissensmanagement-Systems	Wesentlicher Beitrag im Rahmen des Projektteams	75%
Alle Mitarbeiter beherrschen CRM-Modul	Alle Mitarbeiter besuchen Seminare und schließen mit Erfolg ab	33%
...	...	...

Lern- und Entwicklungsdimension

Abb. 12-12: Beispielhafte Darstellung einer Balanced Scorecard für den Vertriebsleiter eines Pharmaunternehmens (Quelle: Homburg/Krohmer 2003, S. 1051)

Personalbeurteilungen erfolgen immer häufiger nicht mehr (nur) von oben nach unten, also durch den Vorgesetzten, sondern auch umgekehrt oder „seitwärts" von Arbeitskollegen (z. B. in Teams). Man spricht in solchen Fällen vom *360-Grad-Feedback* (vgl. Gerpott 2000).

Das Ergebnis der Personalbeurteilung kann auf einer entsprechenden Skala einheitlich für alle Mitarbeiter abgetragen werden. Beim Karstadt-System (vgl. Abb. 12-11) unterscheidet man bzgl. jeder Kompetenzanforderungen z. B.

➢ *Kenner*, d. h. Mitarbeiter, die grundlegende erste Erfahrungen in der Umsetzung dieser Qualifikation in Standardsituationen besitzen,
➢ *Anwender*, die bereits Übung in der Umsetzung in Standardsituationen haben und erste Erfahrungen auch in schwierigen und komplexen Situationen aufweisen,
➢ *Könner*, d. h. Mitarbeiter, die in der Umsetzung einer Qualifikation auch in schwierigen und komplexen Situationen sicher sind, und
➢ *Experten*, die sich durch umfassende Expertise auszeichnen (vgl. Bauer 2005, S. 60 f.).

Das sich aus solchen Ratings ergebende Mitarbeiter-Qualifikationsprofil dokumentiert, welche Qualifikationen der Mitarbeiter in welcher Ausprägung besitzt. Es dient seiner *Standortbestimmung* und ist zukünftig Grundlage des Entwicklungsgespräches mit seinem Vorgesetzten, bspw. im Rahmen des integrierten Mitarbeitergespräches mit Zielvereinbarung, Beurteilung, Potenzialeinschätzung und Entwicklungsplanung. Aus dem Anforderungs- und Qualifikationskatalog werden dann *Anforderungsprofile* entwickelt. Diese beschreiben die erfolgsrelevanten Anforderungen, die für die erfolgreiche Bewältigung der Aufgaben in einer Position notwendig sind. Es handelt sich hierbei auch um die Basis für Personalauswahl, Personaleinsatz und -entwicklung. Das Anforderungsprofil ist grundsätzlich stellen- und nicht mitarbeitergetrieben (vgl. Bauer 2005, S. 62).

12.3.2.2 Laufbahnplanung

Einen weiteren Aspekt der Personalentwicklung stellt die *Laufbahn- oder Karriereplanung* für Mitarbeiter bzw. Inhaber bestimmter Stellen dar. Sie ist sowohl für die Mitarbeitermotivation als auch für die Personalplanung von großer Bedeutung und kann autonom oder partizipativ erfolgen. Man unterscheidet *Fach-* und *Führungslaufbahnen*. Erstere zeigen Wege zwischen verschiedenen Fachabteilungen (z. B. Vertrieb und Marketing), letztere Aufstiege in der Führungshierarchie (z. B. Reisender, regionaler bzw. nationaler Verkaufsleiter, Verkaufsdirektor) auf. Der Bestand und Bedarf an entsprechenden Positionen, das Ist- bzw. Soll-Qualifikationsprofil des Mitarbeiters und dessen individuelle Entwicklungsziele bilden den Bedingungsrahmen (vgl. dazu Domsch/Siemers 1994).

Die spezifischen Kompetenzen eines guten Verkäufers legen es oft nahe, diesen in der Fachhierarchie des Verkaufs zu belassen, ja selbst Managementpositionen höherer Hierarchieebenen auszuschlagen, weil dort andere Fähigkeiten gefordert sind, die u. U. weniger ausgeprägt sind (vgl. Futrell 2001, S. 13). Andererseits erweitert ein horizontaler Austausch zwischen Fachabteilungen (*Job Rotation*) den

Problem(lösungs)fokus, stärkt die Teamfähigkeit von Fachkräften und hilft ggf. auch Kulturbarrieren zwischen Fachabteilungen abzubauen. Für die Selbstentfaltung und damit Motivation besonders wichtig ist aber auch ein *Job Enlargement*, was im Kundenmanagement z. B. durch Aufstieg in das (anspruchsvollere) Key-Account-Management oder in internationale Vertriebspositionen, aber auch durch Mitarbeit an temporären Projekten möglich ist. Im Gegensatz zu den herkömmlichen Flächen-vertrieben mit mehreren Verdichtungsebenen bieten die sehr viel flacheren und häufig objektorientierten Organisationsformen (Kunden, Produkte, Categories etc.) weniger Aufstiegsmöglichkeiten. Deshalb sind andere Entwicklungsoptionen, wie sachliche Entscheidungsrechte, Titel, Mitgliedschaften in „Clubs" der Spitzenkräfte bis hin zur Klasse des Firmenfahrzeuges, insb. aber die Ausweitung der Verant-wortung des Mitarbeiters („Empowerment"), von wachsender Bedeutung.

12.3.2.3 Verkaufstraining

Verkäufer verfügen oft nicht über eine höhere Ausbildung, sondern stammen aus berufspraktischen Ausbildungsgängen. Nicht selten handelt es sich um Querein-steiger, etwa ehemalige Bäcker, die nunmehr für den Außendienst eines Back-mittelherstellers arbeiten. Daraus resultiert ein z. T. erheblicher und aus Moti-vationsgründen auch permanenter Trainingsbedarf. Von *Training* im engeren Sinne spricht man im Gegensatz zur generellen Weiterbildung dann, wenn es um die Verbesserung der Verkaufsfähigkeiten (z. B. Gesprächsführung, Preisargu-mentation, Abschlusstechniken), der Verkaufsprozesse (z. B. Gesprächsvor- und -nachbereitung, elektronische Unterstützung, Lead Management) und der Ver-kaufsressourcen (z. B. Einsatz von Laptops, MDE-Geräten, Messeauftritt etc.) geht (vgl. Goehrmann 1984, S. 77). Darüber hinaus geht es beim Verkaufstraining im weiteren Sinne aber auch um die Vermittlung von *Wissen* über Produkte und Technologien, Märkte, Kunden, Wettbewerber, Verwaltungsabläufe etc. sowie um Förderung der *Persönlichkeit* des Mitarbeiters durch einschlägige sozialpsycho-logische Techniken, wie Transaktionsanalyse, neurolinguistische Programmierung (NLP) oder positives Denken (vgl. Kap. 2.5.4; Bachmann 1991; Berne 1967; Hansen/Schulze 1990). *Verkaufstraining* zielt damit allgemein darauf ab, das Fachwissen, die Fähig- und Fertigkeiten des Verkaufspersonals sowie deren Ein-stellungen und Verhaltensweisen nachhaltig zu beeinflussen, mit der Absicht, die tätigkeitsrelevanten Kompetenzen der Mitarbeiter auszubauen und deren Produk-tivität und Profitabilität signifikant zu erhöhen (vgl. Futrell 2001, S. 216).

Bei der Planung und Ausgestaltung des Verkaufstrainings können drei Phasen unterschie-den werden (vgl. Wexley/Latham 1981):
(1) Analyse des Weiterbildungsbedarfs
Der Weiterbildungsbedarf betrifft drei Ebenen:

➤ Auf *Unternehmensebene* geht es um die Vermittlung, Diskussion und Überzeugung von aktuellen *Vertriebsstrategien*, die von den Mitarbeitern letztendlich umzusetzen sind.

➤ Auf der *Aufgabenebene* spezifiziert man die für eine erfolgreiche Aufgabenerfüllung erforderlichen *Verhaltensweisen* und *Pflichten* des Mitarbeiters, um damit jene Themen zu finden und zu priorisieren, die für das Training besonders bedeutsam sind.

➤ Die Ermittlung des *individuellen Weiterbildungsbedarfs* erfolgt auf Basis einer Gegenüberstellung der Ist- und Soll-Qualifikation eines Mitarbeiters.

(2) Design und Durchführung des Trainings
Zur Qualifikation der Mitarbeiter kommt eine Vielzahl von *Trainingsmethoden* in Betracht. Üblich ist die anlassbezogene Einteilung in Training „into the Job", „on the Job", „parallel to the Job", „near the Job", „off the Job" und „out of the Job". Im Rahmen von Verkaufstrainings werden insb. Maßnahmen des „on the Job"-Trainings sowie Rollenspiele eingesetzt (vgl. Anderson/Mehta/Strong 1997; Shepherd/Ridnour 1995). Bezieht man auch die ungeplante, unsystematische Personalentwicklung am Arbeitsplatz mit ein, dann stellt die Weiterbildung *„on the Job"* die in einem Großteil der Unternehmen am weitesten verbreitete Trainingsmaßnahme dar, weil sie am kostengünstigsten und am einfachsten zu realisieren ist. Weitere Entscheidungen, die im Zusammenhang mit dem Design und der Durchführung von Verkaufstrainings getroffen werden müssen, sind die Festlegung, *wer* das Training durchführt, *wann* es durchgeführt bzw. *wie viel* Zeit auf die einzelnen Trainingsmaßnahmen verwendet und *an welchem Ort* es abgehalten werden soll. Ein Unternehmen hat grundsätzlich die Wahl, das Verkaufstraining durch interne Mitarbeiter durchzuführen oder auf Angebote externer Trainer zurückzugreifen (vgl. Futrell 2001, S. 226 f.).

(3) Evaluation von Verkaufstrainings
Da Unternehmen Verkaufstrainings und andere Qualifizierungsmaßnahmen der Vertriebsmannschaft zunehmend als Investitionen begreifen, die eine nachweis- und messbare Wirkung erbringen müssen, muss in einem letzten Schritt der Erfolg des Verkaufstrainings abgesichert werden (vgl. Meier-Maletz 1998, S. 766). Bewertet werden muss, welche Effekte das Verkaufstraining für den einzelnen Trainingsteilnehmer sowie den Betrieb in der Praxis tatsächlich hat. Es gilt zu kontrollieren, inwieweit der Qualifikationsbedarf der Trainingsteilnehmer durch das Verkaufstraining angemessen gedeckt werden konnte, ob die Lehr- und Lernmethoden didaktisch und pädagogisch professionell eingesetzt wurden und ob ein Transfer des Erlernten am Arbeitsplatz tatsächlich stattfindet.

12.3.3 Außendienstentlohnung

Insb. im Hinblick auf die im Verkauf tätigen Mitarbeiter stellt das *Vergütungssystem* eines der wichtigsten Führungsinstrumente dar (vgl. Goehrmann 1984, S. 101). Es kann unterschiedlich starke und differenziert ausrichtbare Anreize zu bestimmten Verkaufsleistungen entwickeln, welche das Arbeitsverhalten erfahrungsgemäß sehr stark beeinflussen, allerdings u. U. auch in unerwünschte Richtungen, weshalb eine sorgfältige Abwägung der Ausgestaltungsmöglichkeiten besonders wichtig ist.

Grundanforderungen sind dabei, dass das sich ergebende Vergütungssystem
➤ die erwünschten Steuerungsleistungen erbringt,
➤ von den Mitarbeitern als gerecht empfunden wird,

➢ das Gehaltsgefüge (Minimal- und Maximalgehälter, Durchschnittsentlohnung, Tarifrahmen) und den Kostenrahmen nicht sprengt und

➢ einfach durchschaubar und flexibel einsetzbar ist, etwa, wenn neue Produkte zu vermarkten sind oder andere Vertriebsprioritäten gelten.

Die *Steuerungsleistung* bezieht sich einerseits auf die Intensität der Motivation (Arbeitseinsatz, Verkaufsergebnisse), andererseits auf die Richtung der Motivation, etwa wenn das Entgelt an die Gewinnung neuer Kunden, die Verkaufsanteile bestimmter Produkte, die Forcierung ertragsstärkerer Artikel oder die Kundenzufriedenheit oder Kundenbindung geknüpft wird. Zunehmend nimmt man dabei auch auf strategische Ziele, wie Innovation oder Kundenorientierung, Bezug (vgl. Homburg/Werner 1998, S. 200 ff.). Eine „Überdosis" ist dabei in allen Fällen zu vermeiden, um unerwünschtes hard selling und Nachlässigkeiten bzgl. nicht provisionierter Leistungselemente zu verhindern.

Die *Gerechtigkeit* fördert man zu allererst durch eine unmittelbare Koppelung des Entgelts an die zuletzt erbrachte Leistung, die deshalb am besten an Veränderungen im Zielerreichungsgrad bzw. an den jeweiligen Zielvorgaben festgemacht wird, wie das mit dem OFA-Modell (Kap. 10.4.2.3.1) bereits exemplarisch gezeigt wurde. Wichtig ist sodann eine ausgeglichene Berücksichtigung aller Verkaufsleistungen, auch solcher, die ggf. erst in Zukunft zu wirtschaftlichen Erfolgen führen. Allerdings sollte dadurch die Übersichtlichkeit und Nachvollziehbarkeit des Systems nicht zu stark leiden. Schließlich muss unterschiedlich schwierigen Leistungsumfeldern der jeweiligen Mitarbeiter (Kundendichte, Wettbewerbssituation etc.) Rechnung getragen werden, weshalb man Entgeltsysteme im Außendienst am besten mit entsprechenden Leistungsvorgabesystemen verknüpft (vgl. Kap. 10.4.2.3).

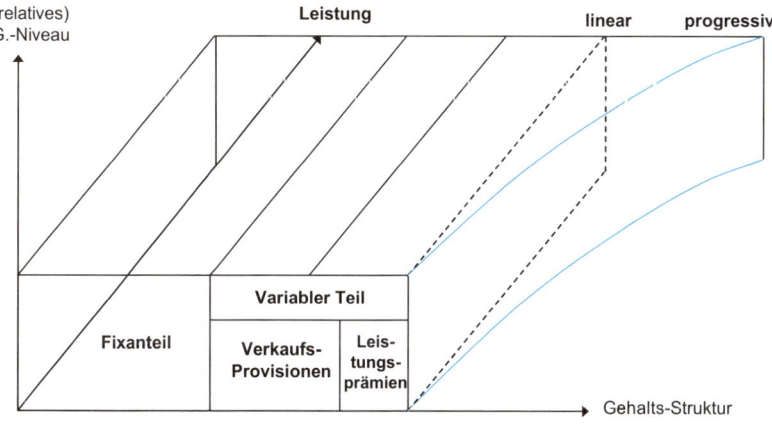

Abb. 12-13: Entgeltniveau und -struktur im Außendienst

Das *Gehaltsgefüge* ist stark branchenabhängig. So schwanken die Brutto-Jahresein-kommen von Verkaufsleitern bzw. Key Account Managern nach einer Kienbaum-Umfrage aus dem Jahre 2004 je nach Branche zwischen 94.000 und 127.000 €. Nicht selten verdienen Außendienstmitarbeiter die höchsten Gehälter im Unternehmen, zumal um die besten Kräfte oft ein intensiver Wettbewerb herrscht, also auch der „Marktwert" von Mitarbeitern mit ins Kalkül gezogen werden muss.

Die wichtigsten *Gestaltungsoptionen* von Außendienstvergütungssystemen betreffen
➢ das (relative, etwa am Unternehmens- oder Branchendurchschnitt zu messende) *Entgeltniveau* (vertikale Achse),
➢ die *Anbindung* des Entgeltes an variable Leistungskomponenten (horizontale Struktur) und
➢ den *Funktionsverlauf* zwischen der Leistung und dem Entgelt.
Daraus ergibt sich der in Abb. 12-13 dargestellte „Entgeltkubus", der mit zuneh-mender Leistung nach rechts wächst, wenn leistungsvariable Bestandteile vorge-sehen sind.

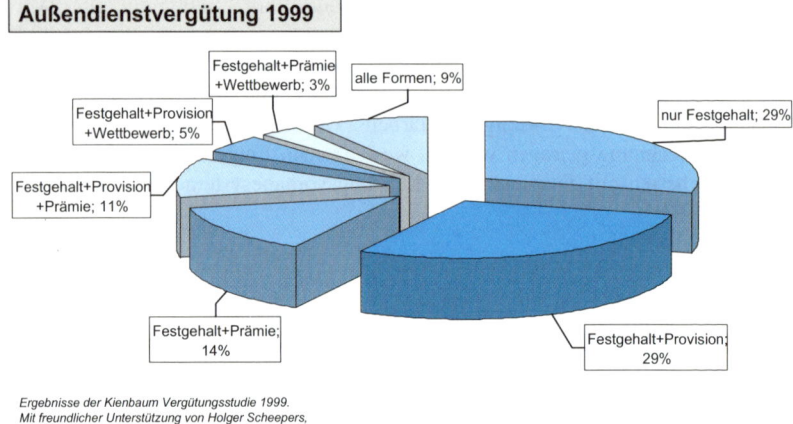

Abb. 12-14: Entgeltstrukturen im Außendienst
(Quelle: Eigene Darstellung in Anl. an nach Kienbaum 1999)

Festentgelte sind dann angemessen, wenn der Mitarbeiter stark qualitative Leis-tungen (Beratung, Service, Analyse etc.) erbringt, die nur schwer gerecht zu quantifizieren sind, wie es oft im Key-Account-Management der Fall ist. Auch im Innendienst werden häufig Festgehälter bezahlt, weil der Arbeitsanfall (in-bound) weitgehend von den Kunden bestimmt wird. Nach einer Kienbaum-Befra-gung aus dem Jahr 1999 wählen immerhin 29% der Firmen das Festgehalt (vgl. Abb. 12-14). Die Leistungssteuerung muss dann mit anderen Instrumenten, z. B.

Zielvereinbarungen, langfristigen Gehaltsentwicklungsplänen oder Statusgratifikationen, erfolgen. Abhängig vom Niveau präferieren manche Mitarbeiter Festgehälter, weil sie finanzielle Sicherheit und geringeren Leistungsdruck mit sich bringen (vgl. Hören 2000).

Leistungsorientierte Vergütungssysteme knüpfen das Entgelt ganz oder teilweise an definierte Leistungen des Mitarbeiters. Das Anreizsystem besteht dabei aus der/den jeweiligen Bemessungsgrundlage(n) (z. B. Umsatz, Deckungsbeitrag, erfragte Kundenzufriedenheit), den finanziellen, materiellen (Sachprämien) oder immateriellen Belohnungen pro Einheit der Bemessungsgrundlage und einem Proportionalitätsfaktor, durch den der funktionale Zusammenhang der Belohnung pro Leistungseinheit (linear, degressiv oder progressiv) festgelegt werden kann. Die letztere Variante wählt man z. B. zur schnellen Marktdurchdringung noch unausgeschöpfter Märkte, die Erstere bei Gefahr des Hochdruck-Verkaufs und Vernachlässigung der Kundenpflege. Am weitesten verbreitet sind *Umsatzprovisionssysteme*, die einfach zu handhaben, leicht nachvollziehbar, flexibel bzgl. Bemessungsgrundlage und Provisionssatz und kostenpolitisch risikoarm sind. Andererseits lassen sich damit Ertragsaspekte nicht hinreichend berücksichtigen, was unter theoretischen Aspekten aber das bessere Vorgehen wäre (vgl. Albers 2001), auch wenn die Vertraulichkeit der Produktdeckungsbeiträge dagegen spricht. Provisionssysteme lassen auch qualitative Ziele des Kundenmanagements, wie Erwerb von Kundenwissen, Kundenzufriedenheit oder Kundenbindung, unberücksichtigt, was im Zeichen der Kundenorientierung unangemessen ist. Trotz der Probleme und Kosten bei der Messung der Kundenzufriedenheit gehen deshalb immer mehr Unternehmen dazu über, auch solche Aspekte in die Bemessungsgrundlage der Außendienstvergütung einzubeziehen (vgl. Homburg/Werner 1998, S. 200 ff.).

Eine zweite Variante leistungsbezogener Außendienstvergütung bietet sich mit *Geld-* oder *Sachprämien* an, welche die Mitarbeiter bei Erreichen bestimmter Leistungen erhalten. Sie können sehr flexibel an unterschiedliche, auch qualitative Leistungsmerkmale angebunden werden und dienen deshalb oft Sonderzielen, wie der Neukundengewinnung oder der Neuprodukteinführung, der Erschließung neuer Absatzgebiete, der Steigerung der Kundenbindung oder der Erfüllung bestimmter Umsatzsteigerungsraten (vgl. Witt 1996, S. 237). Meist werden sie in Ergänzung zu Festgehalt und Prämien geboten und machen nur einen relativ kleinen Teil der Gesamtvergütung aus. Dem Vorteil der flexiblen Einsetzbarkeit steht die Gefahr des Aktionismus bei zu intensiver Anwendung und der Konditionierung von Verkaufsleistung an derartige Programme auf Seiten der Mitarbeiter gegenüber, wenn diese nur noch bei Prämienprogrammen ihr Bestes geben. Auch kann die Übersichtlichkeit des gesamten Vergütungssystems leiden bzw. sogar innere Widersprüche zwischen den Entgeltkomponenten auftreten, die das System inkonsistent machen.

Werden die Prämien in Verbindung mit *Verkaufswettbewerben* eingesetzt, so wählt man einen relativen Leistungsstandard innerhalb der Mitarbeiter. Die prämierten Leistungen, z. B. Umsätze mit besonders hoher Marge, Neukundenerfolge oder

Umsätze bei bestimmten Kundengruppen, werden auf laufend aktualisierten „Rennlisten" bekannt gemacht, um den Wettbewerb anzuregen. Dadurch entstehen zusätzliche und oft starke Motivationskräfte, weil die Mitarbeiter nicht hinter den Kollegen zurückstehen wollen bzw. ihren Status zu verbessern trachten. Die Prämienhöhe ist dabei deshalb weniger wichtig als der Symbolwert und die Originalität oder Luxuriösität der Prämie, wie z. B. bei Reisen, Schmuck, luxuriösen Dienstwagen für einen Monat, Siegerpokalen o. Ä. (vgl. Hören 2000, S. 12 f.). Damit jeder Mitarbeiter im Wettbewerb gleiche Chancen hat, müssen ungleiche Ausgangssituationen durch entsprechende Handicaps bzw. Malusregelungen ausgeglichen werden, was freilich schnell zu Missmut bei den Betroffenen führen und damit kontraproduktiv wirken kann. Außerdem darf der Wettbewerb nicht so stark werden, dass die Kollegialität der Mitarbeiter untereinander gefährdet wird. Deshalb wählt man Verkaufswettbewerbe heute zunehmend für ganze Teams, die dann die Prämie gemeinsam erhalten (z. B. Reisegutscheine, Kaufgutscheine o. Ä.).

12.3.4 Schnittstellenmanagement und Teamarbeit

Wie bereits im Kap. 9 diskutiert, sieht sich das Kundenmanagement mit besonders vielen Schnittstellenproblemen konfrontiert, weil die kundenbezogenen Prozesse quer durch viele Fachabteilungen verlaufen. Dies erfordert eine entsprechende *Koordination* der Strukturen, Ziele und Handlungsabläufe. „Durch Koordination soll sichergestellt werden, dass ein aufgabengerechter Informationsfluss zwischen den Organisationsmitgliedern zustande kommt, Widersprüchlichkeiten in Zielen und Maßnahmen vermieden und Synergiemöglichkeiten genutzt werden" (Köhler 2001b, S. 990).
Neben unmittelbarer persönlicher Einflussnahme, klaren Prozessrichtlinien und Planungsverfahren spielen für diese Koordination heute zunehmend *Teamorganisationen* die wichtigste Rolle (vgl. Stock 2003). Die Koordination wird dabei in eine gemeinsame, oft aus verschiedenen Funktionsbereichen stammende Arbeitsgruppe delegiert, ohne dass freilich das Commitment der Leitungsebene für den Koordinationserfolg nachlassen darf. Die Aufgaben der Leitungsebene beschränken sich in diesem Zusammenhang allerdings eher auf das Coaching und die Förderung des Selbststeuerungspotenzials von Teams als auf die direkte Einflussnahme.

Teamarbeit ist im Kundenmanagement ein seit Jahren immer beliebteres Führungsinstrument. Dass sie andererseits nicht immer die Ideallösung darstellt, ist ebenfalls bekannt. Den zahlreichen Vorteilen, etwa Kreativitätssteigerung, Erweiterung der Wissensbasis, Verbesserung des Informationsflusses oder stärkere Identifikation der Mitarbeiter mit der Firma, stehen nämlich auch zum Teil erhebliche Nachteile, wie der Zeitaufwand oder die Verantwortungsdiffusion, gegenüber (vgl. Abb. 12-15).

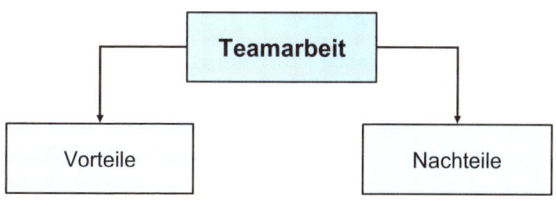

Teamarbeit	
Vorteile	**Nachteile**

Vorteile
- Kreativitätssteigerung
- Erweiterung der Perspektiven und Erfahrungshintergründe
- Vergrößerung des Ideenpools
- Verbesserung des Informationsflusses, Abbau von Bereichsdenken
- stärkere Identifikation der Mitarbeiter mit der Firma
- Zunahme von Arbeitsmoral und -zufriedenheit

Nachteile
- Erhöhung des Abstimmungs- und Kommunikationsbedarfs bzw. -aufwands
- „Trittbrettfahrer", Commitment zur Teamaufgabe
- Gruppenzwang
- Verantwortungsdiffusion
- Verzögerung der Entscheidungsfindung
- Teamentwicklung benötigt Vorlaufzeit
- Machtkämpfe

Abb. 12-15: Vor- und Nachteile der Teamarbeit
(Quelle: In Anl. an Gebert 2004, S. 181 und Adler 2002, S. 143)

Besonders problematisch wird es, wenn die Projektteams so zahlreich werden, dass ein *Projektdschungel* entsteht, in dem die Mitarbeiter weder genügend Commitment für jedes Projekt aufbringen können, noch ein klares Controlling der Projekterfolge mehr möglich ist. Es verwundert deshalb nicht, dass vor allem Großunternehmen mit so genannten *Top-Down-Projekten*, welche mit einer Kurzformel (z. B. „Path to Growth") temporär die Kultur und das Geschehen einer ganzen Organisation stark prägen, häufig Erfolge zeitigen.

Aus *Mitarbeitersicht* sind Teams durchaus geschätzte Führungsinstrumente, insb. weil sie die Arbeitsfreude erhöhen, die empfundene Schwierigkeit der Aufgabe mindern und für ein gutes Betriebsklima sorgen können.

Die immer engere Zusammenarbeit zwischen Lieferanten und Kunden im Rahmen des Beziehungsmarketing führt auch zu *interorganisationalen Teams*, in denen Mitarbeiter verschiedener Unternehmen zusammenarbeiten (externe Schnittstellenbewältigung). Gaitanides/Stock (2004) konnten zeigen, dass solche Teams eine etwas höhere Effektivität bzgl. marktbezogener Ziele aufweisen als rein innerbetrieblich besetzte Teams.

Zusammenfassend kann festgehalten werden, dass die Mitarbeiterführung im Kundenmanagement ein äußerst effektivitäts- und effizienzsensitives Arbeitsfeld der Verkaufs- bzw. Marketingleitung darstellt. Das Bewusstsein für das in Abb. 12-3 dargestellte Zielsystem und die Kenntnis darauf abgestimmter Führungstechniken und Personalsysteme gehören deshalb zum grundlegenden Rüstzeug einer Führungskraft im Kundenmanagement.

Verständnisfragen zu Kapitel 12

1. Nennen Sie 10 Führungsaufgaben des Vertriebsleiters eines Siemens-Geschäftsbereiches und versuchen Sie, diese in eine Rangordnung zu bringen!
2. Begründen Sie den Stellenwert der Mitarbeiterführung im Kundenmanagement am Beispiel eines selbst gewählten Unternehmens und erläutern Sie daran auch die zweckmäßige Definition der Führung! Welche Interdependenzen mit der Organisation, dem Controlling und der IT-Unterstützung des Kundenmanagements zeigen sich?
3. Erläutern Sie die Ziele und Zielbeziehungen sowie die Bereiche der Führung im Kundenmanagement am Beispiel eines Baumarkt-Franchise-Unternehmens wie Obi!
4. Nennen Sie für die drei Dimensionen des Führungsverhaltens im Kundenmanagement nach Homburg/Stock jeweils drei Unteraspekte, die im Vertrieb von Versicherungen besonders wichtig sind!
5. Welchen Nutzen besitzen Kompetenzmodelle für die Personalführung, -entwicklung und -weiterbildung in einem Softwarehaus?
6. Welche Ansatzpunkte zur Verbesserung des Verkaufstrainings würden Sie prüfen, wenn Sie diese Aufgabe bei einem Pharmaunternehmen zu übernehmen hätten?
7. Welche Ausgestaltung schlagen Sie für das Entgeltsystem im Außendienst eines Ladenmöbelherstellers vor?

Literaturverzeichnis

Adler, J. (1998): Eine informationsökonomische Perspektive des Kaufverhaltens, in: Wirtschaftswissenschaftliches Studium, Nr. 7, S. 341–347.

Adler, N.J. (2002): International Dimensions of Organizational Behavior, 4. Aufl., Cincinatti.

Akademie für Führungskräfte der Wirtschaft (2003): Führen in der Krise – Führung in der Krise? Führungsalltag in deutschen Unternehmen, Bad Harzburg.

Albach, H. (1988): Kosten, Transaktionen und externe Effekte im betrieblichen Rechnungswesen, in: Zeitschrift für Betriebswirtschaft, 58. Jg., S. 1143–1170.

Albers, S. (1989): Entscheidungshilfen für den Persönlichen Verkauf, Berlin.

Albers, S. (1995): Absatzsegmentrechnung, in: Tietz, B.; Köhler R.; Zentes, J. (Hrsg.): Handwörterbuch des Marketing, 2. Aufl., Stuttgart, Sp. 19-28.

Albers, S. (2001): Außendienstentlohnung, in: Diller, H. (Hrsg.): Vahlens Großes Marketinglexikon, 2. Aufl., S. 84–85.

Albers, S. (2002a): Wie die optimale Außendienstgröße bestimmt werden kann, in: Albers, S. (Hrsg.): Verkaufsaußendienst. Planung – Steuerung – Kontrolle, Düsseldorf, S. 13–27.

Albers, S. (2002b): Besuchsplanung, in: Albers, S. (Hrsg.): Verkaufsaußendienst. Planung – Steuerung – Kontrolle, Düsseldorf, S. 173–195.

Albers, S. ; Krafft, M. (2000): Regeln zur fast-optimalen Bestimmung des Angebotsaufwandes, in: Zeitschrift für Betriebswirtschaft, 70. Jg., S. 1083–1107.

Alt, R.; Puschmann, T.; Österle, H. (2005): Erfolgsfaktoren im Customer Relationship Management, in: Zeitschrift für Betriebswirtschaft, 75. Jg., S. 185–208.

Amberg, M. (2004): Basistechnologien von CRM-Systemen, in: Hippner, H.; Wilde, K. (Hrsg.): IT-Systeme im CRM, Wiesbaden, S. 43–73.

Anderson, E.; Weitz, B. (1992): The Use of Pledges to Build and Sustain Commitment in Distribution Channels, in: Journal of Marketing Research, Vol. 29, February, S. 18–34.

Anderson, R.; Mehta, R.; Strong, J. (1997): An empirical investigation of sales management training programs for sales managers, in: Journal of Personal Selling & Sales Management, Vol. 17, No. 3, S. 53–66

Angerer, T. (2004): Beziehungsanalyse in Verkaufsgesprächen. Ergebnisse einer empirischen Transaktionsanalyse, in: Marketing-ZFP, 26. Jg., Nr. 4, S. 295–315.

Argyle, M. (1967): The Psychology of Interpersonal Behaviour, Hamondsworth.

Armbrecht, W.; Braeckler, M.; Wortmann, U. (2004): CRM der BMW Group: Backbone des integrierten Marketing, in: Hippner, H.; Wilde, K. (Hrsg.): Management von CRM-Projekten, Wiesbaden, S. 387–408.

Arnold, U. (2001): Lieferantenpolitik, in: Diller, H. (Hrsg.): Vahlens Großes Marketinglexikon, 2. Aufl., München, S. 909.

Axelrod, R. (1984/1987): Die Evolution der Kooperation, München.

Bachmann, W. (1991): Das Neue Lernen. Eine systematische Einführung in das Konzept des NLP, Paderborn.

Backhaus, K. (2003): Industriegütermarketing, 7. Aufl., München.

Backhaus, K.; Büschken, J.; Voeth, M. (1998): Internationales Marketing, 2. Aufl., Stuttgart.

Bailom, F.; Hinterhuber, H.; Matzler, K.; Sauerwein, E. (1996): Das Kano-Modell der Kundenzufriedenheit, in: Marketing-ZFP, 18. Jg., Nr. 2, S. 117–126.

Bandler, R.; Grinder, J. (1982): Reframing: neuro-linguistic programming and the transformation of meaning, Moab.

Bänsch, A. (1998): Verkaufspsychologie und Verkaufstechnik, 7. Aufl., München, Wien.

Bänsch, A. (2001): Persönlicher Verkauf (Personal Selling), in: Diller, H. (Hrsg.): Vahlens Großes Marketinglexikon, 2. Aufl., München, S. 1263.

Barney, J.B. (2002): Gaining and Sustaining Competitive Advantage, 2. Aufl., Upper Saddle River.

Bauer, H.H. (1989): Marktabgrenzung, Berlin.

Bauer, H.H. (2001a): Markt, in: Diller, H. (Hrsg.): Vahlens Großes Marketinglexikon, 2. Aufl., München, S. 1032–1034.

Bauer, H.H. (2001b): Markenführung im Internet, in: Kurz, S. ; Reinhardt, M.; Strömsdörfer, N. (Hrsg.): E-Commerce, Stuttgart, S. 60–80.

Bauer, H.H.; Hammerschmidt, M. (2003): Marketingeffizienz durch Best Practice Analyse am Beispiel des Vertriebsbenchmarking, in: Wildemann, H. (Hrsg.): Führungsverantwortung. Bewährte oder innovative Managementmethoden?, München, S. 483–496.

Bauer, H.H.; Huber, F. (1998): Wertorientierte Produktentwicklung nach dem Quality Function Deployment, in: planung & analyse, 25. Jg., Nr. 3, S. 58–63.

Bauer, J. (2005): Personalentwicklung mit Kompetenzmodellen am Beispiel der Karstadt AG, in: Diller, H. (Hrsg.): Innovative Marketingführung, Nürnberg, S. 51–64.

Becker, J. (1991): Besonderheiten der Kalkulation von Außenhandelsaufträgen, in: Zeitschrift für Betriebswirtschaft, 61. Jg., S. 1243–1265.

Becker, J. (1998): Marketing-Konzeption, 6. Aufl., München.

Becker, J.; Knackstedt, R. (2004): Das Data-Warehouse-Konzept im CRM, in: Hippner, H.; Wilde, K. D. (Hrsg.): IT-Systeme im CRM, Wiesbaden, S. 183–208.

Becker, W. (1992): Komplexitätskosten, in: Kostenrechnungspraxis, Nr. 3, S. 171–175.

Bekmeier-Feuerhahn, S. (2001): Nonverbale Kommunikation, in: Diller, H. (Hrsg.): Vahlens Großes Marketinglexikon 2. Aufl., München, S. 1195–1198.

Bello, D.C. (1992): Industrial Buyer Behavior at Trade Shows – Implications for Selling Effectiveness, in: Journal of Business & Industrial Marketing, Vol. 5, No. 2, S. 59–80.

Belz, C.; Bieger, T. (2004): Customer Value, Frankfurt a.M.

Belz, C.; Bussmann, W. u. a. (2000): Vertriebsszenarien 2005, St. Gallen/Wien.

Belz, C; Mühlmeyer, J. (Hrsg.) (2000): Internationales Preismanagement – International Pricing, Wien, Frankfurt.

Belz, C., Müllner, M.; Zupancic, D. (2004): Spitzenleistungen im Key-Account-Management, Frankfurt.

Belz, C.; Reinhold, M. (1999): Internationales Vertriebsmanagement für Industriegüter, St. Gallen, Wien.

Belz, C.; Schuh, G.; Groos, S. ; Reinecke, S. (1997): Erfolgreiche Leistungssysteme in der Industrie, in: Belz, C.; Schuh, G.; Groos, S. ; Reinecke, S. (Hrsg.): Industrie als Dienstleister, St. Gallen, S. 14–107.

Benkenstein, M. (1997): Strategisches Marketing, Stuttgart u. a.

Berchtenbreiter, R. (2004): Grundlagen von Content-Management-Systemen und Ansätze ihrer Bedeutung für das CRM, in: Hippner, H.; Wilde, K. (Hrsg.): IT-Systeme im CRM, Wiesbaden, S. 209–240.

Berndt, R. (2001): Ausschreibung, in: Diller, H. (Hrsg.): Vahlens Großes Marketinglexikon, 2. Aufl., München, S. 82.

Berne, E. (1967): Spiele der Erwachsenen, Reinbek bei Hamburg.

Berry, L.L.; Parasuraman, A. (1995): Dienstleistungsmarketing fängt beim Mitarbeiter an, in: Bruhn, M. (Hrsg.): Internes Marketing, Wiesbaden, S. 87–110.

Berthel, J. (2000): Personalmanagement, 6. Aufl., Stuttgart.

Betsch, O. (2001): Bankvertrieb, in: Diller, H. (Hrsg.): Vahlens Großes Marketinglexikon, 2. Aufl., München, S. 119–120.

Beutin, N. (2000): Kundennutzen in industriellen Geschäftsbeziehungen, Wiesbaden.

Beutin, N. (2001): Verfahren zur Messung der Kundenzufriedenheit im Überblick, in: Homburg, C. (Hrsg.): Kundenzufriedenheit, 4. Aufl., Wiesbaden, S. 87–122.

Bittner, S. ; Schietinger, M.; Weinkopf, C. (2002): Zwischen Kosteneffizienz und Servicequalität. Personalmanagement in Call Centern und im Handel, München.

Blake, R.R.; Mouton, J. S. (1970): The Grid for Sales Excellence, New York.

Blau, P.M. (1964): Exchange and Power in Social Life, New York.

Bliemel, F.; Fassott, G. (2002): Kundenfokus im Mobile Commerce, in: Silberer, G.; Wohlfahrt, J.; Wilhelm, T. (Hrsg.): Mobile Commerce, Wiesbaden, S. 3–23.

Bliemel, F.W.; Eggert, A. (1998): Kundenbindung – die neue Sollstrategie?, in: Marketing-ZFP, 20. Jg., Nr. 1, S. 37–46.

Böcker, F. (2001): Entscheidungsbaum, in: Diller, H. (Hrsg.): Vahlens Großes Marketinglexikon, S. 414–415.

Böcker, J.; Quabeck, S. (2002): Neue Dienstleistungen im Mobile Commerce, in: Silberer, G.; Wohlfahrt, J.; Wilhelm, T. (Hrsg.): Mobile Commerce, Wiesbaden, S. 205–227.

Bodendorf, F. (2003): Daten- und Wissensmanagement, Berlin.

Bonoma, T.V.; Shapiro, B.P. (1983): Segmenting the Industrial Market, Lexington (Mass.).

Borchert, S. (2001): Führung von Distributionsnetzwerken, Wiesbaden.

Böse, B.; Flieger, E. (1999): Call Center – Mittelpunkt der Kundenkommunikation: Planungsschritte und Entscheidungshilfen für das erfolgreiche Zusammenwirken von Mensch, Organisation, Technik, Braunschweig, Wiesbaden.

Brand, G. (1972): The Industrial Buying Decision: Implications for the Sales Approach in Industrial Marketing, London.

Brenner, W.; Zarnekow, R. (2001): E-Procurement-Einsatzfelder und Entwicklungstrends, in: Hermanns, A.; Sauter, M. (Hrsg.): Management-Handbuch Electronic Commerce, 2. Aufl., München, S. 487–502.

Brielmaier, A. (1998): Euro Key-Account-Management, Nürnberg.

Brielmaier, A.; Diller, H. (1995): Die Organisation internationaler Vertriebsaktivitäten. Problemfelder, Einflußfaktoren und Lösungsansätze aus der Sicht der Transaktionskostentheorie, in: Zeitschrift für betriebswirtschaftliche Forschung, Sonderheft 35 „Kontrakte, Geschäftsbeziehungen, Netzwerke – Marketing und Neue Institutionenökonomik", hrsg. von P. Kaas, S. 205–222.

Bromberger, J. (2004): Internetgestütztes Customer Relationship Management, Wiesbaden.

Brosius, F.; Thiäner, M. (2004): CRM-basiertes Marketing im Club Bertelsmann, in: Hippner, H.; Wilde, K. (Hrsg.): Management von CRM-Projekten, Wiesbaden, S. 453–478.

Brown, S. P.; Peterson, R.A. (1993): Antecedents and Consequences of Salesperson Job Satisfaction: Meta-Analysis and Assessment of Causal Effects, in: Journal of Marketing Research, Vol. 30, S. 63–77.

Bruhn, M. (1995a): Internes Marketing als Forschungsgebiet des Marketing, in: Bruhn, M. (Hrsg.): Internes Marketing, Wiesbaden, S. 13–61.

Bruhn, M. (1995b): Verfahren zur Messung der Qualität interner Dienstleistungen, in: Bruhn, M. (Hrsg.): Internes Marketing, Wiesbaden, S. 611–649.

Bruhn, M. (2001): Relationship Marketing, München.

Bruhn, M. (2002): Controlling von Kundenbeziehungen, in: Böhler, H. (Hrsg.): Marketing-Management und Unternehmensführung, Stuttgart, S. 185–208.

Bruhn, M. (2004): Kommunikationspolitik für Industriegüter, in: Backhaus, K.; Voeth, M. (Hrsg.): Handbuch Industriegütermarketing, Wiesbaden, S. 697–721.

Bruhn, M.; Georgi, D.; Treyer, M.; Leumann,S. (2000): Wertorientiertes Relationship Marketing. Vom Kundenwert zum Customer Lifetime Value, in: Die Unternehmung, 54. Jg., Nr. 3, S. 167–188.

Bruhn, M.; Michalski, S. (2001): Rückgewinnungsmanagement – Eine explorative Studie zum Stand des Rückgewinnungsmanagements bei Banken und Versicherungen, in: Die Unternehmung, 55. Jg., Nr. 2, S. 111–125.

Bruhn, M.; Michalski, S. (2003): Analyse von Kundenabwanderungen – Forschungsstand, Erklärungsansätze, Implikationen, in: Zeitschrift für betriebswirtschaftliche Forschung, 55. Jg., S. 431–454.

Bühner, R.; Horn, P. (1995): Mitarbeiterführung im Total Quality Management, in: Bruhn, M. (Hrsg.): Internes Marketing, Wiesbaden, S. 651–678.

Butscher, S. (1995): Kundenclubs als modernes Marketinginstrument. Kritische Analyse und Einsatzmöglichkeiten, Ettlingen.

Buzzotta, V.R.; Lefton, R.E.; Sherberg, M. (1972): Effective Selling Through Psychology, New York.

Cadogan, J.W.; Simintiras, A.S. (1996): Behaviourism in the Study of Salesperson-Customer Interactions, in: Management Decision, Vol. 34, No. 6, S. 57–64.

Cannon, J.P.; Achrol, R.S. ; Gundlach, G.T. (2000): Contracts, Norms, and Plural Form Governance, in: Journal of the Academy of Marketing Science, Vol. 28, No. 2, S. 180–194.

Cespedes, F.V. (1993): Coordinating sales and marketing in consumer good firms, in: Journal of Consumer Marketing, Vol. 10, No. 2, S. 37–55.

Christ, O. (2000): Content Management, Bericht BE/HSG/CC BKM/14, Universität St. Gallen, Hochschule für Wirtschafts-, Rechts- und Sozialwissenschaften.

Churchill, G.A.; Surprenant, C. (1982): An Investigation into the Determinants of Customer Satisfaction, in: Journal of Marketing Research, Vol. 19, No. 4, S. 491–504.

Commons, J.R. (1990): Institutional Economics, New Brunswick (Wiederabdruck des Originals aus dem Jahre 1934).

Cornelsen, J. (2000): Kundenwertanalysen im Beziehungsmarketing, Nürnberg.

Coughlan, A.T. (1988): Pricing and the Role of Information in Markets, in: Devinney, T.M. (Hrsg.): Issues in Pricing, Lexington, S. 59–62.

Dallmer, H. (2002): Das System des Direct Marketing – Entwicklungsfaktoren und Trends, in: Dallmer, H. (Hrsg.): Handbuch Direct Marketing, 8. Aufl., Wiesbaden, S. 3–55.

Dalrymple, D.J.; Cron, W.L. (1995): Sales Management: Concepts and Cases, New York u. a.

Dangelmaier, W.; Uebel, M.; Helmke, S. (2004): Grundrahmen des Customer Relationship Management-Ansatzes, in: Uebel, M.; Helmke, S. ; Dangelmaier, W. (Hrsg.): Praxis des Customer Relationship Management, 2. Aufl., Wiesbaden, S. 3–16.

Danneboom, D. (2002): Geschwindigkeit als Effizienzfaktor im Telekommunikationsgeschäft, in: Diller, H. (Hrsg.): Mehr Effizienz im Marketing, Nürnberg, S. 75–89.

Dannenberg, H. (1995): Marketingstrategien erfolgreich im Vertrieb umsetzen, in: ORGA-Handbuch „Außendienst 1", Nr. 4, Planegg, S. 139–152.

Däumler, K.-D.; Grabe, J. (1998): Kostenrechnung 3: Plankostenrechnung, 6. Aufl., Herne, Berlin.

Davenport, T.H. (1993): Process Innovation. Reengineering Work Through Information Technology, Boston.

Day, G.S. (1994): The Capabilities of Market-Driven Organizations, in: Journal of Marketing, Vol. 58, October, S. 37–52.

December, J.; Randall, N. (1995): World Wide Web für Insider, Haar.

Decker, R.; Wagner, R.-P. (2001a): Data Mining, in: Diller, H. (Hrsg.): Vahlens Großes Marketinglexikon, 2. Aufl., München, S. 255–256.

Decker, R.; Wagner, R.-P. (2001b): Data Warehouse, in: Diller, H. (Hrsg.): Vahlens Großes Marketinglexikon, S. 257–258.

Decker, R.; Wagner, R.-P. (2001c): Online Analytical Processing, in: Diller, H. (Hrsg.): Vahlens Großes Marketinglexikon, S. 1220.

Dell, M. (1999): Direkt von Dell: Die Erfolgsstrategie eines Branchenrevolutionärs, Frankfurt a.M., New York.

Dewsnap, B.; Jobber, D. (2000): The sales-marketing interface in consumer packaged-good companies: a conceptual framework, in: Journal of Personal Selling & Sales Management, Vol. 20, No. 2, S. 109–119.

Diller, H. (1975): Produkt-Management und Marketing-Informationssysteme, Berlin.

Diller, H. (1989): Key-Account-Management als vertikales Marketingkonzept, in: Marketing-ZFP, 11. Jg., Nr. 4, S. 213–223.

Diller, H. (1991): Entwicklungstrends und Forschungsfelder der Marketingorganisation, in: Marketing-ZFP, 13. Jg., Nr. 3, S. 157–163.

Diller, H. (1993): Euro Key-Account-Management, in: Marketing-ZFP, 14. Jg., Nr. 4, S. 239–245.

Diller, H. (1995a): Kundenmanagement, in: Köhler, R.; Tietz, B.; Zentes, J. (Hrsg.): Handwörterbuch des Marketing, 2. Aufl., Stuttgart, Sp. 1363-1376.

Diller, H. (1995b): Beziehungs-Marketing, in: Wirtschaftswissenschaftliches Studium, 24. Jg., Nr. 9, S. 442–447.

Diller, H. (1995c): KAMQUAL – Ein Instrument zur Messung der Beziehungsqualität im Key-Account-Management, Arbeitspapier Nr. 42 des Lehrstuhls für Marketing an der Universität Erlangen-Nürnberg, Nürnberg.

Diller, H. (1995d): Entwicklungspfade des Marketing-Management, in: Diller, H (Hrsg.): Wege des Marketing, Berlin, S. 3–30.

Diller, H. (1996a): Kundenbindung als Marketingziel, in: Marketing-ZFP, 17. Jg., Nr. 2, S. 81–94.

Diller, H. (1996b): KAMQUAL: Beziehungserfolge realisieren, in: absatzwirtschaft, 39. Jg., Sonderheft Oktober, S. 174–187.

Diller, H. (1996c): Fallbeispiel Kundenclub: Ziele und Zielerreichung von Kundenclubs am Beispiel des Fachhandels, Ettlingen.

Diller, H. (1997): Veränderungen im Marketing durch Online-Medien, in: Bruhn, M.; Steffenhagen, H. (Hrsg.): Marktorientierte Unternehmensführung, Wiesbaden, S. 513–537.

Diller, H. (1998): Zielplanung, in: Diller, H. (Hrsg.): Marketingplanung, 2. Aufl., München, S. 163–198.

Diller, H. (2000a): Preispolitik, 3. Aufl., Stuttgart u. a.

Diller, H. (2000b): Customer Loyalty: Fata Morgana or Realistic Goal? Managing Relationship with Customers, in: Hennig-Thurau, T.; Hansen, U. (Ed.): Relationship Marketing, Berlin u. a., S. 29–48.

Diller, H. (2001a): Beziehungsmarketing, in: Diller, H. (Hrsg.): Vahlens Großes Marketinglexikon, 2. Aufl. München, S. 163–171.

Diller, H. (2001b): Die Erfolgsaussichten des Beziehungsmarketing im Internet, in: Eggert, A.; Fassott, G. (Hrsg.): eCRM – Electronic Customer Relationship Management, Stuttgart, S. 65–85.

Diller, H. (2002a): Mehr Effizienz im Marketing, in: Diller, H. (Hrsg.): Mehr Effizienz im Marketing, Nürnberg, S. 1–15.

Diller, H. (2002b): Probleme des Kundenwerts als Steuerungsgröße im Kundenmanagement, in: Böhler, H. (Hrsg.): Marketing-Management und Unternehmensführung, Stuttgart, S. 297–326.

Diller, H. (2002c): Grundprinzipien des Marketing, Nürnberg.

Diller, H. (2005a): Kundenwirtschaft als Schlüsselaufgabe ertragreicher Marktbearbeitung, Arbeitspapier Nr. 127 des Lehrstuhls für Marketing an der Universität Erlangen-Nürnberg, Nürnberg.

Diller, H. (2005b): Marketingführung: Pflichtenheft für den Marketingerfolg?, in: Diller, H. (Hrsg.): Innovative Marketingführung, Nürnberg, S. 1–30.

Diller, H.; Gaitanides, M. (1988): Das Key-Account-Management in der Deutschen Lebensmittelindustrie. Eine empirische Studie zur Ausgestaltung und Effizienz, Hamburg.

Diller, H.; Götz, P. (1993): Key-Account-Management in der Zulieferindustrie. Eine Bestandsaufnahme und Erfolgsdiskussion, Arbeitspapier Nr. 24 des Lehrstuhls für Marketing an der Universität Erlangen-Nürnberg, Nürnberg.

Diller, H.; Kusterer, M. (1988): Beziehungsmanagement. Theoretische Grundlagen und explorative Befunde, in: Marketing-ZFP, 10. Jg., Nr. 3, S. 211–220.

Diller, H.; Lücking, J.; Prechtel, W. (1992): Gibt es Kundenlebenszyklen im Investitionsgütergeschäft?, Arbeitspapier Nr. 12 des Lehrstuhls für Marketing an der Universität Erlangen-Nürnberg, Nürnberg.

Diller, H.; Saatkamp, J. (2002): Schwachstellen in Marketingprozessen, in: Marketing-ZFP, 24. Jg., Nr. 4, S. 239–252.

Dixon, A.L.; Spiro, R.L.; Jamil, M. (2001): Successful and Unsuccessful Sales Calls: Measuring Salesperson Attributions and Behavioral Intentions, in: Journal of Marketing, Vol. 65, July, S. 64–78.

Domsch, M.; Siemers, S. (Hrsg.) (1994): Fachlaufbahnen, Heidelberg.

Doney, P.M.; Cannon, J.P. (1997): An examination of the nature of trust in buyer-seller relationships, in: Journal of Marketing, Vol. 61, No. 2, S. 35–51.

Dubinsky, A.; Loken, B. (1989): Analyzing ethical decision making in marketing, in: Journal of Business Research, Vol. 19, No. 2, S. 83–107.

Dwyer, F.R.; Schurr, P.H.; Oh, S. (1987): Developing Buyer-Seller Relationships, in: Journal of Marketing, Vol. 51, S. 11–27.

Eberhard, U.W. (1999): Kundenbindung in der Luftfahrtbranche: Das Beispiel Swissair, in: Bruhn, M.; Homburg, C. (Hrsg.): Handbuch Kundenbindungsmanagement, 2. Aufl., Wiesbaden, S. 465–480.

Efthimiou, A. (2000): Herausforderung Call Center-Steuerung – Call Center Management, in: Schuler, H.; Pabst, J. (Hrsg.): Personalentwicklung im Call Center der Zukunft, Zürich, S. 119–133.

Eggert, A.; Fassott, G. (2001): Elektronisches Kundenbeziehungsmanagement (eCRM), in: Eggert, A., Fassott, G. (Hrsg.): eCRM – Electronic Customer Relationship Management, Stuttgart, S. 1–14.

Ehrlinger, E. (1979): Kundengruppenmanagement, in: Die Betriebswirtschaft, 39. Jg., Nr. 2, S. 261–273.

Enders, A.; Fromme, H. (1999): Customer Relationship Management Software, in: CAS Report, 2. Jg., S. 22–26.

Engelbrecht, A.; Hippner, H.; Wilde, K.D. (2004): eCRM – Konzeptionelle Grundlagen und Instrumente zur Unterstützung der Kundenprozesse im Internet, in: Hippner, H.; Wilde, K.D. (Hrsg.): IT-Systeme in CRM, Wiesbaden, S. 417–451.

Engelhardt, W.H.; Freiling, J. (1997): Marktorientierte Qualitätsplanung: Probleme des Quality Function Deployment aus Marketing-Sicht, in: Die Betriebswirtschaft, 57. Jg., Nr. 1, S. 7–19.

Federmann, R. (2001): Rechnung (Faktura), in: Diller, H. (Hrsg.): Vahlens Großes Marketinglexikon, 2. Aufl., München, S. 1466–1467.

Festinger, L.A. (1957): Theory of Cognitive Dissonance, Stanford.

Finsterwalder, J.; Lutz, A.; Packenius, D. (2004): Kampagnenmanagement bei der Audi AG – ein CRM-Pilotprojekt zur Audi A8 Einführung in Italien, in: Hippner, H.; Wilde, K.D. (Hrsg.): Management von CRM-Projekten, München, S. 371–385.

Fischer, M. (1995): Agency-Theorie, in: Wirtschaftswissenschaftliches Studium, 24. Jg., Nr. 6, S. 320–322.

Fleishman, E. (1953): The Description of Supervisory Behavior, in: Journal of Applied Psychology, Vol. 37, S. 1–6.

Foa, E.B.; Foa, U.G. (1975): Resource Theory of Social Exchange, Morristown.

Freiberg, K.L.; Freiberg, J.A. (1996): Nuts! Southwest Airlines' Crazy Recipe for Business and Personal Success, Austin.

Freiling, J. (2001a): Kundenwert – eine vergleichende Analyse ressourcenorientierter Ansätze, in: Günter, B.; Helm, S. (Hrsg.): Kundenwert, Wiesbaden, S. 81–102.

Freiling, J. (2001b): Beziehungsrisiken, in: Diller, H. (Hrsg.): Vahlens Großes Marketinglexikon, 2. Aufl., München, S. 174–175.

Freiling, J. (2001c): House of Quality (HQ), in: Diller, H. (Hrsg.): Vahlens Großes Marketinglexikon, 2. Aufl., München, S. 618–620.

French, J.R.P.; Raven, B. (1959): The Basis of Social Power, in: Cartwright, D. (Hrsg.): Studies in Social Power, Ann Arbor, S. 150–166.

Frenzen, H.; Krafft, M. (2004): Vertriebssteuerung, in: Backhaus, K.; Voeth, M. (Hrsg.): Handbuch Industriegütermarketing, Wiesbaden, S. 863–890.

Frese, E.; Lehmann, P. (2002): Der koordinierte Weg zum Kunden – Konzeption einer strategiekonformen Vertriebsorganisation, in: Böhler, H. (Hrsg.): Marketing-Management und Unternehmensführung, Stuttgart, S. 506–546.

Frühauf, K.; Oberbauer, R. (2002): Web in the car – Mobile Commerce als Herausforderung für Automobilhersteller, in: Silberer, G.; Wohlfahrt, J.; Wilhelm, T. (Hrsg.): Mobile Commerce, Wiesbaden, S. 380–397.

Futrell, C. (2001): Sales Management, 6. Aufl., Fort Worth.

Gadatsch, A. (2001): Management von Geschäftsprozessen. Methoden und Werkzeuge für die IT-Praxis, Braunschweig, Wiesbaden.

Gaitanides, M. (1983): Prozessorganisation, München.

Gaitanides, M.; Diller, H. (1989): Großkundenmanagement – Überlegungen und Befunde zur organisatorischen Gestaltung und Effizienz, in: Die Betriebswirtschaft, 49. Jg., S. 185–197.

Gaitanides, M.; Scholz, R.; Vrohlings, A.; Raster, M. (Hrsg.) (1994): Prozessmanagement. Konzepte, Umsetzungen und Erfahrungen des Reengineering, München, Wien.

Gaitanides, M.; Stock, R. (2004): Interorganisationale Teams: Transaktionskostentheoretische Überlegungen und empirische Befunde zum Teamerfolg, in: Zeitschrift für betriebswirtschaftliche Forschung, 56. Jg., S. 436–451.

Garczorc, I.; Krafft, M. (1999): Wie halte ich den Kunden? Kundenbindung, in: Albers, S. ; Clement, M.; Peters, K.; Skiera, B. (Hrsg.): eCommerce, Frankfurt a. M., S. 137–149.

Gebert, D. (2004): Innovation durch Teamarbeit, Stuttgart.

Geerth, N. (2001): Adressverlag, in: Diller, H. (Hrsg.): Vahlens Großes Marketinglexikon, 2. Aufl., München, S. 24–25.

Geib, M.; Riempp, G. (2002): Customer Knowledge Management – Wissen an der Schnittstelle zum Kunden handhaben, in: Abecker, A.; Hinkelmann, K.; Maus, H.; Müller, H. (Hrsg.): Geschäftsprozessorientiertes Wissensmanagement, Berlin u. a., S. 393–417.

Gemünden, H.G. (1980): Effiziente Interaktionsstrategien im Investitionsgütermarketing, in: Marketing-ZFP, 2. Jg., Nr. 1, S. 21–32.

Gemünden, H.G. (1993): Information: Bedarf, Analyse und Verhalten, in: Wittmann, W.; Kern, W.; Köhler, R.; Küpper, H.-U.; Wysocki, K. v. (Hrsg.): Handwörterbuch der Betriebswirtschaft, 5. Aufl., Stuttgart, Bd. . 2, Sp. 1725-1735.

Georgi, D. (2000): Entwicklung von Kundenbeziehungen, Wiesbaden.

Gerpott, T. (2000): 360-Grad-Feedback-Verfahren als spezielle Variante der Mitarbeiterbefragung, in: Domsch, M.; Ladwig, D. (Hrsg.): Handbuch Mitarbeiterbefragung, Heidelberg, S. 195–220.

Gerth, N. (2001): Zur Bedeutung eines neuen Informationsmanagements für den CRM-Erfolg, in: Link, J. (Hrsg.): Customer Relationship Management, Berlin, Heidelberg, S. 103–116.

Geulen, D. (Hrsg.) (1982): Perspektivenübernahme und soziales Handeln, Frankfurt.

Gibbert, M.; Leibold, M.; Probst, G. (2002): Five Styles of Customer Knowledge Management, and how smart companies use them to create value, in: Leibold, M.; Probst, G.; Gibbert, M. (Hrsg.): Strategic Management in the Knowledge Economy, Erlangen, S. 271–285.

Gierl, H.; Schwanenberg, S. (2001): Neuronale Netze, in: Diller, H. (Hrsg.): Vahlens Großes Marketinglexikon, München, S. 1181–1183.

Goehrmann, K.E. (1984): Verkaufsmanagement, Stuttgart u. a.

Goleman, D. (1996): Emotionale Intelligenz, München, Wien.

Gonik, J. (1978): Tie Salesmen's Bonuses to Their Forecasts, in: Harvard Business Review, Vol. 56, No. 3, S. 116–123.

Gosh, M.; John, G. (1999): Governance Value Analysis and Marketing Strategy, in: Journal of Marketing, Vol. 63, Special Issue, S. 131–145.

Gouthier, M.H.J. (2003): Kundenentwicklung im Dienstleistungsbereich, Wiesbaden.

Grether, M. (2003): Marktorientierung durch das Internet, Wiesbaden.

Griffin, J.; Lowenstein, M.W. (2001): Customer Win-Back. How to Re-Capture Lost Customers – And Keep Them Loyal, San Francisco.

Grimm, C. (2004): Möglichkeiten und Grenzen des Beziehungsmarketing im Messewesen, Nürnberg.

Gutsche, A.H. (2002): Konzeption einer Direktwerbe-Kampagne, in: Dallmer, H. (Hrsg.): Handbuch Direct Marketing, 8. Aufl., Wiesbaden, S. 195–203.

Gwinner, K.P.; Gremler, D.D.; Bitner, M.J. (1998): Relational Benefits in Services Industries: The Customer's Perspective, in: Journal of the Academy of Marketing Science, Vol. 26, No. 2, S. 101–114.

Haas, A. (2000a): Prozessorientiertes Vertriebscontrolling bei einem Luxusgüterhersteller, in: Weber, J.; Homburg, C. (Hrsg.): Marketing-Controlling, Kostenrechnungspraxis, Sonderheft 3, S. 79–85.

Haas, A. (2000b): Discounting. Konzeption und Anwendbarkeit des Discount als Marketingstrategie, Nürnberg.

Haas, A. (2002): Erfolgsstrategien im Verkauf. Eine verkäuferbasierte Analyse im Finanzdienstleistungsbereich, Arbeitspapier Nr. 100 des Lehrstuhls für Marketing an der Universität Erlangen-Nürnberg, Nürnberg.

Haas, A. (2004): Interessentenmanagement, in: Hippner, H.; Wilde, K. D. (Hrsg.): Grundlagen des CRM, Wiesbaden, S. 363–391.

Hackl, O. (1998): Mitarbeiter im Verkaufsaußendienst: Einführung und Führung, Wiesbaden.

Hadfield, G.K. (1990): Problematic Relations: Franchising and the Law of Incomplete Contracts, in: Stanford Law Review, Vol. 42, S. 927–992.

Hagedorn, J.; Bissantz, N.; Mertens, P. (1997): Data Mining (Datenmustererkennung) – Stand der Forschung und Entwicklung, in: Wirtschaftsinformatik, Nr. 6, S. 601–612.

Hagemann, H. (1986): Lebenszyklus-Management, in: Hammer, G. et al. (Hrsg.): Planung und Prognose in Dienstleistungsunternehmen, Karlsruhe, S. 1–21.

Hahn, D. (2002): Problemfelder des Supply Chain Management, in: Hahn, D.; Kaufmann, L. (Hrsg.): Handbuch Industrielles Beschaffungsmanagement, 2. Aufl., Wiesbaden, S. 1061–1072.

Hahne, H. (1998): Category Management aus Herstellersicht, Köln, Lohmar.

Hamner, W.C.; Yukl, G.A. (1977): The Effectiveness of Different Offer Strategies in Bargaining, in: Druckman, D. (Hrsg.): Negotiations: Social-Psychological Perspectives, Beverly Hills, S. 137–160.

Hansen, U.; Schulze, H. S. (1990): Transaktionsanalyse und persönlicher Verkauf, in: Jahrbuch der Absatz- und Verbrauchsforschung, 36. Jg., Nr. 1, S. 4–26.

Hanser, P.; Gieringer, G.; Thomaszik, B. (2003): Der lange Weg zur Kundenorientierung, in: absatzwirtschaft, 46. Jg., Nr. 10, S. 40–46.

Harris, B.; McPartland, M. (1993): Category Management Defined, in: Progressive Grocer, Vol. 72, S. 5–8.

Hasenkamp, U.; Syring, M. (1993): Konzepte und Einsatzmöglichkeiten von Workflow-Management-Systemen, in: Kurbel, K. (Hrsg.): Wirtschaftsinformatik 93, Heidelberg, S. 405–422.

Hauser, J.R.; Clausing, D. (2001): Kundenorientierte Produktentwicklung als Schlüssel zur Kundenzufriedenheit: wenn die Stimme des Kunden bis in die Produktion vordringt, in: Homburg, C. (Hrsg.): Kundenzufriedenheit, 4. Aufl., Wiesbaden, S. 315–335.

Hawes, J.M.; Strong, J.T.; Winick, B.S. (1996): Do Closing Techniques Diminish Prospect Trust?, in: Industrial Marketing Management, Vol. 25, S. 349–360.

Heger, G. (1984): Das Rollenverhalten des Akquisiteurs im industriellen Anlagengeschäft, in: Marketing-ZFP, 6. Jg., Nr. 4, S. 235–244.

Heger, G. (1988): Anfragenbewertung im industriellen Anlagengeschäft, Berlin.

Heger, G. (1998): Anfragenbewertung, in: Kleinaltenkamp, M.; Plinke, W. (Hrsg): Auf-trags- und Projektmanagement. Projektbearbeitung für den Technischen Vertrieb, Ber-lin u. a., S. 69–115.

Heide, J.B.; John, G. (1992): Do Norms Matter in Marketing Relationships?, in: Journal of Marketing, Vol. 56, No. 2, S. 32–44.

Heidelberger Druckmaschinen AG (2005): Heidelberger Druckmaschinen – Ein Unter-nehmensprofil, Heidelberg.

Heinemann, G. (1997): Kooperative Effizienzstrategien im Absatzkanal. Was der Handel bedenken sollte, in: Thexis, 14. Jg., Nr. 4, S. 38–40.

Helfert, G. (1998): Teams im Relationship Marketing, Wiesbaden.

Helm, S. (2003): Der Wert von Kundenbeziehungen aus der Perspektive des Transaktionskostenansatzes, in: Günter, B.; Helm, S. (Hrsg.): Kundenwert, 2. Aufl., Wiesbaden, S. 109–130.

Hennig-Thurau, T. (2000): Die Qualität von Geschäftsbeziehungen im Dienstleistungs-sektor: Konzeptualisierung, empirische Messung, Gestaltungshinweise, in: Bruhn, M.; Stauss, B. (Hrsg.): Dienstleistungsmanagement Jahrbuch 2000, Wiesbaden, S. 132–158.

Hennig-Thurau, T. (2001a): Beziehungsqualität, in: Diller, H. (Hrsg.): Vahlens Großes Marketinglexikon, München, S. 172–174.

Hennig-Thurau, T. (2001b): Servicepolitik, in: Diller, H. (Hrsg.): Vahlens Großes Marke-tinglexikon, 2. Aufl., München, S. 1536–1539.

Hennig-Thurau, T.; Gwinner, K.P.; Gremler, D.D. (2000): Why Customers Build Rela-tionships with Companies – and Why not, in: Hennig-Thurau, T.; Hansen, U. (Hrsg.): Relationship Marketing, Berlin u. a., S. 369–391.

Hermanns, A.; Prieß, S. (1987): Computer Aided Selling, München.

Herrmann, A. (1998): Produktmanagement, München.

Hess, O. (1999): Internet, Electronic Data Interchange (EDI) und SAP R/3 – Synergien und Abgrenzungen im Rahmen des Electronic Commerce, in: Hermanns, A.; Sauter, M. (Hrsg.): Management-Handbuch Electronic Commerce, München, S. 185–196.

Hesse, J.; Huckemann, M. (2002): Erfolgsfaktoren des Vertriebs, in: Ahlert, D.; Evan-schitzky, H.; Hesse, J. (Hrsg.): Exzellenz in Dienstleistung und Vertrieb, Wiesbaden, S. 61–88.

Hettich, S. ; Hippner, H.; Wilde, K.D. (2001): Customer Relationship Management: Informationstechnologien im Dienste der Kundeninteraktion, in: Bruhn, M.; Stauss, B. (Hrsg.): Dienstleistungsmanagement Jahrbuch 2001, Wiesbaden, S. 167–201.

Hildebrandt, L. (2001): Regressionsanalyse, multiple, in: Diller, H. (Hrsg.): Vahlens Großes Marketinglexikon, S. 1481–1483.

Hillemeyer, J. (2005): Den Kunden im Verkauf hypnotisieren, in: Lebensmittelzeitung, Nr. 14 vom 8.4.2005, S. 54.

Hippner, H. (2004): CRM – Grundlagen, Ziele und Konzepte, in: Hippner, H.; Wilde, K. D. (Hrsg): Grundlagen des CRM, Wiesbaden, S. 13–41.

Hippner, H.; Martin, S. ; Wilde, K.D. (2002): Customer Relationship Management – Strategie und Realisierung, in: Wilde, K.D.; Hippner, H. (Hrsg.): Customer Relation-ship Management, Düsseldorf, S. 9–41.

Hippner, H.; Merzenich, M.; Wilde, K.D. (2004): Data Mining – Grundlagen und Einsatz-potenziale im CRM, in: Hippner, H.; Wilde, K.D. (Hrsg.): IT-Systeme in CRM, Wiesbaden, S. 241–268.

Hippner, H.; Rentzmann, R.; Wilde, K.D. (2004): Aufbau und Funktionalitäten von CRM-Systemen, in: Hippner, H.; Wilde, K. D. (Hrsg): Grundlagen des CRM, Wiesbaden, S. 3–42.

Hippner, H.; Wilde, K.D. (2003): Customer Relationship Management – Strategie und Realisierung, in: Teichmann, R. (Hrsg.): Customer und Shareholder Relationship Management, Berlin u. a., S. 3–52.

Hite, R.E.; Johnston, W.J. (1998): Managing Salespeople. A Relationship Approach, Cincinnati.

Hoffmann, R.; Lumbe, J.-J. (2002): Lieferantenbewertung bei der Siemens AG – Grundlagen für das Lieferantenmanagement, in: Hahn, D.; Kaufmann, L. (Hrsg.): Handbuch industrielles Beschaffungsmanagement, 2. Aufl., Wiesbaden, S. 629–657.

Holland, H. (2001): Multi-Level-Marketing, in: Diller, H. (Hrsg.): Vahlens Großes Marketinglexikon, 2. Aufl., München, S. 1150–1151.

Holland, H. (2004): Direktmarketing, 2. Aufl., München.

Homans, G.C. (1974): Social Behaviour: Its Elementary Forms, revised edition, New York.

Homburg, C.; Daum, D. (1997): Marktorientiertes Kostenmanagement, Frankfurt a.M.

Homburg, C.; Fassnacht, M. (1998): Kundennähe, Kundenzufriedenheit und Kundenbindung bei Dienstleistungsunternehmen, in: Bruhn, M.; Meffert, M. (Hrsg.): Handbuch Dienstleistungsmanagement, Wiesbaden, S. 405–428.

Homburg, C.; Fürst, A.; Sieben, F. (2003): Kundenrückgewinnung – Willkommen zurück, in: Harvard Business Manager, 25. Jg., Nr. 12, S. 57–67.

Homburg, C.; Koschate, N. (2003): Kann Kundenzufriedenheit negative Reaktionen auf Preiserhöhungen abschwächen?, in: Die Betriebswirtschaft, 63. Jg., S. 619–634.

Homburg, C.; Krohmer, H. (2003): Marketingmanagement, Wiesbaden.

Homburg, C.; Pflesser, C. (2000): A Multiple-Layer Model of Market-Oriented Organizational Culture: Measurement Issues and Performance Outcomes, in: Journal of Marketing Research, Vol. 37, November, S. 449–462.

Homburg, C.; Schäfer, H. (2003): Die Erschließung von Kundenwertpotenzialen durch Cross-Selling, in: Günter, B.; Helm, S. (Hrsg.): Kundenwert, Wiesbaden, S. 163–187.

Homburg, C.; Schneider, J.; Schäfer, H. (2001): Sales Excellence, Wiesbaden.

Homburg, C.; Schnurr, P. (1998): Kundenwert als Instrument der Wertorientierten Unternehmensführung, in: Bruhn, M.; Lusti, M.; Müller, W.; Schierenbeck, H.; Studer, T. (Hrsg.): Wertorientierte Unternehmensführung, Wiesbaden, S. 169–189.

Homburg, C.; Stock, R. (2000): Der kundenorientierte Mitarbeiter, Wiesbaden.

Homburg, C.; Stock, R. (2001): Theoretische Perspektiven zur Kundenzufriedenheit, in: Homburg, C. (Hrsg.): Kundenzufriedenheit, Wiesbaden, S. 17–50.

Homburg, C.; Werner, H. (1998): Kundenorientierung mit System, Frankfurt.

Hören, M. v. (2000): Vergütung von Fach- und Führungskräften im Außendienst, in: Albers, S. ; Haßmann, V.; Somm, F.; Tomczak, T. (Hrsg.): Digitale Fachbibliothek Verkauf, Kapitel 3.1, Düsseldorf.

Hunt, K.A.; Bashaw, R.E. (1999): A New Classification of Sales Resistance, in: Industrial Marketing Management, Vol. 28, No. 1, S. 109–118.

Hunt, S. D. (2000): A General Theory of Competition: Resources, Competences, Productivity, Economic Growth, Thousand Oaks.

Im, S. ; Workman, J.P., jr. (2004): Market Orientation, Creativity, and New Product Performance in High-Technology Firms, in: Journal of Marketing, Vol. 68, April, S. 114–132.

Ivens, B.S. (2002): Beziehungsstile im Business-to-Business-Geschäft, Nürnberg.

Ivens, B.S. (2003): Reverse Auctions in der B2B-Beschaffung, in: Marketing News Nr. 39, Lehrstuhl für Marketing Universität Erlangen-Nürnberg, Dezember, S. 3–7.

Ivens, B.S. (2004a): Drivers and Effects of Customer-Directed Communication in Business Relationships: Theoretical Foundations and an Empirical Study, in: Die Betriebswirtschaft, 64. Jg., S. 195–210.

Ivens, B.S. (2004b): Anbieterflexibilität in Dienstleistungsbeziehungen: Konstrukt – Erfolgswirkungen – Determinanten, in: Marketing-ZFP, 26. Jg., Nr. 3, S. 215–226.

Ivens, B.S. (2004c): How Relevant Are Different Forms of Relational Behavior? An Empirical Test Based on Macneil's Exchange Framework, in: Journal of Business & Industrial Marketing, Vol. 19, No. 5, S. 300–309.

Ivens, B.S. ; Blois, K.J. (2004): Relational Exchange Norms in Marketing: A Critical Review of Macneil's Contribution, in: Marketing Theory, Vol. 4, No. 3, S. 239–263.

Jacob, F. (2003): Kundenintegrations-Kompetenz, in: Marketing-ZFP, 25.Jg., Nr. 2, S. 83–98.

Jenkinson, A. (1997): Database Marketing for Loyality, in: Link, J.; Brändli, D.; Schleunin, C.; Kehl, R. (Hrsg.): Handbuch Database Marketing, Ettlingen, S. 315–334.

Jensen, O. (2001): Kundenorientierte Vergütungssysteme als Schlüssel zur Kundenzufriedenheit, in: Homburg, C. (Hrsg.): Kundenzufriedenheit, 4. Aufl., S. 281–293.

Jeschke, K. (1995): Nachkaufmarketing: Kundenzufriedenheit und Kundenbindung auf Konsumgütermärkten, Frankfurt a.M., New York.

Joas, H. (1980): Rollen- und Interaktionstheorien in der Sozialisationsforschung, in: Hurrelmann, K.; Ulich, D. (Hrsg.): Handbuch der Sozialisationsforschung, Weinheim, Basel, S. 147–160.

Johnston, M.W.; Marshall, G.W. (2003): Sales Force Management, 7. Aufl., New York.

Jones, E.E.; Gerard, H.B. (1967): Foundations of Social Psychology, New York.

Kaapke, A.; Bald, C. (2005): Marketingpotenziale der Radio Frequency Indentification (RFID) im Konsumgüterhandel, in: Thexis, 22. Jg., Nr. 2, S. 47–50.

Kaas, K.P. (1990): Marketing als Bewältigung von Informations- und Unsicherheitsproblemen im Markt, in: Die Betriebswirtschaft, 50. Jg., S. 539–548.

Kaas, K.P. (1995): Marketing zwischen Markt und Hierarchie, in: Zeitschrift für betriebswirtschaftliche Forschung, Sonderheft 35 „Kontrakte, Geschäftsbeziehungen, Netzwerke – Marketing und Neue Institutionenökonomik", hrsg. von P. Kaas, S. 19–42.

Kambartel, K.-H. (1973): Systematische Angebotsplanung in Unternehmen der Auftragsfertigung, Aachen.

Kamiske, G.F.; Hummel, T.G.C.; Malorny, C.; Zoschke, M. (1994): Quality Function Deployment – oder das systematische Überbringen der Kundenwünsche. Qualitätsplanungs- und Kommunikationsinstrument zwischen Marketer und Ingenieur, in: Marketing-ZFP, 16. Jg., Nr. 3, S. 181–190.

Kano, N. (1984): Attractive Quality and Must-Be Quality, in: Hinshitsu: The Journal of the Japanese Society for Quality Control, S. 39–48.

Kapell, E. (2003): Melitta steuert mit „Mobile Sales", in: Lebensmittelzeitung, Nr. 33 vom 15.08.2003, S. 24.

Kaplan, R.S. ; Norton, D.P. (1997): Balanced Scorecard: Strategien erfolgreich umsetzen, Stuttgart.

Kartes, C. (2005): Voice-Self-Services und Sprachportale, in: Funkschau, Nr. 3, S. 10.

Kaulmann, T. (1987): Property rights und Unternehmungstheorie: Stand und Weiterentwicklung der empirischen Forschung, München.

Keller, M. (1976): Kognitive Entwicklungen und soziale Kompetenz, Stuttgart.

452

Kelley, H.H. (1973): The Process of Causal Attribution, in: Amercian Psychologist, Vol. 28, S. 107–128.

Kemper, C. (2005): Brand Virtuosity: Kreativitätsförderung bei Schwarzkopf & Henkel, in: Diller, H. (Hrsg.): Innovative Marketingführung, Nürnberg, S. 31–49.

Kern, E. (1990): Der Interaktionsansatz im Investitionsgütermarketing, Berlin.

Kienbaum (1999): Kienbaum-Vergütungsstudie „Führungs- und Fachkräfte im Außendienst 1999".

Kienbaum (2004): Kienbaum-Vergütungsstudie „Führungs- und Fachkräfte im Außendienst 2004", URL: http://www.kienbaum.de/cms/de/presse/pressemitteilungen/pressemitteilung_detail.cfm?Datum =2004&ObjectID= 21BC5CB6-A741-47D5-85AF98 9FA984F7C7, 06.04.2005.

Klammer, M. (1989): Nonverbale Kommunikation beim Verkauf, Heidelberg.

Kleinaltenkamp, M. (1994): Institutionenökonomische Begründung der Geschäftsbeziehung, in: Backhaus, K.; Diller, H. (Hrsg.): Dokumentation des 1. Workshops „Beziehungsmanagement" vom 27.-28.09.1993 in Frankfurt am Main, Münster und Nürnberg, S. 8–39.

Kleinaltenkamp, M. (1996): Customer Integration – Kundenintegration als Leitbild für das Business-to-Business-Marketing, in: Kleinaltenkamp, M.; Fließ, S. ; Jacob, F. (Hrsg.): Customer Integration, Wiesbaden, S. 13–24.

Kleinaltenkamp, M. (1997): Kundenintegration, in: Wirtschaftswissenschaftliches Studium, 26. Jg., Nr. 7, S. 350–354.

Kleinaltenkamp, M.; Dahlke, B. (2001): Der Wert des Kunden als Informant, in: Günter, B.; Helm, S. (Hrsg.): Kundenwert, Wiesbaden, S. 189–212.

Klumpp, T. (2000): Zusammenarbeit von Marketing und Verkauf, St. Gallen.

Koch, D.; Arndt, D. (2004): Rechtliche Aspekte bei CRM-Projekten, in: Hippner, H.; Wilde, K. (Hrsg.): Management von CRM-Projekten, Wiesbaden, S. 197–222.

Koch, F.-K. (1987): Verhandlungen bei Vermarktungen im Investitionsgüterbereich, Mainz.

Köhler, R. (1992a): Überwachung des Marketing, in: Coenenberg, A. G.; Wysocki, K., v. (Hrsg.): Handwörterbuch der Revision, 2. Aufl., Stuttgart, Sp. 1269-1284.

Köhler, R. (1992b): Kosteninformationen für Marketing-Entscheidungen (Marketing-Accounting), in: Männel, W. (Hrsg.): Handbuch Kostenrechnung, Wiesbaden, S. 837–857.

Köhler, R. (1993): Beiträge zum Marketing-Management, 3. Aufl., Stuttgart.

Kohler, R. (1995a): Marketing-Organisation, in: Tietz, B.; Köhler, R.; Zentes, J. (Hrsg.): Handwörterbuch des Marketing, 2. Aufl., Stuttgart, Sp. 1636-1653.

Köhler, R. (1995b): Führung im Marketingbereich, in: Kieser, A. (Hrsg.): Handwörterbuch der Führung, 2. Aufl., Stuttgart, Sp. 1467-1483.

Köhler, R. (1999): Kundenorientiertes Rechnungswesen als Voraussetzung des Kundenbindungsmanagements, in: Bruhn, M.; Homburg, C. (Hrsg.): Handbuch Kundenbindungsmanagement, 2. Aufl., S. 329–357.

Köhler, R. (2001a): Marketing-Controlling: Konzepte und Methoden, in: Reinecke, S. ; Tomczak T.; Geis, G. (Hrsg.): Handbuch Marketingcontrolling, Frankfurt a.M., Wien, S. 12–31.

Köhler, R. (2001b): Marketing-Koordination, in: Diller, H. (Hrsg.): Vahlens Großes Marketinglexikon, 2. Aufl., München, S. 990–991.

Kohli, A.K.; Jaworski, B.J. (1990): Market Orientation: The Construct, Research Propositions, and Managerial Implications, in: Journal of Marketing, Vol. 54, April, S. 1–18.

Kolbe, L.M.; Österle, H.; Brenner, W.; Geib, M. (2003): Grundlagen des Customer Knowledge Management, in: Kolbe, L.M.; Österle, H.; Brenner, W. (Hrsg.): Customer Knowledge Management, Berlin u. a., S. 3–21.

Kotler, P.; Bliemel, F.W. (2001): Marketing-Management, 10. Aufl., Stuttgart.

Krafft, M. (1999): An Empirical Investigation of the Antecedents of Sales Force Control Systems, in: Journal of Marketing, Vol. 51, No. 3, S. 120–134.

Krafft, M. (2001a): ABC-Analyse, in: Diller, H. (Hrsg.): Vahlens Großes Marketinglexikon, 2. Aufl., München, S. 1.

Krafft, M. (2001b): Kundenportfolio, in: Diller, H. (Hrsg.): Vahlens Großes Marketinglexikon, 2. Aufl., München, S. 871–872.

Krafft, M. (2002): Kundenbindung und Kundenwert, Heidelberg.

Krafft, M. (2003): (e)-CRM-Strategien und ihre Erfolgswirkungen. Ergebnisse aus zwei branchen- und länderübergreifenden Studien, in: Diller, H. (Hrsg.): Beziehungsmarketing und CRM erfolgreich realisieren, Nürnberg, S. 23–42.

Krafft, M.; Albers, S. (2000): Ansätze zur Segmentierung von Kunden – Wie geeignet sind herkömmliche Konzepte?, in: Zeitschrift für betriebswirtschaftliche Forschung, 52. Jg., S. 515–536.

Krafft, M.; Rutsatz, U. (2001): Einsatz von Kundenwertkonzepten im Versandhandel und Direktmarketing, in: Günter, B.; Helm, S. (Hrsg.): Kundenwert, Wiesbaden, S. 615–639.

Kreilkamp, E. (1987): Strategisches Management und Marketing, Berlin u. a.

Kreutzer, R.; Raffée, H. (1986): Organisatorische Verankerung als Erfolgsbedingung eines Global-Marketing, in: Thexis, 3. Jg., S. 10–21.

Krickl, O. (1994): Business Redesign – Prozessorientierte Organisationsgestaltung und Informationstechnologie, in: Krickl, O. (Hrsg.): Geschäftsprozessmanagement, Heidelberg, S. 17–38.

Kroeber-Riel, W.; Weinberg, P. (1999): Konsumentenverhalten, 7. Aufl., München.

Kroll, U.; Spannaus, D. (2004): Smarte Chips revolutionieren die Supply Chain, in: Lebensmittelzeitung, Nr. 20 vom 14.05.2004, S. 57.

Kuhlmann, E. (2001): Industrielles Vertriebsmanagement, München.

Kühn, R.; Fuhrer, U. (2001): Die Bedeutung von Realen Optionen für Marketing-Entscheidungen, in: Journal für Betriebswirtschaft, 51. Jg., Nr. 3, S. 125–136.

Kumar A.; Bohling, T.R.; Ladda, R.N. (2003): Antecedents and consequences of relationship intention: implications for transaction and relationship marketing, in: Industrial Marketing Management, Vol. 32, S. 667–676.

Kurz, R.; Bartram, D. (2002): Competency and Individual performance: Modelling the World of Work, in: Robertson, I.T.; Callinan, M.; Bartram, D. (Hrsg.): Organizational Effectiveness: The Role of Psychology, Chichester, S. 227–255.

Large, R.; Kovács, Z.; Davis, S. ; Halstead-Nussloch, R. (2003): Internationaler Vergleich der Internet-Nutzung im Beschaffungsmanagement. Ergebnisse einer Befragung von Beschaffungsmanagern in Deutschland, Ungarn und den USA, in: Zeitschrift für Betriebswirtschaft, 73. Jg., S. 1103–1124.

Laux, C. (1993): Handlungsspielräume im Leistungsbereich des Unternehmens: Eine Anwendung der Optionspreistheorie, in: Zeitschrift für betriebswirtschaftliche Forschung, 45. Jg., S. 933–958.

Leigh, T.W.; McGraw, P.F. (1989): Mapping the Procedural Knowledge of Sales Personnel: A Script-Theoretic Investigation, in: Journal of Marketing, Vol. 53, January, S. 16–34.

Leyendecker, H. (2005): Entrepreneurship generieren und stärken: Erfahrungen einer globalen Netzwerk-Agentur, in: Diller, H. (Hrsg.): Innovative Marketingführung, Nürnberg, S. 95–110.

Link, J. (1995): Welche Kunden rechnen sich?, in: absatzwirtschaft, 38. Jg., Nr. 10, S. 108–110.

Link, J. (2000): Kundenorientierte Informationssysteme im Marketing-Controlling, in: Weber, J.; Homburg, C. (Hrsg.): Marketing-Controlling, Kostenrechnungspraxis, Sonderheft 3, S. 35–45.

Link, J. (2001a): Grundlagen und Perspektiven des Customer Relationship Management, in: Link, J. (Hrsg.): Customer Relationship Management, Berlin, Heidelberg, S. 1–34.

Link, J. (2002): Verkaufssupport mit CAS, in: Albers, S. (Hrsg.): Verkaufsaußendienst. Planung – Steuerung – Kontrolle, Düsseldorf, S. 57–86

Link, J.; Gerth, N.; Voßbeck, E. (2000): Marketing-Controlling, München.

Link, J.; Hildebrand, V. (1993): Database Marketing und Computer Aided Selling, München.

Lipset, S. M. (1975): Social Structure and Social Change, in: Blau, P.M. (Hrsg.): Approaches to the Study of Social Structure, New York, S. 172–209.

Liu, A.H.; Leach, M.P. (2001): Developing Loyal Customers with a Value-adding Sales Force: Examining Customer Satisfaction and the Perceived Credibility of Consultative Salespeople, in: Journal of Personal Selling & Sales Management, Vol. 21, No. 2, S. 147–156.

Llewellyn, K.N. (1931): What price contract? An essay in perspective, in: Yale Law Journal, Vol. 40, S. 704–751.

Lorbeer, A. (2003): Vertrauensbildung in Kundenbeziehungen, Leipzig.

Lusti, M. (1999): Data Warehousing und Data Mining. Eine Einführung in entscheidungsunterstützende Systeme, Berlin.

Macauley, S. (1963): Non-Contractual Relations in Business: A Preliminary Study, in: American Sociological Review, Vol. 28, S. 55–67.

Macneil, I.R. (1974): The Many Futures of Contracts, in: Southern California Law Review, Vol. 47, No. 5, S. 691–816.

Macneil, I.R. (1978): Contracts: Adjustment of Long-Term Economic Relations Under Classical, Neoclassical, and Relational Contract Law, in: Northwestern University Law Review, Vol. 72, S. 854–905.

Magyar, K.M.; Prange, P. (1993): Zukunft im Kopf. Wege zum visionären Unternehmen, Freiburg.

Mahajan, J. (1991): A data envelopment analytical model for assessing the relative efficiency of the selling function, in: European Journal of Operational Research, Vol. 53, S. 189–205.

Männel, W. (1992): Bedeutung der Erlösrechnung für die Ergebnisrechnung, in: Männel, W. (Hrsg.): Handbuch Kostenrechnung, Wiesbaden, S. 631–655.

Männel, W. (1994): Leistungs- und Erlösrechnung, Lauf a. d. Pegnitz, 1994.

Marchetti, M. (1999): The Cost of Doing Business, in: Sales & Marketing Management, Vol. 151, No. 9, S. 56.

Martin, M. (1992): Mikrogeographische Marktsegmentierung, Wiesbaden.

Matzler, K.; Fuchs, M.; Binder, H.J.; Leihs, H. (2005): Asymmetrische Effekte bei der Entstehung von Kundenzufriedenheit: Konsequenzen für die Importance-Performance-Analyse, in: Zeitschrift für Betriebswirtschaft, 75. Jg., S. 299–317.

Matzler, K.; Stahl, H.K. (2000): Kundenzufriedenheit und Unternehmenswertsteigerung, in: Die Betriebswirtschaft, 60. Jg., S. 626–641.

Maur, E. v.; Rieger, B. (2001): Data Warehouse, in: Mertens, P.; Back, A.; Becker, J.; König, W.; Krallmann, H.; Rieger, B.; Scheer, A.-W.; Seibt, D.; Stahlknecht, P.; Strunz, H.; Thome, R.; Wedekind, H. (Hrsg.): Lexikon der Wirtschaftsinformatik, 4. Aufl., Berlin, S. 131–132.

Mayer, R. (1998): Prozesskostenrechnung – State of the Art, in: Horvath & Partner (Hrsg.): Prozesskostenmanagement, 2. Aufl., München.

Meffert, H. (1989): Marketingstrategien, globale, in: Macharzina, K.; Welge, M.K. (Hrsg.): Handwörterbuch Export und Internationale Unternehmung, Stuttgart, Sp. 1412-1427.

Meffert, H. (1998): Marketing, 8. Aufl., Wiesbaden.

Meffert, H.; Burmann, C. (1996): Value-Added-Services im Bankbereich, in: Bank und Markt, 25. Jg., Nr. 4, S. 26–29.

Meffert, H.; Schneider, H.; Krummenerl, M. (2004): Direktmarketing im Industriegüterbereich. Ausgestaltungsformen und empirische Befunde, in: Backhaus, K.; Voeth, M. (Hrsg.): Handbuch Industriegütermarketing, Wiesbaden, S. 723–748.

Meffert, H.; Siefke, A. (1994): Lean Marketing – mehr als ein Schlagwort?, Arbeitspapier Nr. 88 der Wissenschaftlichen Gesellschaft für Marketing und Unternehmensführung, Münster.

Meier, A. (2004): Organisation, Implementierung und Controlling des Kundenbeziehungsmanagements, in: Die Unternehmung, 58. Jg., S. 331–346.

Meier, M.; Sinzig, W.; Mertens, P. (2002): SAP Strategic Enterprise Management/Business Analytics, Berlin.

Meier-Maletz, M. (1998): Messung von Verkaufstrainings, in: Detroy, E.-N. (Hrsg.): Das große Handbuch für den Verkaufsleiter, Landsberg/Lech, S. 762–779.

Melan, E.H. (1992): Process Management. Methods for Improving Products and Services, New York.

Merril, D.; Reid, R. (1981): Personal Styles and Effective Performance, Radner.

Mertens, P. (1997): Integrierte Informationsverarbeitung 1, 11. Aufl., Wiesbaden.

Mertens, P.; Stößlein, M. (2004): Stakeholder Information Systems – Rechnergestütztes Beziehungsmarketing, in: Diller, H. (Hrsg.): Marketinginnovationen erfolgreich gestalten, Nürnberg, S. 83–103.

Meyer, A. (2001): Dienstleistungen, in: Diller, H. (Hrsg.): Vahlens Großes Marketinglexikon, München, S. 285–288.

Meyer, A.; Blümelhuber, C. (1999): Kundenbindung durch Services, in: Bruhn, M.; Homburg, C. (Hrsg.): Handbuch Kundenbindungsmanagement, 2. Aufl., Wiesbaden, S. 189–212.

Meyer, A.; Kantsberger, R. (2004): Aufbau, Management und Potenziale eines Customer Interaction Center, in: Hippner, H.; Wilde, K.D. (Hrsg.): IT-Systeme im CRM, Wiesbaden, S. 393–415.

Meyer, A.; Schaffer, M. (2001): Die Kundenbeziehung als ein zentraler Unternehmenswert – Kundenorientierung als Werttreiber der Kundenbeziehung, in: Günter, B.; Helm, S. (Hrsg.): Kundenwert, Wiesbaden, S. 57–80.

Meyer, J. (2001): Elektronische Vernetzung, in: Diller, H. (Hrsg.): Vahlens Großes Marketinglexikon, München, S. 399–400.

Meyer, M. (2002): CRM-Systeme mit EAI – Konzeption, Implementierung und Evaluation, Braunschweig.

Meyer, M. (2004): Implementierung von CRM-Systemen – Integrationsebenen und -technologien, in: Hippner, H.; Wilde, K.D. (Hrsg.): IT-Systeme im CRM, Wiesbaden, S. 121–148.

Milde, H. (1998): Category Management aus der Perspektive eines Marktforschungsinstitutes, in: Ahlert, D. et al. (Hrsg.): Informationssysteme für das Handelsmanagement. Konzepte und Nutzung in der Unternehmenspraxis, Berlin u. a., S. 289–303.

Milgrom, P.; Roberts, J. (1992): Economics, Organization and Management, Englewood Cliffs.

Mintzberg (1980): The nature of managerial work, 2. Aufl., Englewood Cliffs, New York.

Minx, E.; Reeb, M. (2005): Zukunfts- und Trendforschung – Anforderungen an zukunftsorientierte Marktforschungsmethoden, in: Thexis, 22. Jg., Nr. 2, S. 7–9.

Mitchell, V. (1998): Defining and measuring perceived risk, in: Academy of Marketing (Hrsg.): Academy of Marketing Conference Proceedings, Academy of Marketing, Sheffield, S. 380–384.

Morgan, R.M.; Hunt, S. D. (1994): The Commitment-Trust Theory of Relationship Marketing, in: Journal of Marketing, Vol. 58, No. 3, S. 20–38.

Mues, F.-J. (2001a): Contract Sales Forces, in: Diller, H. (Hrsg.): Vahlens Großes Marketinglexikon, 2. Aufl., München, S. 234–235.

Mues, F.-J. (2001b): Merchandising, in: Diller, H. (Hrsg.): Vahlens Großes Marketinglexikon, 2. Aufl., München, S. 1118–1119.

Mulder, M.; Veen, M.; Hijzen, T.; Jansen, P. (1973): On power equalization: a behavioural example of power distance-reduction, in: Journal of Personality and Social Psychology, Vol. 26, S. 151–158.

Müller, F. (1995): Allrounder Kundenzeitschriften: Herausgabeziele richtig definieren, in: Tomczak, T.; Müller, F.; Müller, R. (Hrsg.): Die Nicht-Klassiker der Unternehmenskommunikation, St. Gallen, S. 176–183.

Müller, G.F. (1983): Anbieter-Nachfrager-Interaktionen, in: Irle, M. (Hrsg.): Marktpsychologie als Sozialwissenschaft, Enzyklopädie der Psychologie, D III 4, Göttingen, S. 626–735.

Müller, G.F. (1985): Prozesse sozialer Interaktion, Göttingen, Toronto, Zürich.

Müller, S. ; Gelbrich, K. (2004): Interkulturelles Marketing, München.

Mussweiler, T.; Galinsky, A.D. (2002): Strategien der Verhandlungsführung: Der Einfluss des ersten Gebotes, in: Wirtschaftspsychologie, 4. Jg., Nr. 2, S. 21–27.

Narver, J.; Slater, S. (1990): The Effect of a Market Orientation on Business Profitability, in: Journal of Marketing, Vol. 54, October, S. 20–35.

Nerdinger, F.W. (2001): Psychologie des persönlichen Verkaufs, München, Wien.

Neubauer, W. (2003): Organisationskultur, Stuttgart.

Nieschlag, R.; Dichtl, E.; Hörschgen. H. (2002): Marketing, 19. Aufl., Berlin.

Noellke, M. (1998): Kreativitätstechniken, Planegg.

Nohria, N.; Ghoshal, S. (1990): Differentiated Fit and Shared Values: Alternatives for Managing Headquarters-Subsidiary Relations, in: Strategic Management Journal, Vol. 15, No. 6, S. 491–502.

Nonaka, I. (1991): The Knowledge Creating Company, in: Harvard Business Review, Vol. 69, No. 6, S. 96–103.

O'Connell, W.A.; Keenan, W. (1990): The Shape of Things to Come, in: Sales & Marketing Management, Vol. 142, No. 1, S. 36–41.

O'Malley, L.; Tynan, C. (1997): A Reappraisal of the Relationship Marketing Constructs of Commitment and Trust, in: American Marketing Association (Hrsg.): New and Evolving Paradigms. The Emerging Future of Marketing, Dublin, S. 486–503.

o.V. (1997): Proportionale Beteiligung verschiedener Unternehmensbereiche an Beschaffungsentscheidungen, in: Beschaffung aktuell, 25. Jg., Juli, S. 20–23.

o.V. (2004a): Metro will endgültig EDI statt Papier, in: Lebensmittelzeitung, Nr. 18 vom 30. April, S. 29.

o.V. (2004b): What is RFID, auf: www.rfidjournal.com/article/articleview/207#Anchor-What-59125.

o.V. (2004c): Integration von Auftrag bis Zustellung, in: Lebensmittelzeitung, Nr. 20 vom 14. Mai, S. 55.

o.V. (2004d): Die Technik ist inzwischen erschwinglich, in: Handelsblatt vom 14.-16.5.2004, S. 23.

o.V. (2005a): Luxus-Lounge am Flughafen, in: Hamburger Abendblatt vom 25.1.2005.

o.V. (2005b): Selbst in der Automationstechnik kopieren Asiaten gnadenlos, in: Handelsblatt vom 3.3.2005 (Online unter: http://www.handelsblatt.com/ pshb?fn=tt&sfn=go&id=958110).

o.V. (2005c): Procter wird schneller bei Einkauf und Entwicklung, in: Lebensmittelzeitung, Nr. 7 vom 18.02.2005, S. 33.

Oberweis, A.; Paulzen, O.; Sexauer, H.J. (2004): Wissensmanagement in CRM, in: Hippner, H., Wilde, K.D. (Hrsg.): IT-Systeme in CRM, Wiesbaden, S. 75–96.

Oesterreich, R. (1981): Handlungsregulation und Kontrolle, München, Wien.

Oliver, R.L. (1997): Satisfaction – A Behavioral Perspective on the Consumer, Boston.

Olshavsky, R.W. (1973): Consumer-Salesman Interaction in Appliance Retailing, in: Journal of Marketing Research, Vol. 10, S. 203–212.

Opitz, O. (2001): Clusteranalyse, in: Diller, H. (Hrsg.): Vahlens Großes Marketinglexikon, 2. Aufl., München, S. 219–220.

Osterloh, M.; Frost, J. (2003): Prozessmanagement als Kernkompetenz, 4. Aufl., Wiesbaden.

Ouchi, W.G. (1980): Markets, Bureaucracies, and Clans, in: Administrative Science Quarterly, Vol. 25, No. 1, S. 129–141.

Palloks, M. (1995): Kennzahlen, absatzwirtschaftliche, in: Tietz, B.; Köhler R.; Zentes, J. (Hrsg.): Handwörterbuch des Marketing, 2. Aufl., Stuttgart, Sp. 1136-1153.

Pawlowsky, P. (1994): Wissensmanagement in der lernenden Organisation, Habil., Universität Paderborn.

Peccei, R.; Rosenthal, P. (2000): Front-line responses to customer orientation programmes: a theoretical end empirical analysis, in: International Journal of Human Resource Management, Vol. 11, No. 3, S. 562–590.

Peter, S. (1996): Kundenbindung als Marketingziel, Wiesbaden.

Pfeffer, J.; Salancik, G.R. (1978): The External Control of Organizations, New York u. a.

Pfeiffer, W.; Weiß, E. (1994): Lean Management, 2. Aufl., Berlin.

Pflesser, C. (1999): Marktorientierte Unternehmenskultur, Mannheim.

Picot, A. (1991): Ökonomische Theorien der Organisation – Ein Überblick über neuere Ansätze und deren betriebswirtschaftliches Anwendungspotenzial, in: Ordelheide, D.; Rudolph, B.; Büsselmann, E. (Hrsg.): Betriebswirtschaftslehre und ökonomische Theorie, Stuttgart, S. 143–170.

Plinke, W. (1989): Die Geschäftsbeziehung als Investition, in: Specht, G.; Silberer, G.; Engelhardt, W.H. (Hrsg.): Marketing-Schnittstellen, Stuttgart, S. 305–325.

Plinke, W. (1997a): Bedeutende Kunden, in: Kleinaltenkamp, M.; Plinke, W. (Hrsg.): Geschäftsbeziehungsmanagement, Berlin u. a., S. 113–159.

Plinke, W. (1997b): Grundlagen des Geschäftsbeziehungsmanagements, in: Kleinaltenkamp, M.; Plinke, W. (Hrsg.): Geschäftsbeziehungsmanagement, Berlin u. a., S. 1–61.

Porter, M.E. (1999): Wettbewerbsstrategie, 10. Aufl., Frankfurt a.M.

Porter, M.E. (2000): Wettbewerbsvorteile, 6. Aufl., Frankfurt a.M. u. a.

Potucek, V. (1995): Objektgeschäft – Besonderheiten des Herstellermarketing bei Bauprodukten, in: Bauer, H.H.; Diller, H., (Hrsg.): Wege des Marketing, Berlin, S. 103–113.

Prahalad, C.K.; Hamel, G. (1991): Nur Kernkompetenzen sichern das Überleben, in: Harvard manager, 13. Jg., Nr. 2, S. 66–78.

Preß, B. (1996): Kaufverhalten in Geschäftsbeziehungen, in: Kleinaltenkamp, M.; Plinke, W. (Hrsg.): Geschäftsbeziehungsmanagement, Berlin u. a., S. 63–110.

Pretzel, J. (2004): Mit EPC zum Standard, in: retail technology journal, Nr. 1, S. 10–12.

Rackham, N. (1988): Die neue Welle im Verkauf, Hamburg u. a.

Raiffa, H.; Richardson, J.; Metcalfe, D. (2002): Negotiation Analysis – The Science and Art of Collaborative Decision Making, Cambridge.

Ramsey, R.P.; Sohi, R.S. (1997): Listening to your Customers: The Impact of Perceived Salesperson Listening Behaviour on Relationship Outcomes, in: Journal of the Academy of Management Science, Vol. 25, S. 127–137.

Rapp, R. (2000): Customer Relationship Management, Frankfurt a.M.

Rappaport, A. (1995): Shareholder Value, Stuttgart.

Reckenfelderbäumer, M. (2001): Prozesskostenrechnung im Marketing, in: Reinecke, S. ; Tomczak, T.; Geis, G. (Hrsg.): Handbuch Marketingcontrolling, Frankfurt a.M., Wien, S. 650–676.

Rehbein, R.; Yurdakul, Z.-B. (2002): Mit Six Sigma zu Business Excellenz, München, Erlangen.

Reichardt, C. (2000): Ono-to-One-Marketing im Internet, Wiesbaden.

Reichheld, F.F.; Sasser, E.W. (1991): Zero-Migration: Dienstleister im Sog der Qualitätsrevolution, in: Harvard Business Manager, 13. Jg., Nr. 4, S. 108–116.

Reichmann, T.; Lachnit, L. (1976): Planung, Steuerung und Kontrolle mit Hilfe von Kennzahlen, in: Zeitschrift für betriebswirtschaftliche Forschung, 28. Jg., S. 705–723.

Reinartz, W., Krafft, M. (2001): Überprüfung des Zusammenhangs von Kundenbindung und Kundenertragswert, in: Zeitschrift für Betriebswirtschaft, 71. Jg., S. 1263–1281.

Reinartz, W.; Kumar, V. (2000): On the profitability of long-life customers in a non-contractual setting: An empirical investigation and implications for marketing, in: Journal of Marketing, Vol. 64, No. 4, S. 269–278.

Reinartz, W.; Kumar, V. (2002): The Mismanagement of Customer Loyalty, in: Harvard Business Review, Vol. 80, No. 7, S. 86–94.

Reinartz, W.; Thomas, J.S. ; Kumar, V. (2005): Balancing Acquisition and Retention Resources to Maximize Customer Profitability, in: Journal of Marketing, Vol. 69, January, S. 63–79.

Reinecke, S. (2004): Marketing Performance Management: Empirisches Fundament und Konzeption für ein integriertes Marketingkennzahlensystem, Wiesbaden.

Reinecke, S. ; Tomczak, T.; Geis, G. (2001): Handbuch Marketingcontrolling, Frankfurt a.M., Wien.

Rentz, J. A.; Shepherd, C.D.; Tashchian, A.; Dabholkar, P.A.; Ladd, R.T. (2002): A Measure of Selling Skill: Scale Development and Validation, in: Journal of Personal Selling & Sales Management, Vol. 22, No. 1, S. 13–21.

Richter, R.; Bindseil, U. (1995): Neue Institutionenökonomik, in: Wirtschaftswissenschaftliches Studium, Nr. 3, S. 132–140.

Rieker, S. ; Strippel, K. (2001): Mit Customer Relationship Management zur Unternehmenswertsteigerung – Kundenwertermittlung und differenzierte Marktbearbeitung bei Geschäftskunden im Telekommunikationsmarkt, in: Günter, B.; Helm, S. (Hrsg.): Kundenwert, Wiesbaden, S. 659–675.

Riempp, G. (2003): Von den Grundlagen zu einer Architektur für Customer Knowledge Management, in: Kolbe, L.M.; Österle, H.; Brenner, W. (Hrsg.): Customer Knowledge Management, Berlin u. a., S. 23–55.

Rindfleisch, A.; Heide, J.B. (1997): Transaction Cost Analysis: Past, Present, and Future Applications, in: Journal of Marketing, Vol. 61, October, S. 30–54.

Rindfleisch, A.; Moorman, C. (2003): Interfirm Cooperation and Customer Orientation, in: Journal of Marketing Research, Vol. 40, November, S. 421–436.

Robinson, L.; Marshall, G.W.; Moncrief, W.C.; Lassk, F.G. (2002): Toward a Shortened Measure of Adaptive Selling, in: Journal of Personal Selling & Sales Management, Vol. 22, No. 2, S. 111–118.

Robinson, P.J.; Faris, C.W.; Wind, Y. (1967): Personal Selling in a Modern Perspective, Boston.

Robra-Bissantz, S. ; Zabel, A.; Niemeyer, V. (2004): Proaktive Steuerung der Kreditvergabe im Prozess „Online-Kreditvergabe" der norisbank AG, in: Bartmann, D.; Mertens, P.; Sinz, E.J. (Hrsg.): Überbetriebliche Integration von Anwendungssystemen, Aachen, S. 213–231.

Rode, J. (2004): Informationen für bessere Geschäfte, in: Lebensmittelzeitung, Nr. 30 vom 23.07.2004, S. 3 und S. 25.

Rommel, G. u. a. (1993): Einfach überlegen, Stuttgart.

Roos, I. (1999): Switching Path in Customer Relationships, Publication No. 78, Swedish School of Economics and Business Administration, Helsinki (Finland).

Rosson, P.J.; Seringhaus, F.H.R. (1995): Visitor and Exhibitor Interaction in Industrial Trade Fairs, in: Journal of Business Research, Vol. 32, No. 1, S. 81–90.

Ruh, W.; Maginnis, F.; Brown, W. (2001): Enterprise Application Integration, New York.

Rust, R.T.; Zahorik, A.; Keiningham, T.L. (1995): Return on Quality. Making Service Quality Financially Accountable, in: Journal of Marketing, Vol. 59, No. 2, S. 58–70.

Saatkamp, J. (2002): Business Process Reengineering von Marketingprozessen, Nürnberg.

Sarges, W. (2002): Competencies statt Anforderungen – nur alter Wein in neuen Schläuchen?, in: Riekof, H.-C. (Hrsg.): Strategien der Personalentwicklung, 5. Aufl., Wiesbaden, S. 285–301.

Scanzoni, J. (1979): Social Exchange and Behavioral Interdependence, in: Burgess, R.L.; Huston, T.L. (Hrsg.): Social Exchange in Developing Relationships, New York, S. 61–75.

Schäfer, H. (2002): Die Erschließung von Kundenpotenzialen durch Cross-Selling, Wiesbaden.

Scheer, A.-W.; Feld, T.; Göbl., M.; Hoffmann, M. (2002): Das mobile Unternehmen, in: Silberer, G.; Wohlfahrt, J.; Wilhelm, T. (Hrsg.): Mobile Commerce, Wiesbaden, S. 91–110.

Scheer, A.-W.; Galler, J. (1994): Die Integration von Werkzeugen für das Management von Geschäftsprozessen, in: Scheer, A.-W. (Hrsg.): Prozessorientierte Unternehmensmodellierung, Wiesbaden, S. 101–118.

Scheiter, S. ; Binder, C. (1992): Kennen Sie Ihre rentablen Kunden?, in: Harvard Business Manager, 14. Jg., Nr. 2, S. 17–19.

Scheuning, E. (1967): Unternehmensführung und Kennzahlen, Baden-Baden.

Schmidt, R.; Steffenhagen, H. (2002): Quality Function Deployment, in: Albers, S. ; Hermann, A. (Hrsg.): Handbuch Produktmanagement, 2. Aufl., Wiesbaden, S. 683–699.

Schoch, R. (1969): Der Verkaufsvorgang als sozialer Interaktionsprozess, Winterthur.

Schott, K.; Mäurer, R. (2001): Auswirkungen von EAI auf die IT-Architektur in Unternehmen, in: Information Management & Consulting, Nr. 1, S. 39–43.

Schreyögg, G.; Noss, C. (1994): Hat sich das Organisieren überlebt?, in: Die Unternehmung, 48. Jg., Nr. 1, S. 17–33.

Schröder, H.; Diller, H. (2001): Verkauf, in: Diller, H. (Hrsg.): Vahlens Großes Marketinglexikon, 2. Aufl., München, S. 1749–1752.

Schuckel, M. (1999): Bedienungsqualität im Einzelhandel, Stuttgart.

Schuler, H.; Henn, H. (1999): Call Center – Der neue Dienst am Kunden, in: Harvard Business Manager, Nr. 3, S. 91–101.

Schuler, H.; Höft, S. (2001): Konstruktorientierte Verfahren der Personalauswahl, in: Schuler, H. (Hrsg.): Lehrbuch der Personalpsychologie, Göttingen, S. 93–133.

Schulz von Thun, F. (1981): Miteinander reden: Störungen und Klärungen. Psychologie der zwischenmenschlichen Kommunikation, Hamburg.

Schulze, T. (2001): Erfolgsorientiertes Customer Relationship Management (CRM) auf der Basis von Business Intelligence (BI)-Lösungen, in: Helmke, S. ; Dangelmaier, W. (Hrsg.): Effektives Customer Relationship Management, Wiesbaden, S. 233–255.

Schürmann, H. (2004): Glühende Stahlblöcke zum Greifen nahe, in: Handelsblatt vom 14.-16.5.2004, S. 23 (auch Online unter: http://www.handelsblatt.com/pshb?fn=tt&sfn=go&id=818243).

Seifert, D. (2001): Efficient Consumer Response – Supply Chain Management, Category Management und Collaborative Planning, Forecasting, and Replenishment als neue Strategieansätze, 2. Aufl., München.

Sexauer, H.J.; Wellner, M. (2003): Vertriebssteuerung durch operative CRM-Systeme: Anwendungsstand und Nutzenpotenziale in der betrieblichen Praxis, in: Helmke, S. ; Uebel, M.F.; Dangelmaier, W. (Hrsg.): Effektives Customer Relationship Management, 3. Aufl., Wiesbaden, S. 179–193.

Shepherd, C.D.; Ridnour, R.E. (1995): The training of sales managers: An exploratory study of sales management training practices, in: Journal of Personal Selling & Sales Management, Vol. 15, No. 1, S. 69–74.

Sheth, J.N. (1976): Buyer-Seller Interaction: A Conceptual Framework, in: Anderson, B.B. (Hrsg.): Advances in Consumer Research, Cincinnati, S. 382–386.

Siebel, T.M.; Malone, M.S. (1998): Die Informationsrevolution im Vertrieb, Wiesbaden.

Siegwart, H. (1998): Kennzahlen für die Unternehmensführung, 5. Aufl., Bern, Stuttgart, Wien.

Sigl, E.; Spieß, E.; Rosenstiel, L. v.; Nerdinger, F.W. (1993): Handelsvertreter und Kunden, Köln.

Silberer, G. (2004): Grundlagen und Potenziale der mobilfunkbasierten Kundenbeziehungspflege (mobile eCRM), in: Hippner, H.; Wilde, K.D. (Hrsg.): IT-Systeme im CRM, Wiesbaden, S. 453–470.

Silberer, G.; Magerhans, A.; Wohlfahrt, J. (2002): Kundenzufriedenheit und Kundenbindung im Mobile Commerce, in: Silberer, G.; Wohlfahrt, J.; Wilhelm, T. (Hrsg.): Mobile Commerce, Wiesbaden, S. 309–324.

Silberer, G.; Wohlfahrt, J.; Wilhelm, T. (Hrsg.) (2002): Mobile Commerce, Wiesbaden.

Simon, H. (1988): Management strategischer Wettbewerbsvorteile, in: Simon, H. (Hrsg.): Wettbewerbsvorteile und Wettbewerbsfähigkeit, Stuttgart, S. 1–17.

Skiera, B.; Albers, S. (2002): Die Verkaufsgebietseinteilung, in: Albers, S. (Hrsg.): Verkaufsaußendienst. Planung – Steuerung – Kontrolle, Düsseldorf, S. 29–56.

Smeltzer, L.R.; Carr, A.S. (2003): Electronic Reverse Auctions – Promises, Risks and Conditions for Success, in: Industrial Marketing, Vol. 32, S. 481–488.

Söllner, A. (1993): Commitment in Geschäftsbeziehungen. Das Beispiel Lean Production, Wiesbaden.

Söllner, A. (2004): Interaktionsanalyse und Relationship Marketing, in: Backhaus, K.; Voeth, M. (Hrsg.): Handbuch Industriegütermarketing, Wiesbaden, S. 437–454.

Sonntag, S. (2001): Kundenbindung im neuen Jahrtausend – Multi-Channel-Management im Rahmen von CRM als Differenziator am Markt, in: Link, J. (Hrsg.): Customer Relationship Management, Berlin, Heidelberg, S. 59–73.

Specht, G. (1998): Distributionsmanagement, 3. Aufl., Stuttgart u. a.

Specht, G. (2000): Schnittstellenmanagement: Marketing und Forschung & Entwicklung, in: Herrmann, A.; Hertel, G.; Virt, W.; Huber, F. (Hrsg.): Kundenorientierte Produktgestaltung, München, S. 265–285.

Spiegel (1982): Der Entscheidungsprozess bei Investitionsgütern. Beschaffung, Entscheidungskompetenzen, Informationsverhalten, Hamburg.

Spreemann, K. (1988): Reputation, Garantie, Information, in: Zeitschrift für Betriebswirtschaft, 58. Jg., S. 613–629.

Sprenger, R.K. (1992): Mythos Motivation. Wege aus einer Sackgasse, Frankfurt am Main.

Srivastava, R.J.; Shervani, T.A.; Fahey, L. (1998): Market-Based Assets and Shareholder Value: A Framework for Analysis, in: Journal of Marketing, Vol. 62, January, S. 2–18.

Srnka, K.I. (2000): Ethik im Marketing: Eine interkulturelle Betrachtung, Wien.

Stauss, B. (1999a): Kundenzufriedenheit, in: Marketing-ZFP, 21. Jg., Nr. 1, S. 5–24.

Stauss, B. (1999b): Kundenbindung durch Beschwerdemanagement, in: Bruhn, M.; Homburg, C. (Hrsg.): Handbuch Kundenbindungsmanagement, 2. Aufl., Wiesbaden, S. 213–235.

Stauss, B. (2000): Beschwerdemanagement als Instrument der Kundenbindung, in: Hinterhuber, H.H.; Matzler, K. (Hrsg.): Kundenorientierte Unternehmensführung, 2. Aufl., Wiesbaden, S. 275–294.

Stauss, B. (2001): Internes Marketing, in: Diller, H. (Hrsg.): Vahlens Großes Marketinglexikon, 2. Aufl. München, S. 698–699.

Stauss, B. (2002): Kundenwissen-Management (Customer Knowledge Management), in: Böhler, H. (Hrgs.): Marketing-Management und Unternehmensführung, Stuttgart, S. 273–295.

Stauss, B. (2004): Grundlagen und Phasen der Kundenbeziehung: Der Kundenbeziehungs-Lebenszyklus, in: Hippner, H.; Wilde, K.D. (Hrsg.): Grundlagen des CRM, Wiesbaden, S. 339–359.

Stauss, B.; Friege, C. (1999): Regaining Service Customers, in: Journal of Service Research, Vol. 1, No. 4, S. 347–361.

Stauss, B.; Friege, C. (2003): Kundenwertorientiertes Rückgewinnungsmanagement, in: Günter, B.; Helm, S. (Hrsg.): Kundenwert, 2. Aufl., Wiesbaden, S. 523–544.

Stauss, B.; Seidel, W. (2002): Beschwerdemanagement, München.

Steffenhagen, H. (2004): Marketing: eine Einführung, 5. Aufl., Stuttgart u. a.

Steimle, J.C.F. (2000): Lead Management – der Schlüssel zu mehr Effizienz im Vertrieb, in: Albers, S. ; Haßmann, V.; Somm, F.; Tomczak, T. (Hrsg.): Digitale Fachbibliothek Verkauf, Kapitel 1.23, Düsseldorf.

Steinmann, H.; Schreyögg, G. (2000): Management, 5. Aufl., Wiesbaden.

Stender, M.; The, T.-S. ; Rack, H.-P. (2000): Einsatz von IT im Vertrieb. Von Computer Aided Selling bis Internet, in: Reichwald, R.; Bullinger, H.-J. (Hrsg.): Vertriebsmanagement, Stuttgart, S. 87–128.

Steven, M.; Kröger, R. (2003): Category Logistics. Erfolgspotenzial für Handel und Industrie aus der Verknüpfung von Supply Chain Management und Category Management, in: Marketing-ZFP, 25. Jg., Nr. 3, S. 201–212.

Stewart, T.A.; O'Brien, L. (2005): Execution without Excuses – Interview with Michael Dell and Kevin Rollins, in: Harvard Business Review, Vol. 83, No. 3, S. 102–111.

Stock, R. (2001): Der Zusammenhang zwischen Mitarbeiter- und Kundenzufriedenheit, Wiesbaden.

Stock, R. (2002): Kundenorientierung auf individueller Ebene: Das Einstellungs-Verhaltens-Modell, in: Die Betriebswirtschaft, 62. Jg., S. 59–76.

Stock, R. (2003): Teams an der Schnittstelle zwischen Anbieter- und Kunden-Unternehmen, Wiesbaden.

Stock, R. (2004): Erfolgsauswirkungen der marktorientierten Gestaltung des Personalmanagements, in: Zeitschrift für betriebswirtschaftliche Forschung, 56. Jg., S. 237–258.

Storp, N. (2001): Key-Account-Management und E-Commerce, Nürnberg.

Strauß, R. (2001a): Customer Relationship Management, in: Diller, H. (Hrsg.): Vahlens Großes Marketinglexikon, 2. Aufl., München, S. 249–251.

Strothmann, K.H. (1979): Investitionsgütermarketing, München.

Süme, O.J. (2004): Rechtlicher Rahmen des CRM, in: Wilde, K. D.; Hippner, H. (Hrsg.): CRM 2004 – Customer Relationship Management, Düsseldorf, S. 91–93.

Sweeney, T.W.; Matthews, H I..; Wilson, D.D. (1973): An Analysis of Industrial Buyers' Risk Reducing Behavior: Some Personality Correlates, in: American Marketing Association (Hrsg.): AMA Proceedings, Ann Arbor, S. 217–221.

Szymanski, D.M. (1988): Determinants of Selling Effectiveness: The Importance of Declarative Knowledge to the Personal Selling Concept, in: Journal of Marketing, Vol. 52, January, S. 64–77.

Tedeschi, J.T.; Lindskold, S. (1967): Social Psychology: Interdependence, Interaction, and Influence, New York.

Teufer, S. (1999): Die Bedeutung des Arbeitgeberimage bei der Arbeitgeberwahl, Wiesbaden.

Thibeaut, J.W.; Kelley, H.H. (1959): The Social Psychology of Groups, New York.

Thieme, K.H.; Steffen, W. (1999): Call Center – Der professionelle Dialog mit dem Kunden, Landsberg/ Lech.

Thomas, J.S. ; Blattberg, R.C.; Fox, E.J. (2004): Recapturing Lost Customers, in: Journal of Marketing Research, Vol. 41, February, S. 31–45.

Thomas, J.S. ; Reinartz, W.; Kumar, V. (2004): Holen Sie mehr aus Ihren Kunden heraus, in: Harvard Business Manager, November, S. 79–89.

Thompson, J.W. (1973): Selling: A Managerial and Behavioral Science Analysis, New York.

Toffler, A. (1980): The Third Wave, New York.

Tomczak, T.; Reinecke, S. (1999): Der aufgabenorientierte Ansatz als Basis eines marktorientierten Wertmanagements, in: Grünig, R.; Pasquier, M. (Hrsg.): Strategisches Management und Marketing, Bern u. a., S. 293–327.

Tomczak, T.; Reinecke, S. ; Finsterwalder, J. (2000): Kundenausgrenzung: Umgang mit unerwünschten Dienstleistungskunden, in: Bruhn, M.; Stauss, B. (Hrsg.): Dienstleistungsmanagement Jahrbuch 2000, Wiesbaden, S. 399–421.

Töpfer, A. (1995a): Anforderungen des Total Quality Management an Konzeption und Umsetzung des Internen Marketing, in: Bruhn, M. (Hrsg.): Internes Marketing, Wiesbaden, S. 545–573.

Töpfer, A. (1995b): Marketing-Audit, in: Tietz, B.; Köhler, R.; Zentes, J. (Hrsg.): Handwörterbuch des Marketing, 2. Aufl., Stuttgart, Sp. 1533-1541.

Töpfer, A. (2001): Wertorientierung im Marketing, in: Diller, H. (Hrsg.): Vahlens Großes Marketinglexikon, 2. Aufl., München, S. 1900.

Töpfer, A. (2005): Betriebswirtschaftslehre: Anwendungs- und prozessorientierte Grundlagen, Berlin.

Töpfer, A.; Lücking, J. (2001): Marktdynamik, in: Diller, H. (Hrsg.): Vahlens Großes Marketinglexikon, 2. Aufl., München, S. 1040–1042.

Treacy, M.; Wiersema, F. (1995): The Discipline of Market Leaders, Reading u. a.

Trevino, L.K. (1986): Ethical Decision Making in Organizations: A Person-Situation Interactionist Model, in: Academy of Management Review, Vol. 11, No. 3, S. 601–617.

Trommsdorff, V. (2001): Perspektivenübernahme, in: Diller, H. (Hrsg.): Vahlens Großes Marketinglexikon, 2. Aufl., München, S. 1264–1265.

Trommsdorff, V. (2004): Konsumentenverhalten, 6. Aufl., Stuttgart u. a.

Urban, G.L.; Hauser, J.R. (2004): „Listening In" to Find and Explore New Combinations of Customer Needs, in: Journal of Marketing, Vol. 68, No. 2, S. 72.

Venohr, B.; Zinke, C. (1999): Kundenbindung als strategisches Unternehmensziel, in: Bruhn, M.; Homburg, C. (Hrsg.): Handbuch Kundenbindungsmanagement, 2. Aufl., Wiesbaden, S. 151–169.

Vershofen, W. (1950): Wirtschaft als Schicksal und Aufgabe, Reprint von 1929, Wiesbaden.

Voeth, M.; Rabe, C. (2004): Preisverhandlungen, in: Backhaus, K.; Voeth, M. (Hrsg.): Handbuch Industriegütermarketing, Wiesbaden, S. 1015–1038.

Wagener, G. (2000): ECR und Enabling Technologies, in: Ahlert, D.; Borchert, S. (Hrsg.): Prozessmanagement im vertikalen Marketing – Efficient Consumer Response (ECR) in Konsumgüternetzen, Berlin, S. 209–218.

Walter, A. (1998): Der Beziehungspromotor: ein personaler Gestaltungsansatz für erfolgreiches Relationship-Marketing, Wiesbaden.

Wathne, K.H.; Heide, J.B. (2000): Opportunism in Interfirm Relationships: Forms, Outcomes, and Solutions, in: Journal of Marketing, Vol. 64, October, S. 36–51.

Weber, J. (1994): Kostenrechnung zwischen Verhaltens- und Entscheidungsorientierung, in: Kostenrechnungspraxis, 38. Jg. Nr. 2, S. 99–102.

Weber, J.; Schäffer, U. (2001): Marketingcontrolling: Sicherstellung der Rationalität in einer marktorientierten Unternehmensführung, in: Reinecke, S. ; Tomczak, T.; Geis, G. (Hrsg.): Handbuch Marketingcontrolling, Frankfurt, Wien, S. 32–49.

Webster, F.E.; Wind, Y. (1972): A General Model for Understanding Organizational Buying Behavior, in: Journal of Marketing, Vol. 36, No. 2, S. 12–14.

Weiber, R.; Adler, J. (1995): Positionierung von Kaufprozessen im informationsökonomischen Dreieck: Operationalisierung und verhaltenswissenschaftliche Prüfung, in: Zeitschrift für betriebswirtschaftliche Forschung, 47. Jg., S. 99–123.

Weinke, K. (1995): Lieferantenmanagement als Voraussetzung für Kundenzufriedenheit, in: Simon, H.; Homburg, C. (Hrsg.): Kundenzufriedenheit, 2. Aufl., Wiesbaden, S. 77–91.

Weis, H.C. (2003): Verkaufsgesprächsführung, 4. Aufl., Ludwigshafen.

Weitz, B.A. (1978): The Relationship Between Salesperson Performance and Understanding of Customer Decision Making, in: Journal of Marketing Research, Vol. 15, November, S. 501–516.

Weitz, B.A. (1981): Effectiveness in Sales Interactions: A Contingency Framework, in: Journal of Marketing, Vol. 45, Winter, S. 85–103.

Weitz, B.A.; Bradford, K.D. (1999): Personal Selling and Sales Management: A Relationship Marketing Perspective, in: Journal of the Academy of Marketing Science, Vol. 27, No. 2, S. 241–254.

Weitz, B.A.; Castleberry, S. B.; Tanner, J. F. (2001): Selling: Building Partnerships, 4. Aufl., New York.

Weitz, B.A.; Sujan, H.; Sujan, M. (1986): Knowledge, Motivation, and Adaptive Behaviour: A Framework for Improving Selling Effectiveness, in: Journal of Marketing, Vol. 50, S. 174–191.

Welge, M.K. (1990): Globales Management, in: Welge, M.K. (Hrsg.): Globales Management, Stuttgart, S. 1–16.

Welge, M.K.; Böttcher, R.; Paul, T. (1998): Das Management globaler Geschäfte, München.

Wenger, E. (1993): Verfügungsrechte, in: Wittmann, W.; Kern, W.; Köhler, R.; Küpper, H.-U.; Wysocki, K. v. (Hrsg.): Handwörterbuch der Betriebswirtschaft, Stuttgart, S. 4494–4496.

Werani, T. (1998): Der Wert von kooperativen Geschäftsbeziehungen in industriellen Märkten, Linz.

Werp, R. (1998): Aufbau von Geschäftsbeziehungen, Wiesbaden.

Wexley, K.N.; Latham, G.P. (1981): Developing and Training Human Resources in Organizations, Illinois.

Wilde, K.D.; Hippner, H.; Engelbrecht, A. (2005): CRM 2005 – Customer Relationship Management, Düsseldorf.

Williams, M.R. (1998): The Influence of Salespersons' Customer Orientation on Buyer-Seller Relationship Development, in: Journal of Business & Industrial Marketing, Vol. 13, No. 3, S. 271–287.

Williams, M.R.; Attaway, J.S. (1996): Exploring Salespersons' Customer Orientation as a Mediator of Organizational Culture's Influence on Buyer-Seller Relationships, in: Journal of Personal Selling & Sales Management, Vol. 16, No. 4, S. 33–52.

Williamson, O.E. (1985): The Economic Institutions of Capitalism, New York.

Williamson, O.E. (1991): Comparative Economic Organization: The Analysis of Discrete Structural Alternatives, in: Administrative Science Quarterly, Vol. 36, S. 269–296.

Winand, U.; Schellhase, R. (2000): Web-Content-Management, in: Das Wirtschaftsstudium, Nr. 10, S. 1334–1344.

Wind, Y. (1970): Industrial Source Loyality, in: Journal of Marketing Research, Vol. 7, November, S. 450–457.

Winkeler, T.; Raupach, E.; Westphal, L. (2001): Enterprise Application Integration als Pflicht vor der Business-Kür, in: Information Management & Consulting, Nr. 1, S. 7–16.

Winkelmann, P. (2000): Vertriebskonzeption und Vertriebssteuerung, München.

Wirtz, B.W. (2001): Electronic Business, 2. Aufl., Wiesbaden.

Wiswede, F. (1977): Rollentheorie, Stuttgart u. a.

Witt, J. (1996): Prozessorientiertes Verkaufsmanagement, Wiesbaden.

Wolf, E.E. (2002): Konzeption eines CRM-Anreizsystems, Mering.

Wolf, J. (2003): Organisation, Management, Unternehmensführung: Theorien und Kritik, Wiesbaden.

Woratschek, H. (1999): Verhaltensunsicherheit und Preispolitik – Konsequenzen für Betriebe im Bereich der Sportökonomie, in: Betriebswirtschaftliche Forschung und Praxis, Nr. 2, S. 166–182.

Wunderer, R. (2002): Umsetzungskompetenz: Diagnose und Förderung in Theorie und Unternehmenspraxis, München.

Yukl, G.A. (1974): Effects of the Opponent's Initial Offer, Concession Magnitude, and Concession Frequency on Bargaining Behavior, in: Journal of Personality and Social Psychology, Vol. 30, No. 3, S. 323–335.

Zeithaml, V. (1998): Consumer Perceptions of Price, Quality and Value: A Means-End Model and Synthesis of Evidence, in: Journal of Marketing, Vol. 52, July, S. 2–22.

Zentes, J. (2001a): EDIFACT, in: Diller, H. (Hrsg.): Vahlens Großes Marketinglexikon, München, S. 351–352.

Zentes, J. (2001b): Electronic Data Interchange (EDI), in: Diller, H. (Hrsg.): Vahlens Großes Marketinglexikon, S. 392.

Zentes, J. (2002): B2B-Marktplätze: Neuorientierung der Hersteller-Handels-Beziehungen, in: Böhler, H. (Hrsg.): Marketing-Management und Unternehmensführung, Stuttgart, S. 593–609.

Zipser, A. (2003): Analyseverfahren im analytischen CRM, in: Teichmann, R. (Hrsg.): Customer und Shareholder Relationship Management, Berlin, S. 122–134.

Zupanic, D. (2001): International Key-Account-Management Teams, St. Gallen.

Stichwortverzeichnis

472

Kohlhammer
Edition Marketing

Herausgegeben von
Hermann Diller und Richard Köhler

EDITION
MARKETING

Manfred Bruhn

Marketing für Nonprofit- Organisationen

Grundlagen – Konzepte
– Instrumente

2005. 552 Seiten
Fester Einband/Fadenheftung
€ 39,–
ISBN 3-17-018281-1

Mit diesem Grundlagenwerk wird erstmals das Marketing von Nonprofit-Organisationen in systematischer und umfassender Weise dargestellt. Ausgehend von neueren Erkenntnissen des Dienstleistungs-, Qualitäts-, Relationship- sowie des Internen Marketing wird ein entscheidungsorientierter Ansatz entwickelt, der auf eine konsequente Marktorientierung sowie die Ausrichtung sämtlicher Aktivitäten an den Erwartungen interner und externer Adressaten (Leistungsempfänger, Geldgeber, Mitarbeiter etc.) abzielt.

DER AUTOR:

Prof. Dr. **Manfred Bruhn** ist Inhaber des Lehrstuhls für Marketing und Unternehmensführung an der Universität Basel.

www.kohlhammer.de

W. Kohlhammer GmbH
70549 Stuttgart · Tel. 0711/7863 - 7280 · Fax 0711/7863 - 8430